Partielle Differenzialgleichungen

Partielle Differentialgleichungen

Wolfgang Arendt · Karsten Urban

Partielle Differenzialgleichungen

Eine Einführung in analytische und numerische Methoden

2. Auflage

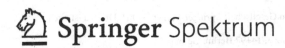

Wolfgang Arendt
Institut für Angewandte Analysis
Universität Ulm
Ulm, Deutschland

Karsten Urban
Institut für Numerische Mathematik
Universität Ulm
Ulm, Deutschland

ISBN 978-3-662-58321-0   ISBN 978-3-662-58322-7   (eBook)
https://doi.org/10.1007/978-3-662-58322-7

Die Deutsche Nationalbibliothek verzeichnet diese Publikation in der Deutschen Nationalbibliografie; detaillierte bibliografische Daten sind im Internet über http://dnb.d-nb.de abrufbar.

Springer Spektrum
© Springer-Verlag GmbH Deutschland, ein Teil von Springer Nature 2010, 2018

Springer Spektrum ist ein Imprint der eingetragenen Gesellschaft Springer-Verlag GmbH, DE und ist ein Teil von Springer Nature
Die Anschrift der Gesellschaft ist: Heidelberger Platz 3, 14197 Berlin, Germany

Für Frauke und Almut

Vorwort

Vorwort zur ersten Auflage

Zahlreiche Vorgänge in Natur, Medizin, Wirtschaft und Technik werden durch partielle Differenzialgleichungen (PDGen) beschrieben. Dies erklärt das enorme Interesse an PDGen, das sich u.a. an der riesigen Zahl von Veröffentlichungen in diesem Gebiet zeigt. Es überrascht daher nicht, dass es auf dem Markt eine große Anzahl von Lehrbüchern gibt. Warum also noch ein Lehrbuch?

Die Umstellung der bisherigen Diplom-Studiengänge auf Bachelor und Master hat auch zu einer Veränderung der klassischen Vorlesungszyklen geführt. Wenn man von Veranstaltungen im bisherigen Umfang ausgeht, dann ist das Ziel einer breiten mathematischen Ausbildung, die laut den Bologna-Beschlüssen gleichsam berufsqualifizierend sein soll, fast nicht zu erreichen. Will man sowohl die Breite der mathematischen Ausbildung erhalten als auch Wahlmöglichkeiten für Studierende sichern, dann kann man dies z.B. durch einführende Vorlesungen realisieren, die mehrere Themen miteinander verbinden. Analysis und Numerik von PDGen eignen sich für eine solche Verbindung. Für derartige Veranstaltungen sind jedoch kaum einführende Lehrbücher auf dem Markt.

Diese Kombination ist inhaltlich begründet. Es liegt in der Natur der Sache, dass PDGen auf allgemeinen Gebieten (wie man sie für die Anwendung braucht) nicht exakt gelöst werden können. Was damit gemeint ist, wird im Buch genau erläutert. Man ist in solchen Fällen auf Näherungsverfahren auf dem Computer angewiesen, also auf numerische Methoden. In den letzten Jahren hat sich aber immer mehr gezeigt, dass besonders gute numerische Methoden auf modernen Erkenntnissen aus der Analysis von PDGen beruhen. Daher ist die Kombination von analytischen und numerischen Methoden sowohl innerhalb der Mathematik als auch in den jeweiligen Anwendungen von großer Bedeutung.

Wir haben versucht, ein einführendes Lehrbuch zu schreiben, das die Aspekte Analysis und Numerik kombiniert und aufeinander abstimmt. Die Auswahl der Inhalte ist durch diese Kombination geprägt. Dabei versuchen wir auch, eine Brücke zu den Anwendungen zu schlagen. Das Buch beginnt mit einem Kapitel über Modellierung, also der Übersetzung eines speziellen Anwendungsproblems in die Sprache der Mathematik, hier also speziell in eine PDG. Wir beschreiben die Kategorisierung von PDGen und stellen danach elementare Lösungsmethoden zusammen. Es stellt sich heraus, dass sowohl die Modellierung als auch numerische Verfahren auf die Verwendung von Hilbert-Räumen führen. Unsere Einführung zeigt, dass die entsprechenden Methoden auch mathematisch „die richtigen" sind. Wir beschreiben die Hilbert-Raum-Methode möglichst einfach und beschränken uns auf zentrale Klassen von PDGen (elliptische und parabolische Gleichungen). Besonders für die numerischen Verfahren sind Aussagen über die maximale Regularität von Lösungen von großer Bedeutung. Neben den klassischen numerischen Verfahren (Finite Differenzen und Finite Elemente) für elliptische und parabolische Probleme geben wir abschließend einige Hinweise, wie man auch mit Hilfe von computerbasierten Formel-Manipulationssystemen wie etwa Maple® zumindest einige PDGen lösen kann.

Schließlich haben wir ein Thema in das Buch aufgenommen, das in besonderer Weise für Studierende der Wirtschaftsmathematik von Interesse ist. Die Bewertung von risikobehafteten Produkten auf dem Finanz- und Versicherungsmarkt erfordert eine tiefere mathematische Analyse. Gerade in der Finanz- und Versicherungswirtschaft werden heute zunehmend PDG-basierte Modelle eingesetzt. Wir behandeln in diesem Buch exemplarisch die Black-Scholes-Gleichung.

Ein paar Worte zur Gliederung des Buches könnten dessen Nutzung erleichtern. Es besteht aus drei Teilen:

A   Elementare Methoden und Modellierung (Kapitel 1 bis 3)
B   Hilbert-Raum-Methoden (Kapitel 4 bis 8)
C   Numerische und computerbasierte Methoden (Kapitel 9 und 10)

Teil A kann völlig unabhängig gelesen werden, er vermittelt in konkreten Situationen ein Gefühl für das Wesen von PDGen und enthält insbesondere die oben erwähnte Untersuchung der Black-Scholes-Gleichung. Teil B hat wachsenden Schwierigkeitsgrad, was den Inhalt und die Darstellung angeht. Er enthält eine Einführung in Hilbert- und Sobolev-Räume, die zunächst in einer Dimension betrachtet werden. Eine Besonderheit ist die konsequente Verwendung von Sobolev-Räumen zur Behandlung von harmonischen Funktionen und des Dirichlet-Problems. In Teil C wird u.a. eine Einführung in die Methode der Finiten Elemente gegeben. Durch Einschränkung auf lineare Dreieckselemente in zwei Raumdimensionen haben wir eine einfache Situation gewählt, in der aber die wesentlichen Ideen transparent werden. Jedes Kapitel endet mit einer Sammlung von Aufgaben, die vielfach zusätzliche Information geben. Lösungen befinden sich auf der Homepage des Buches. Mit * gekennzeichnete Abschnitte enthalten nützliche Zusatzinformationen.

Ohne die Hilfe zahlreicher Kollegen, Freunde und Mitarbeiter wäre dieses Buch sicher nicht entstanden. Wir danken dem Spektrum Akademischer Verlag, besonders Dr. Andreas Rüdinger und Bianca Alton für die Möglichkeit, dieses Buch zu schreiben, und für die Unterstützung bei der Umsetzung. Für zahlreiche wertvolle Hinweise danken wir unseren Kollegen Tom ter Elst, Wilhelm Forst, Stefan Funken, Rüdiger Kiesel, Werner Kratz, Stig Larsson und Delio Mugnolo. Weiterhin danken wir Thomas Richard (Scientific Computers) sowie unseren Mitarbeitern Markus Biegert, Iris Häcker, Daniel Hauer, Sebastian Kestler, Michael Lehn, Robin Nittka, Mario Rometsch, Manfred Sauter, Kristina Steih, Timo Tonn und Faraz Toor und unseren Studenten für viele hilfreiche Bemerkungen, Ergänzungen und sorgfältiges Korrekturlesen des Manuskriptes. Petra Hildebrand gilt unser besonderer Dank für die sehr sorgfältige Umsetzung des Manuskriptes in LATEX und die Erstellung zahlreicher Graphiken.

Ulm, im   *Wolfgang Arendt*
Februar 2010   *Karsten Urban*

Vorwort zur zweiten Auflage

Mit der ersten Auflage dieses Buches haben wir in gewissem Sinne Neuland betreten: Sowohl die Analysis als auch die Numerik partieller Differenzialgleichungen wurden anhand der jeweils einfachsten Fälle dargestellt und kombiniert. Wir freuen uns, dass dieses Konzept angenommen wurde und danken dem Verlag für die Initiative zur zweiten Auflage.

Neben der Korrektur einiger Druckfehler wurden Ergänzungen vorgenommen. Diese betreffen Analysis und Numerik von zeitabhängigen Problemen, insbesondere die Beschreibung variationeller Methoden in Raum und Zeit. Damit tragen wir auch der großen Bedeutung dieser Methoden in der jüngsten Forschung Rechnung. Weiterhin haben wir numerische Experimente für zeitabhängige Probleme hinzugefügt. Die entsprechenden Programme sind über unsere Internetseiten verfügbar.

Für Verbesserungsvorschläge hinsichtlich der ersten Auflage und Hinweise zu dieser Auflage danken wir Dr. Ferdinand Beckhoff, Dr. Silke Glas (Univ. Ulm), Stefan Hain (Univ. Ulm), Prof. Dr. Norbert Köckler (Univ. Paderborn), PD Dr. Markus Kunze (Univ. Konstanz), Dr. Tobias Nau (Univ. Ulm) und PD Dr. Patrick Winkert (TU Berlin). Petra Hildebrand hat uns sehr kompetent bei der Neugestaltung sämtlicher Abbildungen unterstützt, wofür wir ihr sehr dankbar sind.

Ulm, im   *Wolfgang Arendt*
Oktober 2018   *Karsten Urban*

Über die Autoren

Wolfgang Arendt studierte in Berlin, Nizza und Tübingen Mathematik und Physik. Nach der Promotion und Habilitation in Tübingen war er acht Jahre lang Professor an der Universität von Besançon. Von 1995 bis 2018 leitete er das Institut für Angewandte Analysis der Universität Ulm. Seitdem ist er dort als Seniorprofessor tätig. Seine Arbeitsgebiete sind die Funktionalanalysis und die Theorie der partiellen Differenzialgleichungen. Wolfgang Arendt verbrachte Forschungsaufenthalte in Berkeley, Nancy, Oxford, Zürich, Sydney, Auckland und an der Stanford University. Er ist Editor-in-Chief der Zeitschrift „Journal of Evolution Equations".

Karsten Urban hat Mathematik und Informatik in Bonn und Aachen studiert. Nach Promotion und Habilitation an der RWTH Aachen wurde er 2002 an die Universität Ulm berufen. Seit 2003 leitet er dort das Institut für Numerische Mathematik. Er forscht u.a. über numerische Verfahren für partielle Differentialgleichungen, insbesondere interessieren ihn konkrete Anwendungen in Naturwissenschaft und Technik. Neben Gastprofessuren in Pavia, Utrecht und am M.I.T. verbrachte er Forschungsaufenthalte in Turin, Cambridge, Marseilles, Göteborg und an der Cornell University. Im Jahr 2005 erhielt er den Lehrpreis des Landes Baden-Württemberg. Er ist Editor-in-Chief der Zeitschrift „Advances in Computational Mathematics".

Inhaltsverzeichnis

1 Modellierung oder wie man auf eine Differenzialgleichung kommt

Partielle Differenzialgleichungen beschreiben zahlreiche Vorgänge in der Natur, der Technik, der Medizin oder der Wirtschaft. In diesem ersten Kapitel wollen wir für einige prominente Beispiele die Herleitung von partiellen Differenzialgleichungen mit Hilfe von Naturgesetzen und mathematischen Tatsachen beschreiben. Eine solche Herleitung nennt man (mathematische) *Modellierung*. Die Beispiele sollen auch die Vielfältigkeit der partiellen Differenzialgleichungen illustrieren, die in diversen realen Problemen auftreten. Eine erste grobe Klassifizierung wird am Ende des Kapitels vorgenommen.

Übersicht

© Springer-Verlag GmbH Deutschland, ein Teil von Springer Nature 2018
W. Arendt und K. Urban, *Partielle Differenzialgleichungen*,
https://doi.org/10.1007/978-3-662-58322-7_1

1.1 Mathematische Modellierung

Wir beginnen mit einigen grundsätzlichen Bemerkungen zur Modellierung mit partiellen Differenzialgleichungen. Mit dem Begriff Modellierung ist aber Vorsicht geboten, denn in vielen Wissenschaftsdisziplinen wird „Modellierung" betrieben, teilweise mit unterschiedlichen Bedeutungen. Auch innerhalb der Mathematik wird der Begriff Modellierung manchmal anders benutzt als hier, so z.B. in der Stochastik oder der Finanzmathematik.

1.1.1 Modellierung mit partiellen Differenzialgleichungen

Modellierung mit partiellen Differenzialgleichungen geschieht typischerweise in drei Schritten:

  1. Spezifikation des zu modellierenden Vorganges
  2. Anwendung von (Natur-)Gesetzen
  3. Formulierung des mathematischen Problems

Im ersten Schritt, der *Spezifikation des zu modellierenden Vorganges*, muss zunächst geklärt werden, welcher reale Vorgang modelliert werden soll. Beispielhaft wollen wir in diesem Abschnitt die Abgasströmung in einer Kfz-Auspuffanlage betrachten. Nehmen wir an, dass man an der Menge und der räumlichen Verteilung von CO_2 bei einer vorgegebenen Motorleistung interessiert ist. Offensichtlich spielt hier eine ganze Reihe von Prozessen eine Rolle, etwa

  • chemische Reaktionen zwischen diversen Stoffen in Luft und Abgas,
  • Verbrennungsprozesse im Motor,
  • Strömung des Abgases durch das Auspuffrohr.

Es wird schnell klar, dass die Modellierung des gesamten Prozesses sehr komplex ist. Daher nimmt man oft Vereinfachungen vor. In dem Beispiel könnte man etwa reaktive Prozesse und die Verbrennung zunächst außer Betracht lassen und sich auf das reine Strömungsproblem beschränken.

Der zweite Schritt ist die *Anwendung von (Natur-)Gesetzen*: Die (z.B. physikalischen) Größen, die für die Beschreibung des realen Vorganges notwendig sind, müssen zueinander in Beziehung gesetzt werden. Das geschieht in der Regel durch die Gesetzmäßigkeiten, die aus der jeweiligen Disziplin bekannt sind, zum Beispiel Naturgesetzen (etwa *Kraft ist Masse mal Beschleunigung*, das zweite Newton'sche Gesetz).

Oftmals ergibt sich durch die Anwendung von (Natur-)Gesetzen alleine jedoch noch keine partielle Differenzialgleichung, dazu bedarf es in der Regel noch mathematischer Theorie. Diese könnte z.B. in Integraltransformationen, Grenzübergängen oder grundlegenden Sätzen der Analysis bestehen. So gelangt man dann schließlich (oft mit reichlich Kreativität) zur *Formulierung des mathematischen Problems*, dessen Lösungen den modellierten Vorgang beschreiben. Hier trifft man wiederum häufig vereinfachende Annahmen, etwa indem man voraussetzt, dass Funktionen genügend oft differenzierbar sind.

Im oben erwähnten Beispiel der Abgasströmung erhält man aus dem Prinzip der Masse- und Impulserhaltung sowie dem dritten Newton'schen Gesetz (Wechselwirkungsprinzip) die *Navier-Stokes-Gleichungen*, die Grundgleichungen der Strömungs- und Gas-Dynamik, vgl. Abschnitt 1.7.4*.

Unsere Herleitungen dienen aber nicht nur dazu, den Nutzen der Theorie der partiellen Differenzialgleichungen zum Verständnis von Naturvorgängen zu erläutern. Es geht uns auch um die umgekehrte Richtung. Das Verständnis der physikalischen Situation, die durch eine Gleichung beschrieben wird, hilft vielfach, die mathematischen Eigenschaften zu verstehen und eine mathematische Intuition zu entwickeln.

Eine der Gleichungen, die wir näher betrachten, beschreibt keinen Naturvorgang, sondern ein wirtschaftliches Problem. Die Lösungen der *Black-Scholes-Gleichung* geben an, welchen Preis vernünftigerweise die Option wert ist, eine bestimmte Aktie an einem zukünftigen Zeitpunkt zu einem festgelegten Preis kaufen zu dürfen, vgl. Kapitel 1.5. Unsere Herleitung benutzt den auch von Black, Scholes und Merton gewählten Zugang über stochastische Differenzialgleichungen. In diesem Zusammenhang können wir die notwendige Mathematik nicht vollständig herleiten. Wir denken aber, dass die beschriebenen Argumente das finanzwirtschaftliche Modell transparenter machen.

1.1.2 Modellierung ist nur der erste Schritt

Mit der Herleitung einer partiellen Differenzialgleichung zur Beschreibung eines realen Vorganges ist man natürlich nicht fertig. Vielleicht hat die Gleichung keine Lösung oder unendlich viele. Um diese und andere naheliegende Fragestellungen zu klären, führt man eine mathematische Analyse der Gleichungen durch. Neben der Frage der Korrektgestelltheit (im Sinne von Hadamard, also Existenz, Eindeutigkeit und stetige Abhängigkeit von den Daten) versucht man, das Lösungsverhalten qualitativ zu beschreiben, das Problem zu reduzieren oder auf bereits bekannte Gleichungen zurückzuführen. Diese mathematische Analyse partieller Differenzialgleichungen ist ein zentrales Thema dieses Buches.

Will man den realen Vorgang veranschaulichen oder aber bestimmte Parameter optimieren, dann braucht man neben der mathematischen Analyse des Problems auch die Lösung der Gleichung. Diese kann man manchmal explizit durch eine Formel bestimmen (man sagt, es liegt eine *analytische* Lösung vor), manchmal kann man eine Gleichung aber auch nicht explizit lösen. Dann verwendet man Näherungsverfahren (heute meist auf dem Computer), also *numerische Lösungsverfahren*. Auch auf diesen Aspekt partieller Differenzialgleichungen gehen wir in diesem Buch ein.

Kommen wir ein letztes Mal auf das Beispiel der Abgasströmung zurück. Die Navier-Stokes-Gleichungen kann man nicht analytisch lösen. Es stellt sich heraus, dass man bei geeigneten numerischen Iterationsverfahren sehr häufig lineare partielle Differenzialgleichungen zweiter Ordnung, insbesondere die Poisson-Gleichung, zu lösen hat. Lineare partielle Differenzialgleichungen zweiter Ordnung untersuchen wir intensiv in diesem Buch. Sie bilden – wie beschrieben –

auch einen Kern für komplexere Gleichungen, die wir in Kapitel 1.7* zumindest kurz vorstellen wollen.

1.2 Transportprozesse

Wir betrachten ein dünnes Rohr R mit konstantem Querschnitt $A \in \mathbb{R}^+$ (in m^2), das entlang der x-Achse orientiert ist. Weiterhin betrachten wir im Folgenden einen Rohrabschnitt $[a, b]$ mit $a, b \in \mathbb{R}$, $a < b$, vgl. Abbildung 1.1.

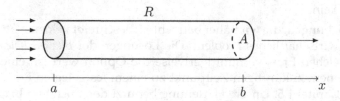

Abbildung 1.1. Horizontales Rohr mit konstantem Querschnitt $A \in \mathbb{R}^+$.

Das Rohr R werde z.B. von Wasser durchströmt. Wir nehmen an, dass das Rohr dünn ist, d.h., der Querschnitt A sei als „klein" vorausgesetzt. Hierbei soll „klein" bedeuten, dass wir nur die Strömung in horizontaler Richtung zu berücksichtigen brauchen, andere Richtungen können vernachlässigt werden.

1.2.1 Bilanzgleichungen

Wir wollen die Wasserströmung durch das Rohr R mathematisch beschreiben. Dazu bezeichnen wir mit $u = u(t, x)$ die *Dichte* (gemessen in kg/m^3) des Wassers am Ort $x \in (a, b)$ zur Zeit t. Damit ist also die Wassermenge im Intervall $[x, x + \Delta x] \subset [a, b]$ (mit Δx hinreichend klein) zum Zeitpunkt t gegeben durch

$$\int_x^{x+\Delta x} u(t, y)\, A\, dy. \tag{1.1}$$

Wir wollen nun den Wasserfluss in einer Zeitspanne von t bis $t + \Delta t$, $\Delta t > 0$, $t \in \mathbb{R}$, beschreiben. Die Differenz der Wassermenge im Rohrabschnitt $[x, x + \Delta x]$ zu beiden Zeiten lautet offenbar

$$\int_x^{x+\Delta x} (u(t + \Delta t, y) - u(t, y))\, A\, dy. \tag{1.2}$$

Wodurch kann sich die Menge zwischen den Zeitpunkten t und $t + \Delta t$ ändern? Hierzu gibt es zwei mögliche Ursachen, nämlich

- den Wasserfluss,
- eine mögliche Quelle oder Senke.

In der Physik bezeichnet ein *Fluss* die Anzahl von Teilchen, Masse, Energie etc., die sich pro Zeiteinheit durch eine Fläche bewegt. Der Wasserfluss $\psi(t,x)$ gibt also an, wie viel Wasser zum Zeitpunkt t pro Sekunde und pro Quadratmeter durch den Rohrquerschnitt an der Stelle x fließt. Damit ist

$$\int_t^{t+\Delta t} A\,\psi(\tau,x)\,d\tau$$

die Wassermenge, die im Zeitintervall $[t, t+\Delta t]$ durch das Rohr fließt. Eine Quelle oder Senke wird durch eine Funktion $f = f(t,x)$ beschrieben, die angibt, wie viel Wasser pro Quadratmeter und Sekunde in einem Abschnitt der Länge 1 an der Stelle x zur Zeit t erzeugt (oder abgegeben) wird. Es ist also

$$\int_t^{t+\Delta t} \int_x^{x+\Delta x} f(\tau,y)\,A\,dy\,d\tau \tag{1.3}$$

die Wassermenge, die im Rohrabschnitt $[x, x + \Delta x]$ im Zeitintervall $[t, t + \Delta t]$ erzeugt (oder abgegeben) wird. Ist $f > 0$, so spricht man von einer *Quelle*, im Fall $f < 0$ von einer *Senke*.

Nun besagt eines der grundlegenden Prinzipien der Physik, dass Masse in einem geschlossenen System weder erzeugt noch zerstört werden kann, es gilt also das Prinzip der *Masseerhaltung*. Dies können wir in Form einer *Bilanzgleichung* mathematisch formulieren. Zunächst in Worten:

$$\text{Wassermassendifferenz} = \text{Zustrom} - \text{Abfluss} + \text{Quellen}.$$

Für alle Terme in dieser Gleichung haben wir Formeln in (1.2) und (1.3) hergeleitet. Führen wir sie zusammen, so erhalten wir in einem Rohrabschnitt $[x, x + \Delta x]$ folgende Gleichung:

$$\int_x^{x+\Delta x} A(u(t + \Delta t, y) - u(t,y))dy =$$
$$= \int_t^{t+\Delta t} (A\,\psi(\tau,x) - A\,\psi(\tau, x + \Delta x))\,d\tau + \int_t^{t+\Delta t} \int_x^{x+\Delta x} f(\tau,y)\,A\,dy\,d\tau \tag{1.4}$$

Links steht also die Differenz der Wassermengen im Rohrabschnitt $[x, x+\Delta x]$ zur Zeit $t + \Delta t$ und t und rechts steht Zufluss (bzw. Abfluss) durch den Querschnitt x minus dem Zufluss (bzw. Abfluss) durch den Querschnitt $x + \Delta x$ im Zeitintervall $[t, t+\Delta t]$ zuzüglich der Wassermenge, die im Zeitintervall $[t, t+\Delta t]$ durch Quellen hinzugekommen ist (bzw. durch Senken abgeführt wurde). Es handelt sich bei (1.4) also um eine *Bilanzgleichung*.

1.2.2 Von der Bilanzgleichung zur Differenzialgleichung

Nun können u und ψ in Zeit und Ort stark variieren. Die Gleichung (1.4) ist umso genauer, je kleiner das Zeit- und Ortsintervall ist. Nehmen wir an, dass die Funktionen u und ψ stetig differenzierbar sind. Zunächst teilen wir (1.4) durch

($A\Delta t$) und gehen zum Grenzwert $\Delta t \to 0$ über. Dann dürfen wir Integral und Ableitung vertauschen und erhalten

$$\int_x^{x+\Delta x} \frac{\partial}{\partial t} u(t,y)\, dy = \psi(t,x) - \psi(t,x+\Delta x) + \int_x^{x+\Delta x} f(t,y)\, dy.$$

Mit Division durch Δx und dem weiteren Grenzübergang $\Delta x \to 0$ folgt dann

$$\frac{\partial}{\partial t} u(t,x) = -\frac{\partial}{\partial x} \psi(t,x) + f(t,x), \tag{1.5}$$

falls f in t und x stetig ist. Man schreibt (1.5) oft kurz als

$$u_t + \psi_x = f. \tag{1.6}$$

Aus der Herleitung ist klar, dass es sich um eine reine *Erhaltungsgleichung* handelt. Wir erkennen nun auch, dass wir ganz ähnliche Überlegungen anstellen können, wenn u nicht die Wasserdichte ist, sondern die Dichte irgendeiner anderen Größe, wie z.B. Energie, Ladung, Bakterien, Teilchen, Autos, Moleküle etc. Die Wasserröhre kann dann z.B. eine Leiterbahn, Blutbahn, Straße oder Nervenbahn sein. Man nennt daher $u = u(t,x)$ allgemein auch *Zustandsvariable*.

In vielen Modellen hängt der Fluss $\psi(t,x)$ in bestimmter Weise von der Dichte $u(t,x)$ ab, es ist also $\psi(t,x) = \phi(t,x,u(t,x))$ mit einer Funktion $\phi : [0,\infty) \times \mathbb{R} \times \mathbb{R} \to \mathbb{R}$. Dann wird (1.6) zu einer partiellen Differenzialgleichung für die unbekannte Funktion u. Wir werden in den folgenden drei Abschnitten Beispiele für solch eine Abhängigkeit zeigen. Von besonderer Bedeutung ist die Diffusion. In diesem Fall hängt ψ von der Ortsableitung u_x ab, siehe Abschnitt 1.3. Es können aber sehr wohl noch andere Abhängigkeiten auftreten (z.B. von Temperatur, Geschwindigkeit, Beschleunigung, Konzentration etc.).

1.2.3 Die lineare Transportgleichung

Kehren wir zurück zum Beispiel der Wasserröhre. Nehmen wir an, dass $f = 0$ ist, es also keine Quellen und Senken gibt. Weiterhin nehmen wir an, dass sich das Wasser mit konstanter Geschwindigkeit $c \in \mathbb{R}$ bewegt. Der Wasserfluss beträgt also $\psi(t,x) = c \cdot u(t,x)$ und die Flussfunktion lautet in diesem Fall

$$\phi = \phi(t,x,u) := c \cdot u(t,x), \quad c \in \mathbb{R}. \tag{1.7}$$

Dies ist eine in u lineare Funktion, d.h., der Fluss ist proportional zur Dichte u. Damit wird (1.6) hier zu

$$u_t + c\, u_x = 0. \tag{1.8}$$

Man nennt (1.8) die *lineare Transportgleichung* (auch *Konvektionsgleichung* oder *Advektionsgleichung*). Offenbar ist (1.8) eine *homogene* Differenzialgleichung.

1.2.4 Die Konvektions-Reaktions-Gleichung

Nehmen wir an, dass der Zustand u in der Zeit mit der Rate $\lambda < 0$ zerfällt, etwa durch einen radioaktiven Zerfallsprozess. Dies entspricht der gewöhnlichen Differenzialgleichung $u_t = \lambda u$ mit der Lösung $u(t,x) = u(0,x)\,e^{\lambda t}$. Dies kann als Quellterm mittels

$$f(t, x, u(t,x)) := \lambda \cdot u(t,x) \tag{1.9}$$

ausgedrückt werden. Dann lautet (1.6) mit der Flussfunktion (1.7)

$$u_t + c u_x - \lambda u = 0. \tag{1.10}$$

Diese Gleichung (die in u immer noch homogen und linear ist) nennt man auch eine *Konvektions-Reaktions-Gleichung*. Allgemein werden Terme nullter Ordnung im unbekannten Zustand u *Reaktionsterme* genannt.

Ein weiteres Charakteristikum der Gleichungen (1.8) und (1.10) besteht darin, dass beide Gleichungen linear in u sind. Dies ist natürlich nur in sehr wenigen realistischen Problemstellungen der Fall, oft stellen lineare Gleichungen nur ein stark vereinfachtes Modell der Realität dar.

1.2.5* Die Burgers-Gleichung

Um ein erstes nichtlineares Modell einzuführen, sei $u(t,x)$ die Verkehrsdichte, d.h. die Anzahl der Autos zur Zeit t am Ort x auf einer einspurigen Straße. Um nun auch Staus modellieren zu können, lautet ein erster einfacher Ansatz für die Flussfunktion

$$\psi = \psi(u) = \alpha \cdot u \cdot (\beta - u)$$

mit zwei Konstanten $\alpha, \beta > 0$. Folgende Überlegungen zeigen, dass dies in der Tat ein erstes einfaches Stau-Modell ist. Bei moderater Verkehrsdichte u, also $0 \leq u \ll \beta$, ist ψ etwa proportional zu u, $\psi \approx \alpha\beta u$, d.h. man erhält den Fluss der linearen Transportgleichung (1.8) mit Transportgeschwindigkeit $c = \alpha\beta$. Dies entspricht unserer Intuition: Sind wenige Autos auf der Straße, so verläuft der Verkehr reibungslos und staufrei. Bei höherer Verkehrsdichte hingegen, also etwa für $u \approx \beta$, gilt $\psi \approx 0$, die zunehmende Fahrzeugdichte bringt den Verkehrsfluss also allmählich zum Erliegen. Ohne Quellterm (also wenn die Straße keine Verzweigungen besitzt) lautet die *Staugleichung*

$$u_t + \alpha(u \cdot (\beta - u))_x = 0. \tag{1.11}$$

In dieser Form ist die Gleichung etwas unhandlich. Mit der Variablen-Transformation

$$v(t,x) := \beta - 2u\left(\frac{t}{\alpha}, x\right) \tag{1.12}$$

gilt (die Argumente lassen wir zur Vereinfachung der Darstellung weg)

$$v_t + v v_x = -\frac{2}{\alpha} u_t + (\beta - 2u)(-2u_x) = \left(-\frac{2}{\alpha}\right)(u_t + \alpha\beta u_x - 2\alpha u u_x)$$

$$= \left(-\frac{2}{\alpha}\right)(u_t + \alpha(u(\beta - u))_x).$$

Wegen (1.11) ist also

$$v_t + vv_x = 0. \tag{1.13}$$

Diese Gleichung heißt *Burgers-Gleichung*, benannt nach dem niederländischen Physiker Johannes Martinus Burgers (1895-1981). Nun gilt $vv_x = \frac{1}{2}\frac{\partial}{\partial x}v^2 = \frac{1}{2}(v^2)_x$, also lautet die Flussfunktion $\psi(t, x, v) := \frac{1}{2}v(t, x)^2$. Man nennt (1.13) auch die *nichtlineare Transportgleichung*.

Zusätzliche Viskosität. Natürlich kann man dieses Modell weiter verfeinern. Eine Möglichkeit besteht in der Annahme, dass ein Autofahrer nicht erst bei großer Verkehrsdichte (also bei $u \approx \beta$) die Geschwindigkeit reduziert, sondern bereits dann, wenn die Verkehrsdichte zunimmt, also bei $u_x > 0$. Wir addieren zu ϕ in obigem Stau-Modell also den Term $-\tilde{\varepsilon}u_x, \tilde{\varepsilon} > 0$ hinzu: $\phi(t, x, u, u_x) = \alpha u(t, x)(\beta - u(t, x)) - \tilde{\varepsilon}u_x(t, x)$. Wie oben transformieren wir u zu v aus (1.12) und erhalten

$$v_t + vv_x = \varepsilon v_{xx} \tag{1.14}$$

mit dem *Viskositäts-Koeffizienten* $\varepsilon := \frac{\tilde{\varepsilon}}{\alpha} > 0$. Man nennt (1.14) die Burgers-Gleichung mit zusätzlicher Viskosität oder auch die *viskose Burgers-Gleichung*.

Der Unterschied von (1.14) zu den davor eingeführten Gleichungen besteht darin, dass in (1.14) mit v_{xx} ein Term zweiter Ordnung auftritt, wir es also mit einer partiellen Differenzialgleichung zweiter Ordnung zu tun haben.

1.3 Diffusion

Anstelle des Rohres in Abbildung 1.1 betrachten wir nun einen massiven Stab S mit sehr kleinem Querschnitt $A \in \mathbb{R}^+$, siehe Abbildung 1.2.

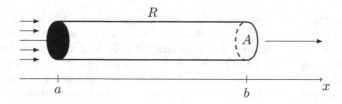

Abbildung 1.2. Horizontaler massiver dünner Stab mit konstantem Querschnitt.

Wir interessieren uns für die Temperatur $\theta = \theta(t, x)$ des Stabes zur Zeit t am Ort $x \in [a, b]$. Dabei nehmen wir an, dass der Stab homogen ist, d.h., seine *Dichte* $\rho \in \mathbb{R}^+$ konstant ist. Wie üblich bedeutet Dichte Masse pro Volumeneinheit, die entsprechende Einheit ist kg/m^3.

Zur Herleitung der *Wärmeleitungsgleichung* benötigen wir nun noch den Begriff der *spezifischen Wärmekapazität* c eines Körpers. Diese ist definiert als diejenige Energie, die man einem Körper von 1 kg Masse zufügen muss, um seine Temperatur um 1 Kelvin zu erhöhen. Die Einheit lautet J/(kg K). Die Temperatur ist also proportional zur Wärmemenge pro Masse und damit entspricht sie der Dichte in Abschnitt 1.2.1.

Die Flussfunktion ψ gibt an, wie viel Wärmemenge pro Sekunde und pro Quadratmeter durch den Rohrquerschnitt fließt. Wir haben also wie vorher die Bilanzgleichung $\theta_t(t,x) + \psi_x(t,x) = 0$. Das Fourier'sche Gesetz der Wärmeleitung besagt, dass der Wärmefluss ψ in jedem Punkt proportional zum Wärmeabfall $-\theta_x$ ist. Daher ist also $\psi(t,x) = -k(x)\,\theta_x(t,x)$. Ist der Proportionalitätsfaktor (auch *Wärmediffusionskonstante* genannt) $k(x)$ unabhängig von x, so erhalten wir die Wärmeleitungsgleichung

$$\theta_t - k\,\theta_{xx} = 0. \tag{1.15}$$

Diese Gleichung ist das einfachste Modell für die Wärmeleitung. Eine erste Verfeinerung ergibt sich, wenn wir die Einschränkung fallen lassen, dass k auf dem gesamten Stab konstant sind. Falls k ortsabhängig ist, dann wird (1.15) zu

$$\theta_t - (k(x)\,\theta_x)_x = \theta_t - k'(x)\,\theta_x - k(x)\,\theta_{xx} = 0. \tag{1.16}$$

Es treten also erste und zweite Ortsableitungen auf, die Gleichung ist jedoch weiterhin in θ linear. Geht man davon aus, dass die Wärmeleitfähigkeit zusätzlich auch noch von der Temperatur abhängig ist, $k = k(x,\theta)$, dann wird (1.16) zu einer nichtlinearen Gleichung der Form $\theta_t - (k(\theta)\,\theta_x)_x = 0$.

1.4 Die Wellengleichung

Zur Herleitung des dritten (und letzten) Typs räumlich eindimensionaler Gleichungen betrachten wir eine vollkommen elastische und biegsame Saite mit konstanter linearer Massendichte ρ_0, die an zwei Enden fixiert ist, vgl. Abbildung 1.3. Die konstante Spannung der Saite sei mit S bezeichnet.

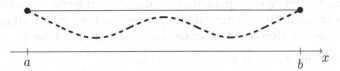

Abbildung 1.3. Elastische, an beiden Enden fixierte Saite.

Wir lenken die Saite aus ihrer Ruhelage aus und wollen die vertikale Auslenkung $u = u(t,x)$ in Abhängigkeit von Zeit und Ort bestimmen. Dabei nehmen wir an, dass die Auslenkung „klein" ist, so dass horizontale Bewegungen vernachlässigt werden können. Auch gehen wir davon aus, dass sich die Saite wieder vollständig in ihre Ruhelage zurückbewegen kann, also keine plastischen Veränderungen auftreten. Wir betrachten nun ein kleines Stück $[x, x + \Delta x]$ der Saite wie in Abbildung 1.4 dargestellt. Unsere Herleitung beruht alleine auf dem zweiten *Newton'schen Gesetz*

Kraft $=$ Masse mal Beschleunigung,

benannt nach Sir Isaac Newton (1642-1727). Die Beschleunigung in vertikaler Richtung ist die zweite Ableitung des vertikalen Weges (also der Auslenkung

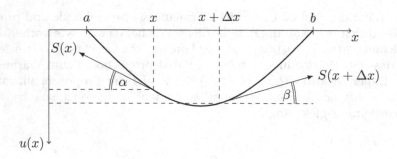

Abbildung 1.4. Spannung an einem Stück $[x, x + \Delta x]$ der Saite.

u) nach der Zeit, d.h.

$$\text{Beschleunigung} = \frac{\partial^2}{\partial t^2} u(t, x) = u_{tt}(t, x).$$

Also ist $(\rho_0 \, \Delta x) \, u_{tt}(t, x)$ die Kraft, die auf das Stück der Saite mit Länge Δx wirkt. Um eine Differenzialgleichung für die Auslenkung $u(t, x)$ zu erhalten, werden wir nun einen Zusammenhang zwischen der Kraft und der Spannung S herleiten. In Abbildung 1.4 sind die tangentialen Spannungskomponenten $S(x)$ und $S(x + \Delta x)$ an den Punkten $x, x + \Delta x \in [a, b]$ dargestellt. Daraus ergeben sich leicht die horizontalen Spannungskomponenten, die aufgrund der Annahme den konstanten Wert S haben, also

$$S(x + \Delta x) \cos \beta = S(x) \cos \alpha = S. \tag{1.17}$$

Die vertikalen Spannungskomponenten können ebenso leicht aus Abbildung 1.4 ermittelt werden und die Differenz der beiden stimmt mit der Kraft überein, die wir mit Hilfe des zweiten Newton'schen Gesetzes bestimmt haben:

$$S(x + \Delta x) \sin \beta - S(x) \sin \alpha = (\rho_0 \, \Delta x) \, u_{tt}(t, x). \tag{1.18}$$

Wir wollen eine Beziehung zu $u(t, x)$ herleiten. Wiederum aus Abbildung 1.4 erhalten wir $\tan \alpha = u_x(t, x)$ und $\tan \beta = u_x(t, x + \Delta x)$. Dividieren wir (1.18) durch S, so erhalten wir daraus mit Hilfe von (1.17)

$$\frac{\rho_0 \, \Delta x}{S} u_{tt}(t, x) = \tan \beta - \tan \alpha = u_x(t, x + \Delta x) - u_x(t, x).$$

Division durch $\frac{\rho_0 \Delta x}{S}$ und Grenzübergang $\Delta x \to 0$ liefert

$$u_{tt} - c^2 \, u_{xx} = 0, \tag{1.19}$$

die *Wellengleichung* mit der *Wellengeschwindigkeit*

$$c^2 = \frac{S}{\rho_0}, \qquad c > 0.$$

Diese Gleichung geht auf Jean-Baptiste le Rond d'Alembert im Jahre 1746 zurück.

1.5 Die Black-Scholes-Gleichung

Die meisten der hier vorgestellten partiellen Differenzialgleichungen haben ihren Ursprung in Naturwissenschaft und/oder Technik. Wir beschreiben nun eine berühmte Gleichung aus einem anderen Bereich, nämlich den Wirtschaftswissenschaften, genauer gesagt der Finanzwirtschaft. Das zu Grunde liegende finanzmathematische Modell wurde 1973 vom US-amerikanischen Wirtschaftswissenschaftler Fischer Sheffey Black und dem kanadischen Wirtschaftswissenschaftler Myron Samuel Scholes veröffentlicht. An den Arbeiten war ebenfalls der US-amerikanische Mathematiker und Ökonom Robert Carhart Merton beteiligt. Da er an der viel beachteten Veröffentlichung 1973 nicht beteiligt war, wird sein Name in diesem Zusammenhang zu Unrecht oft nicht genannt. Merton und Scholes erhielten 1997 zusammen den Nobelpreis für Wirtschaftswissenschaften „für ihre Ausarbeitung einer mathematischen Formel zur Bestimmung von Optionswerten an der Börse", wie es in der Begründung hieß. Fischer Black war 1995, zwei Jahre vor der Preisvergabe, verstorben. Black wurde jedoch im Rahmen der Verleihung der Nobelpreise eine posthume Würdigung zuteil.

Eine *Option* hängt zunächst von einem *Basis-Wert* (engl. *underlying*) ab. Dies kann z.B. ein Wechselkurs, eine Aktie oder ein Aktienbündel oder der Preis einer Ware sein, die an einer Börse gehandelt wird. In jedem Fall besitzt dieser Basis-Wert einen *Kurswert*, der mit $S(t)$ bezeichnet wird. Diese Funktion ist ein so genannter *stochastischer Prozess* (s.u.).

Eine Option auf diesen Basis-Wert ist nun ein Finanzprodukt (ein Vertrag zwischen einem Anbieter, z.B. einer Bank, und einem Kunden), das dem Besitzer der Option (dem Kunden) das Recht (aber nicht die Verpflichtung) zusichert, den Basis-Wert zu einem Zeitpunkt, dem *Ausübungs-Zeitpunkt* (engl. *maturity*) T, zu einem vereinbarten Preis (dem so genannten *Ausübungs-Preis*, engl. *strike*) K zu kaufen bzw. zu verkaufen. Bei einem Kaufrecht spricht man von einer *Call-Option*, bei einem Verkaufsrecht von einer *Put-Option*. Wir betrachten hier nur den Fall, dass ausschließlich zum Ausübungs-Zeitpunkt ge- bzw. verkauft werden darf. Eine solche Option nennt man *Europäische Option*, wobei das Adjektiv hier keinerlei geographische Bedeutung hat. Es gibt heutzutage eine ganze Reihe von komplexen Finanzprodukten, deren Betrachtung aber den Rahmen hier bei Weitem sprengen würde; für Details verweisen wir z.B. auf [14].

Gesucht ist nun der „faire" Preis $V(0, y)$ der Option in Abhängigkeit des heutigen Aktienkurses y (hier bedeutet „fair", dass bei diesem Preis niemand einen Handelsgewinn erzielen kann, ohne gleichzeitig dabei ein Verlustrisiko einzugehen – man nennt dies *arbitragefrei*). Es wird günstig sein, sich für jeden Zeitpunkt $t \in [0, T]$ einen Preis $V(t, y)$ zu überlegen, der zum Zeitpunkt $t \in [0, T]$ bei einem Aktienpreis y zu diesem Zeitpunkt fair sein soll.

Wir wollen den Fall eines Europäischen Calls auf eine Aktie betrachten, also das Recht, die Aktie zum Zeitpunkt T zu einem vereinbarten Preis K zu kaufen. Man spekuliert also auf steigende Aktienkurse. Ist der Aktienkurs zu diesem Zeitpunkt niedriger als K, dann ist die Option wertlos, da man die Aktie ja am freien Markt zu einem günstigeren Preis kaufen könnte. Falls aber der Kurs $S(T)$

des Basis-Wertes zum Zeitpunkt T über K liegt, dann kann man durch die Ausübung der Call-Option einen Gewinn von $S(T) - K$ erzielen, indem man den Basis-Wert zum garantierten Preis K kauft und denselben Basis-Wert dann sofort an der Börse zum aktuellen Preis $S(T) > K$ wieder verkauft. Also hat die Option zum Ausübungs-Zeitpunkt den Wert $V(T, S(T))$ mit

$$V(T,y) = (y-K)^+ := \begin{cases} y - K, & \text{falls } y > K, \\ 0, & \text{sonst.} \end{cases} \tag{1.20}$$

Man nennt diese Funktion auch *Payoff*. Offenbar ist (1.20) eine *Endbedingung* im Gegensatz zu einer *Anfangsbedingung*, die wir bei der Transportgleichung betrachtet haben. Man sagt auch, dass die Black-Scholes-Gleichung „rückwärts in der Zeit" erklärt ist.

Nun beginnt die eigentliche Modellierung, da wir Annahmen über das Verhalten des Basis-Wertes treffen müssen. Bei den obigen Beispielen konnten wir Naturgesetze verwenden, hier müssen wir Annahmen über das Verhalten einer Aktie *in der Zukunft* machen. Dies hat zwei wesentliche Konsequenzen:

- Man geht davon aus, dass sich der Basis-Wert (z.B. ein Aktienkurs) stochastisch entwickelt. Wir müssen also das Verhalten von $S(t)$ stochastisch modellieren und benötigen dazu einige Grundlagen der Theorie stochastischer Prozesse.

- Man kennt das Verhalten des Basis-Wertes in der Vergangenheit aus der Beobachtung des Marktes. Ob dies die Zukunft gut vorhersagt, kann man natürlich nicht wissen.

1.5.1 Grundlagen aus der Stochastik

Wir beginnen mit der Bereitstellung der benötigten Grundlagen. Dabei setzen wir Begriffe wie *Wahrscheinlichkeitsraum* und *Zufallsvariable* als bekannt voraus.

Definition 1.1. Sei $(\Omega, \mathfrak{A}, \mathsf{P})$ ein Wahrscheinlichkeitsraum[1]. Dann nennt man eine Familie $X = X(t)_{t \geq 0}$ von Zufallsvariablen $X(t) : \Omega \to \mathbb{R}$ einen *stochastischen Prozess*. Man sagt, dass X *stetige Pfade* besitzt, falls die Funktion $t \mapsto X(t; \omega) : [0, \infty) \to \mathbb{R}$ für jedes $\omega \in \Omega$ stetig ist. $\triangle$

Beispiel 1.2. Ein Beispiel ist der *Wiener-Prozess* W. Dies ist ein stochastischer Prozess mit stetigen Pfaden, für den insbesondere gilt

$$\mathsf{P}(\{W_t \in (a,b)\}) = \frac{1}{\sqrt{2\pi t}} \int_a^b e^{-\frac{x^2}{2t}} \, dx,$$

d.h., W_t ist normalverteilt. Genauer ist W dadurch eindeutig bestimmt, dass die Zuwächse $W_t - W_s, t \geq s > 0$ stochastisch unabhängig und $\mathcal{N}(0, t-s)$-verteilt (also normalverteilt mit Erwartungswert $\mu = 0$ und Varianz $\sigma = t - s$) sind mit $W_0 = 0$. $\triangle$

---

[1]Beachte die doppelte Notation: Bei Differenzialgleichungen bezeichnet $\Omega \subset \mathbb{R}^d$ das Gebiet der räumlichen Variablen; in der Stochastik hingegen den Grundraum eines Wahrscheinlichkeitsraumes.

Der nächste Schritt ist die Definition eines Integrals bezüglich eines stochastischen Prozesses, z.B. um kumulierte Gewinne modellieren zu können. Man kann recht leicht sehen, dass Standard-Integralbegriffe wie etwa das Riemann- oder Lebesgue-Integral bei allgemeinen stochastischen Prozessen nicht zum Ziel führen, da man letztlich Funktionen zu integrieren hat, die eine unendliche Variation besitzen.

In der Stochastik wird das *Itô-Integral* eines stochastischen Prozesses X bezüglich eines zweiten stochastischen Prozesses W, in Formeln

$$\int_0^t X(s)\, dW(s),\tag{1.21}$$

definiert. Die Bezeichnung „Itô-Integral" wurde zu Ehren von Kiyoshi Itô gewählt, der den entsprechenden mathematischen Kalkül 1951 eingeführt hat. Wir verweisen auf Spezialliteratur für Details zu diesem Begriff.

1.5.2 Black-Scholes-Modell

Nun muss man die Modellannahme über das zukünftige Verhalten des Preises S des Basis-Wertes treffen. Im Black-Scholes-Modell nimmt man an, dass $S(t)$ eine *geometrische Brown'sche Bewegung* mit *Drift* μ und *Volatilität* σ ist. Wir stellen die wesentlichen Eigenschaften zusammen.

Bemerkung 1.3. Die *geometrische Brown'sche Bewegung* mit Drift μ und Volatilität σ ist der durch

$$S(t) := S(0)\, \exp\left(\mu t + \sigma W(t) - \frac{1}{2}\sigma^2 t\right)$$

definierte stochastische Prozess S, wobei hier W den in Beispiel 1.2 eingeführten *Wiener-Prozess* bezeichnet. Er hat folgende Eigenschaften:

(a) $S(t)$ ist log-normalverteilt (d.h. $\log(S(t)) \sim \mathcal{N}(\mu, \sigma^2)$) mit Erwartungswert $\mathbb{E}(S(t)) = S(0)\, e^{\mu t}$ und Varianz $\mathrm{Var}(S(t)) = S_0^2 e^{2\mu t}(e^{\sigma^2 t} - 1)$.

(b) Die Pfade $S(t), t \in [0, T]$ sind stetig.

(c) Es gilt folgende Integralgleichung

$$S(t) = S(0) + \int_0^t \mu\, S(s)\, ds + \int_0^t \sigma\, S(s)\, dW(s),\tag{1.22}$$

wobei das letzte Integral im Sinne von (1.21) als Itô-Integral zu verstehen ist. Die Integralgleichung (1.22) wird oft geschrieben als

$$dS(t) = \mu\, S(t)\, dt + \sigma\, S(t)\, dW(t).\tag{1.23}$$

Diese Gleichung heißt auch *Itô-Differenzialgleichung* mit Driftterm $\mu\, S(t)\, dt$ und Diffusion $\sigma\, S(t)\, dW(t)$. $\triangle$

Der nächste Schritt ist nun die Bestimmung des Wertes der Option $V(t, S(t))$ in Abhängigkeit vom stochastischen Modell für die Aktie in (1.23). Wir setzen also in der Wert-Funktion $V = V(t, y)$ für die Variable y nun den stochastischen Prozess S mit (1.23) als Modell für den Aktienkurs ein. Falls man annimmt, dass $V \in C^2([0, T] \times \mathbb{R})$, dann kann man das stochastische Gegenstück der Kettenregel verwenden, das so genannte *Itô-Lemma*. Man erhält dann die stochastische Differenzialgleichung

$$dV(t, S(t)) = \left(V_t + \mu\, S(t)V_y + \frac{1}{2}\sigma^2 S(t)^2 V_{yy}\right)dt + \sigma S(t)V_y\, dW(t). \qquad (1.24)$$

1.5.3 Der faire Preis

Schließlich macht man sich Gedanken darüber, was ein „fairer" Preis sein könnte. Wir betrachten dazu einen sehr einfachen Markt, in dem es nur zwei Anlagemöglichkeiten gibt. Einmal kann Geld risikolos zu einem festen Zinssatz $r > 0$ angelegt werden. Wenn man den Geldbetrag B_0 für den Zeitraum $t > 0$ anlegt, dann erhält man zur Zeit t den Betrag $B(t) = B_0 e^{rt}$, vgl. Bemerkung 3.48*. Wir nehmen weiter an, dass man sich in unserem idealisierten Markt Geld zum gleichen Zinssatz r leihen kann. Leiht man also den Betrag Z_0 zum Zeitpunkt 0, so muss man zum Zeitpunkt $t > 0$ den Betrag $Z_0 e^{rt}$ zurückzahlen. In unserem Markt gibt es weiterhin eine zweite, risikobehaftete Anlagemöglichkeit S, die durch die oben beschriebene geometrische Brown'sche Bewegung gegeben ist. Wir stellen uns eine Anlage in eine Aktie ohne Dividendenzahlung vor. Nun betrachten wir ein Portfolio (den Wert einer Handelsstrategie)

$$X(t) = c_1(t)B(t) + c_2(t)S(t), \qquad (1.25)$$

wobei $B(t) = e^{rt}$ und c_1, c_2 stochastische Prozesse sind. Da $S(0, \omega) = S_0$ ($\omega \in \Omega$) deterministisch ist (S_0 ist der bekannte Aktienkurs zum Zeitpunkt 0), wollen wir annehmen, dass auch $c_1(0)$ und $c_2(0)$ deterministisch sind (also Zahlen). Es handelt sich also um eine Anlagestrategie mit einem Bestandteil Aktien ($c_2(t)S(t)$) und einem festverzinslichen Anteil $c_1(t)B(t)$. Wir wollen annehmen, dass diese Anlage *selbstfinanzierend* ist, d.h., es wird kein Gewinn abgezogen und es wird auch kein zusätzliches Geld eingelegt. Die zeitliche Veränderung des Wertes des Portfolios besteht also nur im Umschichten zwischen Aktienanteil und festverzinslicher Anlage. Mathematisch bedeutet dies Folgendes: Der (kumulierte) Gewinn des Portfolios ergibt sich aus den Zinsgewinnen plus dem Aktiengewinn zu $X^{\text{Gewinn}}(t) := \int_0^t c_1(s)\, r\, e^{rs}\, ds + \int_0^t c_2(s)\, dS(s)$. In der Schreibweise als stochastische Differenzialgleichung lautet dies $dX^{\text{Gewinn}}(t) = c_1(t)\, dB(t) + c_2(t)\, dS(t)$. Eine Strategie ist genau dann *selbstfinanzierend*, wenn sich der Wert zum Zeitpunkt t als die Summe aus Anfangswert und dem kumulierten Gewinn zum Zeitpunkt t ergibt, also wenn $X(t) = X(0) + X^{\text{Gewinn}}(t)$. Dies bedeutet $dX(t) = dX^{\text{Gewinn}}(t)$ und damit

$$dX(t) = c_1(t)\, dB(t) + c_2(t)\, dS(t). \qquad (1.26)$$

Wir stellen uns nun folgende Aufgabe: Suche eine stetige Funktion $V : [0, T] \times \mathbb{R} \to \mathbb{R}$, $V = V(t, y)$, die auf $(0, T) \times \mathbb{R}$ stetig differenzierbar nach t und zweimal stetig differenzierbar nach y ist, und eine selbstfinanzierende Anlagestrategie c_1, c_2 derart, dass für den Prozess

$$Y(t) = c_1(t)\, B(t) + c_2(t)\, S(t) - V(t, S(t)) \tag{1.27}$$

gilt: $Y(t) = Y_0 e^{rt}$ mit $Y_0 = c_1(0)B(0) + c_2(0)S_0 - V(0, S_0)$. Mit anderen Worten: Y ist eine risikolose Anlage, der Prozess $X(t)$ enthält das gleiche Risiko wie die Option $V(t, S(t))$. Man spricht von einem *replizierenden Portfolio*. Wir zeigen nun zunächst, dass daraus folgt, dass V die Black-Scholes-Gleichung erfüllt. Anschließend erklären wir, wie man den Preis vernünftigerweise bestimmt.

Der Prozess Y erfüllt die Differenzialgleichung (in stochastischer Schreibweise)

$$dY(t) = r\, Y(t)\, dt. \tag{1.28}$$

Nun setzt man die stochastischen Differenzialgleichungen (1.28) für $dY(t)$, (1.23) für $dS(t)$, (1.24) für $dV(t)$ und (1.28) in die Gleichung (1.26) ein, und dann erhält man (das Argument t lassen wir hier weg)

$$
\begin{aligned}
dY &= c_1\, dB + c_2\, dS - dV \\
&= c_1 r B dt + c_2(\mu S dt + \sigma S dW) - (V_t + \mu S V_y + \frac{\sigma^2}{2} S^2 V_{yy}) dt - \sigma S V_y dW \\
&= \left[c_1\, r\, B + c_2\, \mu\, S - \left(V_t + \mu S V_y + \frac{1}{2}\sigma^2 S^2 V_{yy} \right) \right] dt \\
&\quad + \left[c_2\, \sigma\, S - \sigma\, S V_y \right] dW. \tag{1.29}
\end{aligned}
$$

Da das Portfolio $Y(t)$ risikolos und selbstfinanzierend sein soll, gelten (1.28) und (1.26), also $dY = r\, Y\, dt = r(c_1\, B + c_2\, S - V)\, dt$ und damit muss der Term in der zweiten Zeile von (1.29) verschwinden (Koeffizientenvergleich), also ist $c_2 - V_y(t, S(t)) = 0$, d.h. $c_2(t) = V_y(t, S(t))$. Durch Koeffizientenvergleich bzgl. dt erhält man

$$
r\Big(c_1(t)\, B(t) + S(t)V_y(t, S(t)) - V(t, S(t)) \Big) =
$$
$$
= \Big(c_1(t)\, r\, B(t) - V_t(t, S(t)) - \frac{1}{2}\sigma^2 S(t)^2 V_{yy}(t, S(t)) \Big).
$$

Der Term $rc_1 B$ kürzt sich weg und wir erhalten die Identität

$$V_t(t, S(t)) + \frac{\sigma^2}{2} S(t)^2 V_{yy}(t, S(t)) + rS(t)V_y(t, S(t)) - rV(t, S(t)) = 0. \tag{1.30}$$

Wir erinnern daran, dass S ein stochastischer Prozess ist. Damit bedeutet (1.30) ausgeschrieben, dass

$$
V_t(t, S(t,\omega)) + \frac{\sigma^2}{2} S(t,\omega)^2 V_{yy}(t, S(t,\omega)) + rS(t,\omega)V_y(t, S(t,\omega))
$$
$$
- rV(t, S(t,\omega)) = 0, \tag{1.31}
$$

für alle $t \in [0, T)$ und fast alle $\omega \in \Omega$. Man weiß, dass $S(t,\omega)$ für jeden festen Zeitpunkt t in Abhängigkeit von ω jeden beliebigen Wert in $[0, \infty)$ mit positiver

Wahrscheinlichkeit annimmt. Daraus folgt, dass (1.31) für alle $t \in [0, T)$ und fast alle $\omega \in \Omega$ dann und nur dann gilt, wenn $V : (0, T) \times \mathbb{R}_+ \to \mathbb{R}_+$ die *Black-Scholes-Gleichung* erfüllt:

$$V_t + \frac{1}{2}\sigma^2 y^2 V_{yy} + ry V_y - rV = 0, \qquad (t, y) \in (0, T) \times \mathbb{R}. \tag{1.32}$$

Wir werden in Kapitel 3.5 sehen, dass die Gleichung (1.32) eine eindeutige (polynomial beschränkte) Lösung V hat, die den Endwert $V(T, y) = (y - K)^+$ annimmt. Der Anfangswert $V_0 := V(0, S_0)$ dieser Lösung V im Punkt $y = S_0$ mit dem Aktienkurs S_0 zum Anfangszeitpunkt $t = 0$ ist der faire Preis für die Option. Um dies zu verstehen, versetzen wir uns in die Rolle des Bankiers. Er erhält den Betrag V_0 zum Zeitpunkt $t = 0$ von seinem Kunden und muss diesem den Betrag $(S(T) - K)^+$, der vom Aktienkurs $S(T)$ (einer Zufallsvariablen) abhängig ist, zum Zeitpunkt T zahlen. Um dieses Geld zu erwirtschaften, geht er folgendermaßen vor. Er legt ein gemischtes selbstfinanzierendes Portfolio (1.25) so an, dass $Y(t) := X(t) - V(t, S(t))$ risikolos ist, also $Y(t) = Y_0 e^{rt}$. Hier ist V die obige Lösung der Black-Scholes-Gleichung mit $V(T, y) = (y - K)^+$. Wir hatten gesehen, dass für die Existenz des Portfolios notwendig ist, dass V die Black-Scholes-Gleichung erfüllt. Für die Handelsstrategie des Bankiers müssen wir umgekehrt die Prozesse c_1, c_2 konstruieren (wir hatten schon gesehen, dass $c_2(t) = V_y(t, S(t))$ sein muss); wir verzichten auf die mathematischen Details. In der Praxis muss der Bankier durch tägliches (eigentlich sogar zeitstetiges) Umschichten sein Portfolio aufbauen, eine Tätigkeit, die man *hedgen* nennt.

Zum Zeitpunkt T beträgt der Wert des Portfolios des Bankiers $X(T) = Y_0 e^{rT} + (S(T) - K)^+$, während die Anfangsinvestition in das Portfolio $X(0) = Y_0 + V_0$ beträgt. Sie unterscheidet sich um Y_0 von dem Betrag, den der Bankier von seinem Kunden erhält. Der Bankier muss nun drei Fälle unterscheiden und seine Strategie entsprechend wählen:

1. *Fall:* $Y_0 = 0$: Der Bankier erhält aus seinem Portfolio zum Zeitpunkt T genau den Betrag, den er seinem Kunden zahlen muss.

2. *Fall:* $Y_0 < 0$: Der Bankier erhält aus seinem Portfolio nur $(S(T) - K)^+ - |Y_0| e^{rT}$, muss aber $(S(T) - K)^+$ zahlen. Aber er muss auch nur $X(0) = V_0 - |Y_0|$ in sein Portfolio investieren. Den restlichen Betrag $|Y_0|$ investiert er festverzinslich, was ihm zum Zeitpunkt T die fehlende Summe $|Y_0| e^{rT}$ einbringt. So kann er genau die geforderte Auszahlung leisten.

3. *Fall:* $Y_0 > 0$: Der Bankier muss $X(0) = V_0 + Y_0$ investieren, hat aber von seinem Kunden nur V_0 bekommen. Also leiht er sich den Betrag Y_0. Zum Zeitpunkt T muss er dafür $Y_0 e^{rT}$ zurückzahlen. Aus seinem Portfolio nimmt er aber $(S(T) - K)^+ + Y_0 e^{rT}$ ein und kann so den Kredit zurückzahlen und die Auszahlung an seinen Kunden leisten.

In allen drei Fällen ist der Preis fair: Der Bankier kann risikolos den zugesicherten Payoff $(S(T) - K)^+$ erwirtschaften.

1.6 Jetzt wird es mehrdimensional

In den obigen Beispielen des Rohrs oder der Saite haben wir jeweils die vertikale Ausdehnung vernachlässigt und so eine partielle Differenzialgleichung in einer Raumdimension erhalten. Auch die Black-Scholes-Gleichung ist eine zeitabhängige *eindimensionale* Gleichung, da $y \in \mathbb{R}$ eine eindimensionale Variable ist. Diese Betrachtungsweise stellt natürlich in vielen realen Situationen eine zu starke Vereinfachung dar. Daher betrachten wir jetzt den räumlich mehrdimensionalen Fall.

1.6.1 Transportprozesse

Wir beginnen wie oben mit der Beschreibung von Transportprozessen. Dazu ersetzen wir das Rohr R in Abbildung 1.1 durch ein allgemeines Gebiet $\Omega \subset \mathbb{R}^d$, $d = 2,3$, in dem sich der Transportvorgang abspielen soll. Wiederum sei $u = u(t,x) : [t_1, t_2] \times \Omega \to \mathbb{R}$ die zeit- und ortsabhängige Dichte. Wir wollen eine Bilanzgleichung auf einem *Kontrollvolumen* $V \subset \Omega$ betrachten, z.B. einem achsenparallelen Quader oder einer Kugel. Die Masse in V ist dann analog zu (1.1) gegeben durch

$$\int_V u(t,x)\,dx. \tag{1.33}$$

Ohne den Einfluss von Quellen oder Senken besagt das Prinzip der Masseerhaltung, dass eine Änderung der Masse nur durch Zu- bzw. Abfluss geschehen kann. Bezüglich V bedeutet dies Zu- und Abfluss über den Rand ∂V von V. Diesen drücken wir durch eine Flussfunktion $\vec{\varphi} = \vec{\varphi}(t,x)$, $\vec{\varphi} = (\varphi_1, \ldots, \varphi_d)$ aus. Sie gibt an, welche Menge des Stoffes (z.B. Wasser) pro Sekunde und pro Quadratmeter aus einem kleinen Oberflächenstück austritt. Genauer ist $\vec{\varphi} : \mathbb{R}_+ \times \Omega \to \mathbb{R}^d$ eine (stetig differenzierbare) Funktion, so dass

$$\int_t^{t+\Delta t} \int_{\partial V} \vec{\varphi}(s,z)\,\nu(z)\,d\sigma(z)\,ds$$

die durch die Oberfläche ∂V einer kleinen Kontrollmenge V im Zeitintervall $[t, t+\Delta t]$ austretende Menge des Stoffes ist. Dabei soll V eine kleine Menge mit C^1-Rand sein, so dass $\bar{V} \subset \Omega$. Mit $\nu(z)$ bezeichnen wir die äußere Normale an V im Punkt $z \in \partial V$ und mit $d\sigma$ das Oberflächenmaß auf ∂V (siehe Kapitel 7 für präzise Definitionen). Unsere Bilanzgleichung lautet also (im Falle fehlender Quellen und Senken)

$$\int_V (u(t + \Delta t, x) - u(t,x))\,dx = -\int_t^{t+\Delta t} \int_{\partial V} \vec{\varphi}(s,z)\,\nu(z)\,d\sigma(z)\,ds.$$

Dabei steht links die Differenz der Stoffmengen in V zu den Zeitpunkten $t + \Delta t$ und t und rechts steht die Stoffmenge, die in dieser Zeit durch die Oberfläche geflossen ist. Dividieren wir die Bilanzgleichung durch Δt und lassen wir Δt gegen

0 streben, so erhalten wir (bei entsprechender Differenzierbarkeit der Funktionen)

$$\int_V u_t(t,x)\,dx + \int_{\partial V} \vec{\varphi}(t,z)\,\nu(z)\,d\sigma(z) = 0.$$

Nach dem Divergenzsatz 7.6 ist $\int_{\partial V} \vec{\varphi}(t,z)\,\nu(z)\,d\sigma(z) = \int_V \operatorname{div} \vec{\varphi}(t,x)\,dx$, wobei sich $\operatorname{div} \vec{\varphi} := \sum_{i=1}^d \frac{\partial}{\partial i}\varphi_i(x)$ auf die Ortsvariablen bezieht. Damit erhalten wir also

$$\int_V u_t(t,x)\,dx + \int_V \operatorname{div} \vec{\varphi}(t,x)\,dx = 0$$

für jedes Kontrollvolumen V. Für eine stetige Funktion $f : \Omega \to \mathbb{R}$ gilt

$$f(x) = \lim_{\varepsilon \downarrow 0} \frac{1}{|B(x,\varepsilon)|} \int_{B(x,\varepsilon)} f(y)\,dy,$$

wobei $x \in \Omega$, $B(x,\varepsilon) := \{y \in \mathbb{R}^d : |x - y| < \varepsilon\}$ und $|B(x,\varepsilon)|$ das Volumen von $B(x,\varepsilon)$ ist. Somit erhalten wir schließlich die infinitesimale Version

$$u_t(t,x) + \operatorname{div} \vec{\varphi}(t,x) = 0 \tag{1.34}$$

der Bilanzgleichung. Diesen Grenzübergang nennt man *Lokalisierung*. Nun erhalten wir eine partielle Differenzialgleichung für u, falls φ als Funktion von u ausgedrückt werden kann. Falls z.B. eine Flüssigkeit mit konstanter Geschwindigkeit $c > 0$ in die Richtung $\vec{b} = (b_1, \ldots, b_d)^T$ mit $|\vec{b}| = (b_1^2 + \cdots + b_d^2)^{1/2} = 1$ fließt, so hat die Flussfunktion die Form $\varphi(t,x) = c\,\vec{b}\cdot u(t,x)$. Damit lautet die Bilanzgleichung

$$u_t(t,x) + c\,\vec{b}\cdot \nabla u(t,x) = 0$$

mit dem *Gradienten* $\nabla u(t,x) = \left(\frac{\partial u}{\partial x_1}, \ldots, \frac{\partial u}{\partial x_d}\right)^T$ bzgl. der Ortsvariablen. Dies ist die Transportgleichung, die einen reinen Transport in eine Richtung bei konstanter Geschwindigkeit ausdrückt.

1.6.2 Diffusions-Prozesse

Die Flussfunktion $\vec{\varphi}$ in der Bilanzgleichung (1.34) hängt bei Diffusions-Prozessen von der Änderung der Teilchendichte ab. Im einfachsten Fall lautet die Flussfunktion $\vec{\varphi}(t,x) = -c(x)\,\nabla u(t,x)$. Dies bedeutet, dass sich die Teilchen von dichten Mengen wegbewegen hin zu weniger dichten Mengen. Setzt man diesen Ausdruck in die Bilanzgleichung (1.34), so erhält man $u_t(t,x) = \operatorname{div}\left(c(x)\,\nabla u(t,x)\right)$. Ist der Proportionalitätsfaktor c unabhängig vom Ort, $c \equiv c(x)$, so erhalten wir die *Wärmeleitungsgleichung*

$$u_t(t,x) = c\,\Delta u(t,x).$$

Diese Gleichung beschreibt chemische Diffusionsvorgänge (z.B. Tinte in Wasser) und auch die Wärmeausbreitung. Aber auch in Populationsmodellen (z.B. für Bakterien) beobachtet man solch eine Diffusion: Die einzelnen Individuen beobachten die Bevölkerungsdichte in ihrer Umgebung. Sie haben die Tendenz, in die Richtung des stärksten Abstiegs (die durch den Gradienten gegeben ist) abzuwandern.

1.6.3 Die Wellengleichung

In Abschnitt 1.4 hatten wir die Wellengleichung in einer Raumdimension als ein Modell für die Auslenkung einer Saite kennen gelernt. Betrachtet man etwa anstelle der Saite eine eingespannte elastische und biegsame Membran, dann kann man mit ähnlichen Argumenten wie oben die mehrdimensionale Wellengleichung herleiten. Die Spannungskomponenten in (1.17) bzw. (1.18) betrachtet man nun in jede Raumrichtung und daher wird u_{xx} durch Δu ersetzt. Damit lautet die allgemeine Form der Wellengleichung

$$u_{tt} - c^2 \Delta u = f. \tag{1.35}$$

1.6.4 Die Laplace-Gleichung

Wir kommen nun zur Herleitung der Laplace-Gleichung, die uns durch einen großen Teil des Buches begleiten wird. Wir betrachten eine elastische Membran

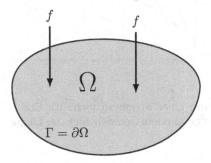

Abbildung 1.5. Auslenkung einer Membran Ω unter Belastung durch eine vertikale Kraft.

(ohne Biegesteifigkeit), z.B. die Haut einer Trommel. Die Membran habe die Form eines zweidimensionalen Gebietes $\Omega \subset \mathbb{R}^2$ und sei am Rand fest eingespannt. Auf diese Membran wirke eine vertikale Kraft $f : \Omega \to \mathbb{R}$ gemessen in N/m^2 und wir interessieren uns für die vertikale Auslenkung $u : \Omega \to \mathbb{R}$ gemessen in m. Da die Membran am Rand eingespannt ist, erhalten wir die *Randbedingung*

$$u_{|\partial\Omega} = 0, \tag{1.36}$$

was bedeutet, dass $u(x) = 0$ für alle $x \in \partial\Omega$ gilt und wir damit implizit annehmen, dass $u \in C(\bar{\Omega})$, $\bar{\Omega} = \Omega \sqcup \partial\Omega$.

Nun verwenden wir das erste Newton'sche Gesetz, das *Trägheitsprinzip*. Es besagt, dass ein Körper im Ruhezustand verharrt, solange die Summe aller auf ihn wirkenden Kräfte null ist. Mit anderen Worten: Ein Körper verhält sich so, dass die innere Energie minimal ist. Deswegen hat eine eingespannte Membran ohne äußere Kräfte keine „Beulen".

Die *Gesamtenergie* J ist die Summe der *Spannungsenergie* J_1 und der *potentiellen Energie* J_2, $J = J_1 + J_2$. Diese beiden Bestandteile leiten wir nun einzeln her. Nach dem *Hooke'schen Gesetz* ist zur Verformung eines elastischen Körpers eine Kraft F notwendig, die zur Verformung s proportional ist, d.h., es ist $F = \alpha s$, wobei α oft *Elastizität* genannt wird (bei einer Feder ist dies die Federkonstante). Die in einem Körper gespeicherte Energie entsteht durch Arbeit, die an dem Körper verrichtet wurde. Arbeit wiederum ist das Produkt von Kraft und zurückgelegtem Weg

$$\text{Arbeit} = \text{Kraft mal Weg.} \tag{1.37}$$

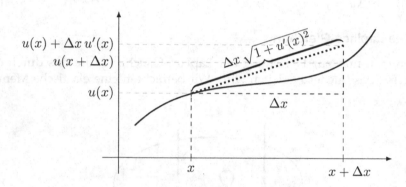

Abbildung 1.6. Auslenkung einer Membran (Schnitt): Das Kurvenstück entlang u in $[x, x + \Delta x]$ wird durch das gepunktete Geradenstück der Länge $\Delta x \sqrt{1 + u'(x)^2}$ approximiert.

Also ist die Spannungsenergie proportional zur Oberflächenänderung mit Proportionalitätsfaktor α. Die Oberfläche der Membran in Ruhelage lautet $\int_\Omega 1\, dx$, also das Lebesgue-Maß des Gebietes Ω. Wir betrachten zunächst den eindimensionalen Fall (bzw. einen Schnitt) und ein Intervall $[x, x + \Delta x]$, vgl. Abbildung 1.6. Die Länge der Saite in Ruhelage ist hier Δx und nach Auslenkung beträgt diese $\int_x^{x+\Delta x} \sqrt{1 + u'(s)^2}\, ds$. Dieses Kurvenintegral wird nun durch die Gerade durch $(x, u(x))$ mit Steigung $u'(x)$ approximiert (linksseitige Rechteckregel), d.h.

$$\int_x^{x+\Delta x} \sqrt{1 + u'(s)^2}\, ds \approx \Delta x \sqrt{1 + u'(x)^2},$$

vgl. Abbildung 1.6. Bei Funktionen mehrerer Veränderlicher lautet diese Approximation analog $dx \sqrt{1 + |\nabla u(x)|^2}$ mit der Euklidischen Vektornorm $|x|^2 := x_1^2 + \cdots + x_d^2$, $x = (x_1, \ldots, x_d)^T \in \mathbb{R}^d$. Nun integrieren wir über Ω, um die Oberflächenänderung und damit die Spannungsenergie zu erhalten:

$$J_1 = J_1(u) \approx \alpha \int_\Omega \left(\sqrt{1 + |\nabla u(x)|^2} - 1 \right) dx. \tag{1.38}$$

Da J_1 offenbar von der Funktion u (der Auslenkung) abhängt, spricht man auch von einem Energie-*Funktional*. Diesen Ausdruck wollen wir weiter vereinfachen.

Für x nahe null können wir folgende lineare Taylor-Approximation benutzen $\sqrt{1+x} = 1 + \frac{1}{2}x + \mathcal{O}(x^2)$. Für kleine Verzerrungen $|\nabla u(x)|$ gilt also

$$\sqrt{1 + |\nabla u(x)|^2} - 1 \approx \frac{1}{2}|\nabla u|^2$$

mit dem Gradienten ∇u. Damit erhalten wir (zumindest näherungsweise, hier im Rahmen der *linearen* Elastizitätstheorie) folgenden Ausdruck für die *Spannungsenergie*

$$J_1(u) \approx \frac{\alpha}{2}\int_\Omega |\nabla u|^2\, dx. \tag{1.39}$$

Die *potentielle Energie* wird durch die äußere Kraft f erzeugt und bestimmt sich nach (1.37) aus dem Produkt von Kraft und Weg (Auslenkung) als

$$J_2(u) = -\int_\Omega f(x)\, u(x)\, dx. \tag{1.40}$$

Also haben wir insgesamt folgendes Energie-Funktional zu minimieren:

$$J(u) = \frac{\alpha}{2}\int_\Omega |\nabla u|^2\, dx - \int_\Omega f(x)\, u(x)\, dx. \tag{1.41}$$

Wie üblich betrachtet man die Nullstelle der ersten Ableitung, um ein Minimum (Maximum) zu bestimmen. Im Falle eines Funktionals bedeutet dies, dass die erste Variation verschwinden muss, also

$$\frac{d}{d\varepsilon}J(u + \varepsilon v)|_{\varepsilon=0} = 0 \tag{1.42}$$

für jede mögliche Auslenkung v mit $v_{|\partial\Omega} = 0$. Wir bestimmen nun also die *erste Variation*. Für den zweiten Term in (1.41) gilt

$$\frac{d}{d\varepsilon}\int_\Omega f(x)\,(u(x) + \varepsilon v(x))\, dx = \int_\Omega f(x)\, v(x)\, dx$$

unabhängig von ε. Für den ersten Ausdruck erhalten wir

$$\frac{d}{d\varepsilon}\int_\Omega |\nabla(u + \varepsilon v)|^2\, dx = 2\int_\Omega \nabla(u + \varepsilon v)\cdot\nabla v\, dx \xrightarrow{\varepsilon\to 0} 2\int_\Omega \nabla u \cdot \nabla v\, dx,$$

also

$$\frac{d}{d\varepsilon}J(u + \varepsilon v)|_{\varepsilon=0} = \alpha\int_\Omega \nabla u \cdot \nabla v\, dx - \int_\Omega f(x)\, v(x)\, dx = 0. \tag{1.43}$$

Schließlich modifizieren wir den ersten Term mittels partieller Integration unter Beachtung der Tatsache $u_{|\partial\Omega} = v_{|\partial\Omega} = 0$

$$\int_\Omega \nabla u \cdot \nabla v\, dx = \sum_{i=1}^d \int_\Omega \frac{\partial}{\partial x_i}u\,\frac{\partial}{\partial x_i}v\, dx$$

$$= \sum_{i=1}^d \int_{\partial\Omega} v\,\frac{\partial}{\partial x_i}u\,\nu_i\, ds - \sum_{i=1}^d \int_\Omega \frac{\partial^2}{\partial x_i^2}u\, v\, dx = \int_\Omega (-\Delta u)\, v\, dx,$$

wobei $\nu = (\nu_1, \ldots, \nu_d)$ die äußere Normale von Ω ist. Damit ist also

$$-\alpha \int_\Omega (\Delta u)\, v\, dx = \int_\Omega f\, v\, dx \qquad (1.44)$$

für alle (genügend glatten) Funktionen $v : \Omega \to \mathbb{R}$ mit $v_{|\partial\Omega} = 0$ eine notwendige Bedingung dafür, dass u das Energie-Funktional J minimiert. Dies impliziert

$$-\alpha \Delta u = f \quad \text{in } \Omega \qquad (1.45)$$

mit der so genannten *Dirichlet-Randbedingung*

$$u_{|\partial\Omega} = 0 \quad \text{auf } \partial\Omega. \qquad (1.46)$$

Nach unserer obigen Herleitung ist das *Randwertproblem* (RWP) (1.45, 1.46) also die Euler-Lagrange-Gleichung des Minimierungsproblems

$$u = \arg\min\{J(v) : v \text{ ist Auslenkung mit } v_{|\partial\Omega} = 0\}.$$

Man nennt dieses RWP das *Poisson-Problem*. Im Falle von $f = 0$ nennt man

$$\Delta u = 0 \quad \text{in } \Omega \qquad (1.47)$$

die *Laplace-Gleichung* und deren C^2-Lösungen *harmonische Funktionen*. Wir verweisen auf Satz 4.24 für eine abstrakte und auf Abschnitt 6.5 für eine systematische Behandlung des Poisson-Problems.

1.7* Es gibt noch mehr

Die Gleichungen, die wir bislang vorgestellt haben, werden wir im weiteren Verlauf des Buches genauer untersuchen. Natürlich sind diese Gleichungen nur ein kleiner Ausschnitt aus der unermesslichen Zahl von partiellen Differenzialgleichungen, die in realen Problemen auftreten. Einige besonders prominente weitere Beispiele wollen wir in diesem Abschnitt zusammenstellen. Dabei gehen wir weder im Detail auf die Modellierung ein, noch werden wir später etwas zur mathematischen Analyse dieser Gleichungen sagen.

1.7.1* Die KdV-Gleichung

Diese räumlich eindimensionale Gleichung wurde 1895 von Diederik Korteweg und Gustav de Vries zur Beschreibung und Analyse von Flachwasserwellen in engen Kanälen vorgeschlagen. Sie lautet

$$u_t - 6\,u\,u_x + u_{xxx} = 0 \qquad (1.48)$$

und ist offenbar eine nichtlineare Gleichung dritter Ordnung. Die ursprünglich von Korteweg und de Vries hergeleitete Gleichung hatte eine etwas andere Gestalt, kann aber in obige, heute typischerweise verwendete Form transformiert werden. Abkürzend spricht man von der *KdV-Gleichung*. Wir verzichten hier auf die Beschreibung der Herleitung.

Die KdV-Gleichung erklärt mathematisch eine experimentelle Beobachtung. Wir alle kennen aus der Beobachtung von Wellen zwei Effekte: Das Verlaufen und das Brechen von

Wellen. Wenn sich Wellen verlaufen, spricht man von *Dispersion*. Es handelt sich um einen linearen Effekt, während das Brechen nur durch nichtlineare Einflüsse erklärbar ist. Beide Effekte scheinen sich zu widersprechen. Umso überraschender war 1834 die Beobachtung des jungen britischen Ingenieurs John Scott Russell, dass sich beide Effekte die Waage halten können und dann zu Wellen führen, die sich ohne Veränderung ihrer Form ausbreiten. Solche Wellen werden als *Solitonen* bezeichnet und können mathematisch durch

$$u(t, x) = A \cosh^{-2} \left(\frac{x - vt}{L} \right)$$

beschrieben werden, wobei L die Breite der Welle, v die Geschwindigkeit und A die Amplitude ist. Diese Solitonen sind eine Lösung der KdV-Gleichung, so dass die KdV-Gleichung in der Tat eine mathematische Rechtfertigung für die Beobachtungen von Russell bilden. Solche stehenden Wellen treten etwa in einem Tsunami auf.

Ein weiteres Anwendungsfeld der KdV-Gleichung bildet das so genannte *Fermi-Pasta-Ulam-Experiment*, benannt nach dem italienischen Kernphysiker Enrico Fermi (1901-1954), dem amerikanischen Physiker und Informatiker John R. Pasta (1918-1984) und dem polnischen Mathematiker Stanislaw Marcin Ulam (1909-1984). Bis 1955 war man davon überzeugt, dass sich die Energie eines Systems von gekoppelten Oszillatoren durch eine kleine nichtlineare Störung gleichmäßig auf alle Eigenschwingungen verteilen würde. Daher war das Ergebnis eines Computerexperimentes von Fermi, Pasta und Ulam 1955 auch sehr überraschend. Die drei zeigten, dass ein quasiperiodisches Verhalten der Energieverteilung auftritt, d.h., die Energieverteilung kehrt quasi immer wieder zur Anfangsverteilung zurück. Es dauerte bis 1965, ehe es Martin David Kruskal und Norman J. Zabusky gelang, den Grundstein zur Erklärung dieses Phänomens zu legen, indem sie zeigten, dass das Fermi-Pasta-Ulam-Experiment durch die KdV-Gleichung beschrieben werden kann.

Die mathematische Lösung der KdV-Gleichung geht auf Clifford Gardner, John M. Greene, Martin D. Kruskal und Robert Miura (1974) zurück. Sie verwendeten dazu die inverse Streutheorie aus der Quantenmechanik und verbanden so zwei zuvor vollkommen unzusammenhängende Gebiete. Damit wurde auch der Zusammenhang zur Schrödinger-Gleichung erkannt. Peter David Lax schlussendlich entwickelte einen einheitlichen mathematischen Zugang, der auch die Erweiterung auf andere Solitonengleichungen erlaubte.

1.7.2* Geometrische Differenzialgleichungen

Differenzialgleichungen, deren Ursprung ein geometrisches Variationsproblem darstellt, werden als geometrische partielle Differenzialgleichungen bezeichnet. Es handelt sich in der Regel um nichtlineare Gleichungen. Die mathematische Analyse solcher Gleichungen ist ein Gegenstand aktueller Forschungen. Wir wollen hier zwei Beispiele kurz vorstellen.

Monge-Ampère-Gleichung

Gaspard Monge (1746-1818) beschäftigte sich unter anderem mit darstellender Geometrie und betrachtete dabei das Problem des Erdaushubs und der Erdaufschüttung, allgemeiner untersuchte er Massentransportprobleme. Monge führte zu diesem Zweck 1784 die erste Form der später unter dem Namen Monge-Ampère-Gleichung bekannten partiellen Differenzialgleichung ein. Der berühmte französische Physiker André-Marie Ampère (nach dem auch die Maßeinheit für die elektrische Stromstärke benannt ist) betrachtete 1820 diese nichtlineare partielle Differenzialgleichung, um die Geometrie von Oberflächen zu untersuchen.

Die allgemeine Form der Gleichung lautet

$$\det(H(u)) = f, \tag{1.49}$$

wobei

$$H(u) = (u_{x_i,x_j})_{i,j=1,\dots,d} = \begin{pmatrix} u_{x_1,x_1} & \cdots & u_{x_1,x_d} \\ \vdots & & \vdots \\ u_{x_d,x_1} & \cdots & u_{x_d,x_d} \end{pmatrix} = D^2(u)$$

die *Hesse-Matrix* der gesuchten Funktion $u : \Omega \to \mathbb{R}$ (z.B. der Parametrisierung einer Fläche) ist. Die rechte Seite $f = f(x,u,u_{x_1},\dots,u_{x_d}) : \Omega \times \mathbb{R} \times \mathbb{R}^d \to \mathbb{R}$ ist eine gegebene Funktion (z.B. die Krümmung einer Fläche). Im zweidimensionalen Fall ($d = 2$) vereinfacht sich die Gleichung mit der Bezeichnung $(x_1, x_2) =: (x,y)$ zu $u_{xx}\, u_{yy} - u_{xy}^2 = f$. Man nennt diese Gleichung *voll nichtlinear*, da sie in allen Termen der höchsten Ableitungen (also hier der zweiten Ableitungen) nichtlinear ist (hier quadratisch).

Interpretiert man f als gegebene Krümmung, dann beschreiben die Lösungen der Monge-Ampère-Gleichung eine Fläche mit vorgegebener Krümmung (diese Aufgabenstellung nennt man auch Minkowski-Problem). Das Problem wurde 1953 von Louis Nirenberg gelöst. Eine weitere (unerwartete) Anwendung der komplexen Monge-Ampère-Gleichung ergab sich 1978 im Bereich der so genannten *String-Theorie* bei so genannten Calabi-Yau-Mannigfaltigkeiten.

Die Minimalflächengleichung

Eine Fläche $M \subset \mathbb{R}^3$ heißt *Minimalfläche* mit Rand $\partial M = \Gamma$, wenn M minimalen Flächeninhalt bzgl. aller Flächen mit dem Rand Γ besitzt. Man denke etwa an eine Seifenhaut ohne eingeschlossene Luft (also ohne Blasen). Bezeichnet wiederum u die Auslenkung einer Fläche, dann entsteht eine Minimalfläche durch die Minimierung des Flächeninhaltes

$$A(x) = \int_\Omega \sqrt{g(u(x))}\, dx, \qquad g(u) := \det H(x), \qquad \partial\Omega = \Gamma, \quad u_{|\Gamma} = 0,$$

des so genannten Flächeninhalts-Funktionals mit der Determinante der Hesse-Matrix wie oben. Man bestimmt einen kritischen Punkt des Flächeninhalts-Funktionals (was ja nicht notwendigerweise ein Minimum sein muss) und erhält die *Minimalflächengleichung*. Ein spezielles Beispiel (die Scherk-Minimalfläche) geht auf den deutschen Mathematiker und Astronom Heinrich Ferdinand Scherk (1798-1885) zurück, der eine Fläche der Form

$$z = u(x,y) = f(x) + g(y), \qquad u(0,0) = 0, \quad \nabla u(0,0) = 0$$

suchte. Man erhält dann durch Einsetzen in obiges Flächeninhalts-Funktional und Bestimmung eines kritischen Punktes die partielle Differenzialgleichung

$$(1 + u_y^2)u_{xx} - 2u_x u_y u_{xy} + (1 + u_x^2)u_{yy} = 0.$$

1.7.3* Die Plattengleichung

Bei der Herleitung der Laplace-Gleichung hatten wir eine elastische Membran betrachtet. Da die Membran als „dünn" angesehen werden kann, konnten wir sämtliche Biegesteifigkeit vernachlässigen. Wenn wir nun anstelle der Membran eine eingespannte Platte (mit einer gewissen Dicke) betrachten, dann können wir diese Vereinfachung nicht mehr ohne weiteres rechtfertigen. Wir nehmen wieder an, dass auf die Platte eine vertikale Kraft durch eine Funktion $f : \Omega \to \mathbb{R}$ wirkt und dass die Geometrie der Platte durch das Gebiet Ω beschrieben wird.

Eine Herleitung analog zur Herleitung der Laplace-Gleichung führt auf die partielle Differenzialgleichung

$$\Delta^2 u = \Delta\Delta u = f, \tag{1.50}$$

die als *Plattengleichung* bezeichnet wird. Man beachte, dass es sich hier um ein Problem vierter Ordnung handelt.

Das Problem der eingespannten Membran führte durch das Einspannen am Rand zu einem Randwertproblem. Das ist natürlich auch hier so. Durch die nicht zu vernachlässigende Dicke der Platte erhalten wir hier zusätzliche Randbedingungen, die wie folgt lauten:

$$u_{|\partial\Omega} = 0, \qquad \frac{\partial}{\partial\nu}u = 0 \quad \text{auf } \partial\Omega. \tag{1.51}$$

Zusätzlich zu den Dirichlet-Randbedingungen treten hier also *Neumann-Randbedingungen* mit der *Normalenableitung* (vgl. (7.4)) auf. Man nennt dieses Modell auch *Kirchhoff-Platte*.

1.7.4* Navier-Stokes-Gleichungen

Die Navier-Stokes-Gleichungen sind die Grundgleichungen der Strömungs- und Gasdynamik. Sie beschreiben die Strömung so genannter Newton'scher Fluide (z.B. Wasser, Luft sowie viele Öle und Gase).

Man betrachtet ein Gebiet $\Omega \subset \mathbb{R}^d$, das von einem Fluid gefüllt ist. Das Fluid wird beschrieben durch seine *Dichte* $\rho = \rho(t,x)$, seinen *Geschwindigkeitsvektor* $\vec{u} = \vec{u}(t,x) = (u_1,\ldots,u_d)^T$ (wobei u_i die Geschwindigkeit in die i-te Koordinatenrichtung beschreibt) und die *Energie* $e = e(t,x)$, womit hier die gesamte Energie gemeint ist (innere und kinetische Energie). Nun könnte man ρ, $\vec{u}$ und e zu einem $(d+2)$-dimensionalen Zustandsvektor zusammenfassen. Wir erkennen also bereits, dass wir es mit einem *System* von Gleichungen (im Gegensatz zu einer *skalaren* Gleichung wie bislang) zu tun haben. Insbesondere hat man bei Systemen oftmals die Schwierigkeit, dass die einzelnen Komponenten teilweise untereinander auf komplizierte Art gekoppelt sind.

Anstelle von ρ, $\vec{u}$ und e betrachtet man zweckmäßigerweise folgenden Vektor

$$\vec{U} = \vec{U}(t,x) := \begin{pmatrix} \rho \\ \rho\vec{u} \\ \rho e \end{pmatrix} \in \mathbb{R}^{d+2}, \tag{1.52}$$

wobei $\rho\vec{u} = \rho(t,x)\,\vec{u}(t,x)$ die *Massenstromdichte*, also den Impuls pro Volumeneinheit, und $\rho e = \rho(t,x)\,e(t,x)$ die *Gesamtenergiemenge* pro Volumen bezeichnet. Der Vektor $\vec{U}$ wird als *Zustandsvektor* bezeichnet. Mit dem *Kronecker-Delta* für $i,j \in \mathbb{N}$

$$\delta_{i,j} := \begin{cases} 1, & \text{falls } i = j, \\ 0, & \text{sonst,} \end{cases} \tag{1.53}$$

sei $e_i := (\delta_{1,i},\ldots,\delta_{d,i})^T = (0,\ldots,0,1,0,\ldots,0)^T$ der i-te kanonische Einheitsvektor und damit definieren wir

$$\vec{F}_i = \vec{F}_i(\vec{U}) := \begin{pmatrix} \rho u_i \\ (\rho u_i)\vec{u} + p e_i \\ u_i\,(\rho e + p) \end{pmatrix},$$

wobei $p = p(t, x)$ der *Druck* des Fluids ist. Die Vektoren $\vec{F_i}$ modellieren die *konvektiven Terme*. Die *diffusiven Terme* werden durch folgenden Vektor dargestellt

$$\vec{G_i} = \vec{G_i}(\vec{U}) := \begin{pmatrix} 0 \\ -\vec{\tau_i} \\ -\sum_{j=1}^{d} u_j \tau_{i,j} + q_i \end{pmatrix},$$

wobei $\vec{\tau} = \vec{\tau}(\vec{u}) = (\tau_{j,i})_{i,j=1,\dots,d}$, mit $\tau_{i,j} := \mu \left(\frac{\partial u_j}{\partial x_i} + \frac{\partial u_i}{\partial x_j} \right) - \delta_{j,i} \frac{2}{3} \mu$ div $\vec{u}$ der *viskose Spannungstensor* ist und $\vec{\tau_i}$ der i-te Zeilenvektor. Weiterhin bezeichnet $\mu \in \mathbb{R}^+$ die dynamische Zähigkeit und $\vec{q} = (q_1, \dots, q_d)^T$, $q_i = -\lambda \frac{\partial T}{\partial x_i}$ den *Wärmestrom* mit der *Temperatur* T und der *Wärmeleitfähigkeit* λ. Damit lauten die (kompressiblen) *Navier-Stokes-Gleichungen*

$$\vec{U}_t + \sum_{i=1}^{d} \frac{\partial}{\partial x_i} \vec{F_i}(\vec{U}) + \sum_{i=1}^{d} \frac{\partial}{\partial x_i} \vec{G_i}(\vec{U}) = 0. \tag{1.54}$$

Aufgrund der Abhängigkeit der konvektiven Flüsse $\vec{F_i}$ von $\vec{U}$ handelt es sich um ein nichtlineares System partieller Differenzialgleichungen.

Inkompressible Navier-Stokes-Gleichungen

Falls die Dichte ρ bezüglich Raum und Zeit konstant ist, $\rho = \rho(t, x) \equiv$ const, nennt man das Fluid *inkompressibel*. Streng genommen existieren inkompressible Fluide in der Natur nicht, aber z.B. bei Wasser oder Luft mit geringer Geschwindigkeit kann man ohne große Fehler von einer konstanten Dichte ausgehen. Bei konstanter Dichte vereinfacht sich die erste Komponente in (1.54), also $\rho_t + $ div$(\rho \vec{u}) = 0$, die so genannte *Kontinuitätsgleichung*, zu

$$\text{div } \vec{u} = 0. \tag{1.55}$$

Man kann dann weiter nachrechnen, dass sich die übrigen Gleichungen vereinfachen zu

$$\rho \, \vec{u}_t + \rho \, (\vec{u} \cdot \nabla)\vec{u} - \eta \, \Delta \vec{u} + \nabla p = \vec{f}. \tag{1.56}$$

Hier versteht man den Laplace-Operator komponentenweise, $\Delta \vec{u} = (\Delta u_1, \dots, \Delta u_d)^T$, und die Abkürzung der konvektiven Terme bedeutet

$$(\vec{u} \cdot \nabla)\vec{u} = \left(\sum_{j=1}^{d} u_j \frac{\partial}{\partial x_j} u_i \right)_{i=1,\dots,d}.$$

Wir erhalten also d Gleichungen in (1.56) und eine Gleichung in (1.55) für die $d + 1$ Unbekannten $\vec{u}$ und p. Beide Gleichungen zusammen, also (1.55, 1.56)

$$\begin{aligned} \rho \, \vec{u}_t - \eta \, \Delta \vec{u} + \rho \, (\vec{u} \cdot \nabla)\vec{u} + \nabla p &= \vec{f}, \\ \text{div } \vec{u} &= 0, \end{aligned} \tag{1.57}$$

heißen die *Navier-Stokes-Gleichungen* für inkompressible Fluide. In der Form (1.57) nennt man die Gleichungen auch *instationär*. Wenn die Geschwindigkeit zeitlich konstant ist, verschwindet die Ableitung nach der Zeit und wir erhalten die *stationären* Navier-Stokes-Gleichungen

$$\begin{aligned} -\nu \, \Delta \vec{u} + (\vec{u} \cdot \nabla)\vec{u} + \nabla p &= \vec{f}, \\ \text{div } \vec{u} &= 0, \end{aligned} \tag{1.58}$$

für die Unbekannten $\vec{u} = \vec{u}(x)$, $p = p(x)$ und die rechte Seite $\vec{f} = \vec{f}(x)$. Die Größe $\nu = \eta\rho^{-1}$ heißt *kinematische Viskosität* und wird oft mit dem Inversen der *Reynolds-Zahl* identifiziert: $\nu = \mathrm{Re}^{-1}$. Die Reynolds-Zahl drückt das Verhältnis von Trägheits- und Zähigkeitskräften aus.

Obwohl die Navier-Stokes-Gleichungen „nur" eine quadratische Nichtlinearität in dem Term $(\vec{u}\cdot\nabla)\vec{u}$ besitzen und die Kopplung durch die Nebenbedingung div $\vec{u} = 0$ der Inkompressibilität scheinbar schwach ist, ist die mathematische Theorie äußerst schwierig. Die Navier-Stokes-Gleichungen gehören zu den sieben so genannten *Millennium-Problemen*, für deren Lösung das Claymath-Institut jeweils 1 Mio. US\$ ausgesetzt hat [19]. Bei den inkompressiblen Navier-Stokes-Gleichungen ist selbst der Beweis einer lokalen Lösung für beliebig kurze Zeiten ein offenes Problem.

Das Stokes-Problem. Eine Vereinfachung ergibt sich, wenn man den nichtlinearen Konvektionsterm vernachlässigt. Dies ist etwa bei äußerst zähen Flüssigkeiten der Fall, man spricht von „schleichenden Strömungen". Beim resultierenden so genannten *Stokes-Problem* ist die Diffusivität des Impulses, d.h. die kinematische Viskosität, um viele Größenordnungen höher als die thermische Diffusivität, was bedeutet, dass der konvektive Term (Trägheit) vernachlässigt werden kann. Ein Anwendungsgebiet ist die Untersuchung von Strömungen in der Oberfläche von Planeten in der Geodynamik. Die Gleichungen lauten $-\nu\,\Delta\vec{u} + \nabla p = \vec{f}$ und div $\vec{u} = 0$.

1.7.5* Maxwell-Gleichungen

Die Maxwell-Gleichungen bestehen aus einem System von vier Gleichungen und bilden die Grundlage der Elektrodynamik und der theoretischen Elektrotechnik. Diese vier Gleichungen beschreiben die Erzeugung von elektrischen und magnetischen Feldern durch Ladungen und Ströme sowie die Wechselwirkung zwischen diesen beiden Feldern. Dabei werden elektrische und magnetische Felder als instationär (also zeitabhängig) angesehen und die zeitliche Wechselwirkung modelliert.

Die wesentliche wissenschaftliche Leistung von Maxwell bestand darin, dass er eine einheitliche Theorie schaffte, die folgende Gesetze vereinigte:

- das Ampère'sche Gesetz (elektrodynamisches Gesetz),
- das Faraday'sche Gesetz (magnetodynamisches Gesetz),
- das Gauß'sche Gesetz (elektrostatisches Gesetz) und
- das magnetostatische Gesetz.

Um die Konsistenz mit der Kontinuitätsgleichung der Elektrodynamik $\rho_t + \nabla \cdot \boldsymbol{j} = 0$ mit der *Stromdichte* $\boldsymbol{j} = \boldsymbol{j}(t,x) = (j_1, j_2, j_3)^T$ zu erhalten, fügte Maxwell den Maxwell'schen Verschiebungsstrom als zusätzlichen Term zum Ampère'schen Gesetz hinzu. Wir erkennen die Analogie zur Kontinuitätsgleichung der Strömungsmechanik, bei der anstelle von $\boldsymbol{j}$ der Ausdruck $\rho\vec{u}$ steht. Typischerweise werden Vektorfelder in der Elektrodynamik fettgedruckt, in der Strömungsmechanik hingegen mit einem Pfeil gekennzeichnet.

Wir beschreiben nun die Gleichungen im Einzelnen. Wir bezeichnen mit $\boldsymbol{E} = \boldsymbol{E}(t,x) = (E_1, E_2, E_3)^T$ die *elektrische Feldstärke* und mit $\boldsymbol{B} = \boldsymbol{B}(t,x) = (B_1, B_2, B_3)^T$ die *magnetische Feldstärke* sowie mit ρ die *Ladungsdichte*, die eine gegebene Konstante ist. Damit lauten die vier Gleichungen:

$$\boldsymbol{B}_t + \operatorname{rot} \boldsymbol{E} = 0 \qquad \text{(magnetodynamisches Gesetz, Faraday)} \qquad (1.59a)$$

$$\operatorname{div} \boldsymbol{E} = 4\pi\,\rho \qquad \text{(elektrostatisches Gesetz, Gauß)} \qquad (1.59b)$$

$$\boldsymbol{E}_t - \operatorname{rot} \boldsymbol{B} = -4\pi\,\boldsymbol{j} \qquad \text{(elektrodynamisches Gesetz, Ampère)} \qquad (1.59c)$$

$$\operatorname{div} \boldsymbol{B} = 0 \qquad \text{(magnetostatisches Gesetz)} \qquad (1.59d)$$

Zusammen sind dies die *Maxwell-Gleichungen*. Hierbei bedeutet rot $\boldsymbol{E} := \nabla \times \boldsymbol{E}$, also

$$\operatorname{rot} \boldsymbol{E} = \begin{pmatrix} \frac{\partial}{\partial x_2} E_3 - \frac{\partial}{\partial x_3} E_2 \\ \frac{\partial}{\partial x_3} E_1 - \frac{\partial}{\partial x_1} E_3 \\ \frac{\partial}{\partial x_1} E_2 - \frac{\partial}{\partial x_2} E_1 \end{pmatrix}.$$

Offenbar handelt es sich bei (1.59) um ein gekoppeltes System linearer, instationärer partieller Differenzialgleichungen. Eine Besonderheit dieser Gleichungen ist das Auftreten der Differenzialoperatoren div und rot bzw. deren Kombination.

1.7.6* Die Schrödinger-Gleichung

Die Schrödinger-Gleichung ist die wesentliche Grundgleichung der nichtrelativistischen Quantenmechanik. Sie wurde im Jahr 1926 von Erwin Schrödinger (1887-1961) zuerst als Wellengleichung aufgestellt. Für seine Arbeiten wurde Schrödinger 1933 mit dem Nobelpreis für Physik ausgezeichnet. Die Lösungen der Schrödinger-Gleichung werden auch als *Wellenfunktionen* bezeichnet. Diese Wellenfunktionen beschreiben die räumliche und zeitliche Entwicklung des Zustandes eines Quantensystems.

Die Schrödinger-Gleichung ist ein Postulat (ähnlich den Newton'schen Axiomen in der klassischen Physik) und lässt sich deshalb nicht streng mathematisch herleiten. Die Gleichung wurde unter Berücksichtigung bestimmter physikalischer Grundprinzipien postuliert, wobei sich Schrödinger auf die bereits zu seiner Zeit bekannten quantenmechanischen Phänomene als neue Theorie stützte. Man findet dabei auch zahlreiche Parallelen zur Optik.

Im Gegensatz zu allen bisher aufgetretenen Gleichungen ist die Schrödinger-Gleichung komplexwertig, was sich aus der quantenmechanischen Modellierung ergibt. Die Gleichung lautet für ein einzelnes Teilchen (etwa ein Elementarteilchen oder ein Atom) im Potential V, dessen Zustand durch die Wellenfunktion ψ beschrieben wird, ist:

$$i\hbar\,\psi_t = -\frac{\hbar^2}{2m}\Delta\psi + V(t,x)\,\psi. \qquad (1.60)$$

Hierbei ist $i = \sqrt{-1}$ die imginäre Einheit, $\hbar$ die Planck'sche Konstante (auch Wirkungsquantum genannt, $\hbar = 6\,626 \cdot 10^{-34}$ Js) und m die Masse. Gesucht ist die komplexwertige Wellenfunktion $\psi = \psi(t,x) : \Omega \times [0,T] \to \mathbb{C}$. Die rechte Seite von (1.60) kann man auch schreiben als

$$\left(-\frac{\hbar^2}{2m}\Delta + V(t,x) \right) \psi =: \hat{H}\psi$$

mit dem *Hamilton-Operator* $\hat{H}$.

1.8 Klassifikation partieller Differenzialgleichungen

Wir hatten ja angekündigt, dass wir versuchen wollen, partielle Differenzialgleichungen nach bestimmten Eigenschaften zu *klassifizieren*. Man kann zunächst folgende Eigenschaften verwenden, um Kategorien zu definieren:

1.) Dimension (bzgl. des Ortes)

2.) Ordnung der Gleichung (bzgl. Ort und Zeit)

3.) Algebraischer Typ der Gleichung

Wir werden etwas später (in Kapitel 2) noch eine weitere (zumindest für die mathematische Untersuchung wichtigere) Klassifizierung kennen lernen. Dort geben wir in Tabelle 2.1 (Seite 51) auch eine Übersicht über die vorgestellten partiellen Differenzialgleichungen und ordnen diese nach den hier genannten Kriterien.

1.) Dimension
Diese Kategorie ist klar, oft aber auch nicht sonderlich aussagekräftig. Allerdings
gibt es sehr wohl partielle Differenzialgleichungen, deren Verhalten stark von der
jeweiligen Raumdimension abhängt.

2.) Ordnung der Gleichung
Die Ordnung einer partiellen Differenzialgleichung ist die höchste auftretende
Ableitung. Diese kann natürlich für die unterschiedlichen Variablen (z.B. Ort und
Zeit) verschieden sein. So ist die viskose Burgers-Gleichung von zweiter Ord-
nung im Raum (wegen $\varepsilon\, u_{xx}$) und von erster Ordnung in der Zeit.

3.) Algebraischer Typ der Gleichung
Damit ist zunächst die Unterscheidung in *lineare* und *nichtlineare* Gleichungen
gemeint. Dabei bedeutet linear, dass die Gleichung(en) in der/den Unbekannten
linear ist(sind). Dies ist also eine rein algebraische Eigenschaft der Gleichung(en).
Bei nichtlinearen Gleichungen unterteilt man diese typischerweise ([28]) weiter in

- Semilineare Gleichungen:
  Dies bedeutet, dass die Gleichung linear in der höchsten auftretenden Ableitung ist, also bei Ordnung k folgende Form hat:

$$\sum_{|\alpha|=k} a_\alpha(x)\, D^\alpha u + a_0(D^{k-1}u, \ldots, Du, u, x) = 0,$$

  wobei $\alpha = (\alpha_1, \ldots, \alpha_d)^T \in \mathbb{N}^d$ ein Multiindex mit $|\alpha| := \alpha_1 + \cdots + \alpha_d$ ist,
  $x \in \mathbb{R}^d$ und $D^\alpha u := \frac{\partial^{|\alpha|} u}{\partial x_1^{\alpha_1} \cdots \partial x_d^{\alpha_d}}$ die entsprechende Ableitung bezeichnet. Al-
  le oben vorgestellten Gleichungen mit Ausnahme von Minimalflächenglei-
  chung und Monge-Ampère-Gleichung sind semilinear.

- Quasi-lineare Gleichungen:
  Eine partielle Differenzialgleichung mit variablen Koeffizienten, die von der
  Veränderlichen und von Ableitungen der Lösung bis zu einem Grad weniger
  als die maximale Ordnung abhängen, nennt man quasi-linear, wenn ansonsten die Gleichung in der höchsten auftretenden Ableitung linear ist. Diese

Gleichungen sind also bei Ordnung k von der Form

$$\sum_{|\alpha|=k} a_\alpha(D^{k-1}u,\ldots Du,u,x)\, D^\alpha u + a_0(D^{k-1}u,\ldots,Du,u,x) = 0.$$

Alle oben vorgestellten Gleichungen außer der Monge-Ampère-Gleichung sind quasi-linear. Die Minimalflächengleichung ist quasi-linear, aber nicht semilinear.

- Voll nichtlineare Gleichungen:
  Alle Terme in der höchsten auftretenden Ableitung treten nichtlinear auf. Die Monge-Ampère-Gleichung ist ein Beispiel einer solchen voll nichtlinearen (hier quadratischen) Gleichung.

Der reale Hintergrund (also der Vorgang, der mittels einer Differenzialgleichung modelliert wird) bestimmt natürlich ganz wesentlich die Eigenschaften. Darauf gehen wir später noch genauer ein, vgl. Tabelle 3.1 auf Seite 110.

1.9* Kommentare zu Kapitel 1

Jean Le Rond d'Alembert (1717-1783) gilt als der Pionier der Modellierung physikalischer Phänomene durch partielle Differenzialgleichungen. Sein erster Beitrag *Réflexions sur la cause générale des vents* erhielt den Preis der preußischen Akademie 1747. Die physikalischen Annahmen in dieser Arbeit waren jedoch relativ unrealistisch und führten zu einem Disput. Im gleichen Jahr leitete d'Alembert aus den Newton'schen Bewegungsgleichungen die Wellengleichung her, um die schwingende Saite zu beschreiben. Seine sehr elegante und physikalisch treffende Herleitung haben wir im Text dargestellt. Wir verweisen auf [35, Seite 441-449] was die interessante Geschichte dieses Problems betrifft, das entscheidend zu unserem heutigen Verständnis von Funktionen beigetragen hat. Tatsächlich ist jede stetige Anfangsposition der Saite physikalisch sinnvoll und wir werden später sehen, dass es eine eindeutige Lösung gibt (siehe Abschnitt 3.1.2). In diesem Beispiel sind es physikalische Gründe, die den Begriff der *schwachen Lösung* erfordern, siehe Aufgabe 5.13. D'Alembert wurde auch durch eine ganz andere Tätigkeit bekannt: Zusammen mit Denis Diderot gab er 1751 die wohl berühmteste frühe Enzyklopädie heraus, die mit insgesamt 35 Bänden 1780 vollständig war.

Das Studium der Wärmeausbreitung geht auf Fourier zurück, der im Übrigen in seinem bahnbrechenden Werk *Analytische Theorie der Wärme* 1822 auch den Begriff des Treibhauseffektes (l'effet de serre) schuf. Fourier nahm an Napoleons Ägyptenfeldzug teil und wurde dort Sekretär des Institut d'Egypte. Nach seiner Rückkehr nach Frankreich ernannte man Fourier 1802 zum Präfekten des Departement Isère. Er bekleidete dieses Amt erfolgreich und sorgte z.B. für die Trockenlegung von Sümpfen. Ab 1815 lebte Fourier wieder in Paris und wurde 1817 Sekretär der Académie des sciences.

Als Begründer der Finanzmathematik gilt heute Louis Bachelier (1870-1946), der im Jahr 1900 bei Henri Poincaré mit dem Thema *Théorie de la Spéculation* promovierte. Er war seiner Zeit voraus und arbeitete mit der Brown'schen Bewegung (fünf Jahre vor Albert Einstein und 23 Jahre vor Nobert Wieners rigorosem Beweis). Ferner gab er eine Preisformel für Optionen 73 Jahre vor der berühmten Black-Scholes-Formel an. Sein Buch *Le Jeu, la chance et le hasard* von 1914 war sehr erfolgreich, aber seine eigentliche Arbeit blieb lange unerkannt. Nach mehreren akademischen Stellen in Paris, Dijon und Rennes war Bachelier von 1927 bis zu seiner Emeritierung Professor in Besançon (Franche-Comté).

1.10 Aufgaben

Aufgabe 1.1. Leiten Sie die Bewegungsgleichungen für den in Abbildung 1.7 dargestellten ungedämpften Zweimassenschwinger her. Stellen Sie dazu jeweils die Kräftebilanz bezüglich der einzelnen Massen auf.
Hinweis: Benutzen Sie das Hooke'sche Gesetz: Wird eine Feder durch eine Kraft gedehnt, so ist ihre Längenänderung proportional zur Größe der angreifenden Kraft: $F = k\, s$ (s: Längenänderung, k: Federkonstante).

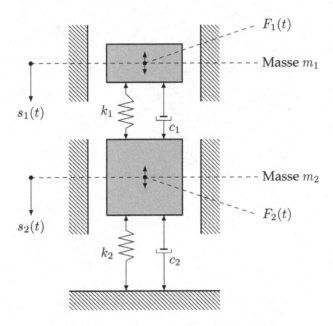

Abbildung 1.7. Zweimassenschwinger mit Massen m_1, m_2, Dämpfungen c_1, c_2, Federungen k_1, k_2 und äußeren Anregungen $F_1(t)$, $F_2(t)$. Gesucht sind die vertikalen Auslenkungen $s_1(t)$, $s_2(t)$.

Aufgabe 1.2. Die Auslenkung u einer schwingenden Saite sei durch ein Hindernis beschränkt, $u \geq g$. Geben Sie die entsprechende Differenzial-Ungleichung an. Betrachten Sie dazu analog zur Herleitung der Wellengleichung die vertikale Auslenkung $S(x)$ und formulieren Sie die punktweise Beschränkung durch das Hindernis.

Aufgabe 1.3. Gegeben sei ein Fluid mit der Dichte $\rho(t, x)$ und dem Geschwindigkeitsfeld $\vec{u}(t, x)$. Leiten Sie aus physikalischen Gesetzen die Kontinuitätsgleichung $\rho_t + \mathrm{div}(\rho\vec{u}) = 0$ her. *Hinweis:* Verwenden Sie das Prinzip der Masseerhaltung und den Gauß'schen Integralsatz.

Aufgabe 1.4. Bestimmen Sie für $u_t = u_{xx} + u$ alle Lösungen der Form $u(t, x) = \varphi(x - ct)$ (so genannte *travelling waves*).

Aufgabe 1.5. Leiten Sie die Gleichung $u_{tt} + a^2 u_{xxxx} = 0$, $a \in \mathbb{R}$ der Auslenkung $u(t, x)$ eines beidseitig aufliegenden Stabes der Länge ℓ her. Benutzen Sie dazu die Beziehung $Q = \frac{\partial M}{\partial x}$ zwischen dem Krümmungsmoment M und der Querkraft Q. Die Beziehung zwischen M und der gesuchten vertikalen Auslenkung u lautet $M = -EIu_{xx}$ mit dem Elastizitätsmodul E und dem Trägheitsmoment I. Diese beiden Größen gehen u.a. in die Konstante a ein.

2 Kategorisierung und Charakteristiken

Wir haben die Herleitung einer ganzen Reihe von partiellen Differenzialgleichungen aus Naturvorgängen bzw. den Wirtschaftswissenschaften kennen gelernt. Aus der Vielfalt der Gleichungen kann man bereits vermuten, dass es keine einheitliche mathematische Theorie und keine einheitliche Lösungsstrategie für partielle Differenzialgleichungen gibt bzw. geben kann. Es stellt sich aber die Frage, ob man partielle Differenzialgleichungen in Kategorien einteilen kann, für die man jeweils eine geschlossene Theorie entwickeln kann.

Wir stellen die Haupttypen *elliptisch*, *parabolisch* und *hyperbolisch* vor. In Kapitel 6 wird dann eine Methode entwickelt, um elliptische Gleichungen systematisch zu untersuchen. Für parabolische und hyperbolische Gleichungen verwenden wir zwar in Kapitel 8 jeweils die gleiche Methode (Trennung der Variablen bzw. Spektralzerlegung); es wird sich aber herausstellen, dass diese Gleichungen sehr unterschiedliche Eigenschaften haben.

Für Gleichungen erster Ordnung gibt es eine generelle Lösungsstrategie, die *Methode der Charakteristiken*. Wir beginnen dieses Kapitel mit einer Einführung in diese Methode. Ihre Grundidee ist die Rückführung auf eine gewöhnliche Differenzialgleichung.

Übersicht

© Springer-Verlag GmbH Deutschland, ein Teil von Springer Nature 2018
W. Arendt und K. Urban, *Partielle Differenzialgleichungen*,
https://doi.org/10.1007/978-3-662-58322-7_2

Notationen

Wir wollen folgende Bezeichnungen benutzen. Ist Ω eine Teilmenge des $\mathbb{R}^d$, so bezeichnen wir mit $C(\Omega)$ den Raum der stetigen reellwertigen Funktionen auf Ω. Wenn Ω offen ist, so ist $C^1(\Omega)$ der Raum der stetigen Funktionen $u : \Omega \to \mathbb{R}$, die stetig partiell differenzierbar sind. Weiterhin ist $C^1(\bar{\Omega})$ der Raum der Funktionen, deren partielle Ableitungen eine stetige Fortsetzung in $C(\bar{\Omega})$ besitzen. Die partiellen Ableitungen von $u \in C^1(\Omega)$ bezeichnen wir mit $\frac{\partial u}{\partial x_j}$ und behalten die Bezeichnungen für die stetigen Fortsetzungen bei, wenn $u \in C^1(\bar{\Omega})$. Für eine offene Menge $\Omega \subset \mathbb{R}^d$ setzen wir

$$C^2(\Omega) := \left\{ u \in C^1(\Omega) : \frac{\partial u}{\partial x_j} \in C^1(\Omega),\ j = 1, \ldots, d \right\},$$

womit für $u \in C^2(\Omega)$ die partiellen Ableitungen zweiter Ordnung $\frac{\partial^2}{\partial x_i\, \partial x_j}$ alle in $C(\Omega)$ sind. Induktiv definieren wir weiter

$$C^{k+1}(\Omega) := \left\{ u \in C^1(\Omega) : \frac{\partial u}{\partial x_j} \in C^k(\Omega),\ j = 1, \ldots, d \right\}, \quad k \geq 2.$$

Schließlich ist $C^\infty(\Omega) := \bigcap_{k=1}^\infty C^k(\Omega)$ der Raum der unendlich oft differenzierbaren reellwertigen Funktionen auf Ω. Wir definieren $C^k(\bar{\Omega})$ induktiv durch

$$C^{k+1}(\bar{\Omega}) := \left\{ u \in C^1(\bar{\Omega}) : \frac{\partial u}{\partial x_j} \in C^k(\bar{\Omega}),\ j = 1, \ldots, d \right\}, \quad k \geq 0$$

und $C^\infty(\bar{\Omega}) := \bigcap_{k \in \mathbb{N}} C^k(\bar{\Omega})$. Gelegentlich betrachten wir gemischte Räume der Form $C^k(\Omega) \cap C(\bar{\Omega})$. Damit meinen wir die Menge derjenigen stetigen Funktionen auf $\bar{\Omega}$, deren Einschränkung auf Ω in $C^k(\Omega)$ liegt. Ist $u \in C(\Omega)$, so heißt die Menge

$$\operatorname{supp} u := \overline{\{x \in \Omega : u(x) \neq 0\}} \tag{2.1}$$

der *Träger* (engl. *suport*) von *u*. Die Menge $\Omega \setminus \operatorname{supp} u$ ist die größte offene Teilmenge von Ω, auf der *u* verschwindet. Mit $C_c(\Omega)$ bezeichnen wir den Raum derjenigen Funktionen $u \in C(\Omega)$, die einen kompakten Träger haben. Wir setzen weiterhin $C_c^k(\Omega) := C_c(\Omega) \cap C^k(\Omega)$, $k \in \mathbb{N} \cup \{\infty\}$.

2.1 Charakteristiken von Anfangswertproblemen auf $\mathbb{R}$

In diesem Abschnitt erläutern wir die Methode der Charakteristiken in der einfachsten Situation, nämlich für lineare Gleichungen in zwei Variablen. Anhand der Burgers-Gleichung geben wir einen kleinen Einblick in die viel kompliziertere nichtlineare Situation.

2.1.1 Homogene Probleme

Hier betrachten wir zunächst Probleme auf $[0, T] \times \mathbb{R}$, $T > 0$, d.h., die Zeitvariable t liegt in $[0, T]$ und der Ortsraum ist eindimensional. Der Anfangswert $u_0 : \mathbb{R} \to \mathbb{R}$ ist also eine Funktion auf $\mathbb{R}$.

Wir beginnen mit der homogenen partiellen Differenzialgleichung erster Ordnung

$$u_t(t,x) + a(t,x)\,u_x(t,x) = 0, \qquad\qquad x \in \mathbb{R}\,,\ t \in (0,T), \qquad (2.2a)$$

$$u(0,x) = u_0(x), \qquad\qquad x \in \mathbb{R}, \qquad (2.2b)$$

für $T > 0$. Es handelt sich um ein *Anfangswertproblem* oder *Cauchy-Problem*. Vorgegeben ist der *Anfangswert* $u_0 : \mathbb{R} \to \mathbb{R}$, eine stetige Funktion. Die partielle Differenzialgleichung (2.2a) ist von erster Ordnung und hat einen variablen Koeffizienten $a = a(t,x)$. Dies ist eine vorgegebene Funktion $a : \mathbb{R} \times \mathbb{R} \to \mathbb{R}$, die wir als stetig differenzierbar voraussetzen wollen. Wir vergessen zunächst die Anfangsbedingung (2.2b) und betrachten nur die partielle Differenzialgleichung (2.2a). Die Grundidee besteht darin, Kurven im Zeit-Orts-Raum $\mathbb{R} \times \mathbb{R}$ zu suchen, auf denen jede Lösung von (2.2a) konstant ist. Eine solche Kurve nennt man *Charakteristik* der Gleichung (2.2a), vgl. Abbildung 2.1.

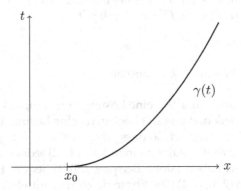

Abbildung 2.1. Charakteristik: Die Lösung $u(t,\gamma(t))$ ist konstant mit dem Wert $u_0(x_0)$.

Wir machen dazu folgenden Ansatz. Sei $\Gamma : J \to \mathbb{R}^2$ eine Kurve der Form $\Gamma(s) = (s, \gamma(s))$, wobei $J \subset \mathbb{R}$ ein offenes Intervall und $\gamma \in C^1(J)$ ist. Damit ist Γ genau dann eine Charakteristik, wenn

$$0 = \frac{d}{ds}u(s,\gamma(s)) = u_t(s,\gamma(s)) + \dot{\gamma}(s)u_x(s,\gamma(s))$$

für alle $s \in J$ und für jede Lösung u gilt. Also ist Γ eine Charakteristik, falls γ die gewöhnliche Differenzialgleichung

$$\dot{\gamma}(s) = a(s,\gamma(s)), \quad s \in J, \qquad (2.3)$$

erfüllt. Wir wollen nun versuchen, mit Hilfe einer Lösung dieser Differenzialgleichung das Anfangswertproblem (2.2) zu untersuchen. Nehmen wir an, dass $u \in C^1([0,T] \times \mathbb{R})$ eine Lösung von (2.2) ist. Wir wollen $u(t,x)$ für ein $0 < t \leq T$ und ein $x \in \mathbb{R}$ bestimmen. Nach dem *Satz von Picard-Lindelöf* [3, (7.6)] hat die gewöhnliche Differenzialgleichung (2.3) genau eine maximale Lösung $\gamma \in C^1(J)$ mit

$$\gamma(t) = x. \tag{2.4}$$

Hier ist $J \subset \mathbb{R}$ ein offenes Intervall mit t als innerem Punkt. Die Maximalität von J bedeutet, dass $\lim_{s \to a+} |\gamma(s)| = \infty$, falls $J = (a, b)$ mit $a > -\infty$ (also einem endlichen linken Randpunkt) und analog für einen endlichen rechten Randpunkt b. Ist $0 \in J$ (was nicht immer der Fall ist, siehe Beispiel 2.5), so wissen wir, dass

$$u(t, x) = u(t, \gamma(t)) = u(0, \gamma(0)) = u_0(\gamma(0)).$$

In diesem Fall haben wir also $u(t, x)$ durch die Lösung des Anfangswertproblems (2.3), (2.4) (es ist eigentlich eher ein Endwertproblem) bestimmt. Wir wollen dies als Satz formulieren.

Satz 2.1. *Sei $u \in C^1([0, T] \times \mathbb{R})$ eine Lösung von (2.2) und $\gamma \in C^1([0, t])$ eine Lösung von (2.3), (2.4) für ein $(t, x) \in (0, T] \times \mathbb{R}$. Dann gilt*

$$u(t, x) = u_0(\gamma(0))$$

und u ist entlang der Charakteristik Γ konstant.   □

Falls wir also wissen, dass für alle x eine Lösung von (2.3), (2.4) auf $[0, T]$ existiert, dann können wir schließen, dass (2.2) höchstens eine Lösung besitzt. Dies ist z.B. der Fall, wenn ein $L > 0$ existiert, so dass $|a(s, x)| \leq L(1 + |x|)$ für alle $x \in \mathbb{R}$, $s \in [0, T]$ (siehe Aufgabe 2.8). Im Allgemeinen kann (2.2) jedoch mehrere Lösungen zu einem Anfangswert haben (siehe Beispiel 2.5). In jedem Fall liefert nun das Anfangswertproblem (2.3), (2.4) eine Strategie zum Ermitteln von Lösungen. Man nennt sie die *Methode der Charakteristiken*. Wir betrachten nun einige Beispiele.

Beispiel 2.2 (Lineare Transportgleichung). Das Anfangswertproblem für die lineare Transportgleichung ist gegeben durch

$$\begin{aligned} u_t + a\,u_x &= 0, & x \in \mathbb{R},\ t > 0, \\ u(0, x) &= u_0(x), & x \in \mathbb{R}, \end{aligned}$$

also (2.2) mit konstantem Koeffizient $a \equiv \text{const}$. In diesem Fall wird die gewöhnliche Differenzialgleichung (2.3) zu $\dot\gamma(s) = a$. Ihre Lösungen $\gamma \in C^1(\mathbb{R})$ haben die Form $\gamma(s) = c + as$, $s \in \mathbb{R}$, wobei $c \in \mathbb{R}$. Also sind diese *Geraden* hier Charakteristiken, vgl. Abbildung 2.2.

Sei nun $x \in \mathbb{R}$, $t > 0$. Die Gerade durch den Punkt (t, x) lautet $\gamma(s) = x + a(s - t)$, $s \in \mathbb{R}$. Nach Satz 2.1 gilt damit $u(t, x) = u_0(\gamma(0)) = u_0(x - at)$. Falls $u_0 \in C^1(\mathbb{R})$, so prüft man leicht nach, dass diese Formel eine Lösung der linearen Transportgleichung definiert. Wir haben also mit Hilfe der Charakteristik Existenz und Eindeutigkeit bewiesen.   △

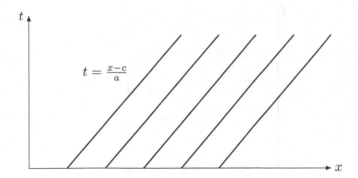

Abbildung 2.2. Bei der linearen Transportgleichung sind die Charakteristiken Geraden.

Charakteristiken können uns auch die Bedeutung der Wahl der Anfangs- und Randwerte erklären, um Existenz und Eindeutigkeit einer partiellen Differenzialgleichung zu erhalten. Wir beschränken uns zunächst auf Gleichungen erster Ordnung und betrachten die Transportgleichung, diesmal jedoch auf einem Intervall im Ort, also einem Rechteck im Zeit-Orts-Raum.

Beispiel 2.3. Wir suchen die Lösungen $u \in C^1([0,T] \times [0,1])$, $u = u(t,x)$ der Gleichung

$$u_t + 2T\,u_x = 0. \tag{2.5}$$

Ist $(t,x) \in (0,T) \times (0,1)$, so ist eine Charakteristik durch den Punkt (t,x) gegeben durch $\gamma(s) = x - 2T(t-s)$, $s \in \mathbb{R}$. Diese Gerade durchstößt zwei Seiten des Rechtecks $[0,T] \times [0,1]$, vgl. Abbildung 2.3. Ist u eine Lösung von (2.5), so nimmt sie an beiden Durchstoßpunkten denselben Wert an. Damit wird ersichtlich, wo man welche Randbedingungen auf dem Rechteck stellen kann, um Existenz und Eindeutigkeit der Lösungen zu erhalten. Beispielsweise kann man Bedingungen auf $\{(0,x) : 0 \le x \le 1\}$ und $\{(t,0) : 0 \le t \le T\}$ stellen. Dann hat tatsächlich jede Charakteristik genau einen Schnittpunkt mit diesem Rand. Im Nullpunkt müssen diese Bedingungen mit der Differenzialgleichung verträglich sein. Zum Beispiel kann man Folgendes leicht zeigen: Seien $g \in C^1[0,1]$ und $h \in C^1[0,T]$ mit $g(0) = h(0)$ und $h'(0) = -2Tg'(0)$. Dann gibt es genau eine Lösung $u \in C^1([0,T] \times [0,1])$ von (2.5) derart, dass $u(0,x) = g(x)$, $x \in [0,1]$ und $u(t,0) = h(t)$, $t \in [0,T]$, siehe Aufgabe 2.6. △

Beispiel 2.4 (Transportgleichung mit variablen Koeffizienten). Als zweites Beispiel betrachten wir das Problem

$$\begin{aligned} u_t + x\,u_x &= 0, & x \in \mathbb{R},\ t > 0, \\ u(0,x) &= u_0(x), & x \in \mathbb{R}, \end{aligned}$$

also (2.2) mit $a(t,x) = x$. Die gewöhnliche Differenzialgleichung für die Charakteristik lautet also $\dot{\gamma}(s) = \gamma(s)$, $s \in \mathbb{R}$, mit der Lösung $\gamma(s) = ce^s$. Will

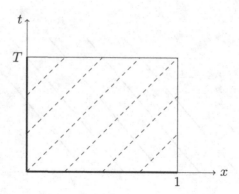

Abbildung 2.3. Charakteristiken $\gamma(s) = 2Ts + (x - 2Tt)$ für (2.5).

man nun die Lösung der partiellen Differenzialgleichung im Punkt (t, x) bestimmen, so bestimmt man diejenige Charakteristik, die durch diesen Punkt verläuft, also $x = ce^t$ und damit $\gamma(s) = xe^{-t}e^s$. Daraus ergibt sich $\gamma(0) = xe^{-t}$ und $u(t,x) = u_0(xe^{-t})$. Man prüft leicht nach, dass diese Formel auch die Lösung angibt. Die Charakteristiken (s, xe^{s-t}) sind hier also keine Geraden wie oben, sondern haben die Form wie in Abbildung 2.4 gezeigt.   △

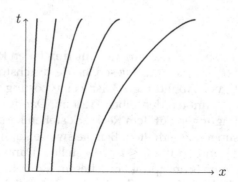

Abbildung 2.4. Krummlinig verlaufende Charakteristiken bei der Transportgleichung mit variablen Koeffizienten.

Die Charakteristiken ermöglichen in diesem Fall auch eine physikalische Interpretation. Man kann sagen, dass die Anfangsdaten entlang der Charakteristiken transportiert werden. Dies bedeutet, dass zumindest bei reinen Transportvorgängen (d.h. Konvektion und keine Diffusion) die Anfangsdaten die Lösung bereits vollständig bestimmen. Wie bereits angekündigt, geben wir nun ein Besipiel an, bei dem die Eindeutigkeit der Lösung verletzt ist.

Beispiel 2.5. Sei $u_0 \in C_c^1(\mathbb{R})$, d.h., $u_0 : \mathbb{R} \to \mathbb{R}$ ist stetig differenzierbar und verschwindet außerhalb einer beschränkten Menge. Gesucht ist $u \in C^1((0, \infty) \times$

$\mathbb{R}) \cap C([0,\infty) \times \mathbb{R})$ mit

$$u_t(t,x) = x^2 u_x(t,x), \qquad\qquad t > 0,\ x \in \mathbb{R}, \qquad\qquad (2.6a)$$
$$u(0,x) = u_0(x), \qquad\qquad x \in \mathbb{R}. \qquad\qquad (2.6b)$$

Wir wollen die Methode der Charakteristiken verwenden. Zu $(t,x) \in (0,\infty) \times \mathbb{R}$ müssen wir also das Problem $\dot\gamma(s) = -\gamma(s)^2$, $s \in \mathbb{R}$, $\gamma(t) = x$ lösen. Die Lösung lautet $\gamma(s) = (s - t + \frac{1}{x})^{-1}$, falls $x \neq 0$, und $\gamma \equiv 0$ für $x = 0$, mit maximalem Lösungsintervall

$$J = \begin{cases} \left(t - \frac{1}{x}, \infty\right), & \text{wenn } x > 0, \\ \left(-\infty, t - \frac{1}{x}\right), & \text{wenn } x < 0, \\ \mathbb{R}, & \text{wenn } x = 0. \end{cases}$$

Damit ist $0 \in J$ genau dann, wenn $x < \frac{1}{t}$. In diesem Fall ist

$$u(t,x) = u(t, \gamma(t)) = u(0, \gamma(0)) = u_0(\gamma(0)) = u_0\left(\frac{x}{1 - xt}\right).$$

Damit gibt es höchstens eine Lösung im Gebiet $G := \{(t,x) : t > 0, x < \frac{1}{t}\}$, vgl. Abbildung 2.5.

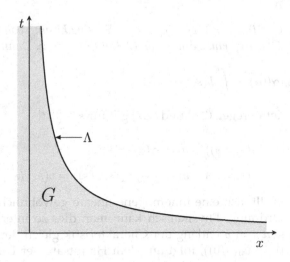

Abbildung 2.5. Gebiet $G := \{(t,x) : t > 0, x < \frac{1}{t}\}$ und Kurve Λ.

Definieren wir umgekehrt

$$u(t,x) = u_0\left(\frac{x}{1 - xt}\right) \ \text{ für } \ x < \frac{1}{t},$$

so ist $u \in C^1(G)$ mit $\lim_{t\downarrow 0} u(t,x) = u_0(x)$ für alle $x \in \mathbb{R}$. Ferner ist $u(t,x) = 0$ in einer Umgebung der Kurve $\Lambda = \{(t, \frac{1}{t}) : t > 0\}$, da u_0 außerhalb einer beschränkten Menge verschwindet. Man sieht leicht, dass dieses u die Gleichung (2.6a) in G löst. Ist nun $u_1 \in C_c^1(\mathbb{R})$ eine beliebige Funktion und setzen wir

$$u(t,x) := u_1\left(\frac{x}{1-xt}\right) \quad \text{für } t > 0, \quad x > \frac{1}{t}$$

sowie $u(t,x) := 0$ für $t > 0$ und $x = \frac{1}{t}$, so löst u das Anfangswertproblem (2.6). Also ist die Eindeutigkeit hier verletzt.   △

2.1.2 Inhomogene Probleme

Nun betrachten wir das inhomogene Problem

$$u_t + a(t,x)\,u_x = b(t,x), \; x \in \mathbb{R},\ t > 0, \quad u(0,x) = u_0(x),\ x \in \mathbb{R}, \tag{2.7}$$

mit einer gegebenen stetigen Funktion $b : [0,\infty) \times \mathbb{R} \to \mathbb{R}$. In diesem Beispiel ist es nicht klar, wie man für $b \neq 0$ Kurven findet, auf denen alle Lösungen konstant sind. Es stellt sich aber heraus, dass es Kurven gibt, auf denen die Lösung einer gewöhnlichen Differenzialgleichung genügt. Wir nennen in diesem Abschnitt auch eine solche Kurve *Charakteristik*. Dazu betrachten wir wiederum die gewöhnliche Differenzialgleichung

$$\dot{\gamma}(s) = a(s,\gamma(s)), \qquad s \in \mathbb{R}. \tag{2.8}$$

Satz 2.6. *Sei $u \in C^1((0,\infty) \times \mathbb{R}) \cap C([0,\infty) \times \mathbb{R})$ eine Lösung von (2.7). Sei $t > 0$, $x \in \mathbb{R}$ und sei $\gamma \in C^1([0,t])$ eine Lösung von (2.8) mit $\gamma(t) = x$. Dann gilt*

$$u(t,x) = u_0(\gamma(0)) + \int_0^t b(s,\gamma(s))\,ds.$$

Beweis: Mit der Kettenregel, (2.8) und (2.7) gilt für $s \in [0,t]$

$$\frac{d}{ds}u(s,\gamma(s)) = u_t(s,\gamma(s)) + u_x(s,\gamma(s))\,\dot{\gamma}(s)$$

$$= u_t(s,\gamma(s)) + a(s,\gamma(s))\,u_x(s,\gamma(s)) = b(s,\gamma(s)).$$

Die Funktion γ erfüllt also eine inhomogene lineare gewöhnliche Differenzialgleichung erster Ordnung. Physikalisch kann man dies so interpretieren, dass die Geschwindigkeit von u entlang der Charakteristik gleich der äußeren Kraft b ist. Da $u(0,\gamma(0)) = u_0(\gamma(0))$, folgt aus dem Hauptsatz der Differenzial- und Integralrechnung

$$u(t,x) = u(t,\gamma(t)) = u_0(\gamma(0)) + \int_0^t b(s,\gamma(s))\,ds,$$

womit die Behauptung bewiesen ist.   □

In diesem Fall ist u entlang der Charakteristik nicht konstant, aber nach wie vor ist $u(t,\gamma(t))$ durch den Anfangswert $u(0,\gamma(0))$ eindeutig (als Lösung eines Anfangswertproblems einer gewöhnlichen Differenzialgleichung) bestimmt, falls (2.8) eine Lösung auf $[0,t]$ ist.

Beispiel 2.7 (Inhomogene lineare Transportgleichung). Mit der speziellen Inhomogenität $b(t, x) = x$ betrachten wir die lineare Transportgleichung

$$u_t + u_x = x, \quad x \in \mathbb{R}, t > 0, \qquad u(0, x) = u_0(x), \quad x \in \mathbb{R}.$$

Wie im homogenen Fall erhalten wir die Charakteristiken $\gamma(s) = s + c$. Sei $(t, x) \in (0, \infty) \times \mathbb{R}$. Dann ist $\gamma(s) = x + s - t$ die Charakteristik durch (t, x). Damit erhalten wir folgende Formel für eine Lösung der partiellen Differenzialgleichung:

$$u(t, x) = u_0(\gamma(0)) + \int_0^t \gamma(s)\, ds = u_0(x - t) + t\Big(x - \frac{t}{2}\Big).$$

Es handelt sich tatsächlich um eine Lösung, wenn $u_0 \in C^1(\mathbb{R})$. $\triangle$

2.1.3* Die Burgers-Gleichung

Offenbar sind allgemeine quasi-lineare Gleichungen von obigem Zugang so nicht abgedeckt, weil der Koeffizient a bei quasi-linearen Gleichungen auch von der Lösung abhängen kann. Zumindest für den Spezialfall der Burgers-Gleichung werden wir aber in diesem Abschnitt Charakteristiken finden. Zur Erinnerung: Das Anfangswertproblem der Burgers-Gleichung lautet

$$u_t + u\, u_x = 0, \quad u(0, x) = u_0(x).$$

Wir verwenden formal den gleichen Ansatz wie bei den linearen Gleichungen. Sei also $u \in C^1([0, \infty) \times \mathbb{R})$ eine Lösung der Burgers-Gleichung und sei $(t, x) \in (0, \infty) \times \mathbb{R}$. Wir betrachten analog zu oben die Differenzialgleichung

$$\dot{\gamma}(s) = u(s, \gamma(s)), \quad \gamma(t) = x, \tag{2.9}$$

da die rechte Seite von (2.9) hier der Koeffizient vor u_x ist. Nun können wir diese Gleichung natürlich so nicht lösen, weil sie die unbekannte Lösung u der Burgers-Gleichung enthält (wir stellen uns ja hier auf den Standpunkt, dass wir u bestimmen wollen und nicht kennen). Wir brauchen also eine weitere Bedingung. Diese zweite Gleichung ergibt sich aus der Burgers-Gleichung selber:

$$\ddot{\gamma}(s) = u_t + \dot{\gamma}(s)u_x = u_t + uu_x = 0.$$

Dies bedeutet, dass die Charakteristiken durch (t, x) in diesem Fall wieder Geraden sind, und es gilt $\gamma(s) = \dot{\gamma}(t)(s - t) + x = u(t, x)(s - t) + x$. Damit existiert die Lösung von (2.9) für alle $s \geq 0$. Wegen

$$\frac{d}{ds}u(s, \gamma(s)) = u_t + \dot{\gamma}(s)u_x = u_t + uu_x = 0$$

ist u wiederum entlang der Charakteristik $(s, \gamma(s))$ konstant, also gilt insbesondere

$$u(t, x) = u(t, \gamma(t)) = u(0, \gamma(0)) = u_0(\gamma(0)) = u_0(x - tu(t, x)).$$

Dies ist eine implizite Gleichung für u.

Wir wollen nun einen wichtigen Spezialfall für die Anfangsfunktion u_0 näher untersuchen, nämlich den Fall, dass u_0 linear ist, d.h. $u_0(x) = \alpha\, x, \alpha \in \mathbb{R}, \alpha \neq 0$. Nach den obigen

Überlegungen erhalten wir $u(t,x) = \alpha\,x - \alpha\,t\,u(t,x)$, also für die Lösung der Burgers-Gleichung

$$u(t,x) = \frac{\alpha\,x}{1 + \alpha\,t}. \tag{2.10}$$

Man kann leicht nachrechnen, dass (2.10) tatsächlich eine Lösung ist. Nun sei $G_c :=$ $\{(t,x) : t \geq 0,\ x \in \mathbb{R},\ u(t,x) = c\}$, wobei u die Form (2.10) hat. Dann unterscheiden wir zwei Fälle.

Fall 1: $\alpha > 0$. Dieser Fall bedeutet wegen (2.10) und $1 + \alpha t > 0$, dass $u(t,x)$ das gleiche Vorzeichen wie x besitzt, und die Niveaulinien G_c haben die Form

$$t = \frac{x}{c} - \frac{1}{\alpha},$$

die Charakteristiken sehen also aus wie in Abbildung 2.6 dargestellt. Offenbar wird der Strom „verdünnt“, man spricht von einer *Verdünnungswelle*. In diesem Fall ist die Lösung eindeutig.

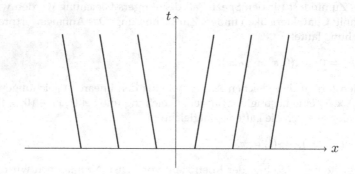

Abbildung 2.6. Verdünnungswelle bei der Burgers-Gleichung.

Fall 2: $\alpha < 0$. In diesem Fall kann der Nenner in (2.10) null werden, und zwar für $t = |\alpha|^{-1}$. Also laufen die Charakteristiken G_c im Punkt $(0, \frac{1}{|\alpha|})$ zusammen, wie in Abbildung 2.7 dargestellt. Dies bedeutet, dass Teilchen mit unterschiedlicher (Anfangs-)Geschwindigkeit zum Zeitpunkt $|\alpha|^{-1}$ aufeinandertreffen. Die so entstehende Unstetigkeit nennt man einen *Schock* oder auch *Implosion*, da die Lösung hier zusammenbricht.

Diese beiden obigen Phänomene, Schock und Verdünnungwelle, treten bei einer ganzen Klasse von *nichtlinearen* partiellen Differenzialgleichungen, den so genannten nichtlinearen *hyperbolischen* Gleichungen, auf. Dieses einfache Beispiel und die obige Bemerkung mögen bereits einen Eindruck vermitteln, warum die Untersuchung derartiger Gleichungen so schwierig ist. Wir werden dies in diesem Buch nicht weiter vertiefen.

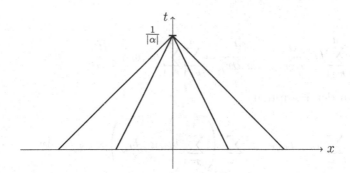

Abbildung 2.7. Bei der Burgers-Gleichung tritt für $\alpha < 0$ ein Schock auf, die Lösung in $(|\alpha|^{-1}, 0)$ wird unstetig bei nichtkonstanten Anfangswerten.

2.2 Gleichungen zweiter Ordnung

Wir betrachten nun lineare partielle Differenzialgleichungen zweiter Ordnung. Deren allgemeine Form lautet

$$\sum_{i,j=1}^{d} a_{i,j}\, u_{x_i,x_j} + \sum_{i=1}^{d} a_i\, u_{x_i} + a_0\, u = f, \tag{2.11}$$

auf $\Omega \subseteq \mathbb{R}^d$, $u_{x_i} := \frac{\partial u}{\partial x_i}$, $u_{x_i,x_j} := \frac{\partial^2 u}{\partial x_i \partial x_j}$, mit $a_{i,j}, a_i, a_0 \in \mathbb{R}$, $i,j = 1, \dots, d$ und einer Funktion $f : \Omega \to \mathbb{R}$. Wir betrachten Lösungen $u \in C^2(\Omega)$ von (2.11). Nach dem Satz von Schwarz gilt $u_{x_i,x_j} = u_{x_j,x_i}$. Demnach können wir stets

$$a_{i,j} = a_{j,i}, \quad i,j = 1, \dots, d, \tag{2.12}$$

annehmen, indem wir andernfalls $a_{i,j}$ durch $\frac{1}{2}(a_{i,j} + a_{j,i})$ ersetzen. Man klassifiziert (2.11) nach dem *Hauptteil*

$$Au := \sum_{i,j=1}^{d} a_{i,j}\, u_{x_i,x_j} \tag{2.13}$$

und sieht oft Terme niederer (erster, nullter) Ordnung als Störung an.

Wir suchen ein Koordinatensystem, bezüglich dessen (2.11) eine möglichst einfache Form annimmt. Dies führt zu einer Klassifikation. Das gesuchte Koordinatensystem werde mit $\xi = (\xi_1, \dots, \xi_d)^T$ bezeichnet und die Transformation habe die Form $\xi = Bx$, $x \in \Omega \subseteq \mathbb{R}^d$, mit $B \in \mathbb{R}^{d \times d}$ orthogonal. Ersetzen wir nun $u \in C^2(\Omega)$ durch $v(x) := u(B^{-1}x)$, also $u(x) = v(Bx) = v(\xi)$, so gilt

$$u_{x_i} = \sum_{k=1}^{d} v_{\xi_k} b_{k,i}, \quad B = (b_{k,i})_{k,i=1,\dots,d},$$

also

$$\frac{\partial}{\partial x_i} = \sum_{k=1}^{d} b_{k,i} \frac{\partial}{\partial \xi_k}, \qquad \frac{\partial^2}{\partial x_i \partial x_j} = \sum_{k=1}^{d} \sum_{\ell=1}^{d} b_{k,i} b_{\ell,j} \frac{\partial^2}{\partial \xi_k \partial \xi_\ell}.$$

Damit gilt für den Hauptteil

$$Au := \sum_{i,j=1}^{d} a_{i,j} \, u_{x_i,x_j} = \sum_{k,\ell=1}^{d} \left(\sum_{i,j=1}^{d} b_{k,i} \, a_{i,j} b_{\ell,j} \right) v_{\xi_k,\xi_\ell} = \tilde{A} v$$

mit $\tilde{A} := BAB^T$. Offensichtlich wird der transformierte Hauptteil $\tilde{A}$ besonders einfach, wenn $\tilde{A}$ eine Diagonalmatrix ist. Da A symmetrisch ist, können wir A diagonalisieren, und wir wählen B als die entsprechende orthogonale Transformation, so dass $\tilde{A} = \mathrm{diag}(\lambda_1, \ldots, \lambda_d)$. Dann sind $\lambda_1, \ldots, \lambda_d$ gerade die Eigenwerte von A. Die Klassifikation ist besonders einfach für $d = 2$. Wir beschränken uns zunächst auf diesen Fall. Dann hat A zwei reelle Eigenwerte λ_1, λ_2. Wir nehmen an, dass $A \neq 0$.

Definition 2.8. Die Differenzialgleichung (2.11) mit $d = 2$ heißt

(a) *parabolisch*, wenn ein Eigenwert von A null ist;

(b) *elliptisch*, wenn beide Eigenwerte das gleiche Vorzeichen besitzen, und

(c) *hyperbolisch*, falls λ_1 und λ_2 verschiedene Vorzeichen haben. $\triangle$

Mit $A = (a_{i,j})_{i,j=1,2}$ ergibt sich sofort folgende alternative Charakterisierung:

Lemma 2.9. *Für $d = 2$ ist* (2.11) *genau dann*

(a) parabolisch, *wenn* $\det(A) = 0$;

(b) hyperbolisch, *wenn* $\det(A) < 0$;

(c) elliptisch, *wenn* $\det(A) > 0$.

Beweis: Für die Eigenwerte λ von A gilt $0 = \det(A - \lambda I) = \lambda^2 - (a_{1,1} + a_{2,2})\lambda + \det(A)$, also $\lambda_{1,2} = \frac{1}{2}(a_{1,1} + a_{2,2}) \pm \sqrt{\frac{1}{4}(a_{1,1} + a_{2,2})^2 - \det(A)}$, woraus sofort die Behauptung folgt. $\square$

Als Nächstes wollen wir für die drei Kategorien je eine *Normalform*, die repräsentativ für die jeweilige Kategorie ist, angeben. Zur Vereinfachung der Notation sei $(x,y) := (x_1, x_2)$. Nach Durchführung der Koordinatentransformation hat also eine allgemeine lineare partielle Differenzialgleichung zweiter Ordnung mit konstanten Koeffizienten in zwei Variablen (x,y) die allgemeine Form

$$\lambda_1 u_{xx} + \lambda_2 u_{yy} + a_1 u_x + a_2 u_y + a_0 u = f.$$

Dabei sind λ_1, λ_2 die Eigenwerte von A. Sind λ_1, $\lambda_2 \neq 0$, so kann man $|\lambda_1| = |\lambda_2| = 1$ annehmen, indem man u durch $u(x|\lambda_1|^{-1/2}, y|\lambda_2|^{-1/2})$ ersetzt. Nun sehen die Normalformen folgendermaßen aus.

Parabolische Gleichungen: Da ein Eigenwert null (dies sei o.B.d.A. λ_2) ist, lautet die Normalform

$$u_{xx} + a_1 u_x + a_2 u_y + a_0 u = f.$$

Um zu verhindern, dass sich diese Gleichung zu einer in y parametrisierten gewöhnlichen Differenzialgleichung in x reduziert, fordert man $a_2 \neq 0$. Man kann dies auch so ausdrücken, dass man verlangt, dass die Matrix $(A, (a_1, a_2)^T) \in \mathbb{R}^{2 \times 3}$ vollen Rang 2 besitzt. Offenbar ist die Wärmeleitungsgleichung $u_t - u_{xx} = f$ (mit $y = t$) parabolisch.

Hyperbolische Gleichungen: In diesem Fall besitzen die Eigenwerte verschiedene Vorzeichen. Die Normalform lautet

$$u_{xx} - u_{yy} + a_1 u_x + a_2 u_y + a_0 u = f.$$

Damit ist die Wellengleichung $u_{tt} - u_{xx} = f$ hyperbolisch.

Elliptische Gleichungen: Da beide Eigenwerte das gleiche Vorzeichen besitzen, lautet die Normalform

$$u_{xx} + u_{yy} + a_1 u_x + a_2 u_y + a_0 u = f,$$

z.B. ist die Laplace-Gleichung $u_{xx} + u_{yy} = f$ elliptisch.

Die Namen der Typen rühren daher, dass die Gleichung

- $\dfrac{x^2}{\alpha_1} - \dfrac{y}{\alpha_2} = 1$ \quad eine Parabel,

- $\dfrac{x^2}{\alpha_1} - \dfrac{y^2}{\alpha_2} = 1$ \quad eine Hyperbel und

- $\dfrac{x^2}{\alpha_1} + \dfrac{y^2}{\alpha_2} = 1$ \quad eine Ellipse

beschreibt, wenn $\alpha_1 > 0$, $\alpha_2 > 0$. Die Assoziation zu partiellen Differenzialgleichungen ist aber rein formal: Die drei Typen von Kurven haben keine Verbindung mit den jeweiligen Typen von partiellen Differenzialgleichungen.

Natürlich können wir diesen Zugang sofort auf lineare partielle Differenzialgleichungen zweiter Ordnung mit variablen Koeffizienten im $\mathbb{R}^2$ verallgemeinern, indem wir obige Bedingungen in jedem Punkt $x \in \mathbb{R}^2$ fordern. Dann hängt allerdings der Typ vom Ort ab.

Nach der obigen Herleitung ist klar, dass diese Kategorisierung in Dimension $d = 2$ vollständig ist, d.h., eine lineare partielle Differenzialgleichung zweiter Ordnung der Form (2.11) mit reellwertigen Koeffizienten ist entweder parabolisch, hyperbolisch oder elliptisch, falls $A \neq 0$. Mit Hilfe der Eigenwerte kann man die obige Kategorisierung auch für Gleichungen zweiter Ordnung im $\mathbb{R}^d$ mit $d > 2$, durchführen. Es wird sich jedoch zeigen, dass sie nicht mehr vollständig ist. Wir erinnern daran, dass eine symmetrische Matrix *positiv definit* heißt, wenn alle Eigenwerte positiv sind. Sind sie nicht negativ, so nennt man die Matrix *positiv semidefinit*.

Definition 2.10. Gegeben sei die lineare partielle Differenzialgleichung

$$-\sum_{i,j=1}^{d} a_{i,j}(x)\, u_{x_i,x_j}(x) + \sum_{i=1}^{d} b_i(x)\, u_{x_i}(x) + c(x)\, u(x) = f(x) \qquad (2.14)$$

mit Koeffizienten $A(x) = (a_{i,j}(x))_{i,j=1,\dots,d} \in \mathbb{R}^{d \times d}$, so dass $a_{i,j} = a_{j,i}$, $b(x) = (b_i(x))_{i=1,\dots,d} \in \mathbb{R}^d$ und $c(x) \in \mathbb{R}$, für $x \in \Omega \subseteq \mathbb{R}^d$. Man nennt dann (2.14)

(a) *elliptisch* in $x \in \Omega$, falls $A(x)$ oder $-A(x)$ positiv definit ist;

(b) *hyperbolisch* in $x \in \Omega$, falls $A(x)$ oder $-A(x)$ genau einen negativen und $(d-1)$ positive Eigenwerte hat;

(c) *parabolisch* in $x \in \Omega$, falls $A(x)$ oder $-A(x)$ positiv semidefinit, aber nicht definit ist und die Matrix $(A(x), b(x)) \in \mathbb{R}^{d \times (d+1)}$ vollen Rang d besitzt. $\triangle$

Bemerkung 2.11. Man kann in Definition 2.10 Teil (c) auch ersetzen durch:

(c') *parabolisch* in $x \in \Omega$, falls $A(x)$ genau einen Eigenwert hat, der 0 ist, und alle anderen Eigenwerte das gleiche Vorzeichen haben.

Dies ist in der Tat äquivalent zu (c), denn falls $A(x)$ oder $-A(x)$ positiv semidefinit, aber nicht definit ist, besitzen alle nicht verschwindenden Eigenwerte das gleiche Vorzeichen. Weiterhin folgt aus dem vollen Rang von $(A(x), b(x))$, dass nur ein Eigenwert verschwindet. Die umgekehrte Implikation ist trivial. $\triangle$

Wir betrachten nun unsere obigen Beispiele.

Beispiel 2.12. Der Laplace-Operator im $\mathbb{R}^d$ hat die Form

$$\Delta u(x) = \sum_{i=1}^{d} \frac{\partial^2}{\partial x_i^2} u(x), \quad x \in \mathbb{R}^d,$$

also gilt in (2.14) $A(x) \equiv \operatorname{diag}(1, \dots, 1)$. Da diese Matrix natürlich positiv definit ist, ist das Poisson-Problem bzw. die Laplace-Gleichung elliptisch. $\triangle$

Beispiel 2.13. Nun betrachten wir die Wellengleichung $u_{tt} - \Delta u = f$. Wir sehen leicht, dass die Matrix A hier folgende Gestalt annimmt

$$A(x) \equiv A = \begin{pmatrix} -1 & 0 & \cdots & 0 \\ \hline 0 & 1 & & \\ \vdots & & \ddots & \\ 0 & & & 1 \end{pmatrix},$$

und diese Matrix hat offensichtlich den einfachen Eigenwert (-1) und den d-fachen Eigenwert 1. Man beachte, dass $(t, x) \in \mathbb{R}^{d+1}$. Wir haben also eine Gleichung in $d+1$ Dimensionen. Demnach ist die Wellengleichung im $\mathbb{R}^{d+1}$ hyperbolisch. $\triangle$

Bemerkung 2.14. Eine Gleichung in Ort und Zeit der Form $u_t + Lu = f$ mit einem elliptischen Differenzialoperator L zweiter Ordnung bezüglich des Ortes $x \in \Omega \subset \mathbb{R}^d$ ist parabolisch. Ist insbesondere die Koeffizientenmatrix von L aus (2.14) positiv definit, so handelt es sich um den wichtigsten Fall einer parabolischen Gleichung.

Beweis: Es treten keine Terme der Form u_{tt} und u_{tx_i}, $i = 1, \ldots, d$, auf. Also hat A die Form

$$A = \begin{pmatrix} 0 & 0 \\ 0 & \tilde{A} \end{pmatrix} \in \mathbb{R}^{(d+1)\times(d+1)}$$

mit der Koeffizientenmatrix $\tilde{A} \in \mathbb{R}^{d \times d}$ von L. Diese ist nach Voraussetzung positiv definit und somit ist A positiv semidefinit, aber nicht definit. Damit ist die Gleichung parabolisch. $\qquad \square$

Beispiel 2.15. Die Wärmeleitungsgleichung $u_t - \Delta u = f$ ist parabolisch. $\qquad \triangle$

Bereits aus Definition 2.10 ist klar, dass die drei Kategorien im $\mathbb{R}^d$, $d > 2$, nicht mehr vollständig sind, da die Koeffizientenmatrix ein Spektrum besitzen kann, das nicht in eine der drei Kategorien fällt. Manchmal findet man auch die Bezeichnung *ultra-hyperbolisch*, falls für die Eigenwerte λ_k von A gilt: $\lambda_k \neq 0$, $k = 1, \ldots, d$, und mindestens zwei Eigenwerte sind positiv und mindestens zwei sind negativ.

Am Ende dieses Kapitels geben wir in Tabelle 2.1 (Seite 51) eine Übersicht über die vorgestellten partiellen Differenzialgleichungen und ordnen diese nach den genannten Kriterien.

2.3* Nichtlineare Gleichungen zweiter Ordnung

Bislang haben wir lineare Gleichungen betrachtet. Nun verallgemeinern wir das obige Konzept der Kategorisierung auf nichtlineare Gleichungen zweiter Ordnung. Zunächst schreiben wir eine nichtlineare partielle Differenzialgleichung zweiter Ordnung in der Form

$$F(x, u(x), u_{x_i}(x), u_{x_i, x_j}(x)) = f(x), \tag{2.15}$$

wobei hier $x \in \Omega \subseteq \mathbb{R}^d$ die Variable (dies kann Ort und Zeit sein), $f : \Omega \to \mathbb{R}$ eine gegebene rechte Seite und $u : \Omega \to \mathbb{R}$ die gesuchte Lösung ist. Also beschreibt (2.15) eine skalare Gleichung ((2.15) ist eine Identität von reellen Zahlen, nicht von Vektoren). Die Gleichung selber wird beschrieben durch die (nichtlineare) Funktion $F : \Omega \times \mathbb{R} \times \mathbb{R}^d \times \mathbb{R}^{d \times d} \to \mathbb{R}$. Man betrachtet dann die Funktion F angewendet auf Variablen $u \in \mathbb{R}$, $q = (q_i)_{i=1,\ldots,d} \in \mathbb{R}^d$ und $p = (p_{ij})_{i,j} \in \mathbb{R}^{d \times d}$, also $F(x, u, q, p)$, und definiert die Matrix

$$A(x) = A(u, x) := F_p\big(x, u(x), u_{x_i}(x), u_{x_i x_j}(x)\big)_{i,j=1,\ldots,d} \tag{2.16}$$

für $x \in \Omega$, wobei wir folgende Abkürzung verwenden: $F_p(x, u, q, p) := \frac{\partial}{\partial p} F(x, u, q, p)$, also der Gradient bzgl. der letzten $d \times d$ Variablen. Nun betrachtet man die Approximation durch das lineare Taylor-Polynom von (2.15), d.h.

$$\nabla u(x)^T A(x) \nabla u(x) + G(x, u, \nabla u) = f(x), \tag{2.17}$$

(wobei die Funktion $G(x, p, q)$ die Terme nullter Ordnung der Taylor-Reihe in p beinhaltet) und sagt, dass (2.15) in $x \in \Omega$ elliptisch (parabolisch, hyperbolisch) bzgl. u ist, falls (2.17) diese Eigenschaft besitzt.

Beispiel 2.16*. Wir betrachten nun als ein Beispiel die Monge-Ampère-Gleichung in zwei Raumdimensionen (mit den Variablen x und y), also $u_{xx}(x, y) \, u_{yy}(x, y) - u_{xy}^2(x, y) - f(x, y) = 0$. Falls $u \in C^2(\Omega)$, können wir die zweiten Ableitungen vertauschen. Also gilt $u_{xy}u_{yx} = u_{xy}u_{xy} = u_{xy}^2$ und wir können die Funktion F schreiben als $F(x, y, u, q, p) = p_{1,1} \, p_{2,2} - p_{1,2} \, p_{2,1}$. Damit erhalten wir

$$F_p(x, y; u) = \begin{pmatrix} u_{yy}(x, y) & -u_{yx}(x, y) \\ -u_{xy}(x, y) & u_{xx}(x, y) \end{pmatrix}.$$

Wir benutzen das wohlbekannte Kriterium von Hurwitz (manchmal auch Sylvester-Kriterium genannt), um zu untersuchen, wann diese Matrix positiv definit ist. Dazu betrachten wir die Haupt-Minoren. Diese lauten (von unten angefangen) u_{xx} und $\det F_p(x, y; u) = u_{xx}u_{yy} - u_{xy}u_{yx}$. Nun gilt aufgrund der Differenzialgleichung $\det F_p(x, y; u) = u_{xx}u_{yy} - u_{xy}u_{yx} = u_{xx}u_{yy} - u_{xy}^2 = f$, und damit ist die Matrix $F_p(x, y; u)$ positiv definit, falls

$$u_{xx}(x, y) > 0, \qquad f(x, y) > 0. \tag{2.18}$$

Also ist die Monge-Ampère-Gleichung elliptisch in allen Punkten (x, y), in denen die Bedingung (2.18) erfüllt ist. Ist einer der Terme in (2.18) positiv oder negativ, der andere null, dann ist die Gleichung dort parabolisch; ist einer positiv und einer negativ, dann ist sie hyperbolisch. Wir haben also hier ein Beispiel, bei dem der Typ im Ort variabel ist und außerdem von der gesuchten Unbekannten u abhängt. $\triangle$

2.4* Gleichungen höherer Ordnung und Systeme

Bei Gleichungen erster Ordnung haben wir Kurven $(t, x(t))$ gesucht, entlang derer die Lösung konstant (oder zumindest durch ein Anfangswertproblem einer gewöhnlichen Differenzialgleichung bestimmt) ist. Bei Gleichungen zweiter Ordnung sucht man nach lokalen Koordinatensystemen, die eine Reduktion auf eine Normalform zulassen. Es ist klar, dass ein solcher Zugang mit steigender Ordnung immer komplizierter wird.

In einigen Fällen kann man aber auch Gleichungen höherer Ordnung leicht reduzieren. Als Beispiel betrachten wir die Plattengleichung $\Delta^2 u(x) = f(x)$, $x \in \Omega \subset \mathbb{R}^d$. Mittels $v = (v_1, v_2) := (u, \Delta u)$ wird diese Gleichung zu

$$\Delta v - \begin{pmatrix} v_2 \\ 0 \end{pmatrix} = \begin{pmatrix} 0 \\ f \end{pmatrix},$$

also zu einem System zweiter Ordnung. Übertragen wir obige Definitionen analog auf Systeme, dann ergibt sich daraus, dass die Plattengleichung elliptisch ist.

Die inkompressiblen Navier-Stokes-Gleichungen lassen sich in der Form

$$u_t - \Delta u + G(\nabla u, u, p) = f$$

schreiben, sind also parabolisch. Die (quadratische) Nichtlinearität $(u \cdot \nabla)u$ sorgt aber sowohl analytisch als auch numerisch für erhebliche Schwierigkeiten. Bei der KdV-Gleichung gibt es keine so offensichtliche Reduktion. Die Maxwell-Gleichungen lassen sich in Abhängigkeit vom Gebiet auf ein parabolisches Problem reduzieren. Die Schrödinger-Gleichung $i\hbar\psi_t = (-\frac{\hbar^2}{2m}\Delta + V(t,x))\psi$ lautet mit der Darstellung $\psi = u + iv$

$$i\hbar u_t - \hbar v_t = \left(-\frac{\hbar^2}{2m}\Delta + V(t,x)\right)(u + iv)$$

und lässt sich damit in ein System

$$\hbar\begin{pmatrix} u_t \\ v_t \end{pmatrix} = \begin{pmatrix} 0 & -\frac{\hbar^2}{2m}\Delta + V(t,x) \\ \frac{\hbar^2}{2m}\Delta - V(t,x) & 0 \end{pmatrix}\begin{pmatrix} u \\ v \end{pmatrix}$$

umschreiben. Die Koeffizientenmatrix des Hauptteils hat also die Form $\mathcal{A} = \begin{pmatrix} 0 & A \\ -A & 0 \end{pmatrix}$ mit einer symmetrisch positiv definiten Matrix A. Also hat $\mathcal{A}$ komplexe Eigenwerte mit verschiedenen Vorzeichen. Wenn wir in den obigen Definitionen komplexe Eigenwerte zuließen, wäre die Schrödinger-Gleichung hyperbolisch. Trotzdem wird die Schrödinger-Gleichung in der Literatur eher selten hyperbolisch genannt. Dies liegt daran, dass man bei hyperbolischen Gleichungen eine *endliche* Ausbreitungsgeschwindigkeit hat, was für die Schrödinger-Gleichung aber nicht gilt. Wir beschränken uns in diesem Buch auf die Untersuchung der Standardtypen elliptisch, parabolisch und hyperbolisch.

2.5 Aufgaben

Aufgabe 2.1. Klassifizieren Sie folgende partielle Differenzialgleichungen im $\mathbb{R}^2$:

(a) $(\partial_1 u(x))^2 + e^{x_2}\partial_2 u(x) = \sin(x_1), x = (x_1, x_2)^T$,

(b) $\partial_1^2 u(x) + e^{x_2}\partial_2 u(x) = \sin^2(x_1), x = (x_1, x_2)^T$,

(c) $\partial_1^2 u(x) + \exp(\partial_2 u(x)) = \sin^3(x_1), x = (x_1, x_2)^T$.

Aufgabe 2.2. Man betrachte folgendes Problem:

$$\frac{\partial}{\partial x_1}u(x) + \frac{\partial}{\partial x_2}u(x) = u(x)^2, \quad x = (x_1, x_2)^T \in \mathbb{R}^2, \quad u(x_1, -x_1) = x_1, x_1 \in \mathbb{R}.$$

Lösen Sie diese Gleichung in einem geeigneten Bereich mit der Methode der Charakteristiken.

Aufgabe 2.3. Bestimmen und skizzieren Sie die Charakteristiken der partiellen Differenzialgleichung $(2x_2 - 3x_1)\partial_{x_1}u - x_2\partial_{x_2}u = x_2^2(2x_2 - 5x_1)$ und bestimmen Sie die Lösung $u(x_1, x_2)$ für die Anfangswerte $u(x_1, 1) = x_1 + 1$.

Aufgabe 2.4. Bestimmen Sie den Typ der folgenden partiellen Differenzialgleichungen für $(x, y)^T \in \mathbb{R}^2$:

(a) $-2u_{xx} + u_{xy} + u_{yy} = 0$

(b) $\frac{5}{2}u_{xx} + u_{xy} + u_{yy} = 0$

(c) $9u_{xx} + 12u_{xy} + 4u_{yy} = 0$

Aufgabe 2.5. Bestimmen Sie den Typ der partiellen Differenzialgleichung im $\mathbb{R}^2$

$$(x^2 - 1)\frac{\partial^2}{\partial x^2}u + 2xy\frac{\partial^2}{\partial x\partial y}u + (y^2 - 1)\frac{\partial^2}{\partial y^2}u = x\frac{\partial}{\partial x}u + y\frac{\partial}{\partial y}u, (x,y)^T \in \mathbb{R}^2.$$

Aufgabe 2.6. Sei $a > 0$ eine Konstante und seien $g, h \in C^1([0,1])$ derart, dass $-ag'(0) = h'(0)$ und $g(0) = h(0)$. Zeigen Sie, dass es genau ein $u \in C^1([0,1] \times [0,1])$ gibt derart, dass

$$\begin{aligned}
u_t(t,x) + au_x(t,x) &= 0, & t, x &\in (0,1), \\
u(0,x) &= g(x), & x &\in [0,1], \\
u(t,0) &= h(t), & t &\in [0,1].
\end{aligned}$$

Benutzen Sie die Methode der Charakteristiken.

Aufgabe 2.7 (Lemma von Gronwall). Zeigen Sie: Ist $y : (\alpha, t] \to \mathbb{R}$ stetig und sind $c, \lambda \geq 0$ derart, dass

$$|y(s)| \leq c + \lambda \int_s^t |y(r)|\, dr, \quad s \in (\alpha, t],$$

so gilt $|y(s)| \leq ce^{\lambda(t-s)}$, $s \in (\alpha, t]$. Zeigen Sie weiterhin folgende Variante des Lemmas: Seien $y \in C([a,b])$ und $c, \lambda \geq 0$ mit

$$y(t) \leq c + \lambda \int_a^t y(s)\, ds, \quad t \in [a,b],$$

dann gilt $y(t) \leq ce^{\lambda(t-a)}$, $t \in [a,b]$.
Anleitung: Betrachten Sie die Funktion $W(t) := c + \lambda \int_a^t y(s)\, ds$ und zunächst $\frac{W'(t)}{W(t)}$ für den Fall $c > 0$. Zeigen Sie die Behauptung für diesen Fall und betrachten Sie anschließend den Fall $c = 0$.

Aufgabe 2.8. Sei $a : \mathbb{R} \times \mathbb{R} \to \mathbb{R}$ stetig differenzierbar. Zu jedem $T > 0$ gebe es ein $L \geq 0$ derart, dass $|a(t,x)| \leq L(1 + |x|)$ für $t \in [0,T]$, $x \in \mathbb{R}$. Zeigen Sie, dass es dann höchstens eine Lösung von (2.2) gibt.
Anleitung: Benutzen Sie das Lemma von Gronwall aus Aufgabe 2.7.

Aufgabe 2.9. Zeigen Sie, dass es keine Funktion $u \in C^1((0, \infty) \times \mathbb{R})$ gibt, so dass

$$u_t(t,x) = x^2 u_x(t,x), t > 0, \ x \in \mathbb{R}, \qquad \lim_{t\downarrow 0} u(t,x) = \sin x.$$

Aufgabe 2.10 (Trivialität der Charakteristiken für die Laplace-Gleichung). Bestimme die Kurven der Form $\Gamma(t) = (\gamma_1(t), \gamma_2(t))$ mit $\gamma_1, \gamma_2 \in C^1([0,1])$, auf denen alle Lösungen der Laplace-Gleichung $u_{xx} + u_{yy} = 0$ konstant sind.

Tabelle 2.1. Klassifizierung von partiellen Differenzialgleichungen (Algebr. Typ: Algebraischer Typ, lin: linear, sl: semilinear, ql: quasi-linear, vnl: voll nichtlinear, vd.: wechselnder oder anderer Typ).

Gleichung (Name und Formel)	Algebr. Typ	Ordnung (Ort, Zeit)	Dimension	Typ
Lineare Transportgleichung $u_t + c u_x = f$	lin	1	1	—
Burgers-Gleichung $u_t + u\,u_x = f$	ql	1	1	—
Viskose Burgers-Gleichung $u_t + u\,u_x = \varepsilon u_{xx}$	sl	2	1	parab.
Wärmeleitungsgleichung $u_t - \Delta u = f$	lin	2	1	d parab.
Wellengleichung $u_{tt} - \Delta u = f$	lin	2	2	d hyperb.
Poisson-Gleichung $-\Delta u = f$	lin	2	0	d ellipt.
KdV-Gleichung $u_t - 6\,u\,u_x + u_{xxx} = 0$	sl	3	1	—
Black-Scholes-Gleichung $V_t + \frac{1}{2}\sigma^2 S^2 V_{SS} + (r-\delta)SV_S - rV = 0$	lin	1	2	1 parab.
Monge-Ampère-Gleichung $\det(H(u)) = f$	vnl	0	2	d vd.
Minimalflächengleichung $(1+u_y^2)u_{xx} - 2u_x u_y u_{xy} + (1+u_x^2)u_{yy} = 0$	ql	2	0	2 vd.
Plattengleichung $\Delta^2 u = f$	lin	4	0	d ellipt.
Navier-Stokes-Gleichungen (inkompressibel) $\vec{u}_t - \rho(\vec{u}\cdot\nabla)\vec{u} - \mu\,\Delta\vec{u} + \nabla p = \vec{f}$, $\operatorname{div}\vec{u} = 0$	sl	2	1	d parab.
Navier-Stokes-Gleichungen (kompressibel) $\vec{U}_t + \operatorname{div}\vec{F}_m(\vec{U}) + \operatorname{div}\vec{G}_m(\vec{U}) = 0$	ql	2	1	d hyperb.
Maxwell-Gleichungen $\operatorname{div}B = 0$, $B_t + \operatorname{rot}E = 0$, $\operatorname{div}E = 4\pi\rho$, $E_t - \operatorname{rot}B = -4\pi j$	lin	1	1	3 parab.
Schrödinger-Gleichung $i\hbar\,\psi_t = \left(-\frac{\hbar^2}{2m}\Delta + V(t,x)\right)\psi$	lin	2	1	$2d$ vd.

3 Elementare Lösungsmethoden

In diesem Kapitel leiten wir für eine ganze Reihe von partiellen Differenzialgleichungen explizite Lösungen her. Die hier betrachteten Gleichungen repräsentieren interessante Modelle wie die schwingende Saite, die Wärmeleitung oder die Bewertung von Optionen. Darüber hinaus sind es Prototypen von partiellen Differenzialgleichungen, die wir in Kapitel 1 kennen gelernt haben. Explizit erarbeiten wir Lösungen zu
- einer hyperbolischen Gleichung (der Wellengleichung auf einem Intervall),
- einer elliptischen Gleichung (der Laplace-Gleichung auf dem Rechteck und der Kreisscheibe),
- einer parabolischen Gleichung (der Wärmeleitungsgleichung und auch der Black-Scholes-Gleichung).

Diese Lösungen illustrieren insbesondere, wie verschieden die drei Typen von Gleichungen sich verhalten.

Die Hauptmethode dieses Kapitels beruht auf der Trennung der Variablen. Sie führt auf gewöhnliche Differenzialgleichungen und liefert spezielle Lösungen. Fourier-Reihen (deren Grundeigenschaften wir in Abschnitt 3.2 herleiten) erlauben es uns, Lösungen zu überlagern und so vollständige Existenz- und Eindeutigkeitsaussagen für Anfangs-Randwertaufgaben zu beweisen. Dabei lernen wir auch schon das Maximumprinzip als eine starke a priori-Abschätzung kennen. Schließlich zeigen wir, wie man mit Hilfe von Integraltransformationen wie der Fourier- und Laplace-Transformation in einigen Fällen explizite Lösungsformeln herleiten kann.

Übersicht

© Springer-Verlag GmbH Deutschland, ein Teil von Springer Nature 2018
W. Arendt und K. Urban, *Partielle Differenzialgleichungen*,
https://doi.org/10.1007/978-3-662-58322-7_3

3.1 Die eindimensionale Wellengleichung

Wir betrachten zunächst die eindimensionale Wellengleichung (1.19) mit konstanter Wellengeschwindigkeit $c > 0$,

$$u_{tt} - c^2 u_{xx} = 0, \tag{3.1}$$

also eine homogene Gleichung, vgl. Abschnitt 1.4.

3.1.1 Die Lösungsformel von d'Alembert auf $\mathbb{R} \times \mathbb{R}$

Sei $u \in C^2(\mathbb{R}^2)$ eine Lösung von (3.1). Motiviert durch die Charakteristiken $x \pm ct \equiv \mathrm{const}$ führen wir zunächst eine Transformation der Variablen durch:

$$\xi := x + ct, \quad \tau := x - ct, \tag{3.2}$$

und setzen

$$v(\tau, \xi) := u(t, x) = u\left(\frac{\xi - \tau}{2c}, \frac{\xi + \tau}{2}\right).$$

Dann erhalten wir aus der Kettenregel und (3.2) wegen $u \in C^2(\mathbb{R}^2)$

$$v_\xi = \frac{1}{2c} u_t + \frac{1}{2} u_x,$$
$$v_{\xi\tau} = \frac{1}{2c}\frac{-1}{2c} u_{tt} + \frac{1}{2c}\frac{1}{2} u_{tx} + \frac{1}{2}\frac{-1}{2c} u_{xt} + \frac{1}{2}\frac{1}{2} u_{xx} = \frac{1}{4c^2}(c^2 u_{xx} - u_{tt}) = 0.$$

Damit hängt die Funktion v_ξ nicht von τ ab. Es gibt also eine Funktion $F : \mathbb{R} \to \mathbb{R}$, so dass $v_\xi(\tau, \xi) = F(\xi)$ für alle $\tau \in \mathbb{R}$. Da $v \in C^2(\mathbb{R}^2)$ ist, gilt $F \in C^1(\mathbb{R})$. Sei φ eine Stammfunktion von F, d.h. $\varphi \in C^2(\mathbb{R})$ mit $\varphi' = F$. Nach dem Hauptsatz der Differenzial- und Integralrechnung gibt es zu jedem $\tau \in \mathbb{R}$ eine Konstante $\psi(\tau)$ (die Integrationskonstante), so dass $v(\tau, \xi) = \varphi(\xi) + \psi(\tau)$. Da $\varphi, v \in C^2(\mathbb{R})$, folgt, dass $\psi \in C^2(\mathbb{R})$. Wir haben also gezeigt, dass

$$u(t, x) = v(\tau, \xi) = v(x - ct, x + ct) = \varphi(x + ct) + \psi(x - ct).$$

Umgekehrt ist jede solche Funktion eine Lösung der Wellengleichung (3.1), wie man leicht nachrechnet. Wir haben somit folgendes Ergebnis, das zeigt, dass sich die Lösung aus einer nach rechts und einer nach links mit Geschwindigkeit c laufenden Welle zusammensetzt.

Satz 3.1. *Eine Funktion $u \in C^2(\mathbb{R}^2)$ löst genau dann die Wellengleichung (3.1), wenn es zwei Funktionen $\varphi, \psi \in C^2(\mathbb{R})$ gibt, so dass*

$$u(t, x) = \varphi(x + ct) + \psi(x - ct) \tag{3.3}$$

für alle $t, x \in \mathbb{R}$. $\qquad\square$

Als Nächstes drücken wir φ und ψ durch Anfangsdaten aus, in diesem Fall die *Anfangsposition* $u_0(x) = u(0,x)$ und die *Anfangsgeschwindigkeit* $u_1(x) = u_t(0,x)$. Sei also u gegeben durch (3.3). Dann gilt

$$u_0(x) := u(0,x) = \varphi(x) + \psi(x), \quad u_1(x) := u_t(0,x) = c\varphi'(x) - c\psi'(x). \tag{3.4}$$

Differenziation der ersten Gleichung in (3.4) liefert für differenzierbares u_0

$$u_0'(x) = \varphi'(x) + \psi'(x). \tag{3.5}$$

Multiplikation mit der Konstanten c und Addition zur zweiten Gleichung in (3.4) führt auf $cu_0'(x) + u_1(x) = 2c\varphi'(x)$, also $\varphi'(x) = \frac{1}{2}u_0'(x) + \frac{1}{2c}u_1(x)$. Damit gibt es eine (Integrations-)Konstante $c_1 \in \mathbb{R}$, so dass

$$\varphi(x) = \frac{1}{2}u_0(x) + \frac{1}{2c}\int_0^x u_1(s)ds + c_1$$

für alle $x \in \mathbb{R}$. Multiplikation von (3.5) mit der Konstanten c und Subtraktion von der zweiten Gleichung in (3.4) liefert $cu_0'(x) - u_1(x) = 2c\psi'(x)$. Damit gibt es eine (Integrations-)Konstante $c_2 \in \mathbb{R}$, so dass

$$\psi(x) = \frac{1}{2}u_0(x) - \frac{1}{2c}\int_0^x u_1(s)ds + c_2 = \frac{1}{2}u_0(x) + \frac{1}{2c}\int_x^0 u_1(s)ds + c_2$$

für alle $x \in \mathbb{R}$. Mit (3.3) erhalten wir also

$$u(t,x) = \frac{1}{2}\Big(u_0(x+ct) + u_0(x-ct)\Big) + \frac{1}{2c}\int_{x-ct}^{x+ct} u_1(s)ds + c_1 + c_2.$$

Indem wir $t = 0$ einsetzen, sehen wir, dass $c_1 + c_2 = 0$ gelten muss. Wir haben also folgenden Satz bewiesen, in dem die Lösung durch Anfangsposition und Anfangsgeschwindigkeit ausgedrückt wird.

Satz 3.2. *Gegeben seien die Anfangsdaten $u_0 \in C^2(\mathbb{R})$ und $u_1 \in C^1(\mathbb{R})$. Dann gibt es genau eine Funktion $u \in C^2(\mathbb{R} \times \mathbb{R})$, so dass*

$$u_{tt} = c^2 u_{xx} \quad in \ \mathbb{R}^2, \tag{3.6a}$$
$$u(0,x) = u_0(x), \quad x \in \mathbb{R}, \tag{3.6b}$$
$$u_t(0,x) = u_1(x), \quad x \in \mathbb{R}. \tag{3.6c}$$

Es gilt die Darstellung

$$u(t,x) = \frac{1}{2}(u_0(x+ct) + u_0(x-ct)) + \frac{1}{2c}\int_{x-ct}^{x+ct} u_1(s)ds \tag{3.7}$$

für alle $x,t \in \mathbb{R}$, die so genannte Lösungsformel von d'Alembert. $\qquad\square$

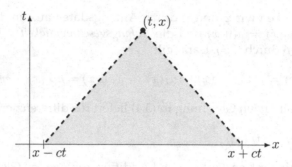

Abbildung 3.1. Wellengleichung: Abhängigkeitsbereich.

Bemerkung 3.3. Wir wissen bereits, dass c die Ausbreitungsgeschwindigkeit ist. Man sieht aus der Lösungsformel (3.7), dass die Lösung im Punkt (t, x) nur von den Anfangswerten im Intervall $[x-ct, x+ct]$ abhängt, vgl. Abbildung 3.1. Dies ist eine typische Eigenschaft der Wellengleichung. Eine andere typische Eigenschaft ist, dass die Lösung u im Verlaufe der Zeit *nicht* an Regularität gewinnt: $u(t, \cdot)$ ist nicht unendlich oft differenzierbar, wenn es u_0 und u_1 nicht schon sind. Wir werden sehen, dass dies bei der Wärmeleitungsgleichung anders ist. $\triangle$

Bemerkung 3.4. Man beachte, dass die Gleichung (3.7) auch Sinn macht, wenn u_0 nur stetig und u_1 lediglich integrierbar ist. Damit könnte man die durch (3.7) definierte Funktion als eine so genannte schwache Lösung ansehen, siehe Aufgabe 5.13. $\triangle$

3.1.2 Die Wellengleichung auf einem Intervall

In dem Modell der schwingenden Saite wie auch in anderen physikalischen Modellen betrachtet man die Wellengleichung nicht auf der gesamten reellen Achse, sondern auf einem Intervall $[a, b] \subset \mathbb{R}$, $-\infty < a < b < \infty$. Wir suchen Funktionen $u \in C^2([0, \infty) \times [a, b])$, so dass

$$u_{tt}(t, x) = c^2 u_{xx}(t, x), \quad t \geq 0, \ x \in (a, b). \tag{3.8}$$

Hier bedeutet $C^2([0, \infty) \times [a, b])$ den Raum der auf $(0, \infty) \times (a, b)$ zweimal stetig differenzierbaren Funktionen, deren partielle Ableitungen alle eine stetige Fortsetzung auf $[0, \infty) \times [a, b]$ besitzen. Wir werden wieder die Anfangsposition $u_0 \in C([a, b])$ und die Anfangsgeschwindigkeit $u_1 \in C([a, b])$ vorgeben und verlangen, dass

$$u(0, x) = u_0(x), \quad u_t(0, x) = u_1(x), \quad x \in [a, b]. \tag{3.9}$$

Auf einem beschränkten Intervall bestimmen diese Anfangsbedingungen aber allein noch nicht eindeutig die Lösung. Wir verlangen daher noch Randbedingungen, um die Eindeutigkeit zu erzwingen. Eine Möglichkeit sind die (homogenen)

Dirichlet-Randbedingungen

$$u(t, a) = u(t, b) = 0, \quad t \geq 0. \tag{3.10}$$

Setzt man diese für die Punkte $x = a$ und $x = b$ ein, so erhält man die Verträglichkeitsbedingungen für die Anfangswerte

$$u_0(a) = u_0(b) = 0, \quad u_1(a) = u_1(b) = 0. \tag{3.11}$$

Man beachte dazu, dass wir oben $u \in C^2([0, \infty) \times [a, b])$ gefordert haben. Daraus ergibt sich eine weitere Konsequenz. Ist $u(t, a) = 0$ für alle $t \geq 0$, so folgt auch $u_t(t, a) = 0$ und insbesondere $u_1(a) = u_t(0, a) = 0$. Ähnliches gilt im rechten Endpunkt, also $u_1(b) = u_t(0, b) = 0$.

Somit betrachten wir das folgende Anfangs-Randwertproblem (ARWP): Bestimme $u \in C^2([0, \infty) \times [a, b])$ mit

$$u_{tt} = c^2 u_{xx}, \quad t > 0, \quad x \in (a, b), \tag{3.12a}$$

$$u(t, a) = u(t, b) = 0, \quad t > 0, \tag{3.12b}$$

$$u(0, x) = u_0(x), \quad u_t(0, x) = u_1(x), \quad x \in (a, b). \tag{3.12c}$$

Dieses Problem hat höchstens eine Lösung. Das werden wir mittels eines Energieerhaltungssatzes beweisen, der für die Lösungen von (3.12a) gültig ist. Wir erinnern uns an die Herleitung der Laplace-Gleichung in Kapitel 1.6.4. Dort hatten wir gesehen, dass die potentielle Energie durch das Integral über die quadrierte räumliche Änderung von u (multipliziert mit der Ausbreitungsgeschwindigkeit) gegeben ist. Hier ist dies

$$E_{\text{pot}}(t) := \int_a^b c^2 \, u_x^2(t, x) \, dx$$

und man nennt diesen Term wieder die *potentielle Energie* (ohne auf physikalische Maßeinheiten einzugehen). Entsprechend ist die *kinetische Energie*

$$E_{\text{kin}}(t) := \int_a^b u_t^2(t, x) \, dx$$

durch die (gemittelte quadrierte) zeitliche Veränderung definiert. Mit Hilfe dieser Definitionen können wir nun folgenden Satz für die Lösungen des Randwertproblems (3.12a), (3.12b) beweisen.

Satz 3.5 (Energieerhaltung). *Sei $u \in C^2([0, \infty) \times [a, b])$ eine Lösung von (3.12a), (3.12b). Dann ist die Gesamtenergie $E(t) := E_{\text{kin}}(t) + E_{\text{pot}}(t)$, $t > 0$, konstant auf $(0, \infty)$.*

Beweis: Nach dem Satz von Schwarz ist $u_{tx} = u_{xt}$, $t > 0$, $x \in (a, b)$, da $u \in C^2([0, \infty) \times [a, b])$. Mittels partieller Integration und (3.12a) erhält man

$$\frac{d}{dt} E_{\text{kin}}(t) = \int_a^b 2 u_t(t, x) \, u_{tt}(t, x) \, dx = 2c^2 \int_a^b u_t(t, x) \, u_{xx}(t, x) \, dx$$

$$= 2c^2 u_t(t, x) \, u_x(t, x) \Big|_{x=a}^{x=b} - 2c^2 \int_a^b u_{tx}(t, x) \, u_x(t, x) \, dx = -\frac{d}{dt} E_{\text{pot}}(t).$$

Hierbei haben wir benutzt, dass $u(t, a) = u(t, b) = 0$ und damit (wie oben) auch
$u_t(t, a) = u_t(t, b) = 0$ für $t > 0$ ist. $\qquad\qquad\qquad\qquad\qquad\qquad\qquad\qquad\square$

Aus der Energieerhaltung folgt die Eindeutigkeit folgendermaßen. Sind zwei Lösungen des Anfangs-Randwertproblems (3.12) gegeben, so ist deren Differenz u eine Lösung von (3.12) zu homogenen Anfangswerten $u_0 \equiv u_1 \equiv 0$. Für dieses u gilt aber aufgrund der Energieerhaltung für alle $t \geq 0$

$$E(t) = \int_a^b \left(u_t^2(t, x) + c^2 u_x^2(t, x) \right) dx = E(0) = \int_a^b (u_1(x)^2 + c^2 u_0'(x)^2) \, dx = 0.$$

Also ist $E(t) = 0$ für alle $t \geq 0$. Daraus folgt $u_t(t, x) = u_x(t, x) \equiv 0$ und damit ist u konstant. Da $u(0, x) = 0$, folgt $u \equiv 0$. Insgesamt erhalten wir nun folgendes Resultat.

Satz 3.6 (Existenz und Eindeutigkeit des ARWP). *Seien $u_0 \in C^2([a, b])$ und $u_1 \in C^1([a, b])$, so dass $u_0(a) = u_0''(a) = u_0(b) = u_0''(b) = 0$ und $u_1(a) = u_1(b) = 0$. Dann hat (3.12) eine eindeutige Lösung u.*

Beweis: Wir können annehmen, dass $a = 0$. Setze u_0 und u_1 zu ungeraden, $2b$-periodischen Funktionen $\tilde{u}_0, \tilde{u}_1 : \mathbb{R} \to \mathbb{R}$ fort. Unsere Voraussetzungen haben zur Folge, dass $\tilde{u}_0 \in C^2(\mathbb{R})$ und $\tilde{u}_1 \in C^1(\mathbb{R})$. Man setze

$$u(t, x) := \frac{1}{2}(\tilde{u}_0(x + ct) + (\tilde{u}_0(x - ct)) + \frac{1}{2c} \int_{x-ct}^{x+ct} \tilde{u}_1(s) \, ds.$$

Damit ist u nach Satz 3.2 eine Lösung von (3.6) und erfüllt somit (3.12a) und (3.12b). Da $\tilde{u}_0, \tilde{u}_1$ ungerade und $2b$-periodisch sind, prüft man leicht nach, dass $u(t, a) = u(t, b) = 0$ für alle $t \geq 0$. Damit erfüllt u (3.12). Die Eindeutigkeit war oben bewiesen worden. $\qquad\qquad\qquad\qquad\qquad\qquad\qquad\qquad\square$

Bemerkung 3.7. Aus der Energieerhaltung folgt unmittelbar auch die stetige Abhängigkeit der Lösung von den Daten, so dass wir insgesamt die Korrektgestelltheit des ARWPs (3.12) der Wellengleichung erhalten. $\qquad\qquad\qquad\qquad\qquad\triangle$

3.2 Fourier-Reihen

Mit Hilfe von Fourier-Reihen lassen sich elementare partielle Differenzialgleichungen elegant lösen. Dies liegt auch daran, dass viele partielle Differenzialgleichungen Schwingungsphänome modellieren, wie wir ja in Kapitel 1 gesehen haben. Da Fourier-Reihen eine Überlagerung von elementaren Schwingungen sind (Sinus- und Cosinus-Funktionen bzw. komplexe Exponentialfunktionen), liegt es nahe, die Lösung eines Schwingungsproblems in Form einer Fourier-Reihe zu suchen. Dabei stellen sich natürlich sofort einige grundsätzliche Fragen, z.B. die, wann und in welchem Sinn die Fourier-Reihe einer stetigen oder differenzierbaren Funktion konvergiert. Hier führen wir Fourier-Reihen ein, stellen einige wesentliche Fakten zusammen und beweisen einen Konvergenzsatz (Satz 3.11).

Bemerkung 3.8*. Leonhard Euler (1707-1783), Joseph-Louis Lagrange (1736-1813) und die Schweizer Brüder Jakob I. Bernoulli (1655-1705) und Johann Bernoulli (1667-1748) sowie Daniel Bernoulli (1700-1782), Sohn von Jakob, hatten bereits an Reihenentwicklungen von Funktionen gearbeitet: Eine Motivation war schon bei ihnen das Lösen von Differenzialgleichungen gewesen. Es war Jean Baptiste Joseph Fourier (1768-1830), der 1822 in seiner berühmten Schrift *Théorie analytique de la chaleur* behauptete, dass jede Funktion eine konvergente Reihenentwicklung besitzt. Diese wurde später ihm zu Ehren *Fourier-Reihe* genannt. Er erntete für seine Behauptung zunächst Ablehnung, besonders von Augustin Louis Cauchy (1789-1857) und Niels Henrik Abel (1802-1829). Johann Peter Gustav Lejeune Dirichlet (1805-1859) zeigte 1829 in seiner Arbeit *Sur la convergence des séries trigonométriques qui servent à représenter une fonction arbitraire entre des limites données*, dass die Behauptung von Fourier zumindest für Funktionen zutrifft, die stückweise stetig differenzierbar sind, siehe Aufgabe 5.12.   △

Wir konzentrieren uns hier auf stetige periodische Funktionen und zeigen die Konvergenz der Fourier-Reihe für einen schwächeren Konvergenzbegriff, nämlich die Konvergenz im so genannten Abel'schen Sinne. Dies wird direkte Folgerungen für die Laplace- und auch Wärmeleitungsgleichung haben.

Definition 3.9. Eine Funktion $f : \mathbb{R} \to \mathbb{C}$ heißt 2π-*periodisch*, falls $f(t + 2\pi) = f(t)$ für alle $t \in \mathbb{R}$ gilt.   △

Typische Beispiele sind die trigonometrischen Funktionen sin und cos. Ein weiteres Beispiel ist die komplexe Exponentialfunktion e_k, die für $k \in \mathbb{Z}$ durch

$$e_k(t) = e^{ikt} = \cos(kt) + i\sin(kt), \quad t \in \mathbb{R}, \tag{3.13}$$

definiert ist. Die Funktionen $\{e_k, k \in \mathbb{Z}\}$ erfüllen die Orthogonalitätsbeziehung

$$\frac{1}{2\pi} \int_0^{2\pi} e^{ikt} e^{-i\ell t} \, dt = \delta_{k,\ell} = \begin{cases} 1, & \text{wenn} \quad k = \ell, \\ 0, & \text{wenn} \quad k \neq \ell, \end{cases} \tag{3.14}$$

was man leicht sieht. Wir betrachten die Funktionen $\{e_k, k \in \mathbb{Z}\}$ als reine Schwingungen. Durch Überlagerung erhalten wir allgemeinere 2π-periodische Funktionen: Seien $c_k \in \mathbb{C}, k \in \mathbb{Z}$ komplexe Koeffizienten, so dass

$$\sum_{k=-\infty}^{\infty} |c_k| < \infty.$$

Dann definiert

$$f(t) = \sum_{k=-\infty}^{\infty} c_k \, e^{ikt}, \quad t \in \mathbb{R} \tag{3.15}$$

eine 2π-periodische Funktion $f : \mathbb{R} \to \mathbb{C}$. Sie ist stetig, da die Konvergenz in (3.15) gleichmäßig auf $\mathbb{R}$ ist. Wir können die Koeffizienten c_k aus f zurückgewinnen:

$$c_k = \frac{1}{2\pi} \int_0^{2\pi} f(t) e^{-ikt} \, dt, \quad k \in \mathbb{Z}, \tag{3.16}$$

was man folgendermaßen sieht: Wegen der gleichmäßigen Konvergenz der Reihe
(3.15) dürfen wir nämlich Integral und Summe vertauschen. Somit ist für $m \in \mathbb{Z}$,

$$\frac{1}{2\pi} \int_0^{2\pi} f(t)e^{-imt}\, dt = \sum_{k=-\infty}^{\infty} c_k \frac{1}{2\pi} \int_0^{2\pi} e^{ikt}e^{-imt}\, dt = c_m \, ,$$

wobei wir die Orthogonalitätsbeziehung (3.14) benutzt haben. Diese Überlegung
führt uns zu folgender Definition.

Definition 3.10. (a) Der Raum der stetigen 2π-periodischen Funktionen ist definiert als $C_{2\pi} := \{f : \mathbb{R} \to \mathbb{C} : f \text{ ist stetig und } 2\pi\text{-periodisch}\}$.
(b) Ist $f \in C_{2\pi}$ und $k \in \mathbb{Z}$, so heißt

$$c_k := \frac{1}{2\pi} \int_0^{2\pi} f(t)e^{-ikt}\, dt \qquad\qquad (3.17)$$

der k-te *Fourier-Koeffizient* von f. Die Reihe

$$\sum_{k=-\infty}^{\infty} c_k e^{ikt} \qquad\qquad (3.18)$$

heißt die *Fourier-Reihe* von f.   △

Die Fourier-Reihe (3.18) konvergiert im Allgemeinen nicht im punktweisen Sinne. Zu jedem $t \in \mathbb{R}$ gibt es eine 2π-periodische stetige Funktion $f : \mathbb{R} \to \mathbb{C}$, so
dass die Fourier-Reihe (3.18) von f im Punkt t unbeschränkte Partialsummen hat
und damit divergiert. Ein erstes Beispiel wurde 1873 von Paul Du Bois-Reymond
gezeigt. Heute kann man mit Hilfe von funktionalanalytischen Argumenten die
Existenz einer solchen Funktion sehr elegant nachweisen, siehe [52, Satz IV.2.10].

Wir werden nun die Konvergenz in einem schwächeren Sinne zeigen (Satz 3.11).
Sei $f : \mathbb{R} \to \mathbb{C}$ stetig und 2π-periodisch. Dann ist die Folge $(c_k)_{k \in \mathbb{Z}}$ der Fourier-Koeffizienten von f beschränkt. Somit konvergiert die Reihe

$$f_r(t) = \sum_{k=-\infty}^{\infty} r^{|k|} c_k e^{ikt} \qquad\qquad (3.19)$$

für jedes $0 < r < 1$ gleichmäßig auf $\mathbb{R}$ und definiert eine Funktion $f_r \in C_{2\pi}$. Unser Ziel ist der Beweis der folgenden Aussage, für die wir einige Vorbereitungen
benötigen.

Satz 3.11 (Abel'sche Konvergenz von Fourier-Reihen). *Es gilt*

$$\lim_{r \uparrow 1} f_r(t) = f(t)$$

gleichmäßig für $t \in \mathbb{R}$.   □

Bemerkung 3.12 (Abel'sche Konvergenz). Man sagt, dass eine Reihe $\sum_{k=1}^{\infty} a_k$ *im Sinne von Abel gegen eine Zahl c konvergiert, falls*

$$\lim_{r\uparrow 1} \sum_{k=1}^{\infty} a_k r^k = c.$$

Der Abel'sche Grenzwertsatz, vgl. [1], besagt, dass aus der gewöhnlichen Konvergenz der Reihe, d.h. aus $\lim_{n\to\infty} \sum_{k=1}^{n} a_k = c$, die Konvergenz im Sinne von Abel gegen c folgt. Der Begriff der Konvergenz im Sinne von Abel ist aber echt schwächer als derjenige der Konvergenz der Reihe, wie das oben schon erwähnte Beispiel einer divergenten Fourier-Reihe zeigt.   △

Zum Beweis von Satz 3.11 führen wir die ∞-Norm ein:

$$\|f\|_\infty = \sup_{t\in\mathbb{R}} |f(t)| \,.$$

Damit wird $C_{2\pi}$ ein normierter Vektorraum, der vollständig, d.h. ein Banach-Raum, ist. Eine Folge $(f_n)_{n\in\mathbb{N}}$ in $C_{2\pi}$ konvergiert genau dann gleichmäßig gegen $f \in C_{2\pi}$, wenn $\lim_{n\to\infty} f_n = f$ bzgl. $\|\cdot\|_\infty$, d.h., wenn $\lim_{n\to\infty} \|f_n - f\|_\infty = 0$.

Definition 3.13. Wir definieren für Funktionen $f, g \in C_{2\pi}$ durch

$$(f * g)(t) := \frac{1}{2\pi} \int_0^{2\pi} f(t-s)\, g(s)\, ds,$$

die *Faltung* $f * g$ von f mit g.   △

Die folgenden Eigenschaften sind leicht einzusehen:

Lemma 3.14. *Für $f, g, h \in C_{2\pi}$ gilt:*
(a) Kommutativität: $f * g = g * f$
(b) Assoziativität: $(f * g) * h = f * (g * h)$
(c) Distributivgesetz: $(f + g) * h = f * h + g * h$

Diese drei Eigenschaften besagen, dass $C_{2\pi}$ eine Algebra ist. Weiterhin ist die Norm $\|\cdot\|_\infty$ auf $C_{2\pi}$ *submultiplikativ*, d.h.

$$\|f * g\|_\infty \leq \|f\|_\infty \|g\|_\infty, \tag{3.20}$$

was sofort aus der Definition folgt. Damit ist $C_{2\pi}$ eine *Banach-Algebra*. Die Submultiplikativität der Norm impliziert insbesondere, dass die Faltung stetig ist.

Lemma 3.15 (Stetigkeit der Faltung). *Seien $f_n, f, g_n, g \in C_{2\pi}$, so dass*

$$\lim_{n\to\infty} \|f_n - f\|_\infty = 0, \qquad \lim_{n\to\infty} \|g_n - g\|_\infty = 0.$$

Dann gilt

$$\lim_{n\to\infty} \|f_n * g_n - f * g\|_\infty = 0,$$

mit anderen Worten: $f_n * g_n \longrightarrow f * g$ bzgl. $\|\cdot\|_\infty$ mit $n \to \infty$.

Beweis: Die Anwendung von Lemma 3.14, (3.20) und die Dreiecksungleichung liefern

$$\|f_n * g_n - f * g\|_\infty = \|f_n * (g_n - g) + (f_n - f) * g\|_\infty$$
$$\leq \|f_n * (g_n - g)\|_\infty + \|(f_n - f) * g\|_\infty$$
$$\leq \|f_n\|_\infty \|g_n - g\|_\infty + \|f_n - f\|_\infty \|g\|_\infty$$
$$\to 0 \text{ für } n \to \infty,$$

was die Behauptung zeigt. $\square$

Die Algebra $C_{2\pi}$ hat kein Eins-Element, d.h., es gibt keine Funktion $u \in C_{2\pi}$, so dass $u * f = f$ für alle $f \in C_{2\pi}$ gilt. Wir werden aber stattdessen eine *approximative* Eins angeben. Dazu definieren wir analog zu (3.19) für $0 \leq r < 1$

$$j_r(t) := \sum_{k=-\infty}^{\infty} r^{|k|} e_k(t) \,. \tag{3.21}$$

Diese Reihe konvergiert gleichmäßig auf $\mathbb{R}$ und definiert somit eine Funktion $j_r \in C_{2\pi}$. Mit Hilfe der Formel für die geometrische Reihe sieht man wegen $0 \leq r < 1$

$$j_r(t) = \sum_{k=0}^{\infty} r^k e^{ikt} + \sum_{k=1}^{\infty} r^k e^{-ikt} = \frac{1}{1 - re^{it}} + \frac{re^{-it}}{1 - re^{-it}}$$
$$= \frac{1 - re^{-it} + re^{-it}(1 - re^{it})}{(1 - re^{it})(1 - re^{-it})} = \frac{1 - r^2}{1 - 2r\cos t + r^2} \,. \tag{3.22}$$

Damit gilt für $0 \leq r < 1$

$$j_r(t) > 0, \quad t \in \mathbb{R}, \tag{3.23}$$

und für $0 < \delta < 2\pi$

$$\lim_{r\uparrow 1} j_r(t) = 0 \text{ gleichmäßig in } t \in [\delta, 2\pi - \delta]. \tag{3.24}$$

Aus der Definition (3.21) von j_r sehen wir, dass

$$\frac{1}{2\pi} \int_0^{2\pi} j_r(t)\,dt = 1. \tag{3.25}$$

Man beachte, dass $\int_0^{2\pi} e_k(t)\,dt = 0$ für $k \neq 0$ ist.

Damit haben wir nun alle Hilfsmittel zusammengestellt, um zu zeigen, dass die Familie $(j_r)_{0 \leq r < 1}$ eine *approximative* Eins in $C_{2\pi}$ in folgendem Sinn ist:

Satz 3.16 (Approximative Eins in $C_{2\pi}$). *Sei $f \in C_{2\pi}$ gegeben, dann gilt bzgl. $\|\cdot\|_\infty$*

$$\lim_{r\uparrow 1} j_r * f = f.$$

Beweis: Sei $\varepsilon > 0$ beliebig. Da f gleichmäßig stetig ist, gibt es ein $\delta \in (0, \pi)$, so dass für $|s| \leq 2\delta$ gilt $|f(t-s) - f(t)| \leq \varepsilon$ für alle $t \in \mathbb{R}$. Wegen (3.25) und der Periodizität der Funktion f ist damit

$$(j_r * f)(t) - f(t) = \frac{1}{2\pi} \int_{-\pi}^{\pi} j_r(s)\,(f(t-s) - f(t))\,ds$$

$$= \frac{1}{2\pi} \int_{-\delta}^{\delta} j_r(s)\,(f(t-s) - f(t))\,ds$$

$$+ \frac{1}{2\pi} \int_{\pi \geq |s| \geq \delta} j_r(s)\,(f(t-s) - f(t))\,ds.$$

Somit ist

$$|(j_r * f)(t) - f(t)| \leq \varepsilon \frac{1}{2\pi} \int_{-\delta}^{\delta} j_r(s)\,ds + 2\|f\|_\infty \frac{1}{2\pi} \int_{\pi > |s| > \delta} j_r(s)\,ds.$$

Wegen (3.24) und (3.25) folgt $\limsup_{r\uparrow 1} \|j_r * f - f\|_\infty \leq \varepsilon$. Da $\varepsilon > 0$ beliebig ist, folgt daraus die Behauptung. □

Beweis von Satz 3.11: Nun brauchen wir nur noch $j_r * f$ zu berechnen. Zunächst ist für $f \in C_{2\pi}$

$$(e_k * f)(t) = \frac{1}{2\pi} \int_0^{2\pi} e^{ik(t-s)} f(s)\,ds = \frac{1}{2\pi} e^{ikt} \int_0^{2\pi} e^{-iks} f(s)\,ds = e^{ikt} c_k,$$

wobei c_k der k-te Fourier-Koeffizient von f ist. Damit gilt

$$\left(\sum_{k=-n}^{n} r^{|k|} e_k \right) * f = \sum_{k=-n}^{n} r^{|k|} (e_k * f) = \sum_{k=-n}^{n} r^{|k|} c_k e_k.$$

Aus der Stetigkeit der Faltung (vgl. Lemma 3.15) folgt

$$j_r * f = \sum_{k=-\infty}^{\infty} r^{|k|} c_k e_k. \tag{3.26}$$

Damit folgt nun der Abel'sche Konvergenzsatz für Fourier-Reihen (Satz 3.11) aus Satz 3.16, dem Satz über die approximative Eins. Dieser besagt gerade, dass

$$f_r(t) = \sum_{k=-\infty}^{\infty} r^{|k|} c_k e^{ikt} = j_r * f \longrightarrow f \quad \text{für } r \uparrow 1$$

bzgl. $\|\cdot\|_\infty$. □

Wir wollen eine Folgerung notieren. Mit

$$\mathcal{T} := \bigcup_{n \in \mathbb{N}} \mathcal{T}_n, \qquad \mathcal{T}_n := \left\{ \sum_{k=-n}^{n} c_k e_k : c_{-n}, \ldots, c_n \in \mathbb{C} \right\}, \; n \in \mathbb{N},$$

bezeichnen wir den *Raum der trigonometrischen Polynome*.

Korollar 3.17 (Dichtheit der trigonometrischen Polynome in $C_{2\pi}$). *Der Raum $\mathcal{T}$ ist dicht in $C_{2\pi}$ bzgl. $\|\cdot\|_\infty$, d.h., zu jedem $f \in C_{2\pi}$ gibt es eine Folge $(f_n)_{n\in\mathbb{N}}$ in $\mathcal{T}$, so dass $\lim_{n\to\infty} f_n = f$ bzgl. $\|\cdot\|_\infty$.*

Beweis: Ist $f \in C_{2\pi}$, so konvergiert $f = \lim_{r\uparrow 1} j_r * f$ gleichmäßig. Daher gibt es zu $n \in \mathbb{N}$ ein $r_n < 1$, so dass $\|f - j_{r_n} * f\|_\infty \leq \frac{1}{2n}$. Wegen der gleichmäßigen Konvergenz der Reihe (3.26) gibt es ein $N_n \in \mathbb{N}$, so dass

$$\left\| j_r * f - \sum_{|k|\leq N_n} r^{|k|} c_k e_k \right\|_\infty \leq \frac{1}{2n}.$$

Wähle $f_n := \sum_{|k|\leq N_n} r^{|k|} c_k e_k$. Dann ist $f_n \in \mathcal{T}$ und $\|f - f_n\|_\infty \leq \frac{1}{n}$ aufgrund der Dreiecksungleichung. $\square$

Schließlich betrachten wir die Entwicklung einer Funktion nach reellen Sinus- und Cosinus-Funktionen. Sei $f \in C_{2\pi}$ und c_k sei der k-te Fourier-Koeffizient von f. Da $e^{-ikt}e^{ikx} + e^{ikt}e^{-ikx} = 2\cos(kt)\cos(kx) + 2\sin(kt)\sin(kx)$ für $k \in \mathbb{N}$, folgt $c_k e_k + c_{-k} e_{-k} = a_k \cos(kt) + b_k \sin(kt)$ mit

$$a_k = \frac{1}{\pi} \int_0^{2\pi} \cos(kt) f(t)\, dt, \qquad b_k = \frac{1}{\pi} \int_0^{2\pi} \sin(kt) f(t)\, dt. \tag{3.27}$$

Wir erinnern daran, dass nach Definition (3.16) gilt:

$$c_0 = \frac{1}{2\pi} \int_0^{2\pi} f(t)\, dt. \tag{3.28}$$

Damit ist also

$$(j_r * f)(t) = c_0 + \sum_{k=1}^\infty r^k \{ a_k \cos(kt) + b_k \sin(kt) \}. \tag{3.29}$$

Jetzt kann der Abel'sche Konvergenzsatz (Satz 3.11) umformuliert werden.

Korollar 3.18. *Für $f \in C_{2\pi}$ konvergiert*

$$f(t) = \lim_{r\uparrow 1} \left\{ c_0 + \sum_{k=1}^\infty r^k \left[a_k \cos(kt) + b_k \sin(kt) \right] \right\} \tag{3.30}$$

gleichmäßig in t, wobei die Fourier-Koeffizienten a_k, b_k, c_0 durch (3.27) und (3.28) definiert sind.

Ist f eine reellwertige Funktion, so sind auch die Koeffizienten c_0, a_k, b_k reell. Damit besteht die Reihe (3.30) ausschließlich aus reellen Gliedern. Wir wollen noch einen Spezialfall explizit formulieren.

Korollar 3.19. *Sei $\ell > 0$ und sei $g \in C([0,\ell])$ eine reellwertige Funktion, so dass $g(0) = g(\ell) = 0$. Setze*

$$b_k = \frac{2}{\ell} \int_0^\ell g(s) \sin\left(\frac{k}{\ell} \pi s \right) ds.$$

Dann ist

$$g(x) = \lim_{r \uparrow 1} \sum_{k=1}^{\infty} r^k b_k \sin\left(\frac{k\pi}{\ell}x\right)$$

gleichmäßig in $x \in [0, \pi]$.

Beweis: *1. Fall:* Sei $\ell = \pi$. Da $g(0) = 0$, gibt es genau eine Funktion $f \in C_{2\pi}$ derart, dass $f(t) = g(t)$ für $0 \le t \le \pi$ und $f(t) = -f(-t)$ für alle $t \in \mathbb{R}$. Betrachte die Fourier-Koeffizienten a_k, b_k von f. Da f ungerade ist, ist $a_k = 0$ und

$$b_k = \frac{1}{\pi} \int_{-\pi}^{\pi} \sin(kt)\, f(t)\, dt = \frac{2}{\pi} \int_{0}^{\pi} \sin(kt)\, g(t)\, dt.$$

Nun folgt die Behauptung aus Korollar 3.18.
2. Fall: Sei $\ell > 0$ beliebig. Definiere $h(t) := g(t\ell/\pi)$ für $0 \le t \le \pi$. Dann ist

$$b_k = \frac{1}{\pi} \int_{0}^{\pi} h(t)\, \sin(kt)\, dt = \frac{1}{\ell} \int_{0}^{\ell} g(s)\, \sin\left(\frac{k\pi s}{\ell}\right) ds, \quad k \in \mathbb{N}.$$

Nach dem ersten Fall ist

$$g\left(t\frac{\ell}{\pi}\right) = \lim_{t \uparrow 1} \sum_{k=1}^{\infty} r^k\, b_k\, \sin(kt)$$

gleichmäßig in $t \in [0, \pi]$. Substituiert man $x = t\ell/\pi$, so ergibt sich die Behauptung. $\qquad\square$

Korollar 3.20. *Sei* $g \in C([0, \ell])$ *derart, dass* $g(0) = g(\ell) = 0$. *Dann gibt es trigonometrische Polynome*

$$g_n(x) = \sum_{k=1}^{\infty} b_k^n \sin\left(\frac{k\pi}{\ell}x\right),$$

wobei $b_k^n \in \mathbb{R}$ *mit* $b_k^n = 0$ *für alle* $k \ge N_n$ *für ein* $N_n \in \mathbb{N}$, *so dass* $\lim_{n \to \infty} g_n(x) = g(x)$ *gleichmäßig auf* $[0, \ell]$. *Insbesondere ist* $\lim_{n \to \infty} b_k^n = b_k$, $k \in \mathbb{N}$, *wobei* b_k *der* k-*te Fourier-Koeffizient von* g *wie in Korollar 3.19 ist.*

Beweis: Nach Korollar 3.19 gibt es $0 < r_n < 1$, so dass

$$\left| g(x) - \sum_{k=1}^{\infty} r_n^k\, b_k \sin\left(\frac{k\pi}{\ell}x\right) \right| \le \frac{1}{2n}, \quad x \in [0, \ell].$$

Wähle $N_n \in \mathbb{N}$ so, dass

$$\left| \sum_{k=N_n+1}^{\infty} r_n^k\, b_k \sin\left(\frac{k\pi}{\ell}x\right) \right| \le \frac{1}{2n}, \quad x \in [0, \ell],$$

und setze $b_k^n := r_n^k b_n$ für $k \le N_n$ und $b_k^n = 0$ für $k > N_n$. Dann sieht man mit Hilfe der Dreiecksungleichung, dass $|g(x) - g_n(x)| \le \frac{1}{n}$ für $x \in [0, \ell]$ und $n \in \mathbb{N}$. $\qquad\square$

3.3 Die Laplace-Gleichung

In diesem Kapitel wollen wir die Laplace-Gleichung mit Dirichlet-Randbedingungen für spezielle Gebiete lösen. Dazu benutzen wir die Methode der „Trennung der Variablen" und Fourier-Reihen. Im ersten Abschnitt betrachten wir ein Rechteck und im zweiten eine Kreisscheibe. Dann beweisen wir im dritten Abschnitt das elliptische Maximumprinzip. Dies liefert uns die Eindeutigkeit, aber auch eine wichtige a priori-Abschätzung, mit der wir schließlich im vierten Abschnitt die Existenz von Lösungen für alle Randdaten beweisen können.

3.3.1 Das Dirichlet-Problem auf dem Einheitsquadrat

Wir betrachten zunächst die Laplace-Gleichung auf dem Einheitsquadrat

$$\Omega := (0,1)^2 = \{(x,y) \in \mathbb{R}^2 : 0 < x, y < 1\}$$

mit Dirichlet-Randbedingungen, die an der oberen Kante von Ω inhomogen sind. Das Randwertproblem lautet: Suche $u \in C(\bar{\Omega}) \cap C^2(\Omega)$, so dass

$$\Delta u = 0, \qquad 0 < x, y < 1, \tag{3.31a}$$
$$u(0,y) = u(1,y) = 0 \qquad 0 \le y \le 1, \tag{3.31b}$$
$$u(x,0) = 0, \qquad 0 \le x < 1, \tag{3.31c}$$
$$u(x,1) = g(x), \qquad 0 < x < 1, \tag{3.31d}$$

wobei $g : [0,1] \to \mathbb{R}$ eine vorgegebene, stetige Funktion mit $g(0) = g(1) = 0$ ist.

Wir benutzen die Methode der *Trennung der Variablen*, um spezielle Lösungen der Gleichung (3.31) zu konstruieren. Da $\Omega = (0,1) \times (0,1)$ ein Produktgebiet ist, kann man hoffen, eine Lösung von (3.31a) zu finden, die von der einfachen Form

$$u(x,y) = X(x) \cdot Y(y) \tag{3.32}$$

mit Funktionen $X, Y \in C^2(0,1) \cap C([0,1])$ ist.[1] Wir setzen diese Darstellung in (3.31a) ein und erhalten $0 = \Delta u(x,y) = X''(x) Y(y) + X(x) Y''(y)$ für alle $x, y \in (0,1)$. Nehmen wir an, dass $0 \neq u(x,y) = X(x) Y(y)$ für alle $x, y \in (0,1)$ gilt, so können wir oben durch diesen Term dividieren. Dann erhalten wir

$$-\frac{X''(x)}{X(x)} = \frac{Y''(y)}{Y(y)}. \tag{3.33}$$

Wir sehen nun, dass die linke Seite nicht von y und die rechte Seite nicht von x abhängt. Also muss (3.33) eine von x und y unabhängige Konstante sein. Es existiert also ein $\lambda \in \mathbb{R}$ mit

$$-X''(x) = \lambda X(x), \quad 0 < x < 1, \tag{3.34a}$$
$$X(0) = X(1) = 0, \tag{3.34b}$$
$$Y''(y) = \lambda Y(y), \quad 0 < y < 1, \tag{3.34c}$$
$$Y(0) = 0. \tag{3.34d}$$

---

[1]Wir werden häufig Räume der Form $C^k(\Omega) \cap C(\bar{\Omega})$ mit $\Omega \subset \mathbb{R}^d$ verwenden. Dies bedeutet, dass die entsprechenden Funktionen im Inneren (also in Ω) k-fach stetig differenzierbar sind und auf den Rand $\partial\Omega$ stetig fortgesetzt werden können. Insbesondere machen dann Randwerte auf $\partial\Omega$ Sinn.

Die beiden gewöhnlichen Differenzialgleichungen (3.34a) und (3.34c) ergeben sich aus obigen Überlegungen. Die Randbedingung (3.34b) folgt aus (3.31b), denn der Separations-Ansatz (3.32) liefert $0 = X(0)Y(y) = X(1)Y(y)$, $0 \leq y \leq 1$, woraus (3.34b) folgt. Ähnlich ergibt sich (3.34d). Damit ist also (3.34a, 3.34b) ein Randwertproblem für eine gewöhnliche Differenzialgleichung zweiter Ordnung. Die Funktionen $\sin(k\pi x)$ sind offenbar Lösungen von (3.34a, 3.34b) für $\lambda = (k\pi)^2$, $k \in \mathbb{N}$.

Betrachten wir nun (3.34c, 3.34d), wiederum eine gewöhnliche Differenzialgleichung zweiter Ordnung, bei der jedoch eine Randbedingung fehlt. Diese fehlende Bedingung werden wir benutzen, um die inhomogene Bedingung (3.31d) zu erfüllen. Für $\lambda = \beta^2$, $\beta > 0$, lautet die allgemeine Lösung von (3.34c)

$$\alpha_1 e^{\beta y} + \alpha_2 e^{-\beta y}.$$

Setzen wir darin die Randbedingung (3.34d) (also für $y = 0$) ein, so erhalten wir $0 = \alpha_1 + \alpha_2$ und somit $Y(y) = \alpha_1(e^{\beta y} - e^{-\beta y}) = 2\alpha_1 \sinh(\beta y)$. Nun galt oben ja $\lambda_k = (k\pi)^2$, also erhalten wir für $\beta_k = k\pi$ partikuläre Lösungen

$$u_k(x, y) = \sin(k\pi x) \cdot \sinh(k\pi y), \quad k \in \mathbb{N}.$$

Unter geeigneten Konvergenzvoraussetzungen erfüllt also

$$u(x, y) = \sum_{k=1}^{\infty} c_k \, u_k(x, y), \quad c_k \in \mathbb{R}, \tag{3.35}$$

die Bedingungen (3.31a) – (3.31c). Es fehlt noch die Randbedingung (3.31d). Da $g \in C([0,1])$ mit $g(0) = g(1) = 0$ ist, besitzt g eine Entwicklung als Sinus-Reihe

$$g(x) = \sum_{k=1}^{\infty} b_k \sin(k\pi x)$$

mit den Fourier-Koeffizienten

$$b_k = 2 \int_0^1 g(x) \sin(k\pi x) \, dx. \tag{3.36}$$

Allerdings konvergiert die Reihe nur im Abel'schen Sinn (siehe Korollar 3.19). Wir rechnen zunächst einmal formal weiter. Für $y = 1$ lautet die Darstellung (3.35) für $u(x,1)$ nun

$$u(x,1) = \sum_{k=1}^{\infty} c_k \, \sin(k\pi x) \sinh(k\pi).$$

Also erhält man durch Koeffizientenvergleich

$$c_k = \frac{b_k}{\sinh(k\pi)}, \quad k \in \mathbb{N}.$$

Damit erhalten wir als Lösungskandidaten die Funktion

$$u(x,y) := \sum_{k=1}^{\infty} \frac{b_k}{\sinh(k\pi)} \sin(k\pi x) \cdot \sinh(k\pi y). \tag{3.37}$$

Diese Reihe konvergiert gleichmäßig in jedem Rechteck $[0,1] \times [0,b]$ mit $b < 1$. Beachte dazu, dass für $0 \le y \le b < 1$,

$$\frac{\sinh(k\pi y)}{\sinh(k\pi)} = \frac{e^{k\pi y} - e^{-k\pi y}}{e^{k\pi} - e^{-k\pi}} = \frac{e^{k\pi y}}{e^{k\pi}} \frac{1 - e^{-2k\pi y}}{1 - e^{-2k\pi}} \le \frac{e^{k\pi y}}{e^{k\pi}} = e^{k\pi(y-1)} \le \left(e^{\pi(b-1)} \right)^k.$$

Da auch die Reihe aller partiellen Ableitungen in jedem solchen Rechteck gleichmäßig konvergiert, definiert (3.37) eine Funktion $u \in C^{\infty}([0,1] \times [0,1))$ und es gilt

$$\Delta u = 0 \quad \text{in } (0,1) \times (0,1).$$

Wir werden sehen, dass

$$\lim_{y \uparrow 1} u(x,y) = g(x)$$

gleichmäßig in $x \in [0,1]$ gilt. Damit löst u das Dirichlet-Problem (3.31a) – (3.31d). Um diesen letzten Schritt zu beweisen, benötigen wir das Maximumprinzip, das wir in Abschnitt 3.3.3 beweisen werden. Dieses wird uns auch die Eindeutigkeit der Lösung liefern.

3.3.2 Das Dirichlet-Problem auf der Kreisscheibe

Nun wollen wir das Dirichlet-Problem auf der Kreisscheibe

$$\mathbb{D} := \{ x \in \mathbb{R}^2 : |x| < 1 \}$$

mit Hilfe von Fourier-Reihen lösen und sogar eine explizite Lösungsformel angeben. Hier bezeichnen wir mit $|x| = (x_1^2 + x_2^2)^{1/2}$ die Euklidische Norm von $x = (x_1, x_2) \in \mathbb{R}^2$.

Zur Herleitung einer Lösung wenden wir wieder die Methode der *Trennung der Variablen* an. Auf diese Weise erhält man natürlich nur sehr spezielle Lösungen, nämlich solche mit getrennten Variablen. Wenn man diese überlagert, kommt man jedoch auf die allgemeine Lösung. Der Abel'sche Konvergenzsatz (Satz 3.11, Seite 60) liefert uns genau das notwendige Konvergenzresultat.

Das Dirichlet-Problem lautet folgendermaßen: Gegeben sei eine Funktion $g \in C(\partial\mathbb{D})$, suche $v \in C^2(\mathbb{D}) \cap C(\bar{\mathbb{D}})$ mit

$$\Delta v(x) = 0, \qquad x \in \mathbb{D}, \tag{3.38a}$$
$$v(x) = g(x), \quad x \in \partial\mathbb{D}. \tag{3.38b}$$

Zusätzlich führen wir die *punktierte Kreisscheibe*

$$\dot{\mathbb{D}} := \{ x \in \mathbb{R}^2 : 0 < |x| < 1 \}$$

ein. Es bietet sich weiter an, Polarkoordinaten einzuführen.

Variablen-Transformation auf Polarkoordinaten

Lemma 3.21 (Polarkoordinaten). *Sei* $v : \dot{\mathbb{D}} \to \mathbb{R}$ *und* $u : (0,1) \times \mathbb{R} \to \mathbb{R}$, *so dass* $u(r,\theta) = v(r\cos\theta, r\sin\theta)$. *Dann ist* u *genau dann 2-mal stetig differenzierbar, wenn* $v \in C^2(\dot{\mathbb{D}})$. *In diesem Fall gilt*

$$\Delta v(r\cos\theta, r\sin\theta) = u_{rr} + \frac{u_r}{r} + \frac{u_{\theta\theta}}{r^2}.$$

Man führt den Beweis leicht durch Ausrechnen der verschiedenen partiellen Ableitungen, vgl. Aufgabe 3.6.

Der Rand von $\mathbb{D}$ ist der Einheitskreis

$$\Gamma := \partial\mathbb{D} = \{x \in \mathbb{R}^2 : |x| = 1\}.$$

Sei $g \in C(\Gamma)$ und setze $f(\theta) := g(\cos\theta, \sin\theta)$, dann ist $f \in C_{2\pi}$. Die Variablentransformation aus Lemma 3.21 führt uns auf folgendes Problem:
Suche $u \in C^2((0,1) \times \mathbb{R})$ mit $u(r,\cdot) \in C_{2\pi}$, so dass

$$u_{rr} + \frac{u_r}{r} + \frac{u_{\theta\theta}}{r^2} = 0, \tag{3.39a}$$

$$\lim_{r\uparrow 1} u(r,\theta) = f(\theta) \qquad \text{gleichmäßig in } \theta \in \mathbb{R}, \tag{3.39b}$$

$$\lim_{r\downarrow 0} u(r,\theta) =: c \qquad \text{existiert gleichmäßig in } \theta \in \mathbb{R}. \tag{3.39c}$$

Ist $u \in C^2((0,1) \times \mathbb{R})$ eine Lösung von (3.39), so setzt man

$$v(r\cos\theta, r\sin\theta) := \begin{cases} f(\theta), & \text{für } r = 1, \\ u(r,\theta), & \text{für } 0 < r < 1, \\ c, & \text{für } r = 0. \end{cases}$$

Dann wird man erwarten, dass v eine Lösung von (3.38) ist. Klar ist nach Lemma 3.21, dass $v \in C(\bar{\mathbb{D}})$, $v_{|\Gamma} = g$, $v \in C^2(\dot{\mathbb{D}})$ und $\Delta v = 0$ auf $\dot{\mathbb{D}}$. Es bleibt aber noch zu zeigen, dass v zweimal stetig differenzierbar im Nullpunkt ist. Das könnte man aus (3.39) herleiten. Wir suchen erst einmal eine Lösung von (3.39) und kommen auf die Frage der Differenzierbarkeit später zurück.

Trennung der Variablen

Um (3.39a) zu lösen, benutzen wir wieder die Methode der *Trennung der Variablen*. Wir versuchen zunächst eine Lösung u von (3.39) zu finden, die von der Form ist

$$u(r,\theta) = v(r)\,w(\theta), \tag{3.40}$$

wobei $v \in C^2(0,1) \cap C([0,1])$ und $w \in C^2(\mathbb{R})$ eine 2π-periodische Funktion ist. Dann gilt

$$0 = u_{rr} + \frac{u_r}{r} + \frac{u_{\theta\theta}}{r^2} = v''(r)w(\theta) + \frac{v'(r)}{r}w(\theta) + \frac{v(r)}{r^2}w''(\theta).$$

Falls die Funktionen nirgends verschwinden, folgern wir, dass

$$r^2 \frac{v''(r)}{v(r)} + r \frac{v'(r)}{v(r)} = - \frac{w''(\theta)}{w(\theta)} \tag{3.41}$$

gilt. Diese Gleichung soll für beliebige $r \in (0,1)$ und $\theta \in \mathbb{R}$ gelten. Da die linke Seite unabhängig von θ und die rechte Seite unabhängig von r ist, handelt es sich bei (3.41) um eine konstante Funktion. Wir finden also ein $\lambda \in \mathbb{R}$, so dass

$$r^2 \frac{v''(r)}{v(r)} + r \frac{v'(r)}{v(r)} = \lambda, \tag{3.42}$$

$$\frac{w''(\theta)}{w(\theta)} = -\lambda. \tag{3.43}$$

Das sind zwei gewöhnliche Differenzialgleichungen zweiter Ordnung. Da w periodisch sein soll, fordern wir, dass

$$w(0) = w(2\pi), \quad w'(0) = w'(2\pi).$$

Die zweite Gleichung (3.43) hat für $\lambda = n^2$, $n \in \mathbb{N}$, die Lösung

$$w_n(\theta) = a_n \cos(n\theta) + b_n \sin(n\theta). \tag{3.44}$$

Die erste Gleichung (3.42) lautet $r^2 v'' + r v' = n^2 v$ für $\lambda = n^2$. Eine Lösung ist $v(r) = r^n$. Damit führt uns unser Ansatz (3.40) der getrennten Variablen zu den speziellen Lösungen

$$u_n(r,\theta) = r^n (a_n \cos(n\theta) + b_n \sin(n\theta)) \tag{3.45}$$

der partiellen Differenzialgleichung (3.39a). Man rechnet nun auch leicht nach, dass die Funktionen der Form (3.45) die Gleichung (3.39a) tatsächlich lösen. Hier sind $a_n, b_n \in \mathbb{R}$ zunächst beliebig. Jedoch erfüllen die Funktionen (3.45) noch nicht die Randbedingung (3.39b). Wir setzen nun

$$u(r,\theta) := c_0 + \sum_{n=1}^{\infty} r^n \{ a_n \cos(n\theta) + b_n \sin(n\theta) \} \tag{3.46}$$

und wählen für c_0, a_n, b_n die Fourier-Koeffizienten von f. Dann definiert (3.46) eine Funktion $u : (0,1) \times \mathbb{R} \to \mathbb{R}$, die 2π-periodisch in θ ist. Nach dem Abel'schen Konvergenzsatz in der Form von Korollar 3.18 gilt dann

$$\lim_{r \uparrow 1} u(r,\theta) = f(\theta)$$

gleichmäßig in $\theta \in \mathbb{R}$. Ferner ist

$$\lim_{r \downarrow 0} u(r,\theta) = c_0$$

gleichmäßig in θ. Da die Reihe der partiellen Ableitungen auf $[\delta, 1 - \delta]$ für jedes $\delta \in (0,1)$ gleichmäßig konvergiert, löst die Funktion u somit das Problem (3.39).

Wir wollen die Funktion u noch explizit durch die Funktion f ausdrücken. Dazu erinnern wir uns daran, dass nach (3.29) gilt $u(r, \cdot) = j_r * f$. Setzen wir darin den Ausdruck (3.22) für j_r ein, so erhalten wir

$$u(r, \theta) = \frac{1}{2\pi} \int_0^{2\pi} f(t) \frac{1 - r^2}{1 - 2r \cos(t - \theta) + r^2} dt.$$

Betrachten wir Euklidische Koordinaten $x = r \cos(\theta), y = r \sin(\theta)$, so ist $x^2 + y^2 = r^2$ und $(x - \cos t)^2 + (y - \sin t)^2 = 1 - 2r \cos(t - \theta) + r^2$. Damit ist

$$v(x, y) = u(r, \theta) = \frac{1 - x^2 - y^2}{2\pi} \int_0^{2\pi} \frac{f(t)}{(x - \cos t)^2 + (y - \sin t)^2} dt.$$

Die Sätze über das Vertauschen von Integral und Ableitungen zeigen, dass $v \in C^2(\mathbb{D})$, ja sogar $v \in C^\infty(\mathbb{D})$. Wir haben damit folgendes Ergebnis bewiesen.

Satz 3.22 (Poisson-Formel für das Dirichlet-Problem auf der Kreisscheibe).
Sei eine stetige Funktion $g : \Gamma \to \mathbb{R}$ gegeben. Dann hat das Dirichlet-Problem (3.38) eine Lösung $v \in C^2(\mathbb{D}) \cap C(\bar{\mathbb{D}})$, die durch

$$v(r \cos \theta, r \sin \theta) = \frac{1}{2\pi} \int_0^{2\pi} f(t) \frac{1 - r^2}{1 - 2r \cos(t - \theta) + r^2} dt \qquad (3.47)$$

gegeben ist, wobei $f(t) := g(\cos t, \sin t)$. $\square$

Bemerkung 3.23. Wir werden im nächsten Abschnitt sehen, dass (3.47) die eindeutig bestimmte Lösung von (3.38) ist, siehe Korollar 3.27 (Seite 73). $\triangle$

Man nennt (3.47) die *Poisson-Formel* und

$$R(r, t) = \frac{1 - r^2}{1 - 2r \cos t + r^2}$$

den *Poisson-Kern*. Er ist ein *Integralkern* für die Lösung, d.h.

$$v(r \cos(\theta), r \sin(\theta)) = \frac{1}{2\pi} \int_0^{2\pi} f(t) R(r, t - \theta) dt.$$

Im Fall der Kreisscheibe können wir also die Lösung v explizit durch einen Kern ausdrücken. Daraus können wir schließen, dass v unendlich oft differenzierbar auf $\mathbb{D}$ ist. Wir werden später sehen, dass dies für jede Lösung der homogenen Laplace-Gleichung, also für jede harmonische Funktion, richtig ist (Satz 6.59).

3.3.3 Das elliptische Maximumprinzip

Wir haben nun in zwei Fällen Lösungen für das Dirichlet-Problem konstruieren können: für das Einheitsquadrat und die Kreisscheibe. Bislang wissen wir nicht, ob diese Lösungen die einzig möglichen sind oder ob es noch andere gibt. Tatsächlich sind die jeweiligen Lösungen eindeutig. Dies folgt aus dem *Maximumprinzip*, das wir nun in einem allgemeinen Rahmen, nämlich für allgemeine Gebiete $\Omega \subset \mathbb{R}^d$ formulieren und beweisen wollen. Dazu zunächst einige Vorbereitungen.

Definition 3.24. Eine Funktion $u \in C^2(\Omega)$ heißt *harmonisch (subharmonisch, super-harmonisch)*, wenn

$$\Delta u(x) = 0 \quad (-\Delta u(x) \leq 0,\ -\Delta u(x) \geq 0)$$

für alle $x \in \Omega$ gilt.   △

Sei nun Ω eine beliebige beschränkte, offene Teilmenge Ω des $\mathbb{R}^d$. Damit ist der Rand $\partial\Omega$ von Ω eine kompakte Menge. In diesem allgemeinen Rahmen formulieren wir das folgende Problem.

Dirichlet-Problem: Gegeben ist $g \in C(\partial\Omega)$, suche $u \in C^2(\Omega) \cap C(\bar{\Omega})$ mit

$$\Delta u(x) = 0, \qquad\qquad x \in \Omega, \tag{3.48a}$$
$$u(x) = g(x), \qquad\qquad x \in \partial\Omega. \tag{3.48b}$$

Wir suchen also eine harmonische Funktion u auf Ω, die stetig bis zum Rand $\partial\Omega$ ist und dort vorgeschriebene Werte annimmt. Man beweist die Eindeutigkeit einer Lösung mit Hilfe des folgenden Maximumprinzips.

Satz 3.25 (Elliptisches Maximumprinzip). *Sei $\Omega \subset \mathbb{R}^d$ offen, beschränkt und sei $u \in C(\bar{\Omega}) \cap C^2(\Omega)$ subharmonisch. Dann gilt*

$$\max_{x \in \bar{\Omega}} u(x) = \max_{x \in \partial\Omega} u(x).$$

Bemerkung 3.26. Man beachte, dass u ein Maximum auf $\bar{\Omega}$ besitzt, da $\bar{\Omega}$ kompakt und u stetig auf $\bar{\Omega}$ ist. Satz 3.25 besagt, dass das Maximum auf dem Rand von Ω angenommen wird.   △

Beweis: Sei $u(x) \leq M$ für alle $x \in \partial\Omega$. Wir müssen zeigen, dass $u(x) \leq M$ für alle $x \in \Omega$. Ohne Beschränkung der Allgemeinheit können wir annehmen, dass $M = 0$ ist, denn sonst ersetzen wir u einfach durch $u - M$.

Wir führen den Beweis indirekt. Angenommen, es gilt

$$c := \max_{x \in \bar{\Omega}} u(x) > 0.$$

Setze $\varrho := \max_{x \in \bar{\Omega}} |x|^2$ und wähle $\varepsilon > 0$ so, dass $\varepsilon\varrho < c$ ist. Nun definiere

$$v(x) := u(x) + \varepsilon|x|^2, \quad x \in \bar{\Omega}.$$

Dann ist $\max_{x \in \bar{\Omega}} v(x) \geq c > \varepsilon\varrho$, während auf dem Rand gilt: $\max_{x \in \partial\Omega} v(x) \leq \varepsilon\varrho$. Daher existiert ein $x_0 \in \Omega$, so dass $v(x_0) = \max_{x \in \bar{\Omega}} v(x)$. Da $x_0 \in \Omega$ ist, folgt, dass

$$\frac{\partial^2}{\partial x_j^2} v(x_0) = \frac{d^2}{dt^2} v(x_0 + te_j)\Big|_{t=0} \leq 0$$

für $j = 1, \ldots, d$ mit dem j-ten Einheitsvektor e_j. Somit ist $\Delta v(x_0) \leq 0$. Da

$$\Delta(|x|^2) = \Delta\left(\sum_{i=1}^d x_i^2\right) = \sum_{i=1}^d 2 = 2d$$

gilt, folgt nun

$$-\Delta u(x_0) = -\Delta v(x_0) + 2d\varepsilon \geq 2d\varepsilon .$$

Das ist ein Widerspruch zur Annahme, dass u subharmonisch ist. $\triangle$

Korollar 3.27 (Eindeutigkeit). *Sei $g \in C(\partial\Omega)$ und sei u eine Lösung des Dirichlet-Problems (3.48). Dann gilt*

$$\min_{s\in\partial\Omega} g(s) \leq u(x) \leq \max_{s\in\partial\Omega} g(s) \qquad (3.49)$$

für alle $x \in \Omega$. Insbesondere existiert höchstens eine Lösung von (3.48).

Beweis: Die zweite Ungleichung folgt aus Satz 3.25. Wendet man diesen Satz auf die Funktion $-g$ statt g an, so erhält man auch die erste Ungleichung. Insbesondere ist $u \equiv 0$, wenn $g \equiv 0$.

Die Eindeutigkeitsaussage für das Dirichlet-Problem folgt nun, indem man die Differenz zweier Lösungen von (3.48) betrachtet. Diese Differenz verschwindet aufgrund der identischen Randbedingungen auf $\partial\Omega$ und die obige Aussage impliziert, dass die Differenz auf ganz Ω verschwindet. $\square$

Aus diesem Korollar folgt nun auch, dass die Lösung, die wir oben für das Einheitsquadrat bzw. für die Kreisscheibe konstruiert haben, tatsächlich eindeutig ist. Das Maximumprinzip liefert uns nicht nur die Eindeutigkeit der Lösung des Dirichlet-Problems, sondern auch die stetige Abhängigkeit der Lösung (falls sie existiert) von den Daten. Aus Korollar 3.27 erhalten wir nämlich die a priori-Abschätzung

$$\|u\|_{C(\bar{\Omega})} \leq \|g\|_{C(\partial\Omega)}, \qquad (3.50)$$

wobei $g \in C(\partial\Omega)$ die gegebene Funktion auf dem Rand und u die Lösung von (3.48) ist. Hier betrachten wir auf $C(\bar{\Omega})$ und $C(\partial\Omega)$ die Supremumsnormen

$$\|u\|_{C(\bar{\Omega})} = \sup_{x\in\bar{\Omega}} |u(x)| \quad \text{bzw.} \quad \|g\|_{C(\partial\Omega)} = \sup_{x\in\partial\Omega} |g(x)|,$$

die jeweils die gleichmäßige Konvergenz auf $\bar{\Omega}$ bzw. $\partial\Omega$ induzieren. Sind also $g, g_n \in C(\partial\Omega)$ und $u, u_n \in C(\bar{\Omega})$ Lösungen von (3.48) zu g bzw. g_n und konvergiert g_n gleichmäßig auf $\partial\Omega$ gegen g, so gilt wegen der Linearität

$$\|u_n - u\|_{C(\bar{\Omega})} \leq \|g_n - g\|_{C(\partial\Omega)},$$

d.h., u_n konvergiert gleichmäßig auf $\bar{\Omega}$ gegen u.

Man sagt, dass ein Problem (im Sinne von Hadamard, vgl. Abschnitt 4.8) *wohlgestellt* ist, wenn zu jedem Eingangsdatum eine eindeutige Lösung existiert und diese stetig von dem Eingangsdatum abhängt. Das Maximumprinzip liefert nun Eindeutigkeit und Stetigkeit. Die Existenz hatten wir für das Quadrat und den Kreis bewiesen. Für beide Fälle fassen wir nun unsere Ergebnisse zusammen.

3.3.4 Wohlgestelltheit des Dirichlet-Problems für Quadrat und Kreis

Wir betrachten zunächst das Quadrat $\Omega = (0,1) \times (0,1)$. Als Erstes liefern wir nun den fehlenden Beweis, dass die Funktion (3.37) tatsächlich eine Lösung ist. Wir benutzen dazu die a priori-Abschätzung (3.50).

Satz 3.28. *Das Problem (3.31) hat eine eindeutige Lösung u, die durch (3.37) gegeben ist. Ferner ist $u \in C^\infty((0,1) \times (0,1))$ und $\|u\|_{C([0,1]^2)} \leq \|g\|_{C([0,1])}$.*

Beweis: Die Eindeutigkeit und die stetige Abhängigkeit von den Daten folgen aus dem Maximumprinzip. Sei $g \in C([0,1])$ mit $g(0) = g(1) = 0$ der Randwert für $y = 1$ gemäß (3.31d). Dann gibt es nach Korollar 3.20 trigonometrische Polynome der Form

$$g_n(x) := \sum_{k=1}^{N_n} b_k^n \sin(k\pi x),$$

so dass $\lim_{n\to\infty} g_n = g$ in $C([0,1])$. Setze

$$u_n(x,y) = \sum_{k=1}^{N_n} b_k^n \frac{1}{\sinh(k\pi)} \sin(k\pi x) \sinh(k\pi y). \tag{3.51}$$

Dann ist u_n die Lösung von (3.31) mit g_n statt g als Randwert bei $y = 1$. Aus (3.50) folgt, dass

$$\|u_n - u_m\|_{C(\bar\Omega)} \leq \|g_n - g_m\|_{C(\partial\Omega)}.$$

Damit ist $(u_n)_{n\in\mathbb{N}}$ eine Cauchy-Folge in $C(\bar\Omega)$. Sei $w := \lim_{n\to\infty} u_n$ in $C(\bar\Omega)$. Da $u_n(x,1) = g_n(x) \to g(x)$, ist $w(x,1) = g(x)$ für alle $x \in [0,1]$. Da die Koeffizienten b_k^n beschränkt sind, $\lim_{n\to\infty} b_k^n = b_k$ und

$$0 \leq \frac{\sinh(k\pi y)}{\sinh(k\pi)} \leq \left(\frac{e^{\pi y}}{e^\pi}\right)^k,$$

folgt aus (3.51) durch Grenzübergang $n \to \infty$, dass für $x \in [0,1]$, $y \in [0,1)$

$$w(x,y) = \sum_{k=1}^{\infty} b_k \frac{1}{\sinh(k\pi)} \sin(k\pi x) \sinh(k\pi y).$$

Auf $[0,1] \times [0,1)$ ist also w die Funktion u aus (3.37). Aus $w \in C([0,1] \times [0,1])$ folgt, dass $\lim_{y\uparrow 1} u(x,y) = w(x,1) = g(x)$ gleichmäßig in $x \in [0,1]$. Damit ist die durch (3.37) definierte Funktion tatsächlich eine (und damit die) Lösung von (3.31). Wir hatten schon im Abschnitt 3.3.1 bemerkt, dass $u \in C^\infty((0,1) \times (0,1))$ und $\Delta u = 0$. Damit ist der Satz bewiesen. $\qquad\square$

Wir können nun leicht zeigen, dass das Dirichlet-Problem für das Quadrat wohlgestellt ist. Dazu betrachten wir beliebige Randfunktionen (anstatt Funktionen, die auf drei Kanten verschwinden). Zur Erinnerung: für $\Omega \subset \mathbb{R}^d$ offen und beschränkt, $g \in C(\partial\Omega)$ lautet das Dirichlet-Problem: Suche $u \in C^2(\Omega) \cap C(\bar\Omega)$ mit

$$\Delta u = 0, \qquad\qquad \text{in } \Omega, \tag{3.52a}$$

$$u = g, \qquad\qquad \text{auf } \partial\Omega. \tag{3.52b}$$

Satz 3.29. *Sei* $\Omega = (0,1) \times (0,1)$, $g \in C(\partial\Omega)$. *Dann gibt es eine eindeutige Lösung* u *von (3.52). Ferner ist* $u \in C^\infty(\Omega)$ *und* $\|u\|_{C(\bar{\Omega})} \leq \|g\|_{C(\partial\Omega)}$.

Beweis: Wir müssen nur noch die Existenz beweisen.

a) Das Problem ist linear in g: Sind $g_1, g_2 \in C(\partial\Omega)$, $\alpha, \beta \in \mathbb{R}$ und sind u_1, u_2 Lösungen von (3.52) mit Randwerten g_1 bzw. g_2, dann ist $\alpha u_1 + \beta u_2$ die Lösung von (3.52) mit Randwert $\alpha g_1 + \beta g_2$.

b) Satz 3.28 liefert uns die Lösung für Funktionen $g \in C(\partial\Omega)$, die auf drei Kanten 0 sind. Mit der Beobachtung a) finden wir damit eine eindeutige Lösung für jede Funktion $g \in C(\partial\Omega)$, die in den vier Eckpunkten verschwindet.

c) Die Funktionen $u_1(x,y) := (1-x) \cdot (1-y)$, $u_2(x,y) := x \cdot (1-y)$, $u_3(x,y) := x \cdot y$, $u_4(x,y) := (1-x) \cdot y$ sind Lösungen, die in den Eckpunkten $(0,0)$ [bzw. $(1,0), (1,1), (0,1)$] den Wert 1 und in den anderen drei Eckpunkten den Wert 0 annehmen. Sei jetzt $g \in C(\partial\Omega)$ beliebig vorgegeben. Dann hat die Funktion

$$g_0 := g - \big[g(0,0)u_1 + g(1,0)u_2 + g(1,1)u_3 + g(0,1)u_4\big]_{|\partial\Omega} \in C(\partial\Omega)$$

in allen vier Ecken den Wert 0. Somit gibt es nach b) und a) eine Lösung v von (3.52) mit Randwerten g_0. Damit ist $u = v + g(0,0)u_1 + g(1,0)u_2 + g(1,1)u_3 + g(0,1)u_4$ die Lösung von (3.52). $\quad\square$

Kleine Modifikationen der Argumente zeigen, dass das Dirichlet-Problem auf einem beliebigen Rechteck zu jeder stetigen Randwertfunktion auf dem Rand eine eindeutige Lösung hat. Wir werden diese Aussage im Kapitel 6 auf eine große Klasse von Gebieten erweitern (ohne allerdings explizite Lösungen zu finden).

Für die Kreisscheibe $\mathbb{D}$ hatten wir schon eine Lösung (3.46) gefunden. Zusätzlich wissen wir jetzt, dass diese eindeutig ist. Damit haben wir folgenden Satz bewiesen.

Satz 3.30. *Sei* $\Omega = \mathbb{D} = \{x \in \mathbb{R}^2 : |x| < 1\}$ *und sei* $g \in C(\partial\Omega)$. *Dann hat (3.52) genau eine Lösung. Sie ist gegeben durch*

$$u(r\cos\theta, r\sin\theta) = c_0 + \sum_{k=1}^\infty r^k \{a_k \cos(k\theta) + b_k \sin(k\theta)\},$$

wobei $c_0 = \frac{1}{2\pi} \int_0^{2\pi} g(\cos t, \sin t)\, dt$ *und*

$$a_k = \frac{1}{\pi} \int_0^{2\pi} \cos(kt)\, g(\cos t, \sin t)\, dt, \quad b_k = \frac{1}{\pi} \int_0^{2\pi} \sin(kt)\, g(\cos t, \sin t)\, dt.$$

Insbesondere ist $u \in C^\infty(\Omega)$ *und* $\|u\|_{C(\bar{\Omega})} \leq \|g\|_{C(\partial\Omega)}$. $\quad\square$

Die Tatsache, dass

$$\lim_{r\uparrow 1} u(r\cos\theta, r\sin\theta) = g(\cos\theta, \sin\theta)$$

gleichmäßig in $\theta \in \mathbb{R}$, entspricht dem Satz über die Abel'sche Konvergenz von Fourier-Reihen. Diese lieferte uns auch die Dichtheit der trigonometrischen Polynome in $C_{2\pi}$. Allerdings gibt es andere Möglichkeiten, diese Dichtheit zu beweisen. Sie folgt z.B. direkt aus dem Satz von Stone-Weierstraß (siehe Satz A.5).

Weiß man, dass die trigonometrischen Polynome dicht in $C_{2\pi}$ sind, so kann man direkt aus dem Maximumprinzip schließen, dass u die Lösung von (3.53) ist, und zwar genau so, wie wir es in Satz 3.28 für das Quadrat getan haben. Damit erhalten wir einen anderen Beweis der Abel'schen Konvergenz der Fourier-Reihe (Korollar 3.18) mit Hilfe des elliptischen Maximumprinzips, siehe Aufgabe 3.4.

3.4 Die Wärmeleitungsgleichung

In diesem Abschnitt betrachten wir die Wärmeleitungsgleichung. Wir leiten auch für diese Gleichung Lösungsformeln her. Dazu untersuchen wir zunächst den räumlich eindimensionalen Fall, für den wir wieder die Methode der *Trennung der Variablen* verwenden. Danach beweisen wir auch für den Fall der Wärmeleitungsgleichung ein Maximumprinzip (das so genannte *parabolische Maximumprinzip*) und folgern daraus u.a. die Eindeutigkeit der zuvor bestimmten Lösung. Dieses Maximumprinzip ist auch gültig, wenn wir die Wärmeleitungsgleichung auf einem beliebigen Gebiet betrachten.

In diesem Kapitel untersuchen wir im Abschnitt 3.4.4 die Wärmeleitungsgleichung auch auf dem gesamten Raum $\mathbb{R}^d$, wofür eine explizite Lösungsformel angegeben werden kann.

3.4.1 Trennung der Variablen

Wir betrachten den räumlich eindimensionalen Fall, also $d = 1$ und $\Omega = (0, \pi)$. Unser Problem sieht also wie folgt aus: Sei $u_0 \in C([0, \pi])$ eine gegebene Funktion mit

$$u_0(0) = u_0(\pi) = 0. \tag{3.53}$$

Gesucht ist eine stetige Funktion $u : [0, \infty) \times [0, \pi] \to \mathbb{R}$, die stetig differenzierbar nach t und zweimal stetig differenzierbar nach x auf $(0, \infty) \times (0, \pi)$ ist, so dass

$$u_t = u_{xx}, \qquad\qquad t > 0,\ x \in (0, \pi), \tag{3.54a}$$
$$u(t,0) = u(t,\pi) = 0, \qquad t \geq 0, \tag{3.54b}$$
$$u(0, x) = u_0(x), \qquad\qquad x \in [0, \pi]. \tag{3.54c}$$

Hier ist (3.54c) die Anfangsbedingung und (3.54b) die Randbedingung (homogene Dirichlet-Randbedingung). Wir werden im Abschnitt 3.4.3 Existenz und Eindeutigkeit für das Problem (3.54) beweisen. Zunächst suchen wir eine spezielle Lösung von (3.54a) über den Ansatz der Trennung der Variablen. Wir setzen also

$$u(t, x) = w(t)\, v(x)$$

mit noch zu bestimmenden Funktionen $v : [0, \pi] \to \mathbb{R}$ und $w : [0, \infty) \to \mathbb{R}$. Falls u eine Lösung von (3.54a) ist, gilt

$$0 = u_t(t,x) - u_{xx}(t,x) = v(x)\, \dot{w}(t) - v''(x)\, w(t), \qquad t > 0,\ x \in (0, \pi).$$

Falls $v(x) \neq 0$ für $x \in (0, \pi)$ und $w(t) \neq 0$ für alle $t > 0$, dividieren wir durch diese Terme und erhalten

$$\frac{\dot{w}(t)}{w(t)} = \frac{v''(x)}{v(x)} = -\lambda$$

für alle $t > 0$ und $x \in (0, \pi)$. Die Existenz einer solchen Konstanten $\lambda \in \mathbb{R}$ folgt wie bei der Laplace-Gleichung aus der Tatsache, dass der erste Term nicht von x und der zweite Term nicht von t abhängt.

Damit erhalten wir wieder zwei gewöhnliche Differenzialgleichungen

$$\dot{w}(t) + \lambda\, w(t) = 0, \; t > 0, \qquad v''(x) + \lambda\, v(x) = 0, \; x \in (0, \pi).$$

Die Lösung der ersten Gleichung lautet $w(t) = c\, e^{-\lambda t}$ mit einer Konstanten $c \in \mathbb{R}$ und somit ist $u(t, x) = c\, e^{-\lambda t}\, v(x)$.

Wir wollen nur beschränkte Lösungen betrachten[2] und verlangen, dass $\lambda \geq 0$ ist. Folglich ist v als Lösung der obigen gewöhnlichen Differenzialgleichung zweiter Ordnung von der Form

$$v(x) = a \cos(\sqrt{\lambda}\, x) + b \sin(\sqrt{\lambda}\, x) \,.$$

Die Randbedingungen (3.53) implizieren

$$a = v(0) = 0 \quad \text{und} \quad b \sin(\sqrt{\lambda}\, \pi) = v(\pi) = 0.$$

Folglich ist $\sqrt{\lambda} \in \mathbb{N}$, d.h. $\lambda = k^2$, $k \in \mathbb{N}$, falls $u \neq 0$. Wir erhalten

$$u_k(t, x) = b_k e^{-k^2 t} \sin(kx), k \in \mathbb{N},$$

als spezielle Lösungen.

Auch Linearkombinationen dieser Funktionen sind Lösungen von (3.54a, 3.54b). Wir wollen nun diese speziellen Lösungen so überlagern, dass die Anfangsbedingung (3.54c) erfüllt ist. Dazu wenden wir Korollar 3.19 auf die Funktion u_0 an und erhalten

$$u_0(x) = \lim_{r \uparrow 1} \sum_{k=1}^{\infty} r^k b_k \sin(kx),$$

wobei

$$b_k = \frac{2}{\pi} \int_0^\pi u_0(s) \sin(ks)\, ds.$$

Das führt uns zu folgendem Ansatz für eine Lösung von (3.54):

$$u(t, x) := \sum_{k=1}^{\infty} b_k\, e^{-k^2 t} \sin(kx). \tag{3.55}$$

---

[2]Aus dem im folgenden Abschnitt bewiesenen parabolischen Maximumprinzip kann man beweisen, dass jede Lösung von (3.54) beschränkt ist.

Wir erwarten, dass $\lim_{t\downarrow 0} u(t,x) = u_0(x)$. In jedem Fall erfüllt u die Bedingungen
(3.54a, 3.54b), was man folgendermaßen sieht. Es ist

$$\sum_{k=1}^{\infty} |b_k|\, k^m\, e^{-k^2 t} < \infty$$

für alle $m \in \mathbb{N}_0 := \{0,1,2,\ldots\}$ und $t > 0$. Somit ist die gerade definierte Funktion
$u : (0,\infty) \times [0,\pi] \to \mathbb{R}$ unendlich oft differenzierbar und es gilt für alle $t > 0$ und
$x \in (0,\pi)$

$$u_t(t,x) = \sum_{k=1}^{\infty} b_k\,(-k^2)\,e^{-k^2 t}\, \sin(kx) = \sum_{k=1}^{\infty} b_k\, e^{-k^2 t}\, \frac{d^2}{dx^2}\sin(kx) = u_{xx}(t,x).$$

Wir haben gezeigt, dass u die Gleichung (3.54a) löst. Auch die Randbedingung
(3.54b) ist erfüllt. Es bleibt noch zu zeigen, dass

$$\lim_{t\downarrow 0} u(t,x) = u_0(x)$$

gleichmäßig in $x \in [0,\pi]$. Das werden wir im Abschnitt 3.4.3 mit Hilfe des parabolischen Maximumprinzips tun.

3.4.2 Das parabolische Maximumprinzip

Wie bereits angekündigt, beweisen wir in diesem Abschnitt ein Maximumprinzip für die Wärmeleitungsgleichung. Wie schon im Fall der Laplace-Gleichung
betrachten wir direkt den allgemeinen Fall einer beliebigen beschränkten offenen
Menge $\Omega \subset \mathbb{R}^d$ und die Wärmeleitungsgleichung in der Form $u_t = \Delta u$.

Sei also $\Omega \subset \mathbb{R}^d$ eine offene, beschränkte Menge mit Rand $\partial\Omega$. Wir betrachten ein
Zeitintervall $[0,T]$ mit $T > 0$ und bezeichnen mit

$$\Omega_T := (0,T) \times \Omega$$

den entsprechenden Zylinder. Die Menge

$$\partial^* \Omega_T := ([0,T] \times \partial\Omega) \cup (\{0\} \times \bar{\Omega})$$

heißt *parabolischer Rand* von Ω_T. Ist $d = 2$ und Ω als eine Fläche in der Ebene
gezeichnet, so können wir die Zeitachse senkrecht abtragen. Dann ist Ω_T eine
Büchse und $\partial^* \Omega_T$ ist deren Rand ohne den Deckel, vgl. Abbildung 3.2.

Wir definieren nun den Raum $C^{1,2}(\Omega_T)$ als die Menge der stetigen Funktionen
$u : (0,T) \times \Omega \to \mathbb{R}$, für die die partiellen Ableitungen u_t, $\frac{\partial u}{\partial x_j}$, $\frac{\partial^2 u}{\partial x_i \partial x_j}$, $i,j =
1,\ldots,d$ existieren und auf Ω_T stetig sind. Für eine Funktion $u \in C^{1,2}(\Omega_T)$ ist
somit $u_t - \Delta u \in C(\Omega_T)$. Das folgende Maximumprinzip führt man leicht auf
die einfachen Eigenschaften von Maxima differenzierbarer Funktionen in einer
Variablen zurück.

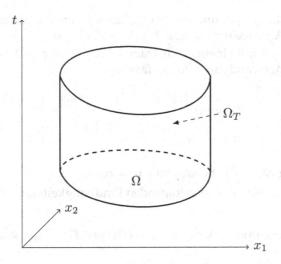

Abbildung 3.2. Ω_T mit dem parabolischen Rand $\partial^* \Omega_T$.

Satz 3.31 (Parabolisches Maximumprinzip). *Sei $u \in C(\overline{\Omega}_T) \cap C^{1,2}(\Omega_T)$, so dass*

$$u_t(t,x) \leq \Delta u(t,x) \quad \text{für } (t,x) \in \Omega_T.$$

Dann ist $\max_{(t,x)\in\overline{\Omega}_T} u(t,x) = \max_{(t,x)\in\partial^*\Omega_T} u(t,x)$. $\qquad\square$

Bemerkung 3.32. Beachte, dass die Funktion u auf der kompakten Menge $\overline{\Omega}_T = [0,T] \times \overline{\Omega}$ stetig ist und damit ihr Maximum annimmt. Der parabolische Rand $\partial^*\Omega_T$ ist eine kompakte Teilmenge von $\overline{\Omega}_T$. Der Satz sagt also, dass die Funktion u ihr Maximum auf dem parabolischen Rand annimmt. $\qquad\triangle$

Beweis: Sei $0 < T' < T$. Wir zeigen, dass

$$\max_{(t,x)\in\overline{\Omega}_{T'}} u(t,x) = \max_{(t,x)\in\partial^*\Omega_{T'}} u(t,x).$$

Daraus folgt dann die Behauptung, weil

$$\max_{(t,x)\in\overline{\Omega}_T} u(t,x) = \sup_{T'<T} \max_{(t,x)\in\overline{\Omega}_{T'}} u(t,x) = \sup_{T'<T} \max_{(t,x)\in\partial^*\Omega_{T'}} u(t,x) = \max_{(t,x)\in\partial^*\Omega_T} u(t,x).$$

a) Wir nehmen zunächst an, dass $u_t < \Delta u$ auf $\Omega_{T'}$. Da $\overline{\Omega}_{T'}$ kompakt und u stetig auf $\overline{\Omega}_{T'}$ ist, gibt es ein $(t_0, x_0) \in \overline{\Omega}_{T'}$, so dass

$$u(t_0, x_0) = \max_{(t,x)\in\overline{\Omega}_{T'}} u(t,x).$$

Wir behaupten, dass $(t_0, x_0) \in \partial^*\Omega_{T'}$. Andernfalls wäre nämlich $0 < t_0 \leq T'$ und $x_0 \in \Omega$. Da $u(t_0, x_0) = \max_{0<s\leq T'} u(s, x_0)$, folgt, dass $u_t(t_0, x_0) \geq 0$. Wegen $u(t_0, x_0) = \max_{y\in\Omega} u(t_0, y)$ folgt $\frac{\partial^2}{\partial x_j^2} u(t_0, x_0) \leq 0$ für alle $j = 1, \ldots, d$.

Also ist $\Delta u(t_0, x_0) \leq 0$ und damit erhalten wir aus der Annahme die widersprüchliche Aussage $0 \leq u_t(t_0, x_0) < \Delta u(t_0, x_0) \leq 0$.

b) Setze $v := u - \varepsilon t$ mit einem $\varepsilon > 0$. Dann ist $v_t = u_t - \varepsilon \leq \Delta u - \varepsilon < \Delta u = \Delta v$. Aus Teil a) angewandt auf v folgt, dass

$$\max_{(t,x) \in \bar{\Omega}_{T'}} u(t,x) = \max_{(t,x) \in \bar{\Omega}_{T'}} \left\{ v(t,x) + \varepsilon t \right\} \leq \max_{(t,x) \in \bar{\Omega}_{T'}} \left\{ v(t,x) + \varepsilon T' \right\}$$

$$= \max_{(t,x) \in \partial^* \Omega_{T'}} \left\{ v(t,x) + \varepsilon T' \right\} \leq \max_{(t,x) \in \partial^* \Omega_{T'}} \left\{ u(t,x) + \varepsilon T' \right\}.$$

Da $\varepsilon > 0$ beliebig ist, ist die Behauptung bewiesen.   □

Wir erhalten als Konsequenz den folgenden Eindeutigkeitssatz für die Wärmeleitungsgleichung.

Korollar 3.33 (Eindeutigkeit). *Seien $u, v \in C(\bar{\Omega}_T) \cap C^{1,2}(\Omega_T)$, so dass*

$$u_t = \Delta u \quad und \quad v_t = \Delta v \quad auf\ \Omega_T\ .$$

Gilt $u = v$ auf dem Rand $\partial^* \Omega_T$, so ist $u = v$ auf ganz $\bar{\Omega}_T$.

Beweis: Die Differenz w zweier Lösungen verschwindet auf dem parabolischen Rand. Aus dem parabolischen Maximumprinzip folgt, dass $w(t,x) \leq 0$ für alle $t \in [0, T]$, $x \in \bar{\Omega}$. Das Gleiche gilt für $-w$ statt w. Folglich ist $w(t,x) = 0$ für alle $t \in [0, T]$, $x \in \bar{\Omega}$.   □

Stimmen also zwei Lösungen der Wärmeleitungsgleichung auf dem parabolischen Rand überein, dann sind sie identisch. Daraus folgt die Eindeutigkeit für das folgende so genannte *parabolische Anfangs-Randwertproblem* (ARWP).

Gegeben sei $u_0 \in C(\bar{\Omega})$, suche $u \in C^{1,2}(\Omega_T) \cap C(\bar{\Omega}_T)$ mit

$$u_t = \Delta u, \qquad \text{in } \Omega_T, \tag{3.56a}$$

$$u(t,x) = 0, \qquad x \in \partial \Omega,\ t \in [0, T], \tag{3.56b}$$

$$u(0,x) = u_0(x), \quad x \in \Omega. \tag{3.56c}$$

Wir verlangen hier die natürliche Regularität an u, für die die Gleichung in (3.56a) Sinn macht: Die Funktion u soll nach t einmal stetig differenzierbar sein und nach x zweimal. Das ist die Forderung $u \in C^{1,2}(\Omega_T)$. Die Gleichung soll nur in der offenen Menge $\Omega_T := (0, T) \times \Omega$ gelten. Allerdings soll die Funktion stetig bis zum Rand sein, d.h. $u \in C(\bar{\Omega}_T)$. In (3.56b) fordern wir, dass die Funktion am Rand verschwindet, also *homogene Dirichlet-Randbedingungen* erfüllt. Die Forderung (3.56c) ist die Anfangswertbedingung für $t = 0$. Falls eine Lösung existiert, müssen Rand- und Anfangsbedingungen verträglich sein, es muss also notwendigerweise $u_0 \in C_0(\Omega)$ gelten, wobei

$$C_0(\Omega) := \{ u \in C(\bar{\Omega}) : u_{|\partial \Omega} = 0 \}.$$

Dann sind die Bedingungen (3.56b) und (3.56c) miteinander veträglich. Für das Anfangs-Randwertproblem (3.56) erhalten wir nun folgendes Maximumprinzip.

Satz 3.34 (Parabolisches Maximumprinzip). *Sei $u_0 \in C_0(\Omega)$ gegeben. Ist u eine Lösung von (3.56), dann gilt folgende Abschätzung:*

$$\min_{y \in \bar{\Omega}} u_0(y) \le u(t,x) \le \max_{y \in \bar{\Omega}} u_0(y) \tag{3.57}$$

für alle $t \in [0,T]$ und $x \in \bar{\Omega}$. Insbesondere ist

$$|u(t,x)| \le \sup_{y \in \bar{\Omega}} |u_0(y)| \tag{3.58}$$

für alle $t \in [0,T]$ und $x \in \bar{\Omega}$.

Beweis: Sei

$$c := \max_{y \in \bar{\Omega}} u_0(y).$$

Dann ist $c \ge 0$ und somit $u \le c$ auf $\partial^* \Omega_T$. Folglich ist nach Satz 3.31 $u \le c$ auf Ω_T. Damit ist die rechte Ungleichung von (3.57) bewiesen. Ersetzt man u durch $-u$, so erhält man die linke. $\qquad\square$

Korollar 3.35 (Eindeutigkeit für das ARWP der Wärmeleitung). *Sei $u_0 \in C_0(\Omega)$ ein gegebener Anfangswert, dann gibt es höchstens eine Lösung von (3.56).*

Beweis: Satz 3.34 zeigt diese Aussage für $u_0 \equiv 0$. Indem man die Differenz zweier Lösungen nimmt, erhält man die Eindeutigkeitsaussage. $\qquad\square$

3.4.3 Wohlgestelltheit des parabolischen Anfangs-Randwertproblems für ein Intervall

Das parabolische Maximumprinzip liefert uns nicht nur die Eindeutigkeit, sondern auch die a priori-Abschätzung (3.58) für Lösungen von (3.56). Damit können wir nun die Wohlgestelltheit beweisen, wenn Ω ein Intervall ist.

Wir betrachten das folgende *Anfangs-Randwertproblem*: Gegeben sei $u_0 \in C_0(0,\pi)$. Suche eine Lösung u von

$$u_t = u_{xx}, \qquad\qquad \text{in } (0,\infty) \times (0,\pi), \tag{3.59a}$$
$$u(t,0) = u(t,\pi) = 0, \qquad t \ge 0, \tag{3.59b}$$
$$u(0,x) = u_0(x), \qquad\qquad x \in [0,\pi]. \tag{3.59c}$$

Satz 3.36. *Sei $u_0 \in C([0,\pi])$, so dass $u_0(0) = u_0(\pi) = 0$. Dann hat (3.59) eine eindeutige Lösung $u \in C^\infty((0,\infty)\times[0,\pi]) \cap C([0,\infty)\times[0,\pi])$. Ferner gilt $\|u\|_{C([0,\infty)\times[0,\pi])} \le \|u_0\|_{C([0,\pi])}$.*

Beweis: Wir haben schon die Eindeutigkeit und die stetige Abhängigkeit von den Daten bewiesen. Nun also zur Existenz. Seien $u_{0n} \in C([0,\pi])$ trigonometrische Polynome der Form

$$u_{0n}(x) = \sum_{k=1}^{\infty} b_k^n \sin(kx),$$

so dass $u_{0n} \to u_0$ in $C[0, \pi]$ (siehe Korollar 3.19). Für festes $n \in \mathbb{N}$ ist hier $b_k^n = 0$ für alle bis auf endlich viele $k \in \mathbb{N}$ und es gilt $\lim_{n \to \infty} b_k^n = b_k$ (vgl. den Beweis von Satz 3.28). Für den Anfangswert u_{0n} ist die Lösung von (3.59) durch

$$u_n(t, x) = \sum_{k=1}^{\infty} b_k^n e^{-k^2 t} \sin(kx) \tag{3.60}$$

gegeben. Das hatten wir im Abschnitt 3.4.2 hergeleitet, lässt sich aber auch unmittelbar nachprüfen. Aus (3.58) erhält man

$$\|u_n - u_m\|_{C([0,T] \times [0,\pi])} \leq \|u_{n0} - u_{m0}\|_{C[0,\pi]}$$

für beliebiges $T > 0$. Damit gibt es eine Funktion $u \in C([0, \infty) \times [0, \pi])$, so dass $u_n(t, x) \to u(t, x)$ gleichmäßig auf jedem Rechteck $[0, T] \times [0, \pi]$, $T > 0$. Man hat somit $u(0, x) := \lim_{n \to \infty} u_n(0, x) = u_0(x)$ für alle $x \in [0, \pi]$. Aus (3.60) folgt, dass für $t > 0$, $x \in [0, \pi]$ gilt:

$$u(t, x) = \sum_{k=1}^{\infty} b_k e^{-k^2 t} \sin(kx).$$

Wir hatten schon am Ende von Abschnitt 3.4.1 gesehen, dass $u \in C^\infty((0, \infty) \times [0, \pi])$ und $u_t = u_{xx}$. Damit ist u die Lösung von (3.59). $\qquad \square$

Für die numerische Behandlung in Kapitel 9 wollen wir das Ergebnis auf das Einheitsintervall transformieren und ein endliches Zeitintervall betrachten.

Korollar 3.37. *Sei $u_0 \in C([0,1])$ mit $u_0(0) = u_0(1) = 0$. Sei $0 < T < \infty$. Dann gibt es genau ein $u \in C^\infty((0, T] \times [0,1]) \cap C([0, T] \times [0,1])$ derart, dass*

$$u_t = u_{xx}, \qquad\qquad t \in (0, T], x \in [0,1], \tag{3.61a}$$
$$u(t, 0) = u(t, 1) = 0, \qquad t \in [0, T], \tag{3.61b}$$
$$u(0, x) = u_0(x), \qquad\qquad x \in [0,1]. \tag{3.61c}$$

Es ist

$$u(t, x) = \sum_{k=1}^{\infty} e^{-k^2 \pi^2 t} b_k \sin(k\pi x),$$

wobei $b_k = 2 \int_0^1 u_0(x) \sin(k\pi x)\, dx$, $k \in \mathbb{N}$ und $\|u\|_{C([0,T] \times [0,1])} \leq \|u_0\|_{C([0,1])}$. $\quad \square$

Das parabolische Maximumprinzip zeigt die stetige Abhängigkeit von den Daten und, dass es höchstens eine Lösung $u \in C^{1,2}((0, T) \times (0,1)) \cap C([0, T] \times [0,1])$ geben kann. Die Reihendarstellung zeigt dann, dass sie sogar in $C^\infty((0, T] \times [0,1])$ ist.

Für die numerische Behandlung und insbesondere für eine aussagekräftige Fehlerabschätzung der approximativen Lösungen benötigen wir etwas mehr Regularität in $t = 0$.

Satz 3.38. *Sei* $u_0 \in C^4([0,1])$ *mit* $u_0^{(m)}(0) = u^{(m)}(1) = 0$ *für* $m = 0,2,4$. *Dann ist die Lösung* u *von* (3.61) *in* $C^{2,4}([0,T] \times [0,1])$, *d.h., die partiellen Ableitungen von* u *in* $(0,T) \times (0,1)$ *existieren bis zur Ordnung zwei bzgl. t, bis zur Ordnung vier bzgl. x und haben eine stetige Fortsetzung auf* $[0,T] \times [0,1]$.

Beweis: Wir setzen $s_k(x) := \sin(k\pi x)$, $\lambda_k := k^2\pi^2$, $b_k^{(m)} := 2\int_0^1 u_0^{(m)}(x)\, s_k(x)\, dx$, m=2,4. Dann ist $b_k^{(2)} = -\lambda_k b_k$, $b_k^{(4)} = \lambda_k^2 b_k$, wie man leicht durch partielles Integrieren sieht. Durch komponentenweises Ableiten erhält man für $t > 0$, $x \in [0,1]$

$$u_{xx}(t,x) = \sum_{k=1}^{\infty} e^{-\lambda_k t} b_k s_k''(x) = -\sum_{k=1}^{\infty} e^{-\lambda_k t} b_k \lambda_k s_k(x) = \sum_{k=1}^{\infty} e^{-\lambda_k t} b_k^{(2)} s_k(x).$$

Somit folgt $\lim_{t\downarrow 0} u_{xx}(t,x) = u_0''(x)$ gleichmäßig in $x \in [0,1]$ durch Anwendung von Korollar 3.37 auf u_0'' statt u_0. Genauso konvergiert

$$u_{xxxx}(t,x) = \sum_{k=1}^{\infty} e^{-\lambda_k t} b_k s_k^{(4)}(x) = \sum_{k=1}^{\infty} e^{-\lambda_k t} b_k^{(4)} s_k(x)$$

gleichmäßig gegen $u_0^{(4)}(x)$. Aus Aufgabe 3.20 folgt nun, dass $u \in C^{2,4}([0,T] \times [0,1])$. $\square$

3.4.4 Die Wärmeleitungsgleichung im $\mathbb{R}^d$

Nun untersuchen wir die Wärmeleitungsgleichung auf dem gesamten $\mathbb{R}^d$. Dies wird auch bei der Untersuchung der Black-Scholes-Gleichung im darauf folgenden Abschnitt nützlich sein. Zunächst betrachten wir den eindimensionalen Fall $d = 1$. Wir bezeichnen analog zu oben mit $C^{1,2}((0,\infty) \times \mathbb{R})$ den Raum der Funktionen $u = u(t,x)$, deren partiellen Ableitungen u_t, u_x, u_{xx} existieren und stetig auf $(0,\infty) \times \mathbb{R}$ sind.

Gesucht sind Lösungen $u \in C^{1,2}((0,\infty) \times \mathbb{R})$ der Wärmeleitungsgleichung

$$u_t = u_{xx}, \quad t > 0, \; x \in \mathbb{R}. \tag{3.62}$$

Die folgenden Überlegungen erlauben uns, eine Lösung zu konstruieren. Sei $u \in C^{1,2}([0,\infty) \times \mathbb{R})$ eine Lösung von (3.62) und sei $a > 0$. Dann definiert auch

$$v(t,x) := u(at, \sqrt{a}x) \tag{3.63}$$

eine Lösung von (3.62). Wir versuchen eine Lösung u zu finden, die invariant unter der Transformation (3.63) ist, d.h., es soll

$$u(t,x) = u(at, \sqrt{a}x), \quad t > 0, \; x \in \mathbb{R},$$

für alle $a > 0$ gelten. Wählen wir speziell $a = \frac{1}{t}$, so erhalten wir

$$u(t,x) = u\left(1, \frac{x}{\sqrt{t}}\right).$$

Somit ist $u(t,x) = g\left(\frac{x}{\sqrt{t}}\right)$ mit $g(y) := u(1,y)$. Ist ein solches u eine Lösung von (3.62), so ist $g \in C^2(\mathbb{R})$ und

$$u_t = g'\left(\frac{x}{\sqrt{t}}\right)\left(-\frac{1}{2}\right)\frac{x}{t^{3/2}}, \quad u_x = g'\left(\frac{x}{\sqrt{t}}\right)\frac{1}{\sqrt{t}}, \quad u_{xx} = g''\left(\frac{x}{\sqrt{t}}\right)\frac{1}{t}.$$

Daraus folgt

$$0 = u_t - u_{xx} = -\frac{1}{t}\left(\frac{1}{2}pg'(p) + g''(p)\right),$$

wobei $p := \frac{x}{\sqrt{t}}$. Setzen wir $h(p) := g'(p)$, so erfüllt die Funktion h die gewöhnliche Differenzialgleichung

$$\frac{1}{2}ph(p) + h'(p) = 0, \quad p \in \mathbb{R}.$$

Ist $h(p) > 0$ für alle $p \in \mathbb{R}$, so ist

$$\frac{d}{dp}\log\left(h(p)\right) = \frac{h'(p)}{h(p)} = -\frac{p}{2} = \left(-\frac{1}{4}p^2\right)'.$$

Also ist $\log\left(h(p)\right) = -\frac{1}{4}p^2 + c_1$ mit einer Konstanten c_1. Folglich ist $h(p) = c_2\, e^{-p^2/4}$ und

$$g(p) = c_2 \int_0^p e^{-r^2/4}dr + c_3,$$

wobei c_2, c_3 Konstanten sind. Damit ist

$$u(t,x) = \int_0^{x/\sqrt{t}} e^{-r^2/4}dr$$

eine Lösung. Also ist auch

$$u_x(t,x) = \frac{1}{\sqrt{t}}e^{-x^2/4t}, \quad t > 0, \ x \in \mathbb{R}$$

eine Lösung, wie man nun auch direkt nachprüfen kann. Damit haben wir eine spezielle Lösung gefunden, der wir einen Namen geben wollen.

Definition 3.39. Die Funktion

$$g(t,x) = \frac{1}{\sqrt{4\pi t}}e^{-x^2/4t}, \quad x \in \mathbb{R}, \ t > 0, \tag{3.64}$$

heißt *Gauß-Kern* oder die *Fundamentallösung der Wärmeleitungsgleichung*.   △

Der Gauß-Kern hat folgende Eigenschaften:

Satz 3.40. *Es gilt* $g \in C^\infty((0,\infty) \times \mathbb{R})$ *und*

$$g_t = g_{xx}, \qquad t > 0, x \in \mathbb{R}, \tag{3.65a}$$

$$\int_{\mathbb{R}} g(t,x) \, dx = 1, \qquad t > 0. \tag{3.65b}$$

Beweis: Aufgabe 3.7. $\qquad\qquad\qquad\qquad\qquad\qquad\qquad\qquad\qquad\qquad$ □

Mit g ist auch die Funktion $(t,x) \mapsto g(t, x-y)$ für alle $y \in \mathbb{R}$ eine Lösung der Wärmeleitungsgleichung. Damit definieren auch Überlagerungen von solchen Funktionen eine Lösung. Das führt uns zu folgender Definition: Sei $u_0 : \mathbb{R} \to \mathbb{R}$ stetig und *exponentiell beschränkt*, d.h., es gibt Konstanten $A, a \in \mathbb{R}_+$, so dass

$$|u_0(x)| \le A \, e^{a|x|}, \quad x \in \mathbb{R}. \tag{3.66}$$

Wir definieren

$$u(t,x) := \int_{\mathbb{R}} g(t, x-y) u_0(y) \, dy = \frac{1}{\sqrt{4\pi t}} \int_{\mathbb{R}} e^{-(x-y)^2/4t} u_0(y) \, dy. \tag{3.67}$$

Dann gilt folgender Satz:

Satz 3.41. *Die durch (3.67) definierte Funktion hat folgende Eigenschaften:*

$$u \in C^\infty((0,\infty) \times \mathbb{R}), \tag{3.68a}$$

$$u_t = u_{xx}, \qquad\qquad t > 0, x \in \mathbb{R}, \tag{3.68b}$$

$$\lim_{t \downarrow 0} u(t,x) = u_0(x), \tag{3.68c}$$

gleichmäßig auf beschränkten Teilmengen. Ferner gibt es Konstanten $B, \omega \in \mathbb{R}$, *so dass*

$$|u(t,x)| \le B e^{\omega(|x|+t)} \tag{3.69}$$

für alle $x \in \mathbb{R}$ *und* $t > 0$. $\qquad\qquad\qquad\qquad\qquad\qquad\qquad\qquad$ □

Die Funktion u löst also das Anfangswertproblem (3.68). Wir werden später sehen, dass u die einzige Lösung ist, die *exponentiell beschränkt* ist, d.h. für die eine Abschätzung der Form (3.69) gilt. Bevor wir Satz 3.41 beweisen, führen wir eine Umformung durch.

Durch Substitution können wir die Funktion u auch folgendermaßen schreiben:

$$u(t,x) = \int_{-\infty}^{+\infty} \frac{1}{\sqrt{2\pi}} e^{-z^2/2} u_0(x - \sqrt{2t}z) \, dz. \tag{3.70}$$

Eine erste Substitution $w = x - y$ in (3.67) liefert nämlich

$$u(t,x) = \int_{-\infty}^{+\infty} \frac{1}{\sqrt{4\pi t}} e^{-w^2/4t} u_0(x - w) \, dw.$$

Setzen wir $z := w/\sqrt{2t}$, so erhalten wir (3.70). Aus (3.70) sieht man unmittelbar, dass

$$u \equiv 1, \qquad \text{falls } u_0 \equiv 1, \tag{3.71}$$

$$u \geq 0, \qquad \text{falls } u_0 \geq 0, \tag{3.72}$$

$$|u(t,x)| \leq \|u_0\|_\infty, \tag{3.73}$$

wobei $\|u_0\|_\infty = \sup_{x \in \mathbb{R}} |u_0(x)|$. Insbesondere ist u beschränkt, wenn u_0 es ist.

Beweis von Satz 3.41: Aus $g \in C^\infty((0,\infty) \times \mathbb{R})$ und $g_t = g_{xx}$ folgt (3.68a, 3.68b) durch Vertauschen von Integration und Differenziation.

Wir zeigen (3.68c). Sei $b > 0$. Wir wollen zeigen, dass $\lim_{t \downarrow 0} u(t,x) = u_0(x)$ gleichmäßig in $x \in [-b,b]$. Sei $t_n \downarrow 0$. Da u_0 auf kompakten Intervallen gleichmäßig stetig ist, gilt

$$v_n(z) := \sup_{|x| \leq b} |u_0(x - \sqrt{2t_n}\,z) - u_0(x)| \longrightarrow 0 \qquad \text{für } n \to \infty \text{ für alle } z \in \mathbb{R}.$$

Damit konvergiert nach dem Satz von Lebesgue (Satz A.9, Seite 388) auch

$$\sup_{|x| \leq b} |u(t_n,x) - u_0(x)| \leq \int_{-\infty}^{+\infty} \frac{1}{\sqrt{2\pi}} e^{-z^2/2}\, v_n(z)\, dz$$

gegen 0 für $n \to \infty$. Beachte dazu, dass die Funktionen $e^{-z^2/2} v_n(z)$ durch die integrierbare Funktion $g(z) = 2A e^{a(b+\sqrt{2t_1}z)} e^{-z^2/2}$ dominiert werden. Hier sind a und A die Konstanten aus der angenommenen exponentiellen Beschränktheit von u_0.

Es bleibt noch (3.69) zu beweisen. Dazu benutzen wir die Young-Ungleichung in der Form $\sqrt{2t}|z| \leq \varepsilon z^2 + \frac{2t}{4\varepsilon}$ für $\varepsilon > 0$ (Lemma 5.22, (5.18) auf Seite 168). Damit folgt aus (3.70), (3.66)

$$|u(t,x)| \leq \frac{1}{\sqrt{2\pi}} \int_{-\infty}^{+\infty} e^{-z^2/2} A e^{a|x|} e^{a\sqrt{2t}|z|} dz \leq \frac{1}{\sqrt{2\pi}} \int_{-\infty}^{+\infty} e^{-(1/2 - \varepsilon a)z^2} dz\, A e^{a|x|} e^{\frac{a}{2\varepsilon}t}$$

für alle $x \in \mathbb{R}$, $t > 0$. $\square$

Wir werden im nächsten Abschnitt sehen, dass u die einzige exponentiell beschränkte Funktion ist, die (3.68) erfüllt. Zuvor wollen wir aber ein analoges Resultat im $\mathbb{R}^d$ beweisen. Wir führen *radiale Funktionen* auf dem $\mathbb{R}^d$ ein. Sie hängen nur vom Abstand von der 0 ab. Somit wird der Laplace-Operator zu einem gewöhnlichen Differenzialoperator in einer Variablen.

Lemma 3.42 (Radialer Laplace-Operator). *Sei $0 \leq \rho < R$ und $\Omega = \{x \in \mathbb{R}^d : \rho < |x| < R\}$ ein Ringgebiet. Weiter sei $v \in C^2(\rho, R)$ und $u(x) := v(|x|)$. Dann ist $u \in C^2(\Omega)$ und*

$$(\Delta u)(x) = \left(v_{rr} + \frac{d-1}{r} v_r \right)(|x|). \tag{3.74}$$

Beweis: Das kann man leicht nachrechnen, siehe Aufgabe 3.8. $\qquad\square$

Nun definieren wir analog zu Definition 3.39 den *Gauß-Kern* in $\mathbb{R}^d$ durch

$$g(t,x) := \frac{1}{(4\pi t)^{d/2}} e^{-x^2/4t}, \quad t > 0, \, x \in \mathbb{R}^d, \tag{3.75}$$

wobei $x^2 := x_1^2 + \cdots + x_d^2 = |x|^2$ für $x \in \mathbb{R}^d$. Es gilt dann

$$g \in C^\infty((0,\infty) \times \mathbb{R}^d), \tag{3.76}$$

$$g_t = \Delta g, \quad t > 0, \, x \in \mathbb{R}^d, \tag{3.77}$$

$$\int_{\mathbb{R}^d} g(t,x)\,dx = 1, \quad t > 0. \tag{3.78}$$

Beweis: Die Funktion $g(t,\cdot)$ ist radial. Da $g(t,x) = g_1(t,x_1)\cdots g_d(t,x_d)$ mit

$$g_j(t,x_j) = \frac{1}{\sqrt{4\pi t}} e^{-x_j^2/4t},$$

folgt (3.78) aus (3.65b) durch iteriertes Integrieren. Um (3.77) zu beweisen, setzt man $v(t,r) = t^{-d/2} e^{-r^2/4t}$, $r > 0, t > 0$ und zeigt, dass $v_t = v_{rr} + \frac{d-1}{r} v_r$. Damit folgt die Behauptung aus Lemma 3.42. $\qquad\square$

Ist $\Omega \subset \mathbb{R}^d$, so heißt eine Funktion $v : \Omega \to \mathbb{R}$ *exponentiell beschränkt*, wenn es Konstanten $a, A \geq 0$ gibt, so dass

$$|v(x)| \leq A\,e^{a|x|}, \quad x \in \Omega.$$

Analog zu Satz 3.41 erhalten wir folgendes Resultat:

Satz 3.43. *Sei $u_0 : \mathbb{R}^d \to \mathbb{R}$ stetig und exponentiell beschränkt. Definiere*

$$u(t,x) := \frac{1}{(4\pi t)^{d/2}} \int_{\mathbb{R}^d} e^{-(x-y)^2/4t} u_0(y)\,dy, \tag{3.79}$$

dann gilt $u \in C^\infty((0,\infty) \times \mathbb{R}^d)$ und

$$u_t = \Delta u, \quad t > 0, x \in \mathbb{R}^d, \tag{3.80a}$$

$$\lim_{t \downarrow 0} u(t,x) = u_0(x), \tag{3.80b}$$

gleichmäßig auf beschränkten Mengen des $\mathbb{R}^d$. Weiterhin ist u exponentiell beschränkt.

Beweis: Der Beweis von Satz 3.43 ist völlig analog zu dem von Satz 3.41 und wir überlassen ihn dem Leser, vgl. Aufgabe 3.9. $\qquad\square$

Das Problem (3.80) ist wieder ein Anfangswertproblem. Zu gegebenem Anfangswert u_0 erhält man eine Lösung, indem man u_0 mit dem Gauß-Kern faltet, vgl. (3.79). Da $\mathbb{R}^d$ keinen Rand hat, entfällt eine Randbedingung: Sie wird durch die exponentielle Beschränktheit ersetzt. Diese garantiert die Eindeutigkeit. Das beweisen wir jetzt mit Hilfe des folgenden parabolischen Maximumprinzips im $\mathbb{R}^d$.

Man vergleiche es mit dem entsprechenden parabolischen Maximumprinzip für Gebiete in Abschnitt 3.4.2. Der „parabolische Rand" ist hier lediglich die Menge $\{0\} \times \mathbb{R}^d$. Allerdings wird eine Wachstumsbedingung (3.81) an die Funktion gestellt. Wir benutzen den Raum $C^{1,2}$ aus Abschnitt 3.4.2.

Satz 3.44 (Parabolisches Maximumprinzip). *Sei $T > 0$, $u : [0,T] \times \mathbb{R}^d \to \mathbb{R}$ stetig, so dass $u \in C^{1,2}((0,T) \times \mathbb{R}^d)$ und $u_t(t,x) = \Delta u(t,x)$, $0 < t < T$, $x \in \mathbb{R}^d$. Es gebe Konstanten $a \geq 0$, $A \geq 0$, so dass*

$$u(t,x) \leq A e^{a|x|^2}, \quad 0 \leq t < T,\ x \in \mathbb{R}^d. \tag{3.81}$$

Dann gilt

$$\sup_{(t,x)\in[0,T]\times\mathbb{R}^d} u(t,x) = \sup_{z\in\mathbb{R}^d} u(0,z). \tag{3.82}$$

Beweis: *1. Fall:* Es gelte $4aT < 1$. Wähle $\varepsilon > 0$, so dass $4a(T+\varepsilon) < 1$. Dann ist $\gamma := \frac{1}{4(T+\varepsilon)} - a > 0$. Sei $y \in \mathbb{R}^d$ fest. Wir müssen zeigen, dass

$$u(t,y) \leq \sup_{z\in\mathbb{R}^d} u(0,z) =: c \tag{3.83}$$

für alle $t \in [0,T)$. Sei $\mu > 0$ gegeben. Da für $A', B' > 0$,

$$\lim_{r\to\infty}\left\{ A' e^{a(|y|+r)^2} - B' e^{(a+\gamma)r^2} \right\} = \lim_{r\to\infty} e^{a(|y|+r)^2}\left\{ A' - B' e^{-a|y|^2} e^{\gamma r^2 - 2a|y|r} \right\}$$
$$= -\infty,$$

können wir $r > 0$ so groß wählen, dass

$$A e^{a(|y|+r)^2} - \mu(4(a+\gamma))^{d/2} e^{(a+\gamma)r^2} \leq c.$$

Sei $v(t,x) := u(t,x) - \frac{\mu}{(T+\varepsilon-t)^{d/2}} e^{(x-y)^2/4(T+\varepsilon-t)}$. Dann ist $v_t - \Delta v = 0$ (benutze Lemma 3.42). Sei $\Omega = B(y,r)$, $\Omega_T = (0,T) \times \Omega$. Das parabolische Maximumprinzip aus Satz 3.31 angewandt auf v ergibt

$$\sup_{(t,x)\in\Omega_T} v(t,x) \leq \sup_{(t,x)\in\partial^*\Omega_T} v(t,x).$$

Der parabolische Rand $\partial^*\Omega_T$ besteht aus zwei Teilen:

a) Es ist $x \in \Omega$, $t = 0$. Dann ist $v(0,x) \leq u(0,x) \leq c$.

b) Es ist $t \in [0,T]$, $x \in \partial\Omega$. Dann ist $|x-y| = r$ und es gilt wegen (3.81)

$$\begin{aligned}
v(t,x) &= u(t,x) - \frac{\mu}{(T+\varepsilon-t)^{d/2}} e^{r^2/4(T+\varepsilon-t)} \\
&\leq A e^{a(|y|+r)^2} - \frac{\mu}{(T+\varepsilon-t)^{d/2}} e^{r^2/4(T+\varepsilon-t)} \\
&\leq A e^{a(|y|+r)^2} - \frac{\mu}{(T+\varepsilon)^{d/2}} e^{r^2/4(T+\varepsilon)} \\
&= A e^{a(|y|+r)^2} - \mu(4(a+\gamma))^{d/2} e^{r^2(a+\gamma)} \quad \leq c.
\end{aligned}$$

Damit ist $\sup_{(t,x)\in\partial^*\Omega_T} v(t,x) \le c$ und nach dem Maximumprinzip

$$u(t,y) - \frac{\mu}{(T+\varepsilon-t)^{d/2}} = v(t,y) \le c$$

für $0 \le t \le T$. Indem wir μ gegen 0 streben lassen, erhalten wir (3.83).

2. *Fall:* Falls $4aT \ge 1$ ist, so wenden wir Fall 1 sukzessive auf die Zeitintervalle $[0,T_1], [T_1, 2T_1], \ldots$, an, wobei $T_1 = \frac{1}{8a}$. $\qquad\square$

Das parabolische Maximumprinzip liefert uns die Eindeutigkeit auf jedem Zeit-intervall. Damit können wir unsere Resultate zusammenfassend als die Wohlge-stelltheit eines Anfangswertproblems formulieren.

Satz 3.45 (Wärmeleitungsgleichung im $\mathbb{R}^d$). *Sei $u_0 : \mathbb{R}^d \to \mathbb{R}$ stetig und exponentiell beschränkt. Dann hat folgendes Anfangswertproblem eine eindeutige, exponentiell beschränkte Lösung $u \in C^{1,2}((0,\infty) \times \mathbb{R}^d) \cap C([0,\infty) \times \mathbb{R}^d)$:*

$$u_t = \Delta u, \qquad 0 < t, x \in \mathbb{R}^d, \tag{3.84a}$$

$$u(0,x) = u_0(x), \qquad x \in \mathbb{R}^d. \tag{3.84b}$$

Die Lösung u ist durch (3.79) gegeben. Insbesondere ist $u \in C^\infty((0,\infty) \times \mathbb{R}^d)$ und es gilt $\|u\|_{C([0,\infty)\times\mathbb{R}^d)} \le \|u_0\|_{C(\mathbb{R}^d)}$.

Beweis: Es ist nur die Eindeutigkeit zu beweisen. Sind u_1, u_2 zwei Lösungen, so erfüllt $u = u_1 - u_2$ die Bedingungen (3.84) für $u_0 \equiv 0$. Damit folgt aus (3.82), dass $u(t,x) \le 0, t \in [0,T]$ für $x \in \mathbb{R}^d$, wobei $T > 0$. Ein Vertauschen von u_1 und u_2 zeigt, dass $u \equiv 0$. $\qquad\square$

Die Bedingung, dass $u \in C^{1,2}((0,\infty) \times \mathbb{R}^d)$, ist die minimale Regularitätsanfor-derung an die Lösung u, gerade so, dass die Gleichung (3.84a) einen Sinn hat. Als Resultat erhält man, dass die Lösung automatisch unendlich oft differenzier-bar ist, selbst wenn der Anfangswert u_0 nirgends differenzierbar ist. Hier ist das eine Konsequenz der Darstellung (3.79) über den Gauß-Kern. Wir werden aber sehen, dass Lösungen der Wärmeleitungsgleichung auch auf Gebieten (statt $\mathbb{R}^d$) automatisch C^∞ sind (siehe Kapitel 8).

Da $\mathbb{R}^d$ keinen Rand hat, entfällt eine Randbedingung. Sie wird durch die For-derung ersetzt, dass u exponentiell beschränkt sein soll. Es gibt jedoch weitere Lösungen, die für $|x| \to \infty$ sehr schnell wachsen (siehe [28, § 2.3]).

Physikalisch interpretieren wir die Lösungen folgendermaßen: Ist u_0 eine gege-bene Wärmeverteilung im $\mathbb{R}^d$, so beschreibt die Lösung $u(t,x)$ von (3.84) die Tem-peratur zur Zeit t im Punkte $x \in \mathbb{R}^d$. Ein anderes Modell ist Diffusion z.B. von Tinte in Wasser. Dann ist u_0 die Anfangskonzentration, d.h., $\int_B u_0(x)\, dx$ ist die Menge der Tinte in einer messbaren Menge $B \subset \mathbb{R}^d$. Die Lösung $u(t,x)$ ist die Konzentration zur Zeit t. Wir verweisen auf Kapitel 1 für die Herleitung der Wär-meleitungsgleichung.

Aus der Darstellung (3.79) durch den Gauß-Kern sieht man, dass

$$\int_{\mathbb{R}^d} u(t,x)\, dx = \int_{\mathbb{R}^d} u_0(x)\, dx \tag{3.85}$$

für alle $t > 0$, d.h., die Gesamtmasse wird erhalten, wie man es ja erwartet. Dennoch handelt es sich um eine Idealisierung. Sei etwa u_0 eine Anfangskonzentration, so dass $\int_{\mathbb{R}^d} u_0(x)\, dx = 1$, $u_0 \geq 0$, aber $u_0(x) = 0$ für $|x| \geq \varepsilon$ mit $\varepsilon > 0$; d.h., u_0 ist in einer kleinen Kugel konzentriert. Sei x ein vom Nullpunkt weit entfernter Ort und $t > 0$ eine beliebig kleine Zeit. Dann ist dennoch $u(t, x) > 0$, wie man aus (3.79) sieht. Das widerspricht der Relativitätstheorie. Bezieht man relativistische Effekte ein, so erhält man eine nichtlineare Gleichung.

Schließlich sollten wir noch etwas zur Normalisierung des Gauß-Kerns sagen. Die Funktion $g(t, \cdot)$ in (3.75) ist die Dichtefunktion der Normalverteilung mit Varianz $\sigma = 2t$ und Erwartungswert $\mu = 0$. Deshalb zieht man in der Wahrscheinlichkeitstheorie die Funktion $g(t/2, x)$ als Grundlösung vor. Sie ist der Kern der Lösungen der Gleichung

$$u_t = \frac{1}{2}\Delta u.$$

Statt des Laplace-Operators Δ wird man dann also $\frac{1}{2}\Delta$ betrachten.

3.5 Die Black-Scholes-Gleichung

Im vorigen Abschnitt haben wir alle exponentiell beschränkten Lösungen der Wärmeleitungsgleichung

$$u_t = u_{xx}, \quad t > 0,\ x \in \mathbb{R}, \tag{3.86}$$

explizit bestimmt. Durch geeignete Substitutionen und Skalierungen werden wir daraus die polynomial beschränkten Lösungen der Black-Scholes-Gleichung erhalten und schließlich die Formel für den Optionspreis herleiten.

Wir beginnen damit, die allgemeine parabolische Gleichung

$$w_t = \alpha w_{xx} + \beta w_x + \gamma w, \quad t > 0,\ x \in \mathbb{R} \tag{3.87}$$

zu betrachten. Hier sind $\alpha, \beta, \gamma \in \mathbb{R}$ mit $\alpha > 0$. Sei $T > 0$ und $u \in C^{1,2}((0, T) \times \mathbb{R})$, so dass $u_t = u_{xx}$. Wir modifizieren nun u sukzessive, um eine Lösung von (3.87) zu erhalten. Seien dazu $a, \lambda \in \mathbb{R}$ zwei noch zu bestimmende Konstanten.

1. **Schritt:** Definiere $v(t, x) := e^{ax}u(t, x)$. Dann gilt

$$v_t = e^{ax}u_t,$$
$$v_x = e^{ax}(au + u_x),$$
$$v_{xx} = e^{ax}(u_{xx} + 2au_x + a^2u) = e^{ax}u_t + 2ae^{ax}(au + u_x) - a^2ue^{ax}$$
$$= v_t + 2av_x - a^2v$$

wegen $u_t = u_{xx}$. Die Funktion v löst also die Gleichung $v_t = v_{xx} - 2av_x + a^2v$.

2. **Schritt:** Wir verändern weiterhin auch noch die Geschwindigkeit, indem wir $w(t, x) := e^{ax}u(\alpha t, x) = v(\alpha t, x)$ setzen. Dann gilt $w_t = \alpha\, w_{xx} - 2a\alpha\, w_x + \alpha a^2\, w$.

3. **Schritt:** Wir fügen noch den Faktor $e^{-\lambda t}$ hinzu, d.h., wir setzen

$$w(t,x) := e^{-\lambda t}e^{ax}u(\alpha t,x). \tag{3.88}$$

Dann gilt

$$w_t(t,x) = \alpha w_{xx} - 2a\alpha w_x + (\alpha a^2 - \lambda)w. \tag{3.89}$$

Damit löst w die Gleichung (3.87), falls

$$a = -\frac{\beta}{2\alpha}, \quad \gamma = \alpha a^2 - \lambda. \tag{3.90}$$

Sei umgekehrt w eine Lösung von (3.89), so löst $u(t,x) := e^{\lambda t/\alpha}e^{-ax}w(\frac{t}{\alpha},x)$ die Gleichung $u_t = u_{xx}$, wie man genau wie oben leicht nachrechnet. Schließlich gilt $w \in C([0,T] \times \mathbb{R})$ genau dann, wenn $u \in C([0,T] \times \mathbb{R})$. Damit erhalten wir aus Satz 3.45 folgenden Satz.

Satz 3.46. *Seien* $\alpha,\beta,\gamma \in \mathbb{R}$, $\alpha > 0$ *und* $0 < T < \infty$*. Sei* $w_0 : \mathbb{R} \to \mathbb{R}$ *stetig und exponentiell beschränkt. Dann gibt es genau eine exponentiell beschränkte Funktion* $w \in C^{1,2}((0,T) \times \mathbb{R}) \cap C([0,T] \times \mathbb{R})$*, so dass*

$$w_t = \alpha w_{xx} + \beta w_x + \gamma w, \quad t \in (0,T], x \in \mathbb{R}, \tag{3.91a}$$
$$w(0,x) = w_0(x), \quad x \in \mathbb{R}. \tag{3.91b}$$

Ferner ist

$$w(t,x) = e^{-\lambda t}\frac{1}{\sqrt{2\pi}}\int_{\mathbb{R}} e^{-z^2/2}e^{a\sqrt{2\alpha t}z}w_0(x - \sqrt{2\alpha t}z)\,dz, \tag{3.92}$$

wobei a *und* λ *durch (3.90) definiert sind. Insbesondere ist* $w \in C^\infty((0,T] \times \mathbb{R})$ *und* $\|w\|_{C([0,T]\times\mathbb{R})} \le \|w_0\|_{C(\mathbb{R})}$*.*

Beweis: Wir müssen nur (3.92) beweisen. Aus $w(t,x) = e^{-\lambda t}e^{ax}u(\alpha t,x)$ folgt insbesondere $w(0,x) = e^{ax}u(0,x) = e^{ax}u_0(x)$. Damit erhält man aus Satz 3.45

$$w(t,x) = e^{-\lambda t}e^{ax}\frac{1}{\sqrt{2\pi}}\int_{\mathbb{R}} e^{-z^2/2}e^{-a(x-\sqrt{2\alpha t}z)}w_0(x - \sqrt{2\alpha t}z)\,dz,$$

$$= e^{-\lambda t}\frac{1}{\sqrt{2\pi}}\int_{\mathbb{R}} e^{-z^2/2}e^{a\sqrt{2\alpha t}z}w_0(x - \sqrt{2\alpha t}z)\,dz,$$

also die Behauptung. □

Nun kommen wir zur Black-Scholes-Gleichung. Dazu erinnern wir an das in Abschnitt 1.5 beschriebene Modell für eine Europäische Call-Option. Gegeben sind der Ausübungs-Preis (strike) K und der Ausübungs-Zeitpunkt (maturity) $T > 0$, die Volatilität $\sigma > 0$ und der Zinssatz $r > 0$. Wie in (1.32) verwenden wir als Variable für den Kurswert den Buchstaben $y \ge 0$ und nicht S wie in der finanzmathematischen Literatur. Wieder betrachten wir eine Call-Option (also eine Kauf-Option), so dass die Auszahlungsfunktion (Payoff) in (1.20) in der neuen Variablen y lautet:

$$y \mapsto (y - K)^+.$$

Gesucht ist der faire Preis $V(t, y)$ dieser Option zur Zeit $t \in [0, T]$. Die Funktion V erfüllt das Endwertproblem für alle $y > 0$

$$V_t(t, y) + \frac{\sigma^2}{2} y^2 V_{yy}(t, y) + ry V_y(t, y) - rV(t, y) = 0, \quad 0 < t < T, \qquad (3.93a)$$

$$V(T, y) = (y - K)^+. \qquad (3.93b)$$

Dieses Problem ist wohlgestellt und man kann die Lösung explizit angeben. Um die Eindeutigkeit zu gewährleisten, müssen wir jedoch polynomiales Wachstum voraussetzen. Wir sagen, dass eine Funktion $f : (0, \infty) \to \mathbb{R}$ *polynomial beschränkt* ist, wenn es Konstanten $m \in \mathbb{N}$, $c \geq 0$ gibt, so dass

$$|f(y)| \leq c \begin{cases} y^m & \text{für } y \geq 1, \\ y^{-m} & \text{für } 0 < y < 1. \end{cases} \qquad (3.94)$$

Damit ist f genau dann polynomial beschränkt, wenn die Funktion $g : \mathbb{R} \to \mathbb{R}$ mit $g(x) := f(e^x)$ exponentiell beschränkt ist. Nun erweitern wir diese Begriffe auf Funktionen von Zeit und Ort. Eine Funktion $u : [0, T] \times (0, \infty) \to \mathbb{R}$ heißt *polynomial beschränkt*, wenn es Konstanten $m \in \mathbb{N}$, $c \geq 0$ gibt, so dass (3.94) für $f = u(t, \cdot)$ für alle $t \in [0, T]$ gilt, wobei m und c nicht von t abhängen. Schließlich verwenden wir folgende Bezeichnung

$$\mathcal{N}(x) := \mathcal{N}_{0,1}(x) = \frac{1}{\sqrt{2\pi}} \int_{-\infty}^{x} e^{-z^2/2} \, dz, \quad x \in \mathbb{R},$$

d.h., $\mathcal{N}$ ist die Verteilungsfunktion der Standard-Normalverteilung.

Satz 3.47. *Es gibt genau eine polynomial beschränkte Funktion*

$$V \in C([0, T] \times (0, \infty)) \cap C^{1,2}((0, T) \times (0, \infty)),$$

so dass (3.93) erfüllt ist. Ferner ist $V \in C^\infty([0, T) \times (0, \infty))$. Die explizite Formel für V lautet

$$V(t, y) = y \mathcal{N}(d_1) - K e^{-r(T-t)} \mathcal{N}(d_2), \qquad (3.95)$$

wobei

$$d_1 := \frac{\log\left(\frac{y}{K}\right) + \left(r + \frac{\sigma^2}{2}\right)(T - t)}{\sigma\sqrt{T - t}}, \quad d_2 := d_1 - \sigma\sqrt{T - t}, \quad 0 \leq t < T.$$

$$(3.96)$$

Beweis: Als Erstes betrachten wir die Zeit-Transformation $t \mapsto T - t$. Damit erhalten wir für $W(t, y) := V(T - t, y)$ eine Funktion $W \in C([0, T] \times (0, \infty)) \cap C^{1,2}((0, T) \times (0, \infty))$, die das Anfangswertproblem

$$W_t = \frac{\sigma^2}{2} y^2 W_{yy} + ry W_y - rW, \qquad y > 0, \, 0 < t < T, \qquad (3.97a)$$

$$W(0, y) = (y - K)^+ \qquad (3.97b)$$

genau dann löst, wenn V das Problem (3.93) löst. Wir transformieren das Problem (3.97) von $(0, \infty)$ auf $\mathbb{R}$. Sei $w : [0, T] \times \mathbb{R} \to \mathbb{R}$ eine stetige Funktion. Dann definieren wir eine neue Funktion durch

$$W(t, y) := w(t, \log y), \quad y > 0, \ 0 < t < T.$$

Nehmen wir an, dass $w \in C^{1,2}((0, T) \times \mathbb{R})$, was äquivalent zu $W \in C^{1,2}((0, T) \times (0, \infty))$ ist. Dann gilt

$$W_y(t, y) = \frac{1}{y} w_x(t, \log y), \text{ also } y W_y(t, y) = w_x(t, \log y), \text{ und}$$

$$W_{yy}(t, y) = -\frac{1}{y^2} w_x(t, \log y) + \frac{1}{y^2} w_{xx}(t, \log y) = -\frac{1}{y} W_y(t, y) + \frac{1}{y^2} w_{xx}(t, \log y).$$

Also folgt $y^2 W_{yy}(t, y) + y W_y(t, y) = w_{xx}(t, \log y)$. Damit löst W die Gleichung (3.97a) genau dann, wenn für $0 < t < T$ und $x \in \mathbb{R}$ gilt:

$$\frac{\sigma^2}{2} w_{xx}(t, x) + \left(r - \frac{\sigma^2}{2} \right) w_x(t, x) - r \, w(t, x) = w_t(t, x). \tag{3.98}$$

Ferner gilt $W(0, y) = (y - K)^+$ genau dann, wenn

$$w(0, x) = (e^x - K)^+ =: w_0(x), \quad x \in \mathbb{R}. \tag{3.99}$$

Schließlich ist W genau dann polynomial beschränkt, wenn w exponentiell beschränkt ist. Damit sagt uns Satz 3.46, dass (3.97) genau eine Lösung W besitzt. Sie ist in $C^\infty((0, T] \times (0, \infty))$ und ist explizit gegeben durch

$$W(t, y) = w(t, \log y) = e^{-\lambda t} \frac{1}{\sqrt{2\pi}} \int_{\mathbb{R}} e^{-z^2/2} e^{a\sigma\sqrt{t}z} w_0(\log y - \sigma\sqrt{t}z) \, dz$$

$$= e^{-\lambda t} \frac{1}{\sqrt{2\pi}} \int_{-\infty}^{+\infty} e^{-z^2/2} e^{a\sigma\sqrt{t}z} (y e^{-\sigma\sqrt{t}z} - K)^+ \, dz =: I_1 - I_2$$

mit $a := \frac{1}{2} - \frac{r}{\sigma^2}$, $\lambda := \frac{\sigma^2}{2} a^2 + r$ und

$$I_1 := y e^{-\lambda t} \frac{1}{\sqrt{2\pi}} \int_{-\infty}^{\frac{1}{\sigma\sqrt{t}} \log(y/K)} e^{-z^2/2} e^{(a-1)\sigma\sqrt{t}z} \, dz,$$

$$I_2 := K e^{-\lambda t} \frac{1}{\sqrt{2\pi}} \int_{-\infty}^{\frac{1}{\sigma\sqrt{t}} \log(y/K)} e^{-z^2/2} e^{a\sigma\sqrt{t}z} \, dz.$$

Um I_1 zu berechnen, suchen wir die quadratische Ergänzung im Exponenten des Integranden:

$$-z^2/2 + (a-1)\sigma\sqrt{t}z = -\frac{1}{2}\{z^2 - 2(a-1)\sigma\sqrt{t}z\}$$

$$= -\frac{1}{2}\{(z - (a-1)\sigma\sqrt{t})^2 - (a-1)^2\sigma^2 t\}.$$

Indem wir $z' := z - (a-1)\sigma\sqrt{t}$ substituieren, erhalten wir

$$I_1 = ye^{-\lambda t}\mathcal{N}\left(\frac{1}{\sigma\sqrt{t}}\log\frac{y}{K} - (a-1)\sigma\sqrt{t}\right)e^{\frac{1}{2}(a-1)^2\sigma^2 t} = y\mathcal{N}(d_1')$$

mit

$$d_1' = \frac{\log\frac{y}{K} - (a-1)\sigma^2 t}{\sigma\sqrt{t}} = \frac{\log\frac{y}{K} + \left(\frac{\sigma^2}{2} + r\right)t}{\sigma\sqrt{t}},$$

da

$$-\lambda + \frac{1}{2}(a-1)^2\sigma^2 = -\frac{\sigma^2}{2}a^2 - r + \frac{1}{2}(a^2 - 2a + 1)\sigma^2 = -r - a\sigma^2 + \frac{\sigma^2}{2} = 0.$$

Um I_2 zu berechnen, betrachten wir den Exponenten des Integranden in I_2:

$$-\frac{1}{2}z^2 + a\sigma\sqrt{t}z = -\frac{1}{2}\{z^2 - 2a\sigma\sqrt{t}z\} = -\frac{1}{2}\{(z - a\sigma\sqrt{t})^2 - a^2\sigma^2 t\}.$$

Indem wir $z' = z - a\sigma\sqrt{t}$ substituieren, erhalten wir

$$I_2 = Ke^{-\lambda t}\mathcal{N}\left(\frac{1}{\sigma\sqrt{t}}\log\frac{y}{K} - a\sigma\sqrt{t}\right)e^{\frac{1}{2}a^2\sigma^2 t} = K\mathcal{N}(d_2')e^{-rt}$$

mit

$$d_2' = \frac{\log\frac{y}{K} - a\sigma^2 t}{\sigma\sqrt{t}} = d_1' - \sigma\sqrt{t},$$

wobei wir benutzt haben, dass $-\lambda + \frac{1}{2}a^2\sigma^2 = -r$. Da $V(t,y) = W(T-t,y)$, erhalten wir die Formel (3.95). $\square$

Von besonderem Interesse ist die Lösung $V(0,y)$ zum Zeitpunkt $t = 0$. Das ist der Preis der Option: Ist y der Aktienkurs zum Zeitpunkt $t = 0$, so ist also der Preis für die Option, die Aktie zum Zeitpunkt T zum Preis K kaufen zu dürfen, gegeben durch

$$V(0,y) = yN(d_1) - Ke^{-rT}N(d_2) \tag{3.100}$$

mit

$$d_1 := \frac{\log\left(\frac{y}{K}\right) + \left(r + \frac{\sigma^2}{2}\right)T}{\sigma\sqrt{T}}, \qquad\qquad d_2 := d_1 - \sigma\sqrt{T}.$$

Das ist die berühmte *Black-Scholes-Formel*, die auch heute noch eine weit verbreitete Preisbewertung ist, die von Banken benutzt wird. Sie kann z.B. mit Hilfe von Maple® ausgewertet werden (vgl. Abschnitt 10.1). Wir haben die Black-Scholes-Formel durch die explizite Lösung der partiellen Differenzialgleichung von Black und Scholes (3.93) gefunden. Diese hatten wir in Abschnitt 1.5 mit Hilfe von stochastischen Differenzialgleichungen aus dem No-Arbitrage-Prinzip hergeleitet.

Unser Weg entspricht den bahnbrechenden Arbeiten von Black, Scholes und Merton aus dem Jahre 1973. Ein anderer Zugang zur Black-Scholes-Formel wurde von Cox, Ross und Rubinstein 1979 entwickelt und wird in vielen Lehrbüchern dargestellt (siehe z.B. [39] und [14]).

Wir wollen den Abschnitt mit einer Konsistenzbetrachtung schließen. Die Lösung V, gegeben durch (3.95), hängt von $\sigma > 0$ ab. Es ist interessant, den Grenzwert von $V(t,y)$ für $\sigma \to 0$ zu betrachten. Dazu unterscheiden wir zwei Fälle.

1. *Fall:* $\log\left(\frac{y}{k}\right) + rT > 0$. Dann ist $\lim_{\sigma \to 0} d_1 = \lim_{\sigma \to 0} d_2 = \infty$ und somit folgt $\lim_{\sigma \to 0} \mathcal{N}(d_1) = \lim_{\sigma \to 0} \mathcal{N}(d_2) = 1$. Es ist also

$$u(t,y) := \lim_{\sigma \to 0} V(t,y) = y - Ke^{-r(T-t)}.$$

Insbesondere ist der Preis der Option in dem Grenzfall $\sigma = 0$ gegeben durch $u(0,y) = y - Ke^{-rT}$. Das ist konsistent mit unserem Modell. Denn legt man das Kapital $y - Ke^{-rT}$ zum festen Zinssatz r an, so hat es nach der Zeit T den Wert

$$e^{rT}(y - Ke^{-rT}) = e^{rT}y - K.$$

Bei einer Volatilität $\sigma = 0$, also bei einem sicheren Kursgewinn von r %, hat die Aktie zur Zeit T den Wert $e^{rT}y$ (vgl. die folgende Bemerkung 3.48*). Wird die Option, zur Zeit T zum Preis K zu kaufen, wahrgenommen, so bringt das also einen Gewinn von $e^{tT}y - K$. So viel Gewinn bringt auch die Anlage des Betrages $y - Ke^{-rT}$ zum festen Zinssatz r. Das ist also genau der Preis, den man logischerweise für diese risikolose Option zahlen sollte.

2. *Fall:* Ist $\log\left(\frac{y}{K}\right) + rT \leq 0$, so ist $u(0,y) := \lim_{\sigma \to 0} V(0,y) = 0$; d.h., der Kaufpreis der Option ist 0. Tatsächlich liegt in diesem Fall bei einer deterministischen Zeitentwicklung der Preis $e^{rT}y$ der Aktie zum Zeitpunkt T unter dem strike price K und die Option, die Aktie zum Preis K kaufen zu dürfen, ist nichts wert.

Bemerkung 3.48* (Kontinuierlicher Zinseszins).
Ein Geldbetrag z_0 werde zu einem festen Zinssatz angelegt. Der Zinssatz von $r\%$ bezieht sich auf die Anlage während eines Jahres. Die Bank zahlt nach einem gewissen Zeitintervall die Zinsen aus. Diese kommen zu dem Kapital hinzu und werden wieder verzinst. Wir wollen annehmen, dass das Kapital t jahrelang angelegt wird. Zahlt die Bank die Zinsen am Ende der Laufzeit aus, so beträgt das Kapital dann $z(t) = z_0 + trz_0 = (1 + tr)z_0$. Erfolgt die Zahlung der Bank nach der halben Laufzeit $\frac{t}{2}$, so hat das Kapital zu diesem Zeitpunkt den Wert

$$z\left(\frac{t}{2}\right) = z_0 + \frac{t}{2}rz_0 = \left(1 + \frac{t}{2}r\right)z_0.$$

Dieses erhöhte Kapital $z\left(\frac{t}{2}\right)$ wird nun wieder $\frac{t}{2}$ Jahre angelegt und hat zur Zeit t dann den Wert

$$z(t) = z\left(\frac{t}{2}\right) + z\left(\frac{t}{2}\right)\frac{t}{2}r = \left(1 + \frac{t}{2}r\right)^2 z_0.$$

Zahlt die Bank die Zinsen jeweils am Ende des Zeitintervalls der Länge $\frac{t}{n}$ mit $n \in \mathbb{N}$, so ist der Wert des Kapitals zum Zeitpunkt $\frac{t}{n}$ nunmehr $z(\frac{t}{n}) = z_0(1 + \frac{t}{n}r)$. Dieses neue Kapital wird über den Zeitraum $[\frac{t}{n}, \frac{2t}{n}]$ verzinst und führt zum Zeitpunkt $\frac{2t}{n}$ zu dem Kapital

$$z\left(\frac{2t}{n}\right) = z\left(\frac{t}{n}\right) + z\left(\frac{t}{n}\right)\frac{t}{n}r = z_0\left(1 + \frac{t}{n}r\right)^2.$$

Zum Zeitpunkt $\frac{3t}{n}$ hat es den Wert

$$z\left(\frac{3t}{n}\right) = z\left(\frac{2t}{n}\right) + z\left(\frac{2t}{n}\right)\frac{t}{n}r = z_0\left(1 + \frac{t}{n}r\right)^3.$$

Fährt man so fort, so erhält man zum Zeitpunkt t den Wert

$$z(t) = z_0\left(1 + \frac{t}{n}r\right)^n. \tag{3.101}$$

Das ist also der Wert des Kapitals nach t Jahren bei einer Verzinsung in Schritten von $\frac{t}{n}$ Jahren. Aber diese Verzinsung berücksichtigt nicht die Anlage des um die Rendite vermehrten Kapitals in Zeitintervallen, die kleiner als $\frac{t}{n}$ sind. Die Bank sollte also gerechterweise die Zinsen kontinuierlich auszahlen. Damit ist der Wert $z(t)$ des Kapitals nach t Jahren bei dem Anfangskapital z_0 und einem jährlichen Zinssatz von r % bei kontinuierlicher Zinsausschüttung

$$z(t) = \lim_{n\to\infty} z_0\left(1 + \frac{t}{n}r\right)^n = z_0 e^{rt}.$$

Der Limes von $\left(1 + \frac{t}{n}r\right)^n$ als Zinsformel stammt von Jakob I. Bernoulli (Acta Eruditorum, 1690), lange bevor Euler in einem Brief an Goldbach den Buchstaben e für $\lim_{n\to\infty}\left(1+\frac{1}{n}\right)^n$ einführte. Diese Zahl ist ein Beispiel dafür, dass Naturkonstanten nicht nur für die Gesetze der Physik, sondern auch für die der Bankiers eine Rolle spielen. Wird auf irgendeinem Planeten Geld mit Zinseszins angelegt, so ist die Euler'sche Zahl $e \approx 2{,}71828$ das Kapital, das sich nach einem (Planeten-)Jahr angesammelt hat, wenn 1 Geldeinheit zu 100 % bei kontinuierlicher Zinsausschüttung angelegt wird. $\triangle$

3.6 Integraltransformationen

Besonders bei partiellen Differenzialgleichungen, die bei Problemstellungen aus den Ingenieurwissenschaften auftreten, formt man häufig die partielle Differenzialgleichung mittels einer Integral-Transformation um. Dies erlaubt oft die Reduktion auf eine gewöhnliche Differenzialgleichung, die man dann wiederum häufig mit derartigen Integraltransformationen auf eine algebraische Gleichung zurückführen und so lösen kann. Oftmals haben diese Transformationen auch eine physikalische Bedeutung, etwa die Transformation einer Schwingung vom Orts-Zeit-Raum in den Phasen-Raum (Frequenzspektrum). Im Phasen-Raum wird aus der partiellen Differenzialgleichung dann oft eine gewöhnliche Differenzialgleichung. Hat man die so entstandene Gleichung im Phasen-Raum gelöst, so ergibt sich die Lösung der ursprünglichen Differenzialgleichung durch die Rücktransformation.

3.6.1 Die Fourier-Transformation

Wir beginnen mit der Fourier-Transformation. Diese wurde von Jean Baptiste Joseph Fourier im Jahre 1822 in seiner oben bereits erwähnten Schrift *Théorie analytique de la chaleur* entwickelt. Wir behandeln hier die Fourier-Transformation von einem praktischen Standpunkt aus und zeigen, wie sie benutzt werden kann, um Gleichungen explizit zu lösen. Im Zusammenhang mit Sobolev-Räumen wird sie in Kapitel 6 für systematische Untersuchungen benutzt werden. Im Unterschied zu den vorhergehenden Abschnitten betrachten wir hier komplexwertige Funktionen. Wir definieren für $1 \leq p < \infty$

$$L_p(\mathbb{R}, \mathbb{C}) := \left\{ f : \mathbb{R} \to \mathbb{C} \text{ messbar} : \int_{\mathbb{R}} |f(t)|^p \, dt < \infty \right\}.$$

Wenn wir Funktionen miteinander identifizieren, die fast überall übereinstimmen, so wird $L_p(\mathbb{R}, \mathbb{C})$ ein Banach-Raum bzgl. der Norm

$$\|f\|_p := \left(\int_{\mathbb{R}} |f(t)|^p \, dt \right)^{1/p}.$$

Der Raum $L_2(\mathbb{R}, \mathbb{C})$ ist ein Hilbert-Raum.

Bemerkung 3.49. Eine Bemerkung zu unserer Notation: Oftmals werden die obigen Räume mit $L^p(\Omega)$ bezeichnet. Wir verwenden p (also das Maß) als Index, um es zu unterscheiden vom Differenziationsgrad, z.B. C^k oder H^k. In einer Raumdimension sparen wir uns doppelte Klammern, schreiben also z.B. $L_2(0,1)$ anstelle von $L_2((0,1))$, was konsistent wäre. △

Definition 3.50. Für $f \in L_1(\mathbb{R}, \mathbb{C})$ heißt die durch

$$\mathcal{F}f(\omega) := \hat{f}(\omega) := \frac{1}{\sqrt{2\pi}} \int_{-\infty}^{\infty} f(t)e^{-i\omega t} \, dt, \ \omega \in \mathbb{R},$$

definierte Funktion die *Fourier-Transformation* (auch *Spektralfunktion*) von f. △

In der Physik hat die Fourier-Transformation die Bedeutung der Transformation eines Zeit-Amplitudensignals $(t, f(t))$ in sein Frequenzspektrum $(\omega, \hat{f}(\omega))$, mit anderen Worten: $\hat{f}(\omega)$ ist der Anteil von Schwingungen mit Frequenz ω.

Beispiele

Bevor wir die Eigenschaften von $\mathcal{F}$ näher untersuchen, beschreiben wir einige einfache Beispiele.

Beispiel 3.51. Der *Rechteck-Impuls* ist definiert als

$$f(t) = \begin{cases} 1, & \text{für } |t| \leq 1, \\ 0, & \text{sonst,} \end{cases}$$

vgl. Abbildung 3.3 links. Offenbar ist $f \in L_1(\mathbb{R}, \mathbb{C})$ und damit lautet die Fourier-Transformation von f zunächst für $\omega \neq 0$

$$\hat{f}(\omega) = \frac{1}{\sqrt{2\pi}} \int_{-1}^{1} e^{-i\omega t} \, dt = \frac{1}{\sqrt{2\pi}} \frac{-1}{i\omega} e^{-i\omega t} \Big|_{t=-1}^{t=1} = \sqrt{\frac{2}{\pi}} \frac{\sin \omega}{\omega}$$

sowie $\hat{f}(0) = \sqrt{2/\pi}$. Also erhalten wir für $\hat{f}$ die so genannte *sinc-Funktion* (sinus cardinalis), vgl. Abbildung 3.3 rechts. $\triangle$

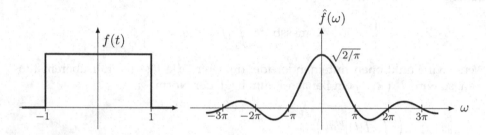

Abbildung 3.3. Rechteck-Impuls (links) samt Fourier-Transformation (rechts).

Beispiel 3.52. Der *exponentiell abfallende Impuls* lautet $f(t) = e^{-\alpha|t|}$, $\alpha > 0$. Für $R > 0$ gilt

$$\int_{-R}^{R} |f(t)| \, dt = \int_{-R}^{R} e^{-\alpha|t|} \, dt = 2 \int_{0}^{R} e^{-\alpha t} \, dt = 2\left(-\frac{1}{\alpha}\right) e^{-\alpha t} \Big|_{t=0}^{t=R}$$

$$= \left(-\frac{2}{\alpha}\right)(e^{-\alpha R} - 1) \xrightarrow{R \to \infty} \frac{2}{\alpha},$$

also ist $f \in L_1(\mathbb{R})$. Die Fourier-Transformation rechnet man leicht nach:

$$\hat{f}(\omega) = \frac{1}{\sqrt{2\pi}} \left\{ \int_{0}^{\infty} e^{-\alpha t} e^{-i\omega t} \, dt + \int_{0}^{\infty} e^{-\alpha t} e^{i\omega t} \, dt \right\}$$

$$= \frac{1}{\sqrt{2\pi}} \left\{ \frac{(-1)}{\alpha + i\omega} e^{-(\alpha + i\omega)t} \Big|_{t=0}^{\infty} + \frac{1}{-\alpha + i\omega} e^{(-\alpha + i\omega)t} \Big|_{t=0}^{\infty} \right\}$$

$$= \frac{1}{\sqrt{2\pi}} \left\{ \frac{1}{\alpha + i\omega} + \frac{1}{\alpha - i\omega} \right\} = \frac{1}{\sqrt{2\pi}} \frac{\alpha - i\omega + \alpha + i\omega}{\alpha^2 + \omega^2} = \sqrt{\frac{2}{\pi}} \frac{\alpha}{\alpha^2 + \omega^2},$$

also eine gebrochen rationale Funktion, vgl Abbildung 3.4. $\triangle$

Eigenschaften der Fourier-Transformation

Wir stellen nun einige wesentliche Eigenschaften der Fourier-Transformation zusammen und konzentrieren uns dabei auf diejenigen Eigenschaften, die wir zur Lösung partieller Differenzialgleichungen benötigen werden.

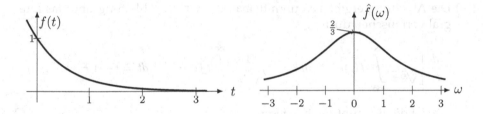

Abbildung 3.4. Exponentiell abfallender Impuls ($\alpha = 1.5$, links) samt dessen Fourier-Transformation (rechts).

Satz 3.53 (Eigenschaften und Rechenregeln). *Sei* $f \in L_1(\mathbb{R}, \mathbb{C})$, *dann gilt:*

(i) *Die Fourier-Transformation* $\hat{f} : \mathbb{R} \to \mathbb{C}$ *ist stetig mit* $\lim_{|\omega| \to \infty} \hat{f}(\omega) = 0$.

(ii) *Linearität: Für* $f_1, \ldots, f_n \in L_1(\mathbb{R}, \mathbb{C})$ *und* $c_1, \ldots, c_n \in \mathbb{C}$ *gilt*

$$\mathcal{F}\left(\sum_{k=1}^{n} c_k f_k\right) = \sum_{k=1}^{n} c_k \,\mathcal{F} f_k.$$

(iii) *Falls* f *stetig differenzierbar ist,* $f' \in L_1(\mathbb{R}, \mathbb{C})$ *und* $\lim_{|t| \to \infty} f(t) = 0$, *dann gilt*

$$\mathcal{F}(f')(\omega) = i\omega \,\mathcal{F} f(\omega). \tag{3.102}$$

(iv) *Falls* $\int_{-\infty}^{\infty} |t f(t)|\, dt < \infty$, *dann gilt*

$$\frac{d}{d\omega}\mathcal{F} f(\omega) = (-i)\mathcal{F}(\cdot\, f(\cdot))(\omega). \tag{3.103}$$

(v) *Für* $\alpha \in \mathbb{R}$ *gilt* $\mathcal{F}(f(\cdot - \alpha))(\omega) = e^{-i\alpha\omega}\mathcal{F} f(\omega)$.

(vi) *Für* $\alpha \in \mathbb{R} \setminus \{0\}$ *gilt* $\mathcal{F}(f(\alpha\cdot))(\omega) = \frac{1}{|\alpha|}\mathcal{F} f\left(\frac{\omega}{\alpha}\right)$.

Beweis: Wir beweisen hier nur (iii) und (iv), da diese für den weiteren Verlauf zentral sind. Die übrigen Aussagen überlassen wir dem Leser als Übung, vgl. Aufgabe 3.10.

(iii) Für $R \in \mathbb{R}^+$ gilt mit partieller Integration unter obigen Voraussetzungen:

$$\frac{1}{\sqrt{2\pi}} \int_{-R}^{R} f'(t)e^{-i\omega t}\, dt = \frac{1}{\sqrt{2\pi}} f(t)e^{-i\omega t}\Big|_{t=-R}^{R} + \frac{i\omega}{\sqrt{2\pi}} \int_{-R}^{R} f(t)e^{-i\omega t}\, dt.$$

Der erste Term konvergiert nach Voraussetzung für $R \to \infty$ gegen 0, der zweite gegen $i\omega \hat{f}(\omega)$.

(iv) Die Ableitung ergibt sich unmittelbar, da wir die Ableitung und das Integral vertauschen dürfen,

$$\frac{d}{d\omega}\left[\frac{1}{\sqrt{2\pi}}\int_{-\infty}^{\infty}f(t)e^{-i\omega t}\,dt\right]=(-i)\frac{1}{\sqrt{2\pi}}\int_{-\infty}^{\infty}tf(t)e^{-i\omega t}\,dt=(-i)\,\mathcal{F}(\cdot f(\cdot))(\omega),$$

also ist die Behauptung bewiesen.   □

Einer der wesentlichen Gründe für die Bedeutung der Fourier-Transformation liegt in folgenden Aussagen begründet. Seien $f, g \in L_1(\mathbb{R}, \mathbb{C})$. Aus dem Satz von Fubini folgt, dass $f(\cdot)g(t-\cdot)$ für fast alle $t \in \mathbb{R}$ in $L_1(\mathbb{R}, \mathbb{C})$ liegt und die durch

$$(f * g)(t) := \int_{-\infty}^{\infty} f(\tau)\,g(t-\tau)\,d\tau, \quad t \in \mathbb{R}, \tag{3.104}$$

definierte *Faltung* $f * g$ ebenfalls in $L_1(\mathbb{R}, \mathbb{C})$ liegt. Man weiß aber noch mehr. Eine Funktion $g : \mathbb{R} \to \mathbb{C}$ hat *kompakten Träger*, wenn sie außerhalb einer kompakten Menge verschwindet. Wir setzen

$$C_c(\mathbb{R}, \mathbb{C}) := \{g \in C(\mathbb{R}, \mathbb{C}) : g \text{ hat kompakten Träger}\}$$

und

$$C_c^m(\mathbb{R}, \mathbb{C}) := C_c(\mathbb{R}, \mathbb{C}) \cap C^m(\mathbb{R}, \mathbb{C}) \quad \text{für } m \in \mathbb{N}.$$

Satz 3.54. *Sei $g \in C_c^m(\mathbb{R}, \mathbb{C})$, $m \in \mathbb{N}$ und $f \in L_1(\mathbb{R}, \mathbb{C})$. Dann ist die Faltung $f * g$ m-fach stetig differenzierbar und es gilt*

$$\frac{d^m}{dt^m}(f * g) = f * \left(\frac{d^m}{dt^m}g\right).$$

Beweis: Da g einen kompakten Träger besitzt, gilt $\sup_{\tau \in \mathbb{R}}|g(\tau)| < \infty$ und deshalb gilt für $h(\tau, t) := f(\tau)\,g(t-\tau)$ die Abschätzung

$$|h(\tau, t)| \leq |f(\tau)|\sup_{\sigma \in \mathbb{R}}|g(\sigma)|,$$

also ist die Faltung nach dem Majoranten-Kriterium wohldefiniert und stetig. Dies zeigt die Behauptung für $m = 0$. Für $m \geq 1$ gilt $\frac{d}{dt}h(\tau, t) = f(\tau)\frac{d}{dt}g(t-\tau)$, also

$$\left|\frac{d}{dt}h(\tau, t)\right| \leq |f(\tau)|\sup_{\sigma \in \mathbb{R}}\left|\frac{d}{dt}g(\sigma)\right|.$$

Daher ist $f * g \in C^1(\mathbb{R})$ und

$$\frac{d}{dt}(f * g)(t) = \frac{d}{dt}\int_{-\infty}^{\infty}h(\tau, t)\,d\tau = \int_{-\infty}^{\infty}f(\tau)\frac{d}{dt}g(t-\tau)\,d\tau = \left(f * \frac{d}{dt}g\right)(t).$$

Der Rest folgt induktiv.   □

Nun können wir die angekündigten Aussagen formulieren und beweisen.

Satz 3.55 (Faltungssatz). *Für Funktionen $f, g \in L_1(\mathbb{R}, \mathbb{C})$ gilt $\widehat{f * g} = \sqrt{2\pi}\, \hat{f}\, \hat{g}$.*

Beweis: Nach Definition gilt

$$\mathcal{F}(f * g)(\omega) = \frac{1}{\sqrt{2\pi}} \int_{-\infty}^{\infty} (f * g)(t)\, e^{-i\omega t}\, dt$$

$$= \frac{1}{\sqrt{2\pi}} \int_{-\infty}^{\infty} \int_{-\infty}^{\infty} f(\tau)\, g(t - \tau)\, d\tau e^{-i\omega t}\, dt.$$

Nun verwenden wir die Substitution $t \mapsto s := t - \tau$ und erhalten

$$\mathcal{F}(f * g)(\omega) = \frac{1}{\sqrt{2\pi}} \int_{-\infty}^{\infty} \int_{-\infty}^{\infty} f(\tau)\, g(s)\, d\tau\, e^{-i\omega(s+\tau)}\, ds,$$

was die Behauptung zeigt.   □

Nun kommen wir zu zwei Aussagen, die besagen, dass die Energie (hier die Norm in L_2) bei der Fourier-Transformation erhalten bleibt. Auf den Beweis verzichten wir hier.

Satz 3.56 (Satz von Plancherel). *Seien $f, g \in L_1(\mathbb{R}, \mathbb{C}) \cap L_2(\mathbb{R}, \mathbb{C})$. Dann sind $\hat{f}, \hat{g} \in L_2(\mathbb{R}, \mathbb{C})$ und es gilt*

$$\int_{-\infty}^{\infty} \hat{f}(\omega)\overline{\hat{g}(\omega)}\, d\omega = \int_{-\infty}^{\infty} f(t)\overline{g(t)}\, dt\,.$$

Beweis: Den Beweis findet man z.B. in [52, Satz V.2.8].   □

Aus dem Satz von Plancherel folgt sofort eine wichtige Identität, die als *Parseval-Gleichung* bekannt ist. Sie drückt die Energieerhaltung bei der Fourier-Transformation aus.

Satz 3.57 (Parseval-Gleichung). *Für $f \in L_1(\mathbb{R}, \mathbb{C}) \cap L_2(\mathbb{R}, \mathbb{C})$ ist $\hat{f} \in L_2(\mathbb{R}, \mathbb{C})$ und*

$$\int_{-\infty}^{\infty} |\hat{f}(\omega)|^2\, d\omega = \int_{-\infty}^{\infty} |f(t)|^2\, dt,$$

also $\|\hat{f}\|_{L_2(\mathbb{R})} = \|f\|_{L_2(\mathbb{R})}$.

Beweis: Wir wenden den Satz von Plancherel auf den Fall $g = f$ an und erhalten die Behauptung.   □

Die Umkehrformel

Wie bereits in den einleitenden Worten zu diesem Abschnitt erläutert, werden wir mit Hilfe der Fourier-Transformation bestimmte partielle Differenzialgleichungen in gewöhnliche Differenzialgleichungen umschreiben. Dies geschieht in erster Linie mit Hilfe der Formeln (3.102) und (3.103). Wenn man dann die resultierende gewöhnliche Differenzialgleichung gelöst hat, muss man die Fourier-Transformation umkehren, um dann eine konkrete Lösung der Differenzialgleichung zu erhalten.

Satz 3.58 (Fourier-Umkehrformel). *Falls* $f \in L_1(\mathbb{R}, \mathbb{C})$ *und* $\hat{f} \in L_1(\mathbb{R}, \mathbb{C})$, *so gilt*

$$f(x) = \frac{1}{\sqrt{2\pi}} \int_{-\infty}^{\infty} \hat{f}(\omega) e^{i\omega x} d\omega =: \mathcal{F}^{-1}(\hat{f})(x)$$

für fast alle $x \in \mathbb{R}$.

Beweis: Vergleichen Sie dazu z.B. [52, Satz V.2.8].   □

Lösung von Differenzialgleichungen mittels Fourier-Transformation

Wie bereits angedeutet, können die Eigenschaften in Satz 3.53 zur Lösung von partiellen Differenzialgleichungen verwendet werden. Wir beschreiben dies an einigen ausgewählten Beispielen. Es sei betont, dass diese Methode dazu dient, eine *Formel* für eine Lösung einer konkreten Differenzialgleichung zu bestimmen. Damit sind in der Regel keinerlei Aussagen über Eindeutigkeit oder stetige Abhängigkeit von den Daten verbunden.

Die Strategie besteht jeweils aus vier Schritten:

1. Transformiere die partielle Differenzialgleichung in eine gewöhnliche Differenzialgleichung.

2. Transformiere ggf. die Anfangsbedingungen.

3. Löse das Anfangswertproblem der gewöhnlichen Differenzialgleichung.

4. Rücktransformation liefert die gesuchte Lösungsformel.

Wir nehmen im Folgenden an, dass die auftretenden Funktionen die Voraussetzungen der Sätze des vorangehenden Abschnitts erfüllen, so dass die Rechenregeln angewandt werden dürfen. Ziel ist es zu zeigen, wie eine explizite Lösung hergeleitet werden kann.

Beispiel 3.59 (AWP der Wellengleichung auf $\mathbb{R}$). Betrachte das Anfangswertproblem (AWP) der Wellengleichung

$$
\begin{align}
u_{tt} &= u_{xx}, & t \geq 0,\ x \in \mathbb{R}, & \quad\quad (3.105a) \\
u(0, x) &= f(x), & x \in \mathbb{R}, & \quad\quad (3.105b) \\
u_t(0, x) &= g(x), & x \in \mathbb{R}, & \quad\quad (3.105c) \\
u(t, x) &\to 0, & x \to \pm\infty,\ t \geq 0, & \quad\quad (3.105d)
\end{align}
$$

für gegebene Funktionen $f, g : \mathbb{R} \to \mathbb{R}$, die als hinreichend glatt vorausgesetzt werden und mit den *asymptotischen Randbedingungen* (3.105d) verträglich sein müssen. In diesem Fall kennen wir die Lösung ja bereits aus der Formel von d'Alembert (3.7). Hier wollen wir nun an diesem Beispiel zeigen, wie man die Fourier-Transformation zur Herleitung einer Lösungsformel verwenden kann. Dazu führen wir die oben beschriebenen vier Schritte aus.

1. Transformation der Differenzialgleichung
Wir definieren die Fourier-Transformierte der zu bestimmenden Lösung bezüglich des Ortes x

$$\mathcal{U}(t,\omega) := \mathcal{F}[u(t,\cdot)](\omega) = \frac{1}{\sqrt{2\pi}} \int_{-\infty}^{\infty} u(t,x)\, e^{-ix\omega} dx.$$

Nun wenden wir die Fourier-Transformation auf (3.105a) an. Dies ist aufgrund der asymptotischen Randbedingungen (3.105d) möglich. Aufgrund der Rechenregeln für die Fourier-Transformation und (3.105a) gilt dann

$$\mathcal{F}[u_{xx}(t,\cdot)](\omega) = \mathcal{F}[u_{tt}(t,\cdot)](\omega) = -\omega^2 \mathcal{U}(t,\omega).$$

2. Transformation der Anfangsbedingungen
Da wir die Fourier-Transformation bezüglich des Ortes x verwendet haben, lassen sich die Anfangsbedingungen leicht transformieren. Mit $F(\omega) := \mathcal{F}f(\omega)$ und $G(\omega) := \mathcal{F}g(\omega)$ wird das AWP (3.105) transformiert zu:

$$\mathcal{U}_{tt}(t,\omega) + \omega^2 \mathcal{U}(t,\omega) = 0, \qquad t \geq 0, \qquad\qquad (3.106a)$$
$$\mathcal{U}(0,\omega) = F(\omega), \qquad\qquad (3.106b)$$
$$\mathcal{U}_t(0,\omega) = G(\omega). \qquad\qquad (3.106c)$$

Dies ist also offenbar für jedes (feste) $\omega \in \mathbb{R}$ eine gewöhnliche (lineare) Differenzialgleichung in der Zeit t, genauer ein Anfangswertproblem einer gewöhnlichen Differenzialgleichung zweiter Ordnung.

3. Lösung des Anfangswertproblems
Mit den bekannten Methoden aus der Theorie der Anfangswertaufgaben für gewöhnliche Differenzialgleichungen kann man (3.106) lösen. Für $\omega \neq 0$ erhält man

$$\mathcal{U}(t,\omega) = F(\omega) \cos(\omega t) + G(\omega) \frac{\sin(\omega t)}{\omega}.$$

Für $\omega = 0$ ergibt sich $\mathcal{U}(t,0) = F(0) + t\,G(0)$, also die stetige Fortsetzung.

4. Rücktransformation
Um nun eine Darstellung der Lösung $u(t,x)$ von (3.105) zu erhalten, wenden wir die Fourier-Umkehrformel auf $\mathcal{U}$ an:

$$
\begin{aligned}
u(t,x) &= \mathcal{F}^{-1}[\mathcal{U}(t,\cdot)](x) \\
&= \frac{1}{\sqrt{2\pi}} \int_{-\infty}^{\infty} \mathcal{U}(t,\omega)\, e^{i\omega x}\, d\omega \\
&= \frac{1}{\sqrt{2\pi}} \left\{ \int_{-\infty}^{\infty} F(\omega) \cos(\omega t)\, e^{i\omega x}\, d\omega + \int_{-\infty}^{\infty} G(\omega) \frac{\sin(\omega t)}{\omega} e^{i\omega x}\, d\omega \right\} \\
&=: u_1(t,x) + u_2(t,x).
\end{aligned}
$$

Nun verwendet man die bekannten Identitäten $\cos\alpha = \frac{1}{2}(e^{i\alpha} + e^{-i\alpha})$ sowie

$\sin\alpha = \frac{1}{2i}(e^{i\alpha} - e^{-i\alpha})$ und erhält für den ersten Term

$$u_1(t,x) = \frac{1}{\sqrt{2\pi}} \int_{-\infty}^{\infty} F(\omega)\frac{1}{2}(e^{i\omega t} + e^{-i\omega t})e^{i\omega x}\,d\omega$$

$$= \frac{1}{2}\frac{1}{\sqrt{2\pi}} \int_{-\infty}^{\infty} F(\omega)e^{i\omega(t+x)}\,d\omega + \frac{1}{2}\frac{1}{\sqrt{2\pi}} \int_{-\infty}^{\infty} F(\omega)e^{-i\omega(t-x)}\,d\omega$$

$$= \frac{1}{2}(\mathcal{F}^{-1}F)(x+t) + \frac{1}{2}(\mathcal{F}^{-1}F)(x-t)$$

$$= \frac{1}{2}\big(f(x+t) + f(x-t)\big).$$

Für den zweiten Term gilt

$$u_2(t,x) = \frac{1}{\sqrt{2\pi}} \int_{-\infty}^{\infty} G(\omega)\frac{1}{\omega}\frac{1}{2i}(e^{i\omega t} - e^{-i\omega t})e^{i\omega x}\,d\omega$$

$$= \frac{1}{2}\frac{1}{\sqrt{2\pi}} \int_{-\infty}^{\infty} \frac{1}{i\omega}G(\omega)(e^{i\omega(x+t)} - e^{-i\omega(x-t)})\,d\omega.$$

Nun verwenden wir (3.102) in der folgenden Form

$$G(\omega) = \hat{g}(\omega) = (i\omega)\mathcal{F}\left[\int_{-\infty}^{\bullet} g(\xi)\,d\xi\right]$$

und erhalten

$$u_2(t,x) = \frac{1}{2}\frac{1}{\sqrt{2\pi}} \int_{-\infty}^{\infty} \mathcal{F}\left[\int_{-\infty}^{\bullet} g(\xi)\,d\xi\right](e^{i\omega(x+t)} - e^{-i\omega(x-t)})\,d\omega$$

$$= \frac{1}{2}\left\{\int_{-\infty}^{x+t} g(\xi)\,d\xi - \int_{-\infty}^{x-t} g(\xi)\,d\xi\right\} = \frac{1}{2}\int_{x-t}^{x+t} g(\xi)\,d\xi,$$

so dass wir die Formel von d'Alembert (3.7) erhalten:

$$u(t,x) = \frac{1}{2}\big(f(x+t) + f(x-t)\big) + \frac{1}{2}\int_{x-t}^{x+t} g(\xi)\,d\xi.$$

Diese Formel hatten wir in Satz 3.2 mit anderen Argumenten hergeleitet und auch die Eindeutigkeit der Lösung nachgewiesen. $\triangle$

Wir betrachten im folgenden Beispiel die Wärmeleitungsgleichung auf der reellen Achse. Im Abschnitt 3.4.4 hatten wir eine Lösung durch ein Invarianzargument gefunden. Hier wollen wir nun zeigen, wie man die Fourier-Transformation benutzen kann. Dazu setzen wir voraus, dass die auftretenden Funktionen so beschaffen sind, dass die Rechenregeln angewandt werden dürfen.

Beispiel 3.60 (AWP der Wärmeleitung auf $\mathbb{R}$). Wir betrachten das Anfangswert-problem der Wärmeleitungsgleichung auf ganz $\mathbb{R}$. Daher erhalten wir hier wiederum asymptotische Randbedingungen. Das betrachtete System lautet:

$$u_t = u_{xx}, \qquad x \in \mathbb{R}, \, t \geq 0, \tag{3.107a}$$

$$u(0, x) = f(x), \qquad x \in \mathbb{R}, \tag{3.107b}$$

$$u(t, x) \to 0, \qquad x \to \pm\infty. \tag{3.107c}$$

Analog zu Beispiel 3.59 betrachten wir wieder die Fourier-Transformierte der gesuchten Lösung bezüglich des Ortes $x \in \mathbb{R}$, also

$$\mathcal{U}(t, \omega) := \mathcal{F}[u(t, \cdot)](\omega).$$

1. Transformation der Differenzialgleichung
Damit wird (3.107a) zu $\mathcal{U}_t(t, \omega) = -\omega^2 \mathcal{U}(t, \omega)$ für $t \geq 0, \omega \in \mathbb{R}$.

2. Transformation der Anfangsbedingungen
Die Anfangsbedingungen lauten im Phasen-Raum $\mathcal{U}(0, \omega) = \hat{f}(\omega)$, $\omega \in \mathbb{R}$, also erhalten wir ein Anfangswertproblem einer linearen, homogenen gewöhnlichen Differenzialgleichung, die wir mit Standardmitteln lösen können.

3. Lösung des Anfangswertproblems
Die Fourier-Transformation der Lösung lautet also $\mathcal{U}(t, \omega) = \hat{f}(\omega)e^{-\omega^2 t}$.

4. Rücktransformation
Mittels Rücktransformation erhalten wir schließlich eine Formel für die Lösung von (3.107)

$$u(t, x) = \frac{1}{\sqrt{2\pi}} \int_{-\infty}^{\infty} \hat{f}(\omega)e^{-\omega^2 t} e^{i\omega x} \, d\omega.$$

Diese Formel kann man mit Hilfe der Eigenschaften der Fourier-Transformation weiter auflösen. Definiere wie in (3.64) die Funktion $g(t, x) := \frac{1}{\sqrt{4\pi t}} e^{-x^2/4t}$, für die nach Aufgabe 3.5 gilt: $\hat{g}(t, \omega) = \mathcal{F}(g(t, \cdot))(\omega) = (2\pi)^{-1/2} e^{-t\omega^2}$. Also folgt mit dem Faltungssatz

$$u(t, x) = \int_{-\infty}^{\infty} \hat{f}(\omega)\, \hat{g}(t, \omega)\, e^{i\omega x} \, d\omega = \frac{1}{\sqrt{2\pi}} \int_{-\infty}^{\infty} \mathcal{F}(g(t, \cdot) * f)(\omega)\, e^{i\omega x} \, d\omega$$

$$= (g(t, \cdot) * f)(x) = \int_{-\infty}^{\infty} g(t, x - y)\, f(y) \, dy.$$

Daher nennt man die Funktion g auch *Fundamentallösung der Wärmeleitungsgleichung*. Wir behandeln dieses Beispiel in Kapitel 10.1 mit Hilfe von Maple®. $\triangle$

3.6.2* Die Laplace-Transformation

Wir haben gesehen, dass die Anwendung der Fourier-Transformation zur Lösung partieller Differenzialgleichungen ein Abklingen der Lösung, also asymptotische Randbedingungen erfordert. Falls man jedoch andere Randbedingungen gegeben hat, braucht man eine

andere Integraltransformation. Wir stellen hier die Laplace-Transformation der Vollständigkeit wegen kurz vor, ohne jedoch ins Detail zu gehen. Sie hat auch große Bedeutung für
die Theorie, eine systematische Behandlung findet man etwa in [6]. Wir bezeichnen mit

$$L_{1,\mathrm{loc}}(\mathbb{R}_+, \mathbb{C}) := \left\{ f : [0, \infty) \to \mathbb{C} \text{ messbar} : \int_0^c |f(t)|\, dt < \infty \text{ für alle } c > 0 \right\}$$

den *Raum der lokal-integrierbaren Funktionen* auf $\mathbb{R}_+ := [0, \infty)$.

Definition 3.61*. Für $f \in L_{1,\mathrm{loc}}(\mathbb{R}_+, \mathbb{C})$ setzen wir

$$\mathcal{L}f(s) = F(s) := \int_0^\infty f(t)e^{-st}\, dt = \lim_{c \to \infty} \int_0^c f(t)\, e^{-st}\, dt, \ \ s \in \mathbb{C},$$

falls das uneigentliche Integral existiert, und nennen dies *Laplace-Transformation* von f. $\triangle$

Satz 3.62* (Existenz der Laplace-Transformation). *Die Funktion $f \in L_1(\mathbb{R}_+, \mathbb{C})$ sei expo-
nentiell beschränkt, d.h., es ist $|f(t)| \le M\, e^{\gamma t}$, $t \ge 0$, für ein $M \ge 0$, $\gamma \in \mathbb{R}$. Dann existiert
$\mathcal{L}f(s)$ für alle $s \in \mathbb{C}$ mit* $\mathrm{Re}\, s > \gamma$.

Beweis: Vergleiche Aufgabe 3.11. $\square$

Wir nennen die Zahl γ in Satz 3.62* eine *exponentielle Schranke* von f.

Bemerkung 3.63*. Das Paar $f(t)$, $F(s) = \mathcal{L}f(s)$ wird besonders in der ingenieurwissen-
schaftlichen Literatur oft als *Laplace-Korrespondenz* bezeichnet und mit $f(t) \circ\!\!-\!\!\bullet F(s)$ dargestellt. $\triangle$

Für $f, g \in L_{1,\mathrm{loc}}(\mathbb{R}_+, \mathbb{C})$ definieren wir die *Faltung* gemäß

$$(f * g)(t) := \int_0^t f(t - s)\, g(s)\, ds.$$

Das ist konsistent mit (3.104), wenn $f, g \in L_{1,\mathrm{loc}}(\mathbb{R}_+, \mathbb{C})$ und wir die Funktionen durch
0 auf $\mathbb{R}$ fortsetzen. In jedem Fall ist $f * g \in L_{1,\mathrm{loc}}(\mathbb{R}_+, \mathbb{C})$. Ferner ist $f * g$ exponentiell
beschränkt, wenn f und g es sind. Wir stellen nun wesentliche Rechenregeln und Eigen-
schaften der Laplace-Transformation zusammen.

Satz 3.64* (Eigenschaften und Rechenregeln der Laplace-Transformation).
*Seien $f, g, f_1, \ldots, f_n \in L_{1,\mathrm{loc}}(\mathbb{R}_+, \mathbb{C})$ alle exponentiell beschränkt mit gemeinsamer exponentiel-
ler Schranke γ. Dann gelten folgende Aussagen:*

  (i) Abklingverhalten: $\lim_{\mathrm{Re}\, s \to \infty} \mathcal{L}f(s) = 0$

  (ii) Linearität: Es gilt $\mathcal{L}\left(\sum_{k=1}^n c_k f_k\right) = \sum_{k=1}^n c_k \mathcal{L}f_k$ *für* $c_1, \ldots, c_n \in \mathbb{R}$.

  *(iii) Falls $f \in C^n(\mathbb{R})$, so dass $f^{(k)}$ für $1 \le k \le n$ exponentiell beschränkt ist mit exponentieller
    Schranke γ, dann gilt*

$$\mathcal{L}f^{(n)}(s) = s^n \mathcal{L}f(s) - \sum_{k=0}^{n-1} f^{(k)}(0)\, s^{n-1-k}, \quad \mathrm{Re}\, s > \gamma.$$

  (iv) Es ist $\left(\frac{d}{ds}\right)^n \mathcal{L}f(s) = (-1)^n \mathcal{L}((\cdot)^n f)(s)$, $\mathrm{Re}\, s > \gamma$.

  (v) Translation: Für $\alpha > 0$ gilt $\mathcal{L}(f(\cdot - \alpha))(s) = e^{-\alpha s}\mathcal{L}f(s)$, $\mathrm{Re}\, s > \gamma$.

(vi) Faltungssatz: Für f, g wie oben gilt $\mathcal{L}(f * g) = (\mathcal{L}f)\,(\mathcal{L}g)$.

Beweis: Wir beweisen hier nur (iii), für den Rest verweisen wir auf Aufgabe 3.17. Mittels partieller Integration gilt nach Voraussetzung

$$\int_0^\infty f'(t)e^{-st}dt = f(t)e^{-st}\Big|_{t=0}^{t=\infty} + s\int_0^\infty f(t)e^{-st}dt = -f(0) + s\mathcal{L}f(s),$$

also die Behauptung für $n = 1$. Für $n > 1$ zeigt man die Behauptung induktiv. □

Wie bei der Fourier-Transformation benötigen wir zur Lösung einer (partiellen) Differenzialgleichung noch eine Umkehrformel für die Laplace-Transformation. Dazu führen wir noch folgende Schreibweise ein: Eine Funktion $f : [0, \ell] \to \mathbb{C}$ heißt *stückweise stetig differenzierbar*, falls $0 = t_0 < t_1 < \cdots < t_n = \ell$ und $g_j \in C^1([t_{j-1}, t_j])$, $j = 1, \ldots, n$ existieren, so dass $g_j(t) = f(t)$ für $t \in (t_{j-1}, t_j)$. Eine Funktion $f : \mathbb{R}_+ \to \mathbb{C}$ heißt *stückweise stetig differenzierbar*, falls $f_{|[0,\ell]}$ für jedes $\ell > 0$ stückweise glatt ist. In diesem Fall existieren die einseitigen Grenzwerte

$$f(t+) := \lim_{\varepsilon \downarrow 0} f(t + \varepsilon), \qquad f(t-) := \lim_{\varepsilon \downarrow 0} f(t - \varepsilon).$$

Satz 3.65* (Umkehrformel der Laplace-Transformation). *Sei die Funktion $f : [0, \infty) \to \mathbb{C}$ stückweise glatt und exponentiell beschränkt mit exponentieller Schranke γ. Dann gilt für $x > \gamma$*

$$\frac{1}{2\pi} \lim_{R \to \infty} \int_{-R}^R \mathcal{L}f(x + is)e^{(x+is)t}ds = \begin{cases} \frac{1}{2}\big(f(t+) + f(t-)\big), & \text{für } t > 0, \\ \frac{1}{2}f(0+), & \text{für } t = 0. \end{cases}$$

Beweis: Für den Beweis verweisen wir auf die Literatur, z.B. [12, Satz 11.12].

Man berechnet die Umkehr-Transformation z.B. mit Hilfe des Residuensatzes, besonders bei rationalen Funktionen. Außerdem gibt es sowohl für die Laplace-Transformation als auch für die Umkehr-Transformation ausführliche Tabellen, die man bei der Lösung einer Differenzialgleichung zu Rate ziehen kann. Ebenso ist Maple® ein gutes Hilfsmittel, wie wir in Kapitel 10.1 noch zeigen werden. Nun wollen wir ein Beispiel dafür beschreiben, wie man mit Hilfe der Laplace-Transformation eine Lösungsformel für eine Differenzialgleichung herleiten kann.

Beispiel 3.66* (Die Wärmeleitungsgleichung auf dem Intervall).
Wir betrachten das Anfangs-Randwertproblem der Wärmeleitungsgleichung auf dem Intervall

$$\begin{aligned} u_t - u_{xx} &= f(t, x), \quad f(t, x) := -(t^2 + x)e^{-tx}, \quad x \in (0,1), \quad t \geq 0, \\ u(0, x) &= 1, \quad && x \in (0,1), \quad (3.108) \\ u(t, 0) &= a(t) := 1, \quad u(t,1) = b(t) := e^{-t}, \quad && t \geq 0. \end{aligned}$$

Offenbar sind die Randbedingungen $a(t) := 1$ und $b(t) := e^{-t}$ exponentiell beschränkte Funktionen. Wir wenden die Laplace-Transformation bzgl. der Zeit t an und definieren entsprechend

$$\mathcal{U}(s, x) := \mathcal{L}[u(\cdot, x)](s).$$

Wie bei der Verwendung der Fourier-Transformation besteht der Lösungsweg wieder aus vier Schritten.

1. Transformation der Differenzialgleichung

Mit den Rechenregeln der Laplace-Transformation können wir die Differenzialgleichung transformieren: $\mathcal{L}[u_t(\cdot, x)](s) = s\,\mathcal{U}(s, x) - u(0, x) = s\,\mathcal{U}(s, x) - 1$.

2. Transformation der Randbedingungen

Im Gegensatz zu obigen Beispielen mit Hilfe der Fourier-Transformation transformieren wir hier nicht die Anfangs-, sondern die Randbedingungen $a(t) \equiv 1$ und $v(t) = e^{-t}$:

$$\mathcal{U}(s,0) = \mathcal{L}[a](s) = s^{-1}, \qquad \mathcal{U}(s,1) = \mathcal{L}[b](s) = (1+s)^{-1}, \quad \operatorname{Re} s > 0.$$

Damit wird die partielle Differenzialgleichung (3.108) zu einem Randwertproblem einer gewöhnlichen Differenzialgleichung der folgenden Form

$$
\begin{aligned}
-\mathcal{U}_{xx} + s\,\mathcal{U} &= 1 + \mathcal{F}(s, x)\,, & \text{für } \operatorname{Re} s > 0,\ x \in (0,1), \\
\mathcal{U}(s,0) &= s^{-1}\,, & \operatorname{Re} s > 0, \\
\mathcal{U}(s,1) &= (1+s)^{-1}\,, & \operatorname{Re} s > 0,
\end{aligned}
\tag{3.109}
$$

wobei $\mathcal{F}(s, x) := \mathcal{L}[f(\cdot, x)](s) = -2(s+x)^{-3} - \frac{x}{s+x}$ die Laplace-Transformation der rechten Seite ist, vgl. Aufgabe 3.18.

3. Lösung des Randwertproblems

Dieses lineare, homogene Randwertproblem einer gewöhnlichen Differenzialgleichung zweiter Ordnung kann man nun wieder mit Standardmethoden für solche Randwertprobleme lösen und erhält $\mathcal{U}(s, x) = (s + x)^{-1}$.

4. Rücktransformation

Mit einer Partialbruchreihenentwicklung kann man nachrechnen, dass $u(t, x) = e^{-tx}$ das Problem (3.108) löst, vgl. auch Abschnitt 10.1.   △

Zum Abschluss zeigen wir ein Beispiel, bei dem wir Fourier- und Laplace-Transformation kombinieren.

Beispiel 3.67* (Die inhomogene Wärmeleitungsgleichung auf $\mathbb{R}$).
Wir betrachten das Anfangswertproblem der inhomogenen Wärmeleitungsgleichung

$$
\begin{aligned}
u_t &= u_{xx} + f\,, & x \in \mathbb{R},\ t \geq 0, \\
u(0, x) &= u_0(x), & x \in \mathbb{R}, \\
u(t, x) &\to 0\,, & \text{für } |x| \to \infty,\ t \geq 0,
\end{aligned}
$$

mit $u_0 \in C_c(\mathbb{R})$ und beschränktem $f \in C([0, \infty) \times \mathbb{R})$. Wir wenden zunächst die Fourier-Transformation bezüglich des Ortes x an und erhalten mit den Rechenregeln der Fourier-Transformation aus Satz 3.53 das Anfangswertproblem für $\hat{u}(t, \omega) := \mathcal{F}(u(t, \cdot))(\omega)$, $\omega \in \mathbb{R}$:

$$
\begin{aligned}
\hat{u}_t(t, \omega) &= -|\omega|^2\,\hat{u}(t, \omega) + \hat{f}(t, \omega)\,, & t \geq 0,\ \omega \in \mathbb{R}, \\
\hat{u}(0, \omega) &= \hat{u}_0(\omega), & \omega \in \mathbb{R}.
\end{aligned}
$$

Im zweiten Schritt wenden wir die Laplace-Transformation bezüglich der Zeit t an und erhalten mit den Rechenregeln für die Laplace-Gleichung aus Satz 3.64* eine algebraische Gleichung für $\hat{U}(s, \omega) := \mathcal{L}(\hat{u}(\cdot, \omega))(s)$, also $s\,\hat{U}(s, \omega) - \hat{u}_0(\omega) = -|\omega|^2\,\hat{U}(s, \omega) + \hat{F}(s, \omega)$ für $s \in \mathbb{C}$ mit $\operatorname{Re} s > 0$, wobei $\hat{F}(s, \omega) := \mathcal{L}(\hat{f}(\cdot, \omega))(s)$. Diese Gleichung kann man leicht auflösen und erhält

$$\hat{U}(s, \omega) = \frac{1}{s + |\omega|^2}\Big(\hat{u}_0(\omega) + \hat{F}(s, \omega)\Big).$$

Die Anwendung der inversen Laplace-Transformation (vgl. Aufgabe 3.11) liefert mit Hilfe des Faltungssatzes (Satz 3.64* (vi))

$$\hat{u}(t,\omega) = \hat{u}_0(\omega)\, e^{-t|\omega|^2} + \int_0^t e^{-|\omega|^2(t-s)}\, \hat{f}(s,\omega)\, ds.$$

Schließlich benutzen wir (vgl. Aufgabe 3.5), dass für

$$g(t,x) := \frac{1}{\sqrt{4\pi t}} e^{-x^2/4t} \quad \text{gilt: } \hat{g}(\omega) = \frac{1}{\sqrt{2\pi}} e^{-t\omega^2}$$

Nun wenden wir den Faltungssatz (Satz 3.55) an und erhalten die Darstellung

$$u(t,x) = \int_{\mathbb{R}} g(t,x-y)\, u_0(y)\, dy + \int_0^t \int_{\mathbb{R}} g(t-s,x-y)\, f(s,y)\, dy\, ds$$

für die Lösung, also ein Faltungsintegral mit Quellterm f und Anfangsfunktion u_0. $\triangle$

3.7 Ausblick

Wir haben in diesem Kapitel mit elementaren Methoden die folgenden drei partiellen Differenzialgleichungen untersucht:

$$u_{xx} + u_{yy} = 0 \qquad \text{(Laplace-Gleichung)}$$
$$u_t = u_{xx} \qquad \text{(Wärmeleitungsgleichung)}$$
$$u_{tt} = u_{xx} \qquad \text{(Wellengleichung)}$$

Unserer Klassifizierung aus dem 2. Kapitel entsprechend handelt es sich im ersten Fall um eine elliptische, im zweiten um eine parabolische und im dritten Fall um eine hyperbolische Gleichung. Schon an elementaren Untersuchungen in diesem Kapitel sieht man, dass die drei Typen (elliptisch, parabolisch, hyperbolisch) verschiedene Eigenschaften haben. Wir wollen sie etwas näher beschreiben.

Wohlgestelltheit. Bei allen drei Gleichungen konnten wir Existenz und Eindeutigkeit beweisen, wobei geeignete Rand- bzw. Rand- und Anfangswertbedingungen gestellt werden mussten. Die Eindeutigkeit und die stetige Abhängigkeit von den Daten bei der Laplace-Gleichung lieferte das elliptische Maximumprinzip (Abschnitt 3.3.3), bei der Wärmeleitungsgleichung das parabolische Maximumprinzip (Abschnitt 3.4.2) und bei der Wellengleichung die Energieerhaltung (Abschnitt 3.1.2).

Regularisierung: Sowohl die Laplace-Gleichung als auch die Wärmeleitungsgleichung haben einen starken Regularisierungseffekt: Die Lösung des Dirichlet-Problems ist immer in $C^\infty(\Omega)$ (Satz 3.28 und Satz 3.30); die Lösung der Wärmeleitungsgleichung ist in $C^\infty((0,\infty) \times \Omega)$, also regulär in Zeit und Ort bei beliebigen Anfangswerten (Satz 3.36, Korollar 3.37, Satz 3.41). Dagegen verbessert die Wellengleichung die Regularität nicht: Zum Beispiel zeigt die Lösungsformel von d'Alembert in Satz 3.2, dass die Lösung genauso regulär ist, wie es die Anfangsdaten sind.

Informationserhaltung: Bei den Lösungen der Wellengleichung bleibt die Information der Anfangsdaten erhalten. Dabei denken wir z.B. an die Form eines Signals. Das sieht man wieder an der d'Alembert'schen Formel (3.7). Haben die Anfangsdaten kompakten Träger, so hat auch die Lösung zu jedem Zeitpunkt kompakten Träger. Die Ausbreitungsgeschwindigkeit ist bei der Wellengleichung endlich. Ganz anders verhält sich die Wärmeleitungsgleichung. Die explizite Lösung (3.79) mittels des Gauß-Kerns zeigt, dass $u(t,x) > 0$ für jedes $x \in \mathbb{R}^d$, $t > 0$, sobald $u_0 \geq 0$, $u_0 \not\equiv 0$. Wir haben also eine unendliche Ausbreitungsgeschwindigkeit.

Asymptotisches Verhalten für $t \to \infty$. Die Lösungen der Wärmeleitungsgleichung auf dem $\mathbb{R}^d$ streben gegen 0 für $t \to \infty$. Das bleibt auch richtig auf einem Intervall bei Dirichlet-Randbedingungen. Ganz anders verhält sich die Wellengleichung: Die Energie bleibt im Laufe der Zeit konstant, vgl. Satz 3.5.

Sowohl die Wärmeleitungsgleichung als auch die Wellengleichung sind Evolutionsgleichungen: Sie beschreiben die zeitliche Entwicklung eines Zustandes. Für diese beiden Gleichungen wollen wir Eigenschaften der Lösungen tabellarisch zusammenstellen.

Tabelle 3.1. Eigenschaften verschiedener Typen von Differenzialgleichungen.

Eigenschaften	Welle/Transport	Diffusion
Wohlgestelltheit	ja	ja
Maximumprinzip	nein	ja
Regularisierung	nein	C^∞
Informationserhaltung	ja	nein
Geschwindigkeit	$\leq C$	∞
Verhalten $t \to \infty$	Energie konstant	$u(t,x) \to 0$

Im Verlaufe des Buches werden wir diese drei Grundgleichungen (Laplace-, Wärmeleitungs- und Wellengleichung) in höherer Dimension untersuchen. Eigenschaften der parabolischen Gleichungen lassen sich vielfach leicht aus denen der elliptischen herleiten. Daher gelten unsere Hauptanstrengungen in Kapitel 5, 6, 7 den elliptischen Gleichungen. In Kapitel 8 folgen Wärmeleitungs- und Wellengleichungen auf Gebieten. Wir werden sehen, dass die in der Tabelle aufgeführten Eigenschaften auch in höherer Dimension und auf komplizierteren Gebieten gültig bleiben.

3.8 Aufgaben

Aufgabe 3.1. Lösen Sie mit Hilfe der Laplace-Transformation das Anfangswertproblem für die *Telegraphengleichung*

$$u_{xx} - a\,u_{tt} - b\,u_t - c\,u = 0\,,\ x \in \mathbb{R}\,,\ t > 0$$

mit $u(0,x) = u_t(0,x) = 0$, $u(t,0) = g(t)$ und $\lim_{x\to\infty} u(t,x) = 0$ mit der Annahme $b^2 - 4ac = 0$. Welche Voraussetzungen muss die Funktion g erfüllen?

Aufgabe 3.2. Lösen Sie mittels Laplace-Transformation

$$u_t = u_{xx}, \quad (t,x) \in [0,\infty) \times [0,\infty)$$

mit $u(0,x) = 1$ für $x > 0$, $u(t,0) = 0$ für $t > 0$ und $\lim_{x \to \infty} u(t,x) = 1$.

Aufgabe 3.3. Leiten Sie mittels der Fourier-Transformation eine Formel für die Lösung des Dirichlet-Problems $u_{xx} + u_{yy} = 0$, $(x,y) \in \mathbb{R} \times [0,\infty)$ mit Randwerten $u(x,0) = f(x)$, $x \in \mathbb{R}$, her. Welche Bedingung muss an f gestellt werden?

Aufgabe 3.4 (Abel'sche Konvergenz von Fourier-Reihen).

a) Zeigen Sie, dass der Raum $\mathcal{T}$ der trigonometrischen Polynome in $C_{2\pi}$ dicht ist. Benutzen Sie dazu den Satz von Stone-Weierstraß, vgl. Satz A.5.

b) Sei $f \in C_{2\pi}$ mit Fourier-Reihe

$$f(t) = c_0 + \sum_{k=1}^{\infty} \big(a_k \cos(kt) + b_k \sin(kt)\big).$$

Sei gemäß a) $f_n(t) = c_0^{(n)} + \sum_{k=1}^{N_n} \big(a_k^{(n)} \cos(kt) + b_k^{(n)} \sin(kt)\big)$, so dass $\|f_n - f\|_\infty \to 0$ für $n \to \infty$. Zeigen Sie, dass $c_0^{(n)} \to c_0$, $a_k^{(n)} \to a_k$, $b_k^{(n)} \to b_k$ für $n \to \infty$.

c) Sei $u_n(r,t) = c_0^{(n)} + \sum_{k=1}^{N_n} r^k \big(a_k^{(n)} \cos(kt) + b_k^{(n)} \sin(kt)\big)$. Zeigen Sie, dass u_n gleichmäßig auf $[0,1] \times \mathbb{R}$ gegen eine Funktion $u \in C([0,1] \times \mathbb{R})$ konvergiert.

d) Zeigen Sie, dass $u(r,t) = c_0 + \sum_{k=1}^{\infty} r^k \big(a_k \cos(kt) + b_k \sin(kt)\big)$ für $0 \leq r < 1$.

e) Schließen Sie, dass $\lim_{r \uparrow 1} u(r,t) = f(r)$ gleichmäßig in $t \in \mathbb{R}$. Das ist genau die Abel'sche Konvergenz der Fourier-Reihe von f (vgl. Satz 3.11).

Aufgabe 3.5. Zeigen Sie, dass für $g_a(t) := \frac{1}{\sqrt{a\pi}} e^{-x^2/a}$ mit $a \in \mathbb{R}_+$, gilt $\hat{g}_a(\omega) = (2\pi)^{-1/2} e^{-a\omega^2/4}$. Benutzen Sie dazu die Tatsache, dass $\int_{-\infty}^{\infty} e^{-x^2} dx = \sqrt{\pi}$.

Aufgabe 3.6. Beweisen Sie Lemma 3.21.

Aufgabe 3.7. Beweisen Sie Satz 3.40.

Aufgabe 3.8. Beweisen Sie Lemma 3.42.

Aufgabe 3.9. Beweisen Sie Satz 3.43.

Aufgabe 3.10. Beweisen Sie Satz 3.53, (i), (ii), (v) und (vi).

Aufgabe 3.11. Zeigen Sie Satz 3.62* (Existenz der Laplace-Transformation).

Aufgabe 3.12. Seien $u_0 \in C^2(\mathbb{R})$, $u_1 \in C^1(\mathbb{R})$ Anfangswerte für das Anfangswertproblem der Wellengleichung

$$\begin{aligned}
u_{tt} - c^2 u_{xx} &= 0 && \text{in } \mathbb{R}^+ \times \mathbb{R}, \\
u(0,\cdot) &= u_0 && \text{in } \mathbb{R}, \\
u_t(0,\cdot) &= u_1 && \text{in } \mathbb{R}.
\end{aligned}$$

Zeigen Sie mit Hilfe der Formel von d'Alembert, dass die Lösung $u \in C^2(\mathbb{R} \times \mathbb{R})$ im Punkt (t,x) nur von den Anfangswerten $u_0(y), u_1(y)$ aus dem *Abhängigkeitsbereich* $y \in A(t,x) := [x - c|t|, \ x + c|t|]$ abhängt, vgl. Abbildung 3.1, Seite 56.

Aufgabe 3.13. Betrachten Sie die *Heaviside-Funktion* $H : \mathbb{R} \to \mathbb{R}$, definiert durch

$$H(x) := \begin{cases} 1, & x \geq 0, \\ 0, & \text{sonst.} \end{cases}$$

Zeigen Sie, dass $(H * \varphi)(x) = \int_{-\infty}^{x} \varphi(s)\,ds$ für alle $\varphi \in \mathcal{D}(\mathbb{R})$ gilt.

Aufgabe 3.14. Lösen Sie die partielle Differenzialgleichung auf $\mathbb{R}^2$

$$x^2 u_{xx} - y^2 u_{yy} + x u_x - y u_y = 0$$

mittels einer geeigneten Variablentransformation. Wie kann man Eindeutigkeit erreichen?

Aufgabe 3.15. Bestimmen Sie die Lösung $u(t,x)$ des folgenden Anfangs-Randwertproblems:

$$\begin{aligned} u_{xx} &= 4u_{tt}, & t > 0,\ x \in (0,1), \\ u(t,0) &= u(t,1) = 0, & t > 0, \\ u(0,x) &= \sin(2\pi x), & x \in [0,1], \\ u_t(0,x) &= x(x-1), & x \in [0,1]. \end{aligned}$$

Aufgabe 3.16. Lösen Sie mittels eines Fourier-Reihen-Ansatzes folgendes Problem für $a \in \mathbb{R}$:

$$\begin{aligned} u_{tt} + a^2 u_{xxxx} &= 0, & t > 0,\ x \in (0,\ell), \\ u(t,0) &= u(t,\ell) = 0, & t > 0, \\ u_{xx}(t,0) &= u_{xx}(t,\ell) = 0, & t > 0, \\ u(0,x) &= f(x), & x \in (0,\ell), \\ u_t(0,x) &= g(x), & x \in (0,\ell), \end{aligned}$$

wobei f, g ungerade Funktionen der Periode 2ℓ sind.

Aufgabe 3.17. Beweisen Sie Satz 3.64*, (i), (ii), (iv), (v) und (vi).

Aufgabe 3.18. Zeigen Sie:

(a) $a(t) := 1$, $\mathcal{L}[a](s) = s^{-1}$

(b) $b(t) := e^{-t}$, $\mathcal{L}[b](s) = (1+s)^{-1}$

(c) $f(t,x) := -(t^2 + x)e^{-tx}$, $\mathcal{L}[f(\cdot,x)](s) = -2(s+x)^{-3} - \frac{x}{s+x}$

(d) $\mathcal{U}(s,x) := (s+x)^{-1}$, $\mathcal{L}^{-1}[\mathcal{U}(\cdot,x)](t) = e^{-tx}$

Aufgabe 3.19 (Harmonische Funktionen sehen keine Punkte). Sei $\Omega \subset \mathbb{R}^2$ eine offene Menge, $x_0 \in \Omega$ und $\Omega^* := \Omega \setminus \{x_0\}$. Mit $\mathcal{H}(\Omega) := \{u \in C^2(\Omega) : \Delta u = 0\}$ bezeichnen wir den Raum der harmonischen Funktionen auf Ω. Wir wollen zeigen, dass die Mengen $\mathcal{H}(\Omega^*) \cap C(\Omega)$ und $\mathcal{H}(\Omega)$ übereinstimmen. Sei dazu $B := B(x_0, R)$ eine Kugel im $\mathbb{R}^d$ und $B^* := B \setminus \{x_0\}$.

(a) Bestimmen Sie alle Funktionen $f \in C^2(0, R)$ mit $rf''(r) + f'(r) = 0$ für $r \in (0, R)$.

(b) Sei $u \in \mathcal{H}(B^*) \cap C(\bar{B})$ und $u_{|\partial B} = 0$. Zeigen Sie, dass u invariant unter Rotationen um x_0 ist: Es gilt $u(x_0 + y_1) = u(x_0 + y_2)$ für alle y_1 und y_2 aus $\mathbb{R}^2$ mit $|y_1| = |y_2| \leq R$.

(c) Ist $w \in C^2(B^*)$ invariant unter Rotationen um x_0, so gibt es eine Funktion $\tilde{w} \in C^2(0, R)$ mit $\tilde{w}(|x - x_0|) = w(x)$ für $x \in B^*$. Für diese gilt $\Delta w(x) = \tilde{w}''(r) + \frac{1}{r}\tilde{w}'(r)$ mit $r := r(x) := |x - x_0|$.

(d) Seien u und v in $\mathcal{H}(B^*) \cap C(\bar{B})$ mit $u_{|\partial B} = v_{|\partial B}$. Zeigen Sie, dass $u = v$ gilt. Tipp: Unter Verwendung der vorigen Aufgabenteile kann man zeigen, dass $w := u - v$ auf B identisch verschwindet.

(e) Sei $u \in \mathcal{H}(B^*) \cap C(\bar{B})$. Zeigen Sie, dass $u \in \mathcal{H}(B)$. Somit ist Ω^* nicht Dirichlet-regulär.

(f) Sei $u \in \mathcal{H}(\Omega^*)$. Zeigen Sie, dass es genau dann eine Fortsetzung $v \in \mathcal{H}(\Omega)$ von v auf Ω gibt, wenn der Grenzwert $\lim_{x \to x_0} u(x)$ existiert.

(g) Stimmt die Aussage des vorigen Aufgabenteils auch für $d = 1$? Anders formuliert: Ist jede Funktion in $\mathcal{H}((-1,0) \cup (0,1)) \cap C([-1,1])$ in $\mathcal{H}(-1,1)$?

Aufgabe 3.20. Seien $f_n \in C^2([0,1])$, $f, g \in C([0,1])$ derart, dass $\lim_{n \to \infty} f_n = f$ und $\lim_{n \to \infty} f_n'' = g$ gleichmäßig auf $[0,1]$. Zeigen Sie, dass $(f_n')_{n \in \mathbb{N}}$ gleichmäßig auf $[0,1]$ gegen eine Funktion $h \in C([0,1])$ konvergiert, und schließen Sie daraus, dass $f \in C^2([0,1])$, $f' = h$, $f'' = g$.

4 Hilbert-Räume

In Hilbert-Räumen spielen geometrische und analytische Eigenschaften in vielfacher und wunderbarer Weise zusammen. Das zeigen wir in dieser elementaren und ausführlichen Einführung. Höhepunkt ist der Satz von Riesz-Fréchet, der die stetigen Linearformen auf einem Hilbert-Raum beschreibt. Wichtig für uns ist es, dass wir diesen Satz als einen Existenz- und Eindeutigkeitssatz interpretieren können. Seine Verallgemeinerung von Lax-Milgram wird im Abschnitt 4.5 dargestellt und liefert uns das zentrale Argument für die Lösungstheorie der elliptischen Gleichungen, die wir in den nachfolgenden Kapiteln 5, 6 und 7 vorstellen. Ist man vorrangig an diesen Gleichungen interessiert, so reicht die Lektüre des vorliegenden Kapitels bis Abschnitt 4.5.

Der Rest des Kapitels ist ab Abschnitt 4.6 der Spektraltheorie gewidmet. Das Hauptergebnis ist der Spektralsatz in Abschnitt 4.8. Er besagt, dass für gewisse Operatoren der zu Grunde liegende Hilbert-Raum eine Orthonormalbasis aus Eigenvektoren des Operators besitzt. Dieses Ergebnis ist unser wichtigstes Instrument, um Evolutionsgleichungen in Kapitel 8 zu untersuchen. Der Spektralsatz wird es uns erlauben, die Methode der Trennung der Variablen (und zwar werden Orts- und Zeitvariablen getrennt) in viel allgemeineren Situationen anzuwenden, als wir es mit Hilfe von Fourier-Reihen in Kapitel 2 getan haben.

Übersicht

© Springer-Verlag GmbH Deutschland, ein Teil von Springer Nature 2018
W. Arendt und K. Urban, *Partielle Differenzialgleichungen*,
https://doi.org/10.1007/978-3-662-58322-7_4

Unter einem Hilbert-Raum versteht man einen Vektorraum mit einem Skalarprodukt, der vollständig bezüglich der vom Skalarprodukt induzierten Norm ist. Wir führen die notwendigen Begriffe nun Stück für Stück ein.

4.1 Unitäre Räume

Wir beginnen mit einer Vorstufe der Hilbert-Räume, den so genannten *unitären Räumen*, oder auch *Prä-Hilbert-Räumen*, und führen die wesentlichen Begriffe ein. Sei E ein Vektorraum über dem Körper $\mathbb{K} = \mathbb{R}$ oder $\mathbb{K} = \mathbb{C}$. Eine Abbildung

$$(\cdot, \cdot): \qquad\qquad E \times E \to \mathbb{K} \quad f, g \mapsto (f, g)$$

heißt *Skalarprodukt*, falls gilt:

(a) $(f + g, h) = (f, h) + (g, h), \quad f, g, h \in E$;

(b) $(\lambda f, g) = \lambda(f, g), \quad f, g \in E, \lambda \in \mathbb{K}$;

(c) $(f, g) = \overline{(g, f)}, \quad f, g \in E$;

(d) $(f, f) > 0 \quad (f \neq 0), \quad f \in E$.

Man beachte, dass aus (c) folgt, dass $(f, f) = \overline{(f, f)} \in \mathbb{R}$. Also hat (d) auch einen Sinn, wenn $\mathbb{K} = \mathbb{C}$ ist. Man nennt (c) die *Symmetrie-Eigenschaft* und (d) die *positive Definitheit*. Aus der Symmetrie folgt, dass

(a') $(f, g + h) = (f, g) + (f, h), \quad f, g, h \in E$;

(b') $(f, \lambda g) = \bar{\lambda}(f, g), \quad f, g \in E$.

Hier und im Folgenden ist $\bar{\lambda}$ die zu λ konjugiert komplexe Zahl. Damit ist das Skalarprodukt in der ersten Variablen *linear* (d.h., es gilt (a), (b)), in der zweiten ist es *antilinear* (d.h., es gilt (a'), (b')). Wir betrachten nun einige Beispiele.

Beispiel 4.1. a) Sei $E = \mathbb{R}^d$, dann definiert $(x, y) := \sum_{j=1}^{d} x_j y_j = x^T y$ das natürliche Skalarprodukt auf $\mathbb{R}^d$.

b) Sei $E = \mathbb{C}^d$, dann ist $(x, y) := \sum_{j=1}^{d} x_j \overline{y_j}$ das natürliche Skalarprodukt auf $\mathbb{C}^d$.

c) Sei $a < b$ und $C([a, b]) := \{f : [a, b] \to \mathbb{K} : f \text{ stetig}\}$. Dann definiert

$$(f, g) := \int_a^b f(t)\overline{g(t)}dt$$

ein Skalarprodukt auf $C([a, b])$. Man beachte, dass $C([a, b])$ unendlich-dimensional ist, während $\mathbb{R}^d$ und $\mathbb{C}^d$ eine endliche Dimension besitzen. $\triangle$

Man nennt einen Vektorraum E zusammen mit einem Skalarprodukt, also das Paar $(E, (\cdot, \cdot))$, einen *unitären Raum* (oder auch *Prä-Hilbert-Raum*). Wir wollen einige geometrische Eigenschaften des Skalarproduktes zeigen. Dazu führen wir zunächst eine weitere reelle Größe ein. Die Zahl $\|x\| := \sqrt{(x, x)}$ heißt die *Norm* von $x \in E$. Sie hat folgende Eigenschaften:

(N1) $\|f\| = 0 \iff f = 0, \quad f \in E$

(N2) $\|\lambda f\| = |\lambda| \|f\|, \quad \lambda \in \mathbb{K}, f \in E$

(N3) $\|f + g\| \le \|f\| + \|g\|, \quad f, g \in E$

Die Eigenschaften (N1), (N2) folgen unmittelbar aus den Axiomen für das Skalarprodukt. Die *Dreiecksungleichung* (N3) ist jedoch nicht offensichtlich und wir benötigen Vorüberlegungen, um sie zu beweisen. Dazu betrachten wir als instruktives Beispiel $E = \mathbb{R}^2$ mit dem natürlichen Skalarprodukt

$$(x, y) := x_1 y_1 + x_2 y_2 \quad \text{für } x = \begin{pmatrix} x_1 \\ x_2 \end{pmatrix}, \; y = \begin{pmatrix} y_1 \\ y_2 \end{pmatrix} \in \mathbb{R}^2.$$

Nach dem Satz von Pythagoras im $\mathbb{R}^2$ ist $\|x\| = \sqrt{x_1^2 + x_2^2}$ der Abstand von $x \in \mathbb{R}^2$ zum Nullpunkt. Sind $x, y \in E$ auf der Einheitssphäre, d.h. $\|x\| = \|y\| = 1$, so können wir sie schreiben als $x = (\cos\theta_1, \sin\theta_1)$, $y = (\cos\theta_2, \sin\theta_2)$. Damit ist also das Skalarprodukt

$$(x, y) = \cos\theta_1 \cdot \cos\theta_2 + \sin\theta_1 \cdot \sin\theta_2 = \cos(\theta_1 - \theta_2)$$

der Cosinus des Winkels zwischen den beiden Vektoren x und y. Insbesondere sind x und y senkrecht zueinander genau dann, wenn $(x, y) = 0$. Haben $x, y \in \mathbb{R}^2, x \neq 0, y \neq 0$ beliebige Länge, so liegen die Punkte $\frac{x}{\|x\|}, \frac{y}{\|y\|}$ auf der Einheitssphäre. Da

$$(x, y) = \|x\| \cdot \|y\| \cdot \left(\frac{x}{\|x\|}, \frac{y}{\|y\|} \right),$$

sind also x und y auch in diesem allgemeinen Fall genau dann orthogonal, wenn $(x, y) = 0$, vgl. Abbildung 4.1.

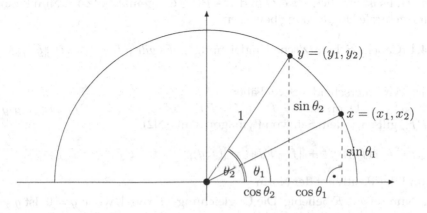

Abbildung 4.1. Zwei Punkte $x, y \in \mathbb{R}^2$ auf der Einheitssphäre und deren Winkel.

Das führt uns zu folgender Definition: Zwei Vektoren heißen *orthogonal* (und wir schreiben $x \perp y$), falls $(x, y) = 0$. Aus den Axiomen für das Skalarprodukt erhalten wir nun die folgende Charakterisierung der Orthogonalität durch die Norm. Dabei ist $(E, (\cdot, \cdot))$ ein beliebiger unitärer Raum.

Satz 4.2 (Satz von Pythagoras für unitäre Räume). *Es sei E ein unitärer Raum und $f, g \in E$ seien orthogonal. Dann gilt $\|f + g\|^2 = \|f\|^2 + \|g\|^2$.*

Beweis: Es gilt

$$\|f + g\|^2 = (f + g, f + g) = (f, f) + (f, g) + (g, f) + (g, g)$$
$$= (f, f) + (g, g) = \|f\|^2 + \|g\|^2,$$

was die Behauptung zeigt. □

Ist $M \subset E$ eine beliebige Teilmenge, dann bezeichnen wir mit

$$M^\perp := \{f \in E : f \perp g \text{ für alle } g \in M\}$$

das *orthogonale Komplement* von M. Das ist ein Unterraum von E, wie man leicht sieht. Ferner ist wegen der Definitheit des Skalarproduktes $M \cap M^\perp = \{0\}$. Nun betrachten wir eine Gerade in dem unitären Raum E.

Satz 4.3. *Sei $g \in E$ mit $\|g\| = 1$. Betrachte die Gerade $G := \{\lambda g : \lambda \in \mathbb{K}\}$. Sei $f \in E$, dann ist $f - (f, g)g \in G^\perp$.*

Beweis: Mit den Eigenschaften des Skalarproduktes gilt

$$\big(f - (f, g)g, \lambda g\big) = (f, \lambda g) - (f, g)(g, \lambda g) = \bar\lambda(f, g) - (f, g)\bar\lambda(g, g) = 0,$$

da nach Voraussetzung $(g, g) = 1$. □

Wir nennen den Vektor $Pf := (f, g)\,g$ die *orthogonale Projektion* von f auf die Gerade G. Es ist nämlich $Pf \in G$ und $f - Pf \in G^\perp$ gemäß Satz 4.3. Nun können wir eine zentrale Ungleichung beweisen.

Satz 4.4 (Cauchy-Schwarz'sche Ungleichung[1]). *Es gilt $|(f, g)| \leq \|f\|\,\|g\|$ für alle $f, g \in E$.*

Beweis: Wir unterscheiden zwei Fälle:
1. *Fall:* $\|g\| = 1$. Dann ist $f = Pf + f - Pf = (f, g)g + (f - Pf)$. Da $(f, g)g \perp (f - Pf)$, gilt nach dem Satz von Pythagoras mit (N2)

$$\|f\|^2 = \|(f, g)\,g\|^2 + \|f - Pf\|^2 = |(f, g)|^2 + \|f - Pf\|^2 \geq |(f, g)|^2$$

aufgrund der Positivität der Norm.
2. *Fall:* Nun sei $g \in E$ beliebig. Die Ungleichung ist trivial, wenn $g = 0$. Ist $g \neq 0$, so wenden wir den 1. Fall auf $g_1 := \frac{1}{\|g\|}g$ an und erhalten die Behauptung. □

---

[1]Manchmal findet man auch die Bezeichnung Cauchy-Bunjakowski-Schwarz-Ungleichung nach dem russischen Mathematiker Wiktor Jakowlewitsch Bunjakowski (1804-1889).

Die Dreiecksungleichung (also (N3)) ist eine direkte Konsequenz aus der Cauchy-Schwarz'schen Ungleichung. Seien $f, g \in E$, dann gilt

$$
\begin{aligned}
\|f + g\|^2 &= (f + g, f + g) = (f, f) + (f, g) + (g, f) + (g, g) \\
&= \|f\|^2 + (f, g) + \overline{(f, g)} + \|g\|^2 = \|f\|^2 + 2\operatorname{Re}(f, g) + \|g\|^2 \\
&\leq \|f\|^2 + 2|(f, g)| + \|g\|^2 \leq \|f\|^2 + 2\|f\| \, \|g\| + \|g\|^2 \\
&= (\|f\| + \|g\|)^2,
\end{aligned}
$$

also (N3). Damit ist $\| \cdot \|$ eine Norm auf E. Sie erlaubt uns, Konvergenz zu definieren. Sind $f_n, f \in E$, so sagen wir, dass die Folge $(f_n)_{n \in \mathbb{N}}$ *gegen f konvergiert* (und schreiben $\lim_{n \to \infty} f_n = f$ oder $f_n \to f$), wenn $\lim_{n \to \infty} \|f_n - f\| = 0$.

Beispiel 4.5. Seien $-\infty < a < b < \infty$ und $E = C([a, b])$ mit dem Skalarprodukt und der zugehörigen Norm:

$$
(f, g) := \int_a^b f(t)\overline{g(t)} \, dt, \qquad \|f\| = \left(\int_a^b |f(t)|^2 \, dt \right)^{\frac{1}{2}} = (f, f)^{\frac{1}{2}}
$$

Wir nennen sie auch die 2-Norm und schreiben $\|f\|_{L_2(a,b)} := \|f\|$. Wenn keine Verwechslungsgefahr besteht, schreiben wir auch $\| \cdot \|_{L_2}$. Für $f_n, f \in E$ gilt also $f_n \to f$ in E genau dann, wenn

$$
\left(\int_a^b |f_n(t) - f(t)|^2 \, dt \right)^{\frac{1}{2}} \to 0,
$$

d.h., die 2-Norm beschreibt die *Konvergenz im quadratischen Mittel*.   △

Bemerkung 4.6. Im Unterschied zur 2-Norm betrachten wir auch manchmal die Supremumsnorm (∞-Norm), die durch

$$
\|f\|_\infty := \sup_{t \in [a,b]} |f(t)| \equiv \|f\|_{C([a,b])}
$$

gegeben ist. Sie führt zur *gleichmäßigen Konvergenz*: $f_n \to f$ bzgl. $\| \cdot \|_\infty$ genau dann, wenn gilt: Für alle $\varepsilon > 0$ gibt es ein $n_0 \in \mathbb{N}$ so, dass $|f_n(t) - f(t)| \leq \varepsilon$ für alle $n \geq n_0$ und alle $t \in [a, b]$.   △

4.2 Orthonormalbasen

Das Ziel dieses Abschnitts ist es, Orthonormalbasen einzuführen. Dazu sei $(E, (\cdot, \cdot))$ ein unitärer Raum über $\mathbb{K} = \mathbb{C}$ oder $\mathbb{R}$. Sei $I = \mathbb{N}$, $\mathbb{Z}$ oder $I = \{1, \ldots, d\}$. Eine Familie $\{e_n : n \in I\}$ in E heißt *orthonormal*, falls

$$
(e_n, e_m) = \begin{cases} 1, & \text{wenn} \quad n = m, \\ 0, & \text{wenn} \quad n \neq m. \end{cases}
$$

Betrachten wir zunächst einmal den endlichen Fall $I = \{1, \dots, d\}$. Sei

$$F := \text{span}\{e_1, \dots, e_d\} = \Big\{ \sum_{n=1}^{d} \lambda_n e_n : \lambda_1, \dots, \lambda_d \in \mathbb{K} \Big\}$$

die lineare Hülle von $\{e_1, \dots, e_d\}$. Für $f = \sum_{n=1}^{d} \lambda_n e_n \in F$ und $m \in \{1, \dots, d\}$ gilt

$$(f, e_m) = \Big(\sum_{n=1}^{d} \lambda_n e_n, e_m \Big) = \lambda_m.$$

Somit ist also $f = \sum_{n=1}^{d} (f, e_n) e_n$ die eindeutige Darstellung von $f \in F$ als Linearkombination der $\{e_1, \dots, e_d\}$. Wenn wir unendliche Indexmengen I betrachten, werden wir eine unendliche Reihe benutzen. Dazu betrachten wir wieder die Konvergenz bezüglich der zum Skalarprodukt assoziierten Norm $\|f\| := (f, f)^{\frac{1}{2}}$.

Definition 4.7. Eine Teilmenge M von E heißt *dicht* in E, falls zu jedem $g \in E$ eine Folge $(f_n)_{n \in \mathbb{N}}$ in M existiert, so dass $\lim_{n \to \infty} f_n = g$ in $(E, (\cdot, \cdot))$. Die Menge M heißt *total*, falls

$$\text{span}\, M := \Big\{ \sum_{j=1}^{m} \lambda_j g_j : m \in \mathbb{N},\ \lambda_1, \dots, \lambda_m \in \mathbb{K},\ g_1, \dots, g_m \in M \Big\}$$

dicht in E ist.   △

Definition 4.8. Sei $I = \mathbb{N}$ oder $\mathbb{Z}$. Eine Familie $\{e_n : n \in I\}$ heißt *Orthonormalbasis*, falls sie orthonormal und total in E ist.   △

Wir definieren noch, wann eine Reihe in E konvergiert. Sei $f_n \in E, n \in I$, und sei $f \in E$. Wir sagen, die Reihe $\sum_{n \in I} f_n$ *konvergiert* gegen f und schreiben

$$\sum_{n \in I} f_n = f,$$

falls $\lim_{n \to \infty} \sum_{m=1}^{n} f_m = f$ für $I = \mathbb{N}$; im Fall $I = \mathbb{Z}$ ist $f = \lim_{m \to \infty} \sum_{n=-m}^{m} f_n$, falls $g = \lim_{m \to \infty} \sum_{n=0}^{m} f_n$ und $h = \lim_{m \to \infty} \sum_{n=1}^{m} f_{-n}$ existieren sowie $f = g + h$. Eine (unendliche) Reihe $\sum_{n \in I} f_n$ heißt *konvergent*, falls es ein Element $f \in E$ gibt, so dass $\sum_{n \in I} f_n = f$.

Satz 4.9 (Orthonormal-Entwicklung). *Sei $I = \mathbb{N}$ oder $\mathbb{Z}$ und sei $\{e_n : n \in I\}$ eine Orthonormalbasis von E sowie $f \in E$. Dann gilt:*

a) Orthonormal-Entwicklung: $\sum_{n \in I} (f, e_n) e_n = f$

b) Parseval-Gleichung: $\sum_{n \in I} |(f, e_n)|^2 = \|f\|^2$

Beweis: Sei $E_n := \text{span}\{e_m : m \in I, |m| \leq n\}$. Für $f \in E$ definiere

$$P_n f := \sum_{m \in I, |m| \leq n} (f, e_m)\, e_m.$$

Wir müssen zeigen, dass $\lim_{n \to \infty} P_n f = f$.

1.) Es gilt $P_n f \in E_n$ und $(f - P_n f) \in E_n^\perp$. Die erste Aussage ist klar. Um die zweite zu zeigen, wähle $|k| \leq n$. Dann gilt

$$(f - P_n f, e_k) = (f, e_k) - \sum_{|m| \leq n} (f, e_m)(e_m, e_k) = (f, e_k) - (f, e_k) = 0\,.$$

Damit ist $f - P_n f$ orthogonal zu allen e_k mit $|k| \leq n$ und somit gilt also $(f - P_n f) \in E_n^\perp$.

2.) Aus dem Satz von Pythagoras folgt, dass $\|f\|^2 = \|P_n f\|^2 + \|f - P_n f\|^2$. Insbesondere ist $\|P_n f\| \leq \|f\|$ für alle $f \in E$ und $n \in \mathbb{N}$. Ist nun $f \in E_n$ für ein $n \in \mathbb{N}$, so folgt $P_m f = f$ für alle $m \geq n$. Es gilt also $\lim_{m \to \infty} P_m f = f$ trivialerweise in diesem Fall.

Sei nun $f \in E$ beliebig und $\varepsilon > 0$. Nach Voraussetzung ist $\{e_n : n \in I\}$ eine Orthonormalbasis von E, also gibt es ein $n \in \mathbb{N}$ und ein Element $g_n \in E_n$, so dass $\|f - g_n\| \leq \varepsilon/2$. Also ist $P_m g_n = g_n$ für $m \geq n$ und damit gilt für $m \geq n$

$$\|f - P_m f\| = \|f - g_n + P_m g_n - P_m f\| \leq \|f - g_n\| + \|P_m(g_n - f)\|$$
$$\leq 2\|f - g_n\| \leq \varepsilon\,.$$

Da $\varepsilon > 0$ beliebig ist, haben wir gezeigt, dass $\lim_{m \to \infty} P_m f = f$ für alle $f \in E$, d.h., die Aussage a) ist bewiesen. Aus ihr folgt auch die Aussage b), denn nach dem Satz von Pythagoras gilt

$$\|P_n f\|^2 = \left\| \sum_{|k| \leq n} (f, e_k)\, e_k \right\|^2 = \sum_{|k| \leq n} \|(f, e_k)\, e_k\|^2 = \sum_{|k| \leq n} |(f, e_k)|^2.$$

Wegen a) ist $\|f\|^2 = \lim_{n \to \infty} \|P_n f\|^2$ für alle $f \in E$. Es gilt also b). $\qquad\square$

Ein wichtiges Beispiel einer Orthonormalbasis kennen wir schon. Wir betrachten

$$C_{2\pi} := \{f : \mathbb{R} \to \mathbb{C} \text{ stetig}, 2\pi\text{-periodisch}\}$$

aus Kapitel 3. Er ist ein unitärer Raum bzgl. des Skalarproduktes

$$(f, g) := \frac{1}{2\pi} \int_{-\pi}^{\pi} f(t)\, \overline{g(t)}\, dt\,.$$

Sei $e_k(t) := e^{ikt}$, $t \in \mathbb{R}$. Dann ist $\{e_k : k \in \mathbb{Z}\}$ eine Orthonormalbasis von $C_{2\pi}$. Man sieht zunächst die Orthonormalität durch Integrieren. Weiterhin hatten wir gesehen, dass der Raum $\mathcal{J} = \text{span}\{e_k : k \in \mathbb{Z}\}$ dicht in $C_{2\pi}$ bzgl. der Supremumsnorm $\|\cdot\|_\infty$ ist (Korollar 3.17). Da aber

$$\|f\|_{L_2} := \sqrt{(f, f)} = \left(\frac{1}{2\pi} \int_{-\pi}^{\pi} |f(t)|^2\, dt \right)^{\frac{1}{2}} \leq \|f\|_\infty,$$

folgt erst recht, dass $\mathcal{J}$ dicht in $C_{2\pi}$ bzgl. der Norm $\|\cdot\|_{L_2}$ des unitären Raumes ist. Damit haben wir bewiesen, dass $\{e_k : k \in \mathbb{Z}\}$ eine Orthonormalbasis von $C_{2\pi}$ ist. Aus Satz 4.9 erhalten wir somit folgendes klassische Resultat über die Fourier-Entwicklung einer Funktion $f \in C_{2\pi}$.

Satz 4.10. *Sei* $f \in C_{2\pi}$ *und* $c_k = (f, e_k) = \frac{1}{2\pi} \int_{-\pi}^{\pi} f(t) e^{-ikt} dt$ *sei der k-te Fourier-Koeffizient von f, wobei $k \in \mathbb{Z}$, und sei $s_n := \sum_{k=-n}^{n} c_k e_k$ das n-te Fourier-Polynom von f. Dann gilt* $\lim_{n\to\infty} \|s_n - f\|_{L_2} = 0$. $\square$

Der Satz besagt also, dass die *Fourier-Reihe* einer Funktion $f \in C_{2\pi}$ im quadratischen Mittel gegen f konvergiert. Wir schreiben auch

$$f = \sum_{k=-\infty}^{\infty} c_k e_k \text{ bzgl. } \|\cdot\|_{L_2}.$$

Während die Reihe im Allgemeinen nicht punktweise konvergiert, haben wir jetzt zwei positive Resultate: die quadratische Konvergenz im Satz 4.10 und die Konvergenz im Abel'schen Sinne aus Satz 3.11 (Seite 60).

Es stellt sich nun die Frage, ob jeder unitäre Raum eine Orthonormalbasis besitzt. Das ist tatsächlich der Fall, wenn er „nicht zu groß ist". Dies wollen wir nun genau beschreiben. Wir sagen, dass ein unitärer Raum E *separabel* ist, wenn es eine (abzählbare) Folge $(x_n)_{n\in\mathbb{N}}$ in E gibt, so dass die Menge $\{x_n : n \in \mathbb{N}\}$ dicht in E ist. Dies ist bereits der Fall, wenn es eine totale Folge $(u_n)_{n\in\mathbb{N}}$ in E gibt. Denn dann setzen wir im Fall $\mathbb{K} = \mathbb{R}$

$$F_n := \Big\{ \sum_{k=1}^{n} q_k u_k : n \in \mathbb{N}, q_k \in \mathbb{Q} \Big\}.$$

Ist die Folge $(u_n)_{n\in\mathbb{N}}$ total, so ist $F := \bigcup_{n=1}^{\infty} F_n$ dicht in E. Die Menge F ist abzählbar als abzählbare Vereinigung von abzählbaren Mengen. Im Fall $\mathbb{K} = \mathbb{C}$ ersetzen wir $\mathbb{Q}$ durch $\mathbb{Q} + i\mathbb{Q}$.

Satz 4.11 (Orthonormalisierung). *Jeder separable unitäre Raum E besitzt eine Orthonormalbasis.*

Beweis: Sei $(u_n)_{n\in\mathbb{N}}$ eine totale Folge in E. Wir wollen zunächst annehmen, dass der Raum E unendlich-dimensional ist. Dann können wir annehmen, dass die Menge $\{u_1, \ldots, u_n\}$ linear unabhängig ist für alle n (andernfalls lassen wir Elemente weg). Wir konstruieren nun mit Hilfe des Gram-Schmidt'schen Orthogonalisierungs-Verfahrens (1907) eine orthonormale Folge $(e_n)_{n\in\mathbb{N}}$, so dass

$$\text{span}\{u_1, \ldots, u_n\} = \text{span}\{e_1, \ldots, e_n\} \tag{4.1}$$

für alle $n \in \mathbb{N}$ gilt.
Setze dazu $e_1 := \|u_1\|^{-1} u_1$. Sei nun $n \in \mathbb{N}$ und wir nehmen an, dass $e_1, \ldots, e_n$ bereits konstruiert sind. Definiere dann

$$w_{n+1} := u_{n+1} - \sum_{j=1}^{n} (u_{n+1}, e_j) e_j.$$

Dann ist $(w_{n+1}, e_i) = 0$ für $i = 1, \ldots, n$. Ferner ist $w_{n+1} \neq 0$ wegen unserer Annahme, dass die u_k linear unabhängig sind. Setze nun $e_{n+1} := \|w_{n+1}\|^{-1} w_{n+1}$. Dann ist (4.1) für $n + 1$ statt n erfüllt und somit ist die Konstruktion beendet. Die Folge $(e_n)_{n \in \mathbb{N}}$ ist orthonormal und wegen (4.1) ist sie total in E. Damit ist $(e_n)_{n \in \mathbb{N}}$ eine Orthonormalbasis. Ist $\dim E < \infty$, so wählen wir eine beliebige Basis $\{u_1, \ldots, u_n\}$ von E und orthonormalisieren sie nach obigem Schema. $\square$

Der obige Beweis liefert offenbar ein konstruktives Verfahren, um n linear unabhängige Vektoren zu orthonormalisieren. Die Voraussetzung der Separabilität ist in praktisch allen Anwendungen erfüllt. Insbesondere sind alle unitären Räume, die für partielle Differenzialgleichungen dienlich sind, separabel.

4.3 Vollständigkeit

Sei E ein unitärer Raum über $\mathbb{K} = \mathbb{R}$ oder $\mathbb{C}$ mit Skalarprodukt $(\cdot, \cdot)$. Wir betrachten in E die Konvergenz bzgl. der induzierten Norm $\|u\| := \sqrt{(u, u)}$, sowie Cauchy-Folgen bzgl. dieser Norm. Der Raum E heißt *vollständig*, wenn es zu jeder Cauchy-Folge $(u_n)_{n \in \mathbb{N}}$ in E ein Element $u \in E$ gibt, so dass $\lim_{n \to \infty} u_n = u$. Ein *Hilbert-Raum* ist ein vollständiger unitärer Raum. Im Folgenden wollen wir Hilbert-Räume mit H oder V bezeichnen. Wir geben ein Beispiel.

Beispiel 4.12.
a) Jeder endlich-dimensionale unitäre Raum ist vollständig (siehe [52, Satz I.2.5]).
b) Sei $I = \mathbb{N}$ oder $\mathbb{Z}$ und

$$\ell_2(I) := \left\{ (x_n)_{n \in I} \subset \mathbb{K} : \|(x_n)_{n \in I}\|_{\ell_2(I)}^2 := \sum_{n \in I} |x_n|^2 < \infty \right\}.$$

Dieser Raum ist ein Hilbert-Raum bzgl. des Skalarproduktes

$$(x, y) := \sum_{n \in I} x_n \, \overline{y_n}$$

und der hierdurch induzierten Norm $\|x\|_{\ell_2(I)} := \sqrt{(x, x)}$. Ferner ist $\{e_n : n \in I\}$ eine Orthonormalbasis, wobei $e_n = (0, 0, \ldots, 1, 0, \ldots)$ die Folge mit genau einer Eins an der n-ten Stelle ist. Wir verweisen auf Aufgabe 4.1 für den Beweis. $\triangle$

Unter der Voraussetzung der Vollständigkeit können wir nun die Darstellung von Elementen bzgl. einer Orthonormalbasis präzisieren.

Satz 4.13. *Sei H ein separabler Hilbert-Raum und $\{e_n : n \in I\}$ eine Orthonormalbasis, wobei $I = \mathbb{N}$ oder $\mathbb{Z}$. Sei $x = (x_n)_{n \in I} \in \ell_2(I)$. Dann konvergiert die Reihe $u = \sum_{n \in I} x_n e_n$ in H und es gilt $(u, e_n) = x_n$ für alle $n \in I$.*

Beweis: Wir führen den Beweis für $I = \mathbb{N}$. Für $I = \mathbb{Z}$ argumentiert man ganz analog. Für jedes $\varepsilon > 0$ gibt es eine Zahl $n_0 \in \mathbb{N}$, so dass

$$\sum_{n \geq n_0} |x_n|^2 \leq \varepsilon^2.$$

Setze $u_n := \sum_{k=1}^{n} x_k \, e_k$. Dann gilt nach dem Satz von Pythagoras für $n, m \geq n_0$

$$\|u_n - u_m\|^2 = \left\| \sum_{k=m+1}^{n} x_k \, e_k \right\|^2 = \sum_{k=m+1}^{n} |x_k|^2 \leq \varepsilon \, ,$$

wobei wir angenommen haben, dass $n > m$. Damit ist $(u_n)_{n \in \mathbb{N}}$ eine Cauchy-Folge. Also existiert der Grenzwert $u := \lim_{n \in \mathbb{N}} u_n$ und es gilt

$$(u, e_m) = \lim_{n \to \infty} (u_n, e_m) = x_m,$$

womit die Behauptung bewiesen ist. $\square$

Umgekehrt hatten wir in Satz 4.9 gesehen, dass

$$\sum_{u \in I} |(u, e_n)|^2 = \|u\|_H^2 < \infty$$

für jedes $u \in H$. Damit ist die Abbildung $U : H \to \ell_2(I)$, $u \mapsto \big((u, e_n)\big)_{n \in I}$ linear, bijektiv und es gilt $(Uu, Uv) = (u, v)$ für alle $u, v \in H$. Eine solche Abbildung nennt man *unitär*. Die beiden Hilbert-Räume H und $\ell_2(I)$ sind also mathematisch dieselben Objekte: Die Abbildung U führt Addition, Skalarmultiplikation (d.h. die Vektorraum-Strukturen) und das Skalarprodukt ineinander über. Dennoch haben Hilbert-Räume oft eine ganz andere Gestalt als $\ell_2(I)$. Hier folgen zwei Beispiele. Weitere Beispiele sind Sobolev-Räume ab Kapitel 5.

Beispiel 4.14. Der Raum

$$L_2((0,2\pi), \mathbb{C}) := \left\{ f : (0,2\pi) \to \mathbb{C} : f \text{ ist messbar und } \int_0^{2\pi} |f(t)|^2 dt < \infty \right\}$$

ist ein komplexer Hilbert-Raum bzgl. des Skalarproduktes

$$(f, g) := \frac{1}{2\pi} \int_0^{2\pi} f(t) \, \overline{g(t)} \, dt,$$

wobei bzgl. des Lebesgue-Maßes integriert wird. Die Funktionen $\{e_k : k \in \mathbb{Z}\}$, $e_k(t) := e^{ikt}$, bilden eine Orthonormalbasis. Somit ist also die Abbildung $U : L_2((0,2\pi), \mathbb{C}) \to \ell_2(\mathbb{Z})$, $f \mapsto ((f, e_k))_{k \in \mathbb{Z}}$ unitär. $\triangle$

Beweis: Wir hatten gesehen, dass $\{e_k : k \in \mathbb{Z}\}$ total in $C_{2\pi}$ ist. Wir können $C_{2\pi}$ mit dem Raum $F := \{f : [0,2\pi] \to \mathbb{C} : f \text{ ist stetig und } f(0) = f(2\pi)\}$ identifizieren. Aus der Maßtheorie wissen wir, dass F dicht in $L_2((0,2\pi), \mathbb{C})$ ist. Damit ist $\{e_k : k \in \mathbb{Z}\}$ total in $L_2((0,2\pi), \mathbb{C})$. $\square$

Besonders häufig wird im Laufe des Buches der folgende Hilbert-Raum benutzt.

Beispiel 4.15. Sei $\Omega \subset \mathbb{R}^d$ eine offene Menge, $\mathbb{K} = \mathbb{R}$ oder $\mathbb{C}$ und

$$L_2(\Omega, \mathbb{K}) := \left\{ f : \Omega \to \mathbb{K} : f \text{ ist messbar und } \int_\Omega |f(x)|^2 dx < \infty \right\}.$$

Der Raum $L_2(\Omega, \mathbb{K})$ ist ein Hilbert-Raum über $\mathbb{K}$ bzgl. des Skalarproduktes

$$(f,g) := (f,g)_{L_2} := \int_\Omega f(x)\,\overline{g(x)}dx.$$

Hier ist dx das Lebesgue-Maß auf Ω. Wir setzen $L_2(\Omega) := L_2(\Omega, \mathbb{R})$. $\triangle$

4.4 Orthogonale Projektionen

Sei H ein Hilbert-Raum über $\mathbb{K} = \mathbb{R}$ oder $\mathbb{C}$. Ist M eine Teilmenge von H, so definieren wir analog zu Abschnitt 4.1 das *orthogonale Komplement* $M^\perp$ von M durch

$$M^\perp := \{u \in H : (u,v) = 0 \text{ für alle } v \in M\}\,.$$

Die Menge $M^\perp$ ist ein abgeschlossener Unterraum von H. Wir benötigen im Folgenden die *Parallelogramm-Identität*

$$\|u + v\|^2 + \|u - v\|^2 = 2\|u\|^2 + 2\|v\|^2 \qquad (4.2)$$

für $u, v \in H$, die unmittelbar aus der Definition der Norm über das Skalarprodukt folgt. Der folgende Satz zeigt, dass jeder abgeschlossene Unterraum von H ein orthogonales Komplement besitzt.

Satz 4.16 (Projektionssatz). *Sei F ein abgeschlossener Unterraum eines Hilbert-Raumes H. Dann gilt $H = F \oplus F^\perp$, d.h., jedes $u \in H$ besitzt eine eindeutige Zerlegung $u = v + w$ mit $v \in F$ und $w \in F^\perp$. Die Abbildung P, die jedem $u \in H$ das Element $v \in F$ zuordnet, für das $u - v \in F^\perp$ gilt, heißt die* orthogonale Projektion *von H auf F, vgl. Abbildung 4.2.*

Beweis: Wegen der Definitheit des Skalarproduktes ist $F \cap F^\perp = \{0\}$. Die wesentliche Aussage des Projektionssatzes ist also, dass $F + F^\perp = H$. Zu $u \in H$ suchen wir ein $u_0 \in F$, so dass $u - u_0 \in F^\perp$. Wir betrachten den Abstand d von u zu F,

$$d := \text{dist}(u, F) := \inf\{\|u - v\| : v \in F\}\,.$$

Wir werden zeigen, dass dieser Abstand angenommen wird, d.h., es gibt ein Element $v_0 \in F$ mit $d = \|u - v_0\|$. Für dieses v_0 gilt dann notwendigerweise $u - v_0 \in F^\perp$; d.h., es ist $(u - v_0, z) = 0$ für alle $z \in F$. Um das zu zeigen, wähle ein $z \in F$ mit $\|z\| = 1$ beliebig (F ist ein Vektorraum). Da auch $v_0 \in F$, gilt

$$\begin{aligned}
\|u - v_0\|^2 = d^2 &\leq \|u - v_0 - (u - v_0, z)z\|^2 \\
&= \|u - v_0\|^2 - (u - v_0, (u - v_0, z)z) \\
&\quad - (u - v_0, z)(z, u - v_0) + |(u - v_0, z)|^2 \\
&= \|u - v_0\|^2 - \overline{(u - v_0, z)}\,(u - v_0, z) \\
&\quad - (u - v_0, z)\,\overline{(u - v_0, z)} + |(u - v_0, z)|^2 \\
&= \|u - v_0\|^2 - |(u - v_0, z)|^2.
\end{aligned}$$

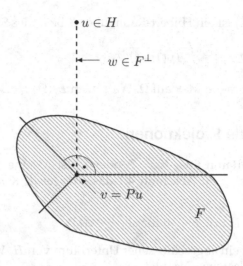

Abbildung 4.2. Orthogonale Projektion von $u \in H$ auf den Unterraum $F \subset H$.

Somit ist $(u - v_0, z) = 0$.

Es bleibt noch zu zeigen, dass der Abstand tatsächlich angenommen wird. Wir wählen eine minimierende Folge, d.h. $(v_n)_{n \in \mathbb{N}} \subset F$, so dass $\|u - v_n\| \to d$ für $n \to \infty$. Die Parallelogramm-Identität (4.2) zeigt, dass

$$
\begin{aligned}
\|v_n - v_m\|^2 &= \|v_n - u - (v_m - u)\|^2 \\
&= 2\|v_n - u\|^2 + 2\|v_m - u\|^2 - \|(v_n - u) + (v_m - u)\|^2 \\
&= 2\|v_n - u\|^2 + 2\|v_m - u\|^2 - 4\left\|\frac{v_n + v_m}{2} - u\right\|^2 \\
&\leq 2\|v_n - u\|^2 + 2\|v_m - u\|^2 - 4d^2 \,,
\end{aligned}
$$

da ja $\frac{v_n + v_m}{2} \in F$ und somit $\|\frac{v_n + v_m}{2} - u\|^2 \geq d^2$. Somit ist $(v_n)_{n \in \mathbb{N}}$ eine Cauchy-Folge. Also existiert $v_0 := \lim_{n \to \infty} v_n$ und es gilt $v_0 \in F$ sowie $\|u - v_0\| = \lim_{n \to \infty} \|u - v_n\| = d$. $\qquad \square$

Bemerkung 4.17. Aus dem obigen Beweis sehen wir auch Folgendes: Ist $u \in H$ gegeben, dann ist die orthogonale Projektion Pu das eindeutige Element in F mit minimalem Abstand zu u, d.h. $\|u - Pu\| = \min\{\|u - f\| : f \in F\}$. Mit anderen Worten: Die orthogonale Projektion ist die beste Approximation. $\qquad \triangle$

Als Konsequenz notieren wir ein sehr bequemes Kriterium, um die Dichtheit eines Unterraumes in einem Hilbert-Raum nachzuweisen.

Korollar 4.18. Ein Unterraum F eines Hilbert-Raumes H ist genau dann dicht in H, wenn $F^{\perp} = \{0\}$.

Beweis:

a) Sei F dicht in H und $x \in F^{\perp}$. Dann gibt es eine Folge $(x_n)_{n \in \mathbb{N}} \subset F$, so dass

$\lim_{n\to\infty} x_n = x$. Also gilt $\|x\|^2 = (x,x) = \lim_{n\to\infty}(x,x_n) = 0$, da $x \in F^\perp$ und somit ist $x = 0$.

b) Der Abschluss $\bar{F}$ von F ist ein abgeschlossener Unterraum von H. Angenommen, es gilt $\bar{F} \neq H$, dann folgt aus dem Projektionssatz, dass $\bar{F}^\perp \neq \{0\}$. Da $(\bar{F})^\perp = F^\perp$, ist dann auch $F^\perp \neq \{0\}$. $\square$

Insbesondere erhalten wir in einem vollständigen Raum ein einfaches Kriterium für Orthonormalbasen.

Korollar 4.19. Sei $\{e_n : n \in I\}$ eine orthonormale Familie in einem Hilbert-Raum H, wobei $I = \mathbb{N}$ oder $\mathbb{Z}$. Dann ist $\{e_n : n \in I\}$ genau dann eine Orthonormalbasis von H, wenn für alle $v \in H$ gilt: Aus $(e_n, v) = 0$ für alle $n \in I$ folgt $v = 0$.

Beweis: Nach Definition ist die orthonormale Familie $\{e_n : n \in I\}$ eine Orthonormalbasis genau dann, wenn $\mathrm{span}\{e_n : n \in I\}$ dicht in H ist. Nach Korollar 4.18 ist das äquivalent dazu, dass $(\mathrm{span}\{e_n : n \in \mathbb{N}\})^\perp = 0$. Da für jede Teilmenge M von H gilt, dass $M^\perp = (\mathrm{span}\,M)^\perp$, folgt die Behauptung. $\square$

4.5 Linearformen und Bilinearformen

In diesem Abschnitt lernen wir zwei effiziente Instrumente zur mathematischen Analyse von Gleichungen kennen: die Sätze von Riesz-Fréchet und von Lax-Milgram. Zur Vereinfachung der Darstellung wählen wir durchweg $\mathbb{K} = \mathbb{R}$, auch wenn die Resultate mit kleinen Modifikationen für $\mathbb{K} = \mathbb{C}$ gültig bleiben. Betrachten werden wir aber vor allem reelle partielle Differenzialgleichungen.

Sei H ein reeller Hilbert-Raum. Eine *Linearform* ist eine lineare Abbildung $\varphi : H \to \mathbb{R}$. Sie ist genau dann stetig, wenn es eine Konstante $c \geq 0$ gibt, so dass

$$|\varphi(v)| \leq c\|v\|, \quad v \in H. \tag{4.3}$$

In diesem Fall setzt man

$$\|\varphi\| := \inf\{c \geq 0 : |\varphi(v)| \leq c\|v\|, v \in H\}.$$

Damit gilt offenbar $|\varphi(v)| \leq \|\varphi\|\,\|v\|$ für alle $v \in H$. Mit H' bezeichnen wir die Menge der stetigen Linearformen auf H. Es ist ein Vektorraum bzgl. punktweiser Addition und Skalarmultiplikation. Man nennt H' den *Dualraum* von H.

Beispiel 4.20. Sei $u \in H$ ein gegebenes Element, dann definiert $\varphi(v) := (u,v)$, $v \in H$, eine stetige Linearform φ auf H und es gilt $\|\varphi\| = \|u\|$. $\triangle$

Beweis: Die Linearität von φ folgt aus der Bilinearität des Skalarproduktes. Die Cauchy-Schwarz'sche Ungleichung $|\varphi(v)| = |(u,v)| \leq \|u\|\,\|v\|$, $v \in H$, zeigt, dass φ stetig ist und $\|\varphi\| \leq \|u\|$. Wegen $\|u\|^2 = (u,u) = \varphi(u)$ folgt $\|\varphi\| \geq \|u\|$. $\square$

Der folgende Satz zeigt also, dass jede stetige Linearform eine Darstellung wie in Beispiel 4.20 besitzt.

Satz 4.21 (Riesz-Fréchet). *Sei $\varphi : H \to \mathbb{R}$ eine stetige Linearform. Dann gibt es genau ein $u \in H$, so dass $\varphi(v) = (u,v)$ für alle $v \in H$.*

Beweis: Wir zeigen Existenz und Eindeutigkeit eines solchen $u \in H$.

Eindeutigkeit: Seien $u_1, u_2 \in H$, so dass $(u_1, v) = (u_2, v)$ für alle $v \in H$. Für $v = u_1 - u_2$ gilt $\|u_1 - u_2\|^2 = (u_1 - u_2, v) = 0$, also folgt $u_1 = u_2$.

Existenz: Ist $\varphi = 0$ (d.h. $\varphi(v) = 0$ für alle $v \in H$), so wählen wir $u = 0$. Wir können also im Folgenden annehmen, dass $\varphi \neq 0$. Dann ist $\ker \varphi := \{v \in H : \varphi(v) = 0\} \neq H$. Da $\ker \varphi$ ein abgeschlossener Unterraum von H ist, folgt aus dem Projektionssatz, dass $(\ker \varphi)^\perp \neq \{0\}$. Wähle also $u_1 \in (\ker \varphi)^\perp$ mit $u_1 \neq 0$. Wir können annehmen, dass $\varphi(u_1) = 1$ (andernfalls multiplizieren wir u_1 mit einem geeigneten Skalar). Für beliebiges $v \in H$ gilt $v - \varphi(v)u_1 \in \ker \varphi$. Also ist $v - \varphi(v)u_1$ orthogonal zu u_1, d.h. $(v - \varphi(v)u_1, u_1) = 0$. Folglich ist $(v, u_1) = \varphi(v)\|u_1\|^2$. Wähle also $u := \|u_1\|^{-2} u_1$, dann ist $\varphi(v) = \|u_1\|^{-2}(v, u_1) = (u, v)$ für alle $v \in H$. $\qquad\square$

Bemerkung 4.22. Der Satz von Riesz-Fréchet wird auch als *Riesz'scher Darstellungssatz* bezeichnet. Das eindeutig bestimmte Element $u = u(\varphi)$ wird auch *Riesz-Repräsentant* von φ genannt. Es gibt auch weitere Darstellungssätze von Riesz, siehe Satz 7.10. Um doppelte Bezeichnungen zu vermeiden, benutzen wir die Bezeichnung *Satz von Riesz-Fréchet* (die auch historisch belegt ist).

Als Nächstes wollen wir den Satz von Riesz-Fréchet auf nichtsymmetrische Bilinearformen verallgemeinern. Dies wird die Anwendungsmöglichkeiten für Existenz- und Eindeutigkeitsaussagen für partielle Differenzialgleichungen wesentlich erweitern. Dazu ersetzen wir das Skalarprodukt durch eine allgemeinere Bilinearform. Typischerweise werden wir den Definitionsbereich von Bilinearformen mit V bezeichnen. Sei also im Folgenden V ein reeller Hilbert-Raum. Eine *Bilinearform* ist eine Abbildung $a : V \times V \to \mathbb{R}$, so dass

$$a(\alpha u_1 + \beta u_2, v) = \alpha a(u_1, v) + \beta a(u_2, v),$$
$$a(v, \alpha u_1 + \beta u_2) = \alpha a(v, u_1) + \beta a(v, u_2),$$

für alle $u_1, u_2, v \in V$ und $\alpha, \beta \in \mathbb{R}$. Wir verlangen also, dass die Abbildungen $a(\cdot, v)$ und $a(v, \cdot) : V \to \mathbb{R}$ für jedes $v \in V$ linear sind. Eine Bilinearform heißt *stetig*, wenn $\lim_{n\to\infty} u_n = u, \lim_{n\to\infty} v_n = v$ impliziert, dass $\lim_{n\to\infty} a(u_n, v_n) = a(u, v)$. Man sieht ähnlich wie in Satz A.1 (siehe Aufgabe 4.4), dass $a(\cdot, \cdot)$ genau dann stetig ist, wenn es ein $C \geq 0$ gibt, so dass

$$|a(u, v)| \leq C\|u\| \, \|v\|, \quad u, v \in V. \tag{4.4}$$

Wir wollen die Abkürzung

$$a(u) := a(u, u), \quad u \in V,$$

verwenden. Eine Bilinearform heißt *koerziv*, wenn es ein $\alpha > 0$ gibt, so dass

$$a(u) \geq \alpha\|u\|^2, \quad u \in V, \tag{4.5}$$

gilt. Schließlich nennen wir eine Bilinearform *symmetrisch*, falls

$$a(u, v) = a(v, u) \text{ für alle } u, v \in V.$$

Der folgende Satz wird später eine zentrale Rolle für die Untersuchung von partiellen Differenzialgleichungen spielen.

Satz 4.23 (Lax-Milgram). *Sei $a : V \times V \to \mathbb{R}$ eine stetige, koerzive Bilinearform und sei $\varphi \in V'$. Dann gibt es genau ein $u \in V$, so dass*

$$a(u,v) = \varphi(v) \text{ für alle } v \in V. \tag{4.6}$$

Beweis: Wiederum zeigen wir Existenz und Eindeutigkeit.

Eindeutigkeit: Seien $u_1, u_2 \in V$, so dass $a(u_1,v) = a(u_2,v)$ für alle $v \in V$. Dann ist $a(u_1 - u_2, v) = 0$ für alle $v \in V$. Wähle $v = u_1 - u_2$. Dann ist $a(u_1 - u_2) = 0$. Da a koerziv ist, folgt, dass $u_1 - u_2 = 0$.

Existenz: Sei $u \in V$ gegeben. Dann definiert $g(v) := a(u,v)$, $v \in V$ eine stetige Linearform auf V. Nach dem Satz von Riesz-Fréchet (Satz 4.21) gibt es also genau ein $Tu \in V$, so dass $a(u,v) = (Tu,v)$ für alle $v \in V$. Wegen der Eindeutigkeit und der Bilinearität von $a(\cdot,\cdot)$ ist die Abbildung $T : V \to V$ linear. Aus der Stetigkeit von $a(\cdot,\cdot)$ folgt, dass $|(Tu,v)| = |a(u,v)| \leq C\|u\|\,\|v\|$ für alle $v \in V$ mit C gemäß (4.4). Damit ist $\|Tu\| \leq C\|u\|$ (siehe Satz A.1). Der Operator T ist damit stetig und es ist $\|T\| \leq C$.

Aus der Koerzivität von $a(\cdot,\cdot)$ folgt weiter, dass $(Tu,u) \geq \alpha\|u\|^2$ für alle $u \in V$, wobei $\alpha > 0$. Die Cauchy-Schwarz'sche Ungleichung impliziert, dass

$$\alpha\|u\|^2 \leq a(u) = (Tu,u) \leq \|Tu\|\,\|u\|$$

und somit

$$\alpha\|u\| \leq \|Tu\| \text{ für alle } u \in V. \tag{4.7}$$

Um zu zeigen, dass T surjektiv ist, betrachten wir das *Bild*

$$T(V) := \{Tu : u \in V\} \tag{4.8}$$

von T. Da T linear ist, ist $T(V)$ ein Unterraum von V. Wir zeigen, dass er abgeschlossen ist. Sei $v := \lim_{n\to\infty} Tu_n$ mit $u_n \in V$, $n \in \mathbb{N}$. Wegen (4.7) und der Linearität von T gilt dann $\alpha\|u_n - u_m\| \leq \|Tu_n - Tu_m\|$. Somit ist $(u_n)_{n\in\mathbb{N}}$ eine Cauchy-Folge im Hilbert-Raum V. Also existiert $u := \lim_{n\to\infty} u_n$ und es gilt

$$Tu = \lim_{n\to\infty} Tu_n = v,$$

also ist $v \in T(V)$. Aus dem Projektionssatz (Satz 4.16) folgt weiter, dass $T(V) \oplus (T(V))^\perp = V$. Sei nun $u \in (T(V))^\perp$, dann ist $(Tv,u) = 0$ für alle $v \in V$ und insbesondere für $v = u$. Somit gilt $\alpha\|u\|^2 \leq (Tu,u) = 0$ und damit $u = 0$. Wir haben also gezeigt, dass $T(V)^\perp = \{0\}$. Somit ist $T(V) = V$; d.h., T ist surjektiv.

Sei nun $\varphi \in V'$. Nach dem Satz von Riesz-Fréchet (Satz 4.21) gibt es ein $w \in V$, so dass $\varphi(v) = (w,v)$ für alle $v \in V$. Da T surjektiv ist, gibt es ein $u \in V$, so dass $Tu = w$. Damit ist (nach der Definition von T) $a(u,v) = (Tu,v) = (w,v) = \varphi(v)$ für alle $v \in V$. $\qquad\square$

Ist die Bilinearform im Satz von Lax-Milgram zusätzlich auch noch symmetrisch, so lässt sich (4.6) durch ein Minimisierungsproblem lösen.

Satz 4.24 (Lax-Milgram variationell). *Sei $a : V \times V \to \mathbb{R}$ eine stetige, koerzive, symmetrische Bilinearform und seien $\varphi \in V'$, $u \in V$. Folgende Aussagen sind äquivalent:*

(i) Es gilt $a(u,v) = \varphi(v)$ für alle $v \in V$.

(ii) Für das Funktional $J(v) := \frac{1}{2}a(v) - \varphi(v)$ gilt $J(u) \leq J(v)$ für alle $v \in V$.

Wegen Satz 4.23 ist u eindeutig, also $u = \arg\min_{v \in V} J(v)$.

Beweis: Die Aussage (ii) ist äquivalent zu $J(u) \leq J(u+w)$ für alle $w \in V$, indem wir $v = u + w \in V$ verwenden. Da

$$J(u+w) = \frac{1}{2}a(u+w) - \varphi(u+w) = \frac{1}{2}a(u) + a(u,w) + \frac{1}{2}a(w) - \varphi(u) - \varphi(w),$$

ist (ii) damit gleichbedeutend mit

$$0 \leq a(u,w) + \frac{1}{2}a(w) - \varphi(w) \tag{4.9}$$

für alle $w \in V$. Indem wir w durch tw mit $t > 0$ ersetzen, erhalten wir aus (4.9)

$$0 \leq t\,a(u,w) + \frac{1}{2}t^2 a(w) - t\varphi(w).$$

Die Division durch t liefert $0 \leq a(u,w) + \frac{1}{2}ta(w) - \varphi(w)$ für alle $t > 0, w \in V$. Lassen wir t gegen 0 streben, so erhalten wir

$$0 \leq a(u,w) - \varphi(w) \text{ für alle } w \in V.$$

Ersetzt man nun w durch $-w$, so erhält man die umgekehrte Ungleichung $0 \geq a(u,w) - \varphi(w)$ für alle $w \in V$. Damit ist $a(u,w) = \varphi(w)$ für alle $w \in V$. Wir haben gezeigt, dass (ii) die Aussage (i) impliziert. Umgekehrt folgt aus (i) die Ungleichung (4.9), da $a(w) \geq 0$ für alle $w \in V$. Diese ist äquivalent zu (ii), wie wir gerade gesehen haben.   □

Das Skalarprodukt auf V ist eine spezielle symmetrische, stetige, koerzive Bilinearform auf V. Somit umfasst der Satz von Lax-Milgram den Satz von Riesz-Fréchet. Satz 4.24 bildet u.a. die Grundlage für effiziente numerische Lösungsverfahren für lineare Gleichungssysteme mit symmetrisch positiv definiten Matrizen (cg-Verfahren, Verfahren der konjugierten Gradienten).

Bemerkung 4.25. Die Koerzivität und der Satz von Lax-Milgram liefern sofort auch die stetige Abhängigkeit von den Daten. In der Tat, sei $u \neq 0$ Lösung von (4.6), dann gilt $\alpha\|u\|^2 \leq a(u,u) = \varphi(u) \leq \|\varphi\|\,\|u\|$, also

$$\|u\| \leq \frac{1}{\alpha}\|\varphi\|$$

und diese Abschätzung gilt auch für $u = 0$. Daher werden wir uns hinsichtlich Wohlgestelltheit von Variationsproblemen auf Existenz und Eindeutigkeit von Lösungen beschränken.   △

Wir hatten schon gesehen, dass die Cauchy-Schwarz'sche Ungleichung eine wesentliche Eigenschaft des Skalarproduktes ist. Wir geben einen zweiten (weniger geometrischen) Beweis dieser Ungleichung in einer allgemeinen Situation, die später nützlich sein wird.

Satz 4.26 (Allgemeine Cauchy-Schwarz'sche Ungleichung). *Sei* $a : V \times V \to \mathbb{R}$ *bilinear und symmetrisch, so dass* $a(u) \geq 0$ *für alle* $u \in V$. *Dann gilt für alle* $u, v \in H$

$$|a(u, v)| \leq a(u)^{\frac{1}{2}} a(v)^{\frac{1}{2}}.$$

Beweis: Seien $u, v \in H$, dann gilt $0 \leq a(u - tv) = a(u) - 2ta(u, v) + t^2 a(v)$ für alle $t \in \mathbb{R}$. Ist $a(v) = 0$, so folgt, dass $2ta(u, v) \leq a(u)$ für alle $t \in \mathbb{R}$ und damit $a(u, v) = 0$, also stimmt die Behauptung in diesem Fall. Ist $a(v) \neq 0$, so wähle speziell $t = \frac{a(u,v)}{a(v)}$. Dann erhält man

$$0 \leq a(u) - 2\frac{a(u, v)^2}{a(v)} + \frac{a(u, v)^2}{a(v)} = a(u) - \frac{a(u, v)^2}{a(v)}.$$

Somit ist $a(u, v)^2 \leq a(u)\, a(v)$. $\qquad\square$

4.5.1* Ergänzungen und Erweiterungen

Bislang wissen wir, dass ein Variationsproblem mit einer stetigen und koerziven Bilinearform $a : V \times V \to \mathbb{R}$ wohlgestellt ist. Die Umkehrung dieser Aussage gilt jedoch nicht, d.h., es gibt auch wohlgestellte Variationsprobleme mit allgemeineren Bilinearformen, wie wir nun sehen werden. Seien nun V und W zwei reelle Hilbert-Räume mit Normen $\| \cdot \|_V$ und $\| \cdot \|_W$. Wir nennen V *Ansatz*- und W *Testraum*. Analog zu oben sagen wir, dass $b : V \times W \to \mathbb{R}$ eine *Bilinearform* ist, falls

$$b(\alpha v_1 + \beta v_2, w) = \alpha b(v_1, w) + \beta b(v_2, w), \quad b(v, \alpha w_1 + \beta w_2) = \alpha b(v, w_1) + \beta b(v, w_2),$$

für alle $v_1, v_2, v \in V$, $w_1, w_2, w \in W$ und $\alpha, \beta \in \mathbb{R}$. Analog zu (4.4) heißt die Bilinearform *stetig* (oder *beschränkt*), falls es ein $C > 0$ gibt, so dass

$$|b(v, w)| \leq C \|v\|_V \|w\|_W, \quad v \in V, w \in W.$$

Offenbar macht Koerzivität im Sinne von (4.5) hier im Allgemeinen keinen Sinn, falls sich W und V unterscheiden. Wir beschreiben nun eine allgemeinere Eigenschaft, die aber für den Fall $W = V$ auf die Koerzivität zurückführt. Wir sagen, dass die Bilinearform b eine *inf-sup-Bedingung* erfüllt, falls es $\beta > 0$ (die *inf-sup-Konstante*) gibt, so dass

$$\sup_{w \in W} \frac{b(v, w)}{\|w\|_W} \geq \beta \|v\|_V \quad \text{für alle } v \in V. \tag{4.10}$$

Offensichtlich erfüllt für $W = V$ jede koerzive Bilinearform (4.10) mit $\alpha = \beta$.

Satz 4.27* (Banach-Nečas). *Sei* $b : V \times W \to \mathbb{R}$ *eine stetige Bilinearform. Folgende Aussagen sind äquivalent:*

(i) Zu jedem $\varphi \in W'$ *gibt es genau ein* $u \in V$, *so dass*

$$b(u, w) = \varphi(w) \text{ für alle } w \in W, \tag{4.11}$$

(ii) a) es gilt (4.10) und

$$\text{b) für alle } 0 \neq w \in W \text{ existiert ein } v \in V \text{ mit } b(v, w) \neq 0. \tag{4.12}$$

Beweis: Analog zum Beweis des Satzes 4.23 erhalten wir eine stetige lineare Abbildung $T : V \to W$ mit $(Tv, w)_W = b(v, w)$ und

$$\|Tv\|_W \leq C\|v\|_V \tag{4.13}$$

für alle $v \in V$. Aufgrund der inf-sup-Bedingung (4.10) gilt

$$\beta\|v\|_V \leq \sup_{w \in W} \frac{b(v, w)}{\|w\|_W} = \sup_{w \in W} \frac{(Tv, w)_W}{\|w\|_W} = \|Tv\|_W \quad \text{für alle } v \in V,$$

also ist T injektiv. Die Surjektivität folgt analog zum Beweis von Satz 4.23. Das Bild von T lautet $T(V) := \{Tv : v \in V\}$ und ist wegen (4.13) ein abgeschlossener Unterraum von W. Um zu zeigen, dass $T(V) = W$ gilt, verwenden wir Korollar 4.18. Sei $w_0 \in (T(V))^\perp$. Dann ist $b(v, w_0) = (Tv, w_0)_W = 0$ für alle $v \in V$. Aus (4.12) folgt dass $w_0 = 0$. Aus Korollar 4.18 folgt, dass $T(V) = W$. Also gibt es genau ein $u \in V$ mit (4.11).

Umgekehrt sei nun (4.11) wohlgestellt. Dann ist T invertierbar und T^{-1} ist stetig, d.h. es gibt ein $\beta > 0$, so dass $\|T^{-1}w\|_V \leq \beta^{-1}\|w\|_W$ für alle $w \in W$. Dann gilt für alle $v \in V$

$$\sup_{w \in W} \frac{b(v, w)}{\|w\|_W} = \sup_{w \in W} \frac{(Tv, w)_W}{\|w\|_W} = \|Tv\|_W \geq \beta\|v\|_V,$$

also (4.10). Da T nun nach Voraussetzung ein Isomorphismus ist, gibt es zu $0 \neq w \in W$ ein $0 \neq v \in V$ mit $Tv = w$ und damit $b(v, w) = (Tv, w)_W = (w, w)_W = \|w\|_W^2 \neq 0$, also gilt (4.12). $\square$

Bemerkung 4.28*. (a) Der obige Satz besagt also, dass die Wohlgestelltheit von Variationsproblemen mit stetigen Bilinearformen *äquivalent* zu den Bedingungen (4.10) und (4.12) ist. In diesem Sinne ist der Satz von Lax-Milgram ein Spezialfall des Satzes von Banach-Nečas.

(b) Der Name „inf-sup-Bedingung" kommt von der folgenden äquivalenten Form von (4.10): es existiert ein $\beta > 0$ mit

$$\inf_{v \in V} \sup_{w \in W} \frac{b(v, w)}{\|w\|_W \|v\|_V} \geq \beta. \tag{4.10'}$$

(c) Sei $u \in V$ die eindeutige Lösung von (4.11), dann impliziert die inf-sup-Bedingung, dass $\beta\|u\|_V \leq \sup_{w \in W} \frac{b(u,w)}{\|w\|_W} = \sup_{w \in W} \frac{\varphi(w)}{\|w\|_W} = \|\varphi\|_{W'}$, also die stetige Abhängigkeit von den Daten.

(d) Sei $v \in V$. Dann gibt es nach dem Satz von Riesz-Fréchet (Satz 4.21) ein eindeutiges $s_v \in W$ mit $(s_v, w)_W = b(v, w)$ für alle $w \in W$, wobei $(\cdot, \cdot)_W$ das Skalarprodukt im Raum W bezeichne. Dann gilt

$$\|s_v\|_W = \sup_{w \in W} \frac{(s_v, w)_W}{\|w\|_W} = \sup_{w \in W} \frac{b(v, w)_W}{\|w\|_W},$$

also $s_v = \arg\sup_{w \in W} \frac{b(v,w)_W}{\|w\|_W}$. Daher nennt man dieses s_v auch den *Supremierer* von v bzgl. b. Er spielt eine wichtige Rolle in der Numerik von Variationsproblemen (siehe auch Satz 8.31*).

(e) Der obige Beweis zeigt auch folgendes: Falls die inf-sup-Bedingung (4.10) gilt, dann ist die Abbildung genau dann surjektiv, wenn (4.12) gilt. $\triangle$

Wir wollen eine zweite Verallgemeinerung vom Satz 4.24 von Lax-Milgram vorstellen. Der folgende Satz von J.-L. Lions ist dual zum Satz 4.27* von Banach-Nečas. Er hat den Vorteil, dass einer der beiden Räume nicht vollständig zu sein braucht.

Satz 4.29* (J.-L. Lions). *Sei V ein Hilbert-Raum und W ein Prä-Hilbert-Raum. Sei $b : V \times W \to \mathbb{R}$ bilinear, so dass $b(\cdot, w) \in V'$ für alle $w \in W$. Folgende Aussagen sind äquivalent:*

(i) Zu jedem $\varphi \in W'$ gibt es ein $u \in V$ derart, dass $b(u, w) = \varphi(w)$ für alle $w \in W$.

(ii) Es gibt ein $\beta > 0$ derart, dass

$$\sup_{v \in V} \frac{|b(v, w)|}{\|v\|_V} \geq \beta \, \|w\|_W \tag{4.14}$$

für alle $w \in W$.

Beweis: (ii)$\Rightarrow$(i): Sei $w \in W$. Da $b(\cdot, w) \in V'$, liefert der Satz von Riesz-Fréchet (Satz 4.21) ein eindeutiges $Tw \in V$ derart, dass $b(v, w) = (v, Tw)_V$ für alle $v \in V$. Damit ist $T : W \to V$ linear und die Voraussetzung (ii) besagt gerade, dass $\|Tw\|_V \geq \beta \, \|w\|_W$ für alle $w \in W$. Damit ist T injektiv und die Umkehrabbildung $T^{-1} : T(W) \to W$ erfüllt die Abschätzung $\|T^{-1}v\|_W \leq \frac{1}{\beta}\|v\|_V$ für alle $v \in T(W)$, dem Bild von W unter T. Nach Satz A.2 hat T^{-1} eine eindeutige stetige Fortsetzung $R : \overline{T(W)} \to \tilde{W}$, wobei $\tilde{W}$ die Vervollständigung von W bezeichnet (siehe Aufgabe 4.4).

Sei $u \in V$. Dann gilt die gewünschte Beziehung $\varphi(w) = b(u, w) = (u, Tw)_V$ für alle $w \in W$ genau dann, wenn $\varphi(T^{-1}v) = (u, v)_V$ für alle $v \in T(W)$. Dies wiederum ist äquivalent zu $\varphi(Rv) = (u, v)_V$ für alle $v \in \overline{T(W)}$. Da $\varphi \circ R \in (\overline{T(W)})'$, liefert der Satz von Riesz-Fréchet genau ein $u \in \overline{T(W)}$, dass diese Bezeichnung erfüllt.

(i)$\Rightarrow$(ii): Für diese Richtung brauchen wir das *Prinzip der gleichmäßigen Beschränktheit* in folgender Form: Ist $w_n \in W$, $n \in \mathbb{N}$, so dass $\sup_{n \in \mathbb{N}} |f(w_n)| < \infty$ für alle $f \in W'$, so ist $\sup_{n \in \mathbb{N}} \|w_n\|_W < \infty$ (siehe z.B. [52, Korollar IV.2.4]).

Es gelte (i). Angenommen, (ii) ist falsch. Dann gibt es ein $w_n \in W$ derart, dass $\|w_n\|_W = 1$, aber $|b(\cdot, w_n)\|_{V'} < \frac{1}{n}$. Sei $f \in W'$. Nach Voraussetzung (i) gibt es $u_f \in V$ derart, dass $f(w_n) = b(u_f, w_n)$. Damit ist $|f(n\,w_n)| = n\,|b(u_f, w_n)| < n\,\|u_f\|_V \frac{1}{n} = \|u_f\|_V$ für alle $n \in \mathbb{N}$. Also ist $\sup_{n \in \mathbb{N}} |f(n\,w_n)| < \infty$ für alle $f \in W'$. Nach dem Prinzip der gleichmäßigen Beschränktheit ist also $(n\,w_n)_{n \in \mathbb{N}}$ eine beschränkte Folge, was ein Widerspruch zu $\|w_n\|_W = 1$ ist. $\qquad \square$

Bemerkung 4.30*. (a) Zu $\varphi \in W'$ kann es i.A. mehrere $u \in V$ geben, die (i) erfüllen. Eindeutigkeit ist dazu äquivalent, dass b den Raum *trennt* (also zu $0 \neq v \in V$ gibt es ein $w \in W$ derart, dass $b(v, w) \neq 0$; mit anderen Worten: W ist nicht im orthogonalen Komplement von V bzgl. b enthalten). Das ist gerade dual zu der Trennungseigenschaft (4.12), die im Satz von Banach-Nečas auftaucht. Die Bedingung (4.14) bedeutet gerade

$$\inf_{w \in W} \sup_{v \in V} \frac{|b(v, w)|}{\|v\|_V \, \|w\|_W} \geq \beta > 0,$$

ist also auch dual zu (4.10).

(b) Wir fordern im Satz von Lions nur die Stetigkeit in der ersten Variablen: $b(\cdot, w) \in V'$ für alle $w \in W$, die Rollen von V, W sind bzgl. inf, sup vertauscht.

(c) Falls $W \hookrightarrow V$, d.h. $W \subset V$ und $\|w\|_V \leq c\,\|w\|_W$ für alle $w \in W$, so ist Bedingung (ii) aus Satz 4.29* erfüllt, falls es ein $\alpha > 0$ gibt derart, dass $b(w, w) \geq \alpha \, \|w\|_W^2$ für alle $w \in W$, d.h., wenn b koerziv auf W ist.

Beweis: Sei $w \in W$. Wähle $v := \frac{1}{c\|w\|_W} w$. Dann ist $\|v\|_V \leq c\|w\|_W = 1$. Also ist $\sup_{v \in V} \frac{|b(w, v)|}{\|v\|_V} \geq \frac{1}{c\|w\|_W} b(w, w) \geq \frac{1}{c\|w\|_W} \alpha \, \|w\|_W^2 = \frac{\alpha}{c}\|w\|_W$. $\qquad \square$

4.6 Schwache Konvergenz

Im endlich-dimensionalen Hilbert-Raum hat jede beschränkte Folge eine konvergente Teilfolge. Das ist eines der wichtigsten Argumente der elementaren Analysis. Es ist im unendlich-dimensionalen Raum ungültig (siehe Beispiel 4.32 unten). Glücklicherweise gilt die Aussage jedoch, wenn wir einen schwächeren Konvergenzbegriff benutzen. Das zeigt der Hauptsatz 4.35 dieses Abschnitts. Im Folgenden sei H stets ein reeller Hilbert-Raum.

Definition 4.31 (Schwache Konvergenz). Sei $(u_n)_{n\in\mathbb{N}}$ eine Folge in H.

a) Sei $u \in H$ gegeben. Wir sagen, dass die Folge $(u_n)_{n\in\mathbb{N}}$ *schwach gegen u konvergiert*, und schreiben

$$\text{w-}\lim_{n\to\infty} u_n = u \text{ oder } u_n \rightharpoonup u, \quad n \to \infty \,,$$

wenn $\lim_{n\to\infty}(u_n, v) = (u, v)$ für alle $v \in H$.

b) Wir sagen, dass die Folge $(u_n)_{n\in\mathbb{N}}$ *schwach konvergiert*, wenn es ein $u \in H$ gibt, so dass w-$\lim_{n\to\infty} u_n = u$. $\qquad\qquad\qquad\qquad\qquad\qquad\qquad\qquad \triangle$

Zunächst bemerken wir, dass der schwache Limes eindeutig ist: Falls

$$w = \text{w-}\lim_{n\to\infty} u_n = u,$$

so gilt $(u, v) = (w, v)$ für alle $v \in H$. Damit gilt für die spezielle Wahl $v = u - w$ aber $\|u - w\|^2 = (u - w, v) = 0$. Also ist $u - w = 0$. Es ist offensichtlich, dass jede konvergente Folge auch schwach gegen denselben Grenzwert konvergiert. Die Umkehrung ist im Allgemeinen falsch, wie das folgende Beispiel zeigt.

Beispiel 4.32. Sei $\{e_n : n \in \mathbb{N}\}$ eine Orthonormalbasis in H, dann gilt

$$\sum_{n=1}^{\infty} |(v, e_n)|^2 = \|v\|^2 \text{ für alle } v \in H.$$

Da die Glieder einer konvergenten Reihe eine Nullfolge bilden, folgt aus dieser Gleichheit, dass $e_n \rightharpoonup 0$ für $n \to \infty$. Da aber aufgrund der Orthogonalität gilt $\|e_n - e_m\|^2 = \|e_n\|^2 + \|e_m\|^2 = 2$ für $n \neq m$, hat $(e_n)_{n\in\mathbb{N}}$ keine konvergente Teilfolge, obwohl sie schwach konvergiert. $\qquad\qquad\qquad\qquad\qquad \triangle$

Unter einer Zusatzbedingung folgt jedoch aus schwacher Konvergenz schon die Normkonvergenz. Es gilt folgendes sehr nützliche Kriterium:

Satz 4.33. *Sei $(u_n)_{n\in\mathbb{N}}$ eine Folge in H, $u \in H$, dann sind äquivalent:*

(i) $\lim_{n\to\infty} u_n = u$;

(ii) $u_n \rightharpoonup u$ *und* $\|u_n\| \to \|u\|$, $n \to \infty$.

Beweis: Wir zeigen nur, dass (ii) Aussage (i) impliziert, da die andere Implikation offensichtlich ist. Es gelte also $u_n \rightharpoonup u$ und $\|u_n\| \to \|u\|$ für $n \to \infty$. Dann gilt

$$\|u_n - u\|^2 = (u_n - u, u_n - u) = \|u_n\|^2 - (u, u_n) - (u_n, u) + \|u\|^2 \to 0,$$

also (i). $\qquad\qquad\qquad\qquad\qquad\qquad\qquad\qquad\qquad\qquad\qquad\qquad\qquad$ $\square$

Das folgende Lemma erleichtert oft den Nachweis der schwachen Konvergenz.

Lemma 4.34. Sei $(u_n)_{n\in\mathbb{N}}$ eine beschränkte Folge in H und es gebe eine totale Teilmenge M von H, so dass $\big((u_n, w)\big)_{n\in\mathbb{N}}$ für alle $w \in M$ konvergiert. Dann ist $(u_n)_{n\in\mathbb{N}}$ schwach konvergent.

Beweis: Aus der Voraussetzung folgt unmittelbar, dass

$$\varphi_0(w) := \lim_{n\to\infty} (u_n, w) \text{ für alle } w \in F := \operatorname{span} M$$

existiert. Sei $\|u_n\| \le c$ für alle $n \in \mathbb{N}$, dann gilt $|\varphi_0(w)| \le c\|w\|$ für alle $w \in F$. Die Abbildung $\varphi_0 : F \to \mathbb{R}$ ist somit linear und stetig. Da F dicht in H ist, hat φ_0 eine Fortsetzung $\varphi \in H'$ (siehe Satz A.2). Nach dem Satz von Riesz-Fréchet (Satz 4.21) gibt es ein $u \in H$, so dass $\varphi(v) = (u, v)$ für alle $v \in H$. Ist $v \in F$, so gilt

$$(u, v) = \varphi(v) = \varphi_0(v) = \lim_{n\to\infty} (u_n, v).$$

Sei nun $v \in H$ beliebig und $\varepsilon > 0$, dann gibt es ein $w \in F$, so dass $\|v - w\| \le \varepsilon$. Da $\lim_{n\to\infty}(u_n, w) = (u, w)$, folgt, dass

$$
\begin{aligned}
\limsup_{n\to\infty} |(u_n, v) - (u, v)| &= \limsup_{n\to\infty} |(u_n - u, v - w) + (u_n - u, w)| \\
&\le \limsup_{n\to\infty} |(u_n - u, v - w)| \le \lim_{n\to\infty} \|u_n - u\| \, \|v - w\| \\
&\le (c + \|u\|)\varepsilon.
\end{aligned}
$$

Da $\varepsilon > 0$ beliebig ist, folgt, dass $\lim_{n\to\infty} |(u_n, v) - (u, v)| = 0$, d.h.

$$\lim_{n\to\infty} (u_n, v) = (u, v),$$

womit die Aussage bewiesen ist. $\qquad\qquad\qquad\qquad\qquad\qquad\qquad\qquad\qquad$ $\square$

Der Beweis des nun folgenden Satzes beruht auf dem *Diagonal-Verfahren*, einer wichtigen und oft verwendeten Beweismethode aus der Analysis.

Satz 4.35. *Sei H ein separabler reeller Hilbert-Raum. Jede beschränkte Folge in H besitzt eine schwach konvergente Teilfolge.*

Beweis: Wir schicken drei Vorbemerkungen voraus, auf die wir im Beweis verweisen werden.

1.) Jede Teilfolge einer konvergenten reellen Folge ist selbst konvergent, und zwar gegen denselben Grenzwert wie die ursprüngliche Folge.

2.) Wir dürfen endlich viele Glieder einer konvergenten Folge abändern, ohne das Grenzverhalten zu verändern.

3.) Jede beschränkte reelle Folge besitzt eine konvergente Teilfolge.

Sei $u_n \in H$ mit $\|u_n\| \leq c$ für alle $n \in \mathbb{N}$. Wir wollen eine schwach konvergente Teilfolge von $(u_n)_{n \in \mathbb{N}}$ finden. Sei $\{w_p : p \in \mathbb{N}\}$ eine totale Folge in H. Nach Lemma 4.34 reicht es, eine Teilfolge $(u_{n_k})_{k \in \mathbb{N}}$ von $(u_n)_{n \in \mathbb{N}}$ zu finden derart, dass

$$\lim_{k \to \infty} (u_{n_k}, w_p)$$

für jedes $p \in \mathbb{N}$ existiert. Da $|(u_n, w_p)| \leq c\|w_p\|$ für alle $n \in \mathbb{N}$, besitzt jede der Folgen $((u_n, w_p))_{n \in \mathbb{N}}$ eine konvergente Teilfolge.

Wir konstruieren eine Teilfolge, die für alle $p \in \mathbb{N}$ simultan funktioniert. Sei $p = 1$, dann gibt es eine Teilfolge $(u_{n(1,k)})_{k \in \mathbb{N}}$ von $(u_n)_{n \in \mathbb{N}}$ derart, dass $(u_{n(1,k)}, w_1)$ für $k \to \infty$ konvergiert. Hier ist $n(1, k) \in \mathbb{N}$ ein Index mit $n(1, k) < n(1, k + 1)$ für alle $k \in \mathbb{N}$. Nun gibt es eine Teilfolge $(u_{n(2,k)})_{k \in \mathbb{N}}$ von $(u_{n(1,k)})_{k \in \mathbb{N}}$ derart, dass

$$\lim_{k \to \infty} (u_{n(2,k)}, w_2)$$

existiert. Fahren wir fort, so finden wir natürliche Zahlen $n(\ell, k) \in \mathbb{N}$ für $\ell, k \in \mathbb{N}$ derart, dass

a) $n(\ell, k) < n(\ell, k + 1)$;

b) $(n(\ell + 1, k))_{k \in \mathbb{N}}$ ist eine Teilfolge von $(n(\ell, k))_{k \in \mathbb{N}}$, d.h., es gilt $n(\ell + 1, k) \in \{n(\ell, m) : m \in \mathbb{N}\}$ für alle $k \in \mathbb{N}$; insbesondere gilt

c) $n(\ell + 1, k) \geq n(\ell, k)$ für alle $k \in \mathbb{N}$;

d) $\lim_{k \to \infty}(u_{n(p,k)}, w_p) =: c_p$ existiert für alle $p \in \mathbb{N}$.

Setze $n_k := n(k, k)$. Dann gilt $n_k < n(k, k + 1) \leq n(k + 1, k + 1) = n_{k+1}$ wegen a) und c). Sei nun $p \in \mathbb{N}$. Da wegen b) außerdem $n_k \in \{n(p, m) : m \in \mathbb{N}\}$ für alle $k \geq p$, folgt aus d), dass auch $\lim_{k \to \infty}(u_{n_k}, w_p) = c_p$. □

Schließlich wollen wir noch (ohne Beweis) folgenden Satz anfügen.

Satz 4.36. *Jede schwach konvergente Folge ist beschränkt.*

Beweis: Der Beweis beruht auf dem Satz von Baire und wir verweisen auf Bücher über Funktionalanalysis, z.B. [52, Korollar IV.2.3]. □

4.7 Stetige und kompakte Operatoren

Eine lineare Abbildung T ist genau dann stetig, wenn das Bild der Einheitskugel unter T beschränkt ist (siehe Anhang A.1). Ist dieses Bild sogar relativ kompakt, so nennt man T *kompakt*. Wir haben also folgende Definition getroffen:

Definition 4.37. Eine lineare Abbildung $T : E \to F$ heißt *kompakt*, falls Folgendes gilt: Ist $u_n \in E$ mit $\|u_n\| \leq c$ für $n \in \mathbb{N}$, so gibt es eine Teilfolge $(u_{n_k})_{k \in \mathbb{N}}$, so dass $(Tu_{n_k})_{k \in \mathbb{N}}$ konvergiert. △

Nun betrachten wir die speziellere Situation von Abbildungen zwischen Hilbert-Räumen. Dort können wir neben der Konvergenz in der Norm auch die schwache Konvergenz betrachten. Seien im Folgenden H_1 und H_2 reelle oder komplexe separable Hilbert-Räume.

Satz 4.38. *Sei $T : H_1 \to H_2$ linear und stetig. Dann ist T schwach stetig, d.h., aus $u_n \rightharpoonup u$ in H_1 folgt $Tu_n \rightharpoonup Tu$ in H_2.*

Beweis: Sei $w \in H_2$, dann definiert $\varphi(v) := (Tv, w)_{H_2}$ eine stetige Linearform auf H_1. Nach dem Satz von Riesz-Fréchet gibt es also genau ein $T^*w \in H_1$, so dass $(Tv, w)_{H_2} = (v, T^*w)_{H_1}$ für alle $v \in H_1$. Gilt nun $u_n \rightharpoonup u$ in H_1, so gilt

$$(Tu_n, w)_{H_2} = (u_n, T^*w)_{H_1} \to (u, T^*w)_{H_1} = (Tu, w)_{H_2}.$$

Da $w \in H_2$ beliebig ist, folgt, dass $Tu_n \rightharpoonup Tu$ in H_2. $\qquad\square$

Es gilt auch die Umkehrung von Satz 4.38: Jeder schwach stetige Operator ist stetig, siehe Aufgabe 4.2. Nun können wir kompakte Operatoren gerade dadurch beschreiben, dass sie die Konvergenz verbessern.

Satz 4.39. *Sei $T : H_1 \to H_2$ linear, dann sind folgende beiden Aussagen äquivalent:*

(i) T ist kompakt;

(ii) $u_n \rightharpoonup u$ in H_1 impliziert $Tu_n \to Tu$ in H_2.

Zum Beweis benutzen wir das folgende Lemma, das auf den ersten Blick wie an den Haaren herbeigezogen wirkt, aber dennoch äußerst wirkungsvoll ist.

Lemma 4.40. *Sei $(u_n)_{n \in \mathbb{N}}$ eine Folge in einem normierten Raum E und sei $u \in E$. Die Folge konvergiert genau dann gegen u, wenn jede ihrer Teilfolgen eine Teilfolge besitzt, die gegen u konvergiert.*

Beweis: Konvergiert die Folge nicht gegen u, so gibt es ein $\varepsilon > 0$ und eine Teilfolge $(u_{n_k})_{k \in \mathbb{N}}$, so dass $\|u_{n_k} - u\| \geq \varepsilon$. Keine Teilfolge dieser Teilfolge konvergiert gegen u. Die umgekehrte Implikation ist klar. $\qquad\square$

Beweis von Satz 4.39:
(i) $\Rightarrow$ (ii). Sei $u_n \rightharpoonup u$ in H_1, dann ist $(u_n)_{n \in \mathbb{N}}$ nach Satz 4.36 beschränkt. Nach Voraussetzung gibt es eine Teilfolge $(u_{n_k})_{k \in \mathbb{N}}$, so dass $v = \lim_{k \to \infty} Tu_{n_k}$ in der Norm existiert. Da T auch schwach stetig ist, gilt $v = Tu$. Aus Lemma 4.40 folgt, dass $\lim_{n \to \infty} Tu_n = Tu$ (wenn man zu Beginn schon eine Teilfolge wählt).
(ii) $\Rightarrow$ (i). Sei $(u_n)_{n \in \mathbb{N}}$ eine beschränkte Folge in H_1. Nach Satz 4.35 gibt es eine schwach konvergente Teilfolge $(u_{n_k})_{k \in \mathbb{N}}$. Nach Voraussetzung konvergiert die Folge $(Tu_{n_k})_{k \in \mathbb{N}}$ in der Norm. $\qquad\square$

4.8 Der Spektralsatz

Wir werden oft partielle Differenzialgleichungen als Operatorgleichung in der Form $Au = f$ schreiben können. Dabei ist A ein linearer Operator auf einem Hilbert-Raum H und $f \in H$ ist gegeben. Die gesuchte Unbekannte ist $u \in H$.

Typischerweise ist $H = L_2(\Omega)$, wobei $\Omega \subset \mathbb{R}^d$ offen und A ein Differenzialoperator ist. Damit lässt sich A nicht für alle Funktionen in H definieren, sondern nur für Funktionen in einem Unterraum $D(A)$ von H, dem Definitionsbereich von A. Man wird also einen Raum von Funktionen in H wählen, die für die Anwendung von A hinreichend oft differenzierbar sind. Wir sprechen also von linearen Abbildungen $A : D(A) \to H$, wobei $D(A)$ ein Unterraum von H ist. Das wollen wir in einer Definition festlegen.

Definition 4.41. Sei H ein reeller Hilbert-Raum.

a) Ein *Operator* auf H ist ein Paar $(A, D(A))$, wobei $D(A) \subseteq H$ ein Unterraum von H und $A : D(A) \to H$ eine lineare Abbildung ist. Wir nennen $D(A)$ den *Definitionsbereich* von A. Um die Notation zu vereinfachen, sprechen wir auch einfach von einem Operator A auf H. Zu diesem gehört dann der Definitionsbereich $D(A)$ und die lineare Abbildung $A : D(A) \to H$.

b) Zwei Operatoren A und B auf H sind *gleich* (wir schreiben $A = B$), wenn $D(A) = D(B)$ und $Au = Bu$ für alle $u \in D(A)$.

c) Sind A und B Operatoren auf H, so schreiben wir $A \subset B$ und sagen: A ist eine *Einschränkung* von B oder B ist eine *Fortsetzung* von A, falls $D(A) \subset D(B)$ und $Au = Bu$ für alle $u \in D(A)$.   △

Was wir hier einen Operator nennen, heißt häufig ein *unbeschränkter Operator*. Dabei sollte man das Wort „unbeschränkt" als „nicht notwendig beschränkt" auffassen. Also ist ein unbeschränkter Operator auf H einfach eine lineare Abbildung, deren Definitionsbereich nicht ganz H ist. Oft ist der Definitionsbereich eines Operators A dicht: Dann sagen wir, dass A *dicht definiert* ist.

Beispiel 4.42. Sei $X = L_2(0,1)$. Wir können die zweite Ableitung mit verschiedenen Definitionsbereichen betrachten.

a) Sei $D(A_0) := \{u \in C^2([0,1]) : u(0) = u(1) = 0\}$ und $A_0 u := -u''$.

b) Sei $D(A_1) := \{u \in C^2([0,1]) : u'(0) = u'(1) = 0\}$ und $A_1 u := -u''$.

c) Sei $D(B) := C^2([0,1])$ und $Bu := -u''$ für alle $u \in D(B)$.

Damit ist $A_0 \subset B$, $A_1 \subset B$ und $A_0 \neq A_1$. Die Abbildungsvorschrift ist bei allen drei Operatoren die gleiche; sie sind dennoch alle verschieden. In dem Definitionsbereich von A_0 sind Dirichlet-Randbedingungen integriert und in dem von A_1 Neumann-Randbedingungen. Im nächsten Kapitel werden wir darauf zurückkommen.   △

Sei A ein Operator auf H. Unser Ziel wird es sein, Gleichungen der Form

$$Au = f \tag{4.15}$$

zu analysieren. Dabei ist $f \in H$ gegeben und $u \in D(A)$ gesucht. Was die Lösbarkeit der Gleichung (4.15) angeht, gibt es drei Eigenschaften, die man vernünftigerweise untersuchen wird:

1. **Existenz:** Zu jedem $f \in H$ gibt es eine Lösung $u \in D(A)$ von (4.15).

2. **Eindeutigkeit:** Zu jedem $f \in H$ gibt es höchstens eine Lösung $u \in D(A)$.

3. **Stetigkeit der Lösungen in den gegebenen Daten:** Sind $f_n, f \in H$ und $u_n, u \in D(A)$, so dass $Au_n = f_n$ und $Au = f$, so gilt: $f_n \to f$ in H impliziert $u_n \to u$ in H.

Die Existenz ist gleichbedeutend damit, dass die Abbildung $A : D(A) \to H$ surjektiv ist. Eindeutigkeit bedeutet, dass A injektiv ist. Da A linear ist, ist der Kern von A, definiert durch

$$\ker A := \{u \in D(A) : Au = 0\},$$

ein Unterraum von $D(A)$ und A ist genau dann injektiv, wenn $\ker A = \{0\}$. Existenz und Eindeutigkeit zusammen sind also äquivalent dazu, dass die Abbildung $A : D(A) \to H$ bijektiv ist. Dann ist $A^{-1} : H \to D(A)$ auch linear. Da $D(A) \subset H$, können wir A^{-1} auch als Abbildung von H nach H auffassen. Die Stetigkeitsforderung in 3. bedeutet gerade, dass diese Abbildung stetig ist. Dann wollen wir A *invertierbar* nennen. Der Operator A heißt also invertierbar, wenn $A : D(A) \to H$ bijektiv und $A^{-1} : H \to H$ stetig ist. Nach Hadamard sagen wir, dass das Problem (4.15) *wohlgestellt* ist, wenn alle drei obigen Forderungen, also Existenz und Eindeutigkeit sowie stetige Abhängigkeit der Lösungen von den gegebenen Daten erfüllt sind. Damit ist der Operator A also genau dann invertierbar, wenn das Problem (4.15) wohlgestellt ist.

Bemerkung 4.43. Ein Operator A auf H ist also genau dann invertierbar, wenn Folgendes gilt:

(a) Zu jedem $f \in H$ gibt es genau ein $u \in D(A)$, so dass $Au = f$,

(b) und es gibt ein $c \geq 0$, so dass die *a priori-Abschätzung* $\|u\| \leq c\|f\|$ gilt. $\triangle$

Die folgende Beobachtung ist nützlich, um die Rolle des Definitionsbereiches zu verstehen.

Bemerkung 4.44. Sei A ein invertierbarer Operator und sei B eine Einschränkung oder Fortsetzung von A. Ist B invertierbar, so gilt $A = B$. $\triangle$

Beweis:
a) Sei $B \subset A$. Ist B surjektiv, so ist $B = A$. Denn sei $u \in D(A)$. Da B surjektiv ist, gibt es ein $v \in D(B)$ so, dass $Bv = Au$. Da A injektiv und $Av = Bv = Au$, folgt daraus $u = v$.
b) Sei $A \subset B$. Ist B injektiv, so ist $A = B$. Denn sei $u \in D(B)$. Da A surjektiv ist, gibt es $v \in D(A)$, so dass $Av = Bu$. Da B injektiv ist, folgt $u = v \in D(A)$. $\square$
Ist $\lambda \in \mathbb{R}$, so definieren wir den Operator $A - \lambda I$ durch

$$(A - \lambda I)u := Au - \lambda u, \quad D(A - \lambda I) := D(A).$$

Hier steht I für die Identitäts-Abbildung. Wir sagen, dass $\lambda \in \mathbb{R}$ ein *Eigenwert* von A ist, wenn $A - \lambda I$ nicht injektiv ist, d.h. wenn es $u \in D(A)$ gibt, so dass $u \neq 0$ und $Au = \lambda u$.

Von besonderem Interesse sind Operatoren, die mit einer Bilinearform assoziiert sind. Dazu betrachten wir weiterhin den reellen Hilbert-Raum H. Sein Skalarprodukt bezeichnen wir mit $(\cdot,\cdot)_H$, die Norm mit $\|\cdot\|_H$. Sei V ein weiterer Hilbert-Raum mit Skalarprodukt $(\cdot,\cdot)_V$ und Norm $\|\cdot\|_V$. Wir sagen, dass V *stetig in H eingebettet ist* und schreiben $V \hookrightarrow H$, falls $V \subset H$ und es eine Konstante $c \geq 0$ gibt, so dass

$$\|u\|_H \leq c\|u\|_V \, , \, u \in V. \tag{4.16}$$

Das bedeutet gerade, dass die Identitäts-Abbildung von V nach H stetig ist. Wir wollen ferner voraussetzen, dass V dicht in H ist.

Sei nun $a : V \times V \to \mathbb{R}$ eine stetige Bilinearform; es gibt also ein $C \geq 0$, so dass

$$|a(u,v)| \leq C\|u\|_V\|v\|_V \, , \, u,v \in V. \tag{4.17}$$

Wir wollen der Form $a(\cdot,\cdot)$ einen Operator A auf H zuordnen. Dazu definieren wir den *Definitionsbereich* von A durch

$$D(A) := \{u \in V : \exists\, f \in H \text{ mit } a(u,v) = (f,v)_H \text{ für alle } v \in V\}. \tag{4.18}$$

Somit ist $D(A)$ ein Unterraum von H. Ist $u \in D(A)$, dann gibt es ein $f \in H$ mit

$$a(u,v) = (f,v)_H \text{ für alle } v \in H. \tag{4.19}$$

Dieses f ist eindeutig. Denn ist $\tilde{f} \in H$ ein weiteres Element, so dass $a(u,v) = (\tilde{f},v)_H$ für alle $v \in V$, so ist $(f - \tilde{f},v)_H = 0$ für alle $v \in V$. Da V dicht in H ist, bleibt dieses richtig für alle $v \in H$. Insbesondere gilt $\|f-\tilde{f}\|_H^2 = (f-\tilde{f},f-\tilde{f})_H = 0$ und somit $f = \tilde{f}$.

Ist $u \in D(A)$ und $f \in H$ dasjenige Element, für das (4.19) gilt, so setzen wir $Au = f$. Damit haben wir eine lineare Abbildung $A : D(A) \to H$ definiert. Wir nennen A *den zu $a(\cdot,\cdot)$ assoziierten Operator auf H*. Nun betrachten wir die Gleichung

$$Au = f. \tag{4.20}$$

Ist $f \in H$ gegeben, so suchen wir also $u \in D(A)$, so dass (4.20) gilt. Aus dem Satz von Lax-Milgram erhalten wir folgendes Resultat:

Satz 4.45. *Ist $a(\cdot,\cdot)$ stetig und koerziv, so ist das Problem (4.20) wohlgestellt, d.h., der Operator A ist invertierbar.*

Beweis: Sei $\alpha > 0$, so dass $a(u) \geq \alpha\|u\|_V^2$ für $u \in V$, und sei $f \in H$. Dann definiert $F(v) := (f,v)_H$ eine stetige Linearform auf V. Dies folgt aus der Stetigkeit der Einbettung von V in H.

Nach dem Satz von Lax-Milgram gibt es genau ein $u \in V$, so dass $a(u,v) = (f,v)_H$ für alle $v \in V$. Das heißt gerade, dass $u \in D(A)$ und $Au = f$. Wir haben also gezeigt, dass A bijektiv ist. Mit (4.16) gilt ferner, dass

$$\frac{\alpha}{c}\|u\|_H^2 \leq \alpha\|u\|_V^2 \leq a(u,u) = (f,u)_H \leq \|f\|_H\|u\|_H \, .$$

Damit gilt $\|u\|_H \leq \frac{c}{\alpha}\|f\|_H$. Da $u = A^{-1}f$, bedeutet dies, dass $\|A^{-1}\| \leq \frac{c}{\alpha}$. $\square$

Statt A können wir auch den Operator $A + \lambda I$ betrachten, wobei $\lambda \in \mathbb{R}$. Es folgt unmittelbar aus der Definition, dass $A + \lambda I$ mit der Bilinearform

$$a_\lambda : V \times V \to \mathbb{R}, \qquad a_\lambda(u, v) := a(u, v) + \lambda(u, v)_H$$

assoziiert ist. Sie ist stetig, da V stetig in H eingebettet ist. Wir sagen, dass die Bilinearform $a(\cdot, \cdot)$ *H-elliptisch* ist, wenn es ein $\omega \in \mathbb{R}$ und ein $\alpha > 0$ gibt, so dass

$$a(u) + \omega\|u\|_H^2 \geq \alpha\|u\|_V^2, \quad u \in V. \tag{4.21}$$

Die Form $a(\cdot, \cdot)$ ist also genau dann H-elliptisch, wenn es ein $\omega \in \mathbb{R}$ gibt so, dass $a_\omega(\cdot, \cdot)$ koerziv ist. Dann ist $a_\lambda(\cdot, \cdot)$ auch für alle $\lambda \geq \omega$ koerziv. Damit ist $A + \lambda I$ invertierbar für alle $\lambda \geq \omega$. Besonders in der Numerischen Mathematik wird (4.21) auch *Gårding-Ungleichung* genannt.[2]

Nun betrachten wir zusätzlich die Voraussetzung, dass die Form symmetrisch ist. Man sieht leicht, dass dann auch der assoziierte Operator A *symmetrisch* ist, d.h., es gilt

$$(Au, v)_H = (u, Av)_H, \quad u, v \in D(A).$$

Ist $V = H$ und $\dim H < \infty$, so wissen wir aus der Linearen Algebra, dass H eine Orthonormalbasis aus Eigenvektoren von A besitzt. Dieses Resultat wollen wir nun auf unsere unendlich-dimensionale Situation verallgemeinern. Dazu brauchen wir eine stärkere Beziehung zwischen V und H als die Stetigkeit der Einbettung. Wir sagen, dass V *kompakt in H eingebettet* ist, und schreiben

$$V \overset{c}{\hookrightarrow} H,$$

wenn $V \subset H$ und wenn die Abbildung $u \mapsto u$ von V nach H kompakt ist. Nach Satz 4.39 bedeutet das gerade, dass

$$u_n \rightharpoonup u \text{ in } V \text{ impliziert } u_n \to u \text{ in } H.$$

Unter diesen zusätzlichen Voraussetzungen besitzt H eine Orthonormalbasis von Eigenvektoren von A. Das ist die Aussage des folgenden Theorems. Es gibt zusätzlich eine präzise Beschreibung des Definitionsbereiches durch eine Orthonormalbasis.

Satz 4.46 (Operatorversion des Spektralsatzes). *Sei* $\dim H = \infty$ *und sei* V *kompakt und dicht in H eingebettet. Sei* $a : V \times V \to \mathbb{R}$ *eine symmetrische, stetige, H-elliptische Bilinearform. Dann gibt es eine Orthonormalbasis* $\{e_n : n \in \mathbb{N}\}$ *von H und Zahlen* $\lambda_n \in \mathbb{R}$*, so dass*

$$\lambda_n \leq \lambda_{n+1}, n \in \mathbb{N} \quad \text{und} \quad \lim_{n \to \infty} \lambda_n = \infty,$$

---

[2]Die Bezeichnung ist etwas mißverständlich, da es sich nicht um eine bewiesene Ungleichung, sondern um eine Annahme handelt.

derart, dass der zu $a(\cdot, \cdot)$ assoziierte Operator A folgende Gestalt hat: Es gilt

$$D(A) = \left\{ u \in H : \sum_{n=1}^{\infty} \lambda_n^2 (u, e_n)_H^2 < \infty \right\}, \tag{4.22}$$

$$Au = \sum_{n=1}^{\infty} \lambda_n (u, e_n)_H \, e_n, \quad u \in D(A). \tag{4.23}$$

Bevor wir den Satz beweisen, notieren wir einige Konsequenzen.

Bemerkung 4.47. Unter den Voraussetzungen des Spektralsatzes gilt:
a) $e_n \in D(A)$ und $Ae_n = \lambda_n e_n$. Insbesondere ist jedes λ_n ein Eigenwert von A. Das folgt aus (4.22) und (4.23).
b) Die λ_n sind genau die Eigenwerte von A: Denn ist $\lambda \in \mathbb{R}$ ein Eigenwert, so gibt es ein $u \in D(A)$, so dass $Au = \lambda u$ und $u \neq 0$. Damit existiert ein $m \in \mathbb{N}$, so dass $(u, e_m)_H \neq 0$. Aus (4.23) folgt dann, dass $\lambda(u, e_m)_H = (Au, e_m)_H = \lambda_m (u, e_m)_H$. Somit ist $\lambda = \lambda_m$.
c) Von Satz 4.13 wissen wir, dass für $x_n \in \mathbb{R}$ eine Reihe $\sum_{n=1}^{\infty} x_n e_n$ in H genau dann konvergiert, wenn $\sum_{n=1}^{\infty} x_n^2 < \infty$. Der Definitionsbereich von A besteht also genau aus denjenigen $u \in H$, für die $\sum_{n=1}^{\infty} \lambda_n (u, e_n)_H \, e_n$ in H konvergiert. $\triangle$

Bemerkenswert sind weitere Folgerungen, die sich aus dem Spektralsatz für die Gleichung (des verallgemeinerten Eigenwertproblems)

$$Au - \lambda u = f \tag{4.24}$$

ergeben. Die Eindeutigkeit der Lösungen von (4.24) bedeutet gerade, dass λ kein Eigenwert ist. Der nun folgende Satz besagt, dass dann die Gleichung schon wohlgestellt ist, d.h. dass $A - \lambda I$ invertierbar ist, sobald $A - \lambda I$ injektiv ist. Mit anderen Worten: Für die Gleichung (4.24) liegt die so genannte *Fredholm'sche Alternative* vor: Entweder hat die Gleichung für $f = 0$ mehrere Lösungen oder sie ist wohlgestellt.

Korollar 4.48. Ist $\lambda \in \mathbb{R} \setminus \{\lambda_n : n \in \mathbb{N}\}$, so ist $A - \lambda I$ invertierbar. Ferner ist für $f \in H$ die Lösung u von (4.24) gegeben durch die Reihe

$$u = \sum_{n=1}^{\infty} (\lambda_n - \lambda)^{-1} (f, e_n)_H \, e_n,$$

die in H konvergiert.

Beweis: Es ist $\delta := \inf\{|\lambda - \lambda_n| : n \in \mathbb{N}\} > 0$, da $\lambda_n \to \infty$. Also gilt $|\lambda - \lambda_n|^{-1} \leq 1/\delta$ für alle $n \in \mathbb{N}$. Damit definiert

$$Rf := \sum_{n=1}^{\infty} (\lambda_n - \lambda)^{-1} (f, e_n)_H \, e_n$$

einen linearen, stetigen Operator $R : H \to H$. Nach Satz 4.9 gilt

$$\|Rf\|_H^2 = \sum_{n=1}^{\infty} |\lambda - \lambda_n|^{-2}(f, e_n)_H^2 \le \delta^{-2}\|f\|_H^2$$

für alle $f \in H$. Für $u \in D(A)$ gilt

$$(A - \lambda I)u = \sum_{n=1}^{\infty}(\lambda_n - \lambda)(u, e_n)_H \, e_n;$$

also ist $R(A - \lambda I)u = u$ für alle $u \in D(A)$. Da die Folge

$$\left(\frac{\lambda_n}{\lambda_n - \lambda}\right)_{n \in \mathbb{N}}$$

beschränkt ist, ist umgekehrt $Rf \in D(A)$ und $(A - \lambda I)Rf = f$ für alle $f \in H$. $\square$

Wir wenden uns nun dem Beweis des Spektralsatzes zu. Zunächst einmal diagonalisieren wir die Form.

Satz 4.49 (Formversion des Spektralsatzes). *Sei* dim $H = \infty$ *und sei* V *kompakt und dicht in* H *eingebettet. Sei* $a : V \times V \to \mathbb{R}$ *eine stetige, symmetrische, H-elliptische Bilinearform. Dann gibt es eine Orthonormalbasis* $\{e_n : n \in \mathbb{N}\}$ *von* H *und* $\lambda_n \in \mathbb{R}$ *mit* $\lambda_n \le \lambda_{n+1}, n \in \mathbb{N}, \lim_{n\to\infty} \lambda_n = \infty$ *derart, dass*

$$V = \left\{u \in H : \sum_{n=1}^{\infty} \lambda_n(u, e_n)_H^2 < \infty\right\}, \tag{4.25}$$

$$a(u, v) = \sum_{n=1}^{\infty} \lambda_n(u, e_n)_H\, (e_n, v)_H \ \text{\textit{für alle }} u, v \in V. \tag{4.26}$$

Beweis: Wir können annehmen, dass $a(\cdot, \cdot)$ koerziv ist, denn sonst betrachten wir $a_\omega(\cdot, \cdot)$ statt $a(\cdot, \cdot)$, wobei ω die Konstante aus (4.21) ist. Sei also $a(\cdot, \cdot)$ koerziv, d.h., wir nehmen an, dass (4.5) für $u \in V$ gilt. Dann folgt

$$\sqrt{\alpha}\|u\|_V \le a(u)^{1/2} \le \sqrt{C}\|u\|_V, \ u \in V.$$

Da $a(\cdot, \cdot)$ symmetrisch ist, definiert also $a(u)^{1/2}$ eine äquivalente Norm auf V (die so genannte *Energie-Norm* $\| \cdot \|_a$). Da das Skalarprodukt von V nicht explizit in der Formulierung des Satzes auftaucht, können wir also annehmen, dass

$$(u, v)_V = a(u, v), \ u, v \in V.$$

Nun definieren wir $\lambda_1 := \inf\{a(u) : u \in V, \|u\|_H = 1\}$. Aus der Koerzivität (4.5) folgt, dass $\lambda_1 > 0$.

a) Wir zeigen, dass es ein $e_1 \in V$ gibt, so dass $\|e_1\|_H = 1, \lambda_1 = a(e_1)$ und

$$a(e_1, v) = \lambda_1(e_1, v)_H \text{ für alle } v \in V. \tag{4.27}$$

Dazu betrachten wir die Form $a_1(u,v) := a(u,v) - \lambda_1(u,v)_H$, $u,v \in V$. Dann gilt $\inf\{a_1(u) : u \in V, \|u\|_H = 1\} = 0$. Somit finden wir Elemente $u_n \in V$ mit $\|u_n\|_H = 1$, so dass $\inf_{n \in \mathbb{N}} a_1(u_n) = 0$. Damit ist die Folge $(u_n)_{n \in \mathbb{N}}$ in V beschränkt. Satz 4.35 erlaubt uns somit anzunehmen, dass $u_n \rightharpoonup e_1$ in V für ein $e_1 \in V$ (andernfalls gehen wir zu einer Teilfolge über). Da V kompakt in H eingebettet ist, folgt, dass $u_n \to e_1$ in H, also gilt $\|e_1\|_H = 1$. Die Cauchy-Schwarz'sche Ungleichung liefert

$$a_1(e_1) = a_1(e_1 - u_n, e_1) + a_1(u_n, e_1) \le a_1(e_1 - u_n, e_1) + a_1(u_n)^{1/2} a_1(e_1)^{1/2}.$$

Da $f(v) = a_1(v, e_1)$ eine stetige Linearform f auf V definiert und $u_n \rightharpoonup e_1$ in V, gilt $\lim_{n \to \infty} a_1(e_1 - u_n, e_1) = 0$. Da $a_1(u_n) \to 0$, folgt aus obiger Ungleichung, dass $a_1(e_1) = 0$. Damit ist $a(e_1) = \lambda_1$. Für $v \in V$ gilt ferner $a_1(e_1, v) \le a_1(e_1)^{1/2} a_1(v)^{1/2} = 0$. Indem wir v durch $-v$ ersetzen, sehen wir, dass auch die umgekehrte Ungleichung gilt. Somit ist $a_1(e_1, v) = 0$, d.h., es ist $a(e_1, v) = \lambda_1(e_1, v)_H$ für alle $v \in V$. Damit ist (4.27) bewiesen.

b) Nun betrachten wir den Raum $V_1 := \{u \in V : (u, e_1)_H = 0\}$, der ein abgeschlossener Unterraum von V ist. Er ist von $\{0\}$ verschieden, da V dicht in H und $\dim H = \infty$ ist. Wenden wir a) auf die Einschränkung von $a(\cdot, \cdot)$ auf $V_1 \times V_1$ und auf $H_1 := \{u \in H : (u, e_1)_H = 0\}$ an, so finden wir ein $e_2 \in V_1$ so, dass $\|e_2\|_H = 1$ und $\lambda_2 := a(e_2) = \min\{a(u) : u \in V_1, \|u\|_H = 1\}$ sowie $a(e_2, v) = \lambda_2(e_2, v)_H$ für alle $v \in V_1$. Da nach a) $a(e_2, e_1) = a(e_1, e_2) = \lambda_1(e_1, e_2)_H = 0 = \lambda_2(e_2, e_1)_H$, folgt, dass $a(e_2, v) = \lambda_2(e_2, v)_H$ für alle $v \in V$ (nach dem Projektionssatz).

c) Fahren wir so weiter fort, so finden wir eine Folge $(e_n)_{n \in \mathbb{N}}$ in V mit $\|e_n\|_H = 1$ und eine monoton wachsende Folge $(\lambda_n)_{n \in \mathbb{N}}$ in $\mathbb{R}$, so dass für $n \ge 1$

$$\lambda_{n+1} = a(e_{n+1}) = \min\{a(u) : u \in V_n, \|u\|_H = 1\}$$

mit $V_n := \{u \in V : (u, e_k)_H = 0, \ k = 1, \ldots, n\}$ und $a(e_n, v) = \lambda_n(e_n, v)_H$ für alle $v \in V$ und alle $n \in \mathbb{N}$. Insbesondere ist die Folge orthonormal.

d) Wir zeigen, dass $\lim_{n \to \infty} \lambda_n = \infty$. Andernfalls wäre die Folge $a(e_n) = \lambda_n$ beschränkt. Also wäre $(e_n)_{n \in \mathbb{N}}$ in V beschränkt. Es gäbe also eine Teilfolge $(e_{n_k})_{k \in \mathbb{N}}$, die schwach in V konvergiert, sagen wir gegen w. Dann wäre $\lim_{k \to \infty} e_{n_k} = w$ in H. Da $e_n \rightharpoonup 0$ in H (siehe Beispiel 4.32), folgte, dass $w = 0$. Wegen $\|w\|_H = \lim_{k \to \infty} \|e_{n_k}\|_H = 1$ erhalten wir den gewünschten Widerspruch.

e) Nun zeigen wir, dass $\{e_n : n \in \mathbb{N}\}$ total in H ist. Sei dazu $v \in H$, so dass $(e_n, v)_H = 0$ für alle $n \in \mathbb{N}$. Wir müssen zeigen, dass $v = 0$ (siehe Korollar 4.19). Angenommen, es ist $v \ne 0$. Sei $v_1 := \|v\|_H^{-1} v$, dann ist $\|v_1\|_H = 1$ und $(e_n, v_1)_H = 0$ für alle $n \in \mathbb{N}$ und daher ist $v_1 \in V_n$ für alle $n \in \mathbb{N}$. Also gilt für alle $n \in \mathbb{N}$

$$a(v_1) \ge \inf\{a(u) : u \in V_n, \|u\|_H = 1\} = \lambda_n.$$

Das widerspricht der Tatsache, dass $\lim_{n \to \infty} \lambda_n = \infty$.

f) Setze $\tilde{e}_n := \frac{1}{\sqrt{\lambda_n}} e_n$. Dann ist $a(\tilde{e}_n, \tilde{e}_m) = \frac{1}{\sqrt{\lambda_n}} \frac{1}{\sqrt{\lambda_m}} a(e_n, e_m) = 1$, wenn $n = m$ und null sonst. Da für $u \in V$ gilt:

$$(u, \tilde{e}_n)_V = a(u, \tilde{e}_n) = \frac{1}{\sqrt{\lambda_n}} a(u, e_n) = \sqrt{\lambda_n} \, (u, e_n)_H, \tag{4.28}$$

impliziert $(u, \tilde{e}_n)_V = 0$ für alle $n \in \mathbb{N}$, dass $u = 0$. Damit ist $\{\tilde{e}_n : n \in \mathbb{N}\}$ eine Orthonormalbasis von V. Somit gilt nach Satz 4.9 für alle $u, v \in V$

$$a(u, v) = (u, v)_V = \sum_{n=1}^{\infty} (u, \tilde{e}_n)_V \, (\tilde{e}_n, v)_V = \sum_{n=1}^{\infty} \lambda_n (u, e_n)_H \, (e_n, v)_H.$$

Insbesondere ist $\sum_{n=1}^{\infty} \lambda_n (u, e_n)_H^2 = a(u) < \infty$. Sei umgekehrt $u \in H$, so dass $\sum_{n=1}^{\infty} \lambda_n (u, e_n)_H^2 < \infty$. Setze $x_n := \sqrt{\lambda_n} \, (u, e_n)_H$. Dann konvergiert nach Satz 4.13 die Reihe $\sum_{n=1}^{\infty} x_n \tilde{e}_n$ gegen ein Element w in V. Da $x_n \tilde{e}_n = (u, e_n)_H e_n$, ist $w = \sum_{n=1}^{\infty} (u, e_n)_H e_n = u$ und somit $u = w \in V$. Damit ist Satz 4.49 bewiesen. $\qquad\square$

Es ist bemerkenswert, dass aus den Voraussetzungen von Satz 4.49 folgt, dass H separabel ist.

Beweis von Satz 4.46 (Spektralsatz): Nach Satz 4.49 ist V durch (4.25) und $a(\cdot, \cdot)$ durch (4.26) gegeben. Sei A der zu $a(\cdot, \cdot)$ assoziierte Operator. Sei $u \in D(A)$ mit $Au = f$; dann ist nach Definition $a(u, v) = (f, v)_H$ für alle $v \in V$. Insbesondere gilt für $v = e_n$ die Gleichung $(f, e_n)_H = a(u, e_n) = \lambda_n (u, e_n)_H$ und damit

$$f = \sum_{n=1}^{\infty} (f, e_n)_H e_n = \sum_{n=1}^{\infty} \lambda_n (u, e_n)_H e_n.$$

Umgekehrt sei $u \in H$, so dass $\sum_{n=1}^{\infty} \lambda_n^2 \, (u, e_n)_H^2 < \infty$. Dann ist auch $\sum_{n=1}^{\infty} \lambda_n \, (u, e_n)_H^2 < \infty$ und somit ist $u \in V$. Ferner konvergiert $f := \sum_{n=1}^{\infty} \lambda_n \, (u, e_n)_H e_n$ in H. Für $n \in \mathbb{N}$ ist $(f, e_n)_H = \lambda_n (u, e_n)_H = a(u, e_n)$. Damit ist $(f, v)_H = a(u, v)$ für $v \in \operatorname{span}\{e_n : n \in \mathbb{N}\}$. Da wir im Beweis von Satz 4.49 gezeigt haben, dass $\{\lambda_n^{-1/2} e_n : n \in \mathbb{N}\}$ eine Orthonormalbasis von V ist, folgt, dass $(f, v)_H = a(u, v)$ für alle $v \in V$ gilt. Somit ist $u \in D(A)$ und $Au = f$. $\qquad\square$

Wir betrachten weiter die Situation, die im Spektralsatz (Satz 4.46) beschrieben wird. Dort ist λ_n der n-te Eigenwert von A, da wir ja voraussetzen, dass die Eigenwerte monoton wachsend angeordnet werden. Aus dem Beweis von Satz 4.49 entnehmen wir folgende Formel für den ersten Eigenwert

$$\lambda_1 = \min\{a(u) : u \in V, \|u\|_H = 1\}. \tag{4.29}$$

Folgende Max-Min-Formel erlaubt es allgemeiner, den n-ten Eigenwert von A aus der Form $a(\cdot, \cdot)$ zu berechnen.

Satz 4.50 (Max-Min-Formel). *Unter den Voraussetzungen des Spektralsatzes ist der n-te Eigenwert von A gegeben durch*

$$\lambda_n = \max_{\substack{W \subset V \\ \operatorname{codim} W \le n-1}} \min_{\substack{u \in W \\ \|u\|_H = 1}} a(u). \tag{4.30}$$

Bemerkung 4.51. Hier betrachten wir Unterräume W von V. Wir sagen dass
$\operatorname{codim} W \leq n-1$, falls $W \cap U \neq \{0\}$ für jeden Unterraum U von V mit $\dim U \geq n$.
Für $n = 1$ bedeutet $\operatorname{codim} W \leq 0$ gerade $W = V$. Somit ist (4.30) für $n = 1$ gerade
Formel (4.29). $\triangle$

Beweis: Sei $n > 1$ und $W \subset V$ mit $\operatorname{codim} W \leq n - 1$. Dann gibt es ein $u \in$
$\operatorname{span}\{e_1, \ldots, e_n\} \cap W$ mit $\|u\|_H = 1$. Damit ist nach (4.26)

$$a(u) = \sum_{k=1}^{n} \lambda_k (u, e_n)_H^2 \leq \lambda_n \sum_{k=1}^{n} (u, e_k)_H^2 = \lambda_n.$$

Also ist $\inf\{a(u) : u \in W, \|u\|_H = 1\} \leq \lambda_n$ für jeden Unterraum W von V mit
$\operatorname{codim} W \leq n - 1$. Es bleibt zu zeigen, dass es ein solches W gibt, für welches
$\inf\{a(u) : u \in W, \|u\|_H = 1\} = \lambda_n$ gilt. Sei $W_{n-1} := \{e_1, \ldots, e_{n-1}\}^{\perp}$, dann ist
$\operatorname{codim} W_{n-1} \leq n - 1$.
Das ist ein Standard-Argument der Linearen Algebra: Sei $U \subset V$ ein Unterraum,
so dass $U \cap W_{n-1} = \{0\}$, dann ist $\dim U \leq n - 1$: Denn seien $\{u_1, \ldots, u_m\}$ linear unabhängig in U. Jedes u_j schreibt sich eindeutig als $u_j = v_j + w_j$ mit
$v_j \in \operatorname{span}\{e_1, \ldots, e_{n-1}\}, w_j \in W_{n-1}$. Dann ist $\{v_1, \ldots, v_m\}$ linear unabhängig
und somit $m \leq n - 1$. Denn sei $\sum_{j=1}^{m} \alpha_j v_j = 0$, dann gilt

$$\sum_{j=1}^{m} \alpha_j u_j = \sum_{j=1}^{m} \alpha_j w_j \in U \cap W_{n-1} = \{0\}.$$

Damit folgt $\alpha_1 = \alpha_2 = \cdots = \alpha_m = 0$ und $\operatorname{codim} W_{n-1} \leq n - 1$ ist bewiesen. Sei
$u \in W_{n-1}$, dann ist

$$a(u) = \sum_{k \geq n} \lambda_k (u, e_k)^2 \geq \lambda_n \sum_{k \geq n} (u, e_k)^2 = \lambda_n.$$

Da $e_n \in W_{n-1}$ und $a(e_n) = \lambda_n$, ist $\min\{a(u) : u \in W_{n-1}, \|u\|_H = 1\} = \lambda_n$. Wie
in Teil a) des Beweises von Satz 4.49 sieht man, dass das Infimum ein Minimum
ist. $\qquad\square$

Ist $a(\cdot, \cdot)$ nicht symmetrisch, so ist der assoziierte Operator A im Allgemeinen kein
Diagonaloperator. Aber für ihn gilt immer noch die Fredholm'sche Alternative,
für den Beweis vgl. [53, Satz 17.11].

Satz 4.52 (Fredholm'sche Alternative). *Es sei H ein reeller, separabler Hilbert-Raum
und V sei ein Hilbert-Raum, der kompakt und dicht in V eingebettet ist. Sei $a : V \times V \to$
$\mathbb{R}$ eine stetige, H-elliptische Bilinearform und A der zu a assoziierte Operator auf H
sowie $\lambda \in \mathbb{R}$. Ist λ kein Eigenwert von A, so ist $A - \lambda I$ invertierbar.* $\qquad\square$

4.9* Kommentare zu Kapitel 4

David Hilbert (1862-1943) war einer der bedeutendsten Mathematiker der ersten Hälfte
des letzten Jahrhunderts. Beim International Congress of Mathematics (ICM) in Paris im

Jahre 1900 stellte Hilbert seine berühmten 23 mathematischen Probleme vor, die bis heute nachhaltigen Einfluss auf die mathematische Forschung ausüben. Er war die zentrale Figur der Göttinger Schule, die bis 1933 weltweit die vielleicht angesehenste mathematische Institution war. Zwischen 1904 und 1910 veröffentlichte Hilbert eine Reihe von Arbeiten über Integralgleichungen, in denen Bilinearformen auf ℓ_2 als wesentliches Hilfsmittel benutzt wurden.

Die Definition des Hilbert-Raumes wurde erst 1929 von John von Neumann gegeben. Entscheidend für den Erfolg des Hilbert-Raumes war die Erfindung des Lebesgue-Integrals in der Doktorarbeit von Henri Lebesgue im Jahre 1902. Darauf aufbauend zeigte Frigyes Riesz 1907, dass jedes Element von $\ell_2(\mathbb{Z})$ die Folge der Fourier-Koeffizienten einer Funktion in $L_2(0,2\pi)$ ist. Im gleichen Jahr bewies Ernst Fischer (1875-1954), dass $L_2(0,2\pi)$ vollständig ist, was zu dem Resultat von Riesz äquivalent ist. Daher findet man vielfach den Namen „Satz von Riesz-Fischer" für die Tatsache, dass $L_2(\Omega)$ vollständig ist (siehe Anhang). Riesz und Maurice Fréchet (1878-1973) haben 1907 unabhängig voneinander die stetigen Linearformen auf $L_2(0,1)$ bestimmt, also den Satz 4.21 bewiesen.

Fréchet hat 1906 bei Hadamard in Paris promoviert. In seiner Dissertation werden metrische Räume zum ersten Mal eingeführt. Oft wird der Satz von Riesz-Fréchet auch einfach Riesz'scher Darstellungssatz genannt. Allerdings gibt es auch einen Riesz'schen Darstellungssatz für Maße, der in Kapitel 7.2 eine wichtige Rolle spielen wird.

Es war Hilbert, der eine erste Form des Spektralsatzes 4.49 bewiesen hatte. Im Anschluss an seine Arbeiten über Integralgleichungen stellte man Operatoren anstelle der Bilinearformen in den Mittelpunkt. Beschränkte Operatoren auf Hilbert-Räumen wurden ein zentraler Begriff in der Mathematik, und auch heute noch ist die Operatorentheorie ein wichtiges Forschungsthema. In den 30er Jahren war die Quantentheorie eine zentrale Triebfeder für die Entwicklung der Funktionalanalysis. Der entscheidende Durchbruch in der mathematischen Formulierung der Quantentheorie gelang John von Neumann, der 1926/27 in Göttingen weilte und den Begriff des unbeschränkten Operators fasste (vgl. Mathematische Annalen, No. 33, 1932). Ein unbeschränkter selbstadjungierter Operator (so wie er auch in Abschnitt 4.8 definiert wird) modelliert eine Observable in der Quantentheorie. Das Buch *Mathematische Grundlagen der Quantenmechanik* von J. von Neumann, das 1932 auf Deutsch erschien, beschreibt die mathematische Modellierung der Quantentheorie, so wie sie auch heute noch benutzt wird – und zwar mit größtem Erfolg! Obwohl Operatoren zur Beschreibung von Gleichungen ideal sind, ist es interessant, dass Bilinearformen als Methode zur Lösung von partiellen Differenzialgleichungen etwa 50 Jahre nach Hilberts Arbeiten einen Höhepunkt erlebten.

Der Satz von Lax-Milgram wurde 1954 veröffentlicht. Seitdem ist er ein Standard-Argument jedes Analytikers und Numerikers. Peter David Lax zählt zu den bedeutendsten Mathematikern der zweiten Hälfte des vergangenen Jahrhunderts. Er hat wesentliche Beiträge zu Theorie und Numerik der partiellen Differenzialgleichungen, der mathematischen Physik und der Funktionalanalysis geliefert. Ebenso hat er fundamentale Sätze in der Numerischen Mathematik bewiesen. Lax wurde 1926 in Budapest geboren und wanderte mit seinen Eltern im Jahre 1941 in die USA aus. Er war Professor an der New York University und viele Jahre lang Direktor des Courant Institute of Mathematical Sciences. Neben zahlreichen Preisen und Ehrungen erhielt er den Abel-Preis 2005 und die Ehrendoktorwürde der RWTH Aachen 1988.

Berühmt ist der Begriff eines wohlgestellten Problems, den wir in Abschnitt 4.8 besprochen haben. Er wurde von Jacques Hadamard (1865-1963) in einer Arbeit über Randwertprobleme (also unser Thema in Kapitel 5, 6, 7) im Jahr 1898 geprägt. Ein Jahr, nachdem Hadamard den Lehrstuhl für Mechanik am Collège de France erhalten hatte, veröffentlichte er 1910 seine *Leçons sur le calcul des variations*. In dieser Arbeit wird der Begriff des Funktionals zum ersten Mal eingeführt. Hadamard hatte einen enormen Einfluss auf die Analysis. Wir werden als weiteres Beispiel seinen Beitrag zum Disput über die variationelle Formulierung des Dirichlet-Problems in Kapitel 6 kennen lernen.

Die Fredholm'sche Alternative ist im Zusammenhang mit Hadamards Begriff der Wohlgestelltheit besonders attraktiv. In der Situation von Satz 4.52 zum Beispiel zeigt sie, dass aus der Eindeutigkeit alleine schon die Wohlgestelltheit folgt. Bewiesen wurde sie von Erik Fredholm (1866-1927) im Jahre 1903. Fredholm hat 1893 in Uppsala promoviert und wurde durch seine Arbeiten über Integralgleichungen und Spektraltheorie bekannt.

4.10 Aufgaben

Aufgabe 4.1. Zeigen Sie, dass der Raum $\ell_2(I)$ bzgl. des Skalarproduktes $(x, y) := \sum_{n \in I} x_n \overline{y_n}$ ein Hilbert-Raum ist.

Aufgabe 4.2. Seien H_1, H_2 Hilbert-Räume, $T : H_1 \to H_2$ linear. Auf H_1 und H_2 betrachten wir jeweils zwei Arten der Konvergenz: die Norm-Konvergenz und die schwache Konvergenz. Damit gibt es vier Möglichkeiten, die Stetigkeit (d.h. Folgen-Stetigkeit) von T zu definieren. Welche von diesen vier sind gleich? *Anleitung:* Benutzen Sie den Satz vom abgeschlossenen Graphen (siehe Anhang).

Aufgabe 4.3 (Polarisations-Identität).
  a) Sei E ein reeller Vektorraum und $a : E \times E \to \mathbb{R}$ bilinear und symmetrisch. Zeigen Sie: $a(u, v) = \frac{1}{4}(a(u+v) - a(u-v))$, $u, v \in E$. Hier ist $a(u) := a(u, u)$, $u \in E$.
  b) Seien E_1, E_2 unitäre Räume und sei $T : E_1 \to E_2$ linear. Man zeige, dass folgende Aussagen äquivalent sind:
     (i) $(Tu, Tv) = (u, v)$ für alle $u, v \in E_1$.
     (ii) T ist isometrisch, d.h. $\|Tu\| = \|u\|$ für alle $u \in E_1$.

  Somit ist T genau dann isometrisch, wenn T das Skalarprodukt erhält.

Aufgabe 4.4 (Vervollständigung). Sei E ein separabler reeller Prä-Hilbert-Raum und sei $\{e_n : n \in \mathbb{N}\}$ eine Orthonormalbasis von E.
  a) Betrachten Sie die Abbildung $J : E \to \ell_2$, $J(u) = ((u, e_n))_{n \in \mathbb{N}}$. Zeigen Sie, dass J linear und isometrisch ist und dichtes Bild hat.
  b) Folgern Sie: Es gibt einen Hilbert-Raum H, so dass E ein dichter Unterraum von H ist. *Hinweis:* Identifizieren sie E und $j(E)$.
  c) Eindeutigkeit: Seien H_1, H_2 Hilbert-Räume, $J_k : E \to H_k$ linear, isometrisch mit dichtem Bild, $k = 1, 2$. Zeigen Sie: Es gibt einen unitären Operator $U : H_1 \to H_2$, so dass $UJ_1 x = J_2 x$ für alle $x \in H_1$.

Aufgabe 4.5. Sei E ein normierter reeller Vektorraum und $a : E \times E \to \mathbb{R}$ bilinear. $a(\cdot, \cdot)$ heißt stetig, falls $u_n \to u, v_n \to v \Rightarrow a(u_n, v_n) \to a(u, v)$.
  a) Zeigen Sie, dass a genau dann stetig ist, wenn es $C \geq 0$ gibt derart, dass $|a(u, v)| \leq C\|u\|\,\|v\|$, $u, v \in E$.

b) Sei a symmetrisch und $a(u) \geq 0, u \in E$. Zeigen Sie, dass a genau dann stetig ist, wenn $u_n \to u \Rightarrow a(u_n) \to a(u)$. Benutzen Sie Satz 4.26.

c) Sei H ein Hilbert-Raum und $T : H \to H$ linear und symmetrisch, d.h. $(Tu, v) = (u, Tv)$, $u, v \in H$. Zeigen Sie, dass T stetig ist.
Hinweis: Satz vom abgeschlossenen Graphen

d) Sei H ein Hilbert-Raum, $a : H \times H \to \mathbb{R}$ bilinear, symmetrisch derart, dass $u_n \to u \Rightarrow a(u_n, v) \to a(u, v)$ für alle $v \in H$. Zeigen Sie, dass a stetig ist. Benutzen Sie c).

Aufgabe 4.6. Betrachten Sie die Operatoren aus Beispiel 4.42. Bestimmen Sie $\ker A_0, \ker A_1$ und $\ker B$. Welcher der Operatoren ist invertierbar?

Aufgabe 4.7. Sei A ein Operator auf H. Wir sagen, dass A *beschränkt* ist, falls es $c \geq 0$ gibt, so dass $\|Au\| \leq c\|u\|$ für alle $u \in D(A)$; vgl. Anhang A.1.

a) Sei A invertierbar. Zeigen Sie, dass A genau dann beschränkt ist, wenn $D(A)$ abgeschlossen in H ist.

b) Sei A invertierbar, so dass $A^{-1} : H \to H$ kompakt ist. Zeigen Sie, dass A genau dann beschränkt ist, wenn $\dim H < \infty$.

c) Wir sagen, dass A *abgeschlossen* ist, falls der Graph $G(A) := \{(u, Au) : u \in D(A)\}$ von A in $H \times H$ abgeschlossen ist. Zeigen Sie: Ist A invertierbar, so ist A abgeschlossen.

d) Sei $D(A) = H$. Zeigen Sie, dass A genau dann beschränkt ist, wenn A abgeschlossen ist.

e) Zeigen Sie, dass A *abgeschlossen* ist genau dann, wenn $D(A)$ bzgl. der Norm $\|u\|_A^2 := \|u\|_H^2 + \|Au\|_H^2$ vollständig ist.

Aufgabe 4.8. Sei H ein Hilbert-Raum und $\{e_n : n \in \mathbb{N}\}$ eine Orthonormalbasis von H. Sei $\lambda_n \in (0, \infty)$, $\lambda_n \leq \lambda_{n+1}$, $\lim_{n \to \infty} \lambda_n = \infty$.

a) Sei $V := \{u \in H : \sum_{n=1}^{\infty} \lambda_n (u, e_n)_H^2 < \infty\}$. Zeigen Sie, dass $a(u, v) := \sum_{n=1}^{\infty} \lambda_n (u, e_n)_H (e_n, v)_H$ ein Skalarprodukt auf V definiert bzgl. dessen V ein Hilbert-Raum ist.

b) Zeigen Sie, dass V kompakt in H eingebettet ist.

c) Wählen Sie $H = \ell^2$, $e_n = (0, \dots, 0, 1, 0, \dots)$ mit der 1 an der n-ten Stelle. Sei A der zu $a(\cdot, \cdot)$ assoziierte Operator. Zeigen Sie, dass gilt: $D(A) = \{x \in \ell^2 : (\lambda_n x_n)_{n \in \mathbb{N}} \in \ell^2\}$ und $Ax = (\lambda_n x_n)_{n \in \mathbb{N}}$. Somit ist A ein *Diagonaloperator*.

Aufgabe 4.9. Wir betrachten die Situation, die im Satz 4.46 beschrieben wird. Sei λ ein Eigenwert von A. Zeigen Sie:

a) $\ker(A - \lambda I)$ ist endlich-dimensional;

b) für $f \in H$ hat (4.24) genau dann eine Lösung, wenn $(f, e_m)_H = 0$ für alle $m \in \mathbb{N}$ mit $\lambda_m = \lambda$.

5 Sobolev-Räume und Randwertaufgaben in einer Dimension

Sobolev-Räume über einem Intervall haben einen besonderen Reiz: Sie bestehen aus Funktionen, die sich als unbestimmtes Integral von integrierbaren Funktionen schreiben lassen. Zahlreiche Eigenschaften und Rechenregeln, wie z.B. das partielle Integrieren, sind gültig und geben uns eine Differenzial- und Integralrechnung an die Hand, die fast genauso zu handhaben ist wie die aus den Grundvorlesungen. Was man aber gewinnt, indem man integrierbare statt stetiger Funktionen zu Grunde legt, ist die Struktur eines Hilbert-Raumes, nämlich einen Hilbert-Raum von (schwach) differenzierbaren Funktionen. Damit stehen uns der Satz von Riesz-Fréchet und, allgemeiner, der von Lax-Milgram zur Verfügung, um uns Existenz und Eindeutigkeit von Differenzialgleichungen mit Randbedingungen zu bescheren.

Wir führen in diesem Kapitel in der einfachen Situation der Dimension eins das gesamte Programm durch, das wir dann in höherer Dimension in Kapitel 6 und 7 wiederholen werden. Klar wird schon hier, wie effizient und elegant Hilbert-Raum-Methoden eingesetzt werden können. Die Ergebnisse dieses Kapitels fallen eher in das Gebiet der gewöhnlichen Differenzialgleichungen: Wir betrachten Probleme vom Sturm-Liouville-Typ oder – in der Sprache unserer Modellierungsbeispiele ausgedrückt – stationäre Reaktions- und Diffusionsgleichungen.

Die diversen Randbedingungen (Dirichlet-, Neumann-, gemischte und Robin-Randbedingungen) machen hier wenig Mühe: Sobolev-Räume über Intervallen bestehen aus Funktionen, die stetig bis zum Rand sind.

Das Kapitel besteht aus zwei Teilen: der Einführung in Sobolev-Räume und den Randwertproblemen als Anwendungsbeispielen. Auch die Aufgaben am Schluss des Kapitels geben zusätzliche Information zur Theorie und führen zur Lösung weiterer Randwertaufgaben.

Übersicht

© Springer-Verlag GmbH Deutschland, ein Teil von Springer Nature 2018
W. Arendt und K. Urban, *Partielle Differenzialgleichungen*,
https://doi.org/10.1007/978-3-662-58322-7_5

5.1 Sobolev-Räume in einer Variablen

Sei $-\infty < a < b < \infty$. Wir betrachten den Raum $L_2(a, b)$ der reellwertigen quadratisch integrierbaren Funktionen auf dem Intervall (a, b). Es handelt sich um einen reellen Hilbert-Raum bzgl. des Skalarproduktes

$$(f, g)_{L_2} = \int_a^b f(x)\, g(x)\, dx,$$

das die Norm

$$\|f\|_{L_2} := \sqrt{(f, f)} = \left(\int_a^b (f(x))^2\, dx \right)^{\frac{1}{2}}$$

induziert. In diesem Abschnitt wollen wir schwache Ableitungen untersuchen. Dazu verwenden wir Testfunktionen, die wir nun einführen.

Sei $C_c^1(a, b)$ der Raum der Funktionen $v \in C^1(a, b)$ mit *kompaktem Träger*, d.h.

$$C_c^1(a, b) := \{v \in C^1(a, b) : \exists \varepsilon > 0 \text{ so dass } v(x) = 0 \text{ für } x \in [a, a + \varepsilon] \cup [b - \varepsilon, b]\}.$$

Für $v \in C_c^1(a, b)$ nennt man $\operatorname{supp} f := \{x \in [a, b] : f(x) \neq 0\}^-$ den *Träger* (engl. *support*) von f, vgl. (2.1). Zunächst sehen wir, dass man jede Funktion $f \in L_2(a, b)$ durch Testfunktionen approximieren kann.

Lemma 5.1. *Der Raum $C_c^1(a, b)$ ist dicht in $L_2(a, b)$.*

Beweis: Die Aussage folgt z.B. aus der Definition von $L_2(a, b)$ (da ja die Treppenfunktionen, die man leicht glätten kann, dicht in $L_2(a, b)$ sind, siehe Satz A.11). Wir werden aber auch einen Beweis in höheren Dimensionen geben (Korollar 6.9). $\qquad\square$

Wenn $f \in C^1([a, b])$, wenn also f im herkömmlichen Sinne stetig differenzierbar ist, dann erhalten wir mittels partieller Integration für alle $v \in C_c^1(a, b)$

$$-(f, v')_{L_2} = -\int_a^b f(x)\, v'(x)\, dx = \int_a^b f'(x)\, v(x)\, dx = (f', v)_{L_2}. \tag{5.1}$$

Die auftretenden Integrale sind offenbar auch dann wohldefiniert, wenn f' nur Lebesgue-integrierbar ist. Diese Beobachtung führt uns zu der folgenden Definition:

Definition 5.2. Sei $f \in L_2(a, b)$. Eine Funktion $g \in L_2(a, b)$ heißt *schwache Ableitung* von f, wenn

$$-\int_a^b f(x)\, v'(x)\, dx = \int_a^b g(x)\, v(x)\, dx \text{ für alle } v \in C_c^1(a, b),$$

bzw., in anderer Schreibweise, $-(f, v')_{L_2} = (g, v)_{L_2}$. $\qquad\triangle$

Zunächst beweisen wir die Eindeutigkeit.

Lemma 5.3. *Eine Funktion $f \in L_2(a, b)$ hat höchstens eine schwache Ableitung $g \in L_2(a, b)$.*   □

Beweis: Sei $h \in L_2(a, b)$ eine zweite schwache Ableitung von f. Dann folgt aus der Definition, dass

$$\int_a^b g(x)\, v(x)\, dx = \int_a^b h(x)\, v(x)\, dx,$$

d.h. $(g - h, v)_{L_2} = 0$ für alle $v \in C_c^1(a, b)$. Da $C_c^1(a, b)$ dicht in $L_2(a, b)$ ist, folgt, dass $(g - h, v)_{L_2} = 0$ für alle $v \in L_2(a, b)$. Insbesondere gilt $(g - h, g - h)_{L_2} = 0$ und damit ist $g = h$ in $L_2(a, b)$.   □

Bemerkung 5.4. Ist $f \in L_2(a, b) \cap C^1(a, b)$ und $f' \in L_2(a, b)$, so ist f' auch die schwache Ableitung von f. Das folgt unmittelbar aus (5.1). Falls also eine Ableitung im klassischen Sinne existiert, stimmt diese mit der schwachen Ableitung überein. Deshalb bezeichnen wir die schwache Ableitung einer Funktion $f \in L_2(a, b)$, falls sie existiert, mit f'.   △

Nun definieren wir den Sobolev-Raum $H^1(a, b)$ der Ordnung eins als den Raum derjenigen Funktionen in $L_2(a, b)$, die eine schwache Ableitung in $L_2(a, b)$ besitzen, d.h.

$$H^1(a, b) := \left\{ f \in L_2(a, b) : \exists f' \in L_2(a, b) \text{ mit} \right.$$

$$\left. -\int_a^b f(x)\, v'(x)\, dx = \int_a^b f'(x)\, v(x)\, dx \; \forall v \in C_c^1(a, b) \right\}.$$

Wir zeigen ein Beispiel einer Funktion, die schwach, aber nicht klassisch differenzierbar ist.

Beispiel 5.5 (Betragsfunktion). Sei $f(x) := |x|$. Dann ist $f \in H^1(-1, 1)$ und

$$f'(x) = \operatorname{sign}(x) := \begin{cases} 1, & \text{wenn } x > 0, \\ 0, & \text{wenn } x = 0, \\ -1, & \text{wenn } x < 0, \end{cases}$$

die schwache Ableitung ist also die stückweise Ableitung, vgl. Aufgabe 5.2 für den Beweis.   △

Es ist offensichtlich, dass $H^1(a, b)$ ein Untervektorraum von $L_2(a, b)$ ist und dass die Abbildung $f \mapsto f' : H^1(a, b) \to L_2(a, b)$ linear ist.

Satz 5.6. *Der Raum $H^1(a, b)$ ist ein Hilbert-Raum bzgl. des Skalarproduktes*

$$(f, g)_{H^1} := (f, g)_{L_2} + (f', g')_{L_2}.$$

Falls notwendig, schreiben wir auch $(\cdot, \cdot)_{H^1(a,b)}$. Mit $\|u\|_{H^1(a,b)} := \sqrt{(u, u)_{H^1}}$ bezeichnen wir die assoziierte Norm auf $H^1(a, b)$.

Beweis: Wir müssen zeigen, dass der Raum $H^1(a, b)$ bzgl. der Norm

$$\|f\|_{H^1}^2 := \int_a^b |f(x)|^2\, dx + \int_a^b |f'(x)|^2\, dx = \|f\|_{L_2}^2 + \|f'\|_{L_2}^2$$

vollständig ist. Das kartesische Produkt $H := L_2(a,b) \times L_2(a,b)$ ist ein Hilbert-Raum bzgl. der Norm

$$\|[f,g]\|_H^2 := \|f\|_{L_2}^2 + \|g\|_{L_2}^2, \quad \text{wobei } [f,g] \in H \text{ ein Paar bezeichnet.}$$

Die Abbildung $j : H^1(a,b) \to H$ mit $j(f) := [f, f']$ ist linear und isometrisch, denn $\|j(f)\|_H = (\|f\|_{L_2}^2 + \|f'\|_{L_2}^2)^{1/2} = \|f\|_{H^1}$. Damit ist $H^1(a,b)$ isometrisch isomorph zu seinem Bild $j(H^1(a,b)) =: F$. Wir müssen also zeigen, dass $F = \{[f,f'] : f \in H^1(a,b)\}$ abgeschlossen in H ist. Damit ist F vollständig, da H vollständig ist. Sei $[f,g] \in \bar{F}$ gegeben. Dann gibt es $f_n \in H^1(a,b)$, so dass $f_n \to f$ und $f_n' \to g$ in $L_2(a,b)$. Damit gilt für alle $v \in C_c^1(a,b)$:

$$-\int_a^b f(x)\, v'(x)\, dx = (-1) \lim_{n\to\infty} \int_a^b f_n(x)\, v'(x)\, dx$$

$$= \lim_{n\to\infty} \int_a^b f_n'(x)\, v(x)\, dx = \int_a^b g(x)\, v(x)\, dx.$$

Somit ist $f' = g$ nach unserer Definition und damit ist $[f,g] \in F$. □

Die folgenden Sätze zeigen, dass für schwache Ableitungen noch viele Eigenschaften gelten, die wir von der klassischen Ableitung her kennen. Wir identifizieren (wie immer) Funktionen, die fast überall übereinstimmen.

Lemma 5.7. *Sei* $f \in H^1(a,b)$, *so dass* $f' = 0$. *Dann ist* f *konstant.*

Beweis: Sei $\psi \in C_c^1(a,b)$ fest, so dass $\int_a^b \psi(x)\, dx = 1$. Sei $w \in C_c^1(a,b)$. Dann gibt es ein $v \in C_c^1(a,b)$, so dass

$$v'(x) = w(x) - \psi(x) \int_a^b w(y)\, dy.$$

Um das einzusehen, definieren wir $g(x) := w(x) - \psi(x) \int_a^b w(y)\, dy$. Dann ist $g \in C_c^1(a,b)$ mit $\int_a^b g(x)\, dx = 0$. Setze damit $v(x) := \int_a^x g(y)\, dy$. Da $f' = 0$ im schwachen Sinn, gilt mit obigem v, dass

$$0 = -\int_a^b f'(x)\, v(x)\, dx = \int_a^b f(x)\, v'(x)\, dx$$

$$= \int_a^b f(x)\, w(x)\, dx - \left(\int_a^b w(x)\, dx\right)\left(\int_a^b f(x)\, \psi(x)\, dx\right)$$

$$= \int_a^b \left(f(x) - \left(\int_a^b f(y)\, \psi(y)\, dy\right)\right) w(x)\, dx.$$

Da $w \in C_c^1(a,b)$ beliebig ist und $C_c^1(a,b)$ dicht in $L_2(a,b)$ liegt, folgt, dass $f(x) - \int_a^b f(y)\,\psi(y)\,dy = 0$ in $L_2(a,b)$, d.h.

$$f(x) = \int_a^b f(y)\,\psi(y)\,dy \equiv \text{const}$$

für fast alle $x \in (a,b)$.   □

Wir benutzen den Satz von Fubini in folgender Weise:

Lemma 5.8 (Satz von Fubini). *Seien $f, g \in L_1(a,b)$. Dann gilt für $a \le x \le b$*

$$\int_a^b \int_a^x g(y)\,dy\,f(x)\,dx = \int_a^b \int_y^b f(x)\,dx\,g(y)\,dy.$$

Beweis: Sei

$$\mathbb{1}_{[a,x]}(y) = \begin{cases} 1 & \text{falls } a \le y \le x, \\ 0 & \text{sonst.} \end{cases}$$

Die Sätze von Fubini und Tonelli über die Vertauschung der Integrationsordnung zeigen, dass

$$\int_a^b \int_a^b \mathbb{1}_{[a,x]}(y)g(y)f(x)\,dy\,dx = \int_a^b \int_a^b \mathbb{1}_{[a,x]}(y)g(y)f(x)\,dx\,dy.$$

Das ist gerade die gewünschte Identität.   □

Der folgende Satz ist eine schwache Version des Hauptsatzes der Differenzial- und Integralrechnung.

Satz 5.9 (Lebesgue'sche Version des Hauptsatzes).

   a) Sei $g \in L_2(a,b)$, $c \in \mathbb{R}$ und $f(x) := c + \int_a^x g(y)\,dy$ für $x \in (a,b)$. Dann ist $f \in H^1(a,b)$ und $f' = g$.

   b) Umgekehrt sei $f \in H^1(a,b)$. Dann gibt es ein $c \in \mathbb{R}$, so dass $f(x) = c + \int_a^x f'(y)\,dy$ für fast alle $x \in (a,b)$.

Beweis:
a) Sei $v \in C_c^1(a,b)$. Wegen $\int_y^b v'(x)\,dx = v(b) - v(y) = -v(y)$ und Lemma 5.8 gilt

$$-\int_a^b f(x)v'(x)\,dx = -\int_a^b \int_a^x g(y)\,dy\,v'(x)\,dx - c\int_a^b v'(x)\,dx$$

$$= \int_a^b \int_y^b v'(x)\,dx\,g(y)\,dy = \int_a^b v(y)\,g(y)\,dy.$$

Damit ist g die schwache Ableitung von f.

b) Sei $f \in H^1(a,b)$ gegeben. Definiere die Funktion w durch $w(x) := f(x) - \int_a^x f'(y)\,dy$. Dann ist nach a) $w \in H^1(a,b)$ und $w' = 0$. Damit ist w nach Lemma 5.7 konstant.   □

Ist $g \in L_2(a, b)$ und $c \in \mathbb{R}$, so definiert $f(x) := c + \int_a^x g(y)\, dy$ eine stetige Funktion auf $[a, b]$. Das folgt unmittelbar aus dem Satz von Lebesgue. Damit folgt aus Satz 5.9, dass H^1-Funktionen (in einer Raumdimension) stetig sind.

Korollar 5.10. *Es gilt $H^1(a, b) \subset C([a, b])$.*

Die Aussage von Korollar 5.10 bedarf einer Erläuterung. Gemäß der Definition von $L_2(a, b)$ identifizieren wir Funktionen, wenn sie fast überall übereinstimmen. Stimmen zwei stetige Funktionen fast überall überein, so sind sie identisch (denn wären sie in einem Punkt verschieden, dann wären sie es auch in einer Umgebung des Punktes). Satz 5.9 erlaubt es uns also, jede Funktion $f \in H^1(a, b)$ mit ihrem stetigen Repräsentanten zu identifizieren und damit ist

$$f(x) = f(a) + \int_a^x f'(y)\, dy \tag{5.2}$$

für alle $x \in [a, b]$. Wir werden im Folgenden immer den stetigen Repräsentanten wählen. Aus der Formel (5.2) folgt unmittelbar:

Korollar 5.11. *Eine Funktion $f \in H^1(a, b)$ ist genau dann in $C^1([a, b])$, wenn $f' \in C([a, b])$.*

Nun ist $C([a, b])$ ein Banach-Raum bezüglich der Norm

$$\|f\|_\infty := \sup_{x \in [a,b]} |f(x)|.$$

Bezüglich dieser Norm ist die Einbettung von $H^1(a, b)$ in den Raum $C([a, b])$ stetig, also $H^1(a, b) \hookrightarrow C([a, b])$, vgl. (4.16). Es gilt noch mehr.

Satz 5.12. *Die Einbettungen von $H^1(a, b)$ in $C([a, b])$ und von $H^1(a, b)$ in $L_2(a, b)$ sind kompakt.*

Beweis:
a) Die Einbettung von $H^1(a, b)$ in $C([a, b])$ ist stetig. Das folgt unmittelbar aus dem Satz vom abgeschlossenen Graphen (Satz A.2), siehe Aufgabe 5.11. Wir geben dennoch einen direkten Beweis. Dazu müssen wir zeigen, dass es eine Konstante $c \geq 0$ gibt derart, dass $\|f\|_\infty \leq c\|f\|_{H^1(a,b)}$ für alle $f \in H^1(a, b)$. Angenommen, diese Aussage ist falsch. Dann gibt es eine Folge $(f_n)_{n \in \mathbb{N}}$ in $H^1(a, b)$, so dass $\|f_n\|_{H^1(a,b)} \leq 1$, aber $\|f_n\|_\infty \geq n$. Es gilt wegen Satz 5.9

$$f_n(x) = f_n(a) + \int_a^x f_n'(y)\, dy. \tag{5.3}$$

Aus der Cauchy-Schwarz'schen Ungleichung folgt, dass

$$\left| \int_a^x f_n'(y)\, dy \right| \leq (b-a)^{\frac{1}{2}} \left(\int_a^b |f_n'(y)|^2\, dy \right)^{\frac{1}{2}} \leq (b-a)^{\frac{1}{2}} \|f_n\|_{H^1(a,b)} \leq (b-a)^{\frac{1}{2}}.$$

Wäre also $(f_n(a))_{n\in\mathbb{N}}$ beschränkt, so wäre es wegen (5.3) auch $(f_n(x))_{n\in\mathbb{N}}$. Es gilt also $\lim_{n\to\infty}|f_n(a)| = \infty$. Sei etwa $\lim_{n\to\infty} f_n(a) = \infty$. Nach Obigem gilt $f_n(x) \geq f_n(a) - (b-a)^{\frac{1}{2}}$ und somit ist $\lim_{n\to\infty}\|f_n\|_{L_2} = \infty$. Da aber andererseits $\|f_n\|_{L_2} \leq \|f_n\|_{H^1} \leq 1$, sind wir auf einen Widerspruch gestoßen.

b) Wir zeigen, dass die Einbettung von $H^1(a,b)$ in $C([a,b])$ kompakt ist. Sei $B := \{f \in H^1(a,b) : \|f\|_{H^1} \leq 1\}$ die Einheitskugel von $H^1(a,b)$. Wir wollen zeigen, dass sie relativ kompakt in $C([a,b])$ ist. Wir wissen schon aus a), dass B in $C([a,b])$ beschränkt ist. Für $f \in B$ schätzen wir mit Hilfe der Hölder-Ungleichung folgendermaßen ab:

$$|f(x) - f(y)| = \left|\int_y^x f'(t)\,dt\right| \leq \left(\int_y^x |f'(t)|^2\,dt\right)^{\frac{1}{2}} |y-x|^{\frac{1}{2}}$$
$$\leq \|f\|_{H^1}|y-x|^{\frac{1}{2}} \leq |y-x|^{\frac{1}{2}}$$

Damit ist B gleichstetig und die Behauptung folgt aus dem Satz von Arzela-Ascoli (Satz A.6).

c) Da die Einbettung von $C([a,b])$ in $L_2(a,b)$ stetig ist, folgt die zweite Aussage des Satzes aus der ersten. □

Als Nächstes stellen wir die Produktregel zur Verfügung. Da die schwachen Ableitungen über Integrale definiert sind, kann man sie mit Hilfe des Satzes von Fubini in Form von Lemma 5.8 beweisen.

Satz 5.13 (Produktregel und partielle Integration). *Seien $f, g \in H^1(a,b)$, dann gilt:*

(a) $f \cdot g \in H^1(a,b)$ und $(f \cdot g)' = f'g + fg'$

(b) Partielle Integration:

$$\int_a^b f(x)\,g'(x)\,dx = f(b)\,g(b) - f(a)\,g(a) - \int_a^b f'(x)\,g(x)\,dx$$

Beweis:
1. Nach Lemma 5.8 gilt

$$\int_a^b f(x)\,g'(x)\,dx = \int_a^b \left(f(a) + \int_a^x f'(y)\,dy\right) g'(x)\,dx$$
$$= f(a)\,g(b) - f(a)\,g(a) + \int_a^b \int_y^b g'(x)\,dx\,f'(y)\,dy$$
$$= f(a)\,g(b) - f(a)\,g(a) + \int_a^b (g(b)\,f'(y) - g(y)\,f'(y))\,dy$$
$$= f(a)\,g(b) - f(a)\,g(a) + g(b)\,f(b) - g(b)\,f(a) - \int_a^b g(y)\,f'(y)\,dy.$$

Damit gilt die Aussage (b).
2. Wenn wir in 1. die rechte Integrationsgrenze b durch $x \in [a,b)$ ersetzen, so

erhalten wir

$$\int_a^x f(y)\,g'(y)\,dy = f(x)\,g(x) - f(a)\,g(a) - \int_a^x f'(y)\,g(y)\,dy.$$

Somit gilt

$$f(x)\,g(x) = f(a)\,g(a) + \int_a^x \{f(y)\,g'(y) + f'(y)\,g(y)\}\,dy.$$

Aus Satz 5.9 folgt nun, dass $f \cdot g \in H^1(a,b)$ und $(f \cdot g)' = f'g + fg'$. $\qquad\square$

Mittels partieller Integration zeigen wir nun, wie man stückweise definierte H^1-Funktionen zusammensetzen kann.

Satz 5.14. *Sei* $-\infty < a = t_0 < t_1 < \ldots < t_N = b$ *eine Partition des Intervalls* $[a,b]$. *Ist* $f \in C([a,b])$ *derart, dass* $f_{|(t_{i-1},t_i)} \in H^1(t_{i-1},t_i)$ *für alle* $i = 1, \ldots, N$, *so ist* $f \in H^1(a,b)$.

Beweis: Bezeichne mit $f_i' \in L_2(t_{i-1},t_i)$ die schwache Ableitung von $f_{|(t_{i-1},t_i)}$ und setze $g(t) := f_i'(t)$ für $t \in (t_{i-1},t_i)$, $g(t) = 0$ für $t \in \{t_0,t_1,\ldots,t_N\}$. Damit ist $g \in L_2(a,b)$. Wir zeigen, dass g die schwache Ableitung von f ist. Dazu wählen wir eine Testfunktion $v \in C_c^1(a,b)$ und erhalten mittels partieller Integration

$$-\int_a^b fv'\,dx = -\sum_{i=1}^N \int_{t_{i-1}}^{t_i} fv'\,dt$$

$$= \sum_{i=1}^N \left\{ \int_{t_{i-1}}^{t_i} f_i'v\,dt - (f(t_i)v(t_i) - f(t_{i-1})v(t_{i-1})) \right\}$$

$$= \int_a^b g(v)\,dt - f(t_N)v(t_N) + f(t_0)v(t_0) = \int_a^b g(v)\,dt,$$

da $v(t_N) = v(t_0) = 0$. Damit ist $f' = g$. $\qquad\square$

Folgenden Spezialfall von Satz 5.14 werden wir in Kapitel 9 über numerische Verfahren benötigen. Eine Funktion $f : I \to \mathbb{R}$ heißt *affin*, wenn es $\alpha, \beta \in \mathbb{R}$ gibt, so dass $f(x) = \alpha x + \beta, x \in I$.

Bemerkung 5.15. Sei $a = t_0 < t_1 < \ldots < t_N = b$ eine Partition des Intervalls $[a,b]$. Dann liegt der Raum $A := \{f \in C([a,b]) : f_{(t_{i-1},t_i)}$ ist affin, $i = 1,\ldots,N\}$ der *stückweise affinen Funktionen* in $H^1(a,b)$. Die schwache Ableitung f einer Funktion in A ist auf den Intervallen (t_{i-1},t_i) konstant, d.h., f' ist eine Treppenfunktion. $\triangle$

Schließlich wollen wir noch Sobolev-Räume höherer Ordnung definieren. Wir setzen

$$H^2(a,b) := \{f \in H^1(a,b) : f' \in H^1(a,b)\}.$$

Damit ist für $f \in H^2(a,b)$ die Funktion $f'' := (f')'$ in $L_2(a,b)$. Da $f' \in H^1(a,b) \hookrightarrow C([a,b])$ und $f(x) = f(a) + \int_a^x f'(y)\,dy$, folgt, dass $H^2(a,b) \subset C^1([a,b])$. Ähnlich wie in Satz 5.6 sieht man, dass $H^2(a,b)$ bzgl. des Skalarproduktes

$$(f,g)_{H^2} := (f,g)_{L_2} + (f',g')_{L_2} + (f'',g'')_{L_2}$$

ein Hilbert-Raum ist. Allgemeiner definieren wir induktiv für $k \in \mathbb{N}$

$$H^{k+1}(a,b) := \{f \in H^1(a,b) : f' \in H^k(a,b)\}$$

und für $f \in H^{k+1}(a,b)$ setzen wir $f^{(k+1)} := (f')^{(k)}$. Dann wird $H^k(a,b)$ ein Hilbert-Raum bzgl. des Skalarproduktes

$$(f,g)_{H^k} := \sum_{m=0}^{k} (f^{(m)}, g^{(m)})_{L_2},$$

wobei $f^{(0)} := f$. Es gilt

$$H^{k+1}(a,b) \subset C^k([a,b]) \quad \text{für alle } k \in \mathbb{N}, \tag{5.4}$$

wie man leicht durch Induktion zeigt (vgl. Aufgabe 5.11).

Als Letztes wollen wir diejenigen Funktionen im Sobolev-Raum betrachten, die am Rand verschwinden. Da $H^1(a,b) \hookrightarrow C([a,b])$, sind die Räume

$$H^1_{(a)}(a,b) := \{f \in H^1(a,b) : f(a) = 0\},$$
$$H^1_{(b)}(a,b) := \{f \in H^1(a,b) : f(b) = 0\} \quad \text{und}$$
$$H^1_0(a,b) := \{f \in H^1(a,b) : f(a) = f(b) = 0\}$$

abgeschlossene Unterräume von $H^1(a,b)$. Die folgende Abschätzung spielt bei der Untersuchung von Randwertaufgaben eine zentrale Rolle.

Satz 5.16 (Poincaré-Ungleichung). *Es gilt*

$$\int_a^b u(x)^2\,dx \leq \frac{1}{2}(b-a)^2 \int_a^b (u'(x))^2\,dx$$

für alle $u \in H^1_{(a)}(a,b) \cup H^1_{(b)}(a,b)$.

Beweis: Für $u \in H^1_0(a,b)$ liefert (5.2) die Darstellung $u(x) = \int_a^x u'(y)\,dy$. Damit ergibt die Hölder-Ungleichung die Abschätzung

$$|u(x)| \leq (x-a)^{\frac{1}{2}} \left(\int_a^b (u'(y))^2\,dy \right)^{\frac{1}{2}}.$$

Folglich ist

$$\int_a^b u(x)^2\,dx \leq \int_a^b (x-a)\,dx \int_a^b (u'(y))^2\,dy = \frac{1}{2}(b-a)^2 \int_a^b (u'(y))^2\,dy,$$

wie behauptet. $\qquad\square$

Die Poincaré-Ungleichung zeigt insbesondere, dass

$$|u|_{H^1(a,b)} := \left(\int_a^b \left(u'(x) \right)^2 dx \right)^{\frac{1}{2}} = \|u'\|_{L_2}$$

eine äquivalente Norm auf $H^1_{(a)}(a,b)$ und auf $H^1_0(a,b)$ definiert. Die Poincaré-Ungleichung impliziert nämlich, dass

$$\|u\|_{H^1(a,b)} \le c |u|_{H^1(a,b)}, \quad u \in H^1_{(a)}(a,b), \tag{5.5}$$

für eine Konstante $c > 0$. Man beachte jedoch, dass $|\cdot|_{H^1(a,b)}$ auf $H^1(a,b)$ nur eine Halbnorm definiert, da für konstante Funktionen $|f|_{H^1(a,b)} = 0$ gilt.

5.2 Randwertprobleme auf einem Intervall

Die Probleme, die wir in diesem Abschnitt besprechen, betreffen lineare Differenzialgleichungen mit diversen Randbedingungen. An ihnen werden wir die Effektivität der Hilbert-Raum-Methoden demonstrieren. Sie basieren alle auf dem Satz von Riesz-Fréchet oder, etwas allgemeiner, dem Satz von Lax-Milgram. Die Argumente übertragen sich auch auf Gebiete im $\mathbb{R}^d$, d.h. wenn wir die zweite Ableitung durch den Laplace-Operator in zwei oder höheren Dimensionen ersetzen. Dazu brauchen wir aber Sobolev-Räume in höheren Dimensionen und weitere Hilfsmittel, die wir erst im nächsten Kapitel bereitstellen werden. In diesem Abschnitt betrachten wir durchweg ein beschränktes Intervall (a, b) in $\mathbb{R}$.

5.2.1 Dirichlet-Randbedingungen

Als Erstes untersuchen wir homogene Dirichlet-Randbedingungen. Seien eine Konstante $\lambda \ge 0$ und eine Funktion $f \in L_2(a,b)$ gegeben. Wir wollen folgendes Problem betrachten: Bestimme $u \in H^2(a,b)$, so dass

$$\lambda u - u'' = f \qquad \text{in } (a,b), \tag{5.6a}$$
$$u(a) = u(b) = 0. \tag{5.6b}$$

Sei u eine Lösung von (5.6). Wir multiplizieren (5.6a) mit einer Funktion $v \in H^1_0(a,b)$ und integrieren. Durch partielle Integration (Satz 5.13) erhalten wir dann

$$\int_a^b f(x)\, v(x)\, dx = \lambda \int_a^b u(x)\, v(x)\, dx - \int_a^b u''(x)\, v(x)\, dx$$

$$= \lambda \int_a^b u(x)\, v(x)\, dx + \int_a^b u'(x)\, v'(x)\, dx - u'(b)\, v(b) + u'(a)\, v(a)$$

$$= \lambda \int_a^b u(x)\, v(x)\, dx + \int_a^b u'(x)\, v'(x)\, dx,$$

da $v(a) = v(b) = 0$. Das motiviert uns, die Bilinearform

$$a(u,v) := \lambda \int_a^b u(x)\,v(x)\,dx + \int_a^b u'(x)\,v'(x)\,dx$$

auf $H_0^1(a,b) \times H_0^1(a,b)$ zu betrachten. Sie ist stetig, symmetrisch und koerziv, da $a(u) \geq |u|_{H^1(a,b)}^2 \geq \frac{1}{c}\|u\|_{H^1(a,b)}^2$ nach (5.5). Durch

$$F(v) := \int_a^b v(x)\,f(x)\,dx$$

definieren wir eine stetige Linearform F auf $H_0^1(a,b)$. Nach dem Satz von Lax-Milgram 4.23 gibt es also genau ein $u \in H_0^1(a,b)$, so dass

$$a(u,v) = F(v) \quad \text{für alle } v \in H_0^1(a,b). \tag{5.7}$$

Wir zeigen, dass dieses u eine Lösung von (5.6) ist. Die Identität (5.7) besagt, dass

$$\int_a^b u'(x)\,v'(x)\,dx = \int_a^b (f(x) - \lambda\,u(x)\,)v(x)\,dx$$

für alle $v \in H_0^1(a,b)$ und insbesondere für alle $v \in C_c^1(a,b)$ gilt. Da $u' \in L_2(a,b)$ und $f - \lambda u \in L_2(a,b)$, bedeutet dies nach Definition 5.2, dass $u' \in H^1(a,b)$, also $u \in H^2(a,b)$ und $-u'' = f - \lambda u$. Da $u \in H_0^1(a,b)$, ist also u eine Lösung von (5.6). Nun zeigen wir die Eindeutigkeit. Sei u eine Lösung von (5.6), d.h., sei $u \in H_0^1(a,b) \cap H^2(a,b)$, so dass $\lambda u - u'' = f$. Wir hatten oben gesehen, dass dann $a(u,v) = F(v)$ für alle $v \in H_0^1(a,b)$. Damit kann es wegen der Eindeutigkeit im Satz von Lax-Milgram nur ein solches u geben.

Nun wollen wir noch die Regularität der Lösung u von (5.6) untersuchen. Aus der Darstellung einer Funktion $w \in H^1(a,b)$ als unbestimmtes Integral (Satz 5.9) folgt unmittelbar, dass eine Funktion $w \in H^1(a,b)$ genau dann in $C^1([a,b])$ liegt, wenn $w' \in C([a,b])$. Allgemeiner sieht man daraus durch Induktion, dass für $k \in \mathbb{N}$ und $w \in H^k(a,b)$ gilt:

$$w \in C^k([a,b]) \iff w^{(k)} \in C([a,b]). \tag{5.8}$$

Sei nun u die Lösung von (5.6). Da $u'' = \lambda u - f$, folgt aus (5.8) für $k = 2$, dass $u \in C^2([a,b])$ genau dann, wenn $f \in C([a,b])$. Induktiv ergibt sich dann, dass für $k \in \mathbb{N}$, $u \in C^{k+2}([a,b])$, wenn $f \in C^k([a,b])$. Eine solche Aussage nennt man auch ein *Shift-Theorem*, da die Regularität der Lösung genau um die Ordnung des Differenzialoperators (hier 2) in Bezug auf die Regularität der rechten Seite erhöht (geshiftet) wird. Insgesamt haben wir damit folgendes Resultat für die Lösbarkeit und Regularität des Problems (5.6) bewiesen. Wir setzen dabei $C^0([a,b]) := C([a,b])$.

Satz 5.17 (Dirichlet-Randbedingungen). *Seien $\lambda \geq 0$ und $f \in L_2(a,b)$ gegeben. Dann hat das Problem (5.6) genau eine Lösung $u \in H^2(a,b) \cap H_0^1(a,b)$. Ferner ist $u \in C^{k+2}([a,b])$, wenn $f \in C^k([a,b])$, $k \in \mathbb{N}_0$.* $\qquad\square$

Der Fall inhomogener Dirichlet-Randbedingungen kann auf das Problem (5.6) zurückgeführt werden. Angenommen, wir suchen $u \in H^2(a,b)$ mit

$$\lambda u - u'' = f \qquad \text{in } (a,b), \tag{5.9a}$$
$$u(a) = A, \quad u(b) = B, \tag{5.9b}$$

mit gegebenem $f \in L_2(a,b)$, $A, B \in \mathbb{R}$. Wir wählen eine Funktion $g \in C^\infty([a,b])$ mit $g(a) = A$ und $g(b) = B$ und lösen dann das homogene Problem (5.6) mit der rechten Seite $\tilde{f} := f - \lambda g + g''$; diese Lösung nennen wir $u_0 \in H^2(a,b) \cap H_0^1(a,b)$. Dann löst $u := u_0 + g$ das inhomogene Problem (5.9), denn es gilt $\lambda u - u'' = \lambda u_0 - u_0'' + \lambda g - g'' = \tilde{f} + \lambda g - g'' = f$ und $u(a) = u_0(a) + g(a) = A$ sowie $u(b) = u_0(b) + g(b) = B$. Diese Methode der Reduktion auf homogene Dirichlet-Randbedingungen werden wir in Kapitel 7 auch auf Gebieten im $\mathbb{R}^2$ anwenden. Hier haben wir gezeigt, dass es zu $A, B \in \mathbb{R}$, $f \in L_2(a,b)$ genau eine Funktion $u \in H^2(a,b)$ gibt, die das Problem (5.9) löst.

5.2.2 Neumann-Randbedingungen

Nun wenden wir uns Neumann-Randbedingungen zu. Gegeben sei $\lambda > 0$ und eine Funktion $f \in L_2(a,b)$. Wir suchen eine Lösung $u \in H^2(a,b)$ des Problems

$$\lambda u - u'' = f \qquad \text{auf } (a,b), \tag{5.10a}$$
$$u'(a) = u'(b) = 0. \tag{5.10b}$$

Beachte dabei, dass $H^2(a,b) \subset C^1([a,b])$. Somit ist die *Neumann-Randbedingung* (5.10b) wohldefiniert.

Satz 5.18 (Neumann-Randbedingungen). *Sei $f \in L_2(a,b)$ und $\lambda > 0$. Dann gibt es genau eine Funktion $u \in H^2(a,b)$, so dass (5.10) gilt. Ferner ist $u \in C^{k+2}([a,b])$, wenn $f \in C^k([a,b])$, $k \in \mathbb{N}_0$.*

Beweis: Sei $u \in H^2(a,b)$ eine Lösung von (5.10) und $v \in H^1(a,b)$. Durch partielles Integrieren (Satz 5.12) erhalten wir

$$\int_a^b f(x)\,v(x)\,dx = \lambda \int_a^b u(x)\,v(x)\,dx - \int_a^b u''(x)\,v(x)\,dx$$

$$= \lambda \int_a^b u(x)\,v(x)\,dx + \int_a^b u'(x)\,v'(x)\,dx - (u'(b)\,v(b) - u'(a)\,v(a))$$

$$= \lambda \int_a^b u(x)\,v(x)\,dx + \int_a^b u'(x)\,v'(x)\,dx, \tag{5.11}$$

wobei wir im letzten Schritt (5.10b) verwendet haben. Wir betrachten nun den Hilbert-Raum $V := H^1(a,b)$ und die Bilinearform $a : V \times V \to \mathbb{R}$, die durch

$$a(u,v) := \lambda \int_a^b u(x)\,v(x)\,dx + \int_a^b u'(x)\,v'(x)\,dx$$

gegeben ist. Offenbar ist $a(\cdot, \cdot)$ stetig und koerziv. Durch $F(v) := \int_a^b f(x)\, v(x)\, dx$ definieren wir eine stetige Linearform $F \in V'$. Ist $u \in H^2(a, b)$ eine Lösung von (5.10), so haben wir gesehen, dass $a(u, v) = F(v)$ für alle $v \in V$. Nach dem Satz von Lax-Milgram gibt es genau eine Funktion $u \in V$, so dass $a(u, v) = F(v)$ für alle $v \in H^1(a, b)$. Nur diese Funktion u kann also eine Lösung sein. Das zeigt die Eindeutigkeit.

Wir zeigen nun, dass u auch tatsächlich eine Lösung ist. Es gilt nämlich

$$\int_a^b u'(x)\, v'(x)\, dx = \int_a^b (f(x) - \lambda u(x)) v(x)\, dx, \quad v \in H^1(a, b). \tag{5.12}$$

Nehmen wir $v \in C_c^1(a, b)$ in (5.12), so sehen wir, dass $u \in H^2(a, b)$ und $u'' = \lambda u - f$ nach Definition der schwachen Ableitung. Wir müssen noch die Randbedingungen nachprüfen. Dazu setzen wir nun $f - \lambda u = -u''$ in (5.12) ein und erhalten

$$\int_a^b u'(x)\, v'(x)\, dx = -\int_a^b u''(x)\, v(x)\, dx, \quad v \in H^1(a, b).$$

Partielle Integration nach Satz 5.13 liefert

$$-\int_a^b u''(x)\, v(x)\, dx = \int_a^b u'(x)\, v'(x)\, dx - u'(b)v(b) + u'(a)v(a)$$

und folglich

$$-u'(b)\, v(b) + u'(a)\, v(a) = 0 \tag{5.13}$$

für alle $v \in H^1(a, b)$. Indem wir $v \in H^1(a, b)$ so wählen, dass $v(a) = 1$ und $v(b) = 0$, sehen wir, dass $u'(a) = 0$. Nun setzen wir $v \equiv 1 \in H^1(a, b)$ in (5.13) und schließen, dass $u'(b) = 0$. Damit ist u eine Lösung von (5.10). Die Regularitätsaussage folgt aus (5.8). $\qquad \square$

Inhomogene Neumann-Randbedingungen behandelt man analog zu inhomogenen Dirichlet-Randbedingungen durch Reduktion auf homogene Bedingungen.

5.2.3 Robin-Randbedingungen

Als Nächstes wollen wir Robin-Randbedingungen betrachten. Seien $\beta_0, \beta_1 \geq 0$, $\lambda > 0$ und $f \in L_2(a, b)$ gegeben.

Satz 5.19 (Robin-Randbedingungen)**.** *Es gibt genau ein $u \in H^2(a, b)$, so dass*

$$\lambda u - u'' = f \quad in\,(a, b), \tag{5.14a}$$
$$-u'(a) + \beta_0 u(a) = 0, \quad u'(b) + \beta_1 u(b) = 0. \tag{5.14b}$$

$\qquad \square$

Man nennt die Forderung (5.14b) *Robin-Randbedingung* oder auch *Randbedingung der dritten Art*. Da $H^2(a, b) \subset C^1([a, b])$, ist sie für $u \in H^2(a, b)$ sinnvoll. Für den Sonderfall $\beta_0 = \beta_1 = 0$ erhalten wir Neumann-Randbedingungen.

Beweis von Satz 5.19: Sei $u \in H^2(a, b)$ eine Lösung von (5.14). Für $v \in H^1(a, b)$ gilt dann

$$\int_a^b f(x)v(x)\,dx = \int_a^b \lambda u(x)\,v(x)\,dx - \int_a^b u''(x)\,v(x)\,dx$$

$$= \int_a^b \lambda u(x)\,v(x)\,dx + \int_a^b u'(x)\,v'(x)\,dx - u'(b)\,v(b) + u'(a)\,v(a)$$

$$= \lambda \int_a^b u(x)\,v(x)\,dx + \int_a^b u'(x)\,v'(x)\,dx + \beta_1\,u(b)\,v(b) + \beta_0\,u(a)\,v(a).$$

Diese Beobachtung führt uns dazu, $V := H^1(a, b)$ zu setzen und $a : V \times V \to \mathbb{R}$ durch

$$a(u, v) := \lambda \int_a^b u(x)\,v(x)\,dx + \int_a^b u'(x)\,v'(x)\,dx + \beta_1\,u(b)\,v(b) + \beta_0\,u(a)\,v(a)$$

zu definieren. Dann ist $a(\cdot, \cdot)$ bilinear, stetig und koerziv. Weiter definiert $F(v) := \int_a^b f(x)\,v(x)\,dx$ eine stetige Linearform $F \in V'$. Wiederum gibt es nach dem Satz von Lax-Milgram genau ein $u \in V$, so dass $a(u, v) = F(v)$ für alle $v \in H^1(a, b)$. Damit gilt für den Spezialfall einer Testfunktion $v \in C_c^1(a, b)$

$$\int_a^b u'(x)\,v'(x)\,dx = \int_a^b (f(x) - \lambda u(x))v(x)\,dx.$$

Somit folgt aus der Definition der schwachen Ableitung, dass $u \in H^2(a, b)$ und $-u'' = f - \lambda u$. Das setzen wir nun ein in die Beziehung $a(v, u) = F(v)$, $v \in H^1(a, b)$ und erhalten

$$-\int_a^b u''(x)\,v(x)\,dx = \int_a^b (f(x) - \lambda u(x))v(x)\,dx$$

$$= a(u, v) - \lambda \int_a^b u(x)\,v(x)\,dx$$

$$= \int_a^b u'(x)\,v'(x)\,dx + \beta_1\,u(b)\,v(b) + \beta_0\,u(a)\,v(a)$$

für alle $v \in H^1(a, b)$. Andererseits sehen wir durch partielles Integrieren, dass

$$-\int_a^b u''(x)\,v(x)\,dx = \int_a^b u'(x)\,v'(x)\,dx - u'(b)\,v(b) + u'(a)\,v(a).$$

Damit gilt $-u'(b)\,v(b) + u'(a)\,v(a) = \beta_1\,u(b)\,v(b) + \beta_0\,u(a)\,v(a)$ für alle $v \in H^1(a, b)$. Daraus folgt, dass $-u'(b) = \beta_1\,u(b)$ und $u'(a) = \beta_0\,u(a)$. Somit ist u eine Lösung von (5.14). Aus dem Satz von Lax-Milgram folgt schließlich die Eindeutigkeit. $\square$

5.2.4 Gemischte und periodische Randbedingungen

Nun betrachten wir einen etwas komplizierteren Differenzialoperator. In Kapitel 1 hatten wir gesehen, in welcher Art man bei Problemen in Zeit und Ort räumliche Ableitungen physikalisch interpretieren kann. Wir wissen, dass zweite Ableitungen Ausbreitungsvorgänge (Diffusion), erste Ableitungen Transportvorgänge (Konvektion) und Terme nullter Ordnung (keine Ableitungen) reaktive Prozesse beschreiben. Die Untersuchung zeitlich konstanter Lösungen ist ein wesentlicher Schritt zum Verständnis von Gleichungen in Raum und Zeit. Daher betrachten wir nun stationäre Gleichungen, in denen Terme nullter, erster und zweiter Ordnung auftreten. Solche allgemeinen elliptischen Differenzialgleichungen nennt man stationäre *Konvektions-Diffusions-Reaktions-Gleichungen*. Beispielhaft untersuchen wir hierfür *gemischte Randbedingungen*, d.h. Dirichlet-Randbedingungen auf dem einen und Neumann-Randbedingungen auf dem anderen Intervallrand.

Satz 5.20 (Gemischte Randbedingungen). *Seien $p \in C^1([a, b])$ und $r \in C([a, b])$ mit $r \geq 0$. Es gebe ein $\alpha > 0$, so dass $p(x) \geq \alpha$ für alle $x \in [a, b]$, und sei $f \in L_2(a, b)$. Dann gibt es genau eine Lösung $u \in H^2(a, b)$ von*

$$-(p\,u')' + ru = f \quad \text{fast überall in } (a, b), \tag{5.15a}$$

$$u(a) = 0, \ u'(b) = 0. \tag{5.15b}$$

Ist $f \in C([a, b])$, so ist $u \in C^2([a, b])$.

Man beachte, dass nach Satz 5.13 (Produktregel) $p u' \in H^1(a, b)$ gilt, wenn $u \in H^2(a, b)$, so dass (5.15a) sinnvoll definiert ist.

Beweis von Satz 5.20: Sei $u \in H^2(a, b)$ eine Lösung des Randwertproblems (5.15) und sei $v \in H^1_{(a)}(a, b) := \{u \in H^1(a, b) : u(a) = 0\}$. Dann erhält man durch partielle Integration

$$\int_a^b f(x)\,v(x)\,dx = -\int_a^b (p(x)\,u'(x))'\,v(x)\,dx + \int_a^b r(x)\,u(x)\,v(x)\,dx$$

$$= \int_a^b p(x)\,u'(x)\,v'(x)\,dx - p(b)\,u'(b)\,v(b) + p(a)\,u'(a)\,v(a)$$

$$+ \int_a^b r(x)\,u(x)\,v(x)\,dx$$

$$= \int_a^b p(x)\,u'(x)\,v'(x)\,dx + \int_a^b r(x)\,u(x)\,v(x)\,dx,$$

da $u'(b) = 0$ und $v(a) = 0$. Aus Satz 5.12 folgt, dass der Raum $H^1_{(a)}(a, b)$ abgeschlossen in $H^1(a, b)$, also ein Hilbert-Raum ist. Wir definieren die Bilinearform

$$a(u, v) := \int_a^b p(x)\,u'(x)\,v'(x)\,dx + \int_a^b r(x)\,u(x)\,v(x)\,dx.$$

Sie ist stetig auf $H^1_{(a)}(a,b) \times H^1_{(a)}(a,b)$, denn für $c := \max\{\|p\|_{C([a,b])}, \|r\|_{C([a,b])}\}$ gilt

$$|a(u,v)| \leq c\{\|u'\|_{L_2}\|v'\|_{L_2} + \|u\|_{L_2}\|v\|_{L_2}\}$$
$$\leq 2c(\|u'\|^2_{L_2} + \|u\|^2_{L_2})^{\frac{1}{2}}(\|v'\|^2_{L_2} + \|v\|^2_{L_2})^{\frac{1}{2}} = 2c\|u\|_{H^1}\|v\|_{H^1}.$$

Mit Hilfe der Poincaré-Ungleichung (5.5) und den Voraussetzungen an die Funktionen p und r ergibt sich die Koerzivität von $a(\cdot,\cdot)$ folgendermaßen:

$$a(u) \geq \alpha \int_a^b \left(u'(x)\right)^2 dx = \alpha|u|^2_{H^1(a,b)} \, dx \geq \alpha\frac{1}{c^2}\|u\|^2_{H^1}$$

für alle $u \in H^1_{(a)}(a,b)$. Sei nun $f \in L_2(a,b)$, dann definiert $F(v) := \int_a^b f(x)\,v(x)\,dx$ eine stetige Linearform F auf $H^1_{(a)}(a,b)$. Nach dem Satz von Lax-Milgram gibt es genau ein $u \in H^1_{(a)}(a,b)$, so dass $a(u,v) = \int_a^b f(x)\,v(x)\,dx$ für alle $v \in H^1_{(a)}(a,b)$. Es gilt also

$$\int_a^b p(x)\,u'(x)\,v'(x)\,dx + \int_a^b r(x)\,u(x)\,v(x)\,dx = \int_a^b f(x)\,v(x)\,dx \qquad (5.16)$$

für alle $v \in H^1_{(a)}(a,b)$. Insbesondere gilt (5.16) für $v \in C^1_c(a,b)$. Damit ist $pu' \in H^1(a,b)$ und $-(pu')' = (f - ru)$. Setzen wir diese Identität in (5.16) ein, so erhalten wir für $v \in H^1_{(a)}(a,b)$ mittels partieller Integration

$$\int_a^b p(x)\,u'(x)\,v'(x)\,dx + \int_a^b r(x)\,u(x)\,v(x)\,dx = \int_a^b f(x)\,v(x)\,dx$$
$$= -\int_a^b (p(x)\,u'(x))'\,v(x) + \int_a^b r(x)\,u(x)\,v(x)\,dx$$
$$= \int_a^b p(x)\,u'(x)\,v'(x)\,dx - p(b)\,u'(b)\,v(b) + p(a)\,u'(a)\,v(a) + \int_a^b r(x)\,u(x)\,v(x)\,dx.$$

Da $v(a) = 0$, folgt $-p(b)\,u'(b)\,v(b) = 0$ für alle $v \in H^1_{(a)}(a,b)$. Daraus folgt, dass $u'(b) = 0$. Da $pu' \in H^1(a,b)$ und $\frac{1}{p} \in C^1([a,b]) \subset H^1(a,b)$, folgt aus Satz 5.13, dass $u' = \frac{1}{p}(pu') \in H^1(a,b)$, d.h. $u \in H^2(a,b)$. Somit ist u eine Lösung von (5.15). Ist umgekehrt u eine Lösung von (5.15), so ist $u \in H^1_{(a)}(a,b)$ und die obigen Argumente zeigen, dass $a(u,v) = \int_a^b f(x)\,v(x)\,dx$, $v \in H^1_{(a)}(a,b)$. Damit folgt die Eindeutigkeit aus dem Satz von Lax-Milgram.

Ist schließlich $f \in C([a,b])$, so ist $(pu')' = ru - f \in C([a,b])$. Somit ist $pu' \in C^1([a,b])$ und damit $u' \in C^1(a,b]$. Daraus folgt, dass $u \in C^2([a,b])$. $\qquad\square$

Auch periodische Randbedingungen können mit Hilfe des Satzes von Lax-Milgram behandelt werden.

Satz 5.21 (Periodische Randbedingungen). *Seien $p \in C^1([a,b])$, $r \in C([a,b])$, so dass $p(a) = p(b)$ und $p(x) \geq \alpha > 0$ sowie $r(x) \geq \alpha > 0$ für ein $\alpha > 0$ und alle $x \in [a,b]$. Sei $f \in L_2(a,b)$ gegeben. Dann gibt es genau eine Lösung $u \in H^2(a,b)$ von*

$$-(pu')' + ru = f \quad \text{fast überall in } (a,b), \tag{5.17a}$$
$$u(a) = u(b), \ u'(a) = u'(b). \tag{5.17b}$$

Ist $f \in C([a,b])$, so ist $u \in C^2([a,b])$.

Beweis: Wir betrachten den Raum $H^1_{\text{per}}(a,b) := \{f \in H^1(a,b) : f(a) = f(b)\}$. Da $H^1(a,b)$ stetig in $C([a,b])$ eingebettet ist, ist $H^1_{\text{per}}(a,b)$ ein abgeschlossener Unterraum von $H^1(a,b)$ und somit selbst ein Hilbert-Raum. Die Abbildung

$$a(u,v) := \int_a^b \{p(x)\, u'(x)\, v'(x) + r(x)\, u(x)\, v(x)\}\, dx$$

definiert eine stetige Bilinearform auf $H^1_{\text{per}}(a,b)$. Da

$$a(u) \geq \alpha \int_a^b \left\{ (u'(x))^2 + u(x)^2 \right\} dx,$$

ist $a(\cdot,\cdot)$ koerziv. Nun sei $f \in L_2(a,b)$. Nach dem Satz von Lax-Milgram gibt es genau ein $u \in H^1_{\text{per}}(a,b)$, so dass $a(u,v) = \int_a^b f(x)\, v(x)\, dx$ für alle $v \in H^1_{\text{per}}(a,b)$. Wählen wir $v \in C^1_c(a,b)$, so folgt aus der Definition der schwachen Ableitung, dass $-(pu') \in H^1(a,b)$ und $-(pu')' + ru = f$. Da $pu' \in H^1(a,b)$, folgt aus Satz 5.13, dass $u' = \frac{1}{p}(pu') \in H^1(a,b)$ und somit $u \in H^2(a,b)$. Setzen wir den Ausdruck für f ein, so erhalten wir

$$\int_a^b \{p(x)\, u'(x)\, v'(x) + r(x)\, u(x)\, v(x)\}\, dx = a(u,v) = \int_a^b f(x)\, v(x)\, dx$$

$$= \int_a^b \{-(p(x)\, u'(x))'\, v(x) + r(x)\, u(x)\, v(x)\}\, dx$$

$$= \int_a^b \{p(x)\, u'(x)\, v'(x) + r(x)\, u(x)\, v(x)\}dx - p(b)\, u'(b)\, v(b) + p(a)\, u'(a)\, v(a)$$

für alle $v \in H^1_{\text{per}}(a,b)$. Da $v(a) = v(b)$ und $p(a) = p(b)$ folgt, dass

$$0 = -p(b)\, u'(b)\, v(b) + p(a)\, u'(a)\, v(a) = (-u'(b) + u'(a))\, p(a)\, v(a)$$

für alle $v \in H^1_{\text{per}}(a,b)$. Daraus folgt $u'(a) = u'(b)$. Somit ist u eine Lösung von (5.17). Umgekehrt sieht man durch Umkehrung der obigen Argumente, dass für jede Lösung u von (5.17) die Gleichung $a(u,v) = \int_a^b f(x)\, v(x)\, dx$ für alle $v \in H^1_{\text{per}}(a,b)$ gilt. Damit liefert der Satz von Lax-Milgram auch die Eindeutigkeit. $\square$

5.2.5 Unsymmetrische Differenzialoperatoren

Alle Probleme, die wir bislang behandelt haben, führten auf symmetrische Bilinearformen. Somit hätten wir auch den Satz von Riesz-Fréchet statt des Satzes von Lax-Milgram einsetzen können. Nun werden wir zu dem Differenzialoperator, den wir im Satz 5.20 betrachtet haben, noch einen Term hinzufügen. Damit wird die zugehörige Form unsymmetrisch. Wir betrachten hier beispielhaft Dirichlet-Randbedingungen. In dem Beweis der Koerzivität werden wir eine zwar einfache, aber äußerst nützliche Ungleichung einsetzen:

Lemma 5.22 (Young-Ungleichung). *Seien* $\alpha, \beta \geq 0$ *und* $\varepsilon > 0$. *Dann gilt*

$$\alpha\beta \leq \varepsilon\alpha^2 + \frac{1}{4\varepsilon}\beta^2. \tag{5.18}$$

Beweis: Wegen $0 \leq (\alpha - \beta)^2 = \alpha^2 - 2\alpha\beta + \beta^2$, ist $\alpha\beta \leq \frac{1}{2}\alpha^2 + \frac{1}{2}\beta^2$. Ersetzen wir in dieser Ungleichung α durch $\sqrt{2\varepsilon}\alpha$ und β durch $\frac{1}{\sqrt{2\varepsilon}}\beta$, so erhalten wir (5.18). □

Satz 5.23. *Seien* $p \in C^1([a,b])$ *und* $r, q \in C([a,b])$. *Es gebe* $0 < \beta < \alpha$, *so dass* $p(x) \geq \alpha$ *und* $q(x)^2 \leq 4\beta r(x)$ *für alle* $x \in [a,b]$. *Sei* $f \in L_2(a,b)$ *gegeben. Dann gibt es eine eindeutige Funktion* $u \in H^2(a,b)$, *so dass*

$$-(pu')' + qu' + ru = f \qquad \text{f. ü. auf } (a,b), \tag{5.19a}$$
$$u(a) = u(b) = 0. \tag{5.19b}$$

Ist $f \in C([a,b])$, *so ist* $u \in C^2([a,b])$.

Beweis: Durch

$$a(u,v) := \int_a^b \{p(x)\, u'(x)\, v'(x) + q(x)\, u'(x)\, v(x) + r(x)\, u(x)\, v(x)\}\, dx$$

definieren wir eine stetige Bilinearform auf $H_0^1(a,b)$. Es gilt

$$\int_a^b p(x)\, \big(u'(x)\big)^2 dx \geq \alpha \int_a^b \big(u'(x)\big)^2 dx.$$

Aus der Young'schen Ungleichung folgt, dass

$$|q(x)\, u'(x)\, u(x)| \leq \beta\big(u'(x)\big)^2 + \frac{1}{4\beta}q(x)^2\, u(x)^2.$$

Somit ist

$$q(x)\, u'(x)\, u(x) \geq -|q(x)\, u'(x)\, u(x)| \geq -\beta\big(u'(x)\big)^2 - \frac{1}{4\beta}q(x)^2 u(x)^2.$$

Folglich gilt für $u \in H_0^1(a,b)$

$$a(u) \geq \alpha \int_a^b \big(u'(x)\big)^2 dx - \beta \int_a^b \big(u'(x)\big)^2 dx + \int_a^b \left(r(x) - \frac{q(x)^2}{4\beta}\right) u(x)^2\, dx$$
$$\geq (\alpha - \beta) \int_a^b \big(u'(x)\big)^2 dx,$$

da nach Voraussetzung $(r - q^2/4\beta) \geq 0$. Aus der Poincaré-Ungleichung (5.5) folgt, dass $a(\cdot, \cdot)$ koerziv ist.

Sei $f \in L_2(a, b)$, dann gibt es nach dem Satz von Lax-Milgram genau ein $u \in H_0^1(a, b)$, so dass $a(u, v) = \int_a^b f(x) v(x) \, dx$ für alle $H_0^1(a, b)$. Indem wir wie in Abschnitt 5.2.1 oder dem Beweis von Satz 5.18 $v \in C_c^1(a, b)$ wählen, folgern wir, dass $pu' \in H^1(a, b)$ und $-(pu')' + qu' + ru = f$. Es folgt, dass $u' = \frac{1}{p}(pu') \in H^1(a, b)$. Somit ist $u \in H^2(a, b)$ und u ist eine Lösung von (5.19). Damit ist die Existenz bewiesen

Wir zeigen noch die Regularitätsaussage. Da $u \in H^2(a, b) \subset C^1([a, b])$, ist $qu' + ru \in C([a, b])$. Ist nun $f \in C([a, b])$, so folgt, dass $(pu')' \in C([a, b])$. Damit ist $pu' \in C^1([a, b])$ nach Korollar 5.11. Da $\frac{1}{p} \in C^1([a, b])$, folgt, dass $u \in C^2([a, b])$.

Die Eindeutigkeit ergibt sich wieder aus dem Satz von Lax-Milgram: Man zeigt leicht, dass für jede Lösung $u \in H^2(a, b)$ von (5.19) die Gleichung $a(u, v) = \int_a^b f(x) v(x) \, dx$ für alle $v \in H_0^1(a, b)$ gilt. $\qquad \square$

Man sagt, dass die Gleichung (5.19a) in *Divergenzform* gegeben ist (da der führende Term $(pu')'$ ist). Gleichungen, die nicht in Divergenzform sind, können wir leicht auf (5.19a) zurückführen:

Korollar 5.24. *Seien* $p, q, r \in C([a, b])$ *und* $0 < \beta < 1$ *Konstanten, so dass* $p(x) \geq \alpha > 0$ *und* $q(x)^2 \leq 4\beta p(x) r(x)$ *für alle* $x \in [a, b]$. *Sei* $f \in L_2(a, b)$ *gegeben. Dann gibt es genau ein* $u \in H^2(a, b)$, *so dass*

$$-pu'' + qu' + ru = f \qquad \text{fast überall in } (a, b), \tag{5.20a}$$
$$u(a) = u(b) = 0. \tag{5.20b}$$

Ist $f \in C([a, b])$, *so ist* $u \in C^2([a, b])$.

Beweis: Nach Satz 5.23 gibt es genau ein $u \in H^2(a, b) \cap H_0^1(a, b)$, so dass $-u'' + \frac{q}{p}u' + \frac{r}{p} = \frac{f}{p}$. Das ist äquivalent zu (5.20). Ist $f \in C([a, b])$, so ist auch $\frac{f}{p} \in C([a, b])$ und damit $u \in C^2([a, b])$ nach Satz 5.23. $\qquad \square$

5.3* Kommentare zu Kapitel 5

Der Hauptsatz der Differenzial- und Integralrechnung wurde von Leibniz und Newton um 1680 entdeckt. In der Form von Satz 5.9 war er vor der Erfindung des Lebesgue-Integrals nicht formulierbar. Und tatsächlich bewies Lebesgue im Jahr 1904, dass für $f \in L^1(a, b)$, $F(t) := \int_a^t f(s) \, ds$ gilt

$$\lim_{h \to 0} \frac{F(t + h) - F(t)}{h} = f(t)$$

für fast alle $t \in (a, b)$ (siehe [26, VII 4.14, Seite 301]. Da für partielle Differenzialgleichungen der Begriff der schwachen Ableitung, die über das Integral definiert ist, wesentlich einfacher und weitreichender ist, gehen wir auf die Fast-überall-Ableitung nicht weiter ein. Weitere Resultate zu Sobolev-Räumen in einer Variablen findet man in dem Buch *Analyse Fonctionelle* von H. Brézis. Allein für die Lektüre dieses Buches [17] lohnt es sich, die französische Sprache zu erlernen (oder die italienische, siehe [18]).

5.4 Aufgaben

Aufgabe 5.1. Beweisen Sie die Aussage von Beispiel 5.5.

Aufgabe 5.2. Bestimmen Sie die schwache Ableitung der Hutfunktion

$$h(x) := \begin{cases} x, & 0 \le x \le 1, \\ 2 - x, & 1 < x \le 2. \end{cases}$$

Aufgabe 5.3. Sei $f \in L_1(a,b)$. Definieren Sie die Funktion $g : [a,b] \to \mathbb{R}$ durch $g(x) := \int_a^x f(y)\, dy$. Zeigen Sie, dass g stetig ist.

Anleitung: Schreiben Sie $g(x) = \int_a^b \mathbb{1}_{[a,x]}(y) f(y)\, dy$. Sei $x_n \in [a,b]$, $\lim_{n\to\infty} x_n = x$. Man zeige, dass $\mathbb{1}_{[a,x_n]}(y) f(y) \to \mathbb{1}_{[a,x]}(y) f(y)$, und wende den Satz von Lebesgue an.

Aufgabe 5.4. Seien $\lambda > 0$, $A, B \in \mathbb{R}$, $f \in L_2(a,b)$. Zeigen Sie, dass es genau eine Funktion $u \in H^2(a,b)$ gibt, so dass $\lambda u - u'' = f$ in (a,b) und $u'(a) = A$, $u'(b) = B$. Gehen Sie wie bei inhomogenen Dirichlet-Randbedingungen im Anschluss an Satz 5.17 vor.

Aufgabe 5.5.
(a) Zeigen Sie, dass $\int_0^1 u(x)^2\, dx \le 2\big(u(0)^2 + \int_0^1 (u')(x))^2\, dx\big)$, $u \in H^1(0,1)$.

(b) Sei $\alpha > 0$. Zeigen Sie, dass $a(u,v) := \alpha u(0) v(0) + \int_0^1 u'(x)\, v'(x)\, dx$ eine koerzive Form auf $H^1(0,1)$ definiert.

(c) Sei $\alpha > 0$, $f \in L_2(0,1)$. Zeigen Sie, dass es genau ein $u \in H^2(0,1)$ gibt, so dass

$$-u''(x) = f(x), \quad x \in (0,1),$$
$$-u'(0) + \alpha u(0) = 0, \quad u'(1) = 0.$$

Aufgabe 5.6. Es seien die Voraussetzungen von Satz 5.23 erfüllt und es gelte zusätzlich, dass $r(x) > 0$ für alle $x \in [a,b]$. Sei $f \in L_2(a,b)$. Zeigen Sie, dass es genau ein $u \in H^2(a,b)$ gibt derart, dass

$$-(pu')' + qu' + ru = f \quad \text{fast überall auf } (a,b)$$
$$u'(a) = u'(b) = 0.$$

Aufgabe 5.7. Sei $-\infty < a < b < \infty$. Sei $f \in H^2(a,b)$.

(a) Zeigen Sie, dass $f'' = 0$ genau dann gilt, wenn es $c_0, c_1 \in \mathbb{R}$ gibt, so dass $f(x) = c_0 + c_1 x$.

(b) Zeigen Sie, dass $f(x) = f(a) + f'(a)(x - a) + \int_a^x (x - y) f''(y)\, dy$ fast überall.

Aufgabe 5.8 (allgemeine schwache Ableitungen). Sei $-\infty \le a < b \le \infty$. Wir betrachten den Vektorraum

$$L_{1,\mathrm{loc}}(a,b) := \left\{ f : (a,b) \to \mathbb{R} \text{ messbar}: \int_c^d |f(x)|\, dx < \infty \text{ wenn } a < c < d < b \right\}$$

der *lokal integrierbaren* Funktionen auf (a,b).

(a) Sei $f \in L_{1,\text{loc}}(a,b)$, so dass $\int_a^b f v \, dx = 0$ für alle $v \in C_c^1(a,b)$. Zeigen Sie, dass $f(x) = 0$ fast überall. Benutzen Sie Lemma 5.1.

(b) Wir sagen, dass $f \in L_{1,\text{loc}}(a,b)$ *schwach differenzierbar* ist, falls es eine Funktion $f' \in L_{1,\text{loc}}(a,b)$ gibt, so dass

$$-\int_a^b f(x) \, v'(x) \, dx = \int_a^b f'(x) \, v(x) \, dx$$

für alle $v \in C_c^1(a,b)$. Zeigen Sie, dass es höchstens ein solches f' gibt.

(c) Zeigen Sie, dass

$$W_{1,\text{loc}}^1(a,b) := \{f \in L_{1,\text{loc}}(a,b) : f \text{ ist schwach differenzierbar}\}$$

ein Vektorraum ist und dass $f \mapsto f' : W_{1,\text{loc}}^1(a,b) \to L_{1,\text{loc}}(a,b)$ linear ist.

(d) Sei $f \in W_{1,\text{loc}}^1(a,b)$, so dass $f' = 0$ fast überall. Zeigen Sie, dass es $c \in \mathbb{R}$ gibt, so dass $f(x) = c$ fast überall. Modifizieren Sie den Beweis von Lemma 5.7.

(e) Sei $f \in W_{1,\text{loc}}^1(a,b)$, $x_0 \in (a,b)$. Zeigen Sie, dass es ein $c \in \mathbb{R}$ gibt, so dass $f(x) = c + \int_{x_0}^x f'(y) \, dy$ fast überall. *Anleitung:* Gehen Sie analog zum Beweis von Satz 5.9 vor.

(f) Seien $f \in W_{1,\text{loc}}^1(a,b)$, $c_1 \in \mathbb{R}$, so dass $f'(x) = c_1$ fast überall. Zeigen Sie, dass es eine Konstante $c_0 \in \mathbb{R}$ gibt, so dass $f(x) - c_1 x + c_0$ fast überall.

Aufgabe 5.9 (harmonische Funktionen). Sei $-\infty \leq a < b \leq \infty$ und sei $f \in L_2(a,b)$ derart, dass

$$\int_a^b f(x) \, v''(x) \, dx = 0 \quad \text{für alle } v \in C_c^2(a,b).$$

Zeigen Sie, dass $f(x) = c_0 + c_1 x$ fast überall, wobei $c_0, c_1 \in \mathbb{R}$.
Hier ist $C_c^k(a,b) := \{v : (a,b) \to \mathbb{R} : k\text{-mal stetig differenzierbar}, \exists a < c < d < b, \text{ so dass } v(x) = 0, \text{ falls } x \notin [c,d]\}$, $k \in \mathbb{N} \cup \{\infty\}$. Man lasse sich vom Beweis von Lemma 5.7 und von Aufgabe 5.7 inspirieren.

Aufgabe 5.10. Seien $\lambda \in \mathbb{R}$, $u_0 \in \mathbb{R}$, $f \in L_2(0,T)$, wobei $0 < T < \infty$. Sei $u(t) = e^{-\lambda t} u_0 + \int_0^t e^{-\lambda(t-s)} f(s) \, ds$. Zeigen Sie: u ist die eindeutige Lösung des Problems

$$u \in H^1(0,T), \quad u'(t) = -\lambda u(t) + f(t), \quad u(0) = u_0. \tag{5.21}$$

Aufgabe 5.11.
a) Zeigen Sie mittels vollständiger Induktion, dass die Inklusion $H^{k+1}(a,b) \subset C^k([a,b])$ für $k = 0,1,2,\ldots$ gilt, wobei $C^0([a,b]) := C([a,b])$.

b) Zeigen Sie, dass $C^k([a,b])$ ein Banach-Raum bzgl. der Norm

$$\|f\|_{C^k} = \sum_{m=0}^k \|f^{(m)}\|_{C([a,b])}$$

ist, wobei $f^{(0)} = f$.

c) Zeigen Sie mit Hilfe des Satzes vom abgeschlossenen Graphen, dass $H^{k+1}(a,b) \hookrightarrow C^k([a,b])$, also die Stetigkeit der Einbettung.

Aufgabe 5.12 (absolute Konvergenz von Fourier-Reihen).

a) Sei $f = u + iv$ mit $u, v \in H^1(0,2\pi)$, so dass $f(0) = f(2\pi)$. Zeigen Sie, dass die Fourier-Reihe von f absolut (gegen f) konvergiert.

Anleitung: Es ist $c'_k = ikc_k$, wobei c'_k der k-te Fourier-Koeffizient von $f' := u' + iv'$ und c_k der k-te Fourier-Koeffizient von f ist (entsprechend (3.17)).

b) Schließen Sie aus a) den *Satz von Dirichlet*: Ist $f \in C_{2\pi}$ *stückweise stetig differenzierbar* (d.h., es gibt $0 = t_0 < t_1 < \cdots < t_n = 2\pi$ und $g_i \in C^1[t_{i-1}, t_i]$, so dass $f = g_i$ auf $(t_{i-1}, t_i), i = 1, \ldots, n$), so konvergiert die Fourier-Reihe von f gleichmäßig gegen f.

Anleitung: Benutzen Sie Satz 5.14.

Aufgabe 5.13 (schwache Lösungen der Wellengleichung). Betrachten Sie

$$u_{tt} = u_{xx}, \quad t, x \in \mathbb{R} \tag{5.22}$$

auf $\mathbb{R}^2$, wobei $u = u(t,x)$.

a) Sei $u \in C^2(\mathbb{R}^2)$ eine Lösung von (5.22). Zeigen Sie, dass

$$\int_{\mathbb{R}} \int_{\mathbb{R}} u(t,x)(\varphi_{tt}(t,x) - \varphi_{xx}(t,x))\, dt\, dx = 0 \tag{5.23}$$

für alle $\varphi \in C_c^2(\mathbb{R}^2)$.

b) Sei $f : \mathbb{R} \to \mathbb{R}$ stetig. Definieren Sie $u : \mathbb{R}^2 \to \mathbb{R}^2$ durch $u(t,x) = \frac{1}{2}(f(x + t) + f(x - t))$. Somit ist u stetig.

Zeigen Sie, dass u eine *schwache Lösung* von (5.22) ist; d.h., es gilt (5.23) für alle $\varphi \in C_c^2(\mathbb{R}^2)$.

Aufgabe 5.14. Definieren Sie $H^1(\mathbb{R})$ ähnlich wie auf beschränkten Intervallen. Zeigen Sie, dass $H^1(\mathbb{R}) \subset C_0(\mathbb{R}) := \{u \in C(\mathbb{R}) : \lim_{|x|\to\infty} u(x) = 0\}$.

6 Hilbert-Raum-Methoden für elliptische Gleichungen

Um die wesentlichen Punkte der mathematischen Theorie möglichst elementar darzustellen, hatten wir Sobolev-Räume zunächst nur im eindimensionalen Fall eingeführt; genauer gesagt für Funktionen, die auf einem offenen Intervall im $\mathbb{R}$ definiert sind. In einer Raumdimension sind H^1-Funktionen automatisch stetig und man kann sie durch ein unbestimmtes Integral charakterisieren (Satz 5.9). Dies gilt nicht mehr in höherer Dimension und neue Argumente sind nötig, um Eigenschaften von schwach differenzierbaren Funktionen und Sobolev-Räumen herzuleiten.

In diesem Kapitel führen wir Sobolev-Räume in beliebiger Dimension ein. Wir beschränken uns auf die Hilbert-Raum-Theorie, also Sobolev-Räume bezüglich $L_2(\Omega)$ (nicht $L_p(\Omega)$, $p \neq 2$). Mit Hilfe des Satzes von Lax-Milgram werden wir zahlreiche elliptische Probleme untersuchen. Auf $\mathbb{R}^d$ kann man Sobolev-Räume auch über die Fourier-Transformation charakterisieren. Das kann man z.B. verwenden, um innere Regularität von Lösungen zu beweisen.

In diesem Kapitel beschränken wir uns auf Dirichlet-Randbedingungen. Die Aussagen, die wir hier machen, benötigen keine tiefer gehende Analyse des Randes und sind daher vergleichsweise einfach zu beweisen. Detailliertere Untersuchungen des Randes werden im folgenden Kapitel vorgenommen.

Übersicht

© Springer-Verlag GmbH Deutschland, ein Teil von Springer Nature 2018
W. Arendt und K. Urban, *Partielle Differenzialgleichungen*,
https://doi.org/10.1007/978-3-662-58322-7_6

6.1 Regularisierung

In diesem Abschnitt führen wir eine wichtige Technik ein, die es erlaubt, integrierbare Funktionen durch glatte Funktionen zu approximieren. Sie beruht auf der Faltung mit glatten Funktionen.

Sei Ω eine offene Menge im $\mathbb{R}^d$. Ist $u : \Omega \to \mathbb{R}$ eine Funktion, so sagen wir, dass u *kompakten Träger* besitzt, wenn es eine kompakte Menge $K \subset \Omega$ gibt, so dass $u(x) = 0$ für alle $x \in \Omega \setminus K$. Ist u zusätzlich stetig, so heißt die Menge

$$\operatorname{supp} u := \overline{\{x \in \Omega : u(x) \neq 0\}}$$

der *Träger* von u (engl. *support*). Mit $C_c(\Omega)$ bezeichnen wir den Raum der stetigen reellwertigen Funktionen auf Ω mit kompaktem Träger. Ferner setzen wir für $k \in \mathbb{N}$

$$C_c^k(\Omega) := C^k(\Omega) \cap C_c(\Omega), \quad C_c^0(\Omega) := C_c(\Omega). \tag{6.1}$$

Der Raum

$$\mathcal{D}(\Omega) := C_c^\infty(\Omega) := C^\infty(\Omega) \cap C_c(\Omega)$$

spielt eine besondere Rolle. Seine Elemente heißen *Testfunktionen* auf Ω. Wir definieren nun eine spezielle Testfunktion $\varrho \in \mathcal{D}(\mathbb{R}^d)$:

$$\varrho(x) := \begin{cases} c \exp\left(\frac{1}{|x|^2 - 1}\right), & \text{falls} \quad |x| < 1, \\ 0, & \text{falls} \quad |x| \geq 1, \end{cases} \tag{6.2}$$

wobei $c > 0$ so gewählt sei, dass

$$\int_{\mathbb{R}^d} \varrho(x)\, dx = 1. \tag{6.3}$$

Mit den üblichen Bezeichnungen

$$B(x, r) := \{y \in \mathbb{R}^d : |x - y| < r\}, \qquad \bar{B}(x, r) := \{y \in \mathbb{R}^d : |x - y| \leq r\},$$

für $x \in \mathbb{R}^d$ und $r \geq 0$ gilt dann Folgendes:

Lemma 6.1. Es gilt $\varrho \in \mathcal{D}(\mathbb{R}^d)$ und $\operatorname{supp} \varrho = \bar{B}(0,1)$.

Beweis: Sei

$$g(r) := \begin{cases} c \exp\left(\frac{1}{r-1}\right), & \text{für} \quad r < 1, \\ 0, & \text{für} \quad r \geq 1, \end{cases}$$

Dann ist $g \in C^\infty(\mathbb{R})$. Die Funktion $b(x) := |x|^2 = x_1^2 + \cdots + x_d^2$ ist in $C^\infty(\mathbb{R}^d)$ und damit ist $\varrho = f \circ b \in C^\infty(\mathbb{R}^d)$. $\qquad \square$

Basierend auf ϱ definieren wir eine ganze Folge von Testfunktionen.

Definition 6.2. Für $n \in \mathbb{N}$ definieren wir

$$\varrho_n(x) := n^d \varrho(nx), \quad x \in \mathbb{R}^d . \tag{6.4}$$

Man nennt $(\varrho_n)_{n \in \mathbb{N}}$ eine *regularisierende Folge*, auf Englisch *mollifier* (manchmal auch *Friedrichs mollifier*). Wir werden die durch (6.4) und (6.2) definierte Funktion durchweg mit ϱ_n bezeichnen.   △

Wir zeigen einige Beispiele für ϱ_n für $d = 1, 2$ in Abbildung 6.1. Offenbar gilt $\varrho_1 = \varrho$,

$$0 \leq \varrho_n \in \mathcal{D}(\mathbb{R}^d), \quad \operatorname{supp} \varrho_n \subset \bar{B}\left(0, \frac{1}{n}\right) \tag{6.5}$$

und

$$\int_{\mathbb{R}^d} \varrho_n(x) \, dx = 1. \tag{6.6}$$

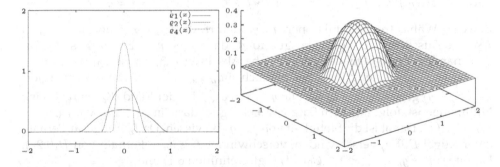

Abbildung 6.1. Mollifier in einer und zwei Raumdimensionen.

Wir verwenden diese Funktionen – wie es der Name bereits andeutet –, um nicht-glatte Funktionen zu glätten. Dies geschieht mit Hilfe der Faltung. Diesen Vorgang beschreiben wir nun im Detail. Für $f, g \in L_2(\mathbb{R}^d)$ definieren wir die *Faltung* $f * g$ von f und g analog zum Fall $d = 1$ in Kapitel 3 durch

$$(f * g)(x) := \int_{\mathbb{R}^d} f(x - y)g(y) \, dy \tag{6.7}$$

für alle $x \in \mathbb{R}^d$. Dazu beachte man, dass $f(x - \cdot) \in L_2(\mathbb{R}^d)$ für alle $x \in \mathbb{R}^d$. Somit ist $(f * g)(x) = (f(x - \cdot), g)_{L_2(\mathbb{R}^d)}$ und

$$|(f * g)(x)| \leq \|f\|_{L_2} \|g\|_{L_2} \tag{6.8}$$

für alle $x \in \mathbb{R}^d$. Wir definieren die Summe zweier Mengen $K_1, K_2 \subset \mathbb{R}^d$ als $K_1 + K_2 := \{x + y : x \in K_1, y \in K_2\}$. Damit gilt folgende Aussage:

Lemma 6.3. *Seien $f, g \in L_2(\mathbb{R}^d)$ derart, dass $f(x) = 0$, wenn $x \notin K_1$, und $g(x) = 0$, wenn $x \notin K_2$. Dann gilt $(f * g)(x) = 0$, wenn $x \notin (K_1 + K_2)$. Sind f, g stetig, so heißt das gerade*

$$\text{supp}(f * g) \subset \text{supp} f + \text{supp} g. \tag{6.9}$$

Beweis: Ist $f(x-y)g(y) \neq 0$, so ist $x-y \in K_1$ und $y \in K_2$, also $x \in K_1+K_2$. Ist also $x \notin K_1 + K_2$, so ist $f(x - y)g(y) = 0$ für alle $y \in \mathbb{R}^d$ und somit $(f * g)(x) = 0$. $\square$

Man kann der Formel (6.9) auch einen Sinn geben, wenn f, g nicht stetig sind, siehe Aufgabe 6.1. Wir definieren den Raum

$$C_0(\mathbb{R}^d) = \left\{ f \in C(\mathbb{R}^d) : \lim_{|x| \to \infty} f(x) = 0 \right\}. \tag{6.10}$$

Er ist ein Banach-Raum bezüglich der Norm

$$\|f\|_\infty := \sup_{x \in \mathbb{R}^d} |f(x)|.$$

Satz 6.4. *Seien $f, g \in L_2(\mathbb{R}^d)$. Dann ist $f * g \in C_0(\mathbb{R}^d)$ und $f * g = g * f$.*

Beweis: Wähle Treppenfunktionen f_n, g_n derart, dass $f_n \to f$ und $g_n \to g$ in $L_2(\mathbb{R}^d)$. Aus dem Satz von Lebesgue folgt, dass $f_n * g_n : \mathbb{R}^d \to \mathbb{R}$ stetig ist. Sind nämlich Q_1, Q_2 Quader im $\mathbb{R}^d$ (siehe Abschnitt A.3), so ist $\mathbb{1}_{Q_1} * \mathbb{1}_{Q_2}(x) = \int_{Q_2} \mathbb{1}_{Q_1}(x - y)\, dy$ stetig in x. Sei nämlich $\lim_{n \to \infty} x_n = x$. Dann konvergiert $\mathbb{1}_{Q_1}(x_n - y)$ gegen $\mathbb{1}_Q(x - y)$ für alle $y \in \mathbb{R}^d \setminus \partial Q_1$. Da der Rand ∂Q_1 von Q_1 eine Nullmenge ist, folgt aus dem Satz von Lebesgue, dass $\lim_{n \to \infty} \mathbb{1}_{Q_1} * \mathbb{1}_{Q_2}(x_n) = \mathbb{1}_{Q_1} * \mathbb{1}_{Q_2}(x)$. Damit ist die Stetigkeit von $f_n * g_n$ bewiesen. Da f_n und g_n außerhalb einer Kugel $B(0, r)$ verschwinden, verschwindet $f_n * g_n$ außerhalb von $B(0, 2r)$. Damit ist $f_n * g_n \in C_c(\mathbb{R}^d) \subset C_0(\mathbb{R}^d)$ (vgl. Definition 6.1) und

$$|(f_n * g_n)(x) - (f * g)(x)| \leq |(f_n * (g_n - g))(x)| + |((f_n - f) * g)(x)|$$
$$\leq \|f_n\|_{L_2} \|g_n - g\|_{L_2} + \|f_n - f\|_{L_2} \|g\|_{L_2}$$
$$\to 0, \quad n \to \infty,$$

gleichmäßig in $x \in \mathbb{R}^d$. Daraus folgt, dass $f * g \in C_0(\mathbb{R}^d)$. Aus dem Satz von Fubini folgt, dass $f * g = g * f$. $\square$

Die Faltung regularisiert Funktionen in folgendem Sinn:

Satz 6.5. *Seien $f \in L_2(\mathbb{R}^d)$ und $\varphi \in C_c^1(\mathbb{R}^d)$. Dann ist $\varphi * f \in C^1(\mathbb{R}^d)$ und*

$$\frac{\partial}{\partial x_j}(\varphi * f) = \frac{\partial \varphi}{\partial x_j} * f, \quad j = 1, \ldots, d. \tag{6.11}$$

Insbesondere ist $\varphi * f \in C^\infty(\mathbb{R}^d)$ falls $\varphi \in \mathcal{D}(\mathbb{R}^d)$.

Für den Beweis benutzen wir folgende Abschätzung mit Hilfe der Kettenregel und dem Hauptsatz der Differenzial- und Integralrechnung. Seien $x \in \mathbb{R}^d$ und $v \in \mathbb{R}^d$, dann gilt

$$\varphi(x+v) - \varphi(x) = \int_0^1 \frac{\partial}{\partial t} \varphi(x+tv)\, dt = \int_0^1 \nabla \varphi(x+tv) \cdot v\, dt,$$

wobei $\nabla \varphi(y) = (D_1 \varphi(y), \ldots, D_d \varphi(y)) \in \mathbb{R}^d$ der *Gradient* von φ im Punkt $y \in \mathbb{R}^d$ ist und $x \cdot y := x^T y$ das Skalarprodukt von $x, y \in \mathbb{R}^d$ bezeichnet. Es ist also

$$\nabla \varphi(x+tv) \cdot v = \sum_{j=1}^d \frac{\partial \varphi}{\partial x_j}(x+tv) v_j.$$

Somit folgt aus der Cauchy-Schwarz'schen Ungleichung die Abschätzung

$$|\varphi(x+v) - \varphi(x)| \leq \|\nabla \varphi\|_\infty \cdot |v|, \tag{6.12}$$

wobei die Norm des Gradienten durch

$$\|\nabla \varphi\|_\infty = \sup_{x \in \mathbb{R}^d} |\nabla \varphi(x)|, \quad |\nabla \varphi(x)| = \left(\sum_{j=1}^d (D_j \varphi)(x)^2 \right)^{1/2}$$

gegeben ist. Nun zum Beweis der Differenziationsregel (6.11).

Beweis von Satz 6.5: Sei $e_j = (0, \ldots, 0, 1, 0, \ldots, 0)^T$ der j-te Einheitsvektor. Dann gilt $\lim_{h \to 0} \frac{1}{h}(\varphi(x+he_j - y) - \varphi(x-y)) = \frac{\partial \varphi}{\partial x_j}(x-y)$. Wegen (6.12) folgt

$$\left| \frac{1}{h}(\varphi(x+he_j - y) - \varphi(x-y)) \right| \leq \|\nabla \varphi\|_\infty .$$

Ferner gilt

$$\frac{(\varphi * f)(x+he_j) - (\varphi * f)(x)}{h} = \int_{\mathbb{R}^d} \frac{\varphi(x+he_j - y) - \varphi(x-y)}{h} f(y)\, dy.$$

Damit folgt aus dem Satz von Lebesgue durch Grenzübergang $h \to 0$, dass

$$\frac{\partial}{\partial x_j}(\varphi * f)(x) = \left(\frac{\partial \varphi}{\partial x_j} * f \right)(x). \qquad \square$$

Der folgende Satz zeigt nun, wie wir mit Hilfe der regularisierenden Folge eine Funktion durch glatte Funktionen approximieren können.

Satz 6.6 (Regularisierung). *Sei $f \in L_2(\mathbb{R}^d)$. Dann ist $\varrho_n * f \in C^\infty(\mathbb{R}^d) \cap L_2(\mathbb{R}^d)$ und es gilt $\lim_{n \to \infty} \varrho_n * f = f$ in $L_2(\mathbb{R}^d)$.*

Beweis: Der Beweis verläuft in fünf Schritten.

1. Aus Satz 6.5 folgt durch Induktion dass $\varrho_n * f \in C^\infty(\mathbb{R}^d)$ für alle $n \in \mathbb{N}$.

2. Wir zeigen, dass

$$\int_{\mathbb{R}^d} |(\varrho_n * f)(x)|^2 \, dx \le \int_{\mathbb{R}^d} |f(x)|^2 \, dx. \tag{6.13}$$

Aus der Hölder-Ungleichung folgt nämlich mit (6.6)

$$|(\varrho_n * f)(x)| \le \int_{\mathbb{R}^d} \varrho_n(x-y)^{1/2} \varrho_n(x-y)^{1/2} |f(y)| \, dy$$

$$\le \left(\int_{\mathbb{R}^d} \varrho_n(x-y) \, dy \right)^{1/2} \left(\int_{\mathbb{R}^d} \varrho_n(x-y) f(y)^2 \, dy \right)^{1/2}$$

$$= \left(\int_{\mathbb{R}^d} \varrho_n(x-y) f(y)^2 \, dy \right)^{1/2}.$$

Damit gilt nach dem Satz von Fubini

$$\int_{\mathbb{R}^d} (\varrho_n * f)(x))^2 \, dx \le \int_{\mathbb{R}^d} \int_{\mathbb{R}^d} \varrho_n(x-y) f(y)^2 \, dy \, dx$$

$$= \int_{\mathbb{R}^d} \int_{\mathbb{R}^d} \varrho_n(x-y) \, dx \, f(y)^2 \, dy = \int_{\mathbb{R}^d} f(y)^2 \, dy,$$

wobei wir (6.6) benutzt haben. Also gilt (6.13).

3. Sei $f = \chi_Q$ die charakteristische Funktion eines d-dimensionalen Quaders Q, dann konvergiert $(\varrho_n * \chi_Q)(x) = \int_{|y|<1/n} \chi_Q(x-y) \varrho_n(y) \, dy$ gegen $\chi_Q(x)$ mit $n \to \infty$ für alle $x \in \mathbb{R}^d \setminus \partial Q$. Da ∂Q eine Nullmenge ist, folgt nach dem Satz von Lebesgue, dass $\lim_{n\to\infty} \varrho_n * \chi_Q = \chi_Q$.

4. Aus 3. sehen wir, dass $\varrho_n * f \to f$ in $L_2(\mathbb{R}^d)$, wenn f eine *Treppenfunktion*, d.h. eine Linearkombination von charakteristischen Funktionen von Quadern, ist.

5. Sei $f \in L_2(\mathbb{R}^d)$ und $\varepsilon > 0$. Aus der Definition des Lebesgue-Integrals erhalten wir eine Treppenfunktion g derart, dass $\|f - g\|_{L_2} \le \varepsilon$, siehe Satz A.11. Damit gilt nach (6.13)

$$\|f * \varrho_n - f\|_{L_2} \le \|f * \varrho_n - g * \varrho_n\|_{L_2} + \|g * \varrho_n - g\|_{L_2} + \|g - f\|_{L_2}$$

$$\le \|(f - g) * \varrho_n\|_{L_2} + \|g * \varrho_n - g\|_{L_2} + \varepsilon$$

$$\le \|f - g\|_{L_2} + \|g * \varrho_n - g\|_{L_2} + \varepsilon$$

$$\le 2\varepsilon + \|g * \varrho_n - g\|_{L_2}.$$

Nach 3. gilt $g * \varrho_n \to g$ in $L_2(\mathbb{R}^d)$ für $n \to \infty$ und daraus folgt

$$\limsup_{n\to\infty} \|f * \varrho_n - f\|_{L_2} \le 2\varepsilon.$$

Da $\varepsilon > 0$ beliebig ist, folgt die Behauptung. □

Die Faltung mit ϱ_n erlaubt es uns, ausgehend von einer einzigen Funktion (nämlich ϱ aus (6.2)) sehr viele Testfunktionen zu definieren. Folgende Testfunktion wird dabei besonders nützlich sein.

Lemma 6.7. *Sei $\Omega \subset \mathbb{R}^d$ offen und $K \subset \Omega$ kompakt. Dann existiert eine Funktion $\varphi \in \mathcal{D}(\Omega)$ mit $0 \le \varphi \le 1$ und $\varphi(x) = 1$ für alle $x \in K$.*

Beweis: Sei $n \in \mathbb{N}$ mit $\frac{2}{n} < \operatorname{dist}(K, \partial\Omega)$. Dann ist die Menge

$$K_n := K + \bar{B}(0,1/n) = \{y \in \mathbb{R}^d : \exists\, x \in K \text{ mit } |x - y| \le 1/n\}$$

kompakt. Nach Satz 6.6 ist $\varphi := \chi_{K_n} * \varrho_n \in C^\infty(\mathbb{R}^d)$. Wegen Lemma 6.3 gilt $\operatorname{supp}\varphi \subset K_n + \bar{B}(0,1/n) \subset \Omega$. Ist $x \in K$, so folgt $x - y \in K_n$ für alle $y \in B(0,1/n)$. Somit gilt

$$\varphi(x) = \int_{|y|<1/n} \chi_{K_n}(x - y)\varrho_n(y)\,dy = \int_{|y|<1/n} \varrho_n(y)\,dy = 1,$$

was die Behauptung zeigt. $\qquad\Box$

Oft benutzen wir folgende Notation. Wir schreiben

$$U \Subset \Omega, \tag{6.14}$$

falls U offen, beschränkt und $\bar{U} \subset \Omega$ ist. Insbesondere ist also $\bar{U}$ kompakt. Deshalb hat U einen positiven Abstand zu $\partial\Omega$, d.h., es ist

$$\operatorname{dist}(U, \partial\Omega) := \inf\{|x - y| : x \in U, y \in \partial\Omega\} > 0.$$

Wir wollen nun nach der Regularisierung $\varrho_n * f$ noch ein Abschneideverfahren zur Lokalisierung durchführen. Dies ist vor allem nützlich, wenn f nicht kompakten Träger besitzt. Dazu definieren wir

$$\Omega_n := \left\{x \in \Omega : \operatorname{dist}(x, \partial\Omega) > \frac{1}{n}\right\} \cap B(0, n). \tag{6.15}$$

Damit gilt $\Omega_n \Subset \Omega_{n+1} \Subset \Omega$ und $\bigcup_{n\in\mathbb{N}} \Omega_n = \Omega$. Nach Lemma 6.7 gibt es Funktionen $\eta_n \in \mathcal{D}(\mathbb{R}^d)$, $n \in \mathbb{N}$ derart, dass

$$0 \le \eta_n(x) \le 1, \quad x \in \mathbb{R}^d, \tag{6.16}$$
$$\operatorname{supp}\eta_n \subset \Omega_{n+1}, \tag{6.17}$$
$$\eta_n(x) = 1, \qquad x \in \Omega_n\,. \tag{6.18}$$

Für $f \in L_2(\Omega)$ definieren wir eine Fortsetzung gemäß

$$\tilde{f}(x) := \begin{cases} f(x), & \text{wenn } x \in \Omega, \\ 0, & \text{wenn } x \in \mathbb{R}^d \setminus \Omega\,. \end{cases} \tag{6.19}$$

Damit ist $\eta_n(\varrho_n * \tilde{f}) \in \mathcal{D}(\Omega)$ für alle $n \in \mathbb{N}$. Somit erhalten wir folgendes Resultat:

Satz 6.8 (Regularisieren und Abschneiden). *Sei $f \in L_2(\Omega)$. Dann ist*

$$\lim_{n\to\infty} \eta_n(\varrho_n * \tilde{f}) = f \text{ in } L_2(\Omega).$$

Beweis: Es gilt

$$\|\eta_n(\varrho_n * \tilde{f}) - \tilde{f}\|_{L_2(\mathbb{R}^d)} \leq \|\eta_n(\varrho_n * \tilde{f} - \tilde{f})\|_{L_2(\mathbb{R}^d)} + \|\eta_n\tilde{f} - \tilde{f}\|_{L_2(\mathbb{R}^d)}$$
$$\leq \|\varrho_n * \tilde{f} - \tilde{f}\|_{L_2(\mathbb{R}^d)} + \|\eta_n\tilde{f} - \tilde{f}\|_{L_2(\mathbb{R}^d)}$$

wegen (6.16). Da $\lim_{n\to\infty} \eta_n(x) = 1$ für alle $x \in \Omega_n$, gilt $\lim_{n\to\infty} \eta_n\tilde{f} = \tilde{f}$ in $L_2(\mathbb{R}^d)$ nach dem Satz von Lebesgue. Nun folgt die Behauptung aus Satz 6.6. $\square$

Aus diesem Satz ergeben sich unmittelbar zwei Folgerungen:

Korollar 6.9. *Der Raum der Testfunktionen $\mathcal{D}(\Omega)$ ist dicht in $L_2(\Omega)$.*

Korollar 6.10. *Sei $f \in L_2(\Omega)$ mit $\int_\Omega f(x)\,\varphi(x)\,dx = 0$ für alle $\varphi \in \mathcal{D}(\Omega)$. Dann ist $f = 0$ fast überall.*

Schließlich zeigen wir, dass die Regularisierung für gleichmäßig stetige Funktionen gleichmäßig konvergiert.

Satz 6.11. *Sei $u : \mathbb{R}^d \to \mathbb{R}$ gleichmäßig stetig. Dann ist $\varrho_n * u \in C^\infty(\mathbb{R}^d)$ und*

$$\lim_{n\to\infty} (\varrho_n * u)(x) = u(x)$$

gleichmäßig in $x \in \mathbb{R}^d$. Hier ist die Faltung $\varrho_n * u$ wieder durch (6.7) definiert.

Beweis: Sei $x \in \mathbb{R}^d$. Wähle $\eta \in \mathcal{D}(\mathbb{R}^d)$ derart, dass $\eta = 1$ auf $\bar{B}(x,2)$. Dann ist $u * \varrho_n = (\eta u) * \varrho_n$ in einer Umgebung von x. Da $\eta u \in L_2(\mathbb{R}^d)$, folgt aus Satz 6.5, dass $u * \varrho_n \in C^\infty(\mathbb{R}^d)$. Sei $\varepsilon > 0$. Dann gibt es ein $n_0 \in \mathbb{N}$, so dass $|u(x-y)-u(x)| \leq \varepsilon$, wenn $|y| \leq 1/n_0$. Damit gilt für $n \geq n_0$

$$|(\varrho_n * u)(x) - u(x)| = \left| \int_{|y|<1/n} \Big(u(x-y) - u(x)\Big)\varrho_n(y)\,dy \right|$$
$$\leq \varepsilon \int_{|y|\leq 1/n} \varrho_n(y)\,dy = \varepsilon,$$

womit die Behauptung bewiesen ist. $\square$

6.2 Sobolev-Räume über $\Omega \subseteq \mathbb{R}^d$

Nach diesen Vorbereitungen können wir nun Sobolev-Räume über allgemeinen Gebieten im $\mathbb{R}^d$ einführen. Sei Ω eine offene Menge im $\mathbb{R}^d$. Ähnlich wie in Kapitel 5 wollen wir schwache Ableitungen durch partielles Integrieren definieren. Zunächst betrachten wir eine Funktion f, die im klassischen Sinn stetig differenzierbar ist, d.h. $f \in C^1(\Omega)$ mit den partiellen Ableitungen $\frac{\partial f}{\partial x_j}, j = 1, \ldots, d$.

Lemma 6.12 (Partielle Integration). *Seien $f \in C^1(\Omega)$ und $\varphi \in C^1_c(\Omega)$, dann gilt*

$$-\int_\Omega f(x)\frac{\partial \varphi}{\partial x_j}(x)\,dx = \int_\Omega \frac{\partial f}{\partial x_j}\varphi(x)\,dx \,. \tag{6.20}$$

Beweis: *1. Fall:* $\Omega = \mathbb{R}^d$. In diesem Fall gilt

$$-\int_{\mathbb{R}^d} f(x) \frac{\partial \varphi}{\partial x_j}(x)\, dx = -\int_{\mathbb{R}} \cdots \int_{\mathbb{R}} f(x_1, \ldots, x_d) \frac{\partial \varphi}{\partial x_j}(x_1, \ldots, x_d)\, dx_1 \cdots dx_d$$

$$= \int_{\mathbb{R}} \cdots \int_{\mathbb{R}} \frac{\partial f}{\partial x_j}(x_1, \ldots, x_d)\, \varphi(x_1, \ldots, x_d)\, dx_1 \cdots dx_d$$

durch partielles Integrieren im j-ten Integral.

2. Fall: Sei nun Ω beliebig. Wähle $U \Subset \Omega$, so dass supp $\varphi \subset U$, und wähle $\eta \in \mathcal{D}(\Omega)$ so, dass $\eta = 1$ auf $\underline{\operatorname{supp}}\varphi$ und supp $\eta \subset U$ (siehe Lemma 6.7). Dann ist $\widetilde{f\eta} \in C^1(\mathbb{R}^d)$ (wobei mit $\widetilde{f\eta} = (f\eta)^{\sim}$ die Fortsetzung der Funktion $f\eta$ gemäß (6.19) bezeichnet wird). Dann ergibt sich aus dem ersten Fall mit den entsprechenden Fortsetzungen

$$-\int_{\Omega} f(x) \frac{\partial \varphi}{\partial x_j}(x)\, dx = -\int_{\mathbb{R}^d} \widetilde{f\eta}(x) \frac{\partial \varphi}{\partial x_j}(x)\, dx$$

$$= \int_{\mathbb{R}^d} \frac{\partial (\widetilde{f\eta})(x)}{\partial x_j} \varphi(x)\, dx = \int_{\Omega} \frac{\partial f}{\partial x_j}(x)\, \varphi(x)\, dx,$$

da $\eta = 1$ auf supp φ und supp $\varphi \subset U \Subset \Omega$.   □

Wir nehmen nun die Identität (6.20) als Definition der schwachen Ableitungen einer Funktion in $L_2(\Omega)$: Sei $f \in L_2(\Omega)$ und sei $j \in \{1, \ldots, d\}$. Ist $g_j \in L_2(\Omega)$ derart, dass

$$-\int_{\Omega} f \frac{\partial \varphi}{\partial x_j}(x)\, dx = \int_{\Omega} g_j \varphi\, dx \tag{6.21}$$

für alle $\varphi \in \mathcal{D}(\Omega)$, so nennen wir g_j die *schwache j-te partielle Ableitung* von f. Es gibt höchstens eine schwache j-te partielle Ableitung: Gilt nämlich (6.21) auch wenn g_j durch eine Funktion $\tilde{g}_j \in L_2(\Omega)$ ersetzt wird, so ist $\int_{\Omega} g_j \varphi\, dx = \int_{\Omega} \tilde{g}_j \varphi\, dx$ für alle $\varphi \in \mathcal{D}(\Omega)$. Aus Korollar 6.10 folgt dann, dass $g_j = \tilde{g}_j$. Wir bezeichnen die schwache j-te partielle Ableitung von f mit $D_j f$, falls sie existiert.

Ist $f \in L_2(\Omega)$ und $j \in \{1, \ldots, d\}$, so schreiben wir kurz $D_j f \in L_2(\Omega)$, um zu sagen, dass die schwache j-te partielle Ableitung im obigen Sinn existiert. Mit dieser Vereinbarung ist der *Sobolev-Raum* $H^1(\Omega)$ folgendermaßen definiert:

$$H^1(\Omega) := \{u \in L_2(\Omega) : D_j u \in L_2(\Omega) \text{ für } j = 1, \ldots, d\}.$$

Ist $u \in H^1(\Omega)$, so ist also $D_j u$ die eindeutige Funktion in $L_2(\Omega)$, so dass

$$-\int_{\Omega} u \frac{\partial \varphi}{\partial x_j}\, dx = \int_{\Omega} D_j u\, \varphi\, dx$$

für alle $\varphi \in \mathcal{D}(\Omega)$ gilt.

Bemerkung 6.13 (Vergleich von klassischer und schwacher Ableitung).
Aus Lemma 6.12 sehen wir Folgendes: Sei $u \in L_2(\Omega) \cap C^1(\Omega)$, dann ist u genau dann in $H^1(\Omega)$, wenn $\frac{\partial u}{\partial x_j} \in L_2(\Omega)$ für alle $j = 1, \ldots, d$. In dem Fall stimmen schwache und klassische partielle Ableitung überein, d.h. $D_j u = \frac{\partial u}{\partial x_j}, j = 1, \ldots, d$. Damit ist also $D_j u$ eine Verallgemeinerung der klassischen partiellen Ableitung. Für $u \in L_2(\Omega) \cap C^1(\Omega)$ werden wir beide Bezeichnungen $\frac{\partial u}{\partial x_j}$ und $D_j u$ benutzen, aber wir benutzen $\frac{\partial}{\partial x_j}$ ausschließlich für die klassische partielle Ableitung. $\triangle$

Bemerkung 6.14 (Testfunktionen). In der Definition von $H^1(\Omega)$ haben wir den Raum $\mathcal{D}(\Omega)$ der Testfunktionen gewählt, um die schwachen Ableitungen zu definieren. Das ist bequem, falls höhere Ableitungen in Argumenten gebraucht werden. Allerdings gilt die „Formel der partiellen Integration" automatisch für die größere Klasse $C_c^1(\Omega)$, d.h.

$$-\int_\Omega u \frac{\partial \varphi}{\partial x_j} dx = \int_\Omega D_j u \, \varphi \, dx$$

für alle $u \in H^1(\Omega)$, $\varphi \in C_c^1(\Omega)$, $j = 1, \ldots, d$, siehe Aufgabe 6.2. $\triangle$

Es folgt unmittelbar aus der Eindeutigkeit von $D_j u$, dass $H^1(\Omega)$ ein Vektorraum und $D_j : H^1(\Omega) \to L_2(\Omega)$ für alle $j = 1, \ldots, d$ eine lineare Abbildung ist. Auf $H^1(\Omega)$ definiert

$$(u,v)_{H^1} := (u,v)_{L_2} + \sum_{j=1}^d (D_j u, D_j v)_{L_2} = \int_\Omega u(x)v(x)\,dx + \int_\Omega \nabla u(x) \nabla v(x)\,dx$$

ein Skalarprodukt. Die zugehörige Norm ist gegeben durch

$$\|u\|_{H^1(\Omega)}^2 := \int_\Omega u(x)^2\,dx + \int_\Omega |\nabla u(x)|^2\,dx.$$

Hier definieren wir den *Gradienten* ∇u von $u \in H^1(\Omega)$ durch

$$\nabla u(x) := (D_1 u(x), \ldots, D_d u(x)).$$

Sind $y = (y_1, \ldots, y_d), z = (z_1, \ldots, z_d) \in \mathbb{R}^d$, so bezeichnen wir wieder mit $y \cdot z = y^T z$, $|y| := \sqrt{y \cdot y}$ das natürliche Skalarprodukt und die Euklidische Norm im $\mathbb{R}^d$. Somit gilt für $u, v \in H^1(\Omega)$ also $\nabla u(x) \cdot \nabla v(x) = \sum_{j=1}^d D_j u(x) D_j v(x), x \in \Omega$, und $(\nabla u \cdot \nabla v)(x) := \nabla u(x) \cdot \nabla v(x), x \in \Omega$, definiert eine Funktion $\nabla u \cdot \nabla v \in L_1(\Omega)$.

Satz 6.15. *Mit der obigen Definition des Skalarproduktes wird $H^1(\Omega)$ ein Hilbert-Raum.*

Beweis: Der Beweis von Satz 6.15 ist völlig analog zu dem von Satz 5.6 im eindimensionalen Fall. $\square$

Aus der Definition der Norm folgt unmittelbar folgende Beschreibung der Konvergenz in $H^1(\Omega)$. Seien $u_n, u \in H^1(\Omega)$. Dann gilt $\lim_{n\to\infty} u_n = u$ in $H^1(\Omega)$ genau dann, wenn

$$\lim_{n\to\infty} u_n = u \text{ und } \lim_{n\to\infty} D_j u_n = D_j u \text{ in } L_2(\Omega) \text{ für alle } j = 1, \ldots, d.$$

Dies werden wir immer wieder benutzen. Als Nächstes zeigen wir im Folgenden, wie Funktionen in $H^1(\Omega)$ durch C^∞-Funktionen approximiert werden können.

Satz 6.16 (Approximationssatz). *Sei $u \in H^1(\Omega)$. Dann gibt es Funktionen $u_n \in \mathcal{D}(\mathbb{R}^d)$, $n \in \mathbb{N}$ derart, dass*

$$\lim_{n\to\infty} u_n = u \quad \text{in } L_2(\Omega) \tag{6.22}$$

und $\lim_{n\to\infty} \dfrac{\partial u_n}{\partial x_j} = D_j u \quad \text{in } L_2(U)$ $\tag{6.23}$

für jedes $U \Subset \Omega$ und alle $j = 1, \ldots, d$.

Beweis: Wir definieren $u_n := \eta_n(\varrho_n * \tilde{u})$ wie in der Vorbereitung zu Satz 6.8 mit der Fortsetzung $\tilde{u}$ durch 0 aus (6.19). Dann ist $u_n \in \mathcal{D}(\mathbb{R}^d)$ und $\lim_{n\to\infty} u_n = u$ in $L_2(\Omega)$ nach Satz 6.8. Sei $U \Subset \Omega$. Wir zeigen nun, dass auf U für hinreichend großes n

$$\frac{\partial u_n}{\partial x_j} = \varrho_n * \widetilde{D_j u} \tag{6.24}$$

gilt. Es gibt ein $n_0 \in \mathbb{N}$, so dass $U \subset \Omega_{n_0}$ (vgl. (6.15)). Fixiere $x \in U$. Für $n \geq n_0$ folgt $\operatorname{supp} \varrho_n(x - \cdot) \subset \Omega$ sowie $(\varrho_n * \tilde{u})(x) = \int_\Omega u(y)\varrho_n(x - y)\, dy$. Somit ist mit Satz 6.5 und nach der Definition von $D_j u$

$$\frac{\partial}{\partial x_j}(\varrho_n * \tilde{u})(x) = \int_\Omega u(y)\frac{\partial \varrho_n}{\partial x_j}(x - y)\, dy = -\int_\Omega u(y)\frac{\partial \varrho_n}{\partial y_j}(x - y)\, dy$$

$$= \int_\Omega D_j u(y)\varrho_n(x - y)\, dy = (\varrho_n * \widetilde{D_j u})(x).$$

Nun folgt aus Satz 6.6, dass $\lim_{n\to\infty} \frac{\partial u_n}{\partial x_j} = D_j u$ in $L_2(U)$. $\qquad\square$

Bemerkung 6.17. Man kann im Allgemeinen nicht erreichen, dass die Konvergenz der Ableitungen (6.23) im gesamten Raum $L_2(\Omega)$ gilt, ohne Regularitätsvoraussetzungen an den Rand von Ω zu stellen. Es gibt eine beschränkte offene Menge Ω, so dass $C(\bar{\Omega}) \cap H^1(\Omega)$ nicht dicht in $H^1(\Omega)$ ist (z.B. $\Omega = (0,1) \cup (1,2)$ in $\mathbb{R}$), siehe Aufgabe 6.8. Allerdings besagt der Satz von Meyers-Serrin (siehe [44] oder z.B. [28, Sec. 5.3.1]), dass $C^\infty(\Omega) \cap H^1(\Omega)$ dicht in $H^1(\Omega)$ ist für beliebige offene Mengen Ω in $\mathbb{R}^d$. $\qquad\triangle$

Es gilt auch folgende Umkehrung des Approximationssatzes (Satz 6.16). Mit dieser Umkehrung können wir den Raum $H^1(\Omega)$ auch vollständig durch Approximationseigenschaften beschreiben.

Satz 6.18. *Seien $u, f_1, \ldots, f_d \in L_2(\Omega)$. Es gebe Funktionen $u_n \in C_c^1(\mathbb{R}^d)$ mit $u_n \to u$, $\frac{\partial u_n}{\partial x_j} \to f_j, n \to \infty$, in $L_2(U)$ für jedes $U \Subset \Omega$ und $j = 1, \ldots, d$. Dann ist $u \in H^1(\Omega)$ und es gilt $D_j u = f_j$ für alle $j = 1, \ldots, d$.*

Beweis: Sei $\varphi \in \mathcal{D}(\Omega)$. Dann gilt

$$-\int_\Omega u(x) \frac{\partial \varphi}{\partial x_j}(x)\, dx = \lim_{n\to\infty} -\int_\Omega u_n(x) \frac{\partial \varphi}{\partial x_j}(x)\, dx = \lim_{n\to\infty} \int_\Omega \frac{\partial}{\partial x_j} u_n(x)\, \varphi(x)\, dx$$

$$= \int_\Omega f_j(x)\varphi(x)\, dx$$

für $j = 1, \ldots, d$. Damit folgt die Behauptung aus der Definition von $H^1(\Omega)$. $\qquad\square$

Wir stellen nun einige Differenziationsregeln zusammen und testen dabei die Brauchbarkeit der oben definierten schwachen Ableitungen.

Satz 6.19. *Sei $\Omega \subset \mathbb{R}^d$ offen und zusammenhängend. Weiter sei $u \in H^1(\Omega)$ derart, dass $D_j u(x) = 0$ fast überall für $j = 1, \ldots, d$. Dann gibt es eine Konstante $c \in \mathbb{R}$ mit $u(x) = c$ fast überall.*

Beweis: Der Beweis verläuft in zwei Schritten.

a) Sei $\bar{B}(x, r) \subset \Omega$. Wir zeigen, dass es eine Konstante c gibt, so dass $u(y) = c$ fast überall in $B(x, r)$. Sei $u_n := \eta_n(\varrho_n * \tilde{u})$ gemäß Satz 6.8 und sei n so groß gewählt, dass $\frac{1}{n} < \mathrm{dist}(\bar{B}(x, r), \partial\Omega)$. Dann gilt nach (6.24) $\frac{\partial}{\partial x_j} u_n = \frac{\partial}{\partial x_j}(\varrho_n * \tilde{u}) = \varrho_n * \widetilde{D_j u} = 0$ auf $B(x, r)$ für $j = 1, \ldots, d$. Damit ist u_n konstant auf $B(x, r)$, da nach (6.12) $|u_n(y) - u_n(x)| \leq \|\nabla u_n\|_\infty \cdot |x - y| = 0$ für alle $y \in B(x, r)$. Da $u_n \to u$ in $L_2(\Omega)$ nach Satz 6.11, folgt die Behauptung.

b) Wegen a) gibt es eine Konstante c derart, dass

$$U := \{x \in \Omega : u(y) = c \text{ für fast alle } y \in B(x, r), \text{ wenn } \bar{B}(x, r) \subset \Omega\}$$

nicht leer ist. Die Menge U ist offensichtlich offen. Aus a) folgt, dass U relativ abgeschlossen in Ω ist. Da Ω zusammenhängend ist, folgt $U = \Omega$. $\qquad\square$

Als Nächstes zeigen wir die Produktregel.

Satz 6.20 (Produktregel). *Seien $u, v \in H^1(\Omega)$, so dass $v, D_j v \in L_\infty(\Omega), j = 1, \ldots, d$. Dann ist $uv \in H^1(\Omega)$ und*

$$D_j(uv) = (D_j u)v + u\, D_j v . \tag{6.25}$$

Beweis: Aus der Voraussetzung folgt, dass $uv \in L_2(\Omega)$ und $(D_j u)v + u\, D_j v \in L_2(\Omega)$. Für $\varphi \in \mathcal{D}(\Omega)$ müssen wir zeigen, dass

$$-\int_\Omega u(x)\, v(x)\, \frac{\partial}{\partial x_j}\varphi(x)\, dx = \int_\Omega (D_j u(x)\, v(x) + u(x)\, D_j v(x))\varphi(x)\, dx. \tag{6.26}$$

1. Fall: Die Funktion u hat eine Fortsetzung in $\mathcal{D}(\mathbb{R}^d)$. Dann ist $u\varphi \in \mathcal{D}(\Omega)$ für alle $\varphi \in \mathcal{D}(\Omega)$ und somit nach Definition von $D_j v$

$$-\int_\Omega u(x)\, v(x)\, \frac{\partial}{\partial x_j}\varphi(x)\, dx = -\int_\Omega v(x)\, \frac{\partial}{\partial x_j}(u(x)\,\varphi(x))\, dx$$

$$+ \int_\Omega v(x)\left(\frac{\partial}{\partial x_j}u(x)\right)\varphi(x)\, dx$$

$$= \int_\Omega (D_j v(x)\, u(x)\, \varphi(x) + D_j u(x)\, v(x))\varphi(x)\, dx.$$

Damit gilt (6.25) in diesem Fall.

2. Fall: Nun sei $u \in H^1(\Omega)$ beliebig. Dann gibt es Funktionen $u_n \in \mathcal{D}(\mathbb{R}^d)$ mit $u_n \to u$ in $L_2(\Omega)$ und $D_j u_n \to D_j u$ in $L_2(U)$ für alle $U \Subset \Omega$ (siehe Satz 6.16). Nach dem 1. Fall ist $D_j(u_n\, v) = (D_j\, u_n)\, v + u_n\, D_j v$. Damit konvergiert $D_j(u_n\, v)$ gegen $(D_j u)\, v + u\, D_j v$ in $L_2(U)$ mit $n \to \infty$ für $U \Subset \Omega$. Da $u_n v \to uv$ in $L_2(\Omega)$ mit $n \to \infty$, folgt die Behauptung aus Satz 6.18. $\qquad\square$

Satz 6.21 (Kettenregel). *Sei* $f \in C^1(\mathbb{R})$ *mit* $f(0) = 0$ *und* $|f'(r)| \le M$ *für alle* $r \in \mathbb{R}$. *Dann ist* $f \circ u \in H^1(\Omega)$ *und* $D_j(f \circ u) = (f' \circ u)D_j u$, $j = 1, \dots, d$, *für alle* $u \in H^1(\Omega)$.

Beweis: Sei $u \in H^1(\Omega)$. Zunächst gilt nach Voraussetzung $|f(r)| = \left| \int_0^r f'(s)\, ds \right| \le M|r|$ für alle $r \in \mathbb{R}$. Daraus folgt $|(f \circ u)(x)| \le M|u(x)|$ für alle $x \in \Omega$ und damit

$$\|f \circ u\|_{L_2}^2 = \int_\Omega |(f \circ u)(x)|^2\, dx \le M^2\|u\|_{L_2}^2 < \infty.$$

Also ist $f \circ u \in L_2(\Omega)$. Da f' beschränkt ist, ist $f' \circ u \in L_\infty(\Omega)$ und $(f' \circ u)D_j u \in L_2(\Omega)$, da $u \in H^1(\Omega)$. Sei $\varphi \in \mathcal{D}(\Omega)$. Wir müssen zeigen, dass

$$-\int_\Omega (f \circ u)(x)\frac{\partial \varphi}{\partial x_j}(x)\, dx = \int_\Omega (f' \circ u)(x)D_j u(x)\varphi(x)\, dx. \qquad (6.27)$$

Nach dem Approximationssatz 6.16 gibt es Funktionen $u_n \in \mathcal{D}(\mathbb{R}^d)$ derart, dass $u_n \to u$ und $D_j u_n \to D_j u$ in $L_2(U)$ für alle $U \Subset \Omega$. Wähle nun $U \Subset \Omega$ so, dass $\operatorname{supp}\varphi \subset U$. Indem wir zu Teilfolgen übergehen, können wir annehmen, dass es $g \in L_2(\Omega)$ gibt derart, dass $|u_n| \le g$ und $|D_j u_n| \le g$ für alle $n \in \mathbb{N}$. Ferner können wir annehmen, dass $u_n \to u$ und $D_j u_n \to D_j u$ für $n \to \infty$ fast überall auf U (siehe dazu die Umkehrung des Satzes von Lebesgue, Satz A.9). Nach der klassischen Kettenregel gilt $\frac{\partial}{\partial x_j}(f \circ u_n) = (f' \circ u_n)\frac{\partial u_n}{\partial x_j}$. Somit folgt wegen der partiellen Integration (6.20)

$$-\int_\Omega (f \circ u_n)(x)\frac{\partial \varphi}{\partial x_j}(x)\, dx = \int_\Omega (f' \circ u_n)(x)\frac{\partial u_n}{\partial x_j}(x)\,\varphi(x)\, dx \qquad (6.28)$$

für alle $\varphi \in \mathcal{D}(\Omega)$. Da $f \circ u_n \to f \circ u$, $f' \circ u_n \to f' \circ u$ und $D_j u_n \to D_j u$ für $n \to \infty$ fast überall, erlaubt uns der Satz von Lebesgue in (6.28) zum Grenzwert überzugehen, und wir erhalten (6.27). $\qquad\square$

Als Nächstes wollen wir die Substitutionsregel für Sobolev-Räume beweisen.

Satz 6.22 (Substitutionsregel). *Seien $\Omega_1, \Omega_2 \subset \mathbb{R}^d$ offen und sei $F : \Omega_2 \to \Omega_1$ bijektiv derart, dass $F \in C^1(\Omega_2, \mathbb{R}^d)$, $F^{-1} \in C^1(\Omega_1, \mathbb{R}^d)$ mit $\sup_{x \in \Omega_2} \|DF(x)\| < \infty$ und $\sup_{y \in \Omega_1} \|DF^{-1}(y)\| < \infty$. Ist $u \in H^1(\Omega_1)$, so ist $u \circ F \in H^1(\Omega_2)$ und*

$$D_j(u \circ F) = \sum_{i=1}^{d} (D_i u) \circ F \cdot \frac{\partial F_i}{\partial y_j}.$$

Hier ist $F(y) = (F_1(y), \ldots, F_d(y))^T$, $y \in \Omega_2$, und $(DF)(y) = \left(\frac{\partial F_i}{\partial y_j}(y) \right)_{i,j=1,\ldots,d}$ die Jacobi-Matrix von F in y.

Beweis: Sei $u \in H^1(\Omega_1)$. Dann gibt es nach dem Approximationssatz 6.16 $u_n \in \mathcal{D}(\mathbb{R}^d)$ derart, dass $u_n \to u$ in $L_2(\Omega_1)$ und $D_j u_n \to D_j u$ in $L_2(U)$, wenn $U \Subset \Omega_1$. Damit konvergiert

$$(D_i u_n \circ F) \cdot \frac{\partial F_i}{\partial y_j} \to (D_i u \circ F) \cdot \frac{\partial F_i}{\partial y_j}, \quad n \to \infty,$$

in $L_2(U)$ für alle $U \Subset \Omega_2$. Für $\varphi \in \mathcal{D}(\Omega_2)$ wähle $\operatorname{supp} \varphi \subset U \Subset \Omega_2$. Dann gilt

$$\int_V (u_n \circ F) \frac{\partial \varphi}{\partial y_j} \, dy = - \int_V \sum_{i=1}^{d} \left(\frac{\partial u_n}{\partial x_i} \circ F \right) \frac{\partial F_i}{\partial y_j} \cdot \varphi \, dy.$$

Damit folgt das Resultat durch Grenzübergang $n \to \infty$. $\qquad \square$

Ein Spezialfall ist eine affine Abbildung $F : \mathbb{R}^d \to \mathbb{R}^d$, gegeben durch $F(y) = By + b$ mit einer invertierbaren $d \times d$-Matrix B und $b \in \mathbb{R}^d$. Mit $\Omega_2 \subset \mathbb{R}^d$ ist dann $F(\Omega_2) =: \Omega_1$ offen und die Substitutionsformel kann angewandt werden. Von besonderem Interesse ist der Fall, wenn B orthogonal ist. Dann ist F *isometrisch*, d.h. $\|F(y) - F(z)\| = \|y - z\|$, $y, z \in \mathbb{R}^d$ (und jede isometrische Abbildung von $\mathbb{R}^d$ nach $\mathbb{R}^d$ ist von der Form $F(y) = By + b$ mit orthogonalem B).

Korollar 6.23. *Sei B eine orthogonale $d \times d$-Matrix, $b \in \mathbb{R}^d$, $F(y) = By + b$, $y \in \mathbb{R}^d$. Sei $\Omega_2 \subset \mathbb{R}^d$ offen, $\Omega_1 := F(\Omega_2)$. Dann definiert $u \mapsto u \circ F$ einen unitären Operator von $H^1(\Omega_1)$ nach $H^1(\Omega_2)$.*

Nun zeigen wir noch folgenden Zusammenhang zwischen schwachen und klassischen Ableitungen.

Satz 6.24. *Sei $u \in H^1(\Omega)$ mit $D_j u \in C(\Omega)$ für $j = 1, \ldots, d$. Dann ist $u \in C^1(\Omega)$.*

Beweis: Sei $U \Subset \Omega$. Wir wollen zeigen, dass $u \in C^1(U)$. Dazu können wir annehmen, dass u kompakten Träger in Ω hat (sonst ersetzen wir u durch ηu mit einer geeigneten Abschneidefunktion $\eta \in \mathcal{D}(\Omega)$ und wenden die Produktregel aus Satz 6.20 an).

Wegen Satz 6.27 können wir annehmen, dass $\Omega = \mathbb{R}^d$ (sonst ersetzen wir u durch $\tilde{u}$). Damit ist $u \in H^1(\mathbb{R}^d)$ mit kompaktem Träger. Nach Voraussetzung ist $D_j u \in$

$C_c(\mathbb{R}^d)$. Betrachte die Funktion $u_n := \varrho_n * u \in \mathcal{D}(\mathbb{R}^d)$. Dann gilt $\lim_{n\to\infty} u_n = u$ in $L_2(\mathbb{R}^d)$ (nach Satz 6.6) und $D_j u_n = \varrho_n * D_j u$ nach Satz 6.5. Daher gilt

$$|D_j u_n(x)| = \left| \int_{\mathbb{R}^d} \varrho_n(x-y) D_j u(y) \, dy \right| \leq \|D_j u\|_\infty .$$

Somit ist $\| \, |\nabla u_n| \, \|_\infty \leq c$ für alle $n \in \mathbb{N}$ und ein $c \geq 0$, da $D_j u \in C_c(\mathbb{R}^d)$. Aus (6.12) folgt, dass $|u_n(y) - u_n(x)| \leq \| \, |\nabla u_n| \, \|_\infty \cdot |y-x| \leq c\,|y-x|$ für alle $n \in \mathbb{N}$ und $x, y \in \mathbb{R}^d$. Damit ist die Folge $(u_n)_{n\in\mathbb{N}}$ gleichgradig stetig. Da $u_n \to u$ in $L_2(\mathbb{R}^d)$, können wir annehmen, dass $u_n(x) \to u(x)$ fast überall (sonst gehen wir zu einer Teilfolge über, siehe Satz A.10). Insbesondere gibt es $x_0 \in \mathbb{R}^d$ und $b \geq 0$, so dass $|u_n(x_0)| \leq b$ für alle $n \in \mathbb{N}$. Damit ist $|u_n(x)| \leq b + c|x - x_0|$ für alle $n \in \mathbb{N}$ und alle $x \in \mathbb{R}^d$. Folglich ist die Folge $(u_n)_{n\in\mathbb{N}}$ auf jeder kompakten Teilmenge von $\mathbb{R}^d$ beschränkt. Nach dem Satz von Arzela-Ascoli A.6 gibt es also zu jeder kompakten Teilmenge K von $\mathbb{R}^d$ eine Teilfolge von $(u_n)_{n\in\mathbb{N}}$, die gleichmäßig auf K gegen eine stetige Funktion $w \in C(K)$ konvergiert. Da $u_n(x) \to u(x)$ fast überall, ist $u = w$ fast überall. Damit ist u stetig (gegebenenfalls nach Modifizierung auf einer Nullmenge). Mit dem j-ten Einheitsvektor e_j gilt für $x \in \mathbb{R}^d$

$$u_n(x + te_j) = u_n(x) + \int_0^t D_j u_n(x + se_j) \, ds.$$

Da $D_j u_n = \varrho_n * D_j u$ gleichmäßig gegen $D_j u$ konvergiert (nach Satz 6.11), folgt mit $n \to \infty$, dass

$$u(x + te_j) = u(x) + \int_0^t D_j u(x + se_j) \, ds.$$

Damit ist $\frac{\partial u}{\partial x_j}(x) = D_j u(x)$ und somit $u \in C^1(\mathbb{R}^d)$. $\qquad\square$

Schließlich definieren wir Sobolev-Räume höherer Ordnung:

$$H^2(\Omega) := \{u \in H^1(\Omega) : D_j u \in H^1(\Omega), \ j = 1, \ldots, d\}.$$

Für $u \in H^2(\Omega)$ ist also $D_i D_j u \in L_2(\Omega)$ für alle $i, j \in \{1, \ldots, d\}$. Man zeigt leicht, dass

$$D_i D_j u = D_j D_i u \tag{6.29}$$

gilt, da dieses nach dem Satz von Schwarz für Testfunktionen richtig ist (Aufgabe 6.3). Induktiv definieren wir

$$H^{k+1}(\Omega) := \{u \in H^1(\Omega) : D_j u \in H^k(\Omega), \ j = 1, \ldots, d\}. \tag{6.30}$$

Damit sind alle $H^k(\Omega)$ für $k \in \mathbb{N}$ definiert.

6.3 Der Raum $H_0^1(\Omega)$

Wir kommen nun zu den Sobolev-Räumen mit schwachen homogenen Randbedingungen bezüglich einer offenen Menge $\Omega \subset \mathbb{R}^d$. Ist $d \geq 2$, so sind nicht alle

Funktionen in $H^1(\Omega)$ stetig (siehe Aufgabe 6.5). Da im Allgemeinen der Rand $\partial\Omega$ von Ω eine Nullmenge ist und wir Funktionen in $H^1(\Omega)$ identifizieren, wenn sie fast überall übereinstimmen, macht es keinen Sinn zu sagen, dass $u_{|\partial\Omega} = 0$ ist. Wir definieren daher eine schwache Form der Randbedingung „$u_{|\partial\Omega} = 0$". Dazu setzen wir $H_0^1(\Omega) := \overline{\mathcal{D}(\Omega)}^{H^1(\Omega)}$, also

$$H_0^1(\Omega) = \{u \in H^1(\Omega) : \exists\, \varphi_n \in \mathcal{D}(\Omega) \text{ mit } \lim_{n\to\infty} \varphi_n = u \text{ in } H^1(\Omega)\}.$$

Damit ist $H_0^1(\Omega)$ ein abgeschlossener Unterraum von $H^1(\Omega)$ und somit selbst wieder ein Hilbert-Raum. Für $u \in H^1(\Omega)$ interpretieren wir $u \in H_0^1(\Omega)$ als eine schwache Form für die Aussage, dass u auf dem Rand von Ω verschwindet. Nun untersuchen wir den Raum $H_0^1(\Omega)$. Ist $\Omega = \mathbb{R}^d$, so hat Ω keinen Rand und tatsächlich gilt dann $H_0^1(\mathbb{R}^d) = H^1(\mathbb{R}^d)$.

Satz 6.25. *Der Raum der Testfunktionen $\mathcal{D}(\mathbb{R}^d)$ ist dicht in $H^1(\mathbb{R}^d)$.*

Beweis: Sei $u \in H^1(\mathbb{R}^d)$. Dann ist $\varrho_n * u \in C^\infty(\mathbb{R}^d) \cap L_2(\mathbb{R}^d)$ und nach Satz 6.6 gilt $\lim_{n\to\infty} \varrho_n * u = u$ in $L_2(\mathbb{R}^d)$. Ferner sieht man wie im Beweis von (6.24), dass

$$\frac{\partial}{\partial x_j}(\varrho_n * u) = \varrho_n * D_j u.$$

Somit ist $\varrho_n * u \in H^1(\mathbb{R}^d) \cap C^\infty(\mathbb{R}^d)$ und $\lim_{n\to\infty} \varrho_n * u = u$ in $H^1(\mathbb{R}^d)$. Sei nun $\eta \in \mathcal{D}(\mathbb{R}^d)$, so dass $0 \le \eta \le 1$, $\eta(x) = 1$ für $|x| \le 1$ und $\eta(x) = 0$ für $|x| \ge 2$. Weiter sei $\eta_k(x) := \eta(\frac{x}{k})$. Dann ist $\eta_k \in \mathcal{D}(\mathbb{R}^d)$ mit $\eta_k(x) = 1$ für $|x| \le k$ und $0 \le \eta_k \le 1$. Somit gilt $\lim_{k\to\infty} \eta_k(\varrho_n * u) = \varrho_n * u$ in $L_2(\mathbb{R}^d)$ (nach dem Satz von Lebesgue). Ferner konvergiert für $k \to \infty$

$$\frac{\partial}{\partial x_j}(\eta_k(\varrho_n * u))(x) = \left(\frac{\partial}{\partial x_j}\eta_k\right)(x)\,(\varrho_n * u)(x) + \eta_k(x)\frac{\partial}{\partial x_j}(\varrho_n * u)(x)$$

$$= \frac{1}{k}\left(\frac{\partial}{\partial x_j}\eta\right)\left(\frac{x}{k}\right)(\varrho_n * u)(x) + \eta_k(x)(\varrho_n * D_j u)(x)$$

gegen $\varrho_n * D_j u$ in $L_2(\mathbb{R}^d)$, da $\eta_k(x) = 1$ für $|x| \le k$ und der erste Term gegen null strebt. Damit gilt $\lim_{k\to\infty} \eta_k(\varrho_n * u) = \varrho_n * u$ in $H^1(\mathbb{R}^d)$. Da $\eta_k(\varrho_n * u) \in \mathcal{D}(\mathbb{R}^d)$, gilt $\varrho_n * u \in H_0^1(\mathbb{R}^d)$. Damit ist der Satz bewiesen, wenn wir anschließend den Grenzwert für $n \to \infty$ betrachten. $\qquad\square$

Leicht kann man den Beweis von Satz 6.25 auf die zweiten Ableitungen erweitern, wenn $u \in H^2(\mathbb{R}^d)$. Folgendes Korollar des Beweises wird später nützlich sein.

Korollar 6.26. *Sei $u \in H^2(\mathbb{R}^d)$. Dann gibt es $u_n \in \mathcal{D}(\mathbb{R}^d)$, so dass $\lim_{n\to\infty} u_n = u$, $\lim_{n\to\infty} \frac{\partial}{\partial x_j} u_n = D_j u$ und $\lim_{n\to\infty} \frac{\partial}{\partial x_i}\frac{\partial}{\partial x_j} u_n = D_i D_j u$ in $L_2(\mathbb{R}^d)$ für alle $i,j \in \{1,\dots,d\}$.*

Ist $f : \Omega \to \mathbb{R}^d$ eine Funktion auf einer offenen Menge $\Omega \subset \mathbb{R}^d$, so definieren wir analog zu (6.19) die Fortsetzung

$$\tilde{f}(x) := \begin{cases} f(x), & \text{für } x \in \Omega, \\ 0, & \text{auf } \mathbb{R}^d \setminus \Omega. \end{cases} \tag{6.31}$$

Ist f in Ω differenzierbar, so ist es $\tilde{f}$ auf dem Rand von Ω im Allgemeinen nicht mehr. Dennoch gilt folgender Satz.

Satz 6.27. *Sei $u \in H_0^1(\Omega)$. Dann ist $\tilde{u} \in H^1(\mathbb{R}^d)$ und $D_j \tilde{u} = \widetilde{D_j u}$, für $j = 1, \ldots, d$.*

Beweis: Sei $u \in H_0^1(\Omega)$. Dann gibt es eine Folge von Funktionen $u_n \in \mathcal{D}(\Omega)$ derart, dass $u_n \to u$ und $\frac{\partial u_n}{\partial x_j} \to D_j u$ in $L_2(\Omega)$ mit $n \to \infty$ für alle $j = 1, \ldots, d$. Nach (6.20) gilt für alle $\varphi \in \mathcal{D}(\mathbb{R}^d)$

$$-\int_{\mathbb{R}^d} \tilde{u}(x) \frac{\partial \varphi}{\partial x_j}(x)\, dx = \lim_{n \to \infty} -\int_\Omega u_n(x) \frac{\partial \varphi}{\partial x_j}(x)\, dx = \lim_{n \to \infty} \int_\Omega \frac{\partial u_n}{\partial x_j}(x)\, \varphi(x)\, dx$$

$$= \int_\Omega D_j u(x)\, \varphi(x)\, dx = \int_{\mathbb{R}^d} \widetilde{D_j u}(x)\, \varphi(x)\, dx\,.$$

Damit gilt die Behauptung. $\qquad\qquad\qquad\qquad\qquad\qquad\qquad\qquad\qquad\qquad\qquad$ $\square$

Korollar 6.28. *Sei $u \in H_0^1(\Omega)$ derart, dass $D_j u = 0$ für $j = 1, \ldots, d$. Dann ist $u = 0$.*

Beweis: Es ist $D_j \tilde{u} = 0$ nach Satz 6.27. Damit folgt aus Satz 6.19, dass $\tilde{u}$ konstant ist. Da $\tilde{u} \in L_2(\mathbb{R}^d)$, folgt, dass $\tilde{u} = 0$. $\qquad\qquad\qquad\qquad\qquad\qquad$ $\square$

Sei $\Omega \subset \mathbb{R}^d$ offen. Wir vergleichen nun die klassische Bedingung $u_{|\partial\Omega} = 0$ mit der schwachen, d.h. $u \in H_0^1(\Omega)$. Als Erstes zeigen wir, dass ein $u \in H^1(\Omega)$, welches in einer Umgebung von $\partial\Omega$ verschwindet, in $H_0^1(\Omega)$ liegt. Wir definieren dazu

$$H_c^1(\Omega) := \{u \in H^1(\Omega) : \exists\, K \subset \Omega \text{ kompakt derart, dass } u = 0 \text{ auf } \Omega \setminus K\}.$$

Satz 6.29. *Es gilt $H_c^1(\Omega) \subset H_0^1(\Omega)$.*

Beweis: Sei $u \in H_c^1(\Omega)$, also $u(x) = 0$ für $x \in \Omega \setminus K$, wobei $K \subset \Omega$ kompakt ist. Sei $n \in \mathbb{N}$ so groß, dass $\frac{1}{n} < \mathrm{dist}(K, \partial\Omega)$. Dann ist nach Lemma 6.3 $(\varrho_n * \tilde{u})(x) = 0$, wenn $x \notin K + \bar{B}(0, 1/n)$. Da $K + \bar{B}(0, 1/n) \subset \Omega$, folgt $\varrho_n * \tilde{u} \in \mathcal{D}(\Omega)$. Ferner gilt für alle $x \in \Omega$

$$\frac{\partial}{\partial x_j}(\varrho_n * \tilde{u})(x) = \int_{\mathbb{R}^d} \frac{\partial}{\partial x_j} \varrho_n(x - y)\, \tilde{u}(y)\, dy = -\int_{\mathbb{R}^d} \frac{\partial}{\partial y_j} \varrho_n(x - y)\, \tilde{u}(y)\, dy$$

$$= -\int_\Omega \frac{\partial}{\partial y_j} \varrho_n(x - y)\, u(y)\, dy = \int_\Omega \varrho_n(x - y) D_j u(y)\, dy$$

$$= \int_{\mathbb{R}^d} \varrho_n(x - y) \widetilde{D_j u}(y)\, dy = (\varrho_n * \widetilde{D_j u})(x).$$

Damit folgt aus Satz 6.6, dass $\frac{\partial}{\partial x_j}(\varrho_n * \tilde{u}) \to D_j u$ in $L_2(\Omega)$ und $\varrho_n * \tilde{u} \to u$ in $L_2(\Omega)$ mit $n \to \infty$. Wir haben u in $H^1(\Omega)$ durch die Testfunktion $\varrho_n * \tilde{u} \in \mathcal{D}(\Omega)$ approximiert. Also ist $u \in H_0^1(\Omega)$. $\qquad\qquad\qquad\qquad\qquad\qquad\qquad\qquad$ $\square$

Ist Ω offen und beschränkt, so setzen wir

$$C_0(\Omega) := \{f \in C(\bar{\Omega}) : f_{|\partial\Omega} = 0\}. \qquad\qquad\qquad\qquad\qquad (6.32)$$

Der folgende Satz zeigt, dass H^1-Funktionen mit homogenen Randbedingungen im klassischen Sinn in $H_0^1(\Omega)$ liegen.

Satz 6.30. *Es gilt $H^1(\Omega) \cap C_0(\Omega) \subset H_0^1(\Omega)$ für $\Omega \subset \mathbb{R}^d$ offen und beschränkt.* □

Den Beweis führen wir erst im nächsten Abschnitt, da wir für ihn die Verbandsoperationen benutzen wollen.

Bemerkung 6.31. Die zu Satz 6.30 umgekehrte Implikation $H_0^1(\Omega) \cap C(\bar\Omega) \subset C_0(\Omega)$ ist im Allgemeinen falsch. Wir geben hierzu ein Beispiel. Sei $\Omega := B \setminus \{0\}$, wobei $B := B(0,1) = \{x \in \mathbb{R}^3 : |x| < 1\}$. Also ist $\bar\Omega = \bar{B}(0,1)$. Sei $u \in \mathcal{D}(B)$. Dann ist $u \in C(\bar\Omega)$, aber $u \in C_0(\Omega)$ nur, wenn $u(0) = 0$. Selbst wenn $u(0) \neq 0$, ist aber $u \in H_0^1(\Omega)$. Um das zu sehen, wählen wir eine Funktion $f \in C^\infty(\mathbb{R})$ mit $f(r) = 1$ für $r \geq 1$ und $f(r) = 0$ für $r \leq \frac{1}{2}$.

Setze $u_n(x) := f(n|x|)u(x)$. Dann ist $u_n(x) = 0$ für $|x| \leq \frac{1}{2n}$ und somit $u_n \in \mathcal{D}(\Omega)$. Da $u_n(x) = u(x)$ für $|x| \geq \frac{1}{n}$, konvergiert u_n nach dem Satz von Lebesgue gegen u in $L_2(\Omega)$. Ferner gilt nach der Produktregel

$$D_j u_n(x) = f(n|x|)D_j u(x) + nf'(n|x|)\frac{x_j}{|x|}u(x).$$

Der erste Term strebt gegen $D_j u$ in $L_2(\Omega)$ mit $n \to \infty$. Der zweite strebt in $L_2(\Omega)$ gegen 0 mit $n \to \infty$, da

$$n^2 \int_\Omega f'(n|x|)^2\, dx = n^2 \int_{|x|<1/n} f'(|nx|)^2\, dx = \int_{|y|<1} f'(|y|)^2 \frac{dy}{n}.$$

Damit gilt $\lim_{n\to\infty} u_n = u$ in $H^1(\Omega)$ und somit $u \in H_0^1(\Omega)$ aufgrund der Abgeschlossenheit von $H_0^1(\Omega)$ in $H^1(\Omega)$.

Die Implikation ist aber richtig, wenn Ω keine Löcher hat, d.h. wenn Ω das Innere von $\bar\Omega$ ist, siehe [13]. △

Schließlich beweisen wir eine wichtige Norm-Ungleichung. Wir sagen, dass Ω *in eine Richtung beschränkt* ist, wenn es ein $j_0 \in \{1,\ldots,d\}$ und ein $\delta > 0$ gibt, so dass $|x_{j_0}| \leq \delta$ für alle $x \in \Omega$. Natürlich hat jede beschränkte Menge diese Eigenschaft.

Satz 6.32 (Poincaré-Ungleichung). *Sei $\Omega \subset \mathbb{R}^d$ offen und außerdem in eine Richtung beschränkt. Dann gilt mit obigem $\delta > 0$, dass*

$$\|u\|_{L_2} \leq 2\delta\, |u|_{H^1} \tag{6.33}$$

für alle $u \in H_0^1(\Omega)$, wobei $|u|_{H^1} := \left(\int_\Omega |\nabla u(x)|^2\, dx\right)^{1/2} = \|\nabla u\|_{L_2}$.

Korollar 6.33. *Ist Ω in eine Richtung beschränkt, so definiert $|\cdot|_{H^1}$ eine äquivalente Norm auf $H_0^1(\Omega)$.*

Beweis von Satz 6.32: Sei ohne Beschränkung der Allgemeinheit $j_0 = 1$. Weiter sei $h \in C^1([-\delta,\delta])$ mit $h(-\delta) = 0$. Dann gilt wegen der Cauchy-Schwarz'schen Ungleichung

$$\int_{-\delta}^\delta h(x)^2\, dx = \int_{-\delta}^{+\delta} \left|\int_{-\delta}^x h'(y)\, dy\right|^2 dx \leq \int_{-\delta}^\delta \int_{-\delta}^x h'(y)^2\, dy \cdot (x+\delta)\, dx$$

$$\leq (2\delta)^2 \int_{-\delta}^\delta h'(y)^2\, dy.$$

Damit gilt für $u \in \mathcal{D}(\Omega)$ die Ungleichung

$$\int_\Omega (u(x))^2 \, dx \leq \int_\mathbb{R} \cdots \int_\mathbb{R} \int_{-\delta}^{+\delta} (2\delta)^2 \left(\frac{\partial \tilde{u}}{\partial x_1}(x_1, \ldots, x_d) \right)^2 \, dx_1 \cdots dx_d$$

$$\leq (2\delta)^2 \int_\Omega |\nabla u|^2 \, dx.$$

Da $\mathcal{D}(\Omega)$ in $H_0^1(\Omega)$ dicht liegt, folgt (6.33) für alle $u \in H_0^1(\Omega)$. □

Bemerkung 6.34. Die Aussage der Poincaré-Ungleichung bleibt auch in der einer etwas allgemeineren Situation gültig, wenn u nur (in einem geeigneten Sinne) auf einem nicht-trivialen Teil $\Gamma_D \subset \partial\Omega$ des Randes verschwindet (D steht hier für Dirichlet Randbedingungen). Den entsprechenden Raum bezeichnet man mit $H_D^1(\Omega)$, vgl. [15, Kap. II]. Dieser Raum spielt bei Problemen mit gemischten Randbedingungen eine wichtige Rolle, insbesondere auch in der Numerik.

6.4 Die Verbandsoperationen auf $H^1(\Omega)$

Ist $f : \Omega \to \mathbb{R}$ eine Funktion, so setzen wir

$$f^+(x) := \begin{cases} f(x), & \text{wenn } f(x) > 0, \\ 0, & \text{wenn } f(x) \leq 0, \end{cases}$$

sowie $f^- := (-f)^+$ und $|f| := f^+ + f^-$. Damit gilt natürlich $f = f^+ - f^-$. Ist $f \in L_2(\Omega)$, so sind auch $|f|, f^+, f^- \in L_2(\Omega)$ und es ist $\|f\|_{L_2} = \| |f| \|_{L_2}$. Man nennt die Abbildungen $f \mapsto |f|, f^+, f^-$ die *Verbandsoperationen* auf $L_2(\Omega)$. Wir definieren noch die Signum-Funktion (das Vorzeichen) von f

$$(\operatorname{sign} f)(x) := \begin{cases} 1, & \text{wenn } f(x) > 0, \\ 0, & \text{wenn } f(x) = 0, \\ -1, & \text{wenn } f(x) < 0, \end{cases}$$

sowie die charakteristischen Funktionen

$$\chi_{\{f>0\}}(x) := \begin{cases} 1, & \text{wenn } f(x) > 0, \\ 0, & \text{wenn } f(x) \leq 0, \end{cases}$$

und $\chi_{\{f<0\}} := \chi_{\{-f>0\}}$. Für die schwachen Ableitungen gelten folgende Zusammenhänge.

Satz 6.35 (Ableitungen der Verbandsoperationen).
Ist $u \in H^1(\Omega)$, so sind auch $|u|, u^+, u^- \in H^1(\Omega)$ und es gilt für $j = 1, \ldots, d$:

$$D_j u^+ = \chi_{\{u>0\}} \, D_j u \tag{6.34}$$

$$D_j u^- = -\chi_{\{u<0\}} \, D_j u \tag{6.35}$$

$$D_j |u| = (\operatorname{sign} u) \, D_j u \tag{6.36}$$

Beweis: Sei $u \in H^1(\Omega)$. Wir zeigen, dass $u^+ \in H^1(\Omega)$. Sei

$$f_n(r) := \begin{cases} (r^2 + n^{-2})^{1/2} - n^{-1}, & \text{für } r > 0, \\ 0, & \text{für } r \leq 0. \end{cases}$$

Dann ist $f_n \in C^1(\mathbb{R})$ mit $f_n(0) = 0$ und

$$f_n'(r) = \begin{cases} r(r^2 + n^{-2})^{-1/2}, & \text{für } r > 0, \\ 0, & \text{für } r \leq 0. \end{cases}$$

Insbesondere ist $0 \leq f_n'(r) \leq 1$, $r \in \mathbb{R}$. Ferner gilt $0 \leq f_n(r) \leq r^+$ für alle $n \in \mathbb{N}$, $r \in \mathbb{R}$ und $\lim_{n \to \infty} f_n(r) = r^+$. Seien $u \in H^1(\Omega)$ und $\varphi \in \mathcal{D}(\Omega)$. Dann gilt nach der Kettenregel

$$- \int_\Omega (f_n \circ u(x)) \frac{\partial \varphi}{\partial x_j}(x)\, dx = \int_\Omega (f_n' \circ u)(x)\, (D_j u)(x)\, \varphi(x)\, dx. \tag{6.37}$$

Aufgrund der Monotonie von f_n gilt $0 \leq f_n \circ u \leq u^+$. Da $f_n \circ u \to u^+$ fast überall, folgt aus dem Satz von Lebesgue, dass die linke Seite in (6.37) gegen den Term $- \int_\Omega u^+(x) \frac{\partial \varphi}{\partial x_j}(x)\, dx$ konvergiert. Da $|(f_n' \circ u)(x)| \leq 1$ und $\lim_{n \to \infty}(f_n' \circ u)(x) = \chi_{\{u > 0\}}(x)$ für alle $x \in \Omega$, konvergiert die rechte Seite von (6.37) gegen $\int_\Omega \chi_{\{u > 0\}}(x)\, D_j u(x)\, \varphi(x)\, dx$. Damit gilt nach Grenzübergang auf beiden Seiten von (6.37)

$$- \int_\Omega u^+(x) \frac{\partial \varphi}{\partial x_j}(x)\, dx = \int_\Omega \chi_{\{u > 0\}}(x)\, (D_j u)(x)\, \varphi(x)\, dx$$

und wir haben die erste Behauptung bewiesen. Die beiden anderen folgen sofort aus (6.34), da $u^- = (-u)^+$ und $|u| = u^+ + u^-$. $\qquad\square$

Das folgende Korollar ist bemerkenswert.

Korollar 6.36 (Lemma von Stampacchia). *Es seien* $u \in H^1(\Omega)$, $c \in \mathbb{R}$ *und* $j \in \{1, \dots, d\}$. *Dann gilt* $(D_j u)(x) = 0$ *fast überall auf der Menge* $\{x \in \Omega : u(x) = c\}$.

Beweis: Der Beweis erfolgt in zwei Schritten.

a) Falls Ω beschränkt ist, können wir annehmen, dass $c = 0$. Sonst ersetzen wir u durch $u - c$. Auf $B := \{x \in \Omega : u(x) = 0\}$ gilt nach (6.34), (6.35) $D_j u^+(x) = D_j u^-(x) = 0$ für alle $x \in B$. Da $D_j u = D_j u^+ - D_j u^-$, folgt die Behauptung.

b) Für beliebiges Ω gilt $\Omega = \bigcup_{n \in \mathbb{N}} \Omega_n$, $\Omega_n := \Omega \cap B(0, n)$. Zu jedem $n \in \mathbb{N}$ ist $M_n := \{x \in \Omega_n : u(x) = c, D_j u(x) \neq 0\}$ nach a) eine Nullmenge, da Ω_n beschränkt ist. Damit ist $\bigcup_{n \in \mathbb{N}} M_n = \{x \in \Omega : u(x) = c, D_j u(x) \neq 0\}$ ebenfalls eine Nullmenge und die Behauptung ist bewiesen. $\qquad\square$

Wir zeigen nun, dass die Verbandsoperationen stetig sind.

Satz 6.37 (Stetigkeit der Verbandsoperationen). *Die Abbildungen* $u \mapsto u^+, u^-, |u| : H^1(\Omega) \to H^1(\Omega)$ *sind stetig.*

Beweis: Sei $u_n \to u$ eine konvergente Folge in $H^1(\Omega)$. Wir zeigen, dass $|u_n| \to |u|$ in $H^1(\Omega)$. Da $||u_n| - |u|| \leq |u_n - u|$ gilt $|u_n| \to |u|$ in $L_2(\Omega)$. Es bleibt zu zeigen, dass $D_j|u_n| \to D_j|u|$ in $L_2(\Omega)$ für alle $j \in \{1, \ldots, d\}$. Wegen Lemma 4.40 reicht es, diese Behauptung für eine Teilfolge zu zeigen.

Daher können wir nach der Umkehrung vom Lebesgue'schen Satz A.10 annehmen, dass $u_n(x) \to u(x), D_j u_n(x) \to D_j u(x)$ für alle $x \in \Omega \setminus N$, wobei N eine Nullmenge ist. Wir können weiterhin annehmen, dass $|D_j u_n| \leq g$ und $|u_n| \leq g$ für ein $g \in L_2(\Omega)$ und alle $n \in \mathbb{N}$.

Setze $B := \{x \in \Omega : u(x) = 0\}$. Dann ist nach Korollar 6.36 (Lemma von Stampacchia) $D_j u(x) = 0$ fast überall auf B. Also ist

$$\lim_{n \to \infty} D_j|u_n(x)| = \lim_{n \to \infty} \text{sign}\,(u_n(x)) D_j u_n(x) = 0 = D_j|u(x)|$$

fast überall auf B. Ist aber $x \notin B$, also $u(x) \neq 0$, so ist $\lim_{n \to \infty} \text{sign } u_n(x) = \text{sign } u(x)$, wenn zusätzlich $x \notin N$. Wir haben also gezeigt, dass

$$D_j|u_n| = (\text{sign}(u_n)) D_j u_n \to (\text{sign } u) D_j u = D_j|u|, \quad n \to \infty,$$

fast überall auf Ω. Aus dem Satz von Lebesgue folgt, dass $\lim_{n \to \infty} D_j|u_n| = D_j|u|$ in $L_2(\Omega)$. Damit haben wir gezeigt, dass $|u_n| \to |u|$ in $H^1(\Omega)$.

Da $u^+ = \frac{1}{2}(u + |u|)$ und $u^- = (-u)^+$, folgt auch, dass $u_n^+ \to u^+$ und $u_n^- \to u^-$ in $H^1(\Omega)$ für $n \to \infty$. $\qquad \square$

Bemerkung 6.38. Wir geben einen zweiten abstrakten Beweis von Satz 6.37. Sei $u_n \to u$ in $H^1(\Omega)$. Es reicht zu zeigen, dass für eine Teilfolge $|u_n| \to |u|$ in $H^1(\Omega)$ gilt, vgl. Lemma 4.40. Es ist $\|u_n\|_{H^1} = \|\,|u_n|\,\|_{H^1}$. Daher ist $(|u_n|)_{n \in \mathbb{N}}$ beschränkt in $H^1(\Omega)$. Nach Satz 4.35 können wir also annehmen, dass $|u_n|$ schwach in $H^1(\Omega)$ gegen ein $w \in H^1(\Omega)$ konvergiert (sonst gehen wir zu einer Teilfolge über). Dann konvergiert $|u_n|$ auch schwach gegen w in $L_2(\Omega)$.

Da andererseits $|u_n| \to |u|$ in $L_2(\Omega)$, folgt $w = |u|$. Wir haben also gezeigt, dass $|u_n| \rightharpoonup |u|$ in $H^1(\Omega)$. Da $\|\,|u_n|\,\|_{H^1} = \|u_n\|_{H^1} \to \|u\|_{H^1} = \|\,|u|\,\|_{H^1}$, folgt aus Satz 4.33, dass $|u_n| \to |u|$ in $H^1(\Omega)$. $\qquad \triangle$

Satz 6.37 besagt, dass $H^1(\Omega)$ ein Unterverband von $L_2(\Omega)$ ist und dass die Verbandsoperationen stetig sind. Insbesondere sind mit $u, v \in H^1(\Omega)$ auch

$$u \vee v := \max\{u, v\} = \frac{u + v + |u - v|}{2}, \quad u \wedge v := \min\{u, v\} = \frac{u + v - |u - v|}{2}$$
$$\tag{6.38}$$

in $H^1(\Omega)$. Wir zeigen nun, dass $H_0^1(\Omega)$ ein *Verbandsideal* in $H^1(\Omega)$ ist.

Satz 6.39.
a) Sei $u \in H_0^1(\Omega)$. Dann sind $|u|, u^+, u^- \in H_0^1(\Omega)$.
b) Seien $v \in H^1(\Omega)$ und $u \in H_0^1(\Omega)$ mit $0 \leq v \leq u$. Dann ist $v \in H_0^1(\Omega)$.

Beweis:

a) Sei $u_n \in \mathcal{D}(\Omega)$ derart, dass $u_n \to u$ in $H^1(\Omega)$. Nach Satz 6.37 ist dann auch

$$\lim_{n\to\infty} |u_n| = |u|, \quad \lim_{n\to\infty} u_n^+ = u^+, \quad \lim_{n\to\infty} u_n^- = u^- \text{ in } H^1(\Omega).$$

Da $|u_n|, u_n^+, u_n^- \in H_c^1(\Omega) \subset H_0^1(\Omega)$ (siehe Satz 6.29), folgt die Behauptung aus der Abgeschlossenheit von $H_0^1(\Omega)$.

b) Es gibt $\varphi_n \in \mathcal{D}(\Omega)$ derart, dass $\varphi_n \to u$ in $H^1(\Omega)$. Sei

$$v_n := (\varphi_n \wedge v) \vee 0 = \max\{\min\{\varphi_n, v\}, 0\}.$$

Dann gilt $v_n \in H_c^1(\Omega)$ wegen $\varphi_n \in \mathcal{D}(\Omega)$, $v \in H_0^1(\Omega)$ und $v \geq 0$. Weiter gilt

$$\lim_{n\to\infty} v_n = ((\lim_{n\to\infty} \varphi_n) \wedge v) \vee 0 = (u \wedge v) \vee 0 = v$$

wegen $u \geq v \geq 0$. Also ist $v \in H_0^1(\Omega)$ aufgrund der Abgeschlossenheit von $H_0^1(\Omega)$ und Satz 6.29. $\qquad\square$

Für die weitere Analyse von elliptischen Problemen auf Ω sind folgende Aussagen hilfreich. Wir definieren die *positiven Kegel*

$$\mathcal{D}(\Omega)_+ := \{\varphi \in \mathcal{D}(\Omega) : \varphi \geq 0\}, \quad H_0^1(\Omega)_+ := \{u \in H_0^1(\Omega) : u \geq 0 \text{ fast überall}\}.$$

Nach Definition ist $\mathcal{D}(\Omega)$ dicht in $H_0^1(\Omega)$. Dieses gilt auch für die positiven Kegel.

Satz 6.40. *$\mathcal{D}(\Omega)_+$ ist dicht in $H_0^1(\Omega)_+$.*

Beweis: Sei $u \in H_0^1(\Omega)_+$. Dann gibt es $u_n \in \mathcal{D}(\Omega)$ derart, dass $\lim_{n\to\infty} u_n = u$ in $H_0^1(\Omega)$. Damit ist aufgrund der Stetigkeit der Verbandsoperationen auch $\lim_{n\to\infty} u_n^+ = u^+ = u$ in $H^1(\Omega)$. Wegen $0 \leq u_n^+ \in H_c^1(\Omega)$ gilt $\varrho_k * u_n^+ \geq 0$ mit dem Mollifier ϱ_k aus Definition 6.2. Da aber $\varrho_k * u_n^+ \in \mathcal{D}(\Omega)$ für k groß genug und $\varrho_k * u_n^+ \to u_n^+$ in $H^1(\Omega)$ für $k \to \infty$ (beachte (6.24)), ist der Satz bewiesen. $\qquad\square$

Schließlich geben wir noch den Beweis von Satz 6.30.

Beweis von Satz 6.30: Sei $u \in H^1(\Omega) \cap C_0(\Omega)$. Aus Satz 6.35 folgt, dass $u^+, u^- \in H^1(\Omega) \cap C_0(\Omega)$. Damit reicht es, positive Funktionen zu betrachten. Sei also $u \geq 0$. Da Ω beschränkt ist, ist $u - \frac{1}{n} \in H^1(\Omega)$ für alle $n \in \mathbb{N}$, also auch $u_n := (u - \frac{1}{n})^+$ (nach Satz 6.35). Da $u \in C_0(\Omega)$, ist $\{x \in \Omega : u(x) \geq \frac{1}{n}\}$ kompakt. Somit ist $u_n \in H_c^1(\Omega) \subset H_0^1(\Omega)$ nach Satz 6.29. Da die Verbandsoperationen stetig sind (Satz 6.37), ist $\lim_{n\to\infty} u_n = u$ in $H^1(\Omega)$. Somit ist $u \in H_0^1(\Omega)$, da $H_0^1(\Omega)$ abgeschlossen ist. $\qquad\square$

6.5 Die Poisson-Gleichung mit Dirichlet-Randbedingungen

Sei Ω eine offene Menge und $\lambda \geq 0$. Gegeben sei $f \in L_2(\Omega)$. Unser erstes Ziel ist es, die Poisson-Gleichung mit Reaktionsterm

$$-\Delta u + \lambda u = f \text{ in } \Omega, \tag{6.39a}$$

$$u_{|\partial\Omega} = 0, \tag{6.39b}$$

zu analysieren. Zunächst betrachten wir nur die Gleichung (6.39a). Nehmen wir einmal an, dass u eine klassische Lösung von (6.39a) ist, d.h., es ist $u \in C^2(\Omega)$ und (6.39) gilt mit $\Delta u = \sum_{j=1}^{d} \frac{\partial^2 u}{\partial x_j}$. Betrachten wir eine Testfunktion $\varphi \in \mathcal{D}(\Omega)$, dann erhalten wir durch zweimaliges partielles Integrieren (6.20)

$$\lambda \int_{\Omega} u(x)\,\varphi(x)\,dx - \int_{\Omega} u(x)\Delta\varphi(x)\,dx = \int_{\Omega} f(x)\,\varphi(x)\,dx. \qquad (6.40)$$

Diese Identität hat auch einen Sinn, wenn u lediglich in $L_2(\Omega)$ liegt. In diesem Fall wollen wir u eine schwache Lösung von (6.39a) nennen.

Definition 6.41. Sei $f \in L_2(\Omega)$. Eine Funktion $u \in L_2(\Omega)$ heißt *schwache Lösung* von (6.39a) (also ohne Berücksichtigung der Randbedingung (6.39b)), wenn

$$\lambda \int_{\Omega} u(x)\,\varphi(x)\,dx - \int_{\Omega} u(x)\,\Delta\varphi(x)\,dx = \int_{\Omega} f(x)\,\varphi(x)\,dx$$

für alle $\varphi \in \mathcal{D}(\Omega)$. $\qquad\qquad\qquad\qquad\qquad\qquad\qquad\qquad\qquad\qquad\qquad\triangle$

Ist u sogar in $H^1(\Omega)$, so können wir die schwachen Ableitungen von u ins Spiel bringen und erhalten folgende Beschreibung von schwachen Lösungen.

Lemma 6.42. *Sei $u \in H^1(\Omega)$. Genau dann ist u eine schwache Lösung von (6.39a), wenn*

$$\lambda \int_{\Omega} u(x)\,\varphi(x)\,dx + \int_{\Omega} \nabla u(x)\,\nabla\varphi(x)\,dx = \int_{\Omega} f(x)\,\varphi(x)\,dx \qquad (6.41)$$

für alle $\varphi \in H_0^1(\Omega)$ gilt.

Beweis: Sei $\varphi \in \mathcal{D}(\Omega)$. Dann ist auch $\frac{\partial\varphi}{\partial x_j} \in \mathcal{D}(\Omega)$ für alle $j = 1,\dots,d$. Somit ist nach Definition der schwachen Ableitung

$$\int_{\Omega} \nabla u(x)\nabla\varphi(x)\,dx = \sum_{j=1}^{d} \int_{\Omega} D_j u(x)\frac{\partial\varphi}{\partial x_j}(x)\,dx = -\sum_{j=1}^{d} \int_{\Omega} u(x)\frac{\partial^2\varphi}{\partial x_j^2}(x)\,dx$$

$$= -\int_{\Omega} u(x)\,\Delta\varphi(x)\,dx.$$

Damit ist (6.41) für $\varphi \in \mathcal{D}(\Omega)$ zu (6.40) äquivalent. Gilt (6.40) für $\varphi \in \mathcal{D}(\Omega)$, so gilt die Identität auch für $\varphi \in H_0^1(\Omega)$ durch Grenzübergang. $\qquad\qquad\qquad\square$

Wir interpretieren nun die Randbedingung (6.39b) dahingehend, dass wir fordern, dass $u \in H_0^1(\Omega)$. Dann legt uns Lemma 6.42 nahe, die Form

$$a(u,v) := \lambda \int_{\Omega} u(x)\,v(x)\,dx + \int_{\Omega} \nabla u(x)\,\nabla v(x)\,dx$$

auf $H_0^1(\Omega) \times H_0^1(\Omega)$ zu betrachten. Sie ist stetig, da nach der Cauchy-Schwarz'schen Ungleichung

$$|a(u,v)| \leq \lambda\|u\|_{L_2}\|v\|_{L_2} + \left(\int_{\Omega} |\nabla u(x)|^2\,dx\right)^{\frac{1}{2}} \left(\int_{\Omega} |\nabla v(x)|^2\,dx\right)^{\frac{1}{2}}$$

$$\leq (\lambda + 1)\|u\|_{H^1}\|v\|_{H^1}.$$

Ist $\lambda > 0$, so gilt $a(u) \geq \min\{\lambda,1\}\|u\|^2_{H^1}$ und somit ist die Form koerziv. Ist Ω in eine Richtung beschränkt, so gilt die Poincaré-Ungleichung (6.33). Damit gilt

$$\int_\Omega |\nabla u(x)|^2\, dx = \frac{1}{2}\int_\Omega |\nabla u(x)|^2\, dx + \frac{1}{2}\int_\Omega |\nabla u(x)|^2\, dx$$

$$\geq \frac{1}{8\delta^2}\int_\Omega u(x)^2\, dx + \frac{1}{2}\int_\Omega |\nabla u(x)|^2\, dx \geq \alpha\|u\|^2_{H^1}$$

mit $\alpha = \min\left\{\frac{1}{8\delta^2}, \frac{1}{2}\right\}$. Somit ist in diesem Fall die Form auch für $\lambda = 0$ koerziv.

Sei nun $\lambda > 0$ oder Ω in eine Richtung beschränkt. Für $f \in L_2(\Omega)$ ist die Abbildung $\varphi \mapsto \int_\Omega f(x)\,\varphi(x)\, dx$ eine stetige Linearform auf $H^1_0(\Omega)$. Somit gibt es nach dem Satz von Lax-Milgram genau ein $u \in H^1_0(\Omega)$, so dass die Gleichung $a(u,\varphi) = \int_\Omega f(x)\,\varphi(x)\, dx$ für alle $\varphi \in H^1_0(\Omega)$. Damit ist (6.40) erfüllt und wir haben folgenden Satz bewiesen.

Satz 6.43. *Sei $\lambda \geq 0$. Es gelte mindestens eine der beiden Bedingungen: a) $\lambda > 0$, b) Ω ist in eine Richtung beschränkt. Dann gibt es für jedes $f \in L_2(\Omega)$ genau eine schwache Lösung $u \in H^1_0(\Omega)$ von (6.39).* $\qquad\qquad\square$

Wir haben also die Wohlgestelltheit des Poisson-Problems im schwachen Sinne bewiesen. Etwas schwieriger sind Fragen der Regularität. Zum einen stellt sich die Frage der inneren Regularität, also z.B. unter welchen Voraussetzungen $u \in C^2(\Omega)$ ist, und dann die Frage, ob $u \in C(\bar{\Omega})$ und $u_{|\partial\Omega} = 0$ ist, also ob die Randbedingung im klassischen Sinn erfüllt ist. Bei dem ersten Problem wird uns die Fourier-Transformation weiterhelfen, die wir im nächsten Abschnitt mit Hinblick auf Differenzierbarkeitseigenschaften untersuchen.

Die zweite Frage ist zur Wohlgestelltheit des Dirichlet-Problems äquivalent, weshalb wir auf Abschnitt 6.9 verweisen. Schon jetzt wollen wir das Maximumprinzip beweisen. Wir erinnern daran, dass eine Funktion $u \in C^2(\Omega)$ subharmonisch heißt, wenn $-\Delta u \leq 0$ ist (vgl. Definition 3.24). Das ist äquivalent dazu, dass

$$-\int_\Omega u(x)\,\Delta\varphi(x)\, dx \leq 0 \text{ für alle } \varphi \in \mathcal{D}(\Omega)_+ . \qquad (6.42)$$

Diese Forderung hat aber auch für $u \in L_2(\Omega)$ einen Sinn. Wir nennen daher allgemeiner eine Funktion $u \in L_2(\Omega)$ *subharmonisch*, falls (6.42) gilt. Sind $u \in H^1(\Omega)$ und $c \in \mathbb{R}$, so sagen wir, dass

$$u \leq c \text{ schwach auf } \partial\Omega \qquad (6.43)$$

gilt, falls $(u-c)^+ \in H^1_0(\Omega)$. Das ist eine Verallgemeinerung der klassischen Eigenschaft. Denn ist Ω beschränkt und $u \in H^1(\Omega) \cap C(\bar{\Omega})$ mit $u(z) \leq c$ für alle $z \in \partial\Omega$, so ist $(u-c)^+ \in H^1(\Omega) \cap C_0(\Omega)$ und somit ist $(u-c)^+ \in H^1_0(\Omega)$ nach Satz 6.30. Der folgende Satz verallgemeinert das klassische Maximumprinzip (6.44).

Satz 6.44 (Schwaches Maximumprinzip). *Sei $u \in H^1(\Omega)$ subharmonisch und $c \in \mathbb{R}$. Ist $u \leq c$ schwach auf $\partial\Omega$, so gilt $u \leq c$ fast überall in Ω.*

Beweis: Da $u \in H^1(\Omega)$, folgt aus (6.42), dass $\int_\Omega \nabla u \nabla \varphi \leq 0$ für alle $\varphi \in \mathcal{D}(\Omega)_+$. Da $\mathcal{D}(\Omega)_+$ dicht in $H_0^1(\Omega)_+$ ist (Satz 6.40), bleibt diese Ungleichung für alle $\varphi \in H_0^1(\Omega)_+$ gültig. Insbesondere können wir $\varphi = (u - c)^+$ wählen. Aus (6.34) folgt, dass $D_j\varphi = \chi_{\{u>c\}}D_ju$. Damit gilt

$$0 \geq \int_\Omega \nabla u(x)\nabla(u - c)^+(x)\,dx = \int_\Omega \nabla(u - c)(x)\nabla(u - c)^+(x)\,dx$$

$$= \int_\Omega |\nabla(u - c)^+(x)|^2\,dx\,.$$

Also ist $\nabla(u - c)^+ = 0$. Aus Korollar 6.28 folgt dann, dass $(u - c)^+ = 0$. □

6.5.1* Ergänzungen und Erweiterungen

Wie schon in Kapitel 4 kann man die obigen Wohlgestelltheitsaussagen leicht verallgemeinern. Dazu betrachten wir ein einfaches Beispiel in einer Raumdimension (für den allgemeineren Fall siehe Aufgabe 6.21).

Beispiel 6.45*. Seien $0 < \varepsilon < 1$ „klein", $f \in C([0,1])$ und wir betrachten das Problem

$$-\varepsilon u''(x) + u'(x) + u(x) = f(x) \quad \text{für alle } x \in (0,1),$$
$$u(0) = u(1) = 0.$$

Die (unsymmetrische) Bilinearform a auf $V := H_0^1(0,1)$ für die schwache Formulierung dieses Randwertproblems lautet $a(u,v) := \varepsilon(u',v')_{L_2} + (u' + u, v)_{L_2}$. Man rechnet leicht nach, dass a stetig ist. Hinsichtlich der Koerzivität gilt für alle $u \in H_0^1(0,1)$

$$(u', u)_{L_2} = \int_0^1 u'(x)\,u(x)\,dx = \frac{1}{2}\int_0^1 \frac{d}{dx}(u(x))^2\,dx = \frac{1}{2}(u(1)^2 - u(0)^2) = 0,$$

und damit $a(u,u) = \varepsilon\|u'\|_{L_2}^2 + \|u\|_{L_2}^2 \geq \varepsilon\|u\|_{H^1}^2$. Also ist die Bilinearform koerziv mit Koerzivitäts-Konstante $\alpha = \varepsilon$ und das obige Problem wohlgestellt (vgl. Aufgabe 6.21). Wir werden später (Céa-Lemma, Satz 9.14) sehen, dass der Kehrwert der Koerzivitäts-Konstanten erheblichen Einfluss bei der Fehleranalysis von Finiten Elemente Methoden in der Numerik hat. Offenbar ist $\alpha = \varepsilon$ in dieser Hinsicht ein Problem. △

Wenn wir nun in obigem Beispiel den Grenzfall $\varepsilon \to 0$ betrachten, dann wird aus dem Randwert- ein Anfangswertproblem und aus dem elliptischen Problem ein Transportproblem:

$$u'(x) + u(x) = f(x) \quad \text{für alle } x \in (0,1), \tag{6.44a}$$
$$u(0) = 0. \tag{6.44b}$$

Auch für dieses Problem können wir eine Variationsformulierung herleiten, dazu benötigen wir aber unterschiedliche Ansatz- und Testräume: Sei $V := H_{(0)}^1(0,1) := \{v \in H^1(0,1) : v(0) = 0\}$, $W := L_2(0,1)$ und wir setzen

$$b : V \times W \to \mathbb{R}, \qquad b(v,w) := (v' + v, w)_{L_2} = \int_0^1 (v'(x) + v(x))\,w(x)\,dx.$$

Mit Hilfe der Cauchy-Schwarz'schen Ungleichung zeigt man leicht, dass b stetig ist. Wir zeigen nun, dass der Satz von Banach-Nečas (Satz 4.27*) die Wohlgestelltheit sichert. Dazu überprüfen wir zunächst die inf-sup-Bedingung (4.10). Sei $0 \neq v \in V$, dann ist $v' + v \in W$ und es gilt

$$\sup_{w \in W} \frac{b(v,w)}{\|w\|_W} \geq \frac{b(v, v' + v)}{\|v' + v\|_W} = \frac{(v' + v, v' + v)_{L_2}}{\|v' + v\|_{L_2}} = \|v' + v\|_{L_2}.$$

Weiter gilt

$$\|v' + v\|_{L_2}^2 = (v' + v, v' + v)_{L_2} = \|v'\|_{L_2}^2 + \|v\|_{L_2}^2 + 2(v', v)_{L_2}$$
$$= \|v'\|_{L_2}^2 + \|v\|_{L_2}^2 + v(1)^2 \geq \|v\|_{H^1}^2,$$

also

$$\sup_{w \in W} \frac{b(v,w)}{\|w\|_W} \geq \|v' + v\|_{L_2} \geq \|v\|_{H^1}.$$

Diese Abschätzung gilt natürlich auch für $v = 0$ und damit gilt (4.10) mit $\beta = 1$. Zum Nachweis von (4.12) sei $0 \neq w \in W$. Definiere $v(x) := \int_0^x w(s)\, ds$. Es gilt $v \in V$, $v'(x) = w(x)$ und

$$b(v,w) = (v' + v, w)_{L_2} = \|w\|_{L_2}^2 + (v, v')_{L_2} = \|w\|_{L_2}^2 + \frac{1}{2} v(1)^2 > 0.$$

Damit besitzt die Variationsformulierung des Transportproblems (6.44) für alle $f \in W' = W = L_2(0,1)$ eine eindeutige Lösung $v \in H^1_{(0)}(0,1)$. Man beachte, dass f hier nicht stetig sein muss (sondern nur in $L_2(0,1)$) – im Gegensatz zu §2.1.2, S. 40. Ermöglicht wird dieses Resultat durch die Erweiterung des Satzes von Lax-Milgram zum Satz von Banach-Nečas.

6.6 Sobolev-Räume und Fourier-Transformation

Wir hatten bereits gesehen, dass die Fourier-Transformation Differenziation in Multiplikation mit der Variablen umwandelt. Da sie außerdem ein Isomorphismus von $L_2(\mathbb{R}^d)$ nach $L_2(\mathbb{R}^d)$ ist, überrascht es nicht, dass man das Bild der Sobolev-Räume unter der Fourier-Transformation einfach beschreiben kann. Neben dieser Charakterisierung werden wir auch Einbettungs- und Regularitätssätze beweisen: Wie oft muss eine Funktion schwach differenzierbar sein, damit sie stetig oder gar C^1 ist? Solche Resultate heißen auch *Einbettungssätze*. Diese Ergebnisse kann man dann für $\Omega \subset \mathbb{R}^d$ lokalisieren und für das Poisson-Problem auf einer offenen Menge benutzen.

In diesem Abschnitt ist der zu Grunde liegende Körper stets $\mathbb{C}$. Wir definieren komplexwertige L_p-Räume durch

$$L_p(\mathbb{R}^d, \mathbb{C}) := \left\{ f : \mathbb{R}^d \to \mathbb{C} \text{ ist messbar und } \int_{\mathbb{R}^d} |f(x)|^p\, dx < \infty \right\}, \quad 1 \leq p < \infty.$$

Dabei identifizieren wir zwei Funktionen in $L_p(\mathbb{R}^d, \mathbb{C})$, wenn sie fast überall übereinstimmen. Für $f \in L_1(\mathbb{R}^d, \mathbb{C})$ definieren wir die *Fourier-Transformation* $\hat{f} : \mathbb{R}^d \to$

$\mathbb{C}$ durch

$$\hat{f}(x) := \frac{1}{(2\pi)^{d/2}} \int_{\mathbb{R}^d} e^{-ix \cdot y} f(y)\, dy\,,$$

wobei wir für $x = (x_1, \ldots, x_d), y = (y_1, \ldots, y_d) \in \mathbb{R}^d$ mit $x \cdot y = x^T y$ wieder das Skalarprodukt im $\mathbb{R}^d$ bezeichnen. Wir setzen $x^2 = x \cdot x = \sum_{j=1}^d x_j^2$, $|x| := \sqrt{x^2}$. Ist $f \in L_1(\mathbb{R}^d, \mathbb{C})$, so gilt

$$\hat{f} \in C_0(\mathbb{R}^d, \mathbb{C}) := \left\{ g : \mathbb{R}^d \to \mathbb{C} : \text{stetig, } \lim_{|x| \to \infty} g(x) = 0 \right\}, \tag{6.45}$$

siehe Aufgabe 6.14. Diese Eigenschaft nennt man oft das Lemma von Riemann-Lebesgue. Somit definiert die Fourier-Transformation einen linearen Operator von $L_1(\mathbb{R}^d, \mathbb{C})$ nach $C_0(\mathbb{R}^d, \mathbb{C})$, der zwar injektiv, aber nicht surjektiv ist. Besser verhält sich die Fourier-Transformation auf $L_2(\mathbb{R}^d, \mathbb{C})$, wie wir nun sehen. Für den Beweis des folgenden Satzes verweisen wir z.B. auf das Buch [52, Seite 187].

Satz 6.46 (Satz von Plancherel). *Es gibt einen eindeutig bestimmten unitären Operator* $\mathcal{F} : L_2(\mathbb{R}^d, \mathbb{C}) \to L_2(\mathbb{R}^d, \mathbb{C})$, *so dass* $\mathcal{F}f = \hat{f}$ *für* $f \in L_1 \cap L_2$. *Es ist* $(\mathcal{F}^{-1}f)(x) = (\mathcal{F}f)(-x)$ *fast überall für alle* $f \in L_2(\mathbb{R}^d, \mathbb{C})$. $\square$

Man nennt $\mathcal{F}$ auch die *Fourier-Transformation*. Insbesondere gilt also

$$(\mathcal{F}f, \mathcal{F}g)_{L_2} = (f, g)_{L_2} \text{ für alle } f, g \in L_2 \quad \text{(Parseval-Identität)} \tag{6.46}$$

$$f(x) = (2\pi)^{-d/2} \int_{\mathbb{R}^d} e^{ix \cdot y} \mathcal{F}f(y)\, dy, \tag{6.47}$$

wenn $f \in L_2(\mathbb{R}^d, \mathbb{C})$ und $\mathcal{F}f \in L_1(\mathbb{R}^d, \mathbb{C})$. Aus Korollar 6.9 folgt, dass die Testfunktionen $\mathcal{D}(\mathbb{R}^d, \mathbb{C}) := \mathcal{D}(\mathbb{R}^d) + i\mathcal{D}(\mathbb{R}^d)$ dicht in $L_2(\mathbb{R}^d, \mathbb{C})$ sind. Wir definieren nun den komplexen Sobolev-Raum

$$H^1(\mathbb{R}^d, \mathbb{C}) := \left\{ u \in L_2(\mathbb{R}^d, \mathbb{C}) : \text{ es gibt } D_1 u, \ldots, D_d u \in L_2(\mathbb{R}^d, \mathbb{C}) \text{ mit} \right.$$

$$\left. -\int_{\mathbb{R}^d} u(x) \frac{\partial \varphi}{\partial x_j}(x)\, dx = \int_{\mathbb{R}^d} D_j u(x) \varphi(x)\, dx \text{ für alle } \varphi \in \mathcal{D}(\mathbb{R}^d) \right\}.$$

Es ist offensichtlich, dass damit $H^1(\mathbb{R}^d, \mathbb{C}) = \{v + iw : v, w \in H^1(\mathbb{R}^d)\}$ und $D_j(v + iw) = D_j v + iD_j w$ für alle $v, w \in H^1(\mathbb{R}^d)$ gilt. Damit folgt aus Satz 6.25, dass $\mathcal{D}(\mathbb{R}^d, \mathbb{C})$ auch in $H^1(\mathbb{R}^d, \mathbb{C})$ dicht ist. Folglich gilt für $u \in H^1(\mathbb{R}^d, \mathbb{C})$

$$-\int_{\mathbb{R}^d} u(x) D_j \varphi(x)\, dx = \int_{\mathbb{R}^d} D_j u(x)\, \varphi(x)\, dx \text{ für alle } \varphi \in H^1(\mathbb{R}^d, \mathbb{C}). \tag{6.48}$$

Nun definieren wir den gewichteten Raum

$$\hat{H}^1(\mathbb{R}^d) := L_2(\mathbb{R}^d, (1 + x^2)dx, \mathbb{C})$$

$$:= \left\{ f : \mathbb{R}^d \to \mathbb{C} \text{ messbar: } \int_{\mathbb{R}^d} |f(x)|^2 (1 + x^2)\, dx < \infty \right\}.$$

Dies ist ein Hilbert-Raum für das Skalarprodukt

$$(f, g)_{\hat{H}^1(\mathbb{R}^d)} := \int_{\mathbb{R}^d} f(x)\, \overline{g(x)}\, (1 + x^2)\, dx.$$

Satz 6.47. *Es gilt* $\mathcal{F}(H^1(\mathbb{R}^d, \mathbb{C})) = \hat{H}^1(\mathbb{R}^d)$ *und* $\mathcal{F}_{|H^1(\mathbb{R}^d, \mathbb{C})}$ *ist ein unitärer Operator. Für* $f \in H^1(\mathbb{R}^d, \mathbb{C})$ *gilt*

$$\mathcal{F}(D_j f)(x) = ix\, \mathcal{F}f(x) \text{ fast überall.} \tag{6.49}$$

Beweis: Sei $f \in \mathcal{D}(\mathbb{R}^d, \mathbb{C})$. Dann gilt

$$(\mathcal{F}D_j f)(x) = (2\pi)^{-d/2} \int_{\mathbb{R}^d} e^{-ix \cdot y} \frac{\partial f}{\partial y_j}(y)\, dy = (ix_j)(\mathcal{F}f)(x),$$

wie man durch partielle Integration sieht. Da $\mathcal{D}(\mathbb{R}^d, \mathbb{C})$ in $H^1(\mathbb{R}^d, \mathbb{C})$ dicht ist, bleibt diese Identität für alle $f \in H^1(\mathbb{R}^d, \mathbb{C})$ gültig. Insbesondere gilt für $f, g \in H^1(\mathbb{R}^d, \mathbb{C})$ wegen (6.46)

$$(f, g)_{H^1} = (f, g)_{L_2} + \sum_{j=1}^d (D_j f, D_j g)_{L_2} = (\mathcal{F}f, \mathcal{F}g)_{L_2} + \sum_{j=1}^d (\mathcal{F}(D_j f), \mathcal{F}(D_j g))_{L_2}$$

$$= \int_{\mathbb{R}^d} \left\{ \mathcal{F}f(x)\overline{\mathcal{F}g(x)} + \sum_{j=1}^d ix_j\, \mathcal{F}f(x)\, \overline{ix_j\, \mathcal{F}g(x)} \right\} dx$$

$$= \int_{\mathbb{R}^d} \mathcal{F}f(x)\, \overline{\mathcal{F}g}(x)\, (1 + x^2)\, dx = (\mathcal{F}f, \mathcal{F}g)_{\hat{H}^1(\mathbb{R}^d)}\,.$$

Insbesondere ist $\mathcal{F} : H^1(\mathbb{R}^d, \mathbb{C}) \to \hat{H}^1(\mathbb{R}^d)$ isometrisch. Wir zeigen, dass $\mathcal{F}$ surjektiv ist. Sei $g \in \hat{H}^1(\mathbb{R}^d)$, dann ist die Funktion $x \mapsto ix_j g$ in $L_2(\mathbb{R}^d, \mathbb{C})$ für jedes $j = 1, \ldots, d$. Daher gibt es nach Satz 6.46 Funktionen $f, f_1, \ldots, f_d \in L_2(\mathbb{R}^d, \mathbb{C})$, so dass $\mathcal{F}f = g$ und $(\mathcal{F}f_j)(x) = ix_j g(x)$ für $j = 1, \ldots, d$. Sei $\varphi \in \mathcal{D}(\mathbb{R}^d)$. Dann gilt wegen (6.46)

$$-\int_{\mathbb{R}^d} f(x) D_j \varphi(x)\, dx = -\int_{\mathbb{R}^d} f(x) \overline{D_j \varphi}(x)\, dx = -\int \mathcal{F}f(x) \overline{\mathcal{F}(D_j \varphi)}(x)\, dx$$

$$= -\int_{\mathbb{R}^d} g(x)(-ix_j)\overline{\mathcal{F}\varphi(x)}\, dx$$

$$= \int_{\mathbb{R}^d} \mathcal{F}f_j(x)\overline{\mathcal{F}\varphi}(x)\, dx = \int_{\mathbb{R}^d} f_j(x)\varphi(x)\, dx,$$

da wir φ reell gewählt haben. Damit ist $f \in H^1(\mathbb{R}^d, \mathbb{C})$ und $D_j f = f_j$ für alle $j = 1, \ldots, d$. $\qquad\square$

Der obige Satz erklärt die Bezeichnung $\hat{H}^1(\mathbb{R}^d)$, da dieser Raum das Bild von $H^1(\mathbb{R}^d, \mathbb{C})$ unter der Fourier-Transformation ist. Wir erinnern daran, dass die Sobolev-Räume $H^k(\mathbb{R}^d, \mathbb{C})$, $k \in \mathbb{N}$, induktiv durch

$$H^{k+1}(\mathbb{R}^d, \mathbb{C}) := \left\{ u \in H^1(\mathbb{R}^d, \mathbb{C}) : D_j u \in H^k(\mathbb{R}^d, \mathbb{C}), j = 1, \ldots, d \right\}$$

definiert sind. Mit $\hat{H}^k(\mathbb{R}^d)$ bezeichnen wir den gewichteten Raum

$$\hat{H}^k(\mathbb{R}^d) := \left\{ f : \mathbb{R}^d \to \mathbb{C} : \text{ messbar } \int_{\mathbb{R}^d} |f(x)|^2 (1+x^2)^k \, dx < \infty \right\}.$$

Dann sind diese Räume ineinander geschachtelt, also

$$\hat{H}^{k+1}(\mathbb{R}^d) \subset \hat{H}^k(\mathbb{R}^d) \subset L_2(\mathbb{R}^d, \mathbb{C}), \quad k \in \mathbb{N}. \tag{6.50}$$

Satz 6.48. *Es gilt* $\mathcal{F}(H^k(\mathbb{R}^d, \mathbb{C})) = \hat{H}^k(\mathbb{R}^d)$ *für* $k \in \mathbb{N}$.

Beweis: Die Aussage ist richtig für $k = 1$ (siehe Satz 6.47). Angenommen, sie sei richtig für k. Wir zeigen, dass sie dann auch richtig für $k + 1$ ist.

a) Sei $u \in H^{k+1}(\mathbb{R}^d, \mathbb{C})$, dann ist $u \in H^1(\mathbb{R}^d, \mathbb{C})$ und $D_j u \in H^k(\mathbb{R}^d, \mathbb{C})$. Es gilt $\mathcal{F}(D_j u) = g_j$, also $g_j(x) = ix_j \mathcal{F}u(x)$. Nach Induktionsvoraussetzung ist $g_j \in \hat{H}^k(\mathbb{R}^d)$, d.h., für $1 \le j \le d$ gilt

$$\int_{\mathbb{R}^d} x_j^2 |\mathcal{F}u(x)|^2 (1+x^2)^k \, dx < \infty$$

und $\mathcal{F}u \in \hat{H}^k(\mathbb{R}^d)$, also $\int_{\mathbb{R}^d} |\mathcal{F}u(x)|^2 (1+x^2)^k \, dx < \infty$. Aufsummieren liefert $\int_{\mathbb{R}^d} (x^2+1) |\mathcal{F}u(x)|^2 (1+x^2)^k \, dx < \infty$, d.h. $\mathcal{F}u \in \hat{H}^{k+1}(\mathbb{R}^d)$.

b) Sei umgekehrt $g \in \hat{H}^{k+1}(\mathbb{R}^d)$, dann sind die Funktionen g_j definiert durch $g_j(x) := ix_j g(x)$ in $\hat{H}^k(\mathbb{R}^d)$. Da auch $g \in \hat{H}^k(\mathbb{R}^d)$, gibt es nach Induktionsvoraussetzung Funktionen $u, u_j \in H^k(\mathbb{R}^d, \mathbb{C})$, so dass $\mathcal{F}u = y$ und $\mathcal{F}u_j = g_j$ für alle $j = 1, \ldots, d$. Da $\mathcal{F}(D_j u) = g_j$, folgt, dass $u_j = D_j u$. Also ist $D_j u = u_j \in H^k(\mathbb{R}^d, \mathbb{C})$. Nach Definition ist demnach $u \in H^{k+1}(\mathbb{R}^d, \mathbb{C})$. $\square$

Wir benutzen Satz 6.48, um zu zeigen, dass $H^k(\mathbb{R}^d) \subset C_0(\mathbb{R}^d)$ für $k > d/2$. Die Bedingung $k > d/2$ ist optimal. Sie besagt, dass man in höheren Dimensionen mehr Sobolev-Regularität benötigt, um Stetigkeit zu sichern: Die Kluft zwischen H^k und C_0 wächst mit der Raumdimension. Man könnte anders sagen, dass H^k in höheren Dimensionen immer wildere Funktionen enthält. Zum Beweis der angekündigten Einbettung benötigen wir folgendes Lemma:

Lemma 6.49. *Sei* $k > d/2$, *dann ist* $\hat{H}^k(\mathbb{R}^d) \subset L_1(\mathbb{R}^d, \mathbb{C})$.

Beweis: Sei $f \in \hat{H}^k(\mathbb{R}^d)$, dann gilt mit der Hölder-Ungleichung

$$\int_{\mathbb{R}^d} |f(x)| \, dx = \int_{\mathbb{R}^d} |f(x)| (1+x^2)^{k/2} (1+x^2)^{-k/2} \, dx$$

$$\le \left(\int_{\mathbb{R}^d} |f(x)|^2 (1+x^2)^k \, dx \right)^{\frac{1}{2}} \left(\int_{\mathbb{R}^d} (1+x^2)^{-k} \, dx \right)^{\frac{1}{2}}.$$

Nach Voraussetzung ist der erste Term endlich, also müssen wir zeigen, dass $\int_{\mathbb{R}^d} (1+x^2)^{-k} \, dx < \infty$. Es gilt aber

$$\int_{|x| \ge 1} (1+x^2)^{-k} \, dx \le \int_{|x| \ge 1} (x^2)^{-k} \, dx = \sigma(S^{d-1}) \int_1^\infty r^{-2k} r^{d-1} \, dr < \infty,$$

wobei wir Satz A.8 benutzt haben. Da $d - 2k < 0$, ist der verbleibende Integralterm offensichtlich beschränkt. $\square$

Nun zur angekündigten Einbettung.

Satz 6.50 (Sobolev'scher Einbettungssatz).
Sei $k > d/2$, dann ist $H^k(\mathbb{R}^d, \mathbb{C}) \subset C_0(\mathbb{R}^d, \mathbb{C})$.

Beweis: Sei $f \in H^k(\mathbb{R}^d, \mathbb{C})$. Dann ist $\mathcal{F}f \in L_1(\mathbb{R}^d, \mathbb{C})$ nach Lemma 6.49. Damit folgt aus (6.45), dass $f \in C_0(\mathbb{R}^d, \mathbb{C})$, da $f(x) = \mathcal{F}^{-1}(\mathcal{F}f)(x) = \mathcal{F}(\mathcal{F}f)(-x)$ nach dem Satz von Plancherel (Satz 6.46). □

Damit haben wir schließlich folgendes Regularitätsresultat.

Korollar 6.51. *Seien $k \in \mathbb{N}, k > \frac{d}{2}, m \in \mathbb{N}_0$. Dann ist $H^{k+m}(\mathbb{R}^d, \mathbb{C}) \subset C^m(\mathbb{R}^d, \mathbb{C})$.*

Beweis: Die Aussage stimmt nach Satz 6.50 für $m = 0$, wenn wir wie üblich $C^0(\mathbb{R}^d, \mathbb{C}) := C(\mathbb{R}^d, \mathbb{C})$ definieren. Sei nun $m \in \mathbb{N}_0$ derart, dass die Aussage für m gilt, und sei weiter $u \in H^{k+m+1}(\mathbb{R}^d, \mathbb{C})$. Nach Induktionsvoraussetzung ist dann $D_j u \in H^{k+m}(\mathbb{R}^d, \mathbb{C}) \subset C^m(\mathbb{R}^d, \mathbb{C})$. Aus Satz 6.24 folgt, dass $u \in C^1(\mathbb{R}^d, \mathbb{C})$. Da $D_j u \in C^m(\mathbb{R}^d, \mathbb{C})$, folgt, dass $u \in C^{m+1}(\mathbb{R}^d, \mathbb{C})$. □

Nun wollen wir die Poisson-Gleichung im $\mathbb{R}^d$ betrachten. Sei $u \in H^2(\mathbb{R}^d, \mathbb{C})$. Dann gelten die Beziehungen $\mathcal{F}(D_j u)(x) = ix_j \mathcal{F}u(x)$, $\mathcal{F}(D_j^2 u)(x) = -x_j^2 \mathcal{F}u(x)$ sowie $\mathcal{F}(\Delta u)(x) = -x^2 \mathcal{F}u(x)$ und damit gilt $\mathcal{F}(u - \Delta u)(x) = (1 + x^2)\mathcal{F}u(x)$. Da $u \in H^2(\mathbb{R}^d, \mathbb{C})$, ist $\mathcal{F}u \in \hat{H}^2(\mathbb{R}^d)$ und damit ist $(1 + x^2)\mathcal{F}u \in L_2(\mathbb{R}^d, \mathbb{C})$. Umgekehrt sei $f \in L_2(\mathbb{R}^d, \mathbb{C})$. Dann definiert $x \mapsto (1 + x^2)^{-1}\mathcal{F}f$ eine Funktion in $\hat{H}^2(\mathbb{R}^d)$. Somit gibt es genau ein $u \in H^2(\mathbb{R}^d, \mathbb{C})$, so dass $\mathcal{F}u = (1 + x^2)^{-1}\mathcal{F}f$. Es gilt $\mathcal{F}(u - \Delta u) = \mathcal{F}u + x^2 \mathcal{F}u = (1 + x^2)\mathcal{F}u = \mathcal{F}f$. Daher ist $u - \Delta u = f$. Wir haben also folgendes Resultat gezeigt:

Satz 6.52. *Für alle $f \in L_2(\mathbb{R}^d, \mathbb{C})$ gibt es genau ein $u \in H^2(\mathbb{R}^d, \mathbb{C})$, so dass $u - \Delta u = f$ gilt.* □

Ist $f \in L_2(\mathbb{R}^d)$ eine reelle Funktion, so ist auch $u \in H^2(\mathbb{R}^d)$ reell. Natürlich ist u dann auch eine schwache Lösung von $u - \Delta u = f$. Damit stimmt u mit der eindeutigen schwachen Lösung überein, die wir mit Hilfe des Satzes von Lax-Milgram in Satz 6.43 gefunden haben. Aber hier haben wir mehr Regularität für die Lösung erzielt, denn es ist u sogar in $H^2(\mathbb{R}^d)$. Somit sind die schwachen Ableitungen $D_i D_j u$ alle in $L_2(\mathbb{R}^d)$ und $\Delta u = \sum_{j=1}^d D_j^2 u$. Wir sprechen von einer *starken Lösung*. Der Begriff „klassische Lösung" ist für Funktionen reserviert, die sogar in $C^2(\mathbb{R}^d)$ sind. Wir wollen die Eindeutigkeitsaussage in Satz 6.52 verschärfen.

Lemma 6.53. *Sind $v, f \in L_2(\mathbb{R}^d, \mathbb{C})$, so dass $v - \Delta v = f$ im schwachen Sinne gilt, dann ist $v \in H^2(\mathbb{R}^d, \mathbb{C})$; d.h., v ist die eindeutige Lösung aus Satz 6.52.*

Beweis: Sei $u \in H^2(\mathbb{R}^d, \mathbb{C})$ aus Satz 6.52 und setze $w := u - v$. Dann gilt

$$\int_{\mathbb{R}^d} w(x) \overline{(\varphi(x) - \Delta\varphi(x))}\, dx = 0 \text{ für alle } \varphi \in \mathcal{D}(\mathbb{R}^d, \mathbb{C}). \tag{6.51}$$

Die Testfunktionen liegen dicht in $H^2(\mathbb{R}^d, \mathbb{C})$ (siehe Korollar 6.26). Daher ist (6.51) gültig für alle $\varphi \in H^2(\mathbb{R}^d, \mathbb{C})$. Wähle nun ein $\varphi \in H^2(\mathbb{R}^d, \mathbb{C})$ mit $\varphi - \Delta\varphi = w$. Dann erhalten wir $\int_{\mathbb{R}^d} |w(x)|^2\, dx = 0$ und folglich ist $w = 0$. □

Damit können wir nun folgende Regularitätsaussage beweisen:

Satz 6.54 (Maximale Regularität). *Seien* $f, u \in L_2(\mathbb{R}^d, \mathbb{C})$, *so dass*

$$\Delta u = f \text{ im schwachen Sinne gilt.}$$

Dann ist $u \in H^2(\mathbb{R}^d, \mathbb{C})$. *Ist* $f \in H^k(\mathbb{R}^d, \mathbb{C})$, *so ist* $u \in H^{k+2}(\mathbb{R}^d, \mathbb{C})$.

Beweis: Es ist $u - \Delta u = u - f \in L_2(\mathbb{R}^d)$. Somit folgt aus Lemma 6.53, dass $u \in H^2(\mathbb{R}^d, \mathbb{C})$.

Die zweite Aussage beweisen wir durch Induktion über k. Für $k = 0$ ist es gerade die erste Aussage, wenn wir $H^0(\mathbb{R}^d, \mathbb{C}) = L_2(\mathbb{R}^d, \mathbb{C})$ setzen. Sei die Aussage richtig für k und sei $f \in H^{k+1}(\mathbb{R}^d, \mathbb{C}) \subset H^k(\mathbb{R}^d, \mathbb{C})$. Nach Induktionsvoraussetzung ist $u \in H^{k+2}(\mathbb{R}^d, \mathbb{C})$. Somit ist $u - \Delta u = u - f = g \in H^{k+1}(\mathbb{R}^d, \mathbb{C})$. Folglich ist $(1 + x^2)\mathcal{F}u = \mathcal{F}(u - \Delta u) = \mathcal{F}g \in \hat{H}^{k+1}(\mathbb{R}^d)$. Damit ist $\mathcal{F}u \in \hat{H}^{k+3}(\mathbb{R}^d)$, also ist $u \in H^{k+3}(\mathbb{R}^d, \mathbb{C})$. $\qquad\square$

Man nennt Satz 6.54 auch *Shift-Theorem*. Der Grund ist, dass sich die Glattheit der Lösung aus der Glattheit der rechten Seite und der Ordnung des Differenzialoperators ergibt. Der Glattheitsindex wird um die Ordnung des Operators „geshiftet". In Kapitel 9 werden wir darauf zurückkommen. Als Nächstes wollen wir die Fourier-Transformation benutzen, um zu zeigen, dass die Einbettung von $H_0^1(\Omega)$ in $L_2(\Omega)$ kompakt ist.

Satz 6.55 (Rellich'scher Einbettungssatz). *Sei* $\Omega \subset \mathbb{R}^d$ *offen und beschränkt. Dann ist die Einbettung von* $H_0^1(\Omega)$ *in* $L_2(\Omega)$ *kompakt.*

Beweis: Sei $u_n \in H_0^1(\Omega)$, $\|u_n\|_{H^1} \leq c$ für $n \in \mathbb{N}$. Wir müssen zeigen, dass $(u_n)_{n \in \mathbb{N}}$ eine Teilfolge besitzt, die in $L_2(\Omega)$ konvergiert. Wir betrachten die Fortsetzung $f_n := \tilde{u}_n \in H^1(\mathbb{R}^d)$. Dann ist $\|f_n\|_{H^1} \leq c$, siehe Satz 6.27. Wir können annehmen, dass $f_n \rightharpoonup f$ in $H^1(\mathbb{R}^d)$ (sonst gehen wir zu einer Teilfolge über, siehe Satz 4.35). Weiter nehmen wir an, dass $f = 0$, denn andernfalls können wir f_n durch $f_n - f$ ersetzen. Wir wollen zeigen, dass $\lim_{n \to \infty} \int_{\mathbb{R}^d} |f_n(x)|^2 \, dx = 0$. Nach dem Satz von Plancherel, Satz 6.46, ist dies äquivalent zu

$$\int_{\mathbb{R}^d} |\mathcal{F}f_n(x)|^2 \, dx \to 0, \ n \to \infty.$$

Wir untersuchen für $R > 0$ die Terme

$$I_n(R) := \int_{|x| < R} |\mathcal{F}f_n(x)|^2 \, dx, \qquad J_n(R) := \int_{|x| \geq R} |\mathcal{F}f_n(x)|^2 \, dx.$$

a) Beachte, dass für festes $x \in \mathbb{R}^d$

$$F(g) := \frac{1}{(2\pi)^{d/2}} \int_{\Omega} e^{-ix \cdot y} g(y) \, dy, \quad g \in H_0^1(\Omega),$$

eine stetige Linearform $F \in H_0^1(\Omega)'$ definiert. Daher konvergiert

$$\mathcal{F}f_n(x) = \frac{1}{(2\pi)^{d/2}} \int_{\Omega} e^{-ix \cdot y} f_n(y) \, dy = \frac{1}{(2\pi)^{d/2}} \int_{\mathbb{R}^d} \chi_{\Omega}(y) e^{-ix \cdot y} f_n(y) \, dy$$

gegen 0 mit $n \to \infty$ für alle $x \in \mathbb{R}^d$, da $f_n \rightharpoonup 0$ in $H^1(\mathbb{R}^d)$. Da $|\mathcal{F}f_n(x)| \leq |\Omega|^{1/2}(2\pi)^{-d/2}\|f_n\|_{L_2} \leq c_1$ für alle $n \in \mathbb{N}$ und die konstante Funktion c_1 in $L_2(B(0,R))$ ist, folgt aus dem Satz von Lebesgue, dass $\lim_{n\to\infty} I_n(R) = 0$ für alle $R > 0$.

b) Sei $\varepsilon > 0$ und wähle $R > 0$, so dass $c^2(1+R^2)^{-1} \leq \varepsilon$. Dann gilt für alle $n \in \mathbb{N}$

$$
\begin{aligned}
J_n(R) &= \int_{|x| \geq R} |\mathcal{F}f_n(x)|^2 (1+x^2)^{-1}(1+x^2)\,dx \\
&\leq \frac{1}{1+R^2} \int_{|x| \geq R} |\mathcal{F}f_n(x)|^2 (1+x^2)\,dx \\
&\leq \frac{1}{1+R^2}\|\mathcal{F}f_n\|^2_{\hat{H}^1(\mathbb{R}^d)} = \frac{1}{1+R^2}\|f_n\|^2_{H^1(\mathbb{R}^d)} \leq \frac{1}{1+R^2}c^2 \leq \varepsilon.
\end{aligned}
$$

Benutzen wir a), so erhalten wir, dass

$$
\limsup_{n\to\infty} \int_{\mathbb{R}^d} |\mathcal{F}f_n(x)|^2\,dx \leq \limsup_{n\to\infty}(I_n(R) + J_n(R)) \leq \varepsilon\,.
$$

Da $\varepsilon > 0$ beliebig ist, folgt $\lim_{n\to\infty} \int_{\mathbb{R}^d} |\mathcal{F}f_n(x)|^2\,dx = 0$.   □

Der Beweis zeigt, dass der Satz richtig bleibt, wenn wir statt der Beschränktheit von Ω nur fordern, dass Ω endliches Lebesgue-Maß hat.

6.7 Lokale Regularität

Mit Hilfe der Fourier-Transformation haben wir im letzten Abschnitt bewiesen, dass $H^{k+m}(\mathbb{R}^d) \subset C^m(\mathbb{R}^d)$, wenn $k > d/2$. Wir wollen nun eine lokale Version dieses Einbettungssatzes beweisen. Sei Ω eine nichtleere offene Menge im $\mathbb{R}^d$. Unter *lokalen* Eigenschaften verstehen wir Aussagen, die im Inneren von Ω, genauer auf jeder Menge $U \Subset \Omega$, gelten. Der Grundkörper ist hier $\mathbb{K} = \mathbb{R}$. Wir definieren

$$
L_{2,\mathrm{loc}}(\Omega) := \left\{ f : \Omega \to \mathbb{R} \text{ messbar} : \int_U |f(x)|^2\,dx < \infty,\ \text{wenn } U \Subset \Omega \right\},
$$

$$
H^1_{\mathrm{loc}}(\Omega) := \Big\{ u \in L_{2,\mathrm{loc}}(\Omega) : \text{ es gibt } D_j u \in L_{2,\mathrm{loc}}(\Omega), j = 1,\dots,d,\ \text{so dass}
$$

$$
\int_\Omega u(x)\frac{\partial\varphi}{\partial x_j}(x)\,dx = -\int_\Omega D_j u(x)\,\varphi(x)\,dx \text{ für alle } \varphi \in \mathcal{D}(\Omega) \Big\}.
$$

Zu $u \in H^1_{\mathrm{loc}}(\Omega)$ existiert also eine schwache partielle Ableitung $D_j u \in L_{2,\mathrm{loc}}(\Omega)$, die durch die Formel

$$
-\int_\Omega u(x)\frac{\partial\varphi}{\partial x_j}(x)\,dx = \int_\Omega D_j u(x)\,\varphi(x)\,dx, \quad \varphi \in \mathcal{D}(\Omega), \tag{6.52}
$$

der partiellen Integration definiert ist. Korollar 6.10 zeigt, dass $D_j u$ eindeutig ist. Aus Lemma 6.12 folgt, dass

$$
C^1(\Omega) \subset H^1_{\mathrm{loc}}(\Omega) \text{ und } D_j u = \frac{\partial\varphi}{\partial x_j}\,,\ j = 1,\dots,d, \tag{6.53}
$$

für alle $u \in C^1(\Omega)$ gilt. Wir werden vielfach folgende Beobachtung benutzen: Ist $U \Subset \Omega$, so ist $u_{|U} \in H^1(U)$ für alle $u \in H^1_{\mathrm{loc}}(\Omega)$. Die folgende Charakterisierung ist wesentlich, um die Ergebnisse über $\mathbb{R}^d$ zu benutzen. Ist $f : \Omega \to \mathbb{R}$ eine Funktion, so bezeichnet $\tilde{f} : \mathbb{R}^d \to \mathbb{R}$ die Fortsetzung von f von Ω durch 0 auf ganz $\mathbb{R}^d$ wie in (6.19).

Lemma 6.56. *Es gilt* $H^1_{\mathrm{loc}}(\Omega) = \{u \in L_{2,\mathrm{loc}}(\Omega) : \widetilde{\eta u} \in H^1(\mathbb{R}^d) \quad \forall \eta \in \mathcal{D}(\Omega)\}$. *Für* $u \in H^1_{\mathrm{loc}}(\Omega), \eta \in \mathcal{D}(\Omega)$ *gilt*

$$D_j(\widetilde{\eta u}) = [(D_j\eta)u + \eta D_j u]^{\sim} . \tag{6.54}$$

Beweis: Sei $u \in H^1_{\mathrm{loc}}(\Omega)$ und $\eta \in \mathcal{D}(\Omega)$. Dann sind $\widetilde{\eta u}, [(D_j\eta)u+\eta D_j u]^{\sim} \in L_2(\mathbb{R}^d)$ und für $\varphi \in \mathcal{D}(\mathbb{R}^d)$ gilt mit der Produktregel, angewandt auf $\eta\varphi \in \mathcal{D}(\Omega)$,

$$-\int_{\mathbb{R}^d} \widetilde{\eta u}(x)\frac{\partial\varphi}{\partial x_j}(x)\,dx = -\int_{\Omega} u(x)\frac{\partial(\eta\varphi)}{\partial x_j}(x)\,dx + \int_{\Omega} u(x)\frac{\partial\eta}{\partial x_j}(x)\,\varphi(x)\,dx$$

$$= \int_{\Omega}(D_j u)(x)\eta(x)\,\varphi(x)\,dx + \int_{\Omega} u(x)\,(D_j\eta)(x)\,\varphi(x)\,dx$$

$$= \int_{\mathbb{R}^d}[(D_j u)\eta + uD_j\eta]^{\sim}(x)\varphi(x)\,dx.$$

Damit ist (6.54) gezeigt. Sei umgekehrt $u \in L_{2,\mathrm{loc}}(\Omega)$ derart, dass $\widetilde{\eta u} \in H^1(\mathbb{R}^d)$ für alle $\eta \in \mathcal{D}(\Omega)$. Wähle Teilmengen $U_k \Subset U_{k+1} \Subset \Omega$, so dass $\bigcup_{k\in\mathbb{N}} U_k = \Omega$, und wähle $\eta_k \in \mathcal{D}(\Omega)$ mit $\eta_k = 1$ auf U_k. Dann ist

$$D_j(\eta_k u)^{\sim} = D_j(\eta_m u)^{\sim} \text{ auf } U_k \text{ für alle } m \geq k , \tag{6.55}$$

da für $\varphi \in \mathcal{D}(U_k)$ und $j = 1, \ldots, d$ gilt:

$$\int_{\mathbb{R}^d} \varphi(x)\, D_j(\eta_k u)^{\sim}(x)\,dx = -\int_{\mathbb{R}^d}(D_j\varphi)(x)\,\widetilde{\eta_k u}(x)\,dx$$

$$= -\int_{\mathbb{R}^d}(D_j\varphi)(x)\,\widetilde{\eta_m u}(x)\,dx = \int_{\mathbb{R}^d}\varphi(x)\,D_j(\widetilde{\eta_m u})(x)\,dx.$$

Also folgt (6.55) aus Korollar 6.10. Damit können wir $u_j := D_j(\eta_k u)^{\sim}$ auf U_k definieren und erhalten eine wohldefinierte Funktion $u_j \in L_{2,\mathrm{loc}}(\Omega)$. Ist nun $\varphi \in \mathcal{D}(\Omega)$, dann gibt es ein $k \in \mathbb{N}$, so dass $\operatorname{supp}\varphi \subset U_k$. Damit gilt

$$-\int_{\Omega} u(x)\frac{\partial\varphi}{\partial x_j}(x)\,dx = -\int_{\mathbb{R}^d}\widetilde{u\eta_k}(x)\frac{\partial\varphi}{\partial x_j}(x)\,dx = \int_{\mathbb{R}^d} D_j(\widetilde{u\eta_k})(x)\,\varphi(x)\,dx$$

$$= \int_{\Omega} u_j(x)\,\varphi(x)\,dx.$$

Somit ist $u \in H^1_{\mathrm{loc}}(\Omega)$ und $D_j u = u_j$. $\qquad\square$

Nun definieren wir den lokalen Sobolev-Raum zweiter Ordnung durch

$$H^2_{\mathrm{loc}}(\Omega) := \{u \in H^1_{\mathrm{loc}} : D_j u \in H^1_{\mathrm{loc}}(\Omega), j = 1, \ldots, d\}.$$

Für $u \in H_{\mathrm{loc}}^2(\Omega)$ ist also $D_i D_j u \in L_{2,\mathrm{loc}}(\Omega)$ für $i, j = 1, \ldots, d$. Da bekanntermaßen $D_i D_j \varphi = D_j D_i \varphi$ für alle Testfunktionen φ, folgt, dass

$$D_i D_j u = D_j D_i u. \tag{6.56}$$

Rekursiv definieren wir allgemeiner

$$H_{\mathrm{loc}}^{k+1}(\Omega) := \{u \in H_{\mathrm{loc}}^1(\Omega) : D_j u \in H_{\mathrm{loc}}^k(\Omega), \ j = 1, \ldots, d\}.$$

Es folgt aus (6.53), dass $C^k(\Omega) \subset H_{\mathrm{loc}}^k(\Omega)$ für alle $k \in \mathbb{N}$. Ferner gilt:

Lemma 6.57. *Für alle $k \in \mathbb{N}$ ist*

$$H_{\mathrm{loc}}^k(\Omega) = \{u \in L_{2,\mathrm{loc}}(\Omega) : \widetilde{\eta u} \in H^k(\mathbb{R}^d) \text{ für alle } \eta \in \mathcal{D}(\Omega)\}.$$

Beweis: Für $k = 1$ ist dies die Aussage von Lemma 6.56. Nehmen wir an, sie stimmt für $k \geq 1$. Sei $u \in H_{\mathrm{loc}}^{k+1}(\Omega)$ und $\eta \in \mathcal{D}(\Omega)$. Dann ist $\widetilde{\eta u} \in H^1(\mathbb{R}^d)$ und nach (6.54) und der Induktionsvoraussetzung gilt $D_j(\widetilde{\eta u}) = [(D_j \eta)u + \eta D_j u]^\sim \in H^k(\mathbb{R}^d)$, da $D_j u \in H_{\mathrm{loc}}^k(\Omega)$. Damit ist $\widetilde{\eta u} \in H^{k+1}(\mathbb{R}^d)$. Sei umgekehrt $u \in L_{2,\mathrm{loc}}(\Omega)$ derart, dass $\widetilde{\eta u} \in H^{k+1}(\mathbb{R}^d)$ für alle $\eta \in D(\Omega)$. Dann ist $u \in H_{\mathrm{loc}}^1(\Omega)$ und

$$\widetilde{\eta D_j u} = D_j(\widetilde{\eta u}) - \widetilde{(D_j \eta)} u \in H^k(\mathbb{R}^d).$$

Somit ist $D_j u \in H_{\mathrm{loc}}^k(\Omega)$ nach Induktionsvoraussetzung. Folglich ist $u \in H_{\mathrm{loc}}^{k+1}(\Omega)$ nach der rekursiven Definition. □

Nun erhalten wir den erwünschten lokalen Einbettungssatz.

Satz 6.58. *Sei $\Omega \subset \mathbb{R}^d$ offen, $m \in \mathbb{N}_0$, $k \in \mathbb{N}$ mit $k > d/2$. Dann ist $H_{\mathrm{loc}}^{k+m}(\Omega) \subset C^m(\Omega)$.*

Beweis: Sei $u \in H_{\mathrm{loc}}^{k+m}(\Omega)$ und $U \Subset \Omega$. Wähle $\eta \in \mathcal{D}(\Omega)$, so dass $\eta = 1$ auf U. Dann ist $\widetilde{u\eta} \in H^{k+m}(\mathbb{R}^d) \subset C^m(\mathbb{R}^d)$ nach Korollar 6.51. Also ist $u \in C^m(U)$. □

Nun wollen wir die lokale Regularität der Lösungen der Poisson-Gleichung

$$\Delta u = f \tag{6.57}$$

studieren. Wir erhalten wieder ein Shift-Theorem.

Satz 6.59 (Lokale maximale Regularität). *Sei $f \in L_{2,\mathrm{loc}}(\Omega)$ und $u \in L_{2,\mathrm{loc}}(\Omega)$ eine schwache Lösung von (6.57). Dann ist $u \in H_{\mathrm{loc}}^2(\Omega)$. Ist $f \in H_{\mathrm{loc}}^k(\Omega)$, so ist $u \in H_{\mathrm{loc}}^{k+2}(\Omega)$. Insbesondere ist $u \in C^\infty(\Omega)$, wenn $f \in C^\infty(\Omega)$.*

Den Beweis stellen wir für einen Moment zurück. Wir erinnern daran, dass $u \in L_2(\Omega)$ eine schwache Lösung von (6.57) ist, wenn

$$\int_\Omega u(x)\, \Delta\varphi(x)\, dx = \int_\Omega f(x)\, \varphi(x)\, dx \text{ für alle } \varphi \in \mathcal{D}(\Omega) \text{ gilt.} \tag{6.58}$$

Natürlich haben wir hier keinerlei Eindeutigkeit, da wir ja keine Randbedingung vorschreiben. Die Aussage von Satz 6.59 ist nun, dass eine schwache Lösung u

automatisch in $H^2_{\mathrm{loc}}(\Omega)$ ist. Damit existieren die schwachen partiellen Ableitungen $D_i u$ und $D_i D_j u$ in $L_{2,\mathrm{loc}}(\Omega)$ für $i, j = 1, \ldots, d$ und Δu ist gegeben durch

$$\Delta u = \sum_{j=1}^{d} D_j^2 u \,.$$

Somit ist Satz 6.59 ein Resultat über innere maximale Regularität: Alle Ableitungen bis zur Ordnung der Differenzialgleichung existieren automatisch im Raum $L_{2,\mathrm{loc}}(\Omega)$, also dem Funktionenraum, in dem wir lösen wollen. Man sagt auch, dass u eine *starke Lösung* von (6.57) ist, falls $u \in H^2_{\mathrm{loc}}(\Omega)$. Jede klassische Lösung $u \in C^2(\Omega)$ ist auch eine starke Lösung.

Sind $\varphi, \eta \in C^2(\Omega)$, so lautet die Produktregel für den Laplace-Operator

$$\Delta(\eta\varphi) = (\Delta\eta)\varphi + 2\nabla\eta\nabla\varphi + \eta\Delta\varphi, \tag{6.59}$$

wie man leicht nachprüft. Diese Formel werden wir in dem folgenden Beweis mehrfach benutzen.

Beweis von Satz 6.59. Seien $u, f \in L_{2,\mathrm{loc}}(\Omega)$, so dass $-\Delta u = f$ im schwachen Sinne. Der Beweis erfolgt nun in mehreren Schritten.

a) Wir zeigen, dass $u \in H^1_{\mathrm{loc}}(\Omega)$. Sei dazu $\eta \in \mathcal{D}(\Omega)$. Wir müssen zeigen, dass $\widetilde{\eta u} \in H^1(\mathbb{R}^d)$. Sei $\varphi \in \mathcal{D}(\mathbb{R}^d)$, dann gilt

$$F(\varphi) := \int_{\mathbb{R}^d} \widetilde{\eta u}(x)(\varphi - \Delta\varphi)(x)\, dx$$

$$= \int_{\Omega} \{\eta u \varphi - u\Delta(\varphi\eta) + u(\Delta\eta)\varphi + 2u\nabla\varphi\nabla\eta\}dx$$

$$= \int_{\Omega} (\eta u - f\eta + (\Delta\eta)u)(x)\,\varphi(x)\, dx + 2\int_{\Omega} (\nabla\varphi(x)\nabla\eta(x))\, u(x)\, dx.$$

Damit ist die Abbildung $F : \mathcal{D}(\Omega) \to \mathbb{R}$ linear und es gibt eine Konstante $c \geq 0$, so dass $|F(\varphi)| \leq c\|\varphi\|_{H^1(\mathbb{R}^d)}$ für alle $\varphi \in \mathcal{D}(\Omega)$. Somit hat F eine stetige lineare Fortsetzung von $H^1(\mathbb{R}^d)$ nach $\mathbb{R}$. Nach dem Satz von Riesz-Fréchet gibt es also genau ein $v \in H^1(\mathbb{R}^d)$, so dass

$$\int_{\mathbb{R}^d} v(x)\,\varphi(x)\, dx + \int_{\mathbb{R}^d} \nabla v(x)\nabla\varphi(x)\, dx = \int_{\mathbb{R}^d} \widetilde{\eta u}(x)(\varphi - \Delta\varphi)(x)\, dx$$

für alle $\varphi \in \mathcal{D}(\mathbb{R}^d)$. Da $v \in H^1(\mathbb{R}^d)$ ist, folgt $\int_{\mathbb{R}^d} v(\varphi - \Delta\varphi)\, dx = \int_{\mathbb{R}^d} \widetilde{\eta u}(\varphi - \Delta\varphi)\, dx$ für alle $\varphi \in \mathcal{D}(\mathbb{R}^d)$. Da nach Korollar 6.26 $\mathcal{D}(\mathbb{R}^d)$ dicht in $H^2(\mathbb{R}^d)$ ist, folgt, dass $\int_{\mathbb{R}^d}(v - \widetilde{\eta u})(\varphi - \Delta\varphi)\, dx = 0$ für alle $\varphi \in H^2(\mathbb{R}^d)$. Nach Satz 6.52 existiert $\varphi \in H^2(\mathbb{R}^d)$, so dass $\varphi - \Delta\varphi = (v - \widetilde{\eta u})$. Damit ist $\int_{\mathbb{R}^d}(v - \widetilde{\eta u})^2\, dx = 0$. Das impliziert aber, dass $\widetilde{\eta u} = v \in H^1(\mathbb{R}^d)$.

b) Sei $\eta \in \mathcal{D}(\Omega)$. Mit Hilfe von (6.59) zeigt man leicht (Aufgabe 6.15), dass $\Delta(\widetilde{\eta u}) = [(\Delta\eta)u + 2\nabla\eta\nabla u + \eta f]^{\widetilde{\,}} =: g(\eta)$ im schwachen Sinn gilt. Da nach a) $D_j u \in L_{2,\mathrm{loc}}(\Omega)$, ist $\nabla\eta\nabla u = \sum_{j=1}^{d} D_j\eta D_j u \in L_2(\Omega)$ und somit $g(\eta) \in L_2(\mathbb{R}^d)$. Damit folgt aus Satz 6.54, dass $\widetilde{\eta u} \in H^2(\mathbb{R}^d)$.

c) Nun beweisen wir die zweite Aussage von Satz 6.59 durch Induktion. Für $k = 0$ (mit $H^0_{\mathrm{loc}}(\Omega) = L_{2,\mathrm{loc}}(\Omega)$) ist sie in b) bewiesen. Wir setzen voraus, dass die Aussage richtig ist für k. Sei $f \in H^{k+1}_{\mathrm{loc}}(\Omega)$. Zu zeigen ist, dass $u \in H^{k+3}_{\mathrm{loc}}(\Omega)$. Sei $\eta \in \mathcal{D}(\Omega)$. Nach Induktionsvoraussetzung ist $u \in H^{k+2}_{\mathrm{loc}}(\Omega)$. Damit ist $g(\eta) \in H^{k+1}(\mathbb{R}^d)$. Aus Satz 6.54 folgt, dass $\widetilde{\eta u} \in H^{k+3}(\mathbb{R}^d)$ und damit ist Satz 6.59 bewiesen.   □

Man kann allgemeiner zeigen, dass aus $u \in L_{1,\mathrm{loc}}(\Omega)$ (statt nur $u \in L_{2,\mathrm{loc}}(\Omega)$ wie in Satz 6.59) und $f \in C^\infty(\Omega)$ aus $\Delta u = f$ folgt, dass $u \in C^\infty(\Omega)$. Der folgende Satz, der auf Sobolev zurückgeht, zeigt, dass die Eigenschaft der maximalen Regularität in Satz 6.59 für die klassischen Ableitungen falsch ist. Daher sind die Räume $C^k(\Omega)$, $k = 0,1,2,\ldots$, für die Numerik wie auch für die Untersuchung nichtlinearer Probleme ungünstig. Die negative Aussage im folgenden Satz 6.60 führt uns vor Augen, wie glücklich wir hingegen in Sobolev-Räumen leben.

Satz 6.60. *Sei $\Omega \subset \mathbb{R}^d$ eine beliebige, offene, nichtleere Menge, wobei $d \geq 2$. Dann gibt es $u, f \in C_c(\Omega)$ derart, dass $\Delta u = f$ schwach, aber $u \notin C^2(\Omega)$.*

Beweis:
1. Wir geben ein Beispiel in $\mathbb{R}^2$. Sei $B := \{(x,y) \in \mathbb{R}^2 : x^2 + y^2 < \frac{1}{4}\}$ und $u(x,y) := (x^2 - y^2)\log|\log r|$, $(x,y) \in B$, wobei $r = (x^2 + y^2)^{1/2}$. Dann ist $u \in C^2(B \setminus \{0\})$. Da $|\log s| \leq \frac{1}{s}$ für $0 < s$ klein und $|\log s| \leq s$ für s groß, ist $\log|\log r| \leq |\log r| \leq \frac{1}{r}$ für $0 < r$ klein. Damit ist $\lim_{r \to 0} u(x,y) = 0$. Wir nennen die stetige Fortsetzung von u auf B weiterhin u. Auf $B \setminus \{0\}$ ist

$$u_x = 2x\log|\log r| + (x^3 - y^2 x)\frac{1}{r^2 \log r}$$

$$u_{xx} = 2\log|\log r| + (5x^2 - y^2)\frac{1}{r^2 \log r} - (x^4 - x^2 y^2)\frac{2\log r + 1}{r^4(\log r)^2}.$$

Die Funktion u_{xx} ist in $B \setminus \{0\}$ unbeschränkt, da auf der Diagonalen $\{(x,x) : |x| < \frac{1}{4}\}$ gilt:

$$\lim_{x \to 0} u_{xx}(x,x) = \lim_{x \to 0} \left\{ 2\log|\log r| + \frac{4}{\log r} \right\} = \infty.$$

Da $u(x,y) = -u(y,x)$, ist $u_{yy}(x,y) = -u_{xx}(y,x)$. Somit hebt sich der singuläre Term $2\log|\log r|$ in $\Delta u = u_{xx} + u_{yy}$ weg und es ist (vgl. Aufgabe 6.24)

$$\Delta u = (x^2 - y^2)\left(\frac{4}{r^2 \log r} - \frac{1}{r^2(\log r)^2} \right).$$

Folglich ist $\lim_{r \to 0} \Delta u(x,y) = 0$.
Sei $g \in C(B)$ die stetige Fortsetzung von Δu in 0. Dann ist $\Delta u = g$ schwach in B. Um das zu sehen, beobachten wir, dass u_x, u_y auf $B \setminus \{0\}$ beschränkt sind (es ist sogar $u \in C^1(B)$). Sei $\varphi \in \mathcal{D}(B)$. Setze $B_\varepsilon := \{(x,y) \in B : x^2 + y^2 > \varepsilon^2\}$ mit $0 < \varepsilon < \frac{1}{4}$. Dann ist nach der Green'schen Formel Korollar 7.8

$$\int_{B_\varepsilon} u \, \Delta\varphi \, dx = \int_{B_\varepsilon} g\varphi \, dx + \int_{\partial B_\varepsilon} \left(u\frac{\partial\varphi}{\partial\nu} - \frac{\partial u}{\partial\nu}\varphi \right) d\sigma.$$

Mit $\varepsilon \downarrow 0$ erhalten wir

$$\int_B u\,\Delta\varphi\,dx = \int_B g\varphi\,dx.$$

Damit ist bewiesen, dass $\Delta u = g$ schwach gilt. Schließlich betrachten wir $\eta \in \mathcal{D}(B)$ derart, dass $\eta(x,y) = 1$ in einer Umgebung von 0. Dann sind $\eta u \in C_c(B)$ und $f := \eta g + 2\nabla\eta\,\nabla u + (\Delta\eta)u \in C(B)$. Man sieht nun leicht, dass $\Delta(\eta u) = f$ schwach (Aufgabe 6.15). Damit ist die Aussage des Satzes für die Menge B bewiesen.

2. Durch Hinzunehmen weiterer Koordinaten und entsprechende Verschiebung erhält man leicht ein allgemeines Beispiel, so wie es im Satz gefordert wird. $\quad\square$

Bemerkung 6.61. Die Funktion u aus Satz 6.60 ist jedoch in $H^2(\Omega) \cap H_0^1(\Omega)$. Das folgt aus Satz 6.59, da u kompakten Träger hat.

6.8 Inhomogene Dirichlet-Randbedingungen

Sei Ω eine beschränkte offene Menge im $\mathbb{R}^d$ mit Rand $\partial\Omega$. Gegeben seien $f \in L_2(\Omega)$ und $g \in C(\partial\Omega)$. Wir suchen eine Lösung des Poisson-Problems

$$-\Delta u = f \text{ auf } \Omega, \tag{6.60a}$$
$$u_{|\partial\Omega} = g \text{ auf } \partial\Omega. \tag{6.60b}$$

Sowohl die Gleichung (6.60a) als auch die Randbedingungen (6.60b) sind hier inhomogen. Ist $u \in L_2(\Omega)$ eine schwache Lösung von (6.60a), so ist nach Satz 6.59 automatisch $u \in H_{\text{loc}}^2(\Omega)$ und somit ist

$$\Delta u = \sum_{j=1}^d D_j^2 u \in L_{2,\text{loc}}(\Omega).$$

Bei der Randbedingung (6.60b) denken wir zunächst an eine klassische Interpretation: Wenn $u \in C(\bar\Omega)$, so können wir $u(z) = g(z)$ für alle $z \in \partial\Omega$ verlangen. Es wird aber nicht immer möglich sein, Lösungen von (6.60a) zu finden, die stetig bis zum Rand sind. Deswegen definieren wir die Randbedingung (6.60b) in einem schwachen Sinn. Dazu brauchen wir jedoch eine Voraussetzung an die Funktion g.

Definition 6.62.

a) Eine H^1-*Fortsetzung* von g ist eine Funktion $G \in C(\bar\Omega) \cap H^1(\Omega)$, so dass $G_{|\partial\Omega} = g$.

b) Eine H^1-*Lösung* u von (6.60) ist eine Funktion $u \in H^1(\Omega) \cap H_{\text{loc}}^2(\Omega)$ so, dass (6.60a) gilt und so, dass g eine H^1-Fortsetzung G besitzt, die

$$u - G \in H_0^1(\Omega) \tag{6.61}$$

erfüllt. $\qquad\qquad\qquad\qquad\qquad\qquad\qquad\qquad\qquad\qquad\qquad\triangle$

Die letzte Bedingung b) interpretieren wir als eine schwache Form der inhomogenen Dirichlet-Randbedingung (6.60b). Wir wollen noch zeigen, dass sie unabhängig von der Wahl der H^1-Fortsetzung G ist; d.h., wir zeigen Folgendes: Gilt (6.61) für eine H^1-Fortsetzung G von g, so gilt sie auch für jede andere. Denn ist $G_1 \in C(\bar\Omega) \cap H^1(\Omega)$ eine Funktion mit $G_{1|_{\partial\Omega}} = g$, so ist $G_1 - G \in C_0(\Omega) \cap H^1(\Omega) \subset H_0^1(\Omega)$ nach Satz 6.30. Da $u - G = (u - G_1) + (G_1 - G)$, ist also $u - G \in H_0^1(\Omega)$ genau dann, wenn $u - G_1 \in H_0^1(\Omega)$.

Wir werden im nächsten Abschnitt sehen, dass im Allgemeinen nicht jede Funktion g eine H^1-Fortsetzung besitzt. Allerdings reicht schon eine sehr milde Regularität von g aus, um die Existenz einer H^1-Fortsetzung zu sichern. In diesem Fall gilt folgender Existenz- und Eindeutigkeitssatz.

Satz 6.63. *Sei $f \in L_2(\Omega)$ und sei $g \in C(\partial\Omega)$ eine Funktion mit H^1-Fortsetzung. Dann hat (6.60) eine eindeutige H^1-Lösung.*

Beweis: Die Idee des Beweises ist wie folgt: Sei $u \in H^1(\Omega)$ eine H^1-Lösung. Dann ist $v := u - G \in H_0^1(\Omega)$ und diese Funktion erfüllt $-\Delta v = f + \Delta G$ schwach, also

$$\int_\Omega \nabla v(x) \nabla \varphi(x)\, dx = \int_\Omega f(x) \varphi(x)\, dx - \int_\Omega \nabla G(x) \nabla \varphi(x)\, dx$$

für alle $\varphi \in \mathcal{D}(\Omega)$. Dieses Prinzip begegnet uns später auch bei den numerischen Verfahren und heißt „Reduktion auf homogene Randbedingungen". Es führt uns zu folgendem Beweis mittels des Satzes von Lax-Milgram:

a) Existenz: Sei G eine H^1-Fortsetzung von g. Dann definiert

$$F(\varphi) := \int_\Omega f(x) \varphi(x)\, dx - \int_\Omega \nabla G(x) \nabla \varphi(x)\, dx, \quad \varphi \in H_0^1(\Omega),$$

eine stetige Linearform auf $H_0^1(\Omega)$. Durch $a(v, \varphi) := \int_\Omega \nabla v(x) \nabla \varphi(x)\, dx, v, \varphi \in H_0^1(\Omega)$, definiert man eine stetige, koerzive Bilinearform auf $H_0^1(\Omega)$ (siehe Korollar 6.33). Nach dem Satz von Lax-Milgram gibt es genau ein $v \in H_0^1(\Omega)$, so dass $a(v, \varphi) = F(\varphi)$ für alle $\varphi \in H_0^1(\Omega)$. Für alle $\varphi \in H_0^1(\Omega)$ gilt also

$$\int_\Omega \nabla v(x)\, \nabla \varphi(x)\, dx = \int_\Omega f(x)\, \varphi(x)\, dx - \int_\Omega \nabla G(x)\, \nabla \varphi(x)\, dx.$$

Setze $u := G + v$. Dann gilt $\int_\Omega \nabla u(x)\, \nabla \varphi(x)\, dx = \int_\Omega f(x)\, \varphi(x)\, dx$ für alle $\varphi \in \mathcal{D}(\Omega)$, d.h. $-\Delta u = f$ schwach. Aus Satz 6.59 folgt, dass $u \in H_{\text{loc}}^2(\Omega)$.

b) Eindeutigkeit: Seien u_1, u_2 zwei Lösungen und seien G_1, G_2 zwei H^1-Fortsetzungen von g, so dass $u_1 - G_1, u_2 - G_2 \in H_0^1(\Omega)$. Dann ist $u = u_1 - u_2 = (u_1 - G_1) - (u_2 - G_2) + (G_1 - G_2) \in H_0^1(\Omega)$ und $\Delta u = 0$. Damit ist $u = 0$ nach Satz 6.43. $\square$

Wir zeigen als Nächstes, dass für Lösungen von (6.60a), die stetig bis zum Rand sind, die klassische Randbedingung die schwache impliziert, falls nur g eine H^1-Fortsetzung besitzt. Das ist bemerkenswert, da u am Rand stark oszillieren könnte und somit zunächst nicht klar ist, dass die Ableitungen in $L_2(\Omega)$ liegen.

Satz 6.64. *Sei* $u \in C(\bar{\Omega}) \cap H^2_{\mathrm{loc}}(\Omega)$, *so dass (6.60a) gilt und* $u(z) = g(z)$ *für alle* $z \in \partial\Omega$. *Besitzt* g *eine* H^1-*Fortsetzung* G, *so ist* $u \in H^1(\Omega)$ *und* $u - G \in H^1_0(\Omega)$.

Beweis: Sei $G \in H^1(\Omega) \cap C(\bar{\Omega})$, so dass $G_{|\partial\Omega} = g$. Für $v := u - G$ ist $v \in C_0(\Omega) \cap H^1_{\mathrm{loc}}(\Omega)$. Für $n \in \mathbb{N}$ setze $v_n := (v - \frac{1}{n})^+$. Dann gilt $v_n \in C_c(\Omega) \cap H^1_{\mathrm{loc}}(\Omega) \subset H^1_c(\Omega) \subset H^1_0(\Omega)$ nach Satz 6.29. Ferner ist nach Satz 6.37 $D_j v_n = \chi_{\{v > \frac{1}{n}\}} D_j v$, $j = 1, \ldots, d$. Da $-\Delta u = f$, gilt für $\varphi \in \mathcal{D}(\Omega)$

$$\int_\Omega \nabla v(x) \, \nabla \varphi(x) \, dx = \int_\Omega f(x) \, \varphi(x) \, dx - \int_\Omega \nabla G(x) \, \nabla \varphi(x) \, dx. \tag{6.62}$$

Sei $n \in \mathbb{N}$ und wähle $U \Subset \Omega$, so dass $v_n(x) = 0$ für $x \notin U$. Dann ist $v_n \in C_0(U) \cap H^1(U) \subset H^1_0(U)$. Somit kann v_n durch Testfunktionen in $\mathcal{D}(U)$ in $H^1(U)$ approximiert werden. Damit gilt (6.62) für $\varphi = v_n$. Da $\nabla v \, \nabla v_n = \sum_{j=1}^d D_j v \, D_j v \, \chi_{\{v > \frac{1}{n}\}} = |\nabla v_n|^2$, folgt, dass

$$\int_\Omega |\nabla v_n(x)|^2 \, dx = \int_\Omega \nabla v(x) \nabla v_n(x) \, dx$$

$$= \int_\Omega f(x) \, v_n(x) \, dx - \int_\Omega \nabla G(x) \nabla v_n(x) \, dx$$

$$\leq \|f\|_{L_2} \|v_n\|_{L_2} + c_1 \left(\int_\Omega |\nabla v_n(x)|^2 \, dx \right)^{\frac{1}{2}} \qquad \text{mit}$$

$$c_1 := \left(\int_\Omega |\nabla G(x)|^2 \, dx \right)^{\frac{1}{2}} = |G|_{H^1(\Omega)}.$$

Da $\|v_n\|_{L_2} \leq \|v\|_{L_2} \leq \|u\|_{L_2} + \|G\|_{L_2}$, folgt für $x_n := |v_n|_{H^1(\Omega)}$ die Abschätzung

$$x_n^2 = \int_\Omega |\nabla v_n(x)|^2 \, dx \leq \|f\|_{L_2} \|v_n\|_{L_2} + c_1 x_n$$

$$\leq \|f\|_{L_2} (\|u\|_{L_2} + \|G\|_{L_2}) + c_1 x_n = c_2 + c_1 x_n$$

mit $c_2 = \|f\|_{L_2}(\|u\|_{L_2} + \|G\|_{L_2})$. Damit ist die Folge $(x_n)_{n \in \mathbb{N}}$ beschränkt. Da $\|v_n\|_{L_2} \leq \|v\|_{L_2}$, ist $(v_n)_{n \in \mathbb{N}}$ in $H^1_0(\Omega)$ beschränkt. Damit können wir (nach Satz 4.35) annehmen, dass $v_n \rightharpoonup w$ für ein $w \in H^1_0(\Omega)$ (nach Auswahl einer Teilfolge). Da aber nach Definition $v_n \to v^+$ in $L_2(\Omega)$, folgt, dass $v^+ = w \in H^1_0(\Omega)$. Indem wir u durch $-u$ ersetzen, sehen wir, dass $v^- = (-v)^+ \in H^1_0(\Omega)$. Somit ist $v \in H^1_0(\Omega)$ und damit $u = v + G \in H^1(\Omega)$. $\qquad \square$

Der wesentliche Punkt in Satz 6.64 ist, dass wir bei H^1-Fortsetzungen von g beliebige Freiheiten haben. Dennoch ist die Lösung selbst schon in $H^1(\Omega)$, sobald es solch eine Fortsetzung gibt.

6.9 Das Dirichlet-Problem

In diesem Abschnitt untersuchen wir das Dirichlet-Problem, also den Spezialfall $f = 0$ in (6.60). Dabei haben wir drei Ziele:

a) Wir zeigen, dass schwache Lösungen durch minimale Energie (d.h. minimale H^1-Seminorm $|\cdot|_{H^1}$) charakterisiert werden.

b) Durch ein Beispiel zeigen wir, dass es auch für sehr einfache reguläre Gebiete klassische Lösungen mit unendlicher Energie gibt.

c) Wir untersuchen genauer, unter welchen Bedingungen an das Gebiet das Dirichlet-Problem zu jeder Randbedingung eine klassische Lösung besitzt.

Sei $\Omega \subset \mathbb{R}^d$ offen und beschränkt und sei $\partial\Omega$ der Rand von Ω. Das Dirichlet-Problem besteht darin, zu gegebenem $g \in C(\partial\Omega)$ eine Lösung von

$$\Delta u = 0 \text{ auf } \Omega, \qquad u_{|\partial\Omega} = g, \tag{6.63}$$

zu finden. Erinnern wir uns kurz an die innere Regularität der Lösungen der Laplace-Gleichung, Satz 6.59: Wann immer $u \in L_{2,\mathrm{loc}}(\Omega)$ und $\Delta u = 0$ schwach auf Ω gilt, dann ist $u \in C^\infty(\Omega)$. Somit können wir bei Lösungen stets von C^∞-Funktionen ausgehen. Es gilt zu untersuchen, in welchem Sinn die Randbedingung $u_{|\partial\Omega} = g$ erfüllt ist. Hat g eine H^1-Fortsetzung, d.h. gibt es eine Funktion $G \in C(\overline{\Omega}) \cap H^1(\Omega)$, die mit g auf $\partial\Omega$ übereinstimmt, so besitzt (6.63) nach Satz 6.63 genau eine H^1-Lösung: Das ist eine Funktion $u \in H^1(\Omega) \cap C^\infty(\Omega)$ derart, dass $\Delta u = 0$ und $u - G \in H_0^1(\Omega)$. Diese H^1-Lösung lässt sich durch folgende Minimaleigenschaft charakterisieren:

Satz 6.65 (Dirichlet-Prinzip). *Sei $g \in C(\partial\Omega)$ mit einer H^1-Fortsetzung G und sei u die H^1-Lösung von (6.63). Dann ist*

$$\int_\Omega |\nabla u(x)|^2\, dx < \int_\Omega |\nabla w(x)|^2\, dx$$

für alle $w \in H^1(\Omega)$, so dass $w - G \in H_0^1(\Omega)$ und $w \neq u$. Die Lösung u ist also genau die Funktion mit minimaler Energie

$$|u|_{H^1(\Omega)}^2 = \int_\Omega |\nabla u(x)|^2\, dx$$

unter allen Funktionen in H^1, die auf dem Rand im schwachen Sinne den Wert g annehmen.

Beweis: Sei $w \in H^1(\Omega)$, so dass $w - G \in H_0^1(\Omega)$ und $w \neq u$. Dann gilt $\varphi := w - u = w - G + G - u \in H_0^1(\Omega)$. Da $\varphi \neq 0$, ist $\int_\Omega |\nabla\varphi|^2\, dx > 0$. Aus $\Delta u = 0$ und $\varphi \in H_0^1(\Omega)$ folgt $\int_\Omega \nabla u(x)\nabla\varphi(x)\, dx = 0$. Daher gilt

$$\int_\Omega |\nabla w(x)|^2\, dx = \int |\nabla(u+\varphi)(x)|^2\, dx$$

$$= \int_\Omega |\nabla u(x)|^2\, dx + 2\int_\Omega \nabla u(x)\nabla\varphi(x)\, dx + \int_\Omega |\nabla\varphi(x)|^2\, dx$$

$$= \int_\Omega |\nabla u(x)|^2\, dx + \int_\Omega |\nabla\varphi(x)|^2\, dx > \int_\Omega |\nabla u(x)|^2\, dx,$$

also gerade die Behauptung. $\qquad\square$

Nach Definition haben H^1-Lösungen des Dirichlet-Problems endliche Energie. Wir wollen nun klassische Lösungen betrachten. Sei $g \in C(\partial\Omega)$. Eine *klassische Lösung* von (6.63) ist eine Funktion $u \in C^2(\Omega) \cap C(\bar{\Omega})$ derart, dass $\Delta u = 0$ auf Ω und $u_{|\partial\Omega} = g$.

Satz 6.66. *Sei u eine klassische Lösung. Folgende drei Aussagen sind äquivalent:*

(i) *Die Funktion u hat endliche Energie, also $|u|_{H^1(\Omega)} < \infty$.*

(ii) *u ist eine H^1-Lösung.*

(iii) *g hat eine H^1-Fortsetzung.*

Beweis: (i) $\Rightarrow$ (iii): Da $u \in C(\bar{\Omega})$, ist $G = u$ eine H^1-Fortsetzung von u. (iii) $\Rightarrow$ (ii): Das ist gerade Satz 6.64. (ii) $\Rightarrow$ (i) ist klar, da $u \in H^1(\Omega)$. $\square$

Wir zeigen nun an einem Beispiel, dass es klassische Lösungen gibt, die keine endliche Energie haben und damit keine H^1-Lösungen sind. Dazu betrachten wir die Einheitskreisscheibe $\mathbb{D}$ im $\mathbb{R}^2$, d.h. $\mathbb{D} = \{x \in \mathbb{R}^2 : |x| < 1\}$ mit dem Einheitskreis $\partial\mathbb{D} = \{x \in \mathbb{R}^2 : |x| = 1\}$ als Rand. Sei $g \in C(\partial\mathbb{D})$. Dann hat das Dirichlet-Problem (6.63) die klassische Lösung $u \in C^\infty(\mathbb{D}) \cap C(\bar{\mathbb{D}})$, die gegeben ist durch

$$u(r\cos\theta, r\sin\theta) = c_0 + \sum_{k=1}^{\infty} r^k \Big(a_k \cos(k\theta) + b_k \sin(k\theta)\Big) \qquad (6.64)$$

mit $0 \leq r < 1, \theta \in \mathbb{R}$, wobei

$$a_k = \frac{1}{\pi}\int_0^{2\pi} g(\cos\theta, \sin\theta)\cos(k\theta)d\theta, \quad b_k = \frac{1}{\pi}\int_0^{2\pi} g(\cos\theta, \sin\theta)\sin(k\theta)d\theta,$$

$$c_0 = \frac{1}{2\pi}\int_0^{2\pi} g(\cos\theta, \sin\theta)d\theta,$$

siehe Satz 3.30. Man kann nun die Energie von u mit Hilfe der Fourier-Koeffizienten a_k und b_k von g folgendermaßen ausdrücken:

Lemma 6.67. *Sei u wie in (6.64) definiert. Dann gilt*

$$\int_{\mathbb{D}} |\nabla u(x)|^2 \, dx = \pi \sum_{k=1}^{\infty} k(a_k^2 + b_k^2). \qquad (6.65)$$

Beweis: Wir erinnern daran, dass für stetige Funktionen $f : \mathbb{D} \to [0, \infty)$ gilt:

$$\int_{\mathbb{D}} f(x) \, dx = \int_0^1 \int_0^{2\pi} f(r\cos\theta, r\sin\theta)d\theta \, r \, dr. \qquad (6.66)$$

Wir setzen $v(r, \theta) := u(r\cos\theta, r\sin\theta)$. Indem man v nach r und θ differenziert und nach u_x und u_y auflöst, sieht man, dass

$$|\nabla u|^2(r\cos\theta, r\sin\theta) = \left(v_r^2 + \frac{v_\theta^2}{r^2}\right)(r, \theta), \qquad (6.67)$$

vgl. Aufgabe 6.16. Damit gilt wegen (6.66)

$$\int_{\mathbb{D}} |\nabla u(x)|^2 \, dx = \int_0^1 r \int_0^{2\pi} \left(v_r^2 + \frac{v_\theta^2}{r^2} \right) d\theta \, dr. \tag{6.68}$$

Betrachte nun die Funktion $v_k(r,\theta) := r^k(a_k \cos(k\theta) + b_k \sin(k\theta))$. Für die partiellen Ableitungen v_{kr} und $v_{k\theta}$ von v_k gilt dann $v_{kr}^2 + \frac{v_{k\theta}^2}{r^2} = k^2 r^{2k-2}(a_k^2 + b_k^2)$. Damit ist

$$\int_{\mathbb{D}} |\nabla u(x)|^2 \, dx = \sum_{k=1}^\infty k^2(a_k^2 + b_k^2) \int_0^1 r \int_0^{2\pi} r^{2k-2} d\theta \, dr = \pi \sum_{k=1}^\infty k(a_k^2 + b_k^2),$$

was die Behauptung zeigt. □

Nun können wir Hadamards klassisches Beispiel von 1906 beschreiben.

Beispiel 6.68 (Hadamard (1906)). Sei $g(\cos\theta, \sin\theta) := \sum_{n=1}^\infty 2^{-n} \cos(2^{2n}\theta)$. Die Reihe konvergiert normal, also ist $g \in C(\partial\mathbb{D})$. Sei u die Lösung von (6.63) mit Randwerten g (vgl. Satz 3.30). Dann gilt $\int_{\mathbb{D}} |\nabla u|^2 \, dx = \infty$. Somit ist $u \notin H^1(\mathbb{D})$. Mehr noch, es gibt nicht einmal eine Funktion $G \in H^1(\mathbb{D}) \cap C(\bar{\mathbb{D}})$, so dass $G_{|\partial\mathbb{D}} = g$.

Beweis: Es ist $b_k = 0$ für alle $k \in \mathbb{N}$ und $a_k = 2^{-n}$, wenn $k = 2^{2n}$, während $a_k = 0$, wenn $k \notin \{2^{2n} : n \in \mathbb{N}\}$. Somit gilt wegen (6.65)

$$\int_{\mathbb{D}} |\nabla u(x)|^2 \, dx = \pi \sum_{n=1}^\infty 2^{2n} 2^{-2n} = \infty.$$

Die letzte Aussage folgt aus Satz 6.66. □

Wir wissen nun, dass selbst für ein so reguläres Gebiet wie den Einheitskreis der Raum $W(\partial\Omega) := \{g \in C(\partial\Omega) : \exists G \in C(\bar\Omega) \cap H^1(\Omega) \text{ mit } G_{|\partial\Omega} = g\}$ ein echter Unterraum von $C(\partial\Omega)$ ist. Er ist aber dicht in $C(\partial\Omega)$. Es gilt sogar:

Lemma 6.69. *Der Raum* $\mathcal{D}(\partial\Omega) := \{G_{|\partial\Omega} : G \in \mathcal{D}(\mathbb{R}^d)\}$ *ist dicht in* $C(\partial\Omega)$.

Wir geben zwei Beweise von Lemma 6.69 an:
1. Beweis: $\mathcal{D}(\partial\Omega)$ ist eine Unteralgebra von $C(\partial\Omega)$, die insbesondere die konstanten Funktionen enthält. Seien $y, \bar y \in \partial\Omega$, so dass $y \neq \bar y$. Dann gibt es einen Index $j \in \{1, \dots, d\}$, so dass $y_j \neq \bar y_j$. Sei $\eta \in \mathcal{D}(\mathbb{R}^d)$, so dass $\eta \equiv 1$ auf $\bar\Omega$ (siehe Lemma 6.7). Setze $G(x) := \eta \cdot x_j, x \in \mathbb{R}^d$, dann ist $G \in \mathcal{D}(\mathbb{R}^d)$ und $G(y) \neq G(\bar y)$. Damit trennt $\mathcal{D}(\partial\Omega)$ die Punkte von $\partial\Omega$ und die Behauptung folgt aus dem Satz von Stone-Weierstraß (siehe Satz A.5). □

2. Beweis: Sei $g \in C(\partial\Omega)$. Nach dem Satz von Tietze-Urysohn gibt es ein $G \in C_c(\mathbb{R}^d)$, so dass $G_{|\partial\Omega} = g$. Sei $G_n = \varrho_n * G$, dann ist $G_n \in \mathcal{D}(\mathbb{R}^d)$ und es gilt $\lim_{n\to\infty} G_n = G$ gleichmäßig auf $\mathbb{R}^d$, siehe Satz 6.11. □

Ist $g \in W(\partial\Omega)$, so ist die H^1-Lösung von (6.63) stetig auf Ω und beschränkt.

Lemma 6.70. *Sei $g \in W(\partial\Omega)$ und sei u die H^1-Lösung von (6.63). Dann gilt*

$$u(x) \leq \max_{z \in \partial\Omega} g(z) \ \text{für alle} \ x \in \Omega. \tag{6.69}$$

Beachte, dass $u \in C^\infty(\Omega)$.

Beweis: Sei $c := \max_{z \in \partial\Omega} g(z)$ und $G \in C(\bar{\Omega}) \cap H^1(\Omega)$ mit $G_{|\partial\Omega} = g$. Sei $v \in H^1_0(\Omega)$ die eindeutige Lösung von

$$\int_\Omega \nabla v(x) \, \nabla\varphi(x) \, dx = \int_\Omega \nabla G(x) \, \nabla\varphi(x) \, dx, \quad \varphi \in H^1_0(\Omega).$$

Dann ist $u := G + v$ die H^1-Lösung von (6.63), siehe den Beweis von Satz 6.63. Da $g \leq c$, ist $(G - c)^+ \in C_0(\Omega) \cap H^1(\Omega) \subset H^1_0(\Omega)$. Da $(u - c)^+ \leq (G - c)^+ + v^+$, folgt aus Satz 6.39 b), dass $(u - c)^+ \in H^1_0(\Omega)$. Nun folgt aus dem schwachen Maximumprinzip Satz 6.44, dass $u(x) \leq c$ für alle $x \in \Omega$, d.h., es gilt (6.69). $\quad\square$

Wenden wir (6.69) auf $-g$ statt g an, so schließen wir, dass

$$\min_{z \in \Omega} g(z) \leq u(x) \leq \max_{z \in \Omega} g(z) \tag{6.70}$$

für alle $x \in \Omega$, wobei u die H^1-Lösung von (6.63) ist. Wir betrachten nun die Abbildung $T : W(\partial\Omega) \to C^b(\Omega)$, die jedem $g \in W(\partial\Omega)$ die H^1-Lösung u von (6.63) mit Randwert g zuordnet. Hier ist

$$C^b(\Omega) := \{v : \Omega \to \mathbb{R} : v \ \text{ist stetig und beschränkt}\}$$

ein Banach-Raum bzgl. der Supremumsnorm

$$\|v\|_\infty := \sup_{x \in \Omega} |v(x)|.$$

Aus der Eindeutigkeit der H^1-Lösungen folgt nun, dass T linear ist. Ferner impliziert (6.70), dass die Abbildung $T : W(\partial\Omega) \to C^b(\Omega)$ kontraktiv ist, d.h., es ist

$$\|Tg\|_\infty \leq \|g\|_{C(\partial\Omega)}, \ g \in W(\partial\Omega). \tag{6.71}$$

Da $W(\partial\Omega)$ dicht in $C(\partial\Omega)$ ist, besitzt T eine eindeutige kontraktive Fortsetzung $\tilde{T} : C(\partial\Omega) \to C^b(\Omega)$. Wir benutzen hier den Begriff „Kontraktion" im weiteren Sinn, d.h. für Operatoren von Norm ≤ 1. Manchmal werden diese auch „nichtexpansiv" genannt.

Definition 6.71. Sei $g \in C(\partial\Omega)$. Dann heißt $u_g := \tilde{T}g$ *Perron-Lösung* von (6.63). $\triangle$

Die Perron-Lösung ist harmonisch und erfüllt das Maximumprinzip.

Satz 6.72. *Sei $g \in C(\partial\Omega)$ und sei u_g die Perron-Lösung von (6.63), dann gilt:*

(a) $u_g \in C^\infty(\Omega)$ und $\Delta u_g = 0$ auf Ω;

(b) $\min_{z \in \partial\Omega} g(z) \le u_g(x) \le \max_{z \in \partial\Omega} g(z)$ *für alle* $x \in \Omega$.

Beweis: (a) Sei $g_n \in W(\partial\Omega)$, so dass $g_n \to g$ in $C(\partial\Omega)$. Dann ist nach Definition $u_g(x) = \lim_{n \to \infty} u_{g_n}(x)$ gleichmäßig auf Ω. Da $\Delta u_{g_n} = 0$, gilt für $\varphi \in \mathcal{D}(\Omega)$

$$\int_\Omega u_g(x)\,\Delta\varphi(x)\,dx = \lim_{n \to \infty} \int_\Omega u_{g_n}(x)\,\Delta\varphi(x)\,dx = 0.$$

Es ist also $\Delta u_g = 0$ schwach in Ω. Damit folgt aus Satz 6.59, dass $u_g \in C^\infty(\Omega)$.

(b) Die Behauptung folgt aus (6.70) durch Grenzübergang. $\square$

Bemerkung 6.73. Man kann Folgendes zeigen: Ist u eine klassische Lösung von (6.63), so ist $u_g = u$. Damit ist also die Perron-Lösung eine Verallgemeinerung der klassischen Lösung. Wir verweisen auf die ergänzenden Kommentare am Ende des Kapitels. $\triangle$

Nun führen wir eine analytische Bedingung für Randpunkte $z \in \partial\Omega$ ein.

Definition 6.74. Eine *Barriere* in $z \in \partial\Omega$ ist eine Funktion $b \in C(\overline{\Omega \cap B})$, wobei $B = B(z,r)$ eine Kugel mit Mittelpunkt z und Radius r ist, die folgende drei Eigenschaften hat:

a) b ist *superharmonisch* auf $\Omega \cap B$, d.h.

$$\int_\Omega b(x)\,\Delta\varphi(x)\,dx \le 0 \text{ für alle } 0 \le \varphi \in \mathcal{D}(\Omega \cap B);$$

b) $b(x) > 0$ für alle $x \in \overline{\Omega \cap B},\, x \ne z$;

c) $b(z) = 0$.

Die Funktion b heißt H^1-*Barriere*, wenn zusätzlich $b \in H^1(B \cap \Omega)$ ist. $\triangle$

Dann gilt folgender Satz:

Satz 6.75. *Sei* $z \in \partial\Omega$ *und es gebe eine* H^1-*Barriere in* z. *Dann gilt für jedes* $g \in C(\partial\Omega)$

$$\lim_{\Omega \ni x \to z} u_g(x) = g(z). \tag{6.72}$$

Beweis: Wir betrachten zunächst einen Spezialfall.
1. Fall: Es gibt $G \in \mathcal{D}(\mathbb{R}^d)$, so dass $G_{|\partial\Omega} = g$. Sei $v \in H_0^1(\Omega)$, so dass $-\Delta v = \Delta G$. Dann gilt $u_g = G + v$ nach der Definition der H^1-Lösung von (6.63). Sei $\varepsilon > 0$. Wir zeigen, dass

$$\limsup_{\Omega \ni x \to z} u_g(x) \le g(z) + \varepsilon. \tag{6.73}$$

Sei $B = B(z,r)$ eine Kugel, die so klein ist, dass es nach Voraussetzung eine H^1-Barriere $b \in H^1(\Omega \cap B) \cap C(\overline{\Omega \cap B})$ gibt, so dass

$$G(x) - g(z) - \varepsilon \le 0 \text{ für alle } x \in \bar{B}. \tag{6.74}$$

Dazu beachte man, dass G stetig in z und $G(z) := g(z)$ ist.
Sei $w(x) := u_g(x) - g(z) - \varepsilon - b(x), x \in \Omega \cap B$. Indem wir die Barriere mit einer positiven Konstanten multiplizieren, können wir wegen b) annehmen, dass

$$b(x) \geq \|u_g\|_{L_\infty(\Omega)} - g(z) \text{ für alle } x \in \partial B \cap \bar{\Omega} . \tag{6.75}$$

Damit ist $w^+ \in H_0^1(\Omega \cap B)$, was wir gleich zeigen werden. Da $w \in H^1(\Omega \cap B)$ und $-\Delta w = \Delta b \leq 0$, folgt dann aus dem schwachen Maximumprinzip (Satz 6.44), dass $w \leq 0$. Somit ist $u_g \leq g(z) + \varepsilon + b$. Da $b(z) = 0$, folgt schließlich, dass $\limsup_{\Omega \ni x \to z} u_g(x) \leq g(z) + \varepsilon$.
Es bleibt zu zeigen, dass $w^+ \in H_0^1(\Omega \cap B)$. Es ist $w \in H^1(\Omega \cap B)$ und $w = v + G - G(z) - \varepsilon - b$. Da $G - G(z) - \varepsilon \leq 0$ und $b \geq 0$ auf $\Omega \cap B$, folgt $w^+ \leq v^+$. Ferner gilt wegen (6.75) für $x \in \partial B \cap \bar{\Omega}$ die Ungleichung $w(x) = u_g(x) - G(z) - \varepsilon - b(x) \leq -\varepsilon$. Da $v \in H_0^1(\Omega)$, gibt es Funktionen $\varphi_n \in \mathcal{D}(\Omega)$, so dass $\varphi_n \to v$ in $H^1(\Omega)$. Dann konvergiert die Folge $\varphi_n^+ \wedge w^+ \to v^+ \wedge w^+ = w^+$ in $H^1(\Omega \cap B)$ (siehe Satz 6.37). Es ist $\varphi_n^+ \wedge w^+ \in C_c(\Omega \cap B) \cap H^1(\Omega \cap B)$, da $\varphi_n^+ \in C_c(\Omega)$ und $w^+ = 0$ in einer Umgebung von $\partial B \cap \bar{\Omega}$. Damit ist $\varphi_n^+ \wedge w^+ \in H_0^1(\Omega \cap B)$. Folglich ist $w^+ \in H_0^1(\Omega \cap B)$. Damit ist (6.73) bewiesen.
Da $\varepsilon > 0$ beliebig ist, gilt $\limsup_{\Omega \ni x \to z} u_g(x) \leq g(z)$. Indem wir g durch $-g$ ersetzen, erhalten wir daraus, dass $\liminf_{\Omega \ni x \to z} u_g(x) \geq g(z)$, womit (6.72) bewiesen ist.
2. Fall: Sei $g \in C(\partial \Omega)$ und $\varepsilon > 0$. Dann gibt es eine Funktion $h \in \mathcal{D}(\partial \Omega)$, so dass $\|h - g\|_{C(\partial \Omega)} \leq \varepsilon/2$. Damit gilt wegen Satz 6.72 (b) für $x \in \Omega$

$$|u_g(x) - g(z)| \leq |u_g(x) - u_h(x)| + |u_h(x) - h(z)| + |h(z) - g(z)|$$
$$\leq 2\|g - h\|_{C(\partial \Omega)} + |u_h(x) - h(z)| \leq \varepsilon + |u_h(x) - h(z)| .$$

Damit folgt aus dem 1. Fall, dass $\limsup_{\Omega \ni x \to z} |u_g(x) - g(z)| \leq \varepsilon$. Da $\varepsilon > 0$ beliebig ist, ist der Beweis vollständig. $\square$
Tatsächlich ist das Barrieren-Kriterium auch eine notwendige Bedingung, so dass wir folgendes Hauptresultat formulieren können:

Satz 6.76. *Folgende Aussagen sind äquivalent.*

   (i) Zu jedem $g \in C(\partial \Omega)$ gibt es eine klassische Lösung $u \in C^2(\Omega) \cap C(\bar{\Omega})$ von (6.63).

   (ii) In jedem Punkt $z \in \partial \Omega$ gibt es eine H^1-Barriere.

   (iii) In jedem Punkt $z \in \partial \Omega$ gibt es eine Barriere.

Beweis: (ii) $\Rightarrow$ (i) ergibt sich aus Satz 6.75.
(i) $\Rightarrow$ (ii) Sei $z \in \partial \Omega$ und definiere $g(x) = |z - x|^2$. Dann ist $g \in C^\infty(\mathbb{R}^d)$. Sei u die Lösung von (6.63). Indem wir das starke Maximumprinzip [28, 2.2 Theorem 4] auf jede Komponente von Ω anwenden, sehen wir, dass $u(x) > 0$ für alle $x \in \bar{\Omega} \setminus \{z\}$. Damit ist u eine H^1-Barriere.
Wir verweisen auf [23] für die Implikation (iii) $\Rightarrow$ (i). $\square$
Wir nennen Ω *Dirichlet-regulär*, wenn es zu jedem $g \in C(\partial \Omega)$ eine klassische Lösung des Dirichlet-Problems (6.63) gibt. Nach Satz 6.76 ist also Ω genau dann Dirichlet-regulär, wenn es in jedem Punkt $z \in \partial \Omega$ eine H^1-Barriere gibt.

Beispiel 6.77. Für $d = 1$ ist jede beschränkte offene Teilmenge Ω von $\mathbb{R}$ Dirichlet-regulär. $\triangle$

Beweis: Sei $z \in \partial\Omega$ und setze $b(x) = |x - z|$. Dann ist $b \in C^\infty(\mathbb{R} \setminus \{z\})$ und $\Delta b = 0$ auf $\mathbb{R} \setminus \{z\}$. Somit ist b eine H^1-Barriere in z. $\square$

In der Ebene ist die Segment-Bedingung hinreichend.

Definition 6.78. Die Menge Ω erfüllt die *Segment-Bedingung*, wenn zu jedem $z \in \partial\Omega$ ein $x_0 \in \mathbb{R}^d \setminus \{z\}$ existiert, so dass gilt: $\lambda x_0 + (1 - \lambda)z \notin \Omega$ für alle $\lambda \in [0,1]$, vgl. Abbildung 6.2.

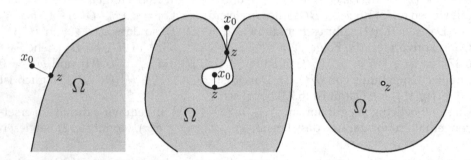

Abbildung 6.2. Die Segment-Bedingung ist in beiden linken Fällen erfüllt. Im Fall rechts (punktierte Scheibe) ist die Bedingung nicht erfüllt.

Satz 6.79. *Erfüllt $\Omega \subset \mathbb{R}^2$ die Segment-Bedingung, so ist Ω Dirichlet-regulär.*

Beweis: Sei $z \in \partial\Omega$. Wir können ohne Beschränkung der Allgemeinheit voraussetzen, dass $z = 0$ und dass $\Omega \cap B(0, r_0) \subset \{re^{i\theta} : 0 < r < r_0, -\pi < \theta < \pi\}$ (sonst verschieben und drehen wir Ω). Dann definiert

$$b(r, \theta) := \frac{-\log r}{(\log r)^2 + \theta^2} \ , \ -\pi < \theta < \pi, 0 < r < r_0$$

eine Barriere. $\square$

Bemerkung 6.80.

  a) In der Ebene gibt es eine sehr allgemeine und handliche Bedingung für die Dirichlet-Regularität: Jede beschränkte, offene, einfach zusammenhängende Menge ist Dirichlet-regulär (siehe [22]).

  b) Die punktierte Kreisscheibe $\Omega = \{x \in \mathbb{R}^2 : 0 < |x| < 1\}$ (siehe Abbildung 6.2) ist nicht Dirichlet-regulär, siehe Aufgabe 3.19. $\triangle$

Wir betrachten nun auch höhere Dimensionen und geben zunächst ein recht grobes Kriterium an.

Satz 6.81. *Sei $\Omega \subset \mathbb{R}^d$ offen und beschränkt, wobei $d \geq 2$. Die Menge Ω erfülle die äußere Kugel-Bedingung. Das heißt, zu jedem $z \in \partial\Omega$ gibt es ein $x_0 \in \mathbb{R}^d \setminus \{z\}$, so dass*

$$\bar{\Omega} \cap B(x_0, |x_0 - z|) = \{z\}, \tag{6.76}$$

vgl. Abbildung 6.3. Dann ist Ω Dirichlet-regulär.

Beweis: Sei $d \geq 3$ und $z \in \partial\Omega$. Wähle ein $x_0 \in \mathbb{R}^d \setminus \{z\}$, so dass (6.75) gilt. Dann definiert

$$b(x) := \left\{ \frac{1}{|z - x_0|^{d-2}} - \frac{1}{|x - x_0|^{d-2}} \right\}$$

eine Barriere. Für $d = 2$ siehe [23, 4.18, p. 274]. $\qquad\square$

Korollar 6.82. *Jede offene, beschränkte konvexe Menge Ω im $\mathbb{R}^d$ ist Dirichlet-regulär.*

Beweis: Sei $z \in \partial\Omega$. Der Satz von Hahn-Banach (z.B. [52, Kap. III]) impliziert, dass es ein $c \in \mathbb{R}^d$ gibt, so dass $x \cdot c < c \cdot z$ für alle $x \in \Omega$. Ohne Beschränkung der Allgemeinheit sei $z = 0$. Wähle $x_0 = c$ und $r = |x_0|$. Dann ist $\bar{\Omega} \cap B(x_0, |x_0 - z|) = \{z\}$. Denn sei $|x - c| \leq |x_0 - z| = r$ und $x \neq 0$, dann ist $x \cdot c > 0$ und somit $x \notin \bar{\Omega}$. Beachte, dass $|x|^2 - 2x \cdot c + r^2 = (x - c) \cdot (x - c) \leq r^2$. $\qquad\square$

Wir werden in Kapitel 7 die Glattheit des Randes einer offenen Menge beschreiben. Der Rand kann etwa C^1 oder nur Lipschitz-stetig sein. Jedes Polygon im $\mathbb{R}^2$ hat einen Lipschitz-Rand. Auch konvexe beschränkte Mengen haben einen Lipschitz-Rand. Ohne Beweis erwähnen wir folgendes Resultat (siehe [23]).

Satz 6.83. *Sei $\Omega \subset \mathbb{R}^d$ ein offenes, beschränktes Gebiet mit Lipschitz-Rand. Dann ist Ω Dirichlet-regulär.* $\qquad\square$

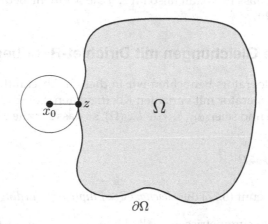

Abbildung 6.3. Veranschaulichung der äußeren Kugel-Bedingung für $d = 2$.

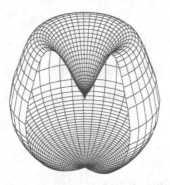

Abbildung 6.4. Die Lebesgue'sche Cusp-Menge.

Wir erwähnen, dass im $\mathbb{R}^3$ die Stetigkeit des Randes *nicht* automatisch die Dirichlet-Regularität impliziert. Wenn man eine Spitze rotiert, so erhält man im $\mathbb{R}^3$ ein Gebiet, das nicht Dirichlet-regulär ist, falls der Stachel spitz genug ist und in das Gebiet hineinragt (siehe Abbildung 6.4). Ein solches Beispiel stammt von Lebesgue aus dem Jahre 1912. Wir verweisen auf [8], wo solch ein Beispiel explizit durchgeführt wird. Es zeigt insbesondere, dass die Regularität der auf dem Rand vorgegebenen Funktion g nicht impliziert, dass eine klassische Lösung existiert: Man kann die Funktion $g \in C(\partial\Omega)$ in dem Beispiel so wählen, dass sie in jedem $z \in \partial\Omega$ eine harmonische Fortsetzung auf eine Umgebung von z im $\mathbb{R}^3$ hat und dennoch keine Lösung des Dirichlet-Problems existiert. Die Perron-Lösung u_g oszilliert in der Nähe des Punktes z und hat keine stetige Fortsetzung in z. Das Beispiel zeigt auch, dass im Raum (also im $\mathbb{R}^3$) die Segment-Bedingung nicht für die Regularität reicht.

6.10 Elliptische Gleichungen mit Dirichlet-Randbedingungen

Statt des Laplace-Operators betrachten wir in diesem Abschnitt einen allgemeineren elliptischen Operator mit variablen Koeffizienten. Sei $\Omega \subset \mathbb{R}^d$ eine offene, beschränkte Menge und seien $a_{ij}, b_j, c \in L_\infty(\Omega)$, so dass für alle $\xi \in \mathbb{R}^d$ und $x \in \Omega$

$$\sum_{i,j=1}^{d} a_{ij}(x)\xi_i\xi_j \geq \alpha|\xi|^2, \tag{6.77}$$

wobei $\alpha > 0$. Man nennt (6.77) die *gleichmäßige Elliptizitäts-Bedingung*.

Bemerkung 6.84. Im symmetrischen Fall, d.h. wenn $a_{ij} = a_{ji}$, ist die Bedingung (6.77) äquivalent dazu, dass der kleinste Eigenwert der Matrix $(a_{ij}(x))_{i,j=1,\dots,d}$ einen Wert von mindestens α hat. Wir wollen aber auch nichtsymmetrische Matrizen zulassen. $\triangle$

Unser Ziel ist es, eine Randwertaufgabe der Form

$$-\sum_{i,j=1}^{d} D_i(a_{ij}D_ju) + \sum_{j=1}^{d} b_j D_j u + cu = f, \qquad (6.78a)$$

$$u_{|\partial\Omega} = 0, \qquad (6.78b)$$

zu untersuchen, wobei $f \in L_2(\Omega)$ gegeben ist. Ist $a_{ij}(x) = 1$ für $i = j$ und $a_{ij} = 0$ für $i \neq j$, $b_j = c = 0$, so ist (6.78) die Poisson-Gleichung $-\Delta u = f$, die wir vorher betrachtet haben.

Das Erste, was bei der Gleichung (6.78) auffällt, ist, dass unter unseren allgemeinen Voraussetzungen der Ausdruck $D_i(a_{ij}D_ju)$ selbst für zweimal stetig differenzierbare Funktionen u nicht definiert sein muss. Aber wir werden wieder mit schwachen Lösungen arbeiten. Dazu setzen wir zuerst voraus, dass $a_{ij} \in C^1(\Omega)$. Ist $u \in C_c^2(\Omega)$ eine Lösung von (6.78a), so erhalten wir durch partielles Integrieren

$$\int_\Omega \left\{ \sum_{i,j=1}^{d} a_{ij}(x)D_ju(x)D_i\varphi(x) + \sum_{j=1}^{d} b_j(x)D_ju(x)\varphi(x) + c(x)u(x)\varphi(x) \right\} dx$$

$$= \int_\Omega f(x)\varphi(x)\,dx \qquad (6.79)$$

für alle $\varphi \in \mathcal{D}(\Omega)$. Dieser Ausdruck ist sogar wohldefiniert, sobald $u, \varphi \in H^1(\Omega)$.

Definition 6.85. Eine *schwache Lösung* von (6.78) ist eine Funktion $u \in H_0^1(\Omega)$, so dass (6.79) für alle $\varphi \in \mathcal{D}(\Omega)$ gilt. $\triangle$

Diese Definition führt uns zu der Bilinearform

$$a(u,v) := \int_\Omega \left\{ \sum_{i,j=1}^{d} a_{ij}(x)D_ju(x)D_iv(x) + \sum_{j=1}^{d} b_j(x)D_ju(x)v(x) + c(x)u(x)v(x) \right\} dx,$$

$u, v \in H_0^1(\Omega)$. Offensichtlich ist die Form $a : H_0^1(\Omega) \times H_0^1(\Omega) \to \mathbb{R}$ bilinear und stetig. Die Form $a(\cdot, \cdot)$ ist koerziv, falls die Koeffizienten geeignete Bedingungen erfüllen. Dann erhalten wir Existenz und Eindeutigkeit von (6.78).

Satz 6.86. *Zusätzlich zu (6.77) gelte eine der folgenden beiden Bedingungen:*

(a) $\sum_{j=1}^{d} b_j(x)^2 \leq 2\alpha\, c(x)$, $x \in \Omega$, *oder*

(b) $b_j \in C^1(\Omega)$ *und* $\sum_{j=1}^{d} (D_jb_j)(x) \leq 2c(x)$, $x \in \Omega$.

Dann gibt es zu jedem $f \in L_2(\Omega)$ eine schwache Lösung von (6.78).

Beweis: Sei $f \in L_2(\Omega)$. Eine Funktion $u \in H_0^1(\Omega)$ ist genau dann eine schwache Lösung von (6.78), wenn

$$a(u,\varphi) = \int_\Omega f(x)\varphi(x)\,dx \quad \text{für alle } \varphi \in \mathcal{D}(\Omega). \qquad (6.80)$$

Da $\mathcal{D}(\Omega)$ dicht in $H_0^1(\Omega)$ ist, ist dies äquivalent dazu, dass (6.80) für alle $\varphi \in H_0^1(\Omega)$ gilt. Die Abbildung $\varphi \mapsto \int_\Omega f(x)\varphi(x)\,dx$ definiert eine stetige Linearform auf $H_0^1(\Omega)$. Nach dem Satz von Lax-Milgram existiert somit eine schwache Lösung, falls $a(\cdot,\cdot)$ koerziv ist. Wir zeigen nun, dass dies sowohl unter der Voraussetzung (a) als auch unter (b) erfüllt ist.

Im Fall (a) wenden wir die Young-Ungleichung (5.18) an und erhalten

$$ub_j D_j u \leq \frac{\alpha}{2}(D_j u)^2 + \frac{1}{2\alpha}b_j^2 u^2.$$

Damit gilt wegen (6.77)

$$a(u) \geq \alpha \int_\Omega |\nabla u(x)|^2\,dx - \frac{\alpha}{2}\int_\Omega |\nabla u(x)|^2\,dx - \frac{1}{2\alpha}\int_\Omega \sum_{j=1}^d b_j(x)^2 u(x)^2\,dx$$

$$+ \int_\Omega c(x)u(x)^2\,dx \geq \frac{\alpha}{2}\int_\Omega |\nabla u(x)|^2\,dx.$$

Da wegen der Poincaré-Ungleichung der Ausdruck

$$\left(\frac{\alpha}{2}\int_\Omega |\nabla u(x)|^2\,dx\right)^{\frac{1}{2}} = \sqrt{\frac{\alpha}{2}}\,|u|_{H^1}(\Omega)$$

eine äquivalente Norm auf $H_0^1(\Omega)$ definiert, ist die Koerzivität damit gezeigt.

Im Fall (b) integrieren wir partiell und erhalten für $u \in \mathcal{D}(\Omega)$ zunächst

$$\int_\Omega b_j(x)D_j u(x)\,u(x)\,dx = \int_\Omega b_j \frac{1}{2}D_j u^2\,dx = -\frac{1}{2}\int_\Omega D_j b_j(x)u(x)^2\,dx$$

für $j = 1,\ldots,d$ und damit

$$\int_\Omega \sum_{j=1}^d b_j(x)D_j u(x)u(x)\,dx + \int_\Omega c(x)u(x)^2\,dx$$

$$= -\frac{1}{2}\int_\Omega \sum_{j=1}^d D_j b_j(x)u(x)^2\,dx + \int_\Omega c(x)u(x)^2\,dx \geq 0.$$

Damit gilt $a(u) \geq \alpha \int_\Omega |\nabla u(x)|^2\,dx$ für alle $u \in \mathcal{D}(\Omega)$ und folglich auch für alle $u \in H_0^1(\Omega)$. $\qquad\square$

6.11 H^2-Regularität

Sei Ω eine offene, beschränkte Menge im $\mathbb{R}^d$. Wir hatten gesehen, dass die Lösungen der Poisson-Gleichung immer in $H_{\text{loc}}^2(\Omega)$ liegen. Hier wollen wir der Frage nachgehen, unter welchen Bedingungen sie sogar in $H^2(\Omega)$ liegen. Es dreht sich also um die H^2-Regularität am Rande. Sie ist auch wichtig für Fehlerabschätzungen bei numerischen Verfahren (vgl. Kapitel 9) und hängt von der Regularität des

Randes ab. Eine Menge Ω heißt *konvex*, falls mit $x, y \in \Omega$ auch $\lambda x + (1 - \lambda)y \in \Omega$ für alle $\lambda \in (0,1)$. Wir erinnern daran, dass es zu jedem $f \in L_2(\Omega)$ eine eindeutige Lösung des Poisson-Problems

$$u \in H_0^1(\Omega) \cap H_{\mathrm{loc}}^2(\Omega), \qquad\qquad\qquad (6.81\mathrm{a})$$

$$-\Delta u = f, \qquad\qquad\qquad (6.81\mathrm{b})$$

gibt (Satz 6.43 und Satz 6.59).

Satz 6.87. *Ist Ω konvex, so ist für jedes $f \in L_2(\Omega)$ die Lösung u von (6.81) in $H^2(\Omega)$.*

Wir verweisen auf [31] oder [24, 7.4] für den Beweis. $\qquad\qquad\qquad\qquad$ □

Bemerkung 6.88. Die Aussage von Satz 6.87 bleibt richtig, wenn Ω einen C^2-Rand hat (siehe Definition 7.1), aber nicht notwendigerweise konvex ist, siehe [17, Théorème IX.25] oder [28, 6.3 Theorem 4]. $\qquad\qquad\qquad\qquad$ △

Als Nächstes wollen wir an einem Beispiel zeigen, dass die Lösung von (6.81) nicht ohne weitere Voraussetzungen in $H^2(\Omega)$ ist. Wir betrachten folgendes Gebiet im $\mathbb{R}^2 = \mathbb{C}$. Sei $\pi < \alpha < 2\pi$, $r_0 > 0$ und

$$\Omega_{\alpha, r_0} := \{re^{i\theta} : 0 \le r < r_0, \ 0 < \theta < \alpha\},$$

vgl. Abbildung 6.5. Zunächst betrachten wir das Dirichlet-Problem. Sei $h(z) := z^\beta$

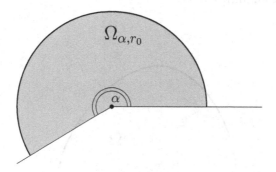

Abbildung 6.5. Gebiet Ω_{α, r_0}.

mit $\beta = \frac{\pi}{\alpha}$. Dann ist h holomorph auf Ω_{α, r_0} und stetig auf $\overline{\Omega}_{\alpha, r_0}$. Somit ist der Imaginärteil $v = \operatorname{Im} h$ von h harmonisch. Es gilt $v(r \cos \theta, r \sin \theta) = r^\beta \sin(\beta\theta)$, $v_{|\partial\Omega_{\alpha, r_0}} = g$, wobei $g(r_0 e^{i\theta}) = r_0^\beta \sin(\beta\theta)$ für $0 < \theta < \alpha$ und $g(re^{i\alpha}) = g(r) = 0$ für $0 \le r \le r_0$. Wie für jede holomorphe Funktion gilt $h'(z) = (\operatorname{Im} h)_y(z) + i(\operatorname{Im} h)_x(z)$. Also ist hier $v_y + iv_x = \beta z^{\beta-1}$. Leiten wir diese Funktion wiederum ab, so liefert das gleiche Argument $\beta(\beta - 1)z^{\beta-2} = v_{xy} + iv_{xx}$. Da

$$\int_\Omega |z^{\beta-2}|^2 \, dz = \int_0^{r_0} r\alpha r^{(\beta-2)2} \, dr = \alpha \int_0^{r_0} r^{2\beta-3} \, dr = \infty,$$

folgt, dass $v \notin H^2(\Omega_{\alpha,r_0})$. Allerdings folgt aus Satz 6.64, dass $v \in H^1(\Omega_{\alpha,r_0})$ (was man mit (6.67) auch direkt nachrechnen kann). Nun modifizieren wir das Beispiel, um eine Lösung des Poisson-Problems anzugeben, die nicht in $H^2(\Omega)$ ist.

Sei $\eta \in \mathcal{D}(\mathbb{R}^2)$, so dass $\eta(z) = 0$ für $|z| \leq \frac{r_0}{3}$ und $\eta(z) = 1$ für $z \in \Omega_{\alpha,r_0}$ mit $|z| \geq \frac{r_0}{2}$. Für $G(z) := \eta(z)\operatorname{Im} h(z)$ gilt $G \in C^\infty(\overline{\Omega_{\alpha,r_0}})$ und $G_{|\partial\Omega} = g$. Nun sei $u \in H_0^1(\Omega_{\alpha,r_0})$ die eindeutige Funktion, für die $-\Delta u = \Delta G =: f$ in Ω_{α,r_0}. Dann wissen wir aus Satz 6.64, dass $v = G + u$. Damit ist $u \notin H^2(\Omega_{\alpha,r_0})$, da $v \notin H^2(\Omega_{\alpha,r_0})$. Wir haben also Folgendes gezeigt:

Beispiel 6.89. Es gibt eine Funktion $f \in C^\infty(\overline{\Omega_{\alpha,r_0}})$, so dass für die Lösung u von (6.81) mit $\Omega = \Omega_{\alpha,r_0}$ gilt: $u \in C(\overline{\Omega_{\alpha,r_0}})$, aber $u \notin H^2(\Omega_{\alpha,r_0})$. △

Man kann dieses Beispiel auf jede offene, beschränkte Menge mit einer nichtkonvexen (d.h. eintretenden) Ecke erweitern:

Definition 6.90. Sei $\Omega \subset \mathbb{R}^2$ offen und beschränkt, $z \in \partial\Omega$. Wir sagen, dass Ω *in z eine nichtkonvexe Ecke hat,* falls es nach Wahl eines kartesischen Koordinatensystems einen Winkel $\pi < \alpha < 2\pi$ und ein $\varepsilon > 0$ gibt, so dass

$$z + re^{i\theta} \in \Omega \text{ für } 0 < r \leq \varepsilon,\ \theta \in (0,\alpha),$$
$$z + re^{i\theta} \notin \Omega \text{ für } 0 \leq r < \varepsilon,\ \alpha \leq \theta \leq 2\pi.$$

Man vergleiche Abbildung 6.6. △

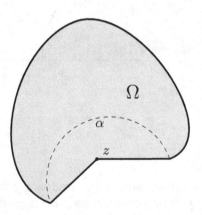

Abbildung 6.6. Gebiet Ω mit nichtkonvexer Ecke z.

Satz 6.91. *Sei $\Omega \subset \mathbb{R}^2$ eine offene, beschränkte Menge mit einer nichtkonvexen Ecke. Dann gibt es eine Funktion $u \in H_0^1(\Omega) \cap H_{\mathrm{loc}}^2(\Omega)$, so dass $-\Delta u =: f \in L_2(\Omega)$, aber $u \notin H^2(\Omega)$.*

Beweis: Sei $U := \{re^{i\theta} + z : 0 < r < \varepsilon,\ 0 < \theta < \alpha\}$. Nach Beispiel 6.89 gibt es eine Funktion $w \in H_0^1(U) \cap H_{\text{loc}}^2(U)$, so dass $-\Delta w = g \in L_2(U)$, aber $w \notin H^2(U_0)$, wobei $U_0 := U \cap B\left(z, \frac{\varepsilon}{2}\right)$. Setze w durch 0 auf $\Omega \setminus U$ fort. Dann ist $w \in H_0^1(\Omega)$ (siehe Satz 6.27). Sei $\eta \in \mathcal{D}(\mathbb{R}^d)$, so dass $\operatorname{supp} \eta \subset B(z, \varepsilon)$ und $\eta \equiv 1$ auf $B\left(z, \frac{\varepsilon}{2}\right)$. Setze $u := w\eta$. Dann ist $u \notin H^2(\Omega)$, aber $u \in H_0^1(\Omega) \cap H_{\text{loc}}^2(\Omega)$ und $-\Delta u = -\eta g - 2\nabla w \nabla \eta - w \Delta \eta \in L_2(\Omega)$. $\qquad\square$

In Kapitel 9 werden wir auf das spezielle Beispiel des L-Gebietes $\Omega = (-1,1)^2 \setminus [0,1)^2$ zurückkommen. Offenbar hat Ω im Nullpunkt eine nichtkonvexe Ecke, also ist das Poisson-Problem nicht H^2-regulär.

6.12* Kommentare zu Kapitel 6

Das Dirichlet-Problem ist eines der ältesten und am häufigsten betrachteten Probleme der Analysis. Der Name wurde von Riemann geprägt zu Ehren seines Lehrers Johann P.G.L. Dirichlet. Dirichlet (1805-1859) hielt von 1831 bis 1855 Vorlesungen an der Universität von Berlin und trat 1855 die Nachfolge von Gauß an der Universität Göttingen an. In seiner Vorlesung über Potentialtheorie sprach er über das (von Riemann nach ihm benannte) Dirichlet-Prinzip. Es führte zu einem nachhaltigen Disput in der Mathematik, nachdem Weierstraß 1869 durch ein Beispiel gezeigt hatte, dass ein Minimum von Energie-Integralen nicht angenommen werden muss. Es waren Arzelá 1896 und Hilbert 1900, die unabhängig voneinander die ersten rigorosen Lösungen des Dirichlet-Problems mit Hilfe von Minimierung (Variationsprinzip) gaben. Aber es blieb die Frage offen, ob jede Funktion $u \in C(\bar{\Omega})$ mit $\Delta u = 0$ auf Ω endliche Energie $\int_\Omega |\nabla u(x)|^2\, dx$ hat. Ein erstes Gegenbeispiel wurde von Friedrich Prym im Jahr 1871 gegeben. Berühmt wurde Hadamards Beispiel von 1906, das wir reproduziert haben.

Die Definition der Perron-Lösung, die wir hier geben, ist an unseren Ansatz über Sobolev-Räume angepasst. Oskar Perron (1880-1975) gab im Jahr 1905 eine andere (aber äquivalente) Definition: Sei $\Omega \subset \mathbb{R}^d$ offen und beschränkt und sei $g \in C(\partial\Omega)$. Eine Funktion $v \in C(\bar{\Omega})$ heißt *Unterlösung* des Dirichlet-Problems, wenn

    a) $\limsup_{\Omega \ni x \to z} v(x) \le g(z)$, $z \in \partial\Omega$ und

    b) $-\Delta v \le 0$ schwach,

d.h. $\int_\Omega v(x)\Delta\varphi(x)\, dx \le 0$ für $0 \le \varphi \in \mathcal{D}(\Omega)$.

Eine *Oberlösung* ist eine Funktion $w \in C(\bar{\Omega})$, so dass

    a) $\limsup_{\Omega \ni x \to z} w(x) \ge g(z)$, $z \in \partial\Omega$ und

    b) $-\Delta w \ge 0$ schwach.

Es existieren dann

$$\bar{u}(x) := \inf\{w(x) : w \text{ ist Oberlösung}\} \quad \text{und} \quad \underline{u}(x) := \sup\{v(x) : v \text{ ist Unterlösung}\}$$

für alle $x \in \Omega$. Ferner ist $\bar{u} = \underline{u}$ und $\bar{u} \in C^\infty(\Omega)$ ist beschränkt sowie $\Delta\bar{u} = 0$. Schließlich gilt für alle $x \in \Omega$

$$\min_{z \in \partial\Omega} g(z) \le \bar{u}(x) \le \max_{z \in \partial\Omega} g(z).$$

Hat (6.63) eine klassische Lösung u, so ist $u = \bar{u}$. Wir verweisen für diese Resultate auf [23]. In der Literatur nennt man $\bar{u}$ die *Perron-Lösung*. Man kann zeigen, dass dieser Begriff mit dem in Definition 6.71 gegebenen übereinstimmt [9]. Insbesondere ist also $u = u_g$, falls u eine klassische Lösung von (6.63) ist.

Oskar Perron war ein bemerkenswerter Mathematiker. Er wirkte als Professor in Tübingen, Heidelberg und München und hat auf vielen verschiedenen Gebieten der Mathematik geforscht. Berühmt ist seine Lösung des Dirichlet-Problems, die wir eben dargestellt haben, aber auch seine Arbeit über positive Matrizen (Perron-Frobenius-Theorie). Perron gehörte zu den mutigen Wissenschaftlern, die ihre antinationalsozialistische Haltung unter der Diktatur deutlich erkennen ließen.

Der wichtigste Operator in diesem Buch ist der Laplace-Operator. Sein Namensgeber, Pierre-Simon Laplace (1749-1827), studierte die Bahnen der Planeten, und in seinem berühmten Werk *Traité de Mécanique Céleste*, das er 1799 veröffentlichte, spielt die Laplace-Gleichung eine entscheidende Rolle. Eine wichtige Frage, der sich Laplace widmete, ist die Stabilität des Planetensystems, die er mit Hilfe der Newton'schen Mechanik löste (wie er meinte). Isaac Newton (1643-1727) selbst glaubte nicht an die Stabilität: Vielmehr meinte er, dass es von Zeit zu Zeit eines göttlichen Eingriffs bedarf, um die Dinge wieder zu „richten".

Als Laplace sein Werk Napoleon überreichte, sagte dieser: „Sie haben so ein gewaltiges Buch über das System der Welt geschrieben, ohne den Schöpfer zu nennen." Die Antwort von Laplace wurde berühmt: „Je n'avais pas besoin de cette hypothèse-là" – diese Voraussetzung habe ich nicht gebraucht. Laplace hatte Napoleon bereits in jungen Jahren kennen gelernt: Im Jahre 1784 prüfte er den 16-jährigen Napoleon für die Aufnahme in die Offiziersschule. Wie wäre wohl die Geschichte verlaufen, hätte er ihn durchfallen lassen? Napoleon zeigte Bewunderung für die Mathematik und erhob Laplace später in den Stand eines Marquis. Im Jahre 1799 wurde er sogar zum Innenminister ernannt. Anders als Fourier war Laplace in solch einem politischen Amt aber nicht erfolgreich. Napleon entließ ihn nach nur sechs Wochen: Laplace habe den Geist des „infinitesimal Kleinen" in die Regierung gebracht.

Laplace ist bekannt durch den Entwicklungssatz für Determinanten, den er als junger Mann fand, aber auch durch seine grundlegende Arbeit in der elementaren Wahrscheinlichkeitstheorie. Sein Hauptwerk über die Himmelsmechanik war sehr erfolgreich – aber keine leichte Lektüre. Kollegen und sogar er selbst hatten Mühe, den zwar korrekten, aber oft lückenhaften Argumenten zu folgen. Es gefiel ihm, immer wieder ein Argument durch den Satz „Il est aisé à voir" – wie man leicht sieht – zu ersetzen. Dieser stilistische Trick hat sich in der mathematischen Literatur durchgesetzt, oftmals zum Leidwesen des Lesers.

6.13 Aufgaben

Aufgabe 6.1 (Träger von messbaren Funktionen). Sei $\Omega \subset \mathbb{R}^d$ offen und $f : \Omega \to \mathbb{R}$ messbar. Setze $O_f := \{x \in \Omega : \exists \varepsilon > 0, \text{ so dass } f(x) = 0 \text{ fast überall auf } B(x, \varepsilon)\}$. Die Menge $\operatorname{supp} f := \Omega \setminus O_f$ heißt der *Träger* von f.

   a) Zeigen Sie: O_f ist die größte offene Menge U in Ω, auf der f fast überall verschwindet.

   b) Seien $f, g \in L_2(\mathbb{R}^d)$. Dann ist $\operatorname{supp} f * g \subset \overline{\operatorname{supp} f + \operatorname{supp} g}$.

Aufgabe 6.2. Sei $\Omega \subset \mathbb{R}^d$ offen, $j \in \{1, \ldots, d\}$. Zeigen Sie, dass $-\int_\Omega u\, D_j v\, dx = \int_\Omega D_j u\, v\, dx$ für alle $u \in H^1(\Omega)$, $v \in H_0^1(\Omega)$.

Aufgabe 6.3. Seien $u \in H^2(\Omega)$ mit $\Omega \subset \mathbb{R}^d$ offen. Zeigen Sie, dass $D_i D_j u = D_j D_i u$ für $i, j = 1, \ldots, d$.

Aufgabe 6.4. Sei $\Omega = \mathbb{D} := \{x \in \mathbb{R}^d : |x| < 1\}$, $d \geq 3$, $u \in C^1(\Omega \setminus \{0\})$ derart, dass $\int_{0<|x|<1} |u(x)|^2 \, dx < \infty$ und $\int_{0<|x|<1} |\nabla u(x)|^2 \, dx < \infty$. Zeigen Sie, dass $u \in H^1(\Omega)$ und $(D_j u)(x) = \frac{\partial u}{\partial x_j}(x)$ für $x \neq 0$.
Anleitung: Sei $\varphi \in \mathcal{D}(\Omega)$. Zeigen Sie, dass es $\varphi_n \in \mathcal{D}(\Omega \setminus \{0\})$ gibt, so dass $\varphi_n \to \varphi$ in $H^1(\Omega)$. Wählen Sie $\varphi_n(x) := f(n|x|)\varphi(x)$ wie in Bemerkung 6.31.

Aufgabe 6.5.

   a) Sei $\Omega = \mathbb{D} = \{x \in \mathbb{R}^d : |x| < 1\}$, $u(x) = |x|^{2\alpha}$. Bestimmen Sie, für welche $\alpha \in \mathbb{R}$ die Funktion u in $H^1(\Omega)$ liegt.

   b) Sei $d \geq 3$, $\Omega \subset \mathbb{R}^d$ offen, $\Omega \neq \emptyset$. Zeigen Sie, dass $H^1(\Omega)$ eine unstetige Funktion enthält.

Aufgabe 6.6.

   a) Sei $\Omega = \mathbb{D} := \{x \in \mathbb{R}^2 : |x| < 1\}$ und sei $\eta \in \mathcal{D}(\Omega)$ derart, dass $\eta(x) = 1$ für $|x| \leq \frac{1}{2}$. Sei $u(x) = \left(\log \frac{1}{|x|}\right)^{1/4} \cdot \eta(x)$. Zeigen Sie, dass $u \in H^1(\Omega)$.

   b) Sei $\Omega \subset \mathbb{R}^2$ offen, $\Omega \neq \emptyset$. Zeigen Sie, dass $H^1(\Omega)$ unstetige Funktionen enthält.

Aufgabe 6.7. Zeigen Sie, dass $\mathcal{D}(\mathbb{R}^d)$ dicht in $H^2(\mathbb{R}^d)$ ist. *Anleitung:* Beweis von Satz 6.25.

Aufgabe 6.8. Sei $\Omega = (0,1) \cup (1,2)$. Zeigen Sie, dass $C(\bar\Omega) \cap H^1(\Omega)$ nicht dicht in $H^1(\Omega)$. *Hinweis:* $\mathbb{1}_{(0,1)} \in H^1(\Omega)$.

Aufgabe 6.9 (Variante der Produktregel). Sei $\Omega \subset \mathbb{R}^d$ offen. Zeigen Sie, dass für u und v in $H^1(\Omega) \cap L_\infty(\Omega)$ auch das Produkt uv in $H^1(\Omega)$ liegt und $D_j(uv) = D_j u \, v + u \, D_j v$ gilt.

Aufgabe 6.10 (Variante der Kettenregel). Sei $f \in C^1(\mathbb{R})$, $\sup_{x \in \mathbb{R}} |f'(x)| < \infty$ und $\Omega \subset \mathbb{R}^d$ beschränkt. Zeigen Sie, dass die Zuordnung $\varphi(u) := f \circ u$ eine Abbildung $\varphi : H^1(\Omega) \to H^1(\Omega)$ definiert und $D_j \varphi(u) = (f' \circ u) \, D_j u$ gilt.

Aufgabe 6.11. Sei $\Omega \subset \mathbb{R}^d$ offen und u und v in $H^1(\Omega)$.

   a) Zeigen Sie, dass auch $w := u \wedge v$, definiert durch $w(x) := \min\{u(x), v(x)\}$, in $H^1(\Omega)$ liegt, und bestimmen Sie die schwache Ableitung.

   b) Zeigen Sie, dass $(-u) \wedge (-v) = -(u \vee v)$, und schließen Sie, dass auch $(u \vee v)(x) = \max\{u(x), v(x)\}$ eine Funktion $u \vee v \in H^1(\Omega)$ definiert.

Aufgabe 6.12. Sei $\Omega \subset \mathbb{R}^d$ offen (nicht notwendigerweise beschränkt). Zeigen Sie:

   a) Ist $u \in H^1(\Omega)$, so ist auch $u \wedge \mathbb{1}_\Omega$ in $H^1(\Omega)$. Bestimmen Sie die Ableitung.

   b) $L_\infty(\Omega) \cap H^1(\Omega)$ ist dicht in $H^1(\Omega)$.

Aufgabe 6.13. Betrachten Sie die in Satz 6.43 gegebene Situation mit $\lambda > 0$ Sei $f(x) \leq 1$ fast überall. Zeigen Sie, dass $\lambda\, u(x) \leq 1$ fast überall.

Aufgabe 6.14 (Satz von Riemann-Lebesgue). Sei $d \in \mathbb{N}$. Wie üblich sei $C_0(\mathbb{R}^d) := \{u \in C(\mathbb{R}^d) : \lim_{|x|\to\infty} u(x) = 0\}$. Zeigen Sie:

a) Ist $u \in L_1(\mathbb{R}^d)$, so ist $\mathcal{F}u \in C(\mathbb{R}^d)$.

b) Die Abbildung $u \mapsto \mathcal{F}u$ ist von $L_1(\mathbb{R}^d)$ nach $L_\infty(\mathbb{R}^d)$ linear und stetig.

c) Sei $u \in \mathcal{D}(\mathbb{R}^d)$. Es gibt ein $c \in \mathbb{R}$ mit $|\mathcal{F}u(x)| \leq \frac{c}{1+|x|^2}$ für $x \in \mathbb{R}^d$. Insbesondere gilt $\mathcal{F}u \in C_0(\mathbb{R}^d)$. *Hinweis:* Man kann die Rechenregeln für die Fourier-Transformation ausnutzen.

d) Für jedes $u \in L_1(\mathbb{R}^d)$ ist $\mathcal{F}u \in C_0(\mathbb{R}^d)$. Erinnerung: $C_0(\mathbb{R}^d)$ ist in $L_\infty(\Omega)$ abgeschlossen.
Hinweis: Man darf hier ohne Beweis verwenden, dass $\mathcal{D}(\mathbb{R}^d)$ in $L_1(\mathbb{R}^d)$ dicht ist; diesen Satz kann man ähnlich wie im Fall $L_2(\mathbb{R}^d)$ zeigen, vgl. Korollar 6.9.

Aufgabe 6.15. Sei $\Omega \subset \mathbb{R}^d$ offen, $u \in H^1_{\mathrm{loc}}(\Omega)$, $f \in L_{2,\mathrm{loc}}(\Omega)$, so dass $\Delta u = f$ schwach. Zeigen Sie, dass für $\eta \in \mathcal{D}(\Omega)$ gilt: $\Delta(\widetilde{\eta u}) = [(\Delta\eta)u + 2\nabla\eta\,\nabla u + f\eta]^\sim$. Man benutze dazu (6.59).

Aufgabe 6.16. Beweisen Sie die Identität (6.67).

Aufgabe 6.17. Zeigen Sie direkt, ohne die Benutzung der H^1-Barriere, dass jede beschränkte, offene Teilmenge Ω von $\mathbb{R}$ Dirichlet-regulär ist.
Anleitung: Ω ist eine abzählbare Vereinigung von offenen Intervallen.

Aufgabe 6.18. Sei $\Omega \subset \mathbb{R}^d$ offen, beschränkt und konvex. Sei $g \in C(\partial\Omega)$ und sei $u \in C(\bar\Omega) \cap C^2(\Omega)$ eine klassische Lösung des Dirichlet-Problems (6.63). Es gebe $G \in H^2(\Omega) \cap C(\bar\Omega)$ derart, dass $G_{|\partial\Omega} = g$. Zeigen Sie, dass $u \in H^2(\Omega)$.

Aufgabe 6.19. Beweisen Sie Korollar 6.23.

Aufgabe 6.20 (Invarianz der Poisson-Gleichungen unter Isometrien). Sei B eine orthogonale $d \times d$-Matrix, $b \in \mathbb{R}^d$, $F(y) = By + b$ für $y \in \mathbb{R}^d$. Sei $\Omega_2 \subset \mathbb{R}^d$ eine offene Menge, $\Omega_1 := F(\Omega_2)$. Sei $f \in L_2(\Omega_1)$, $u \in H^1_0(\Omega_1) \cap H^2_{\mathrm{loc}}(\Omega_1)$ derart, dass $-\Delta u = f$. Zeigen Sie, dass $u \circ F \in H^1_0(\Omega_2) \cap H^2_{\mathrm{loc}}(\Omega_2)$ und $-\Delta(u \circ F) = f \circ F$.
Anleitung: Benutzen Sie, dass die Funktion $u \in H^1_0(\Omega)$ die eindeutige Lösung von $\int_\Omega \nabla u \nabla v\, dx = \int_\Omega fv\, dx$, $v \in H^1_0(\Omega)$ ist.

Aufgabe 6.21 (Allgemeiner linearer elliptischer Differenzialoperator). Sei $\Omega \subset \mathbb{R}^d$ offen und beschränkt. Seien a_{ij}, b_j, c_i und e in $L_\infty(\Omega)$. Für den formalen Differenzialoperator $Lu := -\sum_{j=1}^d D_j\left(\sum_{i=1}^d a_{ij}D_iu + b_ju\right) + \sum_{i=1}^d c_iD_iu + eu$ und eine Funktion $f \in L_2(\Omega)$ versteht man unter einer *schwachen Lösung* des Problems

$$(D)\, Lu = f \quad \text{in } \Omega, \qquad u = 0 \quad \text{auf } \partial\Omega,$$

eine Funktion $u \in H_0^1(\Omega)$ mit

$$a_L(u,v) := \sum_{i,j=1}^{d} \int_\Omega a_{ij} D_i u D_j v + \sum_{j=1}^{d} \int_\Omega b_j u D_j v + \sum_{i=1}^{d} \int_\Omega c_i D_i u v + \int_\Omega e u v = \int_\Omega f v$$

für alle Testfunktionen $v \in \mathcal{D}(\Omega)$. Es gebe $\alpha > 0$ mit $\sum_{i,j=1}^{d} a_{ij}\xi_i\xi_j \geq \alpha|\xi|^2$ für alle $\xi \in \mathbb{R}^d$. Zeigen Sie:

a) Die Form a_L ist auf $H_0^1(\Omega) \times H_0^1(\Omega)$ bilinear und stetig.

b) Gibt es $\delta < 2\alpha$ mit $\sum_{j=1}^{d}(b_j + c_j)^2 \leq 2\delta e$ fast überall, so besitzt (D) eine eindeutige schwache Lösung. *Hinweis:* Für $x, y \in \mathbb{R}$ und $\varepsilon > 0$ gilt $xy \leq \frac{\varepsilon}{2}x^2 + \frac{1}{2\varepsilon}y^2$ (Young-Ungleichung, Lemma 5.22).

c) Sind b_i und c_i stetig differenzierbar und gilt $\sum_{i=1}^{d}(D_i b_i + D_i c_i) \leq 2e$ fast überall, so besitzt (D) eine eindeutige schwache Lösung.

d) Sind alle Funktionen hinreichend regulär und ist u eine schwache Lösung des Problems, so ist der Ausdruck Lu in der oben angegebenen Form wohldefiniert und eine reguläre Funktion u, die in $H_0^1(\Omega)$ liegt, ist genau dann eine schwache Lösung, wenn sie $Lu = f$ im klassischen Sinn erfüllt. Versuchen Sie, möglichst schwache Regularitätsvoraussetzungen zu stellen!

Aufgabe 6.22 (Zusammensetzen von H^1-Funktionen). Betrachten Sie eine offene Menge $\Omega \subset \mathbb{R}^2$ und eine Gerade $G \subset \mathbb{R}^2$. Sei $u \in C(\bar\Omega)$ differenzierbar in $\Omega \setminus G$ mit beschränkten partiellen Ableitungen. Dann ist $u \in H^1(\Omega)$.
Anleitung: Nach Drehung kann man annehmen, dass $G = \mathbb{R} \times \{0\}$.

Aufgabe 6.23 (Sobolev-Einbettung).
a) Sei $\Omega \subset \mathbb{R}^d$ offen, $1 < p_1, p_2, r < \infty$, $\frac{1}{p_1} + \frac{1}{p_2} = \frac{1}{r}$. Seien $f_1 \in L_{p_1}(\Omega_1)$, $f_2 \in L_{p_2}(\Omega_2)$. Zeigen Sie, dass $f_1 \cdot f_2 \in L_r(\Omega)$.
Benutzen Sie die Hölder-Ungleichung: Wenn $1 < p < \infty$, $\frac{1}{p} + \frac{1}{p'} = 1$, $g \in L_p(\Omega)$, $h \in L_{p'}(\Omega)$, so ist $g \cdot h \in L_1(\Omega)$.

b) Sei $d = 2$, $g(x) = (1 + |x|)^{-1}$. Zeigen Sie, dass $g \in L_q(\mathbb{R}^2)$ für alle $2 < q < \infty$.

c) Zeigen Sie, dass $\hat{H}_1(\mathbb{R}^2) \subset L_p(\mathbb{R}^2)$ für alle $1 < p \leq 2$, wobei $\hat{H}_1(\mathbb{R}^2) = \mathcal{F}H^1(\mathbb{R}^2)$ (siehe Satz 6.47).

d) Zeigen Sie, dass $H^1(\mathbb{R}^2) \subset L_q(\mathbb{R}^2)$ für alle $q \in [2, \infty)$.
Benutzen Sie, dass für $1 < p < 2$, $\mathcal{F}^{-1}(L_2(\mathbb{R}^d) \cap L_p(\mathbb{R}^d)) \subset L_{p'}(\mathbb{R}^d)$ (Satz von Hausdorff-Young [52, Satz V.2.10]).

Aufgabe 6.24. Verifizieren Sie die Rechnung aus Satz 6.60.

7 Neumann- und Robin-Randbedingungen

In diesem Kapitel untersuchen wir zunächst elliptische partielle Differenzialgleichungen mit Neumann-Randbedingungen $\frac{\partial u}{\partial \nu} = 0$. Diese bedürfen etwas anderer Techniken, als wir sie bei Dirichlet-Randbedingungen gesehen haben. Wir beginnen damit, C^1-Gebiete zu definieren und den Satz von Gauß zu beweisen. Es folgen analytische Eigenschaften des Sobolev-Raumes $H^1(\Omega)$ (Fortsetzungseigenschaft, Spursatz), die wir dann zur Untersuchung der Randwertaufgaben mit Neumann- und Robin-Randbedingungen heranziehen.

Übersicht

© Springer-Verlag GmbH Deutschland, ein Teil von Springer Nature 2018
W. Arendt und K. Urban, *Partielle Differenzialgleichungen*,
https://doi.org/10.1007/978-3-662-58322-7_7

7.1 Der Satz von Gauß

Ziel dieses Abschnitts ist es, den Hauptsatz der Differenzial- und Integralrechnung auf Funktionen in mehreren Veränderlichen zu verallgemeinern. Bei der Gelegenheit definieren wir Regularitätseigenschaften des Randes eines Gebietes. Solche Eigenschaften spielen eine entscheidende Rolle für die Regularität der (schwachen) Lösungen des Poisson-Problems oder anderer partieller Differenzialgleichungen.

Für $x, y \in \mathbb{R}^d$ bezeichnen wir wieder das Skalarprodukt mit $x \cdot y = x^T y$ und mit $|x| = \sqrt{x \cdot x}$ die Euklidische Norm. In diesem Abschnitt sei $\Omega \subset \mathbb{R}^d$ eine offene, beschränkte Menge mit Rand $\partial\Omega$.

Definition 7.1. Sei $U \subset \mathbb{R}^d$ offen.
(a) Wir sagen, dass $U \cap \partial\Omega$ ein *normaler C^1-Graph* (bezüglich Ω) ist, wenn es eine Funktion $g \in C^1(\mathbb{R}^{d-1})$ und $r > 0$, $h > 0$ gibt, so dass

$$U = \{(y, g(y) + s) : y \in \mathbb{R}^{d-1}, \, |y| < r, \, s \in \mathbb{R}, \, |s| < h\},$$

und, so dass für $x = (y, g(y) + s) \in U$ gilt, vgl. Abbildung 7.1,

$$x \in \Omega, \text{ genau dann, wenn} \qquad\qquad s > 0,$$
$$x \in \partial\Omega, \text{ genau dann, wenn} \qquad\qquad s = 0,$$
$$x \notin \overline{\Omega}, \text{ genau dann, wenn} \qquad\qquad s < 0.$$

(b) Die Menge $U \cap \partial\Omega$ heißt ein *C^1-Graph* (bezüglich Ω), falls es eine orthogonale $d \times d$-Matrix B und $b \in \mathbb{R}^d$ gibt, so dass $\phi(U) \cap \partial(\phi(\Omega))$ ein normaler C^1-Graph bezüglich $\phi(\Omega)$ ist, wobei $\phi(x) = B(x) + b, x \in \mathbb{R}^d$. Somit ist also $U \cap \partial\Omega$ ein C^1-Graph von Ω, wenn $U \cap \partial\Omega$ ein normaler C^1-Graph bezüglich eines anderen kartesischen Koordinatensystems ist.
(c) Wir sagen, dass Ω einen *C^1-Rand* hat, wenn es zu jedem $z \in \partial\Omega$ eine offene Umgebung U von z gibt, so dass $U \cap \partial\Omega$ ein C^1-Graph (bezüglich Ω) ist.   △

Bemerkung 7.2 (*C^k-Rand, Lipschitz-Rand*).
(a) Man definiert für $k \in \mathbb{N}$ einen *C^k-Graphen*, indem man in Teil (a) der obigen Definition verlangt, dass $g \in C^k(\mathbb{R}^{n-1})$ ist.

(b) Einen *Lipschitz-Graphen* erhält man, wenn man verlangt, dass $g : \mathbb{R}^{d-1} \to \mathbb{R}$ *Lipschitz-stetig* ist (d.h., es gibt $L \geq 0$, so dass $|g(x) - g(y)| \leq L|x - y|$ für alle $x, y \in \mathbb{R}^{d-1}$).

(c) Weiterhin sprechen wir von einem *stetigen Graphen*, wenn g stetig ist.

(d) Man sagt, dass Ω einen *C^k-Rand* (*Lipschitz-Rand, stetigen Rand*) hat, wenn es zu jedem $z \in \partial\Omega$ eine offene Umgebung $U \subset \mathbb{R}^d$ von z gibt, so dass $U \cap \partial\Omega$ ein C^k-Graph (bzw. ein Lipschitz-Graph oder ein stetiger Graph) bzgl. Ω ist.

(e) Ein *C^k-Gebiet* ist eine beschränkte, zusammenhängende Menge mit einem *C^k-Rand*. Analog definieren wir ein *stetiges Gebiet* und ein *Lipschitz-Gebiet*.

(f) Wir sagen, dass Ω einen *C^∞-Rand* hat, wenn der Rand C^k für alle $k \in \mathbb{N}$ ist.   △

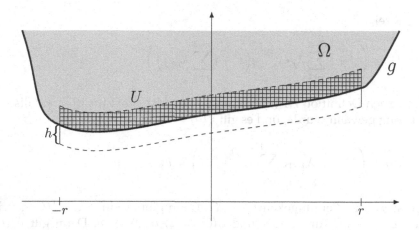

Abbildung 7.1. Ein normaler C^1-Graph im $\mathbb{R}^2$.

Somit haben wir eine Hierarchie von Regularitätseigenschaften definiert. Da jede Funktion $g \in C^1(\mathbb{R}^{d-1})$ auf jeder kompakten Teilmenge von $\mathbb{R}^{d-1}$ Lipschitz-stetig ist, ist ein C^1-Rand auch ein Lipschitz-Rand. Ein Quader im $\mathbb{R}^d$ hat einen Lipschitz-Rand, aber keinen C^1-Rand. Jedes Polygon im $\mathbb{R}^2$ hat einen Lipschitz-Rand.

Im Folgenden sei $\Omega \subset \mathbb{R}^d$ eine beschränkte, offene Menge mit C^1-Rand. Für diese Menge wollen wir den Satz von Gauß formulieren. Dazu benötigen wir zunächst die äußere Normale. Diese lässt sich leicht mit Hilfe eines lokalen Graphen definieren, der den Rand parametrisiert (siehe (7.2)). Um die Unabhängigkeit von der Parametrisierung herauszustellen, ziehen wir eine intrinsische Definition über den Tangentialraum vor.

Satz 7.3 (Tangentialraum). *Sei $z \in \partial\Omega$. Ein Vektor $v \in \mathbb{R}^d$ heißt tangential an $\partial\Omega$ in z, falls es $\varepsilon > 0$ und $\psi \in C^1((-\varepsilon, \varepsilon), \mathbb{R}^d)$ gibt, so dass $\psi(t) \in \partial\Omega$ für alle $t \in (-\varepsilon, \varepsilon)$, $\psi(0) = z$ und $\psi'(0) = v$. Die Menge $T_z := \{v \in \mathbb{R}^d : v \text{ ist tangential an } \partial\Omega \text{ in } z\}$ ist ein $(d-1)$-dimensionaler Unterraum von R^d. Er heißt der Tangentialraum an $\partial\Omega$ in z.*

Beweis: Sei $U \cap \partial\Omega$ ein C^1-Graph bezüglich Ω, wobei U eine offene Umgebung von z ist. Wir können annehmen, dass der Graph normal ist, und wählen die Notation von Definition 7.1 (a). Wir setzen $z' := (z_1, \ldots, z_{d-1})$, also $z = (z', z_d)$. Damit ist also $|z'| < r$ und $z_d = g(z')$. Sei e_j der j-te Einheitsvektor im $\mathbb{R}^{d-1}$ und $u_j := (e_j, \frac{\partial g}{\partial x_j}(z'))$, $j = 1, \ldots, d-1$. Dann sind die Vektoren $u_1, \ldots, u_{d-1}$ linear unabhängig. Wir zeigen, dass $T_z = \text{span}\{u_1, \ldots, u_{d-1}\}$ gilt. Sei dazu $u \in \text{span}\{u_1, \ldots, u_{d-1}\}$, dann gibt es $\lambda_1, \ldots, \lambda_{d-1} \in \mathbb{R}$, so dass

$$u = \sum_{j=1}^{d-1} \lambda_j\, u_j = \left(\lambda_1, \ldots, \lambda_{d-1}, \sum_{j=1}^{d-1} \lambda_j \frac{\partial g}{\partial x_j}(z')\right) \in \mathbb{R}^d.$$

Für $t \in \mathbb{R}$ sei

$$\psi(t) := \left(z' + t \sum_{j=1}^{d-1} \lambda_j\, e_j, \quad g\Big(z' + t \sum_{j=1}^{d-1} \lambda_j\, e_j \Big) \right).$$

Dann ist nach Definition 7.1 (a) (wegen $s = 0$) $\psi(t) \in \partial\Omega$ für $|t| < \varepsilon$, falls $\varepsilon > 0$ klein genug gewählt wurde, und es gilt $\psi(0) = z$ sowie

$$\psi'(0) = \left(\lambda_1, \ldots, \lambda_{d-1}, \sum_{j=1}^{d-1} \lambda_j \frac{\partial g}{\partial x_j}(z') \right) = u.$$

Damit ist $u \in T_z$. Sei umgekehrt $u \in T_z$. Dann gibt es ein $\psi \in C^1((-\varepsilon, \varepsilon), \mathbb{R}^d)$, so dass $\psi(t) \in \partial\Omega$ für $|t| < \varepsilon$ und $\psi(0) = z$, $\psi'(0) = u$. Dann gilt $\psi_d(t) = g(\psi_1(t), \ldots, \psi_{d-1}(t))$ für $|t| < \varepsilon$, wobei $g \in C^1(\mathbb{R}^{d-1})$ die Funktion aus Definition 7.1 (a) ist. Nach der Kettenregel gilt

$$\psi_d'(0) = \sum_{j=1}^{d-1} \psi_j'(0) \frac{\partial g}{\partial x_j}(z'). \tag{7.1}$$

Wähle $\lambda_j := \psi_j'(0)$ für $j = 1, \ldots, d-1$, dann ist

$$u = \psi'(0) = \left(\lambda_1, \ldots, \lambda_{d-1}, \sum_{j=1}^{d-1} \lambda_j \frac{\partial g}{\partial x_j}(z') \right) \in \operatorname{span}\{u_1, \ldots, u_{d-1}\}.$$

Wir haben also gezeigt, dass $T_z = \operatorname{span}\{u_1, \ldots, u_{d-1}\}$. $\square$

Nun können wir die äußere Normale intrinsisch, d.h. ohne Benutzung der Parametrisierung des Randes definieren. Da T_z ein $(d-1)$-dimensionaler Unterraum von $\mathbb{R}^d$ ist, ist der orthogonale Raum $T_z^\perp := \{w \in \mathbb{R}^d : w \cdot v = 0 \quad \forall v \in T_z\}$ eindimensional.

Satz 7.4 (Äußere Normale). *Sei $\Omega \subset \mathbb{R}^d$ eine beschränkte, offene Menge mit C^1-Rand und sei $z \in \partial\Omega$. Dann gibt es genau ein $\nu(z) \in \mathbb{R}^d$, so dass*

(a) $|\nu(z)| = 1$;

(b) $\nu(z) \in T_z^\perp$;

(c) $\exists \varepsilon > 0$, so dass $z + t\nu(z) \notin \overline{\Omega}$ für $0 < t < \varepsilon$ und $z + t\nu(z) \in \Omega$ für $-\varepsilon < t < 0$.

Der Vektor $\nu(z)$ heißt die äußere Normale an Ω in z. Die Abbildung $\nu : \partial\Omega \to \mathbb{R}^d$, $z \mapsto \nu(z)$ ist stetig.

Beweis: Wir behalten die Bezeichnungen aus dem vorhergehenden Beweis. Sei
$$w := (\nabla g(z'), -1) = \left(\tfrac{\partial g}{\partial x_1}(z'), \ldots, \tfrac{\partial g}{\partial x_{d-1}}(z'), -1 \right).$$

(a) Wir zeigen, dass $T_z = w^\perp$. Sei $b \in T_z$, dann gibt es eine Funktion $\psi \in C^1((-\varepsilon, \varepsilon), \mathbb{R}^d)$, so dass $\psi(t) \in \partial\Omega$, $|t| < \varepsilon$, $b = \psi'(0)$ und $z = \psi(0)$. Damit ist nach (7.1) $\psi_d'(0) = \sum_{j=1}^{d-1} \psi_j'(0) \frac{\partial g}{\partial x_j}(z')$, d.h., es ist $b \cdot w = 0$. Wir haben also gezeigt, dass $T_z \subset w^\perp$. Da aber $\dim T_z = d - 1 = \dim w^\perp$, folgt, dass $T_z = w^\perp$.

(b) Nun zeigen wir, dass $z + tw \notin \Omega$ für $0 \leq t < \varepsilon$ und $z + tw \in \Omega$ für $-\varepsilon < t < 0$ und $\varepsilon > 0$ geeignet ist. Der Satz von Taylor sagt, dass für $w' = (w_1, \ldots, w_{d-1})$ gilt: $g(z' + tw') = g(z') + \nabla g(z') \cdot tw' + o(t) = z_d + t|\nabla g(z')|^2 + o(t)$ mit $\lim_{t \to 0} \frac{o(t)}{t} = 0$. Damit gilt $(z + tw)_d = z_d - t < g(z' + tw')$ für $0 < t < \varepsilon$ und $z_d - t > g(z' + tw')$ für $-\varepsilon < t < 0$, wenn $\varepsilon > 0$ klein genug gewählt wird. Damit gilt die Behauptung.

(c) Wählen wir nun $\nu(z) := \frac{w}{|w|}$, so erfüllt $\nu(z)$ die im Satz genannten Bedingungen. Da $\dim T_z^\perp = 1$, ist $\nu(z)$ eindeutig (das Vorzeichen ist durch (c) festgelegt). $\qquad \square$

Wir merken uns, dass

$$\nu(z) := \frac{(\nabla g(z'), -1)}{\sqrt{|\nabla g(z')|^2 + 1}} \tag{7.2}$$

für $z \in \partial\Omega \cap U$, falls U ein normaler C^1-Graph bezüglich Ω ist und die Notationen von Definition 7.1 (a) gewählt werden, wobei $z = (z', z_d)$, $z' = (z_1, \ldots, z_{d-1})$.

Nun können wir den Satz von Gauß formulieren. Mit $C^1(\overline{\Omega})$ bezeichnen wir alle Funktionen $u \in C^1(\Omega) \cap C(\overline{\Omega})$, so dass für jedes $j \in \{1, \ldots, d\}$ die Funktion $D_j u$ eine stetige Fortsetzung auf $\overline{\Omega}$ besitzt, wobei $D_j u = \frac{\partial u}{\partial x_j}$ die j-te partielle Ableitung von u bezeichnet. Wir behalten den Namen $D_j u$ für diese eindeutige stetige Fortsetzung auf $\overline{\Omega}$ bei.

Satz 7.5 (Satz von Gauß). *Es gibt genau ein Borel-Maß σ auf $\partial\Omega$, so dass*

$$\int_\Omega (D_j u)(x)\, dx = \int_{\partial\Omega} u(z) \nu_j(z)\, d\sigma(z) \quad \text{für alle } j = 1, \ldots, d \tag{7.3}$$

und für alle $u \in C^1(\overline{\Omega})$. Man nennt σ das Oberflächenmaß auf $\partial\Omega$. Hier ist $\nu \in C(\partial\Omega)$ die äußere Normale mit den Komponenten $\nu(z) = (\nu_1(z), \ldots, \nu_d(z))$, $z \in \partial\Omega$. $\qquad \square$

Der Satz von Gauß ist der Hauptsatz der Differenzial- und Integralrechnung für Funktionen in mehreren Veränderlichen. Um die Analogie zu verdeutlichen, betrachten wir ein beschränktes Intervall $\Omega = (a, b)$. Dann ist $\partial\Omega = \{a, b\}$. Definieren wir $\nu(a) = -1$, $\nu(b) = 1$ und $\sigma(a) = \sigma(b) = 1$, so ist für $u \in C^1[a, b]$ nach dem Hauptsatz in einer Variablen $\int_a^b u'(x)\, dx = u(b) - u(a) = \int_{\{a,b\}} \nu(z) u(z)\, d\sigma(z)$. Wir werden den Satz von Gauß im nächsten Abschnitt beweisen. Für die Anwendung reicht es jedoch, die Aussage des obigen Satzes 7.5 und seine Konsequenzen zu kennen; die Konstruktion des Maßes ist meistens unerheblich.

Wir wenden uns nun den verschiedenen Folgerungen des Satzes von Gauß zu. Oft formuliert man ihn für Vektorfelder, also für Funktionen $u \in C^1(\overline{\Omega}, \mathbb{R}^d)$, d.h.

Funktionen $u = (u_1, \ldots, u_d)$ mit $u_j \in C^1(\overline{\Omega})$, $j = 1, \ldots, d$. Dann definiert man die *Divergenz* div u von u durch

$$\operatorname{div} u(x) := \sum_{j=1}^{d} D_j u_j(x), \quad x \in \overline{\Omega},$$

so dass also div $u \in C(\overline{\Omega})$. Man erhält folgende äquivalente Formulierung, die man oft den *Divergenzsatz* oder den *Gauß'schen Integralsatz* nennt. Sie ist in der Physik beliebt, da sie dort direkte Interpretationen besitzt (siehe Abschnitt 1.6.1).

Korollar 7.6 (Divergenzsatz). *Sei* $u \in C^1(\overline{\Omega}, \mathbb{R}^d)$, *dann gilt*

$$\int_{\Omega} \operatorname{div} u(x) \, dx = \int_{\partial\Omega} u(z) \cdot \nu(z) \, d\sigma(z).$$

Beweis: Es gilt nach Satz 7.5

$$\int_{\Omega} \operatorname{div} u(x) \, dx = \sum_{j=1}^{d} \int_{\Omega} (D_j u_j)(x) \, dx$$

$$= \sum_{j=1}^{d} \int_{\partial\Omega} u_j(z)\nu_j(z) \, d\sigma(z) = \int_{\partial\Omega} u(z) \cdot \nu(z) \, d\sigma(z),$$

wobei $u(z) \cdot \nu(z)$ das Skalarprodukt im $\mathbb{R}^d$ bezeichnet.   □

Im Folgenden lassen wir ab und zu die Integrationsvariablen weg, wenn dies aus dem Zusammenhang klar ist.

Korollar 7.7 (Partielle Integration). *Seien* $u, v \in C^1(\overline{\Omega})$. *Dann gilt*

$$\int_{\Omega} D_j u \cdot v \, dx = - \int_{\Omega} u \, D_j v \, dx + \int_{\partial\Omega} u \, v \, \nu_j \, d\sigma, \quad j = 1, \ldots, d.$$

Beweis: Nach Satz 7.5 und der Produktregel gilt

$$\int_{\partial\Omega} u(x)v(x)\nu_j \, d\sigma = \int_{\Omega} D_j(uv)(x) \, dx$$

$$= \int_{\Omega} (D_j u)(x)v(x) \, dx + \int_{\Omega} u(x)D_j v(x) \, dx,$$

was die Behauptung zeigt.   □

Wir definieren $C^2(\overline{\Omega}) := \{ u \in C^1(\overline{\Omega}) : D_j u \in C^1(\overline{\Omega}), \, j = 1, \ldots, d \}$. Damit ist für $u \in C^2(\overline{\Omega})$ die Funktion $D_i D_j u \in C(\overline{\Omega})$ für alle $i, j = 1, \ldots, d$. Für $u \in C^1(\overline{\Omega})$ heißt die Funktion $\frac{\partial u}{\partial \nu} : \partial\Omega \to \mathbb{R}$, die durch

$$\frac{\partial u}{\partial \nu}(z) := \nabla u(z) \cdot \nu(z) = \sum_{j=1}^{d} D_j u(z)\nu_j(z) \tag{7.4}$$

definiert ist, die *normale Ableitung* (oder auch *Normalenableitung*) von u. Es ist also $\frac{\partial u}{\partial \nu} \in C(\partial\Omega)$.

Korollar 7.8 (Green'sche Formeln). *Es gilt für $u \in C^2(\overline{\Omega})$:*

(a) $\displaystyle \int_\Omega (\Delta u)(x)\, dx = \int_{\partial\Omega} \frac{\partial u}{\partial \nu}(z)\, d\sigma(z)$

(b) $\displaystyle \int_\Omega (\Delta u)(x)v(x)\, dx + \int_\Omega \nabla u(x)\nabla v(x)\, dx = \int_{\partial\Omega} \frac{\partial u}{\partial \nu}(z)v(z)\, d\sigma(z), \ v \in C^1(\overline{\Omega})$

(c) $\displaystyle \int_\Omega (v\Delta u - u\Delta v)\, dx = \int_{\partial\Omega} \left(\frac{\partial u}{\partial \nu}v - u\frac{\partial v}{\partial \nu} \right) d\sigma(z), \ v \in C^2(\overline{\Omega})$

Beweis: Wir zeigen zunächst (b). Es gilt nach Satz 7.5

$$\int_\Omega D_j u\, D_j v\, dx = - \int_\Omega (D_j^2 u)v\, dx + \int_\Omega D_j(D_j u\, v)\, dx$$

$$= - \int_\Omega (D_j^2 u)v\, dx + \int_{\partial\Omega} D_j u(z)v(z)\nu_j(z)\, d\sigma(z).$$

Summiert man über $j = 1, \ldots, d$, so erhält man (b). Für $v \equiv 1$ wird (b) gerade (a). Vertauscht man in (b) die Funktionen u und v und zieht die daraus resultierende Gleichung von (b) ab, so erhält man (c). □

7.2 Beweis des Satzes von Gauß

Um den Satz von Gauß zu beweisen, ist es nützlich, Maße über positive Linearformen zu charakterisieren.

Definition 7.9. Sei $K \subset \mathbb{R}^d$ kompakt und $C(K)$ der Vektorraum der stetigen reellwertigen Funktionen auf K. Eine *positive Linearform* auf $C(K)$ ist eine lineare Abbildung $\varphi : C(K) \to \mathbb{R}$, so dass $\varphi(f) \geq 0$ für $f \geq 0$. Für $f \in C(K)$ schreiben wir hier $f \geq 0$, falls $f(x) \geq 0$ für alle $x \in K$. △

Jede positive Linearform ist stetig bzgl. der Supremumsnorm auf $C(K)$ (vgl. Aufgabe 7.1). Ist μ ein Borel-Maß auf K, so definiert

$$\varphi(f) := \int_K f(x)\, d\mu(x), \quad f \in C(K) \tag{7.5}$$

eine positive Linearform φ auf $C(K)$. Der nun folgende Satz von Riesz besagt, dass jede positive Linearform eine solche Darstellung hat.

Satz 7.10 (Riesz'scher Darstellungssatz). *Sei $K \subset \mathbb{R}^d$ kompakt und sei $\varphi : C(K) \to \mathbb{R}$ eine positive Linearform auf $C(K)$. Dann gibt es genau ein Borel-Maß μ auf K, so dass (7.5) gilt.*

Beweis: Für den Beweis verweisen wir z.B. auf [52, Theorem II.2.5] oder [47]. □

Als Erstes zeigen wir nun, dass das Oberflächenmaß auf $\partial\Omega$ eindeutig durch die Forderungen im Satz von Gauß bestimmt ist. In diesem Abschnitt ist Ω durchweg eine beschränkte, offene Menge mit C^1-Rand und $\nu = (\nu_1, \ldots, \nu_d)^T \in C(\partial\Omega, \mathbb{R}^d)$ ist die äußere Normale.

Lemma 7.11 (Eindeutigkeit des Oberflächenmaßes). *Sei $\varphi : C(\partial\Omega) \to \mathbb{R}$ eine stetige Linearform, so dass*

$$\varphi(\nu_j u_{|\partial\Omega}) = 0 \quad \textit{für alle } u \in C^1(\bar{\Omega}),\ j = 1,\ldots,d. \tag{7.6}$$

Dann ist $\varphi = 0$.

Beweis: Die Menge $\mathcal{A} := \{u_{|\partial\Omega} : u \in C^1(\mathbb{R}^d)\}$ ist eine Unteralgebra von $C(\partial\Omega)$, welche die konstanten Funktionen enthält und die Punkte von $\partial\Omega$ trennt. Daher ist $\mathcal{A}$ nach dem Satz von Stone-Weierstraß A.5 dicht in $C(\partial\Omega)$. Folglich ist $\varphi(g\nu_j) = 0$ für alle $g \in C(\partial\Omega)$, $j = 1,\ldots,d$. Indem wir g durch $g\nu_j \in C(\partial\Omega)$ ersetzen, sehen wir, dass $\varphi(g\nu_j^2) = 0$ für alle $g \in C(\partial\Omega)$. Da $\sum_{j=1}^{d} \nu_j(z)^2 = 1$ für alle $z \in \partial\Omega$, folgt, dass $\varphi(g) = 0$ für alle $g \in C(\partial\Omega)$. □

Die Eindeutigkeit des Oberflächenmaßes, so wie es in Satz 7.5 beschrieben wird, ergibt sich nun so: Seien σ_1, σ_2 zwei Borel-Maße auf $\partial\Omega$ derart, dass (7.3) gilt. Dann definiert $\varphi(f) := \int_{\partial\Omega} f(z)\,d\sigma_1(z) - \int_{\partial\Omega} f(z)\,d\sigma_2(z)$ eine stetige Linearform auf $C(\partial\Omega)$, so dass (7.6) gilt. Damit ist nach Lemma 7.11 $\varphi = 0$. Aus der Eindeutigkeit im Riesz'schen Darstellungssatz folgt, dass $\sigma_1 = \sigma_2$.

Für den Existenzbeweis benutzen wir eine so genannte Zerlegung der Eins. Es handelt sich um eine Konstruktion, die es in vielen Fällen erlaubt, aus lokalen Eigenschaften globale herzuleiten. Hier wird sie es uns ermöglichen, aus positiven Linearformen, die nur für Funktionen mit Träger in einer kleinen Menge definiert sind, eine positive Linearform auf $C(\partial\Omega)$ zu konstruieren.

Satz 7.12 (Zerlegung der Eins). *Sei $K \subset \mathbb{R}^d$ eine kompakte Menge und seien $U_m \subset \mathbb{R}^d$ offen, $m = 0, 1, \ldots, M$, so dass $K \subset \bigcup_{m=0}^{M} U_m$. Dann gibt es $\eta_m \in \mathcal{D}(\mathbb{R}^d)$, so dass*

(a) $0 \leq \eta_m(x) \leq 1$, $x \in \mathbb{R}^d$, $m = 0,\ldots,M$;

(b) $\operatorname{supp} \eta_m(x) \subset U_m$, $m = 0,\ldots,M$;

(c) $\sum_{m=0}^{M} \eta_m(x) = 1$ für alle $x \in K$.

Die Funktionen $\eta_0, \ldots, \eta_M$ nennt man eine Zerlegung der Eins auf K, die der Überdeckung $U_0, \ldots, U_M$ zugeordnet ist.

Beweis: Zu jedem $x \in K$ gibt es ein m, so dass $x \in U_m$. Damit gibt es ein $r > 0$, so dass $\bar{B}(x,r) \subset U_m$. Da K kompakt ist, überdecken endlich viele dieser Kugeln $B_1, \ldots, B_k$ die Menge K. Nach Konstruktion gibt es zu jedem $\ell \in \{1,\ldots,k\}$ ein $m \in \{1,\ldots,M\}$, so dass $\bar{B}_\ell \subset U_m$. Sei $K_m := \bigcup_{\bar{B}_\ell \subset U_m} \bar{B}_\ell$. Dann ist K_m kompakt und $K_m \subset U_m$, $m = 0,\ldots,M$. Ferner ist $K \subset \bigcup_{m=0}^{M} K_m$. Wähle nun zu jedem $m \in \{0,1,\ldots,M\}$ eine Funktion $\psi_m \in \mathcal{D}(\mathbb{R}^d)$, so dass $0 \leq \psi_m \leq 1$, $\operatorname{supp} \psi_m \subset U_m$

und $\psi_m(x) = 1$ für alle $x \in K_m$ (siehe Lemma 6.7). Setze nun

$$\eta_0 := \psi_0,$$
$$\eta_1 := (1 - \psi_0)\psi_1,$$
$$\eta_2 := (1 - \psi_0)(1 - \psi_1)\psi_2,$$
$$\vdots$$
$$\eta_M := (1 - \psi_0)(1 - \psi_1)\cdots(1 - \psi_{M-1})\psi_M.$$

Dann gilt $\sum_{m=0}^{n}\eta_m + (1 - \psi_0)(1 - \psi_1)\cdots(1 - \psi_n) = 1$ für alle $n \in \{0,1,\ldots,M\}$, wie man leicht induktiv beweist. Insbesondere ist

$$\sum_{m=0}^{M}\eta_m + (1 - \psi_0)(1 - \psi_1)\cdots(1 - \psi_M) = 1.$$

Somit ist $0 \leq \sum_{m=0}^{M}\eta_m = 1$. Da es zu jedem $x \in K$ ein $m \in \{0,1,\ldots,M\}$ gibt derart, dass $\psi_m(x) = 1$, gilt $\sum_{m=0}^{M}\eta_m(x) = 1$ für alle $x \in K$. $\qquad\square$

Nun konstruieren wir das Oberflächenmaß. Sei $U \subset \mathbb{R}^d$ offen, so dass $U \cap \partial\Omega \neq \emptyset$. Wir setzen

$$C_c(U \cap \partial\Omega) := \{u \in C(\partial\Omega) : \exists K \subset U \text{ kompakt}, u(z) = 0 \text{ für } z \in \partial\Omega \setminus K\}.$$

Dann ist $C_c(U \cap \partial\Omega)$ ein Vektorraum. Wir bezeichnen mit

$$C_c(U \cap \partial\Omega)'_+ := \{\varphi : C_c(U \cap \partial\Omega) \to \mathbb{R} \text{ linear, so dass } \varphi(f) \geq 0, \text{ wenn } f \geq 0\}$$

die Menge der *positiven Linearformen* auf $C_c(U \cap \partial\Omega)$. Sei nun $U \cap \partial\Omega$ ein normaler C^1-Graph bezüglich Ω. Mit den Bezeichnungen aus Definition 7.1 (a) setzen wir

$$\varphi(f) := \int_{|y|<r} f(y, g(y))\sqrt{1 + |\nabla g(y)|^2}\, dy \tag{7.7}$$

für alle $f \in C_c(U \cap \partial\Omega)$. Hier integrieren wir über die $(d-1)$-dimensionale Kugel vom Radius r. Beachte, dass $(y, g(y)) \in \partial\Omega \cap U$ für $|y| < r$, $y \in \mathbb{R}^{d-1}$. Somit ist $\varphi \in C_c(U \cap \partial\Omega)'_+$. Mit den obigen Bezeichnungen gilt:

Lemma 7.13. *Sei $u \in C^1(\bar{\Omega})$ mit* supp $u \subset U$. *Dann gilt*

$$\int_\Omega D_j u(x)\, dx = \varphi(u_{|\partial\Omega}\nu_j), \quad j = 1,\ldots,d. \tag{7.8}$$

Beachte, dass $u_{|\partial\Omega} \in C_c(U \cap \partial\Omega)$, da supp $u \subset U$.

Beweis: Sei $B'_r := \{y \in \mathbb{R}^{d-1} : |y| < r\}$ und $h > 0$ aus Definition 7.1. Die Abbildung $\phi : B'_r \times (0,h) \to U \cap \Omega$, definiert durch $\phi(y,s) = (y, g(y) + s)$, ist wegen $g \in C^1(\mathbb{R}^{d-1})$ ein Diffeomorphismus und es gilt

$$\frac{\partial \phi_i}{\partial y_j}(y,s) = \frac{\partial}{\partial y_j} y_i = \delta_{i,j}, \quad 1 \le i \le d-1, \quad 1 \le j \le d-1,$$

$$\frac{\partial \phi_d}{\partial y_j}(y,s) = \frac{\partial}{\partial y_j}(g(y)+s) = (D_j g)(y), \quad 1 \le j \le d-1,$$

$$\frac{\partial \phi_i}{\partial s}(y,s) = 0, \quad 1 \le i \le d-1, \quad \frac{\partial \phi_d}{\partial s}(y,s) = 1.$$

Also gilt für die Jacobi-Matrix von ϕ

$$D\phi(y,s) = \begin{bmatrix} 1 & & 0 & 0 \\ & \ddots & & \vdots \\ & & \ddots & \vdots \\ 0 & & 1 & 0 \\ D_1 g(y) & \cdots & \cdots \; D_{d-1}g(y) & 1 \end{bmatrix} \in \mathbb{R}^{d \times d}$$

mit $\det D\phi(y,s) = 1$. Für jede stetige Funktion $f : \mathbb{R}^d \to \mathbb{R}$ gilt also

$$\int_{B_r'} \int_0^h f(y,g(y)+s)\, ds\, dy = \int_{|y|<r} \int_0^h f(y,g(y)+s)\, ds\, dy = \int_{U \cap \Omega} f(x)\, dx. \tag{7.9}$$

Für $1 \le j \le d-1$ gilt damit wegen $\operatorname{supp} u \subset U$

$$\int_\Omega D_j u(x)\, dx = \int_{\Omega \cap U} D_j u(x)\, dx = \int_{|y|<r} \int_0^h (D_j u)(y,g(y)+s)\, ds\, dy.$$

Aufgrund der Kettenregel gilt

$$\frac{\partial}{\partial y_j} u(y,g(y)+s) = (D_j u)(y,g(y)+s) + (D_d u)(y,g(y)+s)(D_j g)(y),$$

also

$$\int_\Omega D_j u(x)\, dx = \int_{|y|<r} \int_0^h \left\{ \frac{\partial}{\partial y_j} u(y,g(y)+s) - (D_d u)(y,g(y)+s)(D_j g)(y) \right\} ds\, dy.$$

Für den ersten Term verwenden wir den Hauptsatz in einer Variablen (für y_j) und erhalten

$$\int_{|y|<r} \int_0^h \frac{\partial}{\partial y_j} u(y,g(y)+s)\, ds\, dy = \int_0^h \int_{|y|<r} \frac{\partial}{\partial y_j} u(y,g(y)+s)\, dy\, ds = 0,$$

da $\operatorname{supp} u \subset U = \{(y,g(y)+s) : |y| < r, |s| < h\}$. Für den zweiten Term verwenden wir wiederum den Hauptsatz in einer Variablen (diesmal s)

$$-\int_{|y|<r} \int_0^h (D_d u)(y,g(y)+s)(D_j g)(y)\, ds\, dy = \int_{|y|<r} u(y,g(y))(D_j g)(y)\, dy$$

und damit $\int_\Omega D_j u(x)\, dx = \int_{|y|<r} u(y,g(y))(D_j g)(y)\, dy$. Nach (7.2) gilt für $1 \leq j \leq d - 1$

$$\nu_j(y, g(y)) = \frac{D_j g(y)}{\sqrt{1 + |\nabla g(y)|^2}}$$

und damit (vgl. (7.7))

$$\int_\Omega D_j u(x)\, dx = \int_{|y|<r} u(y,g(y))\nu_j(y,g(y))\sqrt{1 + |\nabla g(y)|^2}\, dy = \varphi(\nu_j u_{|\partial\Omega}).$$

Für $j = d$ gilt $\frac{\partial}{\partial s} u(y, g(y) + s) = (D_d u)(y, g(y) + s)$. Somit folgt wegen (7.9) mit ähnlichen Argumenten wie im ersten Fall

$$\int_\Omega D_d u(x)\, dx = \int_{|y|<r} \int_0^h (D_d u)(y, g(y) + s)\, ds\, dy$$

$$= \int_{|y|<r} \int_0^h \frac{\partial}{\partial s} u(y, g(y) + s)\, ds\, dy = -\int_{|y|<r} u(y, g(y))\, dy$$

$$= \int_{|y|<r} u(y, g(y))\nu_d(y, g(y))\sqrt{1 + |\nabla g(y)|^2}\, dy = \varphi(u_{|\partial\Omega}\nu_d),$$

da nach (7.2) $\nu_d(y, g(y)) = \frac{-1}{\sqrt{1 + |\nabla g(y)|^2}}$.   □

Die Aussage bleibt richtig, wenn wir statt eines normalen C^1-Graphen einen C^1-Graphen betrachten. Der Vollständigkeit wegen liefern wir die Argumente.

Sei $U \subset \mathbb{R}^d$ offen und sei $U \cap \partial\Omega$ ein C^1-Graph bezüglich Ω, d.h., es gibt eine orthogonale Matrix B und $b \in \mathbb{R}^d$, so dass $\partial\widetilde{\Omega} \cap \widetilde{U}$ ein normaler C^1-Graph ist, wobei $\phi(x) = Bx + b$ mit $\widetilde{\Omega} := \phi(\Omega)$, $\widetilde{U} := \phi(U)$. Wir können voraussetzen, dass $\det B = 1$ (sonst vertauschen wir zwei Variablen). Die äußere Normale in $\phi(z)$ an $\widetilde{\Omega}$ ist $\tilde{\nu}(\phi(z)) = B\nu(z)$ für alle $z \in \partial\Omega$. Sei $\tilde{\varphi}$ die positive Linearform auf $C_c(\widetilde{U} \cap \partial\widetilde{\Omega})$, die wir in Lemma 7.13 konstruiert haben. Definiere dann $\varphi \in C_c(U \cap \partial\Omega)'_+$ durch

$$\varphi(f) := \tilde{\varphi}(f \circ \phi^{-1}), \quad f \in C_c(U \cap \partial\Omega). \tag{7.10}$$

Damit gilt folgende zu Lemma 7.13 analoge Aussage.

Lemma 7.14. *Sei* $u \in C^1(\overline{\Omega})$, *so dass* $\operatorname{supp} u \subset U$. *Dann gilt*

$$\int_\Omega D_j u(x)\, dx = \varphi(u_{|\partial\Omega}\nu_j), \quad j = 1, \ldots, d. \tag{7.11}$$

Beweis: Sei $B = (b_{kj})_{k,j=1,\ldots,d}$, $\tilde{u} = u \circ \phi^{-1}$. Dann ist $\tilde{u} \in C^1(\overline{\widetilde{\Omega}})$ und nach Lemma

7.13 gilt

$$\int_\Omega D_j u(x)\,dx = \int_\Omega \frac{\partial}{\partial x_j}(\tilde{u}\circ\phi)(x)\,dx = \int_\Omega \sum_{k=1}^d (D_k\tilde{u})(\phi(x))b_{kj}\,dx$$

$$= \int_{\widetilde{\Omega}} \sum_{k=1}^d D_k\tilde{u}(y)b_{kj}\,dy = \sum_{k=1}^d b_{kj}\tilde{\varphi}(\tilde{u}_{|\partial\widetilde{\Omega}}\tilde{\nu}_k)$$

$$= \varphi((u\circ\phi^{-1})_{|\partial\widetilde{\Omega}}(B^{-1}\tilde{\nu})_j) = \varphi(u_{|\Gamma}\nu_j),$$

womit die Behauptung bewiesen ist. □

Nun benutzen wir die Zerlegung der Eins, um die positiven Linearformen zusammenzufügen. Dadurch erhalten wir eine positive Linearform auf $C(\partial\Omega)$, die uns über den Riesz'schen Darstellungssatz das Oberflächenmaß liefert.

Beweis von Satz 7.5: Zu jedem Punkt $z \in \partial\Omega$ finden wir eine offene Umgebung U, so dass $U \cap \partial\Omega$ ein C^1-Graph ist. Da $\partial\Omega$ kompakt ist, finden wir somit offene Mengen $U_1,\ldots,U_M$, so dass $\partial\Omega \subset \bigcup_{m=1}^M U_m$, und so, dass $U_m \cap \partial\Omega$ ein C^1-Graph bezüglich Ω ist. Wähle $U_0 \subset \Omega$ offen, so dass $\overline{\Omega} \subset \bigcup_{m=0}^M U_m$. Sei $(\eta_m)_{m=0,\ldots,M}$ eine Zerlegung der Eins, die dieser Überdeckung zugeordnet ist. Es ist also $\eta_m \in \mathcal{D}(\mathbb{R}^d)$, $0 \le \eta_m \le 1$, $\operatorname{supp}\eta_m \subset U_m$ für $m = 0,\ldots,M$ und $\sum_{j=0}^M \eta_j(x) = 1$ für alle $x \in \overline{\Omega}$. Nach Lemma 7.14 gibt es $\varphi_m \in C_c(U_m \cap \partial\Omega)'_+$, so dass

$$\int_\Omega D_j u(x)\,dx = \varphi_m(\nu_j u_{|\partial\Omega\cap U_m}) \tag{7.12}$$

für alle $j = 1,\ldots,d$, $m = 1,\ldots,M$ und $u \in C^1(\overline{\Omega})$ mit $\operatorname{supp}u \subset U_m$. Nun definieren wir die positive Linearform φ auf $C(\partial\Omega)$ durch

$$\varphi(f) := \sum_{m=1}^M \varphi_m(\eta_m f), \quad f \in C(\partial\Omega). \tag{7.13}$$

Nach dem Riesz'schen Darstellungssatz gibt es ein Borel-Maß σ auf $\partial\Omega$, so dass $\varphi(f) = \int_{\partial\Omega} f(z)\,d\sigma(z)$ für alle $f \in C(\partial\Omega)$. Sei $u \in C^1(\overline{\Omega})$, dann ist $u\eta_0 \in C_c^1(\Omega)$. Daraus folgt nach Lemma 6.12, vgl. Aufgabe 6.2, für alle $j \in \{1,\ldots,d\}$ die Gleichung $\int_\Omega D_j(u\eta_0)(x)\,dx = 0$. Da für $m \in \{1,\ldots,M\}$ gilt $u\eta_m \in C_c(U_m\cap\partial\Omega)$, folgt aus Lemma 7.14, dass $\int_\Omega D_j(\eta_m u)(x)\,dx = \varphi_m(\eta_m u_{|\partial\Omega}\nu_j)$, $j = 1,\ldots,d$. Damit gilt

$$\int_\Omega D_j u(x)\,dx = \int_\Omega D_j\left(\sum_{m=0}^M \eta_m u\right)(x)\,dx = \sum_{m=0}^M \int_\Omega D_j(\eta_m u)(x)\,dx$$

$$= \sum_{m=1}^M \int_\Omega D_j(\eta_m u)(x)\,dx = \sum_{m=1}^M \varphi_m(\eta_m u_{|\partial\Omega}\nu_j)$$

$$= \varphi(u_{|\partial\Omega}\nu_j) = \int_{\partial\Omega} u_{|\partial\Omega}(z)\nu_j(z)\,d\sigma.$$

Damit erfüllt das Borel-Maß σ die Forderungen des Satzes von Gauß. Wir hatten die Eindeutigkeit schon bewiesen. Insbesondere hängt die obige Konstruktion nicht von der Wahl der Graphen und der Zerlegung der Eins ab.   □

Damit ist der Satz von Gauß bewiesen. Wir merken uns ferner aus dem Beweis, dass das Oberflächenmaß σ auf $\partial\Omega$ lokal folgendermaßen gegeben ist.

Satz 7.15. *Sei $U \cap \partial\Omega$ ein normaler C^1-Graph bezüglich Ω. Dann gilt mit den Bezeichnungen von Definition 7.1*

$$\int_{\partial\Omega} f(z)\,d\sigma(z) = \int_{|y|<r} f(y,g(y))\sqrt{1+|\nabla g(y)|^2}\,dy \qquad (7.14)$$

für jede stetige Funktion $f : \partial\Omega \cap U \to \mathbb{R}$ mit supp $f \subset U$.   □

Korollar 7.16. *Sei $z \in \partial\Omega$, $r > 0$. Dann ist $\sigma(B(z,r) \cap \partial\Omega) > 0$.*

Wir werden auf $\partial\Omega$ immer das Oberflächenmaß betrachten. Der Raum $L_2(\partial\Omega)$ ist somit der Raum der Borel-messbaren Funktionen $b : \partial\Omega \to \mathbb{R}$ mit der Eigenschaft $\int_{\partial\Omega} |b(z)|^2\,d\sigma(z) < \infty$. Dabei identifizieren wir zwei Funktionen, wenn sie σ-fast überall übereinstimmen. Wir notieren noch folgende Dichtheitsaussage.

Satz 7.17. *Der Raum $F := \{\varphi_{|\partial\Omega} : \varphi \in \mathcal{D}(\mathbb{R}^d)\}$ ist dicht in $L_2(\partial\Omega)$.*

Beweis: Es folgt aus dem Satz von Stone-Weierstraß A.5 , dass F dicht in $C(\partial\Omega)$ bezüglich der Supremumsnorm $\|\cdot\|_\infty$ ist. Es folgt aus der allgemeinen Maßtheorie, dass $C(\partial\Omega)$ in $L_2(\partial\Omega)$ dicht ist (siehe z.B. [47, 3.15]).   □

7.3 Die Fortsetzungseigenschaft

Wir hatten gesehen, dass eine Funktion $u \in H_0^1(\Omega)$, durch null fortgesetzt, eine Funktion in $H^1(\mathbb{R}^d)$ ergibt. Für Funktionen in $H^1(\Omega)$ erhält man auf diese Weise im Allgemeinen keine schwach differenzierbaren Funktionen. Aber es gibt andere Möglichkeiten der Fortsetzung, wenn man Regularitätsforderungen an den Rand stellt. Zunächst einmal geben wir der gewünschten Eigenschaft einen Namen.

Definition 7.18. Eine offene Menge $\Omega \subset \mathbb{R}^d$ besitzt die *Fortsetzungseigenschaft*, falls zu jedem $u \in H^1(\Omega)$ ein $w \in H^1(\mathbb{R}^d)$ existiert, so dass $w_{|\Omega} = u$.

Ein einfaches Kriterium für solche Mengen Ω ist das folgende:

Satz 7.19. *Sei $\Omega \subset \mathbb{R}^d$ eine offene, beschränkte Menge mit Lipschitz-Rand. Dann besitzt Ω die Fortsetzungseigenschaft.*

Insbesondere besitzt Ω die Fortsetzungseigenschaft, wenn der Rand C^1 ist. Wir verweisen auf [2, A6.12] oder [28, Sec 5.5], [17] für einen vollständigen Beweis und wollen hier nur die Beweisidee skizzieren.

Beweisidee: Wir wollen voraussetzen, dass Ω einen C^1-Rand hat. Wie in Abschnitt 7.2 kann man sich mittels einer Zerlegung der Eins auf die Aufgabe zurückziehen, eine lokale Fortsetzung zu konstruieren. Sei $g \in C^1(\mathbb{R}^{d-1})$, $h > 0, r > 0$, $U := \{(y, g(y)+s) : y \in \mathbb{R}^{d-1}, |y| < r, |s| < h\}$, $U_+ := \{(y, g(y)+s) \in U, s > 0\}$, so dass $\Omega \cap U = U_+$. Weiter sei $u \in H^1(\Omega)$, so dass $u(x) = 0$ für $x \in \Omega \setminus K$, wobei $K \subset U$ kompakt ist. Man definiert $\tilde{u} : U \to \mathbb{R}$ durch

$$\tilde{u}(y, g(y) + s) := \begin{cases} u(y, g(y) + s), & s > 0, \\ u(y, g(y) - s), & s \leq 0, \end{cases}$$

und setzt $\tilde{u}$ durch null auf $\mathbb{R}^d$ fort. Dann kann man nachweisen, dass $\tilde{u} \in H^1(\mathbb{R}^d)$, siehe Aufgabe 7.10. Für den Fall eines Lipschitz-Randes verweisen wir auf [2, A6.12, Seite 254]. $\qquad \square$

Besitzt Ω die Fortsetzungseigenschaft, so kann man auch linear und stetig fortsetzen.

Satz 7.20. *Sei Ω eine offene, beschränkte Menge im $\mathbb{R}^d$ mit Fortsetzungseigenschaft. Sei $U \subset \mathbb{R}^d$ offen, so dass $\overline{\Omega} \subset U$. Dann gibt es einen stetigen linearen Operator $E : H^1(\Omega) \to H_0^1(U)$, so dass $(Eu)_{|\Omega} = u$ für alle $u \in H^1(\Omega)$. Man nennt E einen Fortsetzungsoperator.*

Beweis: Sei $T : H^1(\mathbb{R}^d) \to H^1(\Omega)$ gegeben durch $Tv = v_{|\Omega}$. Dann ist T linear und stetig. Nach Voraussetzung ist T surjektiv. Es gilt $H^1(\mathbb{R}^d) = \text{Ker } T \oplus (\text{Ker } T)^\perp$, wobei wir das orthogonale Komplement in dem Hilbert-Raum $H^1(\mathbb{R}^d)$ verwenden. Damit ist $T_{|(\text{Ker } T)^\perp} : (\text{Ker } T)^\perp \to H^1(\Omega)$ ein Isomorphismus. Dessen Inverse $S : H^1(\Omega) \to (\text{Ker } T)^\perp \subset H^1(\mathbb{R}^d)$ ist ein Fortsetzungsoperator für $U = \mathbb{R}^d$. Man beachte, dass S nach Satz A.4 stetig ist. Sei nun U eine beliebige offene Menge, so dass $\overline{\Omega} \subset U$. Dann wählen wir eine Testfunktion $\psi \in \mathcal{D}(\mathbb{R}^d)$, so dass $\text{supp}\,\psi \subset U$ und $\psi(x) = 1$ für $x \in \overline{\Omega}$ (siehe Lemma 6.7). Nun definieren wir $Eu := \psi Su$. Dann ist $Eu \in H_c^1(U) \subset H_0^1(U)$, siehe Satz 6.29. Offensichtlich ist $(Eu)_{|\Omega} = u$ für alle $u \in H^1(\Omega)$. $\qquad \square$

Eine wichtige Konsequenz der Fortsetzungseigenschaft ist die Dichtheit der Testfunktionen von $\mathbb{R}^d$ in $H^1(\Omega)$. Man vergleiche dazu die schwächere Dichtheitsaussage von Satz 6.16, der für jede offene Teilmenge von $\mathbb{R}^d$ gültig ist.

Satz 7.21. *Sei Ω eine offene, beschränkte Menge im $\mathbb{R}^d$ mit Fortsetzungseigenschaft und sei $U \subset \mathbb{R}^d$ offen, so dass $\overline{\Omega} \subset U$. Dann ist $\{\varphi_{|\Omega} : \varphi \in \mathcal{D}(U)\}$ dicht in $H^1(\Omega)$.*

Beweis: Sei $u \in H^1(\Omega)$, dann ist $Eu \in H_0^1(U)$, wobei E den Fortsetzungsoperator aus Satz 7.20 bezeichnet. Daher gibt es $\varphi_n \in \mathcal{D}(U)$, so dass $\varphi_n \to Eu$ in $H^1(U)$. Da die Einschränkungsabbildung stetig ist, folgt, dass $\varphi_{n|\Omega} \to u = (Eu)_{|\Omega}$. $\qquad \square$

Eine weitere Konsequenz ist die Kompaktheit der Einbettung $H^1(\Omega) \hookrightarrow L_2(\Omega)$.

Satz 7.22. *Sei $\Omega \subset \mathbb{R}^d$ eine offene, beschränkte Menge mit Fortsetzungseigenschaft. Dann ist die Einbettung von $H^1(\Omega)$ in $L_2(\Omega)$ kompakt. Auch die Einbettung $H^2(\Omega) \hookrightarrow H^1(\Omega)$ ist kompakt.*

Beweis:

a) Sei U offen und beschränkt, so dass $\overline{\Omega} \subset U$. Wir wissen aus dem Satz von Rellich, dass die Einbettung $H_0^1(U) \hookrightarrow L_2(U)$ kompakt ist (Satz 6.55). Sei $E : H^1(\Omega) \to H_0^1(U)$ ein Fortsetzungsoperator und $u_n \in H^1(\Omega)$ mit $\|u_n\|_{H^1(\Omega)} \leq c$ gegeben. Dann ist $\|Eu_n\|_{H_0^1(U)} \leq c\|E\|$. Somit gibt es eine Teilfolge $(u_{n_k})_{k \in \mathbb{N}}$, so dass Eu_{n_k} in $L_2(U)$ konvergiert. Damit konvergiert $u_{n_k} = (Eu_{n_k})_{|\Omega}$ in $L_2(\Omega)$.

b) Um die zweite Aussage zu beweisen, benutzen wir Satz 4.39. Sei $u_n \rightharpoonup u$ in $H^2(\Omega)$. Dann gilt für $j \in \{1, \dots, d\}$, $D_j u_n \rightharpoonup D_j u$ in $H^1(\Omega)$. Da $H^1(\Omega) \hookrightarrow L_2(\Omega)$ kompakt ist, schließen wir, dass $D_j u_n \to D_j u$ in $L_2(\Omega)$. Da auch $u_n \rightharpoonup u$ in $H^1(\Omega)$, folgt, dass $u_n \to u$ in $L_2(\Omega)$. Damit gilt $u_n \to u$ in $H^1(\Omega)$. Aus Satz 4.39 folgt nun, dass die Einbettung $H^2(\Omega) \hookrightarrow H^1(\Omega)$ kompakt ist.   □

Für Lipschitz-Gebiete gilt eine allgemeinere Fortsetzungseigenschaft, die auch höhere Ableitungen mit einbezieht. Dafür sind andere Techniken notwendig und die einfache Spiegelung, die wir im Zusammenhang mit Satz 7.19 skizziert hatten, funktioniert nicht mehr.

Satz 7.23 (Allgemeiner Fortsetzungssatz). *Sei Ω ein Lipschitz-Gebiet. Dann existiert ein stetiger, linearer Operator $E : H^1(\Omega) \to H^1(\mathbb{R}^d)$ derart, dass*

  a) $(Eu)_{|\Omega} = u$, $u \in H^1(\Omega)$;

  b) $EH^k(\Omega) \subset H^k(\mathbb{R}^d)$ für alle $k \in \mathbb{N}$.

Es folgt unmittelbar aus dem Satz vom abgeschlossenen Graphen, dass die Einschränkung E_k von E auf $H^k(\Omega)$ ein stetiger linearer Operator von $H^k(\Omega)$ nach $H^k(\mathbb{R}^d)$ ist. Wir verweisen auf [48, Chapter 6] für den Beweis von Satz 7.23.

Der allgemeinere Fortsetzungssatz 7.23 erlaubt es uns, unsere Einbettungssätze, die wir von R^d kennen, auf Ω zu übertragen.

Korollar 7.24. *Sei $\Omega \subset \mathbb{R}^d$ ein Lipschitz-Gebiet. Sei $k \in \mathbb{N}$ und $k > \frac{d}{2}$. Dann ist $H^{k+m}(\Omega) \subset C^m(\overline{\Omega})$ für alle $m \in \mathbb{N}_0$, wobei $C^0(\overline{\Omega}) = C(\overline{\Omega})$.*

Beweis: Nach Korollar 6.51 ist $H^{k+m}(\mathbb{R}^d) \subset C^m(\mathbb{R}^d)$. Damit ist für $u \in H^{k+m}(\Omega)$, $Eu \in C^m(\mathbb{R}^d)$. Da $u = (Eu)_{|\Omega}$, folgt die Behauptung.   □

Wir wollen den Fall $d = 2$ explizit formulieren, da er im Kapitel 9 gebraucht wird.

Korollar 7.25. *Sei $\Omega \subset \mathbb{R}^2$ ein Lipschitz-Gebiet (z.B. ein Polygon). Dann ist $H^2(\Omega) \subset C(\overline{\Omega})$.*

Folgendes Gebiet hat stetigen Rand, besitzt aber nicht die Fortsetzungseigenschaft.

Beispiel 7.26. Sei $\alpha > 1$ und sei $\Omega = \{(x,y) \in \mathbb{R}^2 : 0 < x < 1, |y| < x^\alpha\}$ (vgl. Abbildung 7.2). Dann hat Ω nicht die Fortsetzungseigenschaft. Wir verweisen auf Aufgabe 7.7 für den Beweis. Man beachte, dass Ω jedoch einen stetigen Rand hat. Im Grenzfall $\alpha = 1$ ist Ω ein Dreieck, welches natürlich die Fortsetzungseigenschaft besitzt. Für $\alpha > 1$ ist die Lipschitz-Bedingung nur in der Umgebung des Punktes (0,0) verletzt.   △

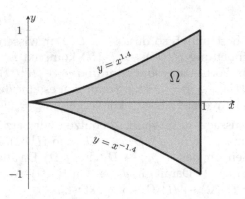

Abbildung 7.2. Ω ist ein Gebiet ohne Fortsetzungseigenschaft (im Bild ist $\alpha = 1.4$).

Die Kompaktheit der Einbettung von $H^1(\Omega)$ in $L_2(\Omega)$ sowie die Dichtheitsaussage von Satz 7.21 gelten dennoch für die Menge aus Beispiel 7.26. Für diese beiden Eigenschaften reicht die mildeste der Regularitätsbedingungen an den Rand, die wir definiert haben. Für den Beweis des folgenden Resultats verweisen wir auf [25, V. Theorem 4.17, Seite 267 und V. Theorem 4.7, Seite 248].

Satz 7.27. *Sei $\Omega \subset \mathbb{R}^d$ eine offene, beschränkte Menge mit stetigem Rand. Dann ist die Einbettung von $H^1(\Omega)$ in $L_2(\Omega)$ kompakt. Ferner ist der Raum $\{\varphi_{|\Omega} : \varphi \in \mathcal{D}(\mathbb{R}^d)\}$ dicht in $H^1(\Omega)$.*

Eine Konsequenz aus der kompakten Einbettung ist die zweite Poincaré-Ungleichung. Während die erste Poincaré-Ungleichung für Funktionen in $H_0^1(\Omega)$ gilt, werden bei der zweiten Funktionen in $H^1(\Omega)$ mit Mittel 0 betrachtet.

Satz 7.28 (Zweite Poincaré-Ungleichung). *Sei $\Omega \subset \mathbb{R}^d$ ein beschränktes Gebiet mit stetigem Rand. Dann gibt es eine Konstante $c > 0$, so dass*

$$\int_\Omega |u(x)|^2\, dx \le c \int_\Omega |\nabla u(x)|^2\, dx \tag{7.15}$$

für alle $u \in H^1(\Omega)$ mit $\int_\Omega u(x)\, dx = 0$.

Der Unterraum

$$H_m^1(\Omega) := \left\{ u \in H^1(\Omega) : \int_\Omega u(x)\, dx = 0 \right\} \tag{7.16}$$

von $H^1(\Omega)$ ist abgeschlossen und somit selber ein Hilbert-Raum. Die zweite Poincaré-Ungleichung besagt, dass

$$|u|_{H^1(\Omega)} := \left(\int_\Omega |\nabla u(x)|^2\, dx \right)^{\frac{1}{2}} \tag{7.17}$$

eine äquivalente Norm auf $H^1_m(\Omega)$ definiert, falls Ω ein beschränktes Gebiet mit stetigem Rand ist. Auf $H^1(\Omega)$ ist $|\cdot|_{H^1(\Omega)}$ nur eine Halbnorm, da $|\mathbb{1}_\Omega|_{H^1(\Omega)} = 0$.

Beweis von Satz 7.28: Angenommen, die Aussage wäre falsch. Dann gibt es Funktionen $u_n \in H^1(\Omega)$, so dass $\int_\Omega u_n(x)\,dx = 0$ und $\lim_{n\to\infty} \int_\Omega |\nabla u_n(x)|^2\,dx = 0$, aber $\|u_n\|_{L_2(\Omega)} = 1$ für alle $n \in \mathbb{N}$. Da die Einbettung $H^1(\Omega) \hookrightarrow L_2(\Omega)$ nach Satz 7.27 kompakt ist, gibt es eine Teilfolge $(u_{n_k})_{k\in\mathbb{N}}$, so dass $u := \lim_{k\to\infty} u_{n_k}$ in $L_2(\Omega)$ existiert. Damit ist $\|u\|_{L_2(\Omega)} = 1$. Sei $\varphi \in \mathcal{D}(\Omega)$, dann gilt für alle $j = 1,\ldots,d$

$$\int_\Omega u(x)\,D_j\varphi(x)\,dx = \lim_{k\to\infty} \int_\Omega u_{n_k}(x)\,D_j\varphi(x)\,dx = \lim_{k\to\infty} -\int_\Omega D_j u_{n_k}(x)\,\varphi(x)\,dx = 0,$$

da $\lim_{n\to\infty} \int_\Omega |\nabla u_n(x)|^2\,dx = 0$. Also ist $u \in H^1(\Omega)$ und $\nabla u = 0$. Damit folgt aus Satz 6.19, dass u konstant ist, weil Ω zusammenhängend ist. Da aber

$$\int_\Omega u(x)\,dx = \lim_{k\to\infty} \int_\Omega u_{n_k}(x)\,dx = 0,$$

folgt, dass $u = 0$. Das ist ein Widerspruch zu $\|u\|_{L_2(\Omega)} = 1$. $\qquad\square$

Nun zeigen wir an einem Beispiel, dass die Einbettung $H^1(\Omega) \hookrightarrow L_2(\Omega)$ nicht immer kompakt ist.

Beispiel 7.29. Sei $d = 1$, $\Omega := (0,1) \setminus \{2^{-n} : n \in \mathbb{N}\}$. Dann ist die Einbettung $H^1(\Omega) \hookrightarrow L_2(\Omega)$ nicht kompakt. Um das zu sehen, wähle man die Folge $u_n := c_n \mathbb{1}_{(2^{-(n+1)},2^{-n})}$, wobei $c_n := 2^{(n+1)/2}$, also $\|u_n\|_{L_2(\Omega)} = 1$. Dann ist $u_n \in H^1(\Omega)$ und $u'_n = 0$. Somit ist $\|u_n\|_{H^1(\Omega)} = 1$. Da aber u_n in $L_2(\Omega)$ zu u_m für $n \neq m$ orthogonal ist, gilt $\|u_n - u_m\|^2_{L_2(\Omega)} = 2$ für $n \neq m$. Damit kann $(u_n)_{n\in\mathbb{N}}$ keine Teilfolge besitzen, die in $L_2(\Omega)$ konvergiert. $\qquad\triangle$

Man kann ebenso eine zusammenhängende, beschränkte, offene Teilmenge $\Omega \subset \mathbb{R}^2$ konstruieren, so dass die Einbettung von $H^1(\Omega)$ in $L_2(\Omega)$ nicht kompakt ist.

7.4 Die Poisson-Gleichung mit Neumann-Randbedingungen

In diesem Abschnitt betrachten wir die Poisson-Gleichung mit Neumann-Randbedingungen. Zunächst wollen wir noch einen „Reaktionsterm" hinzunehmen. Sei Ω eine beschränkte, offene Menge mit C^1-Rand, $\lambda \in \mathbb{R}$, $f \in L_2(\Omega)$. Gesucht wird eine Lösung des Problems

$$\lambda u - \Delta u = f \text{ in } \Omega, \tag{7.18a}$$

$$\frac{\partial u}{\partial \nu} = 0 \text{ auf } \partial\Omega. \tag{7.18b}$$

Wir nennen u eine *klassische Lösung* von (7.18), wenn $u \in C^2(\overline{\Omega})$ ist und (7.18) gilt. Dabei ist für $z \in \partial\Omega$ der Ausdruck

$$\frac{\partial u}{\partial \nu}(z) = \nabla u(z) \cdot \nu(z) = \sum_{j=1}^d \frac{\partial u}{\partial x_j}(z)\nu_j(z)$$

die normale Ableitung von u. Existiert eine klassische Lösung, so ist f notwendigerweise in $C(\overline{\Omega})$.

Wir wollen die Hilbert-Raum-Techniken, d.h. den Satz von Riesz-Fréchet oder, allgemeiner, den Satz von Lax-Milgram anwenden. Dazu wollen wir schwache Lösungen von (7.18) definieren, die wir mit einer Bilinearform in Zusammenhang bringen können. Wir multiplizieren (7.18a) mit $\varphi \in C^1(\overline{\Omega})$, integrieren und wenden die Green'sche Formel an. Dann ergibt sich

$$\int_\Omega f(x)\varphi(x)\,dx = \lambda \int_\Omega u(x)\varphi(x)\,dx - \int_\Omega \Delta u(x)\varphi(x)\,dx$$
$$= \lambda \int_\Omega u(x)\varphi(x)\,dx + \int_\Omega \nabla u(x)\nabla\varphi(x)\,dx - \int_{\partial\Omega} \frac{\partial u}{\partial \nu}(z)\varphi(z)\,d\sigma(z).$$

Wegen der Randbedingung (7.18b) folgt also, dass

$$\int_\Omega f(x)\varphi(x)\,dx = \lambda \int_\Omega u(x)\varphi(x)\,dx + \int_\Omega \nabla u(x)\nabla\varphi(x)\,dx \qquad (7.19)$$

für alle $\varphi \in C^1(\overline{\Omega})$. Da $C^1(\overline{\Omega})$ nach Satz 7.21 dicht in $H^1(\Omega)$ ist, folgt, dass (7.19) auch für alle $\varphi \in H^1(\Omega)$ gilt. Gleichung (7.19) hat einen Sinn für alle $\varphi \in H^1(\Omega)$, sobald nur $u \in H^1(\Omega)$ ist. Dort taucht die äußere Normale gar nicht mehr auf und schwache Lösungen können somit für beliebige offene Mengen definiert werden:

Definition 7.30. Sei $\Omega \subset \mathbb{R}^d$ offen, $\lambda \in \mathbb{R}$, $f \in L_2(\Omega)$. Eine *schwache Lösung* von (7.18) ist eine Funktion $u \in H^1(\Omega)$, so dass (7.19) für alle $\varphi \in H^1(\Omega)$ gilt. $\triangle$

Falls Ω einen C^1-Rand besitzt, so haben wir gesehen, dass jede klassische Lösung eine schwache Lösung ist. Ist umgekehrt u eine schwache Lösung, so ist u bereits eine klassische Lösung, falls u genügend regulär ist. Es gilt nämlich folgender Satz:

Satz 7.31. *Sei Ω eine beschränkte, offene Menge mit C^1-Rand sowie $f \in L_2(\Omega)$, $\lambda \in \mathbb{R}$.*
a) Ist u eine klassische Lösung von (7.18), dann ist u auch eine schwache Lösung.
b) Ist $u \in C^2(\overline{\Omega})$ eine schwache Lösung von (7.18), so ist $f \in C(\overline{\Omega})$ und u ist eine klassische Lösung.

Beweis: Wir müssen nur noch b) beweisen. Sei $u \in C^2(\overline{\Omega})$ eine schwache Lösung von (7.18). Indem wir die Green'sche Formel, Korollar 7.8 (b), auf (7.19) anwenden, erhalten wir, dass $\int_\Omega f(x)\varphi(x)\,dx = \lambda \int_\Omega u(x)\varphi(x)\,dx - \int_\Omega \Delta u(x)\varphi(x)\,dx$ für alle $\varphi \in \mathcal{D}(\Omega)$. Es gilt also $\int_\Omega (f(x) - \lambda u(x) + \Delta u(x))\varphi(x)\,dx = 0$ für $\varphi \in \mathcal{D}(\Omega)$. Damit folgt aus Korollar 6.10, dass $f - \lambda u + \Delta u = 0$ fast überall, also $f = \lambda u - \Delta u$ fast überall. Da $\lambda u - \Delta u \in C(\overline{\Omega})$, hat also f genau einen stetigen Vertreter. Identifizieren wir f mit diesem, so ist (7.18a) punktweise erfüllt. Um zu zeigen, dass auch die Randbedingung (7.18b) erfüllt ist, betrachten wir nun (7.19) für $\varphi \in C^1(\overline{\Omega})$.

Dabei nutzen wir aus, dass wir jetzt schon wissen, dass $\lambda u - \Delta u = f$ im schwachen Sinne. Damit gilt (da u eine schwache Lösung ist)

$$
\begin{aligned}
0 &= \int_\Omega (\lambda u(x) - \Delta u(x)) \varphi(x)\, dx = \int_\Omega f(x) \varphi(x)\, dx \\
&= \int_\Omega \lambda u(x) \varphi(x)\, dx + \int_\Omega \nabla u(x) \nabla \varphi(x)\, dx \\
&= \int_\Omega \lambda u(x) \varphi(x)\, dx - \int_\Omega \Delta u(x) \varphi(x)\, dx + \int_{\partial\Omega} \frac{\partial u}{\partial \nu}(z) \varphi(z)\, d\sigma(z)
\end{aligned}
$$

für alle $\varphi \in C^1(\overline{\Omega})$, wobei wir wieder die Green'sche Formel, Korollar 7.8 b), benutzt haben. Damit ist $\int_{\partial\Omega} \frac{\partial u}{\partial \nu}(z)\, \varphi(z)\, d\sigma(z) = 0$ für alle $\varphi \in C^1(\overline{\Omega})$. Da nach Satz 7.17 die Menge $\{\varphi_{|\partial\Omega} : \varphi \in C^1(\overline{\Omega})\}$ in $L_2(\partial\Omega, d\sigma)$ dicht ist, folgt, dass $\frac{\partial u}{\partial \nu} = 0$ in $L_2(\partial\Omega, d\sigma)$, es ist also $\frac{\partial u}{\partial \nu}(z) = 0$ fast überall. Da aber $\frac{\partial u}{\partial \nu} \in C(\partial\Omega)$ und nach Korollar 7.16 $\nu(U) > 0$ für jede nichtleere relativ offene Menge U in $\partial\Omega$, folgt, dass $\frac{\partial u}{\partial \nu}(z) = 0$ für alle $z \in \partial\Omega$. $\qquad\square$

Satz 7.31 erlaubt es uns, die Analyse von Problem (7.18) in zwei Teilaufgaben zu unterteilen:

a) den Nachweis der Existenz und Eindeutigkeit von schwachen Lösungen,

b) die Regularitätsuntersuchung von u.

Wir werden hier die Aufgabe a) sehr leicht mit Hilfe des Satzes von Riesz-Fréchet lösen können. Was Regularitätseigenschaften der schwachen Lösungen angeht, so gehen detaillierte Untersuchungen über den Rahmen des Buches hinaus und wir beschränken uns daher auf einige Bemerkungen. Für die Existenz und Eindeutigkeit von schwachen Lösungen benötigen wir keinerlei Regularität von Ω. Die äußere Normale von Ω taucht in der Definition 7.30 nicht auf und muss gar nicht existieren.

Satz 7.32. *Sei $\Omega \subset \mathbb{R}^d$ eine beliebige offene Menge sowie $\lambda > 0$ und $f \in L_2(\Omega)$. Dann besitzt das Problem (7.18) genau eine schwache Lösung.*

Beweis: Wir definieren $F \in H^1(\Omega)'$ durch $F(v) := \int_\Omega f(x) v(x)\, dx$. Nun beobachten wir, dass $a(u, v) := \lambda \int_\Omega u(x) v(x)\, dx + \int_\Omega \nabla u(x) \nabla v(x)\, dx$, $u, v \in H^1(\Omega)$, ein äquivalentes Skalarprodukt auf $H^1(\Omega)$ definiert; d.h., die durch $a(\cdot, \cdot)$ induzierte Norm ist äquivalent zu $\| \cdot \|_{H^1}$. Nach dem Satz von Riesz-Fréchet (Satz 4.21) gibt es somit genau ein $u \in H^1(\Omega)$, so dass $a(u, v) = F(v)$ für alle $v \in H^1(\Omega)$. Das bedeutet aber gerade, dass (7.20) erfült ist. Damit ist der Beweis geführt. $\qquad\square$

Was die Regularität der schwachen Lösung u betrifft, so wissen wir aus Satz 6.59, dass $u \in H^2_{\mathrm{loc}}(\Omega)$. Somit sind also die partiellen Ableitungen $D_i D_j \in L_{2,\mathrm{loc}}(\Omega)$ und die Gleichung $\lambda u - \Delta u = f$ ist eine Identität zwischen Funktionen in $L_2(\Omega)$. Wir werden hier keinerlei weitere Regularitätseigenschaften beweisen. Aber wir erwähnen, dass die schwache Lösung u von (7.18) in $C^\infty(\overline{\Omega})$ ist, falls $f \in C^\infty(\overline{\Omega})$ und falls Ω einen C^∞-Rand besitzt (siehe [17, Théorème IX.26] oder [30, Theorem 6.30]).

Als Nächstes betrachten wir den Fall $\lambda = 0$. Ist $\Omega \subset \mathbb{R}^d$ offen und beschränkt, so ist jede konstante Funktion eine schwache Lösung von (7.18) mit $\lambda = 0$ und $f = 0$. Somit ist die Eindeutigkeit verletzt. Ferner gilt Folgendes: Sei $f \in L_2(\Omega)$, so dass eine schwache Lösung u von (7.18) existiert. Indem wir $\varphi \equiv 1$ in (7.19) wählen, schließen wir, dass

$$\int_\Omega f(x)\, dx = 0, \tag{7.20}$$

d.h., (7.20) ist eine notwendige Voraussetzung für die Existenz einer schwachen Lösung von (7.18), wenn $\lambda = 0$. Diese Bedingung ist auch hinreichend, wenn wir die zweite Poincaré-Ungleichung zur Verfügung haben.

Satz 7.33. *Sei Ω ein beschränktes Gebiet mit stetigem Rand und $f \in L_2(\Omega)$ mit $\int_\Omega f(x)\, dx = 0$. Dann hat (7.18) für $\lambda = 0$ genau eine schwache Lösung $u \in H^1(\Omega)$, so dass $\int_\Omega u(x)\, dx = 0$.*

Beweis: Die Menge $L_{2,0}(\Omega) := \{v \in L_2(\Omega) : \int_\Omega v(x)\, dx = 0\}$ bildet einen abgeschlossenen Unterraum von $L_2(\Omega)$ und ist damit ein Hilbert-Raum. Der Raum $H_m^1(\Omega) = H^1(\Omega) \cap L_{2,0}(\Omega)$ aus (7.16) ist abgeschlossen in $H^1(\Omega)$ und somit ebenfalls ein Hilbert-Raum. Wir zeigen nun, dass $H_m^1(\Omega)$ dicht in $L_{2,0}(\Omega)$ ist. Sei $g \in L_{2,0}(\Omega)$, so dass $(w, g)_{L_2(\Omega)} = 0$ für alle $w \in H_m^1(\Omega)$. Nach Korollar 4.18 müssen wir zeigen, dass $g = 0$. Wir setzen $e_1 := |\Omega|^{-1/2} \mathbb{1}_\Omega$ mit dem Lebesgue-Maß $|\Omega|$ von Ω. Sei $v \in H^1(\Omega)$, dann ist $w := v - (v, e_1)_{L_2(\Omega)} e_1 \in H_m^1(\Omega)$, da

$$\int_\Omega w(x)\, dx = \int_\Omega v(x)\, dx - \left(|\Omega|^{-1/2} \int_\Omega v(x)\, dx\right)\left(|\Omega|^{-1/2} \int_\Omega \mathbb{1}_\Omega(x)\, dx\right) = 0.$$

Da $(g, e_1)_{L_2(\Omega)} = 0$ und $(g, w)_{L_2(\Omega)} = 0$, folgt, dass $(g, v)_{L_2(\Omega)} = 0$. Es gilt also $(g, v)_{L_2(\Omega)} = 0$ für alle $v \in H^1(\Omega)$. Da $H^1(\Omega)$ dicht in $L_2(\Omega)$ ist, folgt, dass $g = 0$. Also ist $H_m^1(\Omega)$ dicht in $L_{2,0}(\Omega)$.

Nach (7.19) definiert $a(u, v) := \int_\Omega \nabla u(x) \nabla v(x)\, dx$ ein äquivalentes Skalarprodukt auf $H_m^1(\Omega)$. Definiere $F \in H_m^1(\Omega)'$ durch $F(x) := \int_\Omega f(x) w(x)\, dx$, $w \in H_m^1(\Omega)$. Nach dem Satz von Lax-Milgram gibt es genau ein $u \in H_m^1(\Omega)$, so dass

$$a(u, w) = \int_\Omega f(x) w(x)\, dx, \quad w \in H_m^1(\Omega). \tag{7.21}$$

Das ist aber äquivalent dazu, dass u eine schwache Lösung von (7.18) ist, wie man folgendermaßen sieht: Es ist $\int_\Omega \nabla u(x) \nabla e_1(x)\, dx = 0 = \int_\Omega f(x) e_1(x)\, dx$. Da sich jedes $v \in H^1(\Omega)$ als $v = v - (v, e_1)_{L_2(\Omega)} e_1 + (v, e_1)_{L_2(\Omega)} e_1$ schreiben lässt mit $v - (v, e_1)_{L_2(\Omega)} e_1 \in H_m^1(\Omega)$, folgt aus (7.21)

$$\int_\Omega f(x) v(x)\, dx = \int_\Omega f(x)(v(x) - (v, e_1)_{L_2(\Omega)} e_1(x))\, dx + (v, e_1)_{L_2(\Omega)} (f, e_1)_{L_2(\Omega)}$$

$$= a(u, v - (v, e_1)_{L_2(\Omega)} e_1) + (v, e_1)_{L_2(\Omega)} a(u, e_1) = a(u, v),$$

also ist u eine schwache Lösung für $\lambda = 0$. $\qquad\square$

7.5 Der Spursatz und Robin-Randbedingungen

In diesem Abschnitt betrachten wir durchweg eine offene, beschränkte Menge $\Omega \subset \mathbb{R}^d$ mit C^1-Rand. Mit σ bezeichnen wir das Oberflächenmaß auf $\partial\Omega$, der Raum $L_2(\partial\Omega) = L_2(\partial\Omega, \sigma)$ ist bezüglich dieses Maßes gebildet.

Satz 7.34 (Spursatz). *Es gibt genau einen stetigen, linearen Operator $T : H^1(\Omega) \to L_2(\partial\Omega)$ derart, dass $Tu = u_{|\partial\Omega}$ für alle $u \in C(\overline{\Omega}) \cap H^1(\Omega)$. Dieser Operator heißt* Spur-Operator *(engl.* trace operator*).*

Nach Satz 7.21 ist der Raum $C^1(\overline{\Omega})$ dicht in $H^1(\Omega)$. Die Aussage von Satz 7.34 ist also dazu äquivalent, dass es eine Konstante $c \geq 0$ gibt derart, dass

$$\|u_{|\partial\Omega}\|_{L_2(\partial\Omega)} \leq c\|u\|_{H^1(\Omega)} \tag{7.22}$$

für alle $u \in C^1(\overline{\Omega})$.

Beweis von Satz 7.34:
a) Sei $U \subset \mathbb{R}^d$ offen, so dass $U \cap \partial\Omega$ ein C^1-Graph bezüglich Ω ist. Wir zeigen, dass es ein $c > 0$ gibt derart, dass (7.22) für alle $u \in C(\overline{\Omega}) \cap H^1(\Omega)$ mit $\operatorname{supp} u \subset U$ gilt. Um dies zu beweisen, können wir voraussetzen, dass U ein normaler C^1-Graph ist (sonst ändern wir das Koordinatensystem). Wir benutzen die Bezeichnungen von Definition 7.1 a). Sei $u \in C^1(\overline{\Omega})$ mit $\operatorname{supp} u \subset U$. Dann gilt nach (7.14) mit $c_1 = \sup_{|y| \leq r} \sqrt{1 + |\nabla g(y)|^2}$

$$\|u\|^2_{L_2(\partial\Omega)} = \int_{|y|<r} u(y, g(y))^2 \sqrt{1 + |\nabla g(y)|^2}\, dy \leq c_1 \int_{|y|<r} u(y, g(y))^2\, dy$$

$$= c_1 \int_{|y|<r} \int_0^h -\frac{\partial}{\partial s} u(y, g(y) + s)^2\, ds\, dy$$

$$= c_1 \int_{|y|<r} \int_0^h -2u(y, g(y) + s) D_d u(y, g(y) + s)\, ds\, dy$$

$$\leq c_1 \int_{|y|<r} \int_0^h \left(u(y, g(y) + s)^2 + D_d u(y, g(y) + s)^2 \right) ds\, dy$$

$$= c_1 \int_\Omega \left(u(x)^2 + (D_d u(x))^2 \right) dx \;\; \leq c_1 \|u\|^2_{H^1(\Omega)},$$

wobei wir bei der letzten Identität die Beziehung (7.9) und in der Zeile davor die Young-Ungleichung $2\alpha\beta \leq \alpha^2 + \beta^2$ (Lemma 5.22) benutzt haben. Damit ist (7.22) für $\operatorname{supp} u \subset U$ bewiesen.

b) Da $\partial\Omega$ kompakt ist, finden wir offene Mengen $U_1, \ldots, U_m \subset \mathbb{R}^d$, so dass $\partial\Omega \cap U_k$ ein C^1-Graph bezüglich Ω ist und $\bigcup_{k=1}^m U_k \supset \partial\Omega$. Nach a) gibt es zu jedem k ein $c_k \geq 0$, so dass (7.22) mit $c = c_k$ für alle $u \in C(\overline{\Omega}) \cap H^1(\Omega)$ mit $\operatorname{supp} u \subset U_k$ erfüllt ist. Betrachte eine Zerlegung der Eins auf $\overline{\Omega}$, die $U_1, \ldots, U_m$ zugeordnet ist, d.h. $\eta_k \in \mathcal{D}(\mathbb{R}^d)$, so dass $0 \leq \eta_k \leq 1$, $\operatorname{supp} \eta_k \subset U_k$ und $\sum_{k=1}^d \eta_k(x) = 1$ für $x \in \overline{\Omega}$. Sei

$u \in C(\overline{\Omega}) \cap H^1(\Omega)$, dann ist $u_k := u \cdot \eta_k \in C(\overline{\Omega}) \cap H^1(\Omega)$ mit supp $u_k \subset U_k$ und $\sum_{k=1}^{d} u_k = u$ auf $\partial\Omega$. Damit gilt

$$\|u\|_{L_2(\partial\Omega)} = \left\| \sum_{k=1}^{m} u_{k|\partial\Omega} \right\|_{L_2(\partial\Omega)} \leq \sum_{k=1}^{m} \|u_{k|\partial\Omega}\|_{L_2(\partial\Omega)}$$

$$\leq \sum_{k=1}^{m} c_k \|u_k\|_{H^1(\Omega)} \leq \left(\max_{k=1,\ldots,m} c_k \right) \sum_{k=1}^{m} \|u_k\|_{H^1(\Omega)}.$$

Da $D_j(\eta_k u) = (D_j\eta_k)u + \eta_k D_j u$, gilt $\|\eta_k u\|_{H^1(\Omega)} \leq c\|u\|_{H^1(\Omega)}$ mit einer Konstanten $c > 0$. Wir haben also (7.22) für alle $u \in C(\overline{\Omega}) \cap H^1(\Omega)$ und damit auch Satz 7.34 bewiesen.   □

Wir erinnern daran, dass $H_0^1(\Omega)$ als der Abschluss der Testfunktionen in $H^1(\Omega)$ definiert ist (siehe Abschnitt 6.3). Damit gilt $Tu = 0$ für alle $u \in H_0^1(\Omega)$. Auch die Umkehrung ist richtig [28, Sec. 5.5], so dass wir nun folgende neue Charakterisierung von $H_0^1(\Omega)$ haben (falls Ω einen C^1-Rand hat):

Satz 7.35. *Es gilt $H_0^1(\Omega) = \{u \in H^1(\Omega) : Tu = 0\}$ mit dem Spur-Operator T.*   □

Mit Hilfe des Spur-Operators können wir nun eine schwache Form der Normalenableitung $\frac{\partial u}{\partial \nu}$ definieren und allgemeinere Randbedingungen definieren. Wir setzen weiterhin voraus, dass Ω eine beschränkte, offene Menge im $\mathbb{R}^d$ mit C^1-Rand ist. Ist $u \in C^2(\overline{\Omega})$, so gilt nach Korollar 7.8 für $v \in C^1(\overline{\Omega})$

$$\int_\Omega \Delta u(x)v(x)\, dx + \int_\Omega \nabla u(x)\nabla v(x)\, dx = \int_{\partial\Omega} \frac{\partial u}{\partial \nu}(z)v(z)\, d\sigma(z). \tag{7.23}$$

Das führt uns zu folgender Definition:

Definition 7.36. Sei $u \in H^1(\Omega) \cap H^2_{\mathrm{loc}}(\Omega)$, so dass $\Delta u \in L_2(\Omega)$. Wir sagen, dass $\frac{\partial u}{\partial \nu} \in L_2(\partial\Omega)$, falls es ein $b \in L_2(\partial\Omega)$ gibt derart, dass

$$\int_\Omega \Delta u(x)v(x)\, dx + \int_\Omega \nabla u(x)\nabla v(x)\, dx = \int_{\partial\Omega} b(z)\, (Tv)(z)\, d\sigma(z) \tag{7.24}$$

für alle $v \in H^1(\Omega)$ gilt. In dem Fall ist $b \in L_2(\partial\Omega)$ eindeutig bestimmt und wir setzen $\frac{\partial u}{\partial \nu} := b$.   △

Natürlich reicht es, (7.24) für alle $v \in C(\overline{\Omega}) \cap H^1(\Omega)$ oder sogar nur für $v = \varphi_{|\Omega}$ für $\varphi \in \mathcal{D}(\mathbb{R}^d)$ nachzuprüfen, da diese Funktionen nach Satz 7.21 dicht in $H^1(\Omega)$ sind. Es kann höchstens ein $b \in L_2(\partial\Omega)$ geben, so dass (7.24) gilt. Das folgt aus Satz 7.17 und Korollar 4.18. Nun erhalten wir Existenz und Eindeutigkeit für das Poisson-Problem mit Neumann-Randbedingungen im Sinne der Definition 7.36.

Satz 7.37. *Sei Ω ein beschränktes Gebiet im $\mathbb{R}^d$ mit C^1-Rand und sei $b : \partial\Omega \to [0,\infty)$ messbar, beschränkt, so dass $b(z)$ nicht σ-fast überall gleich 0 ist. Dann gibt es zu jedem*

$f \in L_2(\Omega)$ *genau eine Lösung* $u \in H^1(\Omega) \cap H^2_{\text{loc}}(\Omega)$ *von*

$$-\Delta u = f, \tag{7.25a}$$

$$\frac{\partial u}{\partial \nu} + b\,Tu = 0, \tag{7.25b}$$

wobei $T : H^1(\Omega) \to L_2(\partial\Omega)$ *den Spur-Operator bezeichnet.*

Beweis: Wir definieren die Linearform $a : H^1(\Omega) \times H^1(\Omega) \to \mathbb{R}$ durch $a(u,v) :=$ $\int_\Omega \nabla u(x)\nabla v(x)\,dx + \int_{\partial\Omega} b(z)\,Tu(z)\,Tv(z)\,d\sigma(z)$. Offenbar ist $a(\cdot,\cdot)$ stetig. Wir zeigen, dass $a(\cdot,\cdot)$ koerziv ist. Wäre das nicht der Fall, so gäbe es $u_n \in H^1(\Omega)$, so dass $\|u_n\|_{H^1(\Omega)} = 1$, aber $\lim_{n\to\infty} a(u_n) = 0$. Nach Satz 4.35 können wir annehmen, dass u_n schwach gegen $u \in H^1(\Omega)$ konvergiert. Da die Einbettung $H^1(\Omega) \hookrightarrow L_2(\Omega)$ kompakt ist (Satz 7.22), folgt aus Satz 4.39, dass $u_n \to u$ in $L_2(\Omega)$. Damit ist $\|u\|_{L_2(\Omega)} = 1$. Da $\lim_{n\to\infty} a(u_n) = 0$ und $b \geq 0$, ist

$$\lim_{n\to\infty} \int_\Omega |\nabla u_n(x)|^2\,dx = 0. \tag{7.26}$$

Somit gilt für $\varphi \in \mathcal{D}(\Omega)$

$$\int_\Omega u(x)D_j\varphi(x)\,dx = \lim_{n\to\infty} \int_\Omega u_n(x)D_j\varphi(x)\,dx = \lim_{n\to\infty} -\int_\Omega (D_j u_n(x))\varphi(x)\,dx = 0.$$

Es folgt aus Satz 6.19, dass es ein $c \in \mathbb{R}$ gibt, so dass $u(x) = c$ fast überall. Ferner folgt aus (7.26), dass $\lim_{n\to\infty} u_n = u$ in $H^1(\Omega)$. Damit gilt auch $\lim_{n\to\infty} Tu_n = Tu = c\mathbb{1}_{\partial\Omega}$ in $L_2(\partial\Omega)$. Folglich gilt nach Definition der Bilinearform $a(\cdot,\cdot)$

$$c^2 \int_{\partial\Omega} b(z)\,d\sigma(z) = \lim_{n\to\infty} \int_{\partial\Omega} b(z)|Tu_n(z)|^2\,d\sigma(z) = \lim_{n\to\infty} a(u_n) = 0.$$

Aus der Voraussetzung an b folgt daher $c = 0$. Das ist aber ein Widerspruch zu $\|u\|_{L_2(\Omega)} = 1$. Wir haben also bewiesen, dass $a(\cdot,\cdot)$ koerziv ist. Nun definiert $F(v) := \int_\Omega f(x)v(x)\,dx$ eine stetige Linearform $F \in H^1(\Omega)'$. Nach dem Satz von Lax-Milgram gibt es genau ein $u \in H^1(\Omega)$, so dass

$$a(u,v) = \int_\Omega f(x)v(x)\,dx \quad \text{für alle } v \in H^1(\Omega). \tag{7.27}$$

Das ist aber äquivalent zu (7.25). In der Tat: Gilt (7.27), so ist $\int_\Omega f(x)\varphi(x)\,dx = a(u,\varphi) = \int_\Omega \nabla u(x)\nabla\varphi(x)\,dx$ für $\varphi \in \mathcal{D}(\Omega)$ und damit ist $-\Delta u = f$. Folglich ist $u \in H^2_{\text{loc}}(\Omega)$ nach Satz 6.59. Setzen wir in (7.27) die Beziehung $f = -\Delta u$ ein, so sehen wir, dass $-\int_\Omega \Delta u(x)v(x)\,dx = \int_\Omega f(x)v(x)\,dx = a(u,v) = \int_\Omega \nabla u(x)\nabla v(x)\,dx + \int_{\partial\Omega} b(Tu)(Tv)\,d\sigma(z)$ für alle $v \in H^1(\Omega)$. Damit ist $\frac{\partial u}{\partial \nu} = -b\,Tu$ nach der Definition 7.36. Ähnlich zeigt man, dass jede Lösung von (7.25) die Bedingung (7.27) erfüllt. $\square$

Man nennt (7.25b) *Robin-Randbedingungen* oder *Randbedingungen der dritten Art.* Ist $b = 0$, so erhalten wir Neumann-Randbedingungen.

7.6* Kommentare zu Kapitel 7

Der Satz von Gauß wurde zuerst von Joseph L. Lagrange 1792 gefunden und dann unabhängig von Carl Friedrich Gauß 1813, George Green 1825 und 1831 von Mikhail V. Ostrogradsky wiederentdeckt. Deshalb findet man in der Literatur den Satz auch unter diesen verschiedenen Namen. Man kann das Oberflächenmaß auch für Lipschitz-Gebiete definieren und den Satz von Gauß beweisen. Wir verweisen auf [2].

Neumann-Randbedingungen wurden nach Carl G. Neumann (1832-1925) benannt, der Professor an den Universitäten von Halle, Basel, Tübingen und Leipzig war. Er hat über das Dirichlet-Prinzip gearbeitet und von ihm stammt das Analogon der geometrischen Reihe für Matrizen. Daher nennt man auch $\sum_{k=0}^{\infty} T^k$ die *Neumann-Reihe*, die für einen Operator T mit $\|T\| < 1$ gegen $(I - T)^{-1}$ konvergiert.

Robin-Randbedingungen werden nach Victor G. Robin (1855-1897) benannt, der an der Sorbonne Vorlesungen über mathematische Physik hielt und über Thermodynamik arbeitete. Sie wurden auch schon von Isaac Newton (1643-1727) untersucht.

Im Mittelpunkt von Kapitel 6 und 7 steht der Sobolev-Raum H^1. Es war das Dirichlet-Problem, das Beppo Levi 1906 (kurz nach der Erfindung des Lebesgue-Integrals) zu ersten Untersuchungen über diesen Raum motivierte. So wurde dieser Raum (mit diversen äquivalenten Defintionen) zunächst Raum vom Typ (BL) genannt. Schwache Lösungen tauchen in den 30er Jahren zum ersten Mal auf. Sie sind fundamental in der berühmten (und noch heute aktuellen) Arbeit von J. Leray publiziert, der 1934 die Existenz einer schwachen, globalen Lösung der Navier-Stokes-Gleichungen zeigt (die Eindeutigkeit ist ein offenes Millenium-Problem). Schwache Lösungen der Wellengleichung wurden von S. L. Sobolev (1908-1989) im Jahre 1936 betrachtet. Dieser war es auch, der dann eine systematische Untersuchung der Sobolev-Räume durchführte, die in seinem einflussreichen Buch von 1950 ihren Höhepunkt fand. Der fundamentale Sobolev'sche Einbettungssatz stammt aus dem Jahre 1938. In unserem Zusammenhang kann man einen Spezialfall so formulieren: Der Raum $H_0^1(\Omega)$ ist ein Unterraum von $L_p(\Omega)$ für $p = 2d/(d-2)$, wobei Ω eine beschränkte offene Teilmenge im $\mathbb{R}^d$ ist (vgl. Aufgabe 7.7 a)).

Sobolev kommt aus der berühmten mathematischen Schule von St. Petersburg und wurde 1935 Direktor des Instituts für die Theorie der partiellen Differenzialgleichungen am Steklov-Institut in Moskau. Er war hochgeehrt. Schon mit 31 Jahren wurde Sobolev Mitglied der sowjetischen Akademie der Wissenschaften und erhielt die höchsten Auszeichnungen, die der Staat vergab (Stalin-Orden und Held der sozialistischen Arbeit 1941).

Die Göttinger Schule (z.B. K. Friedrichs) begnügte sich in den 30er und 40er Jahren mit Räumen von klassisch differenzierbaren Funktionen, ohne sich zu Nutze zu machen, dass man diese durch Komplettierung zu einem Hilbert-Raum (von Lebesgue-integrierbaren Funktionen) machen kann. Diesem Raum gab man lange Zeit den Buchstaben H, während der Sobolev-Raum mit W bezeichnet wurde. Erst durch den genialen Trick von Meyers-Serrin aus dem Jahr 1964 (vgl. Bemerkung 6.17) wurde der Sachverhalt schließlich geklärt, dass diese Räume identisch sind. Die kurze Veröffentlichung von Meyers-Serrin hat auch einen kurzen Titel: $H = W$, [44].

7.7 Aufgaben

Aufgabe 7.1. Sei $K \subset \mathbb{R}^d$ kompakt. Zeigen Sie: Jede positive Linearform auf $C(K)$ ist stetig (vgl. Definition 7.9).

Aufgabe 7.2.

a) Sei $d \geq 2$, $\Omega \subset \mathbb{R}^d$ offen, beschränkt mit C^1-Rand und sei $z \in \Omega$. Sei $u \in C(\overline{\Omega}) \cap C^1(\Omega \setminus \{z\})$, so dass $\frac{\partial u}{\partial x_j}$ auf $\Omega \setminus \{z\}$ beschränkt ist, $j = 1, \ldots, d$. Zeigen Sie, dass $u \in H^1(\Omega)$. *Anleitung:* Multiplizieren Sie $\frac{\partial u}{\partial x_j}$ mit $\varphi \in \mathcal{D}(\Omega)$ und integrieren Sie partiell auf $\Omega \setminus \overline{B}(z, \varepsilon)$.

b) Sei $B := \{(x, y) \in \mathbb{R}^2 : x^2 + y^2 < \frac{1}{4}\}$, $u(x, y) = (x^2 - y^2) \log |\log r|$, $r = (x^2 + y^2)^{1/2}$. Zeigen Sie, dass $u \in H^1(B)$, vgl. Satz 6.60.

Aufgabe 7.3. Sei $\Omega_1, \Omega_2 \subset \mathbb{R}^d$ offen, $\Omega = \Omega_1 \cup \Omega_2$ und seien $u, f \in L_{2,\mathrm{loc}}(\Omega)$. Es gelte $\Delta u = f$ schwach in Ω_1 und in Ω_2. Zeigen Sie, dass $\Delta u = f$ in Ω. *Anleitung:* Benutzen Sie eine Zerlegung der Eins.

Aufgabe 7.4 (Poincaré-Ungleichung). Sei $\Omega \subset \mathbb{R}$ offen derart, dass die Einbettung $H_0^1(\Omega) \hookrightarrow L_2(\Omega)$ kompakt ist.

a) Zeigen Sie, dass es eine Konstante $c > 0$ gibt derart, dass $\int_\Omega |u|^2 \, dx \leq c \int_\Omega |\nabla u|^2 \, dx$ für alle $u \in H_0^1(\Omega)$. Wo geht im Beweis die Kompaktheit der Einbettung ein? Man kann sich an dem Beweis von Satz 7.28 orientieren.

b) Geben Sie ein Beispiel einer unbeschränkten offenen Menge $\Omega \subset \mathbb{R}^d$, so dass die Einbettung kompakt ist.
Hinweis: Benutzen Sie die Bemerkung nach Satz 6.55.

c) Geben Sie ein Beispiel einer offenen Menge an, für die die Poincaré-Ungleichung verletzt ist.

Aufgabe 7.5 (Satz von Gauß für Dreiecke). Ein *Segment* im $\mathbb{R}^2$ ist eine Menge der Form $[x, y] := \{\lambda x + (1 - \lambda)y : 0 \leq \lambda \leq 1\}$, wobei $x, y \in \mathbb{R}^2$, $x \neq y$ die Eckpunkte von $[x, y]$ sind. Wir definieren das Maß σ auf $[x, y]$ durch $\int_{[x,y]} f \, d\sigma = |y - x| \int_0^1 f(\lambda x + (1 - \lambda)y) \, d\lambda$ für alle $f \in C[x, y]$ (vgl. Satz 7.10). Ist T ein Dreieck mit den Eckpunkten $\{t_1, t_2, t_3\}$, so ist $\partial T = [t_1, t_2] \cup [t_2, t_3] \cup [t_1, t_3]$. Für $f \in C(\partial T)$ definieren wir $\int_{\partial T} f \, d\sigma = \int_{[t_1,t_2]} f \, d\sigma + \int_{[t_2,t_3]} f \, d\sigma + \int_{[t_1,t_3]} f \, d\sigma$.

a) Sei $u \in C^1(\overline{T})$. Zeigen Sie, dass $\int_T u_{x_j} \, dx = \int_{\partial T} u \nu_j \, d\sigma$. Dabei ist ν_j die äußere Normale $j = 1, 2$. *Anleitung:* Nach Drehung und Verschiebung kann man annehmen, dass $t_1 = (0, 0)$, $t_2 = (b, 0)$, $t_3 = (d, c)$ mit $0 < d < b$, $c > 0$.

b) Zeigen Sie, dass $\int_T (D_j u) v \, dx = -\int_T u D_j v \, dx + \int_{\partial T} \nu_j u v \, d\sigma$ für $u, v \in C^1(\overline{T})$ und $j = 1, 2$ gilt.

Aufgabe 7.6. Sei $\Omega \subset \mathbb{R}^2$ ein Polygon und $\{T_k : k = 1, \ldots, n\}$ eine zulässige Triangulierung von Ω, siehe Abschnitt 9.2.7. Sei $u \in C(\overline{\Omega})$, so dass $u_{|T_k} \in C^1(T_k)$ mit beschränkten Ableitungen, $k = 1, \ldots, n$.

a) Sei $\varphi \in \mathcal{D}(\Omega)$. Zeigen Sie mit Hilfe von Aufgabe 7.5 b), dass für $j = 1, 2$ gilt: $-\int_\Omega u \frac{\partial \varphi}{\partial x_j} \, dx = \sum_{k=1}^n \int_{T_k} \frac{\partial u}{\partial x_j} \varphi \, dx$.

b) Schließen Sie aus a), dass $u \in H^1(\Omega)$ und $D_j u = \frac{\partial u}{\partial x_j}$ auf T_k für $j = 1, 2$ und $k = 1, \ldots, n$.

Aufgabe 7.7 (Gebiet mit stetigem Rand ohne Fortsetzungseigenschaft).

a) Zeigen Sie: Wenn ein beschränktes Gebiet $\Omega \subset \mathbb{R}^2$ die Fortsetzungseigenschaft besitzt, dann ist $H^1(\Omega) \subset L_q(\Omega)$ für jedes $q \in [2, \infty)$. Benutzen Sie Aufgabe 6.23.

b) Sei $\alpha > 0$, $\Omega_\alpha := \{(x,y) \in \mathbb{R}^2 : 0 < x < 1, |y| < x^\alpha\}$. Sei $\beta > 0$, $u(x,y) := x^{-\beta}$. Zeigen Sie, dass $u \in H^1(\Omega_\alpha)$, falls $\beta < \frac{\alpha-1}{2}$, aber $u \notin L_q(\Omega)$, falls q groß genug ist. Folgern Sie, dass Ω_α nicht die Fortsetzungseigenschaft besitzt.

c) Sei $\alpha > 3$. Zeigen Sie, dass $u \in H^2(\Omega_\alpha)$, falls $\beta < \frac{\alpha-3}{2}$. Folgern Sie, dass $H^2(\Omega_\alpha) \not\subset C(\overline{\Omega_\alpha})$.

Aufgabe 7.8. Ist $\Gamma = \{(x, \gamma(x)) : x \in [a,b]\}$ eine Kurve mit $\gamma \in C^1([a,b])$, so definiert man $\int_\Gamma f \, d\sigma := \int_a^b f(x, \gamma(x)) \sqrt{1 + \gamma'(x)^2} \, dx$ für jede Borel-messbare Funktion $f : \Gamma \to [0, \infty]$. Sei $\Omega = \Omega_4$ aus Aufgabe 7.7 und sei $\Gamma := \{(x, x^4) : 0 \leq x \leq 1\}$. Somit ist Γ eine kompakte Teilmenge von $\partial\Omega$.

a) Zeigen Sie, dass $u(x,y) = \frac{1}{x}$ eine Funktion $u \in H^1(\Omega)$ definiert.

b) Zeigen Sie, dass $\int_\Gamma u^2 \, d\sigma = \infty$.

Aufgabe 7.9.

a) Sei $d = 1$, $\Omega := (0, \frac{1}{2}) \cup (\frac{1}{2}, 1)$, dann hat Ω nicht die Fortsetzungseigenschaft.

b) Die zusammenhängende, offene Menge $\Omega := (0,1)^2 \setminus \{(1/2, y) : 0 < y < 1/2\}$ im $\mathbb{R}^2$ hat nicht die Fortsetzungseigenschaft, vgl. Abbildung 7.3. *Anleitung:* Konstruieren Sie $u \in H^1(\Omega)$ derart, dass $u = 0$ auf $(0, 1/2) \times (0, 1/4)$ und $u = 1$ auf $(1/2, 1) \times (0, 1/4)$. Wende das Lemma von Stampacchia 6.36 an.

c) Ist die Einbettung von $H^1(\Omega)$ in $L_2(\Omega)$ für die Menge Ω aus b) kompakt?

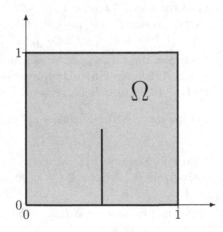

Abbildung 7.3. Menge Ω aus Aufgabe 7.9, die nicht die Fortsetzungseigenschaft besitzt.

Aufgabe 7.10 (Beweis der Fortsetzungseigenschaft für C^1-Gebiete). Sei $\Omega \subset \mathbb{R}^d$ ein C^1-Gebiet.

a) Sei $u \in C^1(\overline{\Omega})$. Betrachten Sie die in der Beweisidee von Satz 7.19 beschriebene Fortsetzung $\tilde{u}$ und zeigen Sie, dass $\tilde{u} \in H^1(\mathbb{R}^d)$ mit $\|\tilde{u}\|_{H^1(\mathbb{R}^d)} \leq c\|u\|_{H^1(\Omega)}$ mit einer Konstanten $c > 0$, die nicht von u abhängt.

b) Benutzen Sie eine Zerlegung der Eins, um aus a) zu folgern, dass es eine lineare, stetige Abbildung $E : C^1(\overline{\Omega}) \to H^1(\mathbb{R}^d)$ gibt mit $(Eu)_{|\Omega} = u$, wobei auf $C^1(\overline{\Omega})$ die Norm von $H^1(\Omega)$ betrachtet wird.

c) Schließen Sie daraus, dass Ω die Fortsetzungseigenschaft besitzt unter Benutzung der Tatsache, dass $C^1(\overline{\Omega})$ dicht in $H^1(\Omega)$ ist (vgl. Satz 7.27).

Bemerkung: Für einen anderen direkten Beweis, der die Dichtheit von $C^1(\overline{\Omega})$ nicht benutzt, siehe [17, Théorème IX.7].

8 Spektralzerlegung und Evolutionsgleichungen

Die Spektralzerlegung des Laplace-Operators mit verschiedenen Randbedingungen gibt uns genaue Information über die Lösbarkeit der Gleichung

$$\lambda u - \Delta u = f.$$

Aber sie liefert auch eine Methode, die Wohlgestelltheit von so genannten *Evolutionsgleichungen* zu beweisen. Darunter verstehen wir Gleichungen, welche die zeitliche Entwicklung beschreiben. Hier behandeln wir die Wärmeleitungsgleichung

$$u_t = \Delta u$$

und die Wellengleichung

$$u_{tt} = \Delta u.$$

Dabei ist $u = u(t, x)$ eine Funktion, die von der Zeitvariablen $t \geq 0$ und der Ortsvariablen $x \in \Omega$ abhängt, wobei Ω ein Gebiet im $\mathbb{R}^d$ bezeichnet. Das Spektrum gibt uns außerdem Auskunft über das asymptotische Verhalten der Lösung u für $t \to \infty$.

Übersicht

© Springer-Verlag GmbH Deutschland, ein Teil von Springer Nature 2018
W. Arendt und K. Urban, *Partielle Differenzialgleichungen*,
https://doi.org/10.1007/978-3-662-58322-7_8

8.1 Ein vektorwertiges Anfangswertproblem

In diesem Abschnitt werden wir uns in die Situation versetzen, die im Spektral-satz (Satz 4.46) beschrieben wird. Dort ist ein Operator A gegeben, der bezüg-lich einer Orthonormalbasis Diagonalgestalt hat. Dieser Operator definiert ein Anfangswertproblem, dessen Lösung man mittels Orthogonalentwicklung leicht bestimmen kann. Wir werden in den folgenden Abschnitten für A den Laplace-Operator mit Randbedingungen einsetzen. Das Anfangswertproblem wird da-durch eine partielle Differenzialgleichung, nämlich die Wärmeleitungsgleichung. Wir beginnen, einige einfache Eigenschaften differenzierbarer Funktionen mit Werten in einem Banach-Raum zusammenzustellen.

Definition 8.1. Sei E ein reeller Banach-Raum und $I \subset \mathbb{R}$ ein Intervall.
a) Eine Funktion $u : I \to E$ heißt *differenzierbar*, falls $u'(t) = \lim_{I \ni s \to t} \frac{u(s) - u(t)}{s - t}$ für jedes $t \in I$ in E existiert. Die Funktion heißt *stetig differenzierbar*, falls zusätzlich u' stetig ist. Mit $C^1(I, E)$ bezeichnen wir den Raum der stetig dif-ferenzierbaren und mit $C(I, E)$ den der stetigen Funktionen von I nach E. Da die Variable $t \in I$ oft für die Zeit steht, schreiben wir auch $\dot{u}(t)$ statt $u'(t)$.
b) Rekursiv definieren wir $C^{k+1}(I, E) := \{u \in C^1(I, E) : u' \in C^k(I, E)\}$ und setzen $u^{(k+1)}(t) = (u')^{(k)}(t)$, $k \in \mathbb{N}$. Wir setzen $C^\infty(I, E) := \bigcap_{k \in \mathbb{N}} C^k(I, E)$ für $k = \infty$. $\triangle$

Ist $u : [a, b] \to E$ stetig, so definiert man das *Riemann-Integral* wie für reellwertige Funktionen: Ist π eine Partition $a = t_0 < t_1 < \cdots < t_n = b$ mit Zwischenstel-len $s_i \in [t_{i-1}, t_i]$, $i = 1, \ldots, n$, so bezeichnet $S(\pi, u) := \sum_{i=1}^{n} u(s_i)(t_i - t_{i-1})$ die *Riemann-Summe* bezüglich π und $|\pi| = \max_{i=1,\ldots,n} |t_i - t_{i-1}|$ die *Maschenweite* von π. Damit zeigt man wie im Fall $E = \mathbb{R}$, dass es ein Element $y \in E$ gibt, so dass $y = \lim_{m \to \infty} S(\pi_m, u)$ für jede Folge $(\pi_m)_{m \in \mathbb{N}}$ von Zerlegungen mit Zwi-schenstellen derart, dass $\lim_{m \to \infty} |\pi_m| = 0$. Man setzt dann $\int_a^b u(t)\, dt := y$. Es gelten die üblichen Rechenregeln des Riemann-Integrals. Insbesondere gilt der Hauptsatz der Differenzial- und Integralrechnung: Für $u \in C^1(I, E)$, $a, b \in I$ gilt $\int_a^b u'(s)\, ds = u(b) - u(a)$. Umgekehrt: Ist $w : I \to E$ stetig, so definiert für $a \in I$ $u_0 \in E$, $u(t) := u_0 + \int_a^t w(s)\, ds$ eine Funktion $u \in C^1(I, E)$ und es ist $u' = w$. Das Vertauschen von Differenziation und Summe gilt wie im skalaren Fall.

Lemma 8.2. *Seien* $u_n \in C^1(I, E)$, $n \in \mathbb{N}$, *so dass die Reihen* $u(t) := \sum_{n=0}^{\infty} u_n(t)$ *und* $v(t) := \sum_{n=0}^{\infty} u_n'(t)$ *auf* I *gleichmäßig konvergieren. Dann ist* $u \in C^1(I, E)$ *und* $u' = v$. $\square$

Nun wollen wir die Voraussetzungen des Spektralsatzes (Satz 4.46) zu Grunde legen. Seien V und H reelle Hilbert-Räume, H sei unendlich-dimensional und V sei kompakt und dicht in H eingebettet. Sei $a : V \times V \to \mathbb{R}$ eine stetige, H-elliptische Bilinearform. Wir wollen voraussetzen, dass $a(u) := a(u, u) \geq 0$, $u \in V$. Sei A der zu a assoziierte Operator auf H. Somit hat A den Definitionsbereich $D(A) = \{u \in V : \exists f \in H, a(u, v) = (f, v)_H \text{ für alle } v \in V\}$ und für $u \in D(A)$ ist Au das eindeutig bestimmte $f \in H$, für das gilt: $a(u, v) = (f, v)_H$ für alle

$v \in H$. Nach Satz 4.46 gibt es eine Orthonormalbasis $\{e_n : n \in \mathbb{N}\}$ von H und $0 \leq \lambda_1 \leq \cdots \leq \lambda_n \leq \lambda_{n+1} \leq \cdots$ mit $\lim_{n \to \infty} \lambda_n = \infty$ derart, dass

$$D(A) = \left\{ u \in H : \sum_{n=1}^{\infty} \lambda_n^2 |(u, e_n)_H|^2 < \infty \right\} \tag{8.1}$$

sowie

$$Au = \sum_{n=1}^{\infty} \lambda_n (u, e_n)_H \, e_n, \quad u \in D(A). \tag{8.2}$$

Insbesondere ist $e_n \in D(A)$ und $Ae_n = \lambda_n e_n$. Ferner folgt aus (8.2)

$$(Au, e_n)_H = \lambda_n (u, e_n)_H \quad \text{für alle } u \in D(A). \tag{8.3}$$

Wir betrachten nun das durch A definierte Anfangswertproblem: Gegeben sei $u_0 \in H$. Bestimme $u \in C^1((0, \infty), H) \cap C([0, \infty), H)$, so dass $u(t) \in D(A), t > 0$, mit

$$\dot{u}(t) + Au(t) = 0, \ t > 0, \tag{8.4a}$$
$$u(0) = u_0. \tag{8.4b}$$

Es handelt sich also um eine gewöhnliche Differenzialgleichung mit Werten in einem unendlich-dimensionalen Hilbert-Raum. Wieder haben wir die minimale Regularität an u gefordert: Die Funktion soll differenzierbar in $t > 0$ sein und die Differenzialgleichung (8.4a) erfüllen. Damit die Anfangswertbedingung (8.4b) sinnvoll ist, setzen wir weiterhin voraus, dass $u : [0, \infty) \to H$ stetig ist. Da A nicht auf ganz H sondern nur auf dem Definitionsbereich $D(A)$ definiert ist, müssen wir fordern, dass $u(t) \in D(A)$ für $t > 0$. Nach diesen Erklärungen können wir folgenden Existenz- und Eindeutigkeitssatz beweisen.

Satz 8.3. *Für jedes $u_0 \in H$ hat das Problem (8.4) eine eindeutige Lösung u. Sie ist durch*

$$u(t) = \sum_{n=1}^{\infty} e^{-\lambda_n t} (u_0, e_n)_H \, e_n \tag{8.5}$$

gegeben. Ferner ist $u \in C^\infty((0, \infty), H)$.

Beweis:
1. Eindeutigkeit: Sei u eine Lösung von (8.4). Für $n \in \mathbb{N}$ betrachten wir die reellwertige Funktion $u_n(t) := (u(t), e_n)_H$. Dann ist $u_n : [0, \infty) \to \mathbb{R}$ stetig, differenzierbar auf $(0, \infty)$ und es gilt

$$\dot{u}_n(t) = (\dot{u}(t), e_n)_H = -(Au(t), e_n)_H = -\lambda_n (u(t), e_n)_H = -\lambda_n u_n(t), \quad t > 0,$$

wobei wir (8.3) benutzt haben. Die Funktion u_n erfüllt also auf $(0, \infty)$ eine lineare Differenzialgleichung mit dem Anfangswert $u_n(0) = (u_0, e_n)_H$. Damit ist $u_n(t) =$

$u_n(0)e^{-\lambda_n t} = (u_0, e_n)_H\, e^{-\lambda_n t}$. Aus der Orthonormal-Entwicklung Satz 4.9 folgt nun, dass $u(t)$ durch (8.5) gegeben ist.

2. Existenz: Wir definieren u durch (8.5). Die Reihe konvergiert nach Satz 4.13 für alle $t \geq 0$ in H und es gilt $u(0) = u_0$. Wir zeigen, dass $u \in C([0,\infty), H)$. Dazu beobachten wir, dass $T(t)u_0 := \sum_{n=1}^{\infty} e^{-\lambda_n t}(u_0, e_n)_H e_n$ einen linearen, stetigen Operator $T(t) : H \to H$ definiert mit $\|T(t)\| \leq 1$. Ist $u_0 \in \lim\{e_n : n \in \mathbb{N}\}$, so ist offensichtlich $\lim_{h\to 0} T(t+h)u_0 = T(t)u_0$. Ist $u_0 \in H$ beliebig, so benutzt man folgendes ε-Argument: Sei $u_1 \in \operatorname{span}\{e_n : n \in \mathbb{N}\}$ mit $\|u_0 - u_1\|_H \leq \varepsilon$. Dann ist

$$
\begin{aligned}
\|T(t+h)u_0 - T(t)u_0\|_H &\leq \|T(t+h)u_0 - T(t+h)u_1\|_H \\
&\quad + \|T(t+h)u_1 - T(t)u_1\|_H + \|T(t)u_1 - T(t)u_0\|_H \\
&\leq \|T(t+h)\|\,\|u_0 - u_1\|_H + \|T(t+h)u_1 - T(t)u_1\|_H + \|T(t)\|\,\|u_1 - u_0\|_H \\
&\leq \varepsilon + \|T(t+h)u_1 - T(t)u_1\|_H + \varepsilon.
\end{aligned}
$$

Somit ist $\limsup_{h\to 0} \|T(t+h)u_0 - T(t)u_0\|_H \leq 2\varepsilon$. Da $\varepsilon > 0$ beliebig ist, folgt $\lim_{h\to 0} \|T(t+h)u_0 - T(t)u_0\|_H = 0$. Um zu zeigen, dass $u \in C^\infty((0,\infty), H)$, beachte man, dass für jedes $\varepsilon \in (0,1)$ und $k \in \mathbb{N}$

$$
\sup_{\varepsilon \leq t \leq \frac{1}{\varepsilon}} \sup_{n\in\mathbb{N}} \lambda_n^k e^{-\lambda_n t} < \infty. \tag{8.6}
$$

Damit konvergiert die Reihe

$$
\sum_{n=1}^{\infty} (-1)^k \lambda_n^k e^{-\lambda_n t}(u_0, e_n)_H\, e_n \tag{8.7}
$$

für jedes $k \in \mathbb{N}$ gleichmäßig in dem Intervall $[\varepsilon, \frac{1}{\varepsilon}]$, wenn $0 < \varepsilon < 1$. Nach Lemma 8.2 ist (8.7) gerade die k-te Ableitung von u. Damit ist gezeigt, dass $u \in C^\infty([\varepsilon, \frac{1}{\varepsilon}], H)$ für alle $0 < \varepsilon < 1$; d.h., es ist $u \in C^\infty((0,\infty), H)$. Schließlich ist wegen (8.2) für alle $t > 0$: $\dot u(t) = \sum_{n=0}^{\infty} -\lambda_n e^{-\lambda_n t}(u_0, e_n)_H\, e_n = -Au(t)$. □

Für die Eindeutigkeit der Lösung brauchten wir nur die Voraussetzung, dass $u \in C^1((0,\infty), H)$. Wir erhalten aber zusätzlich, dass die Lösung automatisch C^∞ ist. Das liegt an der speziellen Form (8.5) der Lösung. Wir wollen noch eine stärkere Differenzierbarkeitseigenschaft beweisen, indem wir H durch einen kleineren Raum ersetzen. Das wird in dem folgenden Abschnitt genutzt, um Regularität in der Ortsvariablen zu beweisen. Als geeignete kleinere Räume bieten sich die Definitionsbereiche der Potenzen von A an. Ihre Definition und Eigenschaften sind Gegenstand des folgenden Lemmas, das sich unmittelbar aus (8.1) und (8.2) ergibt.

Lemma 8.4. *Für $m = 1$ setzen wir $A^1 := A$. Die Operatoren A^m sind für $m \in \mathbb{N}$ rekursiv definiert durch $D(A^{m+1}) := \{u \in D(A^m) : A^m u \in D(A)\}$, $A^{m+1}u := A(A^m u)$. Dann gilt:*

$$
D(A^m) = \left\{ u \in H : \sum_{n=1}^{\infty} \lambda_n^{2m}(u, e_n)_H^2 < \infty \right\}, \qquad A^m u = \sum_{n=1}^{\infty} \lambda_n^m (u, e_n)_H\, e_n.
$$

Insbesondere ist $D(A^m)$ ein Hilbert-Raum bezüglich des Skalarproduktes $(u,v)_{A^m} :=$ $\sum_{n=1}^{\infty} \lambda_n^{2m}(u,e_n)_H(e_n,v)_H + (u,v)_H$. Es gilt $D(A^{m+1}) \hookrightarrow D(A^m) \hookrightarrow H$ für alle $m \in \mathbb{N}$. $\qquad\square$

Nun können wir eine stärkere Regularität der Lösungen formulieren.

Satz 8.5. *Sei $u_0 \in H$ und u die Lösung von (8.4). Dann gilt $u \in C^{\infty}((0,\infty), D(A^m))$ für jedes $m \in \mathbb{N}$.*

Beweis: Es ist für $k \in \mathbb{N}$

$$u^{(k)}(t) = \sum_{n=1}^{\infty} e^{-\lambda_n t}(-\lambda_n)^k (u_0, e_n)_H \, e_n. \tag{8.8}$$

Somit ist $\|u^{(k)}(t)\|_{D(A^m)}^2 = \sum_{n=1}^{\infty}(e^{-2\lambda_n t}\lambda_n^{2k}\lambda_n^{2m} + 1)|(u_0, e_n)_H|^2$. Da weiterhin $\sup_{n \in \mathbb{N}} e^{-\lambda_n \varepsilon}|\lambda_n|^p < \infty$ für alle $p \in \mathbb{N}$, $\varepsilon > 0$, konvergiert die Reihe (8.8) gleichmäßig auf $[\varepsilon, \frac{1}{\varepsilon}]$, $\varepsilon > 0$. Nun folgt die Behauptung aus Lemma 8.2. $\qquad\square$

Schließlich geben wir einige weitergehende Informationen.

Kommentar 8.6* (Halbgruppen). Definiert man wie in (8.5) den Operator $T(t)$ gemäß $T(t)x := \sum_{n=1}^{\infty} e^{-\lambda_n t}(x, e_n)_H e_n$ für $x \in H$, so erhält man einen Operator $T(t) \in \mathcal{L}(H)$. Es gilt (a) $T(t+s) = T(t)T(s)$, $t, s > 0$; (b) $\lim_{t \downarrow 0} T(t)x = x$, $x \in H$. Man nennt eine Familie $(T(t))_{t>0}$ von linearen Operatoren auf H eine *stetige Halbgruppe* (oder C_0-*Halbgruppe*), falls (a) und (b) gelten. Einer solchen Halbgruppe ordnet man den *Generator* B zu, der durch

$$D(B) := \left\{ x \in H : \lim_{t \downarrow 0} \frac{T(t)x - x}{t} \text{ existiert} \right\}, \quad Bx := \lim_{t \downarrow 0} \frac{T(t)x - x}{t}$$

gegeben ist. Man kann nachprüfen, dass in unserem Fall $B = A$, Aufgabe 8.8.
Ein weiteres Beispiel einer Halbgruppe ist implizit in Satz 3.43 gegeben. Es ist die *Gauß-Halbgruppe* auf $L_2(\mathbb{R}^d)$, die durch

$$(T(t)f)(x) := \frac{1}{(4\pi t)^{d/2}} \int_{\mathbb{R}^d} e^{-(x-y)^2/4t} f(y) \, dy,$$

$x \in \mathbb{R}^d$, $t > 0$, $f \in L_2(\mathbb{R}^d)$ definiert ist. Ihr Generator ist der Operator B mit $D(B) := H^2(\mathbb{R}^d)$, $Bu := \Delta u$. Wir verweisen auf [27], [38] oder [6] für die Theorie der Halbgruppen, die den richtigen Rahmen für die Untersuchung von Evolutionsgleichungen bildet. $\qquad\triangle$

8.2 Die Wärmeleitungsgleichung: Dirichlet-Randbedingungen

Wir wenden nun den Spektralsatz aus dem vorherigen Abschnitt für einen speziellen Operator, den *Dirichlet-Laplace-Operator*, an. Sei $\Omega \subset \mathbb{R}^d$ eine offene, beschränkte Menge. In diesem Abschnitt werden wir keinerlei Regularität des Randes voraussetzen und betrachten die Hilbert-Räume $H := L_2(\Omega)$ sowie $V := H_0^1(\Omega)$. Dann ist $H_0^1(\Omega)$ kompakt und dicht in $L_2(\Omega)$ eingebettet (Satz 6.55). Sei $a : H_0^1(\Omega) \times H_0^1(\Omega) \to \mathbb{R}$ gegeben durch $a(u,v) := \int_{\Omega} \nabla u \nabla v \, dx$. Damit ist a stetig, symmetrisch und koerziv (siehe den Beweis von Satz 6.43). Sei A der zu a assoziierte Operator auf $L_2(\Omega)$, dann kann man A folgendermaßen beschreiben:

Satz 8.7. *Es gilt* $D(A) = \{u \in H_0^1(\Omega) \cap H_{\text{loc}}^2(\Omega) : \Delta u \in L_2(\Omega)\}$ *und* $Au = -\Delta u$.

Beweis: Sei $u \in D(A)$, $Au = f$. Dann gilt nach Definition von A die Identität $\int_\Omega \nabla u(x) \nabla \varphi(x)\, dx = \int_\Omega f(x)\varphi(x)\, dx$ für alle $\varphi \in H_0^1(\Omega)$ und insbesondere für alle $\varphi \in \mathcal{D}(\Omega)$. Damit ist $-\Delta u = f$ im schwachen Sinne. Nach Satz 6.59 ist $u \in H_{\text{loc}}^2(\Omega)$. Ist umgekehrt $u \in H_0^1(\Omega) \cap H_{\text{loc}}^2(\Omega)$ mit $f := -\Delta u \in L_2(\Omega)$, so ist für $\varphi \in \mathcal{D}(\Omega)$,

$$\int_\Omega \nabla u(x) \nabla \varphi(x)\, dx = -\int_\Omega \Delta u(x)\varphi(x)\, dx = \int_\Omega f(x)\varphi(x)\, dx.$$

Da $\mathcal{D}(\Omega)$ dicht in $H_0^1(\Omega)$ ist, folgt, dass $a(u,v) = \int_\Omega \nabla u \nabla v = \int_\Omega fv$ für alle $v \in H_0^1(\Omega)$. Damit ist $u \in D(A)$ und $Au = f$. $\qquad\square$

Den Operator $\Delta^D := -A$ nennen wir den *Laplace-Operator mit Dirichlet-Rand-bedingungen* oder kurz den *Dirichlet-Laplace-Operator*. Es gilt also

$$D(\Delta^D) := \{u \in H_0^1(\Omega) \cap H_{\text{loc}}^2(\Omega) : \Delta u \in L_2(\Omega)\}, \qquad \Delta^D u = \Delta u, \; u \in D(\Delta^D).$$

Aus dem Spektralsatz (Satz 4.46) erhalten wir eine Orthonormalbasis von Eigen-vektoren $\{e_n : n \geq 1\}$ von $L_2(\Omega)$ und zugehörigen Eigenwerten $\lambda_1^D \leq \lambda_2^D \leq \cdots \leq \lambda_n^D \leq \lambda_{n+1}^D \leq \cdots$ derart, dass $\lim_{n\to\infty} \lambda_n^D = \infty$, $e_n \in D(\Delta^D)$ und $-\Delta^D e_n = \lambda_n^D e_n$. Die Zahlen $\{\lambda_n^D : n \in \mathbb{N}\}$ bilden die gesamte Menge der Eigenwerte des Dirichlet-Laplace-Operators (mit eventuellen Wiederholungen); sie werden oft auch ein-fach die *Dirichlet-Eigenwerte* genannt.

Ist $\lambda = \lambda_n^D$ für ein $n \in \mathbb{N}$, so ist die Poisson-Gleichung mit Reaktionsterm

$$\lambda v + \Delta v = f \tag{8.9}$$

für gesuchtes $v \in H_0^1(\Omega) \cap H_{\text{loc}}^2(\Omega)$ nicht mehr eindeutig lösbar: Mit v ist auch $v + \alpha e_n$ eine Lösung für alle $\alpha \in \mathbb{R}$. Korollar 4.48 zeigt jedoch, dass (8.9) eine eindeutige Lösung besitzt, falls $\lambda \notin \{\lambda_n^D : n \in \mathbb{N}\}$.

Die Form a hat nach Satz 4.49 folgende Diagonalgestalt

$$\int_\Omega |\nabla u|^2\, dx = \sum_{n=1}^\infty \lambda_n^D |(u, e_n)_{L_2}|^2 \tag{8.10}$$

für alle $u \in H_0^1(\Omega)$. Da andererseits die Parseval'sche Identität (Satz 4.9 b)

$$\int_\Omega |u|^2\, dx = \sum_{n=1}^\infty |(u, e_n)_{L_2}|^2$$

für alle $u \in L_2(\Omega)$ gilt und $\lambda_n^D \leq \lambda_{n+1}^D$, erhalten wir für $u \in H_0^1(\Omega)$

$$\int_\Omega |\nabla u|^2\, dx \geq \lambda_1^D \int_\Omega |u|^2\, dx. \tag{8.11}$$

Das ist die Poincaré-Ungleichung (vgl. Satz 6.32), jetzt aber mit der optimalen Konstanten. In der Tat: Setzen wir in (8.11) $u = e_1$ ein, so erhalten wir nach (8.10) eine Identität; die Abschätzung (8.11) ist also scharf.

Wir kommen nun zu unserem Hauptanliegen, der Analyse der Wärmeleitungs-gleichung mit Dirichlet-Randbedingungen. Dazu betrachten wir folgendes An-fangswert-Randproblem. Sei $u_0 \in L_2(\Omega)$ ein gegebener Anfangswert. Wir suchen $u \in C^\infty((0, \infty) \times \Omega)$, so dass

$$u(t, \cdot) \in H_0^1(\Omega), \qquad t > 0, \tag{8.12a}$$

$$u_t(t, x) = \Delta u(t, x), \qquad t > 0, \ x \in \Omega, \tag{8.12b}$$

$$\lim_{t \downarrow 0} \int_\Omega |u(t, x) - u_0|^2 \, dx = 0. \tag{8.12c}$$

Hier bezieht sich der Laplace-Operator auf die Ortsvariable x, d.h.

$$\Delta u(t, x) := \sum_{j=1}^d \frac{\partial^2 u(t, x)}{\partial x_j^2}, \qquad t > 0, \ x \in \Omega.$$

Die Bedingung (8.12b) besagt, dass u die Wärmeleitungsgleichung auf $(0, \infty) \times \Omega$ erfüllt, während in (8.12c) die Anfangsbedingung vorgegeben wird. Wir haben den Anfangswert u_0 lediglich in $L_2(\Omega)$ gewählt. Somit ist die Konvergenz im quadratischen Mittel von $u(t, \cdot)$ gegen u_0 mit $t \downarrow 0$, wie sie in (8.12c) gefordert wird, eine natürliche Forderung. Durch $u(t, \cdot) \in H_0^1(\Omega)$, $t > 0$, verlangen wir homogene Dirichlet-Randbedingungen im schwachen Sinn. Nehmen wir eine Ei-genfunktion e_n als Anfangswert, so ist

$$u(t, x) := e^{-\lambda_n^D t} e_n(x), \qquad t > 0, \ x \in \Omega,$$

eine Lösung von (8.12a). Dazu beachte man, dass nach Satz 6.59 die Funktion e_n unendlich oft differenzierbar ist. Diese spezielle Lösung hat also „getrennte Varia-blen". Und tatsächlich ist unsere Methode der Spektralzerlegung nichts anderes als die Methode der *Trennung der Variablen* (Ort und Zeit in unserem Fall).
Ist nun $u_0 \in L_2(\Omega)$ ein beliebiger Anfangswert, so setzen wir die speziellen Lö-sungen zusammen. Nach Satz 4.9 ist $u_0 = \sum_{n=1}^\infty (u_0, e_n)_{L_2(\Omega)} e_n$, wobei die Reihe in $L_2(\Omega)$ konvergiert. Ferner konvergiert

$$w(t) := \sum_{n=1}^\infty e^{-\lambda_n t} (u_0, e_n)_{L_2(\Omega)} e_n \tag{8.13}$$

in $L_2(\Omega)$ für jedes $t \geq 0$. Wir wissen aus Satz 8.3, dass w das abstrakte Cauchy-Problem (8.4) löst, und sogar, dass $w \in C^\infty((0, \infty), L_2(\Omega))$. Mit Hilfe von Satz 8.5 zeigen wir nun, dass u eine Lösung von (8.12) definiert. Beachte, dass für jedes $t > 0$ durch (8.13) eine Funktion $w(t) \in L_2(\Omega)$ definiert wird.

Satz 8.8. *Es ist* $w(t) \in C^\infty(\Omega)$ *für alle* $t > 0$. *Setzt man*

$$u(t, x) := w(t)(x), \qquad t > 0, \ x \in \Omega, \tag{8.14}$$

so ist $u \in C^\infty((0, \infty) \times \Omega)$ *und* u *erfüllt (8.12).*

Beweis:

a) Sei $A = -\Delta^D$, d.h., A ist der zu a assoziierte Operator auf $L_2(\Omega)$. Damit ist $D(A) \subset H^2_{loc}(\Omega)$. Wir zeigen nun durch Induktion über $m \in \mathbb{N}$, dass $D(A^m) \subset H^{2m}_{loc}(\Omega)$. Die Aussage gilt für $m = 1$. Nehmen wir an, dass sie für ein festes $m \in \mathbb{N}$ gültig ist. Sei $v \in D(A^{m+1})$, dann ist nach Induktionsvoraussetzung $\Delta v = Av \in D(A^m) \subset H^{2m}_{loc}(\Omega)$. Aus Satz 6.59 folgt, dass $v \in H^{2m+2}_{loc}(\Omega)$.

Sei $k \in \mathbb{N}$ mit $k > d/4$, dann gilt nach Satz 6.59 $D(A^{m+k}) \subset H^{2m+2k}_{loc}(\Omega) \subset C^m(\Omega)$ für $m \in \mathbb{N}_0$. Nun ist $D(A^{m+k})$ ein Hilbert-Raum (Lemma 8.4), der stetig in $L_2(\Omega)$ eingebettet ist. Sei $U \Subset \Omega$. Dann ist $C^m(\bar{U})$ ein Banach-Raum bezüglich der Norm

$$\|v\|_{C^m(\Omega)} := \sum_{|\alpha| \leq m} \|D^\alpha u\|_\infty,$$

wobei $D^\alpha u = \frac{\partial^{|\alpha|} u}{\partial x_1^{\alpha_1} \dots \partial x_d^{\alpha_d}}$, $\alpha = (\alpha_1, \cdots, \alpha_d) \in \mathbb{N}_0^d$, $|\alpha| = \alpha_1 + \cdots + \alpha_d$ und $D^0 u = u$. Insbesondere ist $\|v\|_\infty \leq \|v\|_{C^m(\bar\Omega)}$. Aus dem Satz vom abgeschlossenen Graphen folgt, dass die Einschränkungsabbildung $v \mapsto v_{|\bar{U}} : D(A^{m+k}) \to C^m(\bar{U})$ stetig ist. Denn sind $v_n, v \in D(A^{m+k})$, $g \in C^m(\bar{U})$, so dass $v_n \to v$ in $D(A^{m+k})$ und $v_{n|\bar{U}} \to g$ in $C^m(\bar{U})$ mit $n \to \infty$, dann konvergiert v_n gegen v in $L_2(\Omega)$ und v_n gegen g gleichmäßig auf $\bar{U}$. Damit ist $v = g$ fast überall auf $\bar{U}$. Da aber v stetig ist (genauer: da wir für v den stetigen Repräsentanten gewählt haben), ist $v = g$. Der Graph der Abbildung ist also abgeschlossen.

Nach Satz 8.5 ist $w \in C^\infty((0,\infty), D(A^{m+k}))$. Damit ist die Abbildung $t \mapsto w(t)_{|\bar{U}} : (0,\infty) \to C^m(\bar{U})$ unendlich oft differenzierbar. Insbesondere ist $w(t) \in C(\Omega)$ für alle $t > 0$. Setzen wir nun $u(t,x) := w(t)(x)$, $t > 0$, $x \in \Omega$, so folgt, dass u unendlich oft in $t > 0$ und $x \in \Omega$ differenzierbar ist. Ferner ist

$$u_t(t,x) = \dot{w}(t)(x) = \Delta w(t) = \sum_{j=1}^{d} \frac{\partial^2 u(t,x)}{\partial x_j^2} =: \Delta u(t,x).$$

Also ist $u \in C^\infty((0,\infty) \times \Omega)$ und löst die Wärmeleitungsgleichung (8.12a).

b) Es ist $w(t) = \sum_{n=1}^\infty e^{-\lambda_n^D t}(u_0, e_n)_{L_2(\Omega)} e_n$. Da $\sum_{n=1}^\infty \lambda_n^D |e^{-\lambda_n^D t}(u_0, e_n)_{L_2(\Omega)}|^2 < \infty$, folgt aus Satz 4.49, dass $w(t) \in H_0^1(\Omega)$ für alle $t > 0$. Damit erfüllt $u(t, \cdot) = w(t)$ die Randbedingung in (8.12).

c) Aus der Parseval-Gleichung in Satz 4.9 folgt schließlich, dass

$$\int_\Omega |u(t,x) - u_0(x)|^2 \, dx = \|w(t) - u_0\|^2_{L_2(\Omega)} = \sum_{n=1}^\infty |(w(t) - u_0, e_n)_{L_2(\Omega)}|^2$$

$$= \sum_{n=1}^\infty (e^{-\lambda_n^D t} - 1)^2 |(u_0, e_n)_{L_2(\Omega)}|^2 \to 0, \quad t \to \infty.$$

Diese Konvergenz folgt aus dem Satz von Lebesgue, wenn man ihn auf den diskreten Raum ℓ^2 anwendet, oder man zeigt sie folgendermaßen: Sei $\varepsilon > 0$, dann existiert ein $N \in \mathbb{N}$, so dass $\sum_{n=N+1}^\infty 4|(u_0, e_n)_{L_2(\Omega)}|^2 \leq \varepsilon/2$. Es gibt ein $t_0 > 0$, so dass $\sum_{n=1}^{N}(e^{-\lambda_n^D t}-1)^2|(u_0,e_n)_{L_2(\Omega)}|^2 \leq \varepsilon/2$ für alle $0 \leq t \leq t_0$. Damit ist

$$\sum_{n=1}^{\infty}(e^{-\lambda_n^D t}-1)^2|(u_0,e_n)_{L_2(\Omega)}|^2$$

$$= \sum_{n=1}^{N}(e^{-\lambda_n^D t}-1)^2|(u_0,e_n)_{L_2(\Omega)}|^2 + \sum_{n=N+1}^{\infty}(e^{-\lambda_n^D t}-1)^2|(u_0,e_n)_{L_2(\Omega)}|^2 \leq \varepsilon$$

für $0 \leq t \leq t_0$. Somit haben wir auch (8.12c) bewiesen. $\qquad\square$

Wir notieren einige weitere Eigenschaften der Lösung u, die durch (8.13), (8.14) definiert ist. Es gilt

$$\int_{\Omega}|u(t,x)|^2\,dx \leq e^{-2\lambda_1^D t}\int_{\Omega}|u_0(x)|^2\,dx, \quad t>0, \tag{8.15}$$

denn

$$\int_{\Omega}|u(t,x)|^2\,dx = \|w(t)\|_{L_2(\Omega)}^2 = \sum_{n=1}^{\infty}e^{-2\lambda_n^D t}|(u_0,e_n)_{L_2(\Omega)}|^2$$

$$\leq e^{-2\lambda_1^D t}\sum_{n=1}^{\infty}|(u_0,e_n)_{L_2(\Omega)}|^2 = e^{-2\lambda_1^D t}\|u_0\|_{L_2(\Omega)}^2,$$

wobei wir zweimal die Parseval-Gleichung benutzt haben. Die Energie von u können wir folgendermaßen ausdrücken:

$$\int_{\Omega}|\nabla u(t,x)|^2\,dx = \sum_{n=1}^{\infty}\lambda_n^D e^{-2\lambda_n^D t}|(u_0,e_n)_{L_2(\Omega)}|^2 < \infty, \tag{8.16}$$

insbesondere ist $\int_{\Omega}|\nabla u(t,x)|^2\,dx$ eine monoton fallende Funktion in $t>0$. Sie ist genau dann beschränkt, wenn der Anfangswert u_0 in $H_0^1(\Omega)$ liegt. Wenn wir die Bedingungen (8.15) und (8.16) einbeziehen, so können wir nun zeigen, dass unsere Lösung aus (8.13) eindeutig ist:

Satz 8.9. *Sei $u_0 \in L_2(\Omega)$ und $u \in C^{1,2}((0,\infty) \times \Omega)$ eine Lösung von (8.12), so dass*

$$\int_0^T\int_{\Omega}|u(t,x)|^2\,dx\,dt < \infty, \quad T>0, \tag{8.17}$$

und

$$\int_\varepsilon^T\int_{\Omega}|\nabla u(t,x)|^2\,dx\,dt < \infty, \quad 0 < \varepsilon < T < \infty. \tag{8.18}$$

Dann ist $u(t,x) = w(t)(x)$, $t>0$, $x \in \Omega$, wobei w durch (8.13) definiert ist.

Beweis: Ist $T > 0$ gegeben, dann gilt für $\varphi \in C_c^1(0, T)$, $v \in \mathcal{D}(\Omega)$,

$$
-\int_0^T \varphi'(t) \int_\Omega u(t, x)v(x)\, dx\, dt = -\int_\Omega \int_0^T \varphi'(t)u(t, x)\, dt\, v(x)\, dx
$$

$$
= \int_\Omega \int_0^T \varphi(t)u_t(t, x)\, dt\, v(x)\, dx = \int_0^T \int_\Omega v(x)u_t(t, x)\, dx\, \varphi(t)\, dt
$$

$$
= \int_0^T \int_\Omega v(x)\Delta u(t, x)\, dx\, \varphi(t)\, dt = -\int_0^T \int_\Omega \nabla v(x)\nabla u(t, x)\, dx\, \varphi(t)\, dt,
$$

wobei $\nabla u(t, x)$ den Gradienten in der Ortsvariablen x bezeichnet. Sei n fest gewählt und setze $u_n(t) := \int_\Omega u(t, x)e_n(x)\, dx$. Da wir e_n durch Testfunktionen v in der $H^1(\Omega)$-Norm approximieren können, folgt aus der obigen Identität, dass

$$
-\int_0^T \varphi'(t)u_n(t)\, dt = -\int_0^T \int_\Omega \nabla e_n(x)\nabla u(t, x)\, dx\, \varphi(t)\, dt = -\lambda_n \int_0^T u_n(t)\varphi(t)\, dt.
$$

$$(8.19)$$

Wegen (8.17) ist $u_n \in L_2(0, T)$. Da (8.19) für alle $\varphi \in C_c^1(0, T)$ gilt, ist $u_n \in H^1(0, T)$ und $u_n' = -\lambda_n u_n$ (siehe Definition 5.2). Aus Korollar 5.11 folgt nun, dass $u_n \in C^1([0, T])$. Die Funktion u_n löst also die lineare Differenzialgleichung mit Anfangswert $u_n(0) = (u_0, e_n)_{L_2(\Omega)}$. Folglich ist $u_n(t) = e^{-\lambda_n t}(u_0, e_n)_{L_2(\Omega)}$. Aus der Orthogonalentwicklung, Satz 4.9 a), folgt, dass $u(t, \cdot) = w(t)$ für alle $t \geq 0$. $\qquad\square$

Wir erinnern an die physikalische Interpretation der Lösungen u von (8.12), die in Abschnitt 1.6.2 hergeleitet wurde. Sei etwa $d = 3$, dann ist Ω ein Körper und u_0 ist eine anfängliche Wärmeverteilung auf Ω. Der Wert $u(t, x)$ ist dann die Temperatur zur Zeit t im Punkt x. Dabei besagt die Dirichlet-Randbedingung, dass die Temperatur am Rand zu jedem Zeitpunkt 0 ist. Wir können uns etwa vorstellen, dass der Körper in einem Eisbad schwimmt. Aus der Ungleichung (8.15) sehen wir, dass die Temperatur exponentiell gegen 0 strebt, wenn $t \to \infty$, was man vom Modell her auch erwartet. Ein noch einleuchtenderes Beispiel ist Diffusion, etwa von Tinte in Wasser. Ist u_0 die Anfangskonzentration, so ist $u(t, x)$ die Konzentration der Tinte zur Zeit t. Falls $U \subset \Omega$ messbar ist, so ist $\int_U u(t, x)\, dx$ die Menge der Tinte in dem Teil U des Körpers Ω.

Kommentar 8.10* (Klassische Dirichlet-Randbedingung). In diesem Abschnitt haben wir eine beliebige beschränkte offene Menge $\Omega \subset \mathbb{R}^d$ zu Grunde gelegt, ohne Bedingungen an den Rand zu stellen. Daher ist die Lösung $u(t, x)$ nicht immer stetig am Rand. Es gelten folgende Aussagen über die Stetigkeit der Lösungen am Rand:

1. **Stetigkeit am Rand der ersten Eigenfunktion.**
Die Menge Ω ist Dirichlet-regulär (siehe Abschnitt 6.8) genau dann, wenn $e_1 \in C_0(\Omega)$, d.h $\lim_{x \to z} e_1(x) = 0$ für alle $z \in \partial\Omega$, [7].
2. **Stetigkeit am Rand der Lösung aus Satz 8.8.**
Ist Ω Dirichlet-regulär, so ist die Lösung u aus Satz 8.8 stetig auf $(0, \infty) \times \bar\Omega$, wenn man $u(t, z) = 0$ für $t > 0$, $z \in \partial\Omega$ setzt.
3. **Inhomogenes Wärmeleitungs-Randwertproblem.**
Sei Ω Dirichlet-regulär und sei $T > 0$. Weiter sei $g \in C(\partial^*\Omega_T)$, wobei $\partial^*\Omega_T = ([0, T] \times$

$\partial\Omega) \cup (\{0\} \times \bar{\Omega})$ den parabolischen Rand von $(0, T) \times \Omega$ bezeichnet. Dann gibt es eine eindeutig bestimmte Funktion $u \in C([0, T] \times \bar{\Omega})$, so dass u auf $(0, T) \times \Omega$ unendlich oft differenzierbar ist, $u_t = \Delta u$ gilt und $u_{|\partial^*\Omega_T} = g$ [6, Theorem 6.2.8]. Die Eindeutigkeit folgt direkt aus dem parabolischen Maximumprinzip in Satz 3.31. $\triangle$

Kommentar 8.11* (Positivität). Sei $\Omega \subset \mathbb{R}^d$ ein beschränktes Gebiet. Wir setzen also zusätzlich voraus, dass Ω zusammenhängend ist, aber stellen keinerlei Regularitätsforderungen an den Rand. Dann gilt Folgendes:

1. Strikte Positivität.
Ist der Anfangswert $u_0 \in L_2(\Omega)$ eine positive Funktion (d.h. $u_0(x) \geq 0$ fast überall), die nicht fast überall 0 ist, so ist $u(t, x) > 0$ für alle $t > 0$ und alle $x \in \Omega$.

2. Spezielle Rolle der ersten Eigenfunktion.
Es ist $\lambda_1^D < \lambda_2^D$ (d.h. der erste Eigenwert ist *einfach*) und die erste Eigenfunktion e_1 kann so gewählt werden, dass $e_1(x) > 0$ für alle $x \in \Omega$.

Für eine systematische Untersuchung der Positivität verweisen wir auf [5] und [10]. $\triangle$

8.3 Die Wärmeleitungsgleichung: Robin-Randbedingungen

In diesem Abschnitt ist $\Omega \subset \mathbb{R}^d$ ein offenes, beschränktes Gebiet mit C^1-Rand (siehe Kapitel 7). Unser Ziel ist es, die Wärmeleitungsgleichung mit Robin-Randbedingungen zu untersuchen (siehe (8.26)). Im elliptischen Fall haben wir diese Randbedingungen schon in Abschnitt 7.5 behandelt. Jetzt wollen wir also die entsprechende parabolische Gleichung betrachten. Als Erstes definieren wir die Realisation des Laplace-Operators auf $L_2(\Omega)$ mit Robin-Randbedingungen, auf die wir dann den Spektralsatz anwenden. Dazu geben wir uns eine beschränkte Borel-messbare Funktion $b : \partial\Omega \to [0, \infty)$ vor und definieren die stetige Bilinearform $a : H^1(\Omega) \times H^1(\Omega) \to \mathbb{R}$ durch

$$a(u, v) := \int_\Omega \nabla u(x) \nabla v(x) \, dx + \int_{\partial\Omega} b\, Tu\, Tv \, d\sigma(z),$$

wobei $T : H^1(\Omega) \to L_2(\partial\Omega)$ den Spur-Operator aus Satz 7.34 bezeichnet. Da

$$a(u) + \|u\|^2_{L_2(\Omega)} \geq \|u\|^2_{H^1(\Omega)}$$

für alle $u \in H^1(\Omega)$, ist die Form $L_2(\Omega)$-elliptisch (siehe (4.21)). Sei A der zu a assoziierte Operator auf $L_2(\Omega)$. Nach Definition gilt also für $u, f \in L_2(\Omega)$, dass $u \in D(A)$ und $Au = f$ genau dann gilt, wenn $u \in H^1(\Omega)$ und

$$a(u, v) = \int_\Omega f(x)v(x) \, dx \tag{8.20}$$

für alle $v \in H^1(\Omega)$. Wir wollen nun den Operator A beschreiben. Dazu benutzen wir die Definition der schwachen Normalen aus Definition 7.36.

Satz 8.12. *Es gilt* $D(A) = \{u \in H^1(\Omega) \cap H^2_{\mathrm{loc}}(\Omega) : \Delta u \in L_2(\Omega) \text{ und } \frac{\partial u}{\partial\nu} + b(Tu) = 0\}$ *und* $Au = -\Delta u$ *für alle* $u \in D(A)$.

Beweis: Sei $u \in D(A)$, $f := Au$. Dann gilt wegen (8.20)

$$\int_\Omega \nabla u(x) \nabla v(x)\, dx + \int_{\partial\Omega} bTuTv\, d\sigma = \int_\Omega f(x)v(x)\, dx \tag{8.21}$$

für alle $v \in H^1(\Omega)$. Insbesondere gilt also $\int_\Omega \nabla u(x) \nabla v(x)\, dx = \int_\Omega f(x)v(x)\, dx$ für $v \in \mathcal{D}(\Omega)$. Aus Satz 6.59 folgt, dass $u \in H^2_{\mathrm{loc}}(\Omega)$ und $-\Delta u = f$. Setzen wir nun diesen Ausdruck für f in (8.21) ein, so ergibt sich

$$\int_\Omega \nabla u(x) \nabla v(x)\, dx + \int_\Omega (\Delta u)(x)v(x)\, dx = -\int_{\partial\Omega} bTuTv\, d\sigma \tag{8.22}$$

für alle $v \in H^1(\Omega)$. Nach Definition 7.36 heißt das gerade, dass $\frac{\partial u}{\partial \nu} + b(Tu) = 0$. Sei umgekehrt $u \in H^1(\Omega) \cap H^2_{\mathrm{loc}}(\Omega)$, so dass $-f := \Delta u \in L_2(\Omega)$ und $\frac{\partial u}{\partial \nu} + b(Tu) = 0$. Dann gilt (8.22) für alle $v \in H^1(\Omega)$ nach Definition 7.36. Somit ist (8.20) erfüllt; d.h., es gilt $u \in D(A)$ und $Au = f = -\Delta u$. $\qquad\square$

Wir wollen den Operator $-A =: \Delta^b$ den *Laplace-Operator mit Robin-Randbedingungen* nennen. Ist $b = 0$, so erhalten wir Neumann-Randbedingungen und nennen den Operator $\Delta^0 =: \Delta^N$ den *Neumann-Laplace-Operator*. Da die Einbettung $H^1(\Omega) \hookrightarrow L_2(\Omega)$ kompakt ist, können wir den Spektralsatz (Satz 4.46) anwenden. Es existieren also eine Orthonormalbasis $\{e_n : n \in \mathbb{N}\}$ von $L_2(\Omega)$ und $\lambda_n^b \in \mathbb{R}$, so dass $0 \leq \lambda_1^b \leq \cdots \leq \lambda_n^b \leq \lambda_{n+1}^b \leq \cdots$, $\lim_{n \to \infty} \lambda_n^b = \infty$ mit $e_n \in D(\Delta^b)$ und

$$-\Delta^b e_n = \lambda_n^b e_n, \quad n \in \mathbb{N}. \tag{8.23}$$

Ist λ eine reelle Zahl, so dass $\lambda \neq \lambda_n^b$ für alle $n \in \mathbb{N}$ gilt, so hat nach Korollar 4.48 die Poisson-Gleichung

$$\lambda v + \Delta v = f \quad \text{in } \Omega, \tag{8.24a}$$

$$\frac{\partial v}{\partial \nu} + bTv = 0 \quad \text{auf } \partial\Omega, \tag{8.24b}$$

zu jedem $f \in L_2(\Omega)$ eine eindeutige Lösung $v \in H^1(\Omega) \cap H^2_{\mathrm{loc}}(\Omega)$.

Nun wenden wir uns der parabolischen Gleichung zu. Sei $u_0 \in L_2(\Omega)$ ein gegebener Anfangswert. Wir setzen

$$w(t) := \sum_{n=1}^{\infty} e^{-\lambda_n^b t}(u_0, e_n)_{L_2(\Omega)}\, e_n. \tag{8.25}$$

Dann ist w die eindeutige Lösung von (8.4) für $A = -\Delta^b$. Insbesondere ist $w \in C^\infty((0,\infty), L_2(\Omega))$ sowie $w(t) \in H^1(\Omega)$, $t > 0$, und erfüllt

$$\dot{w}(t) = \Delta w(t), \qquad\qquad t > 0, \tag{8.26a}$$

$$\frac{\partial w}{\partial \nu} + bTw(t) = 0, \qquad\quad t > 0, \tag{8.26b}$$

$$\lim_{t \downarrow 0} w(t) = u_0 \ \text{ in } L_2(\Omega). \tag{8.26c}$$

Nutzen wir genau wie im Beweis von Satz 8.8 die Regularitätseigenschaften des Laplace-Operators aus, so sehen wir, dass $w(t) \in C^\infty(\Omega)$, $t > 0$. Wir können also

$$u(t, x) := w(t)(x), \quad t > 0, x \in \Omega, \tag{8.27}$$

setzen und erhalten eine Funktion $u \in C^\infty((0, \infty) \times \Omega)$, welche die Wärmeleitungsgleichung $u_t(t, x) = \Delta u(t, x)$, $t > 0$, $x \in \Omega$, löst und welche die Robin-Randbedingung (8.26b) sowie die Anfangsbedingung (8.26c) erfüllt.

Als Nächstes wollen wir das asymptotische Verhalten von $w(t)$ mit $t \to \infty$ untersuchen. Wir erinnern daran, dass Ω zusammenhängend ist. Der folgende Satz besagt, dass jede Lösung mit exponentieller Geschwindigkeit gegen 0 strebt.

Satz 8.13. *Ist $b(z) \neq 0$ σ-fast überall, so ist der erste Eigenwert $\lambda_1^b > 0$ und es gilt*

$$\|w(t)\|_{L_2(\Omega)}^2 \leq e^{-\lambda_1^b t} \|u_0\|_{L_2(\Omega)}^2, \quad t > 0. \tag{8.28}$$

Beweis: Angenommen, es ist $\lambda_1^b = 0$. Dann gilt

$$0 = a(e_1) = \int_\Omega |\nabla e_1|^2 \, dx + \int_{\partial\Omega} b(T e_1)^2 \, d\sigma.$$

Damit ist $\nabla e_1(z) = 0$ und nach Satz 6.47 ist e_1 eine konstante Funktion, also $e_1(x) = c$ für alle $x \in \Omega$. Folglich ist $0 = a(e_1) = c^2 \int_{\partial\Omega} b(z) \, d\sigma(z)$. Ist $c \neq 0$, so folgt, dass $b(z) = 0$ σ-fast überall, was ein Widerspruch zur Annahme ist. □

Im Fall $b = 0$ erhalten wir Neumann-Randbedingungen. Wir wollen im Fall $b = 0$ die Eigenwerte mit $\lambda_n^N := \lambda_n^b$ bezeichnen. Es sind also die Eigenwerte des Neumann-Laplace-Operators Δ^N oder die *Neumann-Eigenwerte*. Der Neumann-Laplace-Operator Δ^N ist nicht injektiv, sein Kern besteht genau aus den konstanten Funktionen. Nach Definition ist nämlich $u \in \ker \Delta^N$ genau dann, wenn $u \in H^1(\Omega)$ und $\int_\Omega \nabla u \nabla v \, dx = 0$ für alle $v \in H^1(\Omega)$. Nach Satz 6.19 ist das äquivalent dazu, dass u konstant ist. Somit ist $\lambda_1^N = 0$ und $\lambda_2^N > 0$. Die normalisierte konstante Eigenfunktion ist $e_1 = |\Omega|^{-1/2} \mathbb{1}_\Omega$. Bei Robin-Randbedingungen hatten wir festgestellt, dass die Lösung exponentiell schnell gegen 0 strebt, so klein die Absorption b auf dem Rand auch sein mag. Im Fall von Neumann-Randbedingungen, also wenn die Absorption $b = 0$ ist, liegt ein ganz anderes asymptotisches Verhalten vor, nämlich Konvergenz gegen ein Gleichgewicht.

Satz 8.14 (Konvergenz gegen ein Gleichgewicht). *Im Falle von Neumann-Randbedingungen, also wenn $b = 0$, gilt in $L_2(\Omega)$*

$$\lim_{t\to\infty} w(t) = |\Omega|^{-1} \int_\Omega u_0 \, dx \cdot \mathbb{1}_\Omega. \tag{8.29}$$

Beweis: Die Aussage folgt aus der Einfachheit des ersten Eigenwertes. Da nämlich $\lambda_1^N = 0$ und $e_1 = |\Omega|^{-1/2} \mathbb{1}_\Omega$, ist $|\Omega|^{-1} \int_\Omega u_0 \, dx \mathbb{1}_\Omega = (u_0, e_1)_{L_2(\Omega)} e_1$. Es gilt

$$w(t) - (u_0, e_1)_{L_2(\Omega)} e_1 = \sum_{n=2}^\infty e^{-\lambda_n^N t} (u_0, e_n)_{L_2(\Omega)} e_n.$$

Nach der Parseval-Gleichung folgt, dass

$$\left\| w(t) - (u_0, e_1)_{L_2(\Omega)} e_1 \right\|^2_{L_2(\Omega)} = \sum_{n=2}^{\infty} e^{-\lambda_n^N 2t} |(u_0, e_n)_{L_2(\Omega)}|^2$$

$$\leq e^{-\lambda_2^N 2t} \sum_{n=2}^{\infty} |(u_0, e_n)_{L_2(\Omega)}|^2 \leq e^{-\lambda_2^N 2t} \|u_0\|^2_{L_2(\Omega)},$$

also die Behauptung.   □

8.4 Die Wellengleichung

Wir beginnen damit, die Wellengleichung in einer abstrakten Form zu untersuchen, ganz ähnlich, wie wir es in Abschnitt 8.1 für die parabolische Gleichung getan haben. Dann interpretieren wir das gewonnene Resultat für den speziellen Fall des Laplace-Operators mit Dirichlet- oder Neumann-Randbedingungen. Gegeben seien zwei reelle Hilbert-Räume V und H, so dass V kompakt in H eingebettet ist. Sei ferner $a : V \times V \to \mathbb{R}$ eine stetige, symmetrische Bilinearform, die H-elliptisch ist (siehe (4.21)). Wir wollen ferner voraussetzen, dass

$$a(u) := a(u, u) \geq 0, \quad u \in V. \tag{8.30}$$

Sei A der zu $a(\cdot, \cdot)$ assoziierte Operator auf H. Wir wollen folgendes abstrakte Anfangswertproblem zweiter Ordnung untersuchen. Seien $u_0 \in D(A)$, $u_1 \in H$. Gesucht ist eine Funktion $w \in C^2(\mathbb{R}_+, H)$ derart, dass $w(t) \in D(A)$, $t > 0$ und

$$\ddot{w}(t) + A w(t) = 0, \qquad t \geq 0, \tag{8.31a}$$
$$w(0) = u_0, \ \dot{w}(0) = u_1. \tag{8.31b}$$

Hier ist also u_0 der vorgegebene *Anfangswert* und u_1 ist die vorgegebene *Anfangsgeschwindigkeit*. Mit Hilfe der Spektralzerlegung von A werden wir das Problem (8.31) auf eine eindimensionale lineare Differenzialgleichung zweiter Ordnung zurückführen. Nach dem Spektralsatz 4.46 gibt es eine Orthonormalbasis $\{e_n : n \in \mathbb{N}\}$ von H und $\lambda_n \in \mathbb{R}$ mit $0 \leq \lambda_n \leq \lambda_{n+1}$, $\lim_{n\to\infty} \lambda_n = \infty$, so dass A gegeben ist durch

$$D(A) = \left\{ v \in H : \sum_{n=1}^{\infty} \lambda_n^2 |(v, e_n)_H|^2 < \infty \right\}, \qquad Av = \sum_{n=1}^{\infty} \lambda_n (v, e_n)_H \, e_n.$$

Insbesondere ist $e_n \in D(A)$ und $Ae_n = \lambda_n e_n$. Wegen (8.30) ist $\lambda_n = (Ae_n, e_n)_H = a(e_n) \geq 0$, $n \in \mathbb{N}$. Wir betrachten nun spezielle Anfangswerte.

a) Sei $u_0 = e_n$ und $u_1 = 0$. Dann ist $w(t) = \cos(\sqrt{\lambda_n} t) e_n$ eine Lösung von (8.31).

b) Sei $u_0 = 0$ und $u_1 = e_n$. Ist $\lambda_n > 0$, so definiert $w(t) = \lambda_n^{-1/2} \sin(\sqrt{\lambda_n} t) e_n$ eine Lösung von (8.31). Ist $\lambda_n = 0$, so definiert $w(t) = t e_n$ eine Lösung von (8.31).

Wir setzen nun die allgemeine Lösung von (8.31) aus Lösungen dieses speziellen Typs zusammen und beweisen folgenden Satz.

Satz 8.15. *Seien* $u_0 \in D(A)$, $u_1 \in V$. *Dann besitzt (8.31) eine eindeutige Lösung* $w \in C^2(\mathbb{R}_+, H)$.

Beweis: Eindeutigkeit: Sei w eine Lösung von (8.31). Setze $w_n(t) := (w(t), e_n)_H$ für $n \in \mathbb{N}$, $t \geq 0$. Dann ist $w_n : \mathbb{R}_+ \to \mathbb{R}$ zweimal differenzierbar mit

$$\ddot{w}_n(t) = (\ddot{w}(t), e_n) = -(Aw(t), e_n)_H = - \sum_{k=1}^{\infty} \lambda_k (w(t), e_k)_H (e_k, e_n)_H$$

$$= -\lambda_n (w(t), e_n)_H = -\lambda_n w_n(t), \quad t \geq 0.$$

Also erfüllt die Funktion w_n die lineare gewöhnliche Differenzialgleichung zweiter Ordnung $\ddot{w}_n(t) = -\lambda_n w_n(t)$, $t \geq 0$ mit den Anfangsdaten $w_n(0) = (u_0, e_n)_H$, $\dot{w}_n(0) = (u_1, e_n)_H$. Folglich ist

$$w_n(t) = \cos(\sqrt{\lambda_n} t)(u_0, e_n)_H + \frac{1}{\sqrt{\lambda_n}} \sin(\sqrt{\lambda_n} t)(u_1, e_n)_H, \text{falls } \lambda_n > 0,$$

$$(8.32)$$

und

$$w_n(t) = (u_0, e_n)_H + t(u_1, e_n)_H, \quad \text{falls } \lambda_n = 0. \tag{8.33}$$

In der Tat rechnet man leicht nach, dass w_n eine Lösung ist. Dass es die einzige ist, wissen wir aus einfachen Eigenschaften der Theorie der gewöhnlichen Differenzialgleichungen – oder wir benutzen die nachfolgende Eigenschaft der Energieerhaltung in Satz 8.16. Da $w(t) = \sum_{n=1}^{\infty} w_n(t)e_n$ die eindeutige Entwicklung von $w(t)$ bzgl. der Orthonormalbasis $\{e_n : n \in \mathbb{N}\}$ ist, ist die Eindeutigkeit bewiesen.

Existenz: Wir definieren nun $w_n(t)$ durch (8.32). Da $\sum_{n=1}^{\infty} \lambda_n^2 |(u_0, e_n)_H|^2 < \infty$ und $\sum_{n=1}^{\infty} \lambda_n |(u_1, e_n)_H|^2 < \infty$ (siehe (4.25)), konvergiert nicht nur die Reihe $w(t) := \sum_{n=1}^{\infty} w_n(t)e_n$ gleichmäßig, sondern auch die Reihen $\sum_{n=1}^{\infty} \dot{w}_n(t)e_n$ und $\sum_{n=1}^{\infty} \ddot{w}_n(t)e_n$ konvergieren gleichmäßig in H. Nach Lemma 8.2 ist daher $w \in C^2(\mathbb{R}_+, H)$ und

$$\ddot{w}(t) = \sum_{n=1}^{\infty} \ddot{w}_n(t)e_n = \sum_{n=1}^{\infty} w_n(t)\lambda_n e_n = -Aw(t)$$

nach der Definition von A. Ferner ist

$$w(0) = \sum_{n=1}^{\infty} (u_0, e_n)_H e_n = u_0 \text{ und } \dot{w}(0) = \sum_{n=1}^{\infty} (u_1, e_n)_H e_n = u_1.$$

Daher löst w das Problem (8.31) und wir haben die Existenz bewiesen. $\square$

Wir wollen noch das folgende Prinzip der Energieerhaltung notieren.

Satz 8.16 (Energieerhaltung). *Sei w die Lösung von (8.31). Dann gilt für alle $t \geq 0$*

$$a(w(t)) + \|\dot{w}(t)\|_H^2 = a(u_0) + \|u_1\|_H^2, \quad t \geq 0. \tag{8.34}$$

Man kann (8.34) direkt nachrechnen, indem man die Lösung, die wir im voran-gegangenen Beweis konstruiert haben, einsetzt (Aufgabe 8.1). Interessanter ist es, folgenden direkten Beweis zu geben. Dann kann man aus Satz 8.16 die Eindeu-tigkeit folgern (siehe unten). Um Satz 8.16 zu beweisen, benutzen wir folgende Kettenregel:

Lemma 8.17 (Kettenregel). *Sei* $b : V \times V \to \mathbb{R}$ *stetig, bilinear und symmetrisch und sei* $u \in C^1((a,b), V)$. *Dann gilt*

$$\frac{d}{dt}b(u(t)) = 2\,b(\dot{u}(t), u(t)),$$

wobei wir wieder $b(v) := b(v,v)$, $v \in V$, *setzen.*

Beweis: Es gilt für beliebiges $t \in (a,b)$

$$b(u(t+h)) - b(u(t)) = b(u(t+h) - u(t), u(t+h)) + b(u(t), u(t+h) - u(t)).$$

Division durch $h \neq 0$ und $h \to 0$ ergibt die Behauptung.   □

Beweis von Satz 8.16. Wir wenden das vorangegangene Lemma auf $a(w(t))$ und auf $\|\dot{w}(t)\|_H^2 = (\dot{w}(t), \dot{w}(t))_H$ an und erhalten:

$$\frac{d}{dt}\{a(w(t)) + \|\dot{w}(t)\|_H^2\} = 2a(w(t), \dot{w}(t)) + 2(\ddot{w}(t), \dot{w}(t))_H$$

$$= 2(Aw(t), \dot{w}(t))_H + 2(-Aw(t), \dot{w}(t))_H = 0.$$

Damit ist $a(w(t)) + \|\dot{w}(t)\|_H^2$ konstant in $t \in [0, \infty)$. Also gilt mit (8.31b)

$$a(w(t)) + \|\dot{w}(t)\|_H^2 = a(w(0)) + \|\dot{w}(0)\|_H^2 = a(u_0) + \|u_1\|_H^2,$$

d.h. die Behauptung.   □

2. Beweis der Eindeutigkeit in Satz 8.15: Seien $\underline{w}$ und $\overline{w}$ zwei Lösungen von (8.31). Dann definiert $w(t) := \underline{w}(t) - \overline{w}(t)$ eine Lösung $w \in C^2(\mathbb{R}_+, H)$ von (8.31a) mit $w(0) = \dot{w}(0) = 0$. Damit ist nach Satz 8.16 $a(w(t)) + \|\dot{w}(t)\|_H^2 = 0$ für alle $t \geq 0$. Folglich ist $\dot{w}(t) \equiv 0$, also ist $w(t) = w(0) = 0$ für alle $t \geq 0$. Daraus folgt, dass $\overline{w} = \underline{w}$.   □

Nun wenden wir Satz 8.15 auf den Laplace-Operator an. Wir wollen uns auf Dirichlet- und Neumann-Randbedingungen beschränken. Sei $\Omega \subset \mathbb{R}^d$ ein be-schränktes Gebiet. Im Fall von Neumann-Randbedingungen wollen wir voraus-setzen, dass Ω zur Klasse C^1 gehört. Wir betrachten $H = L_2(\Omega)$ in beiden Fällen. Im Fall von Dirichlet-Randbedingungen erhalten wir folgendes Resultat als di-rekte Folgerung von Satz 8.15.

Satz 8.18. *Seien* $u_0 \in H_0^1(\Omega) \cap H_{\text{loc}}^2(\Omega)$, *so dass* $\Delta u_0 \in L_2(\Omega)$ *und* $u_1 \in H_0^1(\Omega)$ *gegeben. Dann gibt es eine eindeutig bestimmte Funktion* $w \in C^2(\mathbb{R}_+, L_2(\Omega))$, *so dass* $w(t) \in H_0^1(\Omega) \cap H_{\text{loc}}^2(\Omega)$, $\Delta w(t) \in L_2(\Omega)$, $\ddot{w}(t) = \Delta w(t)$ *für alle* $t \geq 0$ *und* $w(0) = u_0$, $\dot{w}(0) = u_1$.   □

Wir erinnern daran, dass der Definitionsbereich des Laplace-Operators mit Neumann-Randbedingungen folgendermaßen definiert ist:

$$D(\Delta^N) = \left\{ u \in H^1(\Omega) \cap H^2_{\mathrm{loc}}(\Omega) : \Delta u \in L_2(\Omega), \frac{\partial u}{\partial \nu} = 0 \right\},$$

siehe Satz 8.12 und die darauf folgende Definition. Unter Benutzung des Raumes $D(\Delta^N)$ erhält man aus Satz 8.15 folgenden Eindeutigkeitssatz für die Wellengleichung mit Neumann-Randbedingungen:

Satz 8.19. *Seien* $u_0 \in D(\Delta^N)$, $u_1 \in H^1(\Omega)$. *Dann gibt es eine eindeutig bestimmte Funktion* $w \in C^2(\mathbb{R}_+, L_2(\Omega))$, *so dass* $w(t) \in D(\Delta^N)$, $\ddot{w}(t) = \Delta w(t)$ *für alle* $t \geq 0$ *und* $w(0) = u_0$, $\dot{w}(0) = u_1$. $\qquad\square$

In Aufgabe 8.3 wird der entsprechende Satz im Falle von Robin-Randbedingungen formuliert. Wie zuvor bezeichnen wir mit

$$0 < \lambda_1^D < \lambda_2^D \leq \lambda_3^D \leq \cdots \leq \lambda_n^D \leq \lambda_{n+1}^D \leq \cdots$$

die Dirichlet-Eigenwerte und mit $\{e_n : n \in \mathbb{N}\}$ die zugehörige Orthonormalbasis von $L_2(\Omega)$ mit $e_n \in D(\Delta^D)$, also $-\Delta e_n = \lambda_n^D e_n$. Für $n \in \mathbb{N}$ ist $w(t) = \cos(\sqrt{\lambda_n^D} t) e_n$, $t \geq 0$, die Lösung von (8.30) mit $u_0 = e_n$, $u_1 = 0$. Es ist eine *stationäre Lösung* der Wellengleichung: Die zeitliche Veränderung besteht nur aus der Multiplikation mit $\cos(\sqrt{\lambda_n^D} t)$. Diese Lösungen bezeichnet man auch als die *Eigenschwingungen* des Gebietes Ω. Ist $d = 2$, so können wir uns Ω als eine Membran oder als ein Tamburin vorstellen. Die Eigenwerte λ_n^D sind also die Eigenfrequenzen dieses Tamburins.

Im Falle von Neumann-Randbedingungen stellen wir uns im Fall $d = 2$ einen Gong vor. Neumann-Randbedingungen bedeuten gerade, dass der Rand nicht fixiert ist. Die Neumann-Eigenwerte

$$0 = \lambda_1^N < \lambda_2^N \leq \lambda_3^N \leq \cdots \leq \lambda_n^N \leq \lambda_{n+1}^N \leq \cdots$$

sind also die Eigenfrequenzen eines Gongs. Folgendes Resultat zeigt nun, dass der Gong tiefer klingt als die entsprechende eingespannte Membran. Diese wird durch Dirichlet-Randbedingungen beschrieben.

Satz 8.20. *Es gilt* $\lambda_n^N \leq \lambda_n^D$, $n \in \mathbb{N}$.

Beweis: Sei $a(u) = \int_\Omega |\nabla u|^2 \, dx$, $u \in H^1(\Omega)$. Nach Satz 4.50 ist

$$\lambda_n^N = \max_{\substack{W \subset H^1(\Omega) \\ \mathrm{codim}\, W \leq n-1}} \min_{\substack{u \in W \\ \|u\|_{L_2}=1}} a(u), \qquad \lambda_n^D = \max_{\substack{V \subset H_0^1(\Omega) \\ \mathrm{codim}\, V \leq n-1}} \min_{\substack{u \in V \\ \|u\|_{L_2}=1}} a(u).$$

Sei $W \subset H^1(\Omega)$ ein Unterraum mit $\mathrm{codim}\, W \leq n-1$. Nach Bemerkung 4.51 heißt das gerade, dass $W \cap U \neq \{0\}$ für jeden Unterraum U von $H^1(\Omega)$ mit $\dim U \geq n$. Sei $V := W \cap H_0^1(\Omega)$. Dann ist $\mathrm{codim}\, V \leq n-1$ in $H_0^1(\Omega)$. Sei nämlich U ein Unterraum von $H_0^1(\Omega)$ mit $\dim U \geq n$, dann ist $U \cap W \neq \{0\}$ nach der Wahl von

W. Also ist auch $U \cap V = U \cap W \neq \{0\}$, womit codim $V \leq n-1$ in $H_0^1(\Omega)$ bewiesen ist. Da $V \subset W$, gilt für dieses W

$$\min_{\substack{u \in W \\ \|u\|_{L_2}=1}} a(u) \leq \min_{\substack{u \in V \\ \|u\|_{L_2}=1}} a(u) \leq \lambda_n^D.$$

Da W beliebig war mit codim $W \leq n-1$ in $H^1(\Omega)$, folgt, dass $\lambda_n^N \leq \lambda_n^D$. $\square$

Kommentar 8.21*. Man weiß sogar, dass $\lambda_{n+1}^N < \lambda_n^D$, $n \in \mathbb{N}$, siehe [29].
Die Dirichlet-Eigenwerte hängen vom Gebiet Ω ab; wir nennen sie $\lambda_n^D(\Omega)$, um die Gebiets-abhängigkeit zu markieren: Es sind die Eigentöne des Gebietes , die man im Prinzip hören kann. Ein berühmtes Problem ist die Frage, ob diese Eigenwerte das Gebiet bestimmen; genauer lautet die Frage, ob aus der Voraussetzung $\lambda_n^D(\Omega_1) = \lambda_n^D(\Omega_2)$ für alle $n \in \mathbb{N}$, wobei $\Omega_1, \Omega_2 \subset \mathbb{R}^d$ zwei Gebiete im $\mathbb{R}^d$ sind, bereits folgt, dass Ω_1 zu Ω_2 *kongruent* ist (d.h. ob es eine orthogonale $d \times d$-Matrix B und $c \in \mathbb{R}^d$ gibt, so dass $\Omega_2 = \{Bx + c : x \in \Omega_1\}$). Mark Kac [36] hat diese Frage 1966 so formuliert: „Can one hear the shape of a drum?" Erst 1992 wurde ein berühmtes Gegenbeispiel von Gordon, Webb und Wolpert gegeben. Es sind zwei Polygone im $\mathbb{R}^2$, die nicht kongruent sind, aber die gleichen Dirichlet- und Neumann-Eigenwerte haben. Allerdings ist die Frage immer noch offen für Gebiete mit C^∞-Rand in bliebiger Dimension $d \geq 2$ ebenso wie für konvexe Gebiete in Dimension 2 und 3.

8.5 Inhomogene Evolutionsgleichungen

In diesem Abschnitt wollen wir die inhomogene Wärmeleitungsgleichung

$$u_t(t,x) = \Delta u(t,x) + f(t,x), \quad t > 0, \quad x \in \Omega \tag{8.35}$$

mit Anfangs- und Randbedingungen untersuchen. Wir wählen wieder den Zugang über die Spektralzerlegung. Während für $f = 0$ alle Lösungen von (8.35) automatisch C^∞ in Ort und Zeit sind, ist die Regularitätstheorie subtiler, falls $f \neq 0$. Sie ist aber besonders wichtig für die numerische Behandlung, die wir in Kapitel 9 besprechen werden. In diesem Abschnitt leiten wir zunächst ein abstraktes Resultat her, das für koerzive Formen formuliert wird. Dazu benötigen wir Hilbert-Raum-wertige Sobolev-Räume auf einem Intervall. Sie lassen sich ganz ähnlich wie in Kapitel 4 behandeln. Dadurch, dass wir nur Intervalle als Grundmenge betrachten, sind die Argumente einfach.

Sei H ein separabler, reeller Hilbert-Raum. Wir betrachten ein Zeitintervall $I \subset \mathbb{R}$. Eine Funktion $f : I \to H$ heißt (*schwach*) *messbar*, falls $(f(\cdot), v)_H$ für alle $v \in H$ messbar ist. Damit ist auch $\|f(\cdot)\|_H$ messbar als Supremum einer Folge messbarer Funktionen (wähle $\{v_n : n \in \mathbb{N}\}$ dicht in der Einheitskugel von H und $f_n(t) = |(f(t), v_n)_H|$). Wir setzen

$$L_1(I, H) := \left\{ f : I \to H \text{ messbar: } \int_I \|f(t)\|_H \, dt < \infty \right\}.$$

Lemma 8.22. *Sei* $f \in L_1(I, H)$. *Dann gibt es genau ein* $w \in H$ *derart, dass*

$$\int_I (f(t), v)_H \, dt = (w, v)_H, \quad v \in H.$$

Wir setzen $\int_I f(t)\, dt := w$.

Das ist eine einfache Konsequenz des Riesz'schen Darstellungssatzes. Ferner ist

$$f \in L_1(I, H) \mapsto \int_I f(t)\, dt \in H$$

ein stetiger linearer Operator. Wir werden meistens Zeitintervalle der Form $I = (0, T)$ mit $0 < T \leq \infty$ betrachten. Mit $L_2((0, T), H)$ bezeichnen wir den Raum der messbaren Funktionen $u : (0, T) \to H$ derart, dass $\int_0^T \|u(t)\|_H^2\, dt < \infty$. Identifiziert man Funktionen, die fast überall übereinstimmen (was wir stets tun werden), so wird $L_2((0, T), H)$ ein Hilbert-Raum bzgl. des Skalarproduktes

$$(f, g)_{L_2((0,T),H)} := \int_0^T (f(t), g(t))_H\, dt.$$

Es ist $L_2((0, T), H) \subset L_1((0, T), H)$, falls $T < \infty$. Wir verweisen für diese und ähnliche einfache Eigenschaften auch auf die Übungsaufgaben. Man kann den Raum $L_2((0, T), H)$ leicht mittels einer Orthonormalbasis $\{e_n : n \in \mathbb{N}\}$ von H beschreiben:

Lemma 8.23.

a) Sei $u \in L_2((0, T), H)$. Setze $u_n(t) := (u(t), e_n)_H$. Dann gilt

$$\sum_{n=1}^\infty \int_0^T |u_n(t)|^2\, dt < \infty. \tag{8.36}$$

b) Sei umgekehrt $u_n \in L_2(0, T)$, so dass (8.36) gilt. Dann gibt es ein eindeutig bestimmtes $u \in L_2((0, T), H)$ derart, dass $u_n = (u(\cdot), e_n)_H$ für alle $n \in \mathbb{N}$.

Beweis:
a) Es ist

$$\sum_{n=1}^\infty \int_0^T |u_n(t)|^2\, dt = \int_0^T \sum_{n=1}^\infty |(u(t), e_n)_H|^2\, dt = \int_0^T \|u(t)\|_H^2\, dt < \infty.$$

b) Aus (8.36) folgt nach dem Satz von Beppo Levi (angewandt auf die Partialsummen), dass $\sum_{n=1}^\infty |u_n(t)|^2 < \infty$ fast überall. Indem wir die Funktionen auf einer Nullmenge abändern, können wir annehmen, dass $\sum_{n=1}^\infty |u_n(t)|^2 < \infty$ für alle $t \in (0, T)$. Damit konvergiert $u(t) := \sum_{n=1}^\infty u_n(t)e_n$ in H für alle $t \in (0, T)$. Da $(u(t), v)_H = \sum_{n=1}^\infty u_n(t)(v, e_n)_H$ für alle $v \in H$, ist u messbar. Schließlich gilt $\int_0^T \|u(t)\|_H^2\, dt = \int_0^T \sum_{n=1}^\infty |u_n(t)|^2\, dt < \infty$. Damit ist $u \in L_2((0, T), H)$. $\square$

Sei $u \in L_2((0, T), H)$. Wir sagen, dass eine Funktion $w \in L_2((0, T), H)$ eine *schwache Ableitung* von u ist, falls

$$-\int_0^T u(t)\dot\varphi(t)\, dt = \int_0^T w(t)\varphi(t)\, dt \text{ für alle } \varphi \in C_c^1(0, T).$$

In dem Fall ist w eindeutig und wir setzen $\dot{u} := w$. Hier benutzen wir die Notation $\dot{u}$, da wir bei $(0, T)$ an ein Zeitintervall denken. Eine andere Schreibweise ist u' wie in Kapitel 5. Beachte, dass wir für die Definition der schwachen Ableitung skalare Testfunktionen (also Funktionen in $C_c^1(0, T) := C_c^1((0, T), \mathbb{R})$) benutzt haben. Wir setzen nun $H^1((0, T), H) := \{u \in L_2((0, T), H) :$ die schwache Ableitung $\dot{u}$ existiert in $L_2((0, T), H)\}$. Die folgenden Resultate kann man genau wie im skalaren Fall beweisen.

Satz 8.24.

a) *Der Raum $H^1((0, T), H)$ ist ein Hilbert-Raum bezüglich des Skalarproduktes*

$$(u, v)_{H^1((0,T),H)} := \int_0^T \{(u(t), v(t))_H + (\dot{u}(t), \dot{v}(t))_H\}\, dt.$$

b) *Sei $u \in H^1((0, T), H)$. Dann gibt es eine eindeutige Funktion $w \in C([0, T), H)$, so dass $u(t) = w(t)$ fast überall. Ferner ist $w(t) = w(0) + \int_0^t \dot{u}(t)\, dt$ für alle $t \in [0, T)$.*

Im Folgenden werden wir immer $u \in H^1((0, T), H)$ mit seinem stetigen Vertreter w gemäß b) identifizieren. Damit ist also

$$H^1((0, \infty), H) \subset C([0, \infty), H) \tag{8.37}$$

und $H^1((0, T), H) \subset C([0, T], H)$, wenn $T < \infty$ (vgl. Aufgabe 8.7). Man kann $H^1((0, T), H)$ auch über eine Orthonormalbasis von H beschreiben:

Lemma 8.25. *Sei $\{e_n : n \in \mathbb{N}\}$ eine Orthonormalbasis des Hilbert-Raums H und sei $u \in L_2((0, T), H)$ sowie $u_n := (u(\cdot), e_n)_H$. Falls $u_n \in H^1(0, T)$, $n \in \mathbb{N}$ und $\sum_{n=1}^\infty \int_0^T \dot{u}_n(t)^2\, dt < \infty$ gilt, dann ist $u \in H^1((0, T), H)$ und*

$$\|\dot{u}\|_{L_2((0,T),H)}^2 = \sum_{n=1}^\infty \int_0^T \dot{u}_n(t)^2\, dt.$$

Diese Aussage folgt leicht aus Lemma 8.23. Wir definieren

$$H^2((0, T), H) := \{u \in H^1((0, T), H) : \dot{u} \in H^1((0, T), H)\}.$$

Aus (8.37) folgt leicht

$$H^2((0, T), H) \subset C^1([0, T), H). \tag{8.38}$$

Nach diesen Vorbereitungen betrachten wir einen selbstadjungierten Operator A auf H, der entsprechend (4.18), (4.19) durch eine Form definiert ist. Wir geben uns dazu einen weiteren Hilbert-Raum V vor, der kompakt und dicht in H eingebettet ist, sowie eine stetige, koerzive, symmetrische Bilinearform $a : V \times V \to \mathbb{R}$. Sei A der zu a assoziierte Operator auf H. Nach dem Spektralsatz 4.46 gibt es eine Orthonormalbasis $\{e_n : n \in \mathbb{N}\}$ von H und $0 < \lambda_1 \le \lambda_2 \le \cdots \le \lambda_n \le \lambda_{n+1}$ mit $\lim_{n \to \infty} \lambda_n = \infty$, so dass

$$D(A) = \left\{u \in H : \sum_{n=1}^\infty \lambda_n^2 |(u, e_n)_H|^2 < \infty\right\}, \quad Au = \sum_{n=1}^\infty \lambda_n (u, e_n)_H e_n, \quad u \in D(A).$$

Ferner ist

$$V = \left\{ u \in H : \sum_{n=1}^{\infty} \lambda_n |(u, e_n)_H|^2 < \infty \right\} \quad \text{und} \quad a(u, v) = \sum_{n=1}^{\infty} \lambda_n (u, e_n)_H (e_n, v)_H$$

für $u, v \in V$. Da $\lambda_1 > 0$ (wegen der Koerzivität von a), ist der Raum $D(A)$ ein Hilbert-Raum bzgl. des Skalarproduktes

$$(u, v)_{D(A)} = \sum_{n=1}^{\infty} \lambda_n^2 (u, e_n)_H (e_n, v)_H = (Au, Av)_H.$$

Bezüglich dieses Skalarproduktes ist $A : D(A) \to H$ eine unitäre Abbildung. Wir werden im Folgenden immer das obige Skalarprodukt und die davon induzierte Norm auf $D(A)$ betrachten.

Lemma 8.26. *Sei* $u \in L_2((0, T), H)$, *so dass* $\sum_{n=1}^{\infty} \lambda_n^2 \int_0^T u_n(t)^2 \, dt < \infty$, *wobei* $u_n(t) = (u(t), e_n)_H$. *Dann ist* $u \in L_2((0, T), D(A))$ *und*

$$\|u\|_{L_2((0,T),D(A))}^2 = \sum_{n=1}^{\infty} \lambda_n^2 \int_0^T |u_n(t)|^2 \, dt.$$

Beweis: Aus dem Satz von Beppo Levi folgt, dass $\sum_{n=1}^{\infty} \lambda_n^2 u_n(t)^2 < \infty$, $t \in (0, \infty)$, nach Abänderung von u auf einer Nullmenge. Damit ist $u(t) \in D(A)$, $t \in (0, \infty)$. Die Folge $\hat{e}_n := \frac{1}{\lambda_n} e_n$, $n \in \mathbb{N}$, bildet eine Orthonormalbasis von $D(A)$. Es ist $(u(t), \hat{e}_n)_{D(A)} = \lambda_n u_n(t)$. Nun folgt die Behauptung aus Lemma 8.23. □

Nun können wir folgenden Existenz- und Eindeutigkeitssatz für das inhomogene Evolutionsproblem beweisen.

Satz 8.27. *Sei* $0 < T \leq \infty$, $f \in L_2((0, T), H)$, $u_0 \in V$. *Dann gibt es genau ein* $u \in L_2((0, T), D(A)) \cap H^1((0, T), H)$, *das folgendes Anfangswertproblem löst:*

$$\dot{u}(t) + Au(t) = f(t) \qquad \text{für fast alle } t \in (0, T), \tag{8.39a}$$

$$u(0) = u_0. \tag{8.39b}$$

Ferner gelten folgende Abschätzungen:

$$\|u\|_{L_2((0,T),H)}^2 \leq \frac{1}{2\lambda_1} \|u_0\|_H^2 + \frac{1}{\lambda_1^2} \|f\|_{L_2((0,T),H)}^2, \tag{8.40}$$

$$\|\dot{u}\|_{L_2((0,T),H)}^2 \leq \frac{1}{2} a(u_0) + 4 \|f\|_{L_2((0,T),H)}^2, \tag{8.41}$$

$$\|u\|_{L_2((0,T),D(A))}^2 \leq \frac{1}{2} a(u_0) + \|f\|_{L_2((0,T),H)}^2. \tag{8.42}$$

Man beachte, dass $D(A)$ ein Hilbert-Raum ist, so dass $L_2((0, T), D(A))$ definiert ist. Die Anfangsbedingung (8.39b) ist sinnvoll, da $u \in C([0, T], H)$. Es ist bemerkenswert, dass die Lösung u *maximale Regularität* besitzt: Beide Funktionen $\dot{u}$ und Au sind in $L_2((0, T), H)$.

Beweis von Satz 8.27: Eindeutigkeit: Sei u eine Lösung von (8.39). Betrachte für $n \in \mathbb{N}$ die Funktion $u_n(t) := (u(t), e_n)_H$. Dann ist $u_n \in H^1(0,T)$ und $\dot{u}_n(t) + \lambda_n u_n(t) = f_n(t) := (f(t), e_n)_H$, $u_n(0) = (u_0, e_n)_H$. Damit folgern wir aus elementaren Eigenschaften linearer Differenzialgleichungen, dass

$$u_n(t) = e^{-\lambda_n t}\left\{(u_0, e_n)_H + \int_0^t e^{\lambda_n s} f_n(s)\, ds\right\} \tag{8.43}$$

(siehe Aufgabe 5.10). Damit ist die Eindeutigkeit bewiesen. Sie hilft uns auch für den Existenzbeweis.

Existenz: Wir definieren u_n durch (8.43) und beweisen mit Hilfe der vorangegangenen Lemmata, dass $u(t) := \sum_{n=1}^{\infty} u_n(t) e_n$ eine Lösung von (8.39) ist. Dabei behandeln wir den u_0-Term und den f-Term getrennt.

1. Fall: Sei $f \equiv 0$. Dann ist $u_n(t) = e^{-\lambda_n t}(u_0, e_n)_H$, $\dot{u}_n(t) = -\lambda_n u_n(t)$. Damit ist

$$\sum_{n=1}^{\infty} \int_0^T u_n(t)^2\, dt = \sum_{n=1}^{\infty} |(u_0, e_n)_H|^2 \int_0^T e^{-2\lambda_n t}\, dt \leq \frac{1}{2\lambda_1}\|u_0\|_H^2.$$

Damit gibt es nach Lemma 8.23 genau ein $u \in L_2((0,T), H)$ derart, dass $u_n(t) = (u(t), e_n)_H$. Ferner ist $\|u\|_{L_2((0,T),H)}^2 \leq \frac{1}{2\lambda_1}\|u_0\|_H^2$. Da

$$\sum_{n=1}^{\infty} \int_0^T \dot{u}_n(t)^2\, dt = \sum_{n=1}^{\infty} \lambda_n^2 \int_0^T u_n(t)^2\, dt \leq \sum_{n=1}^{\infty} \lambda_n^2 |(u_0, e_n)_H|^2 \int_0^T e^{-2\lambda_n t}\, dt$$

$$\leq \frac{1}{2}\sum_{n=1}^{\infty} \lambda_n |(u_0, e_n)_H|^2 = \frac{1}{2}a(u_0),$$

ist $u \in H^1((0,T), H)$ und $\|\dot{u}\|_{L_2((0,T),H)}^2 \leq \frac{1}{2}a(u_0)$. Da $\sum_{n=1}^{\infty} \int_0^T \lambda_n^2 u_n(t)^2\, dt \leq \frac{1}{2}a(u_0)$ (nach obiger Abschätzung), ist nach Lemma 8.26 $u \in L_2((0,T), D(A))$ und $\|u\|_{L_2((0,T),D(A))}^2 \leq \frac{1}{2}a(u_0)$.

2. Fall: $u_0 = 0$. Dann ist $u_n(t) = \int_0^t e^{-\lambda_n(t-s)} f_n(s)\, ds$. Wir setzen $g_n(t) := e^{-\lambda_n t}$ für $t \geq 0$ und $g_n(t) = 0$ für $t < 0$; ebenso setzen wir f_n mit 0 auf $(-\infty, 0] \cup (T, \infty)$ fort. Dann ist

$$(\mathcal{F}g_n)(s) = \frac{1}{\sqrt{2\pi}} \int_0^{\infty} e^{-ist} e^{-\lambda_n t}\, dt = \frac{1}{is + \lambda_n}\frac{1}{\sqrt{2\pi}}.$$

Da $u_n = f_n * g_n$, ist $\mathcal{F}u_n = \sqrt{2\pi}\,\mathcal{F}f_n \cdot \mathcal{F}g_n$. Da die Fourier-Transformation auf $L_2(\mathbb{R}, \mathbb{C})$ isometrisch ist, sieht man, dass

$$\int_0^T |u_n(t)|^2\, dt = \|\mathcal{F}u_n\|_{L_2(\mathbb{R})}^2 = 2\pi\|\mathcal{F}g_n \mathcal{F}f_n\|_{L_2(\mathbb{R})}^2$$

$$\leq \frac{1}{\lambda_n^2}\|\mathcal{F}f_n\|_{L_2(\mathbb{R})}^2 = \frac{1}{\lambda_n^2}\|f_n\|_{L_2(\mathbb{R})}^2. \tag{8.44}$$

Damit ist zum einen

$$\sum_{n=1}^{\infty} \int_0^{\infty} |u_n(t)|^2 \, dt \leq \frac{1}{\lambda_1^2} \sum_{n=1}^{\infty} \int_0^{\infty} |f_n|^2 \, dt = \frac{1}{\lambda_1^2} \|f\|_{L_2((0,\infty),H)}^2.$$

Somit gibt es nach Lemma 8.23 genau ein $u \in L_2((0,\infty), H)$ mit $u_n = (u(\cdot), e_n)_H$ für alle $n \in \mathbb{N}$ und es ist $\|u\|_{L_2((0,\infty),H)}^2 \leq \frac{1}{\lambda_1^2} \|f\|_{L_2((0,\infty),H)}^2$. Da andererseits nach (8.44)

$$\sum_{n=1}^{\infty} \lambda_n^2 \int_0^{\infty} |u_n(t)|^2 \, dt \leq \|f\|_{L_2((0,\infty),H)}^2,$$

ist nach Lemma 8.26 $u \in L_2((0,\infty), D(A))$ und es gilt auch die Abschätzung $\|u\|_{L_2((0,\infty),D(A))}^2 \leq \|f\|_{L_2((0,\infty),H)}^2$. Schließlich ist $\dot{u}_n(t) = \lambda_n u_n(t) + f_n(t)$. Damit ist

$$\sum_{n=1}^{\infty} \int_0^{\infty} \dot{u}_n(t)^2 \, dt \leq \sum_{n=1}^{\infty} \int_0^{\infty} (2\lambda_n^2 u_n^2(t) + 2 f_n(t)^2) \, dt \leq 4 \|f\|_{L_2((0,T),H)}^2$$

nach der obigen Abschätzung. Somit ist (nach Lemma 8.25) $u \in H^1((0,T),H)$ und $\|\dot{u}\|_{L_2((0,T),H)}^2 \leq 4 \|f\|_{L_2((0,T),H)}^2$. Damit erhält man schließlich die Abschätzungen (8.40), (8.41), (8.42), indem man die zwei zu u_0 und f gehörenden Teile addiert. $\qquad\square$

Um eine Fehlerabschätzung für die numerische Lösung des Problems (8.39) mit Hilfe der Methode der Finiten Elemente beweisen zu können, benötigen wir noch etwas mehr Regularität der Lösung. Diese können wir uns durch höhere Regularitätsanforderungen an f und u_0 erkaufen.

Satz 8.28. *Sei $u_0 \in D(A)$ mit $Au_0 \in V$ und sei $f \in L_2((0,T), D(A))$.*

a) Dann ist die Lösung u von (8.39) in $H^1((0,T), D(A))$ und es gilt

$$\|\dot{u}\|_{L_2((0,T),D(A))}^2 \leq \frac{1}{2} a(Au_0) + 4 \|f\|_{L_2((0,T),D(A))}^2.$$

b) Gilt zusätzlich $f \in H^1((0,T), H)$, so ist u auch in $H^2((0,T), H)$ und

$$\|\ddot{u}\|_{L_2((0,T),H)}^2 \leq a(Au_0) + 8 \|f\|_{L_2((0,T),D(A))}^2 + 2 \|\dot{f}\|_{L_2((0,T),H)}^2.$$

Beweis:
a) Sei $u_0 \in D(A)$ mit $v_0 := Au_0 \in V$ und sei $f \in L_2((0,T), D(A))$. Dann ist $Af \in L_2((0,T), H)$. Nach Satz 8.27 gibt es eine eindeutig bestimmte Funktion $v \in L_2((0,T), D(A)) \cap H^1((0,T), H)$ derart, dass $\dot{v} + Av = Af$, $v(0) = v_0$. Damit ist $u = A^{-1}v$ die Lösung von (8.39). Ferner gilt nach Satz 8.27 die Abschätzung $\|\dot{v}\|_{L_2((0,T),H)}^2 \leq \frac{1}{2} a(v_0) + (2 + \frac{1}{\pi}) \|Af\|_{L_2((0,T),H)}^2$. Da A^{-1} ein isometrischer Isomorphismus von H nach $D(A)$ und $v \in H^1((0,T), H)$ ist, ist somit $u \in H^1((0,T), D(A))$ und $\dot{u} = A^{-1}\dot{v}$. Ferner ist

$$\|\dot{u}\|_{L_2((0,T),D(A))}^2 = \|\dot{v}\|_{L_2((0,T),H)} \leq \frac{1}{2} a(Au_0) + 4 \|f\|_{L_2((0,T),D(A))}^2.$$

b) Sei zusätzlich $f \in H^1((0,T), H)$. Da $u = A^{-1}v$ und $\dot{v} = Av + Af$, ist $\dot{u} = A^{-1}\dot{v} = v + f \in H^1((0,T), H)$. Ferner ist nach Satz 8.27

$$\|\ddot{u}\|^2_{L_2((0,T),H)} \leq 2\|\dot{v}\|^2_{L_2((0,T),H)} + 2\|\dot{f}\|^2_{L_2((0,T),H)}$$
$$\leq a(Au_0) + 8\,\|Af\|^2_{L_2((0,T),H)} + 2\|\dot{f}\|^2_{L_2((0,T),H)}. \quad \square$$

Nun wollen wir diese abstrakten Resultate auf die Wärmeleitungsgleichung mit Dirichlet-Randbedingungen anwenden. Sei $\Omega \subset \mathbb{R}^d$ eine offene, beschränkte, konvexe Menge, $H = L_2(\Omega)$, $V = H_0^1(\Omega)$, $a(u,v) = \int_\Omega \nabla u \nabla v\, dx$ für $u, v \in H_0^1(\Omega)$. Der assoziierte Operator A auf $L_2(\Omega)$ ist dann nach Satz 6.87 gegeben durch

$$D(A) = H^2(\Omega) \cap H_0^1(\Omega), \quad Av = -\Delta v.$$

Beachte, dass $H^2(\Omega) \cap H_0^1(\Omega)$ ein abgeschlossener Unterraum von $H^2(\Omega)$ ist. Wir erhalten nun folgendes Resultat über die Wohlgestelltheit der Wärmeleitungsgleichung.

Satz 8.29. *Sei $0 < T \leq \infty$ und sei $f \in L_2((0,T), L_2(\Omega))$, $u_0 \in H_0^1(\Omega)$. Dann gibt es genau ein $u \in L_2((0,T), H^2(\Omega)) \cap H^1((0,T), L_2(\Omega))$ derart, dass*

$$\dot{u}(t) = \Delta u(t) + f(t), \qquad 0 < t < T, \tag{8.45a}$$
$$u(t) \in H_0^1(\Omega), \qquad 0 < t < T, \tag{8.45b}$$
$$u(0) = u_0. \tag{8.45c}$$

Beachte, dass $H^1((0,T), L_2(\Omega)) \subset C([0,T], L_2(\Omega))$, so dass die Anfangsbedingung (8.45c) sinnvoll ist. Bedingung (8.45b) interpretieren wir als Dirichlet-Randbedingung, während (8.45a) besagt, dass u die inhomogene Wärmeleitungsgleichung erfüllt.

Der Beweis von Satz 8.29 ergibt sich unmittelbar aus Satz 8.27. Für eine Fehleranalysis bei der numerischen Behandlung mittels Finiter Elemente benötigen wir folgende Regularitätsaussage, die wir unter etwas stärkeren Voraussetzungen an den Anfangswert u_0 und die Inhomogenität f machen können. Mit $\lambda_1 > 0$ bezeichnen wir den ersten Eigenwert des Dirichlet-Laplace-Operators auf Ω. Wir wählen hier $T = \infty$.

Satz 8.30. *Es gibt eine Konstante $c > 0$ derart, dass Folgendes gilt:*
Sei $f \in L_2((0,\infty), H^2(\Omega) \cap H_0^1(\Omega))$ und sei $u_0 \in H^2(\Omega) \cap H_0^1(\Omega)$ mit $\Delta u_0 \in H_0^1(\Omega)$.

a) Dann ist die Lösung u von (8.45) in $H^1((0,\infty), H^2(\Omega) \cap H_0^1(\Omega))$ und es ist

$$\|\dot{u}\|^2_{L_2((0,\infty), H^2(\Omega) \cap H_0^1(\Omega))} \leq c(\|\Delta u_0\|^2_{H^1(\Omega)} + \|f\|^2_{L_2((0,\infty), H^2(\Omega))}).$$

b) Gilt zusätzlich $f \in H^1((0,\infty); L_2(\Omega))$, so ist auch $u \in H^2((0,\infty); L_2(\Omega))$ und

$$\|\ddot{u}\|^2_{L_2(0,\infty; L_2(\Omega))} \leq c(\|\Delta u_0\|^2_{H^1(\Omega)} + \|f\|^2_{L_2((0,\infty), H^2(\Omega))} + \|\dot{f}\|^2_{L_2((0,\infty), L_2(\Omega))}).$$

Satz 8.30 folgt direkt aus Satz 8.28. Dabei beachte man, dass $H^2(\Omega) \cap H_0^1(\Omega)$ ein Hilbert-Raum bzgl. $(u,v)_{H^2 \cap H^1} := (u,v)_{H^2} + (u,v)_{H^1}$ ist.

8.6* Raum/Zeit-Variationsformulierungen

Die Sätze 4.27* von Banach-Nečas bzw. 4.29* von Lions als Verallgemeinerungen des Satzes von Lax-Milgram erlauben es uns, für zeitabhängige Probleme eine Variationsformulierung in Raum *und* Zeit zu betrachten und deren Wohlgestelltheit zu beweisen. Wir werden später insbesondere bei parabolischen Problemen sehen, dass diese Formulierung Vorteile für die numerischen Approximation bietet.

8.6.1* Parabolische Probleme

Wie nehmen zunächst an, dass wir ein elliptisches Problem im Raum haben, d.h., wir betrachten einen separablen Hilbert-Raum H (z.B. $H = L_2(\Omega)$) und einen zweiten separablen Hilbert-Raum V (z.B. $V = H_0^1(\Omega)$), der stetig und dicht in H eingebettet ist. Elemente des Dualraums V' bezeichnen wir mit ℓ und schreiben

$$\langle \ell, v \rangle := \ell(v), \qquad v \in V.$$

Wie schon zuvor identifizieren wir H mit einem Unterraum von V', indem wir $\langle \ell, v \rangle := (\ell, v)_H$ für $\ell \in H$ setzen. Wir betrachten nun eine symmetrische, koerzive[1] Bilinearform $a : V \times V \to \mathbb{R}$. Dann definiert $(\mathcal{A}u)(v) := \langle \mathcal{A}u, v \rangle := a(u, v)$, $u, v \in V$, einen linearen Operator $\mathcal{A} : V \to V'$.[2] Jetzt wollen wir das parabolische Problem

$$\dot{u}(t) + \mathcal{A}u(t) = f(t), \tag{8.46a}$$
$$u(0) = 0, \tag{8.46b}$$

variationell behandeln. Dabei sei $T > 0$ ein gegebener Endzeitpunkt und $f(t) \in V'$ für fast alle $t \in I$ eine gegebene äußere Kraft. Die homogene Anfangsbedingung $u(0) = 0$ kann leicht auch durch eine inhomogene Bedingung ersetzt werden. Wir erinnern an die Definition von $L_2(I; H)$ aus §8.5 und zeigen nun die Wohlgestelltheit von (8.46) in variationeller Form. Dazu definieren wir passende Ansatz- und Testräume. Zur Unterscheidung werden wir Räume in Raum *und* Zeit mit $\mathbb{V}$ bzw. $\mathbb{W}$ bezeichnen.

Damit betrachten wir die Bilinearform $b : \mathbb{V} \times \mathbb{W} \to \mathbb{R}$, die folgendermaßen definiert ist:

$$b(v, w) := \int_0^T \langle \dot{v}(t), w(t) \rangle \, dt + \int_0^T a(v(t), w(t)) \, dt. \tag{8.47}$$

Weiter definiert

$$Lw := \int_0^T \langle f(t), w(t) \rangle \, dt =: f(w). \tag{8.48}$$

eine stetige Linearform $L \in \mathbb{W}'$. Mit den Definitionen (8.47) und (8.48) betrachten wir nun das Variationsproblem $b(u, w) = f(w)$ für alle $w \in \mathbb{W} := L_2(I, V)$. Daraus ergibt sich sofort die Forderung $f \in \mathbb{W}'$. Im Ansatzraum wollen wir die Anfangsbedingung (8.46b) mit berücksichtigen und setzen daher $\mathbb{V} := H_{(0)}^1(I, V') \cap L_2(I, V)$, wobei $H_{(0)}^1(I, V') := \{v \in H^1(I, V') : v(0) = 0\}$. Es gilt $\mathbb{V} \subset C([0, T], H)$ (vgl. Aufgabe 8.7), so dass die Punktauswertung in der Zeit wohldefiniert ist. Auf $\mathbb{V}$ wählen wir die Graphennorm, d.h., $\|v\|_{\mathbb{V}}^2 := \|\dot{v}\|_{L_2(I,V')}^2 + \|v\|_{L_2(I,V)}^2$. Damit können wir nun folgenden Satz zeigen:

---

[1]In der Tat kann man alle folgenden Resultate unter einer schwächeren Voraussetzung, der sogenannten Gårding-Ungleichung beweisen, d.h. man fordert nur die Existenz zweier Konstanten $\lambda \geq 0$ und $\alpha > 0$, so dass $a(v, v) + \lambda \|v\|_H^2 \geq \alpha \|v\|_V^2$ für alle $v \in V$.

[2]Wir verwenden hier die Notation $\mathcal{A} : V \to V'$ zur Unterscheidung von $A : D(A) \to H$.

Satz 8.31*. *Sei $f \in \mathbb{W}'$. Dann gibt es genau ein $u \in \mathbb{V}$ mit $b(u, w) = f(w)$ für alle $w \in \mathbb{W}$.*

Beweis: Wir zeigen, dass die Voraussetzungen des Satzes 4.27* von Banach-Nečas erfüllt sind. Zunächst gilt für alle $v \in \mathbb{V}$ und $w \in \mathbb{W}$ aufgrund der Ungleichung von Cauchy-Schwarz und der Stetigkeit der Bilinearform a (mit Stetigkeitskonstanten $C_a > 0$), dass

$$|b(v, w)| \leq \|\dot{v}\|_{L_2(I, V')} \|w\|_{L_2(I, V)} + C_a \|v\|_{L_2(I, V)} \|w\|_{L_2(I, V)}$$
$$\leq \max\{1, C_a\}(\|\dot{v}\|_{L_2(I, V')} + \|v\|_{L_2(I, V)})\|w\|_{L_2(I, V)}$$
$$\leq \sqrt{2}\max\{1, C_a\}\|v\|_{\mathbb{V}}\|w\|_{\mathbb{W}},$$

also ist b stetig. Als nächstes zeigen wir die inf-sup-Bedingung (4.10). Sei dazu $0 \neq v \in \mathbb{V}$ beliebig, d.h. $v(t) \in V$ für fast alle $t \in I$. Wir wählen ein solches $t \in I$ beliebig. Dann gilt $\dot{v}(t) \in V'$ und es gibt genau ein $z_v(t) \in V$ mit $a(\phi, z_v(t)) = (\dot{v}(t))(\phi) = \langle \dot{v}(t), \phi \rangle$ für alle $\phi \in V$. Insbesondere gilt $\alpha_a \|z_v(t)\|_V \leq \|\dot{v}(t)\|_{V'} \leq C_a \|z_v(t)\|_V$ mit der Koerzitätskonstanten α_a der Bilinearform a. Setze dann $w(t) := z_v(t) + v(t) \in V$; Man kann zeigen, dass w der Supremierer von v bzgl. b im Sinne von Bemerkung 4.28* (d) ist. Dann gilt

$$\|w\|_{\mathbb{W}}^2 = \int_0^T \|w(t)\|_V^2 dt = \int_0^T \|z_v(t) + v(t)\|_V^2 dt \leq 2\int_0^T (\|z_v(t)\|_V^2 + \|v(t)\|_V^2)dt$$
$$\leq \frac{2}{\alpha_a}\int_0^T \|\dot{v}(t)\|_{V'}^2 dt + 2\|v\|_{L_2(I, V)}^2 = \frac{2}{\alpha_a}\|\dot{v}\|_{L_2(I, V')}^2 + 2\|v\|_{L_2(I, V)}^2$$
$$\leq 2\max\{\alpha_a^{-1}, 1\}\|v\|_{\mathbb{V}}^2 < \infty,$$

also $w \in \mathbb{W}$. Nun gilt weiter mit diesem w, dass

$$b(v, w) = \int_0^T \{\langle \dot{v}(t)\, w(t) \rangle + a(v(t), w(t))\} dt$$
$$= \int_0^T \{\langle \dot{v}(t), v(t) \rangle + \langle \dot{v}(t), z_v(t) \rangle + a(v(t), z_v(t)) + a(v(t), v(t))\} dt$$
$$= \frac{1}{2}\|v(T)\|_H^2 + \int_0^T \{a(z_v(t), z_v(t)) + \langle \dot{v}(t), v(t) \rangle + a(v(t), v(t))\} dt$$
$$= \|v(T)\|_H^2 + \int_0^T \{a(z_v(t), z_v(t)) + a(v(t), v(t))\} dt.$$

Hier haben wir die Tatsache $\int_0^T 2\langle \dot{v}(t), v(t) \rangle dt = \int_0^T \frac{d}{dt}\|v(t)\|_H^2 dt = \|v(T)\|_H^2$ für $v \in \mathbb{V}$ benutzt, vgl. Lemma 8.17. Mit der Koerzivität von a folgt nun, dass

$$b(v, w) \geq \alpha_a \int_0^T \{\|z_v(t)\|_V^2 + \|v(t)\|_V^2\} dt \geq \frac{\alpha_a}{C_a^2}\int_0^T \{\|\dot{v}(t)\|_{V'}^2 + \|v(t)\|_V^2\} dt$$
$$= \frac{\alpha_a}{C_a^2}\|v\|_{\mathbb{V}}^2 \geq \frac{\alpha_a}{C_a^2}\frac{1}{\sqrt{2}}\min\{\sqrt{\alpha_a}, 1\}\|v\|_{\mathbb{V}}\|w\|_{\mathbb{W}} =: \tilde{\beta}\|v\|_{\mathbb{V}}\|w\|_{\mathbb{W}},$$

also gilt die inf-sup-Bedingung (4.10) mit einer inf-sup-Konstanten $\beta \geq \tilde{\beta} > 0$.

Um die Surjektivität (4.12) zu zeigen, bedienen wir uns einer Methode, die wir im Kapitel über numerische Verfahren noch näher als *Galerkin-Verfahren* kennen lernen werden. Sei hierzu $\{\phi_i : i \in \mathbb{N}\}$ eine beliebige Basis von V und wir setzen $V_n := \mathrm{span}\{\phi_1, \dots, \phi_n\}$. Nun sei $0 \neq w \in \mathbb{W}$ gegeben, also $w(t) \in V$ für fast alle $t \in I$. Wir wählen nun wiederum ein solches t und suchen ein $V_n \ni z_n(t) = \sum_{i=1}^n \zeta_{n,i}(t)\,\phi_i$ mit $\zeta_{n,i}(t) \in \mathbb{R}$, so dass für alle $v_n \in V_n$ und fast alle $t \in I$ gilt

$$\langle \dot{z}_n(t), v_n \rangle + a(z_n(t), v_n) = a(w(t), v_n), \tag{8.49}$$
$$z_n(0) = 0.$$

Dieses Problem können wir als ein lineares System gewöhnlicher Differenzialgleichungen schreiben mit der Gram-Matrix $M_n := [(\phi_i, \phi_j)_H]_{i,j=1,...,n}$ (oder Masse-Matrix), der Steifigkeitsmatrix $A_n := [a(\phi_i, \phi_j)]_{i,j=1,...,n}$ und $f_n(t) := [a(w(t), \phi_j)]_{j=1,...,n}$, der rechten Seite. Wir suchen dann den Koeffizientenvektor $\zeta_n(t) = [\zeta_{n,i}(t)]_{i=1,...,n} \in \mathbb{R}^n$, so dass

$$M_n \dot{\zeta}_n(t) + A_n \zeta_n(t) = f_n(t) \quad \text{für fast alle } t \in I,$$
$$\zeta_n(0) = 0.$$

Nach dem Satz von Picard-Lindelöf besitzt dieses System eine eindeutige Lösung $\zeta_n \in C^0(\bar{I}; \mathbb{R}^n) \cap C^1(I, \mathbb{R}^n)$ und damit $z_n(t) \in V_n$ wie oben.

Wir wollen nun zeigen, dass die Folge $(z_n)_{n \in \mathbb{N}}$ in $\mathbb{W} = L_2(I, V)$ beschränkt ist. Verwende dazu in (8.49) die Testfunktion $v_n = z_n(t)$. Dann gilt $a(w(t), z_n(t)) = \langle \dot{z}_n(t), z_n(t) \rangle + a(z_n(t), z_n(t)) = \frac{1}{2} \|z_n(T)\|_H^2 + a(z_n(t), z_n(t))$, da $z_n(0) = 0$. Dann gilt

$$\|z_n\|_{\mathbb{W}}^2 = \int_0^T \|z_n(t)\|_V^2 dt \leq \alpha_a^{-1} \int_0^T a(z_n(t), z_n(t)) dt$$

$$= \alpha_a^{-1} \int_0^T \{a(w(t), z_n(t)) - \frac{1}{2} \|z_n(T)\|_H^2\} dt \leq \frac{C_a}{\alpha_a} \|w\|_{\mathbb{W}} \|z_n\|_{\mathbb{W}},$$

also ist $\|z_n\|_{\mathbb{W}} \leq \frac{C_a}{\alpha_a} \|w\|_{\mathbb{W}}$ beschränkt. Damit existiert also eine schwach konvergente Teilfolge (die wir wieder mit $(z_n)_{n \in \mathbb{N}}$ bezeichnen wollen) und ein Grenzwert $z \in \mathbb{W}$ im schwachen Sinne.

Als nächstes wählen wir eine beliebige Funktion $\vartheta \in C^1([0, T])$ mit $\vartheta(T) = 0$, multiplizieren (8.49) mit $\vartheta(t)$, integrieren über I und wenden partielle Integration an. Dann gilt für alle $n \in \mathbb{N}$ und alle $i = 1, \ldots, n$

$$\int_0^T a(w(t), \phi_i) \vartheta(t) \, dt = \int_0^T \left\{ \frac{d}{dt} \langle z_n(t), \phi_i \rangle + a(z_n(t), \phi_i) \right\} \vartheta(t) \, dt$$

$$= \int_0^T \{ -\langle z_n(t), \phi_i \rangle \dot{\vartheta}(t) + a(z_n(t), \phi_i) \vartheta(t) \} dt.$$

Diese Gleichung gilt insbesondere für alle Testfunktionen $\vartheta \in H^1(I)$ mit $\vartheta(T) = 0$ und wir können aufgrund der schwachen Konvergenz zum Grenzwert $n \to \infty$ übergehen. Daher folgt (indem wir die partielle Integration wieder rückgängig machen) $b(z, \tilde{w}) = \int_0^T a(w(t), \tilde{w}(t)) dt$ für alle $\tilde{w} \in \mathbb{W}$. Diese Gleichung wenden wir für $\tilde{w} = w$ an und erhalten $b(z, w) = \int_0^T a(w(t), w(t)) \, dt \geq \alpha_a \|w\|_{\mathbb{W}}^2 > 0$, also gilt (4.12).
Der Satz von Banach-Nečas liefert nun die Behauptung. $\qquad \square$

Bemerkung 8.32*. (a) Für die Wärmeleitungsgleichung unter Verwendung der Norm $\|v\|_{\mathbb{V}}^2 := \|\dot{v}\|_{L_2(I,V')}^2 + \|v\|_{L_2(I,V)}^2 + \|v(T)\|_H^2$ sowie der Energienorm auf V, also $\|\phi\|_V^2 = a(\phi, \phi)$, kann man $\beta_b = C_b = 1$ zeigen, [51].

(b) Anstelle von obiger Bilinearform b kann man auch bzgl. der Zeit partielle Integration anwenden. Dies würde auf die Bilinearform $\int_0^T \{-\langle v(t), \dot{w}(t) \rangle + a(v(t), w(t))\} dt$ sowie Ansatz- und Testräume $\mathbb{V} := L_2(I, V)$ und $\mathbb{W} := H^1_{(T)}(I, V') \cap L_2(I, V)$ führen. Man kann ganz ähnlich wie oben die entsprechende Wohlgestelltheit dieser *sehr schwachen* (engl. very weak) Variationsformulierung zeigen. Man beachte, dass man dann nur noch eine Lösung in L_2 bzgl. Zeit und Ort erhält. $\qquad \triangle$

8.6.2* Lineare Transportprobleme

Die inhomogene lineare Transportgleichung hatten wir bereits in §2.1.2 gesehen. Wenn die Daten des Problems glatt sind, können wir eine glatte Lösung erwarten, mit Hilfe der Charakteristiken kann man sogar in manchen Fällen eine Formel für die Lösung angeben. Dies ist nicht mehr der Fall, wenn z.B. variable Koeffizienten, die rechte Seite oder das Gebiet nicht glatt sind. In solchen Fällen hilft eine geeignete Variationsformulierung, um die Wohlgestelltheit des Problems sicherstellen zu können. Diese Formulierung ist auch für die Numerik sehr hilfreich.

Wir zeigen eine solche Formulierung an einem einfachen Beispiel. Dabei werden wir sehen, dass wir nicht ohne weiteres in „Standard"-Räumen arbeiten können. Interessanterweise hängt die Wahl der geeigneten Räume eng mit der Stabilität entsprechender numerischer Approximationsverfahren zusammen.

Sei $\Omega := (0,1)$, $I := (0,T)$ mit $T > 0$ und $c \in \mathbb{R}$ eine Konstante. Zu gegebener rechten Seite $f \in L_2(I,H)$, $H := L_2(\Omega)$ suchen wir ein $u : \bar{I} \times \bar{\Omega} \to \mathbb{R}$, so dass

$$\dot{u} + cu_x = f \qquad \text{in } I \times \Omega,$$
$$u(0,x) = u(t,0) = 0 \qquad \text{für alle } x \in \Omega \text{ und fast alle } t \in I.$$

Die Verwendung homogener Anfangs- und Randbedingungen stellt keine wesentliche Einschränkung dar, inhomogene Bedingungen können analog behandelt werden. Wir setzen $V_y := H^1_{(y)}(\Omega) := \{v \in H^1(\Omega) : v(y) = 0\}$, $y \in \bar{\Omega}$.

Aus der Charakteristikentheorie wissen wir bereits, dass Transportgleichungen im Allgemeinen keinen glättenden Effekt wie parabolische Probleme haben. Dies motiviert die Betrachtung einer *sehr schwachen* Variationsformulierung, bei der wir partielle Integration bzgl. Zeit und Ort verwenden. Wir setzen

$$b(v,w) := (v, -\dot{w} - cw_x)_{L_2(I,H)} =: (v, B^*w)_{L_2(I,H)},$$

wobei wir den Operator B^* definieren durch $B^*w := -\dot{w} - cw_x$. Diese Bezeichnung erklärt sich folgendermaßen: Sei $Bv := \dot{v} + cv_x$ der ursprüngliche Differenzialoperator, dann gilt für alle $v \in H^1_{(0)}(I,H) \cap L_2(I,V_0)$ und alle $w \in H^1_{(T)}(I,H) \cap L_2(I,V_1)$ mittels partieller Integration

$$(Bv,w)_{L_2(I,H)} = \int_I \int_\Omega (\dot{v}(t,x) + cv_x(t,x))\, w(t,x)\, dx\, dt \qquad (8.50)$$

$$= \int_I \int_\Omega -v(t,x)(\dot{w}(t,x) + cw_x(t,x))\, dx\, dt = (v, B^*w)_{L_2(I,H)}.$$

In diesem Sinne ist B^* adjungiert zu B.

Wir müssen nun noch geeignete Räume $\mathbb{V}$ und $\mathbb{W}$ finden, damit das entsprechende Variationsproblem wohlgestellt ist. Man kann zeigen, dass die Räume, die wir in (8.50) verwendet haben, im Allgemeinen keine wohlgestellte Formulierung liefern. Dies motiviert die folgende Wahl $\mathbb{W} := D(B^*) = \{w \in L_2(I,H) : B^*w \in L_2(I,H)\}$ mit der Norm $\|w\|_{\mathbb{W}} := \|B^*w\|_{L_2(I,H)}$, $w \in \mathbb{W}$. Mit $\mathbb{V} := B^*(\mathbb{W}) \subseteq L_2(I,H)$, $\|v\|_{\mathbb{V}} \equiv \|v\|_{L_2(I,H)}$ können wir die Voraussetzungen des Satzes von Banach-Nečas leicht nachweisen:

- Stetigkeit: $b(v,w) = (v, B^*w)_{L_2(I,H)} \leq \|v\|_{L_2(I,H)} \|B^*w\|_{L_2(I,H)} = \|v\|_{\mathbb{V}} \|w\|_{\mathbb{W}}$.
- inf-sup: Sei $v \in \mathbb{V} = B^*(\mathbb{W})$. Dann gibt es ein $\tilde{w} \in \mathbb{W}$ mit $v = B^*\tilde{w}$. Dann gilt

$$\sup_{w \in \mathbb{W}} \frac{b(v,w)}{\|w\|_{\mathbb{W}}} \geq \frac{b(v,\tilde{w})}{\|\tilde{w}\|_{\mathbb{W}}} = \frac{(v, B^*\tilde{w})_{L_2(I,H)}}{\|B^*\tilde{w}\|_{L_2(I,H)}} = \|v\|_{\mathbb{V}}.$$

- Surjektivität: Sei $0 \neq w \in \mathbb{W}$, $v := B^*w \neq 0$, dann ist $b(v,w) = \|B^*w\|_{L_2(I,H)} > 0$.

Wir sehen also insbesondere, dass $\beta_b = C_b = 1$, d.h. Stetigkeits- und inf-sup-Konstante sind beide Eins, der Operator $B : \mathbb{V} \to \mathbb{W}$ ist mit der obigen Wahl der Räume und Normen eine Isometrie. Diese Eigenschaft ist für die Numerik natürlich von enormer Bedeutung. Allerdings haben wir es mit Räumen zu tun, die nicht Standard sind und deren Approximation eine Herausforderung darstellen kann.

8.6.3* Die Wellengleichung

Für die Wellengleichung kann man ganz analog zum vorherigen Abschnitt vorgehen. Wir zeigen das Vorgehen wieder am einfachen eindimensionalen Fall und verwenden die Bezeichnungen aus dem vorherigen Abschnitt. Zu gegebenem $f \in L_2(I, H)$ suchen wir nun ein $u : \bar{I} \times \bar{\Omega} \to \mathbb{R}$, so dass

$$\ddot{u} - u_{xx} = f \quad \text{in } I \times \Omega,$$
$$u(0, x) = u_x(0, x) = u(t, 0) = 0 \quad \text{für alle } x \in \Omega \text{ und fast alle } t \in I.$$

Wir setzen $B^* w := \ddot{w} - w_{xx}$ und wählen wieder $\mathbb{W} := D(B^*)$ sowie $\mathbb{V} := B^*(\mathbb{W}) \subseteq L_2(I, H)$. Genau wie oben erhalten wir die Wohlgestelltheit des (sehr schwachen) Variationsproblems sowie $\beta_b = C_b = 1$.

8.7* Kommentare zu Kapitel 8

In dem vorliegenden Kapitel haben wir die Evolution physikalischer Systeme beschrieben. Die Essenz unserer Hauptsätze (Satz 8.3 in abstrakter Form mit konkreten Realisierungen in Abschnitt 8.2 und 8.3) ist, dass bei gegebenem Anfangszustand die Evolution des Systems für alle Zeiten festgelegt ist. Es ist eine weitreichende physikalische und philosophische Frage, ob so eine Art Determinismus die Natur richtig beschreibt. Viele grundlegende physikalische Gesetze sind in Form einer Evolutionsgleichung formuliert. Laplace illustrierte solche Evolutionsgleichungen, indem er eine äußere Intelligenz ersann, die man oft den Laplace'schen Dämon nennt. Er schrieb: „Une intelligence qui, à un instant donné, connaîtrait toutes les forces dont la nature est animée et la situation respective des êtres qui la compose embrasserait dans la même formule les mouvements des plus grands corps de l'univers et ceux du plus léger atome; rien ne serait incertain pour elle, et l'avenir, comme le passé, serait présent à ses yeux" [40, Seite 32-33]: „Eine Intelligenz, die in einem Moment alle Kräfte und Zustände der Natur kennte, wäre in der Lage, die Bewegungen der größten Himmelskörper wie auch der leichtesten Atome in derselben Formel auszudrücken; nichts wäre unsicher für sie, die Zukunft wie die Vergangenheit wären vor ihren Augen gegenwärtig."

Was die Formeln anbetrifft, so wissen wir, dass sie nur bei einfachsten geometrischen Situationen möglich sind, und wir müssen uns mit numerischer Approximation begnügen, der das nächste Kapitel gewidmet ist. Was den philosophischen Hintergrund für die Mathematik der Evolutionsgleichungen anbetrifft, so verweisen wir auf den Epilog im Buch von Engel und Nagel, [27].

8.8 Aufgaben

Aufgabe 8.1. Sei $w(t) = \sum_{n=1}^{\infty} w_n(t)e_n$, wobei w_n durch (8.32) gegeben ist. Zeigen Sie durch direktes Nachrechnen, dass $a(w(t)) + \|\dot{w}(t)\|_H^2 = a(u_0) + \|u_1\|_H^2$ für alle $t \geq 0$.

Aufgabe 8.2 (Getrennte Variablen). Sei A ein Operator auf einem reellen Hilbert-Raum H und sei $f \in D(A)$, $f \neq 0$.

a) Zeigen Sie, dass es genau dann eine Lösung von $\dot{u}(t) = Au(t), t \in (0, T)$ der Form $u(t) = v(t)f$ mit $v \in C^1(0, T)$, $v \not\equiv 0$ gibt, wenn f ein Eigenvektor von A ist.

b) Man beantworte die gleiche Frage für die Gleichung $\ddot{u}(t) = Au(t)$, $t \in (0, T)$, wobei nun vorausgesetzt wird, dass $v \in C^2(0, T)$.

Aufgabe 8.3. Sei Ω ein beschränktes C^1-Gebiet und sei $b : \partial\Omega \to [0, \infty)$ Borel-messbar und beschränkt. Sei $u_0 \in H^1(\Omega) \cap H^2_{\text{loc}}(\Omega)$, so dass $\Delta u_0 \in L^2(\Omega)$ und $\frac{\partial u}{\partial \nu} + b(z)(Tu)(z) = 0$, und sei $u_1 \in H^1(\Omega)$. Zeigen Sie: Es gibt eine eindeutig bestimmte Funktion $w \in C^2(\mathbb{R}_+, L_2(\Omega))$, so dass $w(t) \in H^1(\Omega) \cap H^2_{\text{loc}}(\Omega)$, $\Delta w(t) \in L_2(\Omega)$, $t \geq 0$ und

$$\ddot{w}(t) = \Delta w(t), \quad t \geq 0,$$

$$\frac{\partial w(t)}{\partial \nu} + bT(w(t)) = 0,$$

$$w(0) = u_0, \quad \dot{w}(0) = u_1.$$

Aufgabe 8.4. Sei $b : \partial\Omega \to [0, \infty)$ beschränkt und Borel-messbar. Zeigen Sie, dass $\lambda_n^b \leq \lambda_n^D, n \in \mathbb{N}$.

Aufgabe 8.5. Sei $I \subset \mathbb{R}$ ein Intervall, H ein separabler Hilbert-Raum.

a) Sei $u \in L_1(I, H)$. Zeigen Sie, dass es genau ein Element $\int_I u(t)\, dt$ von H gibt derart, dass $\int_I (u(t), v)_H\, dt = \left(\int_I u(t)\, dt, v \right)_H$ für alle $v \in H$.

b) Zeigen Sie, dass $\left\| \int_I u(t)\, dt \right\|_H \leq \int_I \|u(t)\|_H\, dt$.

c) Zeigen Sie, dass $L_1(I, H)$ ein Vektorraum ist und dass die Abbildung $u \mapsto \int_I u(t)\, dt : L_1(I, H) \to H$ linear ist.

d) Falls $0 < T < \infty$, so ist $L_2((0, T), H) \subset L_1((0, T), H)$.

Aufgabe 8.6. Seien H_1, H_2 separable Hilbert-Räume und sei $B : H_1 \to H_2$ stetig und linear. Zeigen Sie, dass $u \mapsto B \circ u$ eine stetige lineare Abbildung von $L_2((0, T), H_1)$ nach $L_2((0, T), H_2)$ definiert, $0 < T \leq \infty$. Die Abbildung ist unitär, falls B unitär ist.

Aufgabe 8.7. Sei H ein separabler Hilbert-Raum und sei $0 < T \leq \infty$.

a) Sei $u \in H^1((0, T), H)$ derart, dass $\dot{u}(t) = 0$ fast überall. Zeigen Sie, dass es $x \in H$ gibt derart, dass $u(t) = x$ für fast alle $t \in (0, T)$.

Hinweis: Benutzen Sie das skalare Resultat in Lemma 5.7.

b) Sei $v \in L_2((0, T), H)$ und $x_0 \in H$. Definieren Sie $u : (0, T) \to H$ durch $u(t) = x_0 + \int_0^t v(s)\, ds$. Zeigen Sie, dass $u \in H^1((0, T), H)$ und $u' = v$. Zeigen Sie auch, dass $u \in C([0, T), H)$, wenn $T < \infty$.

c) Sei $u \in H^1((0,T),H)$. Zeigen Sie, dass $u \in C([0,T),H)$ und $u(t) = u(0) + \int_0^t u'(s)\, ds$ für $t \in (0,T)$.

d) Sei $u \in H^1((0,T),H)$ mit $\dot{u} \in C([0,T),H)$. Zeigen Sie, dass dann $u \in C^1([0,T),H)$ gilt.

Aufgabe 8.8. Sei $\{e_n : n \in \mathbb{N}\}$ eine Orthonormalbasis des Hilbert-Raumes und $(\lambda_n)_{n\in\mathbb{N}}$ eine monoton wachsende Folge mit $0 \le \lambda_1$, $\lim_{n\to\infty} \lambda_n = \infty$. Definieren Sie für $t \ge 0$, $T(t) : H \to H$ durch $T(t)x = \sum_{n=1}^\infty e^{-\lambda_n t}(x|e_n)e_n$. Zeigen Sie:

a) $T(t) \in \mathcal{L}(H)$, $T(t+s) = T(t)T(s)$, $t,s \ge 0$, $T(0) = I$, $\lim_{h\to 0} T(t+h)x = T(t)x$ für alle $x \in H$. (Beachten Sie den Beweis von Satz 8.3 für die letzte Eigenschaft.)

b) Zeigen Sie, dass für $x \in H$, $\lim_{t\downarrow 0} \frac{1}{t}(T(t)x - x) =: Bx$ genau dann existiert, wenn $\sum_{n=1}^\infty \lambda_n^2 (x,e_n)_H^2 < \infty$. *Anleitung:* Sei $\sum_{n=1}^\infty \lambda_n^2 (x,e_n)_H^2 < \infty$. Setzen Sie $y = -\sum_{n=1}^\infty \lambda_n (x,e_n)_H e_n$. Zeigen Sie, dass $T(t)x - x = \int_0^t T(s)y\, ds$.

Aufgabe 8.9. Sei H ein separabler Hilbert-Raum, $\lambda \in \mathbb{R}$, $T > 0$, $f \in L_2((0,T),H)$, $x_0 \in H$. Zeigen Sie: Es gibt genau eine Funktion $u \in H^1((0,T),H)$ derart, dass $\dot{u}(t) + \lambda u(t) = f(t)$ fast überall auf $(0,T)$, $u(0) = x_0$. Sie ist gegeben durch $u(t) = e^{-\lambda t}\{x_0 + \int_0^t e^{\lambda s} f(s)\, ds\}$.

9 Numerische Verfahren

Wir haben die Modellierung, einfache Lösungsverfahren und die mathematische Theorie einer ganzen Reihe von partiellen Differenzialgleichungen kennen gelernt. All diese Untersuchungen sind „analytisch", d.h., wir können sie auf dem Papier ausführen und die konstruierten Lösungen erfüllen die jeweiligen partiellen Differenzialgleichungen „exakt". Zwar mussten wir jeweils geeignete Definitionen für einen Lösungsbegriff finden (klassische, starke bzw. schwache Lösungen); wenn wir dann aber eine Lösung gefunden hatten, haben die jeweiligen Funktionen die betreffende Differenzialgleichung in dem entsprechenden Sinne exakt erfüllt.

Manchmal reichen solche Methoden aber nicht aus. Zwar haben wir Existenz und Eindeutigkeit einer (schwachen) Lösung etwa für die Poisson-Gleichung mit inhomogenen Dirichlet-Randbedingungen bewiesen, allerdings kann man die Lösung nur bei ganz besonders einfacher Geometrie des Gebietes durch eine Formel angeben. Wir hatten die Kreisscheibe und das Rechteck betrachtet und dabei u.a. Fourier-Reihen verwendet, die ja auch nur approximativ ausgewertet werden können. Will man in den vielen anderen, nur wenig komplexeren Situationen eine Darstellung der Lösung, so braucht man Näherungsverfahren, um diese zu berechnen.

In solchen Fällen kann der Computer in Kombination mit Lösungsverfahren aus der Numerischen Mathematik helfen. Die Methode der *Finiten Differenzen* und die Methode der *Finiten Elemente* sind zwei sehr häufig verwendete Verfahren, die wir in diesem Kapitel vorstellen.

Übersicht

© Springer-Verlag GmbH Deutschland, ein Teil von Springer Nature 2018
W. Arendt und K. Urban, *Partielle Differenzialgleichungen*,
https://doi.org/10.1007/978-3-662-58322-7_9

Was ist ein numerisches Verfahren?

Ein numerisches Verfahren hat das Ziel, eine *Näherungslösung* eines gegebenen Problems durch einen Algorithmus zu bestimmen. Der Schweizer Mathematiker Heinz Rutishauser gilt als einer der Pioniere der modernen Numerischen Mathematik und auch der Informatik. Er drückte es so aus: *„Numerische Mathematik befasst sich damit, für mathematisch formulierte Probleme einen rechnerischen Lösungsweg zu finden"*. Dabei wird die gewünschte Genauigkeit der Näherung oftmals vom realen Problem vorgegeben. Man denke etwa an das Beispiel, bei dem die Lösung einer partiellen Differenzialgleichung die Statik eines Bauteils beschreibt und der Statiker vorgibt, dass die Näherungslösung um maximal 5 % von der exakten Lösung abweichen darf. Solche Toleranzen sind auch oft dadurch bestimmt, dass bereits die Modellierung Näherungen oder Vereinfachungen beinhaltet. Wir hatten das in Kapitel 1 gesehen. Daher scheint es sinnvoll zu sein, eine numerische Näherungslösung so zu bestimmen, dass deren Fehler in etwa dem Modellierungsfehler entspricht. Alles Weitere wäre eventuell Verschwendung.

An dieser Stelle sind nun Mathematiker gefordert, denn mit einem solchen Vorgehen sind unmittelbar einige mathematische Fragestellungen verbunden, etwa:

- Wie genau ist die Näherungslösung, kann man den Fehler präzise abschätzen? Hierbei ist natürlich zu beachten, dass man die exakte Lösung nicht kennt, trotzdem aber den Abstand der Näherung von dieser exakten Lösung abschätzen muss.
- Wie schnell bekommt man diese Näherungslösung, wie groß ist der Aufwand zur Berechnung (wie lange rechnet der Computer)? Dies heißt *Komplexität*, bei einem Verfahren niedriger Komplexität spricht man von *Effizienz*.
- Wie wirken sich unvermeidbare Fehler (z.B. Rundungsfehler oder auch Ungenauigkeiten bei der Messung von Eingangsgrößen) auf das Ergebnis aus? Falls kleine Eingabefehler auch kleine Ausgabefehler zur Folge haben, dann nennt man den Algorithmus *stabil*. Dies hängt offenbar eng mit der Wohlgestelltheit eines Problems zusammen, genauer mit der stetigen Abhängigkeit von den Daten.
- Wie verhält sich das Verfahren, wenn man wesentliche Parameter ändert, etwa das Gebiet, Koeffizienten in der partiellen Differenzialgleichung oder die rechte Seite? Ist der Algorithmus *robust* gegenüber solchen Änderungen?

Dies sind klassische Fragestellungen der Numerischen Mathematik (kurz Numerik). Dabei greift man oft auf genau diejenigen funktionalanalytischen Mittel zurück, die wir in den vorangegangenen Kapiteln eingeführt haben. Ein weiterer Aspekt ist natürlich die Konstruktion von geeigneten numerischen Verfahren und deren rechentechnische Umsetzung, also deren Programmierung. Hier ist man auf moderne Methoden der Informatik angewiesen, vom Compilerbau über Algorithmen-Entwicklung, Rechnerstrukturen bis hin zum Software-Engineering bzw. -Management. Auf diese letzten Punkte gehen wir hier nicht ein, sondern zeigen in erster Linie die mathematischen Aspekte der vorgestellten Näherungsverfahren. Für deren Realisierung bedienen wir uns einer beliebigen Programmiersprache oder einer entsprechenden numerischen Bibliothek.

9.1 Finite Differenzen für elliptische Probleme

Differenzenverfahren (Finite Differenzen) sind das vielleicht einfachste Verfahren zur numerischen Lösung von partiellen Differenzialgleichungen. Sie sind besonders geeignet für Rechtecke oder Quader. Mit Hilfe eines *diskreten Maximumprinzips* liefern sie aber auch Existenz-Resultate für klassische Lösungen von partiellen Differenzialgleichungen, wenn man die Konvergenz des Verfahrens beweisen kann. Wir stellen das Verfahren samt den wesentlichen Eigenschaften vor, zeigen aber auch die Grenzen der Anwendbarkeit.

Zunächst beschreiben wir die Methode der Finiten Differenzen (FDM) an einem einfachen Beispiel in einer Raumdimension (also an einem Randwertproblem für eine gewöhnliche Differenzialgleichung) und betrachten danach die Erweiterung auf den zweidimensionalen Fall, also auf partielle Differenzialgleichungen. Dieser Zugang sollte das Verständnis wesentlich erleichtern. In Kapitel 9.4.1 beschreiben wir dann die FDM zur Lösung von parabolischen Problemen.

9.1.1 FDM im eindimensionalen Fall

Wir betrachten also zunächst das folgende Randwertproblem der gewöhnlichen Differenzialgleichung

$$-u''(x) = f(x), \quad x \in (0,1), \tag{9.1a}$$
$$u(0) = u(1) = 0. \tag{9.1b}$$

Bevor wir zur FDM kommen, wollen wir einige bekannte Resultate theoretischer Art bezüglich des Problems (9.1) zusammenstellen, die wir in diesem Abschnitt benötigen werden. Wir schreiben (9.1) auch in der Form $Lu = f$ mit dem linearen Differenzialoperator L, der durch (9.1) definiert ist. Später definieren wir eine diskrete Approximation L_h von L. Wir verwenden für $v \in C([0,1])$ die Norm $\|v\|_\infty := \sup_{x \in [0,1]} |v(x)|$.

Randwertprobleme

Existenz und Eindeutigkeit von (9.1) waren schon in Abschnitt 5.2.1 bewiesen worden. Hier wollen wir die Lösungen mit Hilfe der Green'schen Funktion darstellen.

Lemma 9.1.

(a) *Für jedes* $f \in C([0,1])$ *existiert genau eine Lösung* $u \in C^2([0,1])$ *von (9.1) und diese ist gegeben durch*

$$u(x) = \int_0^1 G(x,s) f(s) \, ds \tag{9.2}$$

mit der Green'schen Funktion

$$G(x,s) := \min\{x,s\}(1 - \max\{x,s\}) = \begin{cases} s(1-x), & \text{falls } 0 \le s \le x \le 1, \\ x(1-s), & \text{falls } 0 \le x \le s \le 1. \end{cases} \tag{9.3}$$

(b) Shift-Theorem: *Falls* $f \in C^m([0,1])$, $m \geq 0$, *dann ist* $u \in C^{m+2}([0,1])$.

(c) Monotonie: *Ist* $f \geq 0$, $f \in C([0,1])$, *dann folgt* $u \geq 0$.

(d) Stabilität (Maximumprinzip): *Für* $f \in C[0,1]$ *gilt* $\|u\|_\infty \leq \frac{1}{8}\|f\|_\infty$.

Beweis:
(a) Mit $F(s) := \int_0^s f(t)\,dt$ folgt aus (9.1a) folgende Darstellung für die Lösung $u(x) = c_1 + c_2 x - \int_0^x F(s)\,ds$ mit Integrations-Konstanten $c_1, c_2 \in \mathbb{R}$. Nun setzen wir die Randbedingungen (9.1b) ein und erhalten $0 = u(0) = c_1$, $0 = u(1) = c_2 - \int_0^1 F(s)\,ds$. Mittels partieller Integration gilt

$$\int_0^x F(s)\,ds = x\,F(x) - \int_0^x s\,f(s)\,ds = \int_0^x (x-s)\,f(s)\,ds$$

und damit

$$
\begin{aligned}
u(x) &= c_1 + c_2 x - \int_0^x F(s)\,ds \\
&= x \int_0^1 (1-s)\,f(s)\,ds - \int_0^x (x-s)\,f(s)\,ds \\
&= \int_0^x [x(1-s) - (x-s)]\,f(s)\,ds + \int_x^1 x(1-s)\,f(s)\,ds \\
&= \int_0^x s(1-x)\,f(s)\,ds + \int_x^1 x(1-s)\,f(s)\,ds = \int_0^1 G(x,s)\,f(s)\,ds,
\end{aligned}
$$

also (9.2). Damit ist die Eindeutigkeit der Lösung $u \in C^2([0,1])$ von (9.1) gezeigt. Man prüft leicht nach, dass die durch (9.2) definierte Funktion auch tatsächlich eine Lösung ist.

(b) Dies folgt unmittelbar aus (9.2).

(c) Da $G(x,s) \geq 0$, folgt dies aus der Darstellung in (a).

(d) Wiederum folgt aus der Darstellung in (a) und $G \geq 0$

$$
\begin{aligned}
|u(x)| &\leq \int_0^1 G(x,s)\,|f(s)|\,ds \leq \|f\|_\infty \int_0^1 G(x,s)\,ds \\
&= \|f\|_\infty \left\{ \int_0^x s(1-x)\,ds + \int_x^1 x(1-s)\,ds \right\} \\
&= \|f\|_\infty \left\{ (1-x)\frac{1}{2}x^2 + x(\frac{1}{2} - x + \frac{1}{2}x^2) \right\} = \|f\|_\infty \left\{ \frac{1}{2}x(1-x) \right\},
\end{aligned}
$$

also $\|u\|_\infty \leq \|f\|_\infty \max_{x \in [0,1]} \left\{ \frac{1}{2}x(1-x) \right\} = \frac{1}{8}\|f\|_\infty$. $\qquad \square$

Diskretisierung

Wir wollen nun (9.1) mit Hilfe einer Approximation näherungsweise lösen. Nun kennen wir für das einfache Beispiel (9.1) durch (9.2) die exakte Lösung, wir bräuchten also eigentlich keine Approximation. Jedoch dient (9.1) hier lediglich als einfaches Modellbeispiel, an dem wir die FDM erklären. Die explizite Formel für die Lösung erleichtert natürlich die Bestimmung des Fehlers.

Zunächst ersetzen wir das kontinuierliche Intervall [0,1] (mit überabzählbar vielen Punkten $x \in [0,1]$) durch eine diskrete (und endliche) Menge von Punkten. Der einfachste Fall ist, wenn man diese Punkte in [0,1] gleichmäßig verteilt, also

$$x_i := ih, \quad h := \frac{1}{N+1}, \quad i = 0, \ldots, N+1, \quad N \in \mathbb{N}. \tag{9.4}$$

Man nennt $h > 0$ die *Gitterweite* und

$$\Omega_h := \{x_i : 0 \le i \le N+1\}, \qquad \mathring{\Omega}_h := \Omega_h \setminus \{0,1\}, \tag{9.5}$$

ein *äquidistantes Gitter*. Offenbar macht die Betrachtung von Ableitungen auf dieser diskreten Menge Ω_h keinen Sinn, also ersetzen wir Ableitungen durch Differenzenquotienten, z.B. die zweite Ableitung durch den zentralen Differenzenquotienten:

$$\Delta_h v(x) := \frac{1}{h^2}\Big(v(x+h) - 2v(x) + v(x-h)\Big). \tag{9.6}$$

Die folgende Fehlerabschätzung ist aus der Analysis wohlbekannt. Da sie aber im Folgenden eine wichtige Rolle spielen wird, geben wir den Beweis hier an.

Lemma 9.2. *Falls $v \in C^4[0,1]$, dann gilt für $x \in [h, 1-h]$*

$$|v''(x) - \Delta_h v(x)| \le \frac{h^2}{12}\|v^{(4)}\|_\infty. \tag{9.7}$$

Beweis: Wir entwickeln $v(x \pm h)$ in eine Taylor-Reihe um x und erhalten

$$v(x \pm h) = v(x) \pm hv'(x) + \frac{h^2}{2}v''(x) \pm \frac{h^3}{6}v'''(x) + \frac{h^4}{24}v^{(4)}(\xi_\pm)$$

mit Zwischenpunkten $\xi_+ \in (x, x+h)$ bzw. $\xi_- \in (x-h, x)$. Die Addition der beiden Entwicklungen liefert

$$v(x+h) + v(x-h) = 2v(x) + h^2 v''(x) + \frac{h^4}{24}\{v^{(4)}(\xi_+) + v^{(4)}(\xi_-)\},$$

woraus die Behauptung folgt. $\qquad\qquad\qquad\qquad\qquad\qquad\qquad\qquad\square$

Man beachte, dass die Einschränkung $x \in [h, 1-h]$ notwendig ist, da sonst $\Delta_h v$ auf Punkte außerhalb [0,1] zugreifen würde. Die obige Abschätzung ist also insbesondere auf dem inneren Gitter $\mathring{\Omega}_h$ gültig.

Fehleranalysis

Der letzte Schritt zur Konstruktion einer FDM besteht nun darin, dass wir (9.1a) auf Ω_h einschränken, die zweite Ableitung u'' durch Δ_h ersetzen und schließlich die Randbedingungen einsetzen. Wir erhalten also eine Approximation $u_h = (u_i)_{i=1,\ldots,N} \in \mathbb{R}^N$, $u_i \approx u(x_i)$, durch folgendes Gleichungssystem:

$$u_0 = u_{N+1} = 0, \tag{9.8a}$$

$$-u_{i+1} + 2u_i - u_{i-1} = h^2 f_i, \qquad 1 \leq i \leq N, \tag{9.8b}$$

mit $f_i := f(x_i)$. In Matrix-Vektor-Schreibweise lautet dies $A_h u_h = h^2 f_h =: \tilde{f}_h$ mit $f_h := (f_i)_{i=1,\ldots,N} \in \mathbb{R}^N$ und

$$A_h := \begin{bmatrix} 2 & -1 & & & 0 \\ -1 & 2 & \ddots & & \\ & \ddots & \ddots & \ddots & \\ & & \ddots & 2 & -1 \\ 0 & & & -1 & 2 \end{bmatrix} \in \mathbb{R}^{N \times N}. \tag{9.9}$$

Für die Analyse der so erhaltenen Approximation sind folgende Definitionen nützlich:

Definition 9.3.

(a) Eine Abbildung $w_h : \Omega_h \to \mathbb{R}$ heißt *Gitterfunktion*. Die Menge aller Gitterfunktionen wird mit V_h bezeichnet und wir setzen $V_h^0 := \{w_h \in V_h : w_h(0) = w_h(1) = 0\}$.

(b) Wir definieren den *diskreten Operator* $L_h : V_h^0 \to V_h^0$ für $w_h \in V_h^0$ durch $(L_h w_h)_i := -\Delta_h w_h(x_i)$, $1 \leq i \leq N$, $(L_h w_h)_0 := (L_h w_h)_{N+1} := 0$. $\triangle$

Mit dieser Definition ist (9.8) äquivalent zu folgendem Problem:

Finde $u_h \in V_h^0$ mit $L_h u_h = f_h$, $\quad f_h := (f(x_i))_{1 \leq i \leq N}$.

Für dieses Problem definieren wir *diskrete Green-Funktionen* $G^k \in V_h^0$, $1 \leq k \leq N$, als Lösungen folgender diskreter Probleme

$$L_h G^k = \delta^k, \quad 1 \leq k \leq N, \tag{9.10}$$

mit $\delta^k \in V_h^0$ definiert durch

$$\delta^k(x_i) := \delta_{i,k} = \begin{cases} 1, & \text{falls } i = k, \\ 0, & \text{sonst,} \end{cases}$$

für $1 \leq i \leq N$. Wir zeigen nun eine Beziehung der diskreten Green'schen Funktionen zur Green'schen Funktion G aus (9.3).

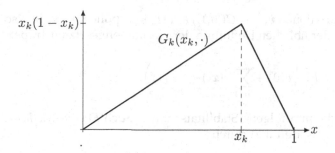

Abbildung 9.1. Green'sche Funktion bezüglich einer Variablen für festes $x_k \in \Omega_h$.

Lemma 9.4. *Es gilt* $G^k(x_i) = h\, G(x_i, x_k)$ *für* $1 \le i, k \le N$.

Beweis: Betrachte einen festen Gitterpunkt $x_k \in \Omega_h$, dann gilt für alle $1 \le i \le N$ mit $i \ne k$ einerseits $(L_h G(\cdot, x_k))(x_i) = G''(\cdot, x_k)(x_i) = 0$, da G gemäß (9.3) als Funktion jeweils eines Argumentes linear ist, vgl. Abbildung 9.1. Andererseits gilt für $i = k$ per Definition

$$
\begin{aligned}
(L_h G(\cdot, x_k))(x_k) &= \left(-\frac{1}{h^2}\right) \{ G(x_{k+1}, x_k) - 2G(x_k, x_k) + G(x_{k-1}, x_k) \} \\
&= \left(-\frac{1}{h^2}\right) \{ x_k(1 - x_{k+1}) - 2x_k(1 - x_k) + x_{k-1}(1 - x_k) \} \\
&= \left(-\frac{1}{h^2}\right) \{ kh(N + 1 - k - 1)h - 2kh(N + 1 - k)h \\
&\qquad + (k - 1)h(N + 1 - k)h \} \\
&= (-1)\{ (N + 1 - k)(k - 2k + k - 1) + k \} = N + 1 = \frac{1}{h},
\end{aligned}
$$

wegen (9.10) also $h(L_h G)(\cdot, x_k))(x_i) = \delta_{i,k} = (L_h G^k)_i$, für $1 \le i \le N$, d.h., die Behauptung ist bewiesen. $\qquad\square$

Wir untersuchen das diskrete Problem hinsichtlich Existenz und Eindeutigkeit einer Lösung. Dazu definieren wir wiederum einige geeignete Größen.

Definition 9.5. Für $v_h, w_h \in V_h$ definieren wir das *diskrete Skalarprodukt*

$$
(v_h, w_h)_h := h \sum_{i=0}^{N+1} c_i\, v_i\, w_i \tag{9.11}
$$

mit $c_0 := c_{N+1} := \frac{1}{2}$, $c_i := 1$, $i = 1, \ldots, N$ und $v_i := v_h(x_i)$, $w_i := w_h(x_i)$, sowie die *diskrete Norm* $\|v_h\|_h := \sqrt{(v_h, v_h)_h}$. $\qquad\triangle$

Offensichtlich entspricht $(v_h, w_h)_h$ der zusammengesetzten Trapezregel zur Approximation des exakten Skalarproduktes $(v, w)_{L_2(0,1)} := \int_0^1 v(x)\, w(x)\, dx$, wenn

v_h, w_h die Funktionen $v, w \in C([0,1])$ auf Ω_h interpolieren, es gilt also $(v_h, w_h)_h = T_h(v\,w)$, mit der üblichen Definition der zusammengesetzten Trapezregel

$$T_h(v) := h\left(\frac{1}{2}v(0) + \sum_{i=1}^{N} v(x_i) + \frac{1}{2}v(1)\right).$$

Man nennt die nun folgene Stabilitätsanalyse auch *Energie-Methode*. Die *diskrete Maximumnorm* ist definiert durch

$$\|v_h\|_{h,\infty} := \max_{0 \le i \le N+1} |v_h(x_i)|, \quad v_h \in V_h.$$

Ebenso ist $\|v\|_{h,\infty}$ für $v \in C([0,1])$ definiert.

Lemma 9.6.

(a) *Der Operator L_h ist symmetrisch:* $(L_h v_h, w_h)_h = (v_h, L_h w_h)_h$ *für* $v_h, w_h \in V_h^0$.

(b) *Der Operator L_h ist positiv definit, d.h.,* $(L_h v_h, v_h)_h \ge 0$ *für alle* $v_h \in V_h^0$ *und* $(L_h v_h, v_h)_h = 0$ *gilt dann und nur dann, wenn* $v_h = 0$.

(c) *Diskretes Maximumprinzip: Für* $L_h u_h = f_h$ *gilt* $\|u_h\|_{h,\infty} \le \frac{1}{8}\|f_h\|_{h,\infty}$.

(a) *Der Operator L_h ist beschränkt:* $(L_h v_h, w_h)_h \le 4\|v_h\|_h \|w_h\|_h$ *für* $v_h, w_h \in V_h^0$.

Bemerkung 9.7. Diese Aussagen sichern, dass das diskrete Problem wohlgestellt ist: Aus (a) und (b) folgen Existenz und Eindeutigkeit der Lösung, (c) sichert die stetige Abhängigkeit der Lösung von den Daten, es handelt sich also um ein Stabilitätsresultat. Man beachte, dass die Norm in Aussage (c) nicht durch das Skalarprodukt $(\cdot, \cdot)_h$ induziert ist. Da aber alle Normen in endlich-dimensionalen Räumen äquivalent sind, macht dies keinen Unterschied. $\triangle$

Beweis von Lemma 9.6:
(a) Da $v_h, w_h \in V_h^0$, gilt $v_0 = v_{N+1} = w_0 = w_{N+1} = 0$ und wir definieren $v_{-1} := w_{-1} := 0$. Dann gilt mit partieller Summation

$$(L_h v_h, w_h)_h = h \sum_{i=0}^{N+1} c_i \frac{1}{h^2}\left(-v_{i+1} + 2v_i - v_{i-1}\right) w_i$$

$$= \left(-\frac{1}{h}\right) \sum_{i=1}^{N} \left((v_{i+1} - v_i) - (v_i - v_{i-1})\right) w_i$$

$$= \frac{1}{h} \sum_{i=0}^{N} (v_{i+1} - v_i)(w_{i+1} - w_i).$$

Wir wenden erneut partielle Summation an und erhalten

$$(L_h v_h, w_h)_h = \left(-\frac{1}{h}\right) \sum_{i=1}^{N} v_i \left((w_{i+1} - w_i) - (w_i - w_{i-1})\right) = (L_h w_h, v_h)_h.$$

(b) Nach (a) gilt $(L_h v_h, v_h)_h = \frac{1}{h} \sum_{i=0}^{N} (v_{i+1} - v_i)^2 \geq 0$ für alle $v_h \in V_h^0$. Gilt $(L_h v_h, v_h)_h = 0$, dann ist $v_i = v_{i+1}$ für alle i. Da aber $v_0 = v_{N+1} = 0$ wegen $v_h \in V_h^0$, folgt dann $v_h \equiv 0$.

(c) Wegen der Darstellung von $u_h = L_h^{-1} f_h$ und $G(x, y) \geq 0$ gilt

$$|u(x_k)| \leq \sum_{i=1}^{N} G^i(x_k) |f(x_i)|$$

$$\leq \|f\|_{h,\infty} \sum_{i=1}^{N} h \, G(x_k, x_i) = \|f\|_{h,\infty} \left(\frac{1}{2} x_k (1 - x_k) \right) \tag{9.12}$$

(vgl. Aufgabe 9.2) und damit die Behauptung.

(d) Wie bei (a) gilt $(L_h v_h, w_h)_h = \frac{1}{h} \sum_{i=0}^{N} (v_{i+1} - v_i)(w_{i+1} - w_i)$, wenn wir die homogenen Randwerte beachten. Nun wenden wir die Hölder- und Young-Ungleichung an und erhalten

$$(L_h v_h, w_h)_h \leq \frac{1}{h} \left(\sum_{i=0}^{N} (v_{i+1} - v_i)^2 \right)^{1/2} \left(\sum_{i=0}^{N} (w_{i+1} - w_i)^2 \right)^{1/2}$$

$$\leq 4 \left(\frac{1}{h} \sum_{i=0}^{N} v_i^2 \right)^{1/2} \left(\frac{1}{h} \sum_{i=0}^{N} w_i^2 \right)^{1/2} = 4 \|v_h\|_h \|w_h\|_h$$

also die Behauptung. □

Satz 9.8 (Diskrete Positivität). *Sei $f \in C([0,1])$ mit $f(x) \geq 0$ für alle $x \in [0,1]$ und sei u_h die Lösung von (9.8). Dann gilt $u_i \geq 0$ für $0 \leq i \leq N + 1$.*

Beweis: Wegen $L_h G^k = \delta^k$ definieren wir $u_h \in V_h^0$ durch $u_h := \sum_{k=1}^{N} f(x_k) G^k$. Damit gilt zunächst $u_0 = u_{N+1} = 0$, also die Behauptung für $i \in \{0, N+1\}$. Weiterhin gilt $L_h u_h = \sum_{k=1}^{N} f(x_k) L_h G^k = \sum_{k=1}^{N} f(x_k) \delta^k = f_h$, also ist u_h wie oben definiert tatsächlich die eindeutig bestimmte diskrete Lösung. Da $G(x, y) \geq 0$ und $G^k(x_i) = h \, G(x_i, x_k) \geq 0$, folgt aus $f(x) \geq 0$ sofort $u_i \geq 0$ für $1 \leq i \leq N$. □

Definition 9.9. Für $f \in C([0,1])$ sei $u \in C^2([0,1])$ die eindeutige Lösung von $Lu = f$. Dann ist der *lokale Abbruchfehler* (oder auch das *Residuum*) $\tau_h \in V_h^0$ definiert durch

$$\tau_h(x_i) := (L_h u)(x_i) - f(x_i), \quad 1 \leq i \leq N.$$

Im Folgenden sei stets $u \in C^2([0,1])$ die Lösung von $Lu = f \in C([0,1])$. Man nennt $e_h := u - u_h$ den *Diskretisierungsfehler*. Ferner sagt man, dass eine Familie von diskreten Operatoren $L_h : V_h^0 \to V_h^0$ die *Konsistenzordnung* $p \in \mathbb{N}$ besitzt, wenn $\|\tau_h\|_{h,\infty} = \mathcal{O}(h^p)$ für $h \to 0+$ gilt. △

Damit erhalten wir, dass L_h die *Konsistenzordnung* 2 besitzt:

Lemma 9.10. *Für $f \in C^2([0,1])$ gilt $\|\tau_h\|_{h,\infty} \leq \frac{h^2}{12} \|f''\|_\infty$.*

Beweis: Aus Lemma 9.1 (b) folgt $u \in C^4([0,1])$ und damit gilt wegen Lemma 9.2

$$\|\tau_h\|_{h,\infty} = \max_{0 \le i \le N+1} |(L_h u)(x_i) - f(x_i)| = \max_{0 \le i \le N+1} |-\Delta_h(x_i) + u''(x_i)|$$

$$\le \frac{h^2}{12} \|u^{(4)}\|_\infty = \frac{h^2}{12} \|f''\|_\infty,$$

da $-u''(x) = f(x)$, $x \in (0,1)$. $\qquad\square$

Folgenden Zusammenhang zwischen lokalem Abbruch- und Diskretisierungsfehler werden wir noch benötigen:

$$L_h e_h = L_h u - L_h u_h = L_h u - f_h = \tau_h. \tag{9.13}$$

Damit können wir nun den Konvergenzsatz für FDM bezogen auf (9.1) formulieren und beweisen.

Satz 9.11 (Konvergenzsatz für FDM). *Falls* $f \in C^2([0,1])$, *dann gilt*

$$\|u - u_h\|_{h,\infty} \le \frac{h^2}{96} \|f''\|_\infty. \tag{9.14}$$

Beweis: Aus dem diskreten Maximumprinzip (Lemma 9.6 (c)) wissen wir, dass für $L_h u_h = f_h$ die Abschätzung $\|u_h\|_{h,\infty} \le \frac{1}{8}\|f_h\|_{h,\infty}$ gilt. Wenden wir dies auf (9.13) an, so erhalten wir $\|e_h\|_{h,\infty} \le \frac{1}{8}\|\tau_h\|_{h,\infty}$. Dann ergibt sich mit Lemma 9.10 die Abschätzung $\|e_h\|_{h,\infty} \le \frac{1}{8}\|\tau_h\|_{h,\infty} \le \frac{h^2}{96}\|f''\|_{h,\infty}$. $\qquad\square$

Wir sehen in obigem Beweis insbesondere, dass die Fehlerabschätzung aus der Konsistenz und dem diskreten Maximumprinzip folgt. Dies zeigt auch, was man zu tun hat, wenn man andere Differenzenoperatoren als Δ_h mittels des zentralen Differenzenquotienten betrachtet. Man muss die beiden genannten Eigenschaften nachweisen und erhält dann eine entsprechende Konvergenzaussage.

Numerische Lösung und Experimente

Die obige Fehleranalyse gibt uns den Fehler, der durch die Diskretisierung entsteht. Dabei haben wir stets stillschweigend vorausgesetzt, dass wir das diskrete System $L_h u_h = f_h$ exakt lösen. In dem hier zunächst betrachteten eindimensionalen Fall kann man dies tatsächlich (bis auf Maschinengenauigkeit) tun. Dies liegt daran, dass die Matrix A_h des linearen Gleichungssystems $A_h u_h = \tilde{f}_h$ eine spezielle Gestalt hat, wie wir in (9.9) gesehen hatten. Sie ist eine *Tridiagonalmatrix*, die symmetrisch ist und auf den (Neben-)Diagonalen konstante Einträge hat. Man nennt eine Matrix *tridiagonal*, falls alle Einträge außer denen auf der Diagonalen und den beiden Nebendiagonalen (obere und untere) null sind. Eine quadratische Matrix der Dimension N, die in jeder Zeile nur maximal c nicht verschwindende Einträge hat, nennt man *dünn besetzt* (engl. *sparse*). Dabei ist $0 < c \ll N$ eine feste (kleine) Konstante. Bei Tridiagonalmatrizen gilt offenbar $c = 3$. Man kann für Tridiagonalmatrizen eine spezielle Cholesky-Zerlegung herleiten, die dann zu einem Rekursionsschema führt, siehe z.B. [45, Kap. 3.7.1]. So kann man das lineare Gleichungssystem mit *linearem* Aufwand lösen, also mit $\mathcal{O}(N)$ Operationen, wobei $N \in \mathbb{N}$ die Dimension des Gleichungssystems ist.

Bemerkung 9.12.

(a) Bei nichtäquidistanten Gittern verwendet man speziell angepasste Differenzenquotienten. Die Matrix A_h ist dann i.A. nicht mehr symmetrisch, aber immer noch tridiagonal.

(b) Die Tridiagonalität ergibt sich aus der Verwendung von Differenzenoperatoren zweiter Ordnung. Verwendet man hier Formeln höherer Ordnung, dann besitzt die Matrix auch mehr als zwei nichttriviale Nebendiagonalen, man erhält eine Band-Struktur.

(c) Man sieht recht leicht, dass es bei Dirichlet-Randbedingungen genügt, sich auf homogene Randbedingungen zu beschränken, vgl. §6.8. Andere Randbedingungen (Neumann, Robin) müssen gesondert behandelt werden. Man muss dann die Differenzenquotienten am Rand anpassen. Variable Koeffizienten werden mit speziellen FDM behandelt. Wir verweisen auf die Literatur der Numerischen Mathematik, z.B. [15, 33, 41, 46]. △

Zusammenfassend halten wir fest, dass der Vorteil von FDM in einer Dimension in ihrer Einfachheit liegt. Dies betrifft insbesondere auch die Implementierung. Der wesentliche Nachteil liegt in der Voraussetzung $f \in C^2([0,1])$ von Satz 9.11, was eine sehr starke Forderung ist.

Abschließend beschreiben wir ein numerisches Experiment. Wozu braucht man hier „Experimente"?

Zum einen ist die oben beschriebene Fehleranalysis asymptotischer Natur, d.h., die bewiesenen Ergebnisse gelten für $h \to 0+$ oder, mit anderen Worten, unter der Voraussetzung, dass h „hinreichend klein" ist. Es könnte also sein, dass die Verfahren bei „vernünftigen" Schrittweiten h (also solchen, die nicht auf zu große Systeme führen) nicht die gewünschten Konvergenzeigenschaften besitzen. Ob dies der Fall ist oder nicht, kann man oft nur durch Experimente sehen.

Ein weiterer Punkt sind Konstanten in Fehlerabschätzungen. In obiger Analysis konnten wir diese Konstanten aufgrund der diskreten Green-Funktionen und der Kenntnis der Lösung explizit angeben ($\frac{1}{8}$ bzw. $\frac{1}{96}$). Bei variablen Koeffizienten oder auch im mehrdimensionalen Fall kann man dies oft nicht, sondern man weiß nur, dass es entsprechende Konstanten gibt. Will man deren Größe abschätzen, so kann man dies nur durch numerische Experimente. Das Gleiche gilt für den Aufwand eines Verfahrens, den man ja durch $\mathcal{O}$-Abschätzungen ausdrückt. In diesen Ausdrücken stehen aber Konstanten, die erheblichen Einfluss auf die Laufzeit haben können.

Weiterhin sind wir in der Analyse der Verfahren immer davon ausgegangen, dass die auftretenden linearen Gleichungssysteme exakt gelöst werden. Der Einfluss von Rundungsfehlern wurde zum Beispiel vernachlässigt.

Schließlich macht man in der Fehleranalysis eines numerischen Verfahrens stets Annahmen, die u.U. in einer gegebenen Anwendung nicht erfüllt sind. Auch wenn man in solch einem Fall die Theorie nicht anwenden kann, besteht zumindest die Chance, dass die getroffenen Annahmen zu restriktiv sind und die

Verfahren in der gegebenen Anwendung trotzdem das gewünschte Ergebnis liefern. Dies kann nur ein geeignetes Experiment zeigen. Ein solches Experiment beschreiben wir nun. Im Falle der FDM ist die Annahme $f \in C^2([0,1])$ für die Lösung des Randwertproblems äußerst restriktiv. Wir wollen sehen, inwieweit das Differenzenverfahren in diesem eindimensionalen Fall auch für weniger glatte Lösungen funktioniert. Dazu geben wir jeweils rechte Seiten vor, die in einem Punkt nicht stetig sind, so dass die Lösung nicht entsprechend glatt ist.

Wir betrachten zwei verschiedene rechte Seiten. Zunächst wählen wir die Funktion $u_{\sin}(x) := \sin(2\pi x)$, die offenbar C^∞ ist. Wir setzen $f_{\sin} := -u''_{\sin}$. Für dieses Beispiel erwarten wir quadratische Konvergenz, da die Voraussetzungen der obigen Sätze erfüllt sind. Weiterhin definieren wir

$$ f_\alpha(x) := \begin{cases} 1, & 0 \le x \le \alpha, \\ -1, & \alpha < x \le 1, \end{cases} \tag{9.15}$$

die eine Unstetigkeit im Punkt $\alpha \in (0,1)$ besitzt. Wir betrachten hier den Punkt $\alpha = 0.5$. Die Lösung u ist dann nicht in C^2 und man kann dann analog zur obigen Fehleranalysis zeigen, dass die FDM in diesem Fall zwar noch konvergiert, aber nur linear ($\mathcal{O}(h)$) anstelle von quadratisch ($\mathcal{O}(h^2)$) ist, siehe Aufgabe 9.1.

In Abbildung 9.2 zeigen wir die Konvergenzhistorie (also den Fehler über der Dimension des linearen Gleichungssystems, der Anzahl der Unbekannten) in einer doppelt-logarithmischen Skala. Diese Skala erlaubt es, die Konvergenzordnung leicht abzulesen als die (negative) Steigung einer Geraden, ggf. einer Ausgleichsgeraden. Wie erwartet, erhalten wir quadratische Konvergenz für $u_{\sin}$. Für u_α mit $\alpha = 0.5$ erhalten wir lineare Konvergenz, also eine fallende Gerade mit der Steigung -1. Offenbar ist die Fehleranalysis hier „scharf", d.h., wir erhalten lineare Konvergenz und nicht mehr.

Dieses und auch alle weiteren numerischen Beispiele in diesem Kapitel wurden in MATLAB (Mathworks®) geschrieben und mit Version R2018a getestet.

9.1.2 FDM im zweidimensionalen Fall

Als Nächstes betrachten wir nun das Dirichlet-Problem auf dem Einheitsquadrat

$$ -\Delta u(x) = f(x), \quad x \in \Omega := (0,1)^2, \qquad u(x) = 0, \quad x \in \Gamma := \partial\Omega. \tag{9.16}$$

Diskretisierung

Wir verwenden die gleiche Idee wie im eindimensionalen Fall und definieren ein äquidistantes Gitter analog zu (9.5)

$$ \Omega_h := \{(x,y) \in \overline{\Omega} : x = kh, \quad y = \ell h, \quad 0 \le k, \ell \le N+1\} \tag{9.17}$$

für $h := \frac{1}{N+1}$, $N = N_h \in \mathbb{N}$, wie oben. Der Rand besteht jetzt natürlich aus mehr als zwei Punkten, nämlich

$$ \partial\Omega_h := \{(x,y) \in \Gamma : x = kh \text{ oder } y = \ell h, \quad 0 \le k, \ell \le N+1\}, \tag{9.18}$$

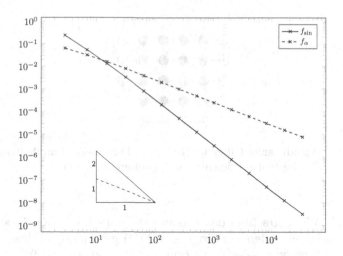

Abbildung 9.2. Konvergenzhistorie für die rechte Seite f_α in (9.15) (gestrichelt) und $f_{\sin}$ (durchgezogen). Es ist jeweils der Fehler $\|u - u_h\|_{h,\infty}$ über der Anzahl der Gitterpunkte N in einer doppelt-logarithmischen Skala abgetragen. Man erkennt deutlich die lineare Konvergenz bei f_α und die quadratische bei $f_{\sin}$.

vgl. Abbildung 9.3. Wie im eindimensionalen Fall definieren wir $\mathring{\Omega}_h := \Omega_h \setminus \partial\Omega_h$.

Die partiellen Ableitungen zweiter Ordnung approximieren wir wieder durch den zentralen Differenzenquotienten (9.6), also

$$\Delta u(x,y) = \frac{\partial^2}{\partial x^2}u(x,y) + \frac{\partial^2}{\partial y^2}u(x,y)$$

$$\approx \frac{1}{h^2}(u(x+h,y) - 2u(x,y) + u(x-h,y))$$

$$+ \frac{1}{h^2}(u(x,y+h) - 2u(x,y) + u(x,y-h))$$

$$= \frac{1}{h^2}(u(x+h,y) + u(x-h,y)$$

$$+ u(x,y+h) + u(x,y-h) - 4u(x,y)) = \Delta_h(x,y). \qquad (9.19)$$

Ganz analog zu Lemma 9.2 zeigt man mit Hilfe der Taylor-Entwicklung, dass $\|\Delta u - \Delta_h u\|_\infty = \mathcal{O}(h^2)$ mit $h \to 0+$ für $u \in C^4(\overline{\Omega})$. Also erhält man wiederum die Konsistenzordnung 2. Mit ähnlichen (wenn auch technisch aufwändigeren) Mitteln zeigt man den Konvergenzsatz, der für den Fall des Quadrates wiederum besagt, dass

$$\|u - u_h\|_{h,\infty} = \mathcal{O}(h^2) \text{ mit } h \to 0+, \text{ falls } u \in C^4(\overline{\Omega}).$$

Wir wollen nun zeigen, dass die Glattheits-Voraussetzung $u \in C^4(\overline{\Omega})$ im zweidimensionalen Fall besonders einschränkend ist: Selbst wenn die rechte Seite glatt ist, kann die Lösung nicht die erforderliche Regularität besitzen.

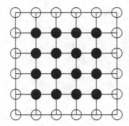

Abbildung 9.3. Äquidistantes Gitter auf $\overline{\Omega} = [0,1]^2$. Die inneren Punkte ($\overset{\circ}{\Omega}_h$) sind ausge-füllt dargestellt, $\partial\Omega_h$ besteht aus den nicht ausgefüllten Punkten ($\circ$).

Beispiel 9.13. Wir betrachten das *L-Gebiet* $\Omega := (-1,1)^2 \setminus \{[0,1) \times (-1,0]\} \subset \mathbb{R}^2$. Im Beispiel 6.89 hatten wir ein $f \in C^\infty(\overline{\Omega})$ gefunden, so dass die Lösung u des Poisson-Problems $-\Delta u(x) = f(x)$, $x \in \Omega$ und $u(x) = 0$, $x \in \Gamma := \partial\Omega$, in $H_0^1(\Omega) \cap H_{\mathrm{loc}}^2(\Omega)$ liegt, aber nicht nicht in $H^2(\Omega)$. In dem Beispiel ist ferner $u \in C(\overline{\Omega})$ und $u_{|\Gamma} = 0$. Das *L-Gebiet* erlaubt also *keine* maximale H^2-Regularität. Insbesondere hat man *kein* Shift-Theorem wie in Lemma 9.1 (b). $\triangle$

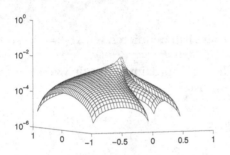
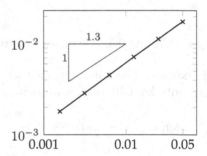

Abbildung 9.4. Finite-Differenzen-Methode auf dem L-Gebiet, Fehler zur exakten Lösung (links) und Konvergenzhistorie (rechts).

Nun könnte man ja hoffen, dass ein FDM trotzdem mit optimaler Rate konvergiert, weil z.B. die analytischen Abschätzungen nicht optimal sind. Wir beschreiben daher ein numerisches Experiment mit vorgegebener schwacher Lösung $u \in H^1(\Omega) \setminus \{C^2(\Omega) \cap C(\overline{\Omega})\}$, die wir aus Kapitel 6.11 bereits kennen:

$$u(x,y) = r^{2/3} \sin\left(\frac{2}{3}\varphi\right), \quad (x,y) = (r\cos\varphi, r\sin\varphi).$$

In Abbildung 9.4 zeigen wir links den Fehler für ein regelmäßiges Gitter mit Maschenweite $h = \frac{1}{80}$ und rechts die Konvergenzhistorie. Man beachte, dass wir hier auf der x-Achse die Gitterweite h abgetragen haben, deswegen ist hier der Kurvenverlauf mit positiver Steigung (im Gegensatz zu Abbildung 9.2). Zunächst sehen wir, dass in der Tat die einspringende Ecke Probleme bereitet, da dort große

Fehler auftreten. Zum Anderen beträgt der Kehrwert der Steigung der Geraden bezüglich der Konvergenzhistorie etwa 1.3 (vgl. Steigungsdreieck), was der Konvergenzordnung entspricht. Dies ist in zweierlei Hinsicht bemerkenswert:

- Die mangelnde H^2-Regularität führt offenbar tatsächlich zu einer Konvergenzrate, die niedriger als 2 ist.
- Die FDM konvergiert in diesem Fall, obwohl die Lösung nicht in C^4 ist. Sie konvergiert auch schneller als linear.

Ein weiteres Problem von FDM erkennen wir für Gebiete, die nicht eine solche rechtwinklige Struktur wie $(0,1)^2$ oder das L-Gebiet besitzen, vgl. Abbildung 9.5.

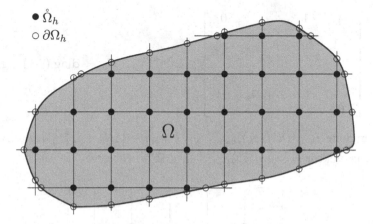

Abbildung 9.5. Äquidistantes Gitter $\mathring{\Omega}_h$ (ausgefüllte Punkte) und Randgitter $\partial\Omega_h(\circ)$ für ein krummliniges Gebiet $\Omega \subset \mathbb{R}^2$.

Für krummlinige Gebiete Ω machen die Definitionen (9.17) und (9.18) so keinen Sinn mehr. Stattdessen verwendet man

$$\mathring{\Omega}_h := \{(x,y) \in \Omega : x = k \cdot h,\ y = \ell \cdot h,\ k, \ell \in \mathbb{Z}\},$$
$$\partial\Omega_h := \{(x,y) \in \Gamma : x = k \cdot h \text{ oder } y = \ell \cdot h,\ k, \ell \in \mathbb{Z}\}.$$

Man sieht sofort, dass Ω_h die geometrische Struktur von Ω nicht gut repräsentiert, bei $\partial\Omega_h$ und Γ ist diese Diskrepanz noch deutlicher.

Numerische Lösung

Nun kommen wir zur Bestimmung der numerischen Lösung. Dazu beschreiben wir zunächst das lineare Gleichungssystem $A_h u_h = f_h$. Die genaue Gestalt der Matrix $A_h \in \mathbb{R}^{N_h^2 \times N_h^2}$ hängt von der Nummerierung ab. Wählt man die so genannte *lexikographische Nummerierung* (vgl. Abbildung 9.6)

$$z_k = (x_i, y_j), \quad x_i = ih, \quad y_j = jh, \quad k := (j-1)N + i,$$

dann erhält man für das lineare Gleichungssystem eine *Block-Tridiagonalmatrix*

$$A_h = \begin{bmatrix} B_h & C_h & & & 0 \\ C_h & B_h & \ddots & & \\ & \ddots & \ddots & \ddots & \\ & & \ddots & B_h & C_h \\ 0 & & & C_h & B_h \end{bmatrix} \in \mathbb{R}^{N_h^2 \times N_h^2}$$

mit den Blöcken

$$B_h = \begin{bmatrix} 4 & -1 & & & 0 \\ -1 & 4 & \ddots & & \\ & \ddots & \ddots & \ddots & \\ & & \ddots & 4 & -1 \\ 0 & & & -1 & 4 \end{bmatrix} \in \mathbb{R}^{N_h \times N_h}, \quad C_h = \operatorname{diag}(-1) \in \mathbb{R}^{N_h \times N_h},$$

der rechten Seite $f_h = (h^2 f(z_k))_{k=1,\dots,N_h^2}$, $k = (j-1)N_h + i$, $1 \leq i,j \leq N_h$, sowie dem Lösungsvektor $u_h = (u(z_k))_{k=1,\dots,N_h^2} \in \mathbb{R}^{N_h^2}$.

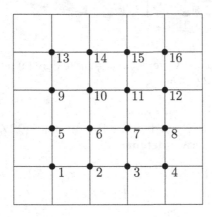

Abbildung 9.6. Lexikographische Nummerierung der Gitterpunkte, $\Omega = (0,1)^2$, $N = 5$.

Für dieses Gleichungssystem kann man keine einfache Rekursionsformel für die Cholesky-Zerlegung herleiten. Da A_h dünn besetzt, symmetrisch und positiv definit ist, bietet sich ein iteratives numerisches Verfahren zur näherungsweisen Lösung des linearen Gleichungssystems an. Ausgehend von einem Startwert $u^{(0)}$ wird eine Folge von Approximationen $u_h^{(k)}$, $k = 1,2,\dots$, bestimmt, die für $k \to \infty$ gegen die Lösung des linearen Gleichungssystems $A_h u_h = f_h$ konvergiert. Da $A_h \in \mathbb{R}^{\mathcal{N}_h \times \mathcal{N}_h}$ (hier ist $\mathcal{N}_h = N_h^2$ mit obiger Notation) dünn besetzt ist und da ein Iterationsschritt bei nahezu allen bekannten iterativen Verfahren einer Matrix-Vektor-Multiplikation entspricht, benötigt man für einen Schritt von $u_h^{(k)}$ nach

$u_h^{(k+1)}$ linearen Aufwand, also $\mathcal{O}(\mathcal{N}_h)$ Operationen. Der Gesamtaufwand wird also zusätzlich durch die Anzahl der Iterationen bestimmt. Dies misst man wie folgt: Gegeben sei ein Startwert $u_h^{(0)}$ und damit verbunden ein Anfangsfehler $\|u_h^{(0)} - u_h\|$ bezüglich einer geeigneten Norm $\| \cdot \|$. Man möchte nun wissen, wie viele Schritte man benötigt, um diesen Anfangsfehler um einen gegebenen Faktor $\varepsilon \in (0,1)$ zu reduzieren. Dies beschreibt offenbar die Konvergenzgeschwindigkeit des Verfahrens. Dazu beweist man eine Abschätzung der Form

$$\|u_h^{(k+1)} - u_h\| \le \rho_h^k \|u_h^{(k)} - u_h\|$$

mit einem Konvergenzfaktor $\rho_h \in (0,1)$. Wenn dies gilt, benötigt man offenbar

$$k = \left\lceil \frac{\log \varepsilon}{\log \rho_h} \right\rceil$$

Iterationsschritte, um die gewünschte Fehlerreduktion zu erreichen.

Nun kann es vorkommen, dass diese Fehlerreduktion für kleine Schrittweiten $h \to 0+$ *degeneriert*, also $\rho_h \to 1$. Dies würde bedeuten, dass das Verfahren immer langsamer konvergiert, je kleiner h wird. Da gleichzeitig die Matrixdimension für kleinere h wächst, ist ein solches Verhalten äußerst unangenehm. Man sucht daher ein Verfahren, das *asymptotisch optimal* ist, d.h. $\rho_h \le \rho_0 < 1$, $h \to 0+$. Mit anderen Worten: Die Fehlerreduktion eines asymptotisch optimalen Verfahrens ist von der Schrittweite h bzw. der Matrixdimension $\mathcal{N}_h$ unabhängig.

Die Frage nach der Konstruktion solcher asymptotisch optimalen Verfahren war für lange Zeit offen. Heute sind zumindest zwei Arten solcher Verfahren bekannt, zum einen das Verfahren der konjugierten Gradienten (cg-Verfahren) mit dem so genannten BPX-Vorkonditionierer (nach Bramble, Pasciak und Xu, 1990 [16]), zum anderen das Mehrgitter-Verfahren (multigrid, z.B. [15, Kap. V]). Eine weitere Alternative sind Wavelet-Verfahren, vergleiche z.B. [50].

Wie wir gesehen haben, hängt der Gesamtaufwand entscheidend von der Matrixgröße ab, also der Anzahl der Gitterpunkte. Im zweidimensionalen Fall haben wir gesehen, dass $\mathcal{N}_h = N_h^2$ gilt. In d Raumdimensionen hat man N_h^d Gitterpunkte, also selbst bei optimalen Lösungsverfahren mit linearem Aufwand $\mathcal{O}(N_h^d)$ Operationen für eine feste Fehlerreduktion, man unterliegt also dem *Fluch der Dimensionen*.

9.2 Finite Elemente für elliptische Probleme

In den 50er Jahren des letzten Jahrhunderts wurde die Finite-Elemente-Methode (FEM) für strukturmechanische Berechnungen im Automobil- und Flugzeugbau entwickelt. Mittlerweile ist die FEM zu einem Standard-Werkzeug in vielen Bereichen geworden. Die mathematische Theorie ist recht weit vorangeschritten, selbst wenn die FEM immer noch Gegenstand aktueller Forschung ist. Wir geben hier eine kurze Einführung, die in direktem Bezug zu den in den vorangegangenen Kapiteln behandelten analytischen Methoden für partielle Differenzialgleichungen steht.

9.2.1 Galerkin-Verfahren

Im Gegensatz zu der Methode der Finiten Differenzen basiert die Methode der Finiten Elemente auf der schwachen Formulierung einer gegebenen partiellen Differenzialgleichung. Wir werden sehen, dass dies auch dazu führt, dass wir den wesentlichen Nachteil der FDM bezüglich der hohen Glattheitsforderungen umgehen können.

Wir beginnen mit der Variationsformulierung eines Randwertproblems für eine elliptische partielle Differenzialgleichung. Sei H ein Hilbert-Raum mit einem inneren Produkt $(\cdot,\cdot)$, $V \hookrightarrow H$ ein stetig eingebetteter weiterer Hilbert-Raum und $a : V \times V \to \mathbb{R}$ eine stetige, koerzive Bilinearform. Zu gegebenem $f \in H$ gibt es nach dem Satz 4.24 von Lax-Milgram genau ein $u \in V$ mit

$$a(u,v) = (f,v), \quad v \in V. \tag{9.20}$$

Da V (z.B. $H_0^1(\Omega)$) im Allgemeinen unendlich-dimensional ist, kann man (9.20) nicht direkt für ein numerisches Verfahren verwenden. Daher betrachtet man *endlich-dimensionale* Teilräume

$$V_h \subset V, \quad \dim(V_h) = \mathcal{N}_h < \infty,$$

wobei man den Index „h" verwendet, um eine Analogie zu einer Gitterweite anzudeuten. Wir werden später noch sehen, wie man V_h basierend auf einem Netz (oder Gitter) der Maschenweite h konstruieren kann, wobei hier deutlich allgemeinere Netze als das kartesische Gitter bei FDM zugelassen sein werden. So kann man auch den zweiten Nachteil der FDM umgehen, nämlich die Einschränkung auf Gebiete von einfacher Geometrie.

Zu einem gegebenen endlich-dimensionalen („diskreten") Raum $V_h \subset V$ betrachtet man dann das diskrete Problem: Suche $u_h \in V_h$ mit

$$a(u_h,\chi) = (f,\chi), \quad \chi \in V_h. \tag{9.21}$$

Wir nennen u_h die *diskrete Lösung* von (9.20) in V_h. Da V_h ein Teilraum von V ist und wir die gleiche Bilinearform $a(\cdot,\cdot)$ wie in (9.20) betrachten, sichert der Satz von Lax-Milgram Existenz und Eindeutigkeit einer Lösung $u_h \in V_h$ von (9.21). Ebenso sichert dies die Stabilität (stetige Abhängigkeit von den Daten, hier also von f). Das diskrete Problem ist also wohlgestellt. Indem man eine Basis für V_h konstruiert, werden wir in Abschnitt 9.2.2 sehen, dass (9.21) auf ein lineares Gleichungssystem der Dimension $\mathcal{N}_h = \dim V_h$ führt.

Ähnlich wie bei FDM untersuchen wir nun den Fehler $u - u_h$. Es stellt sich heraus, dass man bereits unter sehr schwachen Voraussetzungen Aussagen über den Fehler machen kann.

Satz 9.14 (Céa-Lemma). *Die Bilinearform* $a : V \times V \to \mathbb{R}$ *sei stetig, d.h., es gibt ein* $C > 0$ *mit* $a(u,v) \leq C \cdot \|u\|_V \cdot \|v\|_V$, $u,v \in V$, *und* **koerziv**, *d.h., es gibt ein* $\alpha > 0$, *so dass* $a(u,u) \geq \alpha\|u\|_V^2$, $u \in V$. *Dann gilt für die Lösungen* u *von* (9.20) *und* u_h *von* (9.21) *für gegebenes* $f \in H$

$$\|u - u_h\|_V \leq \frac{C}{\alpha} \inf_{\chi \in V_h} \|u - \chi\|_V =: \frac{C}{\alpha} \operatorname{dist}_V(u, V_h).$$

Beweis: Da $V_h \subset V$, können wir in (9.20) insbesondere eine Testfunktion $\chi \in V_h$ verwenden und erhalten $a(u, \chi) = (f, \chi)$, $\chi \in V_h$. Von dieser Gleichung subtrahieren wir (9.21) und erhalten

$$a(u - u_h, \chi) = (f, \chi) - (f, \chi) = 0, \quad \chi \in V_h. \tag{9.22}$$

Diese Gleichung heißt *Galerkin-Orthogonalität*. Sie besagt, dass der Fehler $e_h :=$ $u - u_h$ bezüglich der Bilinearform $a(\cdot, \cdot)$ senkrecht auf dem Testraum V_h steht. Nun gilt wegen der Koerzivität und der Galerkin-Orthogonalität

$$\alpha \|u - u_h\|_V^2 \leq a(u - u_h, u - u_h)$$
$$= a(u - u_h, u - \chi) + a(u - u_h, \chi - u_h) = a(u - u_h, u - \chi)$$

für beliebiges $\chi \in V_h$, da $\chi - u_h \in V_h$. Aufgrund der Stetigkeit von $a(\cdot, \cdot)$ gilt weiter

$$\alpha \|u - u_h\|_V^2 \leq a(u - u_h, u - \chi) \leq C \|u - u_h\|_V \cdot \|u - \chi\|_V,$$

so dass die Division durch $\|u - u_h\|_V$ und Bildung des Infimums über alle $\chi \in V_h$ die Behauptung liefert. $\square$

Die Aussage des Céa-Lemmas verbindet die Numerische Mathematik mit der Approximationstheorie, denn Satz 9.14 besagt, dass der Fehler $\|u - u_h\|_V$ bis auf die problemabhängige Konstante $\frac{C}{\alpha}$ so gut wie die *beste Approximation* an u aus V_h ist. Damit hängt also die Größe des Fehlers von der Approximationsgüte des *Ansatzraumes* V_h ab. Wir werden diese Güte im Folgenden analysieren.

Im weiteren Verlauf beschränken wir uns auf elliptische partielle Differenzialgleichungen zweiter Ordnung mit homogenen Dirichlet-Randbedingungen auf $\Omega \subset \mathbb{R}^2$. In diesem Fall wählen wir $V = H_0^1(\Omega)$.

9.2.2 Triangulierung und Approximation auf Dreiecken

Um nun einen konkreten Ansatzraum V_h zu bilden, betrachtet man eine geometrische Unterteilung von Ω, ähnlich wie Ω_h bei FDM, aber wesentlich flexibler. Auf dieser Unterteilung (Gitter, Netz) definiert man (stückweise) Funktionen, die man dann als Basisfunktionen für V_h wählt. Der Ansatzraum ist also das lineare Erzeugnis der so konstruierten Basisfunktionen.

Wir beschränken uns hier auf offene Polygone $\Omega \subset \mathbb{R}^2$ im zweidimensionalen Raum. In höheren Raumdimensionen $\mathbb{R}^d$, $d > 2$, wird die geometrische Unterteilung komplizierter. Bei Gebieten, deren Rand kein Polygonzug (also z.B. krummlinig) ist, treten zusätzliche Terme in den Fehlerabschätzungen auf, die wir hier nicht betrachten, vgl. Abschnitt 9.3*.

Definition 9.15. Man nennt eine Familie von offenen Mengen $\mathcal{T} := \{T_i\}_{i=1}^N$ eine *Zerlegung* von Ω, falls gilt:
(a) $T_i \subset \Omega$ ist offen, $i = 1, \ldots, N$;
(b) $T_i \cap T_j = \emptyset$, $i \neq j$, $i, j = 1, \ldots, N$;
(c) $\bigcup_{i=1}^N \bar{T}_i = \bar{\Omega}$.
Ein $T \in \mathcal{T}$ nennt man *Element*. Wir sprechen von einer *Triangulierung*, falls jedes $T_i \in \mathcal{T}$ ein offenes Dreieck ist. $\triangle$

In der Numerik betrachtet man auch verallgemeinerte Dreiecke mit krummlinigen Rändern oder auch Zerlegungen mit anderen geometrischen Objekten, z.B. mit Vierecken. Solche Zerlegungen nennt man auch Triangulierung. Wir betrachten hier ausschließlich Dreieckszerlegungen. Später (vgl. Definitionen 9.24 und 9.26) werden wir zusätzlich einige Güte-Eigenschaften für Triangulierungen fordern. Auf den einzelnen Dreiecken werden wir hier ausschließlich affine Funktionen betrachten (man spricht von *linearen Elementen*). Diese werden dann später stetig auf ganz Ω zusammengesetzt und ergeben so den Ansatzraum V_h. Aus dem Céa-Lemma (Satz 9.14) wissen wir, dass

$$\inf_{\chi \in V_h} \|u - \chi\|_{H^1(\Omega)} =: \operatorname{dist}_{H^1(\Omega)}(u, V_h)$$

eine entscheidende Größe für die Analyse des Fehlers ist. In Kapitel 6 hatten wir gesehen, dass die Lösung des Laplace-Problems unter geeigneten Voraussetzungen in $H^2(\Omega)$ ist. Wir werden untersuchen, wie gut man eine beliebige H^2-Funktion durch stückweise affine Funktionen approximieren kann (vgl. Korollar 9.28).

9.2.3 Affine Funktionen auf einem Dreieck

Sei also $T \subset \mathbb{R}^2$ ein offenes Dreieck, das im Folgenden fest gewählt sei. Bekanntlich heißt eine Funktion $v : \bar{T} \to \mathbb{R}$ *affin*, falls

$$v(\lambda x + (1 - \lambda)y) = \lambda v(x) + (1 - \lambda)\, v(y), \qquad x, y \in \bar{T}, 0 \leq \lambda \leq 1. \tag{9.23}$$

Zunächst gilt folgende Charakterisierung.

Lemma 9.16.

   a) Die Menge $\mathcal{P}_1(T)$ der affinen Funktionen von $\bar{T}$ nach $\mathbb{R}$ ist ein Vektorraum der Dimension drei. Seien t_1, t_2, t_3 die Ecken von $\bar{T}$. Dann gibt es zu jedem $i \in \{1,2,3\}$ genau ein $v_i \in \mathcal{P}_1(T)$ mit $v_i(t_j) = \delta_{i,j}, i, j = 1,2,3$. Die Menge $\{v_1, v_2, v_3\}$ bildet eine Basis von $\mathcal{P}_1(T)$, die so genannte Lagrange-Basis.

   b) Zu jedem $v \in \mathcal{P}_1(T)$ gibt es eindeutig bestimmte Koeffizienten $a, b, c \in \mathbb{R}$ derart, dass

$$v(x) = a + bx_1 + cx_2, \qquad x = (x_1, x_2) \in \bar{T}. \tag{9.24}$$

Beweis:
a) Jedes $x \in \bar{T}$ hat eine eindeutige Darstellung in den *baryzentrischen Koordinaten* (a_1, a_2, a_3) mittels

$$x = a_1 t_1 + a_2 t_2 + a_3 t_3, \quad a_i \geq 0, \ i = 1,2,3, \ a_1 + a_2 + a_3 = 1, \tag{9.25}$$

vgl. Aufgabe 9.13. Da für $v \in \mathcal{P}_1(T)$ gilt: $v(x) = a_1 v(t_1) + a_2 v(t_2) + a_3 v(t_3)$, ist v durch seine Werte an den Ecken t_1, t_2, t_3 eindeutig bestimmt. Für $i \in \{1,2,3\}$ definiere $v_i : \bar{T} \to \mathbb{R}$ durch $v_i(x) := a_i$ mit x gemäß (9.25). Also lässt sich jedes $v \in \mathcal{P}_1(T)$ eindeutig schreiben als $v = \alpha_1 v_1 + \alpha_2 v_2 + \alpha_3 v_3$, wobei $\alpha_j = v(t_j)$, $j = 1,2,3$. Wir haben gezeigt, dass $\{v_1, v_2, v_3\}$ eine Basis von $\mathcal{P}_1(T)$ ist.
b) Man sieht leicht, dass die Funktionen in (9.24) affin sind. Sie bilden einen Vektorraum E der Dimension drei, vgl. Aufgabe 9.14. Damit ist $E = \mathcal{P}_1(T)$. $\qquad \square$

Aus dem obigen Lemma sieht man auch sofort, dass

$$\mathcal{P}_1(T) = \{p : \bar{T} \to \mathbb{R} : p(x) = a + bx_1 + cx_2, \quad a, b, c \in \mathbb{R}, \quad x = (x_1, x_2)\}.$$

Affine Funktionen kann man zwischen beliebigen konvexen Mengen definieren. Eine Funktion $f : \mathbb{R}^d \to \mathbb{R}^d$ ist genau dann affin, wenn $f - f(0)$ linear ist. Affine Funktionen sind also Verschiebungen von linearen Funktionen. Manchmal nennt man affine Funktionen auch einfach linear. Daher spricht man in der Numerik von *linearen Elementen*.

9.2.4 Normen auf einem Dreieck

Eine erste Schwierigkeit besteht darin, dass wir für Fehlerabschätzungen bei einem Variationsproblem Sobolev-Normen kontrollieren müssen, wir aber die Lagrange-Basis mittels Interpolation definiert haben. Ein Schlüssel für die Verbindung dieser Konzepte ist folgender Hilfssatz. Wiederum sei $T \subset \mathbb{R}^2$ ein festes offenes Dreieck.

Lemma 9.17. *Sei $T \subset \mathbb{R}^2$ ein offenes Dreieck mit Eckpunkten t_1, t_2, t_3. Dann ist*

$$\|\|v\|\| := |v|_{H^2(\Omega)} + \sum_{i=1}^{3} |v(t_i)|, \quad v \in H^2(T),$$

eine zu $\| \cdot \|_{H^2(T)}$ äquivalente Norm, wobei $|v|^2_{H^2(\Omega)} = \int_\Omega (|D_1^2 v(x)|^2 + 2|D_1 D_2 v(x)|^2 + |D_2 v(x)|^2)\,dx$.

Beweis: Da die Einbettung $H^2(T) \hookrightarrow C(\bar{T})$ stetig ist (vgl. Korollar 7.25), gibt es eine Konstante $c(T) > 0$ mit

$$\sup_{x \in \bar{T}} |v(x)| \le c(T)\,\|v\|_{H^2(T)}, \quad v \in H^2(T), \tag{9.26}$$

und daraus folgt $\|\|v\|\| \le (1 + c(T))\|v\|_{H^2(T)}$, also die obere Abschätzung. Insbesondere ist $\|\| \cdot \|\|$ eine stetige Halbnorm auf $H^2(T)$.

Nehmen wir an, dass die untere Abschätzung $\|v\|_{H^2(T)} \le C\|\|v\|\|$, $v \in H^2(T)$, für alle $C > 0$ falsch wäre. Dann existiert eine Folge $(v_k)_{k \in \mathbb{N}} \subset H^2(T)$, so dass $\|v_k\|_{H^2(T)} = 1$ und $\|\|v_k\|\| \le \frac{1}{k}$, $k \in \mathbb{N}$ gilt. Nach Satz 7.22 ist die Einbettung $H^2(T) \hookrightarrow H^1(T)$ kompakt. Also existiert eine in $H^1(T)$ konvergente Teilfolge von $(v_k)_{k \in \mathbb{N}}$, die wir zur Vereinfachung wieder mit $(v_k)_{k \in \mathbb{N}}$ bezeichnen. Nun gilt $|v_k|_{H^2(T)} \le \|\|v_k\|\| \le \frac{1}{k} \to 0$ mit $k \to \infty$ und damit

$$\|v_k - v_\ell\|^2_{H^2(T)} = \|v_k - v_\ell\|^2_{H^1(T)} + |v_k - v_\ell|^2_{H^2(T)}$$

$$\le \|v_k - v_\ell\|^2_{H^1(T)} + \big(|v_k|_{H^2(T)} + |v_\ell|_{H^2(T)}\big)^2 \to 0$$

für $k, \ell \to \infty$. Also ist $(v_k)_{k \in \mathbb{N}}$ auch eine Cauchy-Folge in $H^2(T)$ mit Grenzwert $v \in H^2(\Omega)$. Für diesen Grenzwert gilt aufgrund der Stetigkeit von $\|\| \cdot \|\|$ einerseits

$$\|\|v\|\| = \lim_{k \to \infty} \|\|v_k\|\| = 0 \tag{9.27}$$

und andererseits

$$\|v\|_{H^2(T)} = \lim_{k \to \infty} \|v_k\|_{H^2(T)} = 1. \tag{9.28}$$

Aus $\|\|v\|\| = 0$ folgt $|v|_{H^2(T)} = 0$ und daher mit dem folgenden Lemma 9.18 $v \in \mathcal{P}_1(T)$. Da aber $|v(t_i)| \leq \|\|v\|\| = 0, i = 1,2,3$, muss $v \equiv 0$ gelten. Dies ist aber ein Widerspruch zu (9.28). $\square$

Lemma 9.18. *Sei $T \subset \mathbb{R}^2$ ein offenes Dreieck und $v \in H^2(T)$ mit $D_i D_j v = 0$ für alle $i,j = 1,2$. Dann existiert eine affine Funktion $p \in \mathcal{P}_1(T)$ mit $p = v$ fast überall auf T.*

Beweis: Nach Satz 6.19 gibt es $c_j \in \mathbb{R}$, so dass $D_j v = c_j, j = 1,2$. Definiere $w(x) := v(x) - c_1 x_1 - c_2 x_2, x = (x_1, x_2) \in T$. Dann ist $D_j w = 0, j = 1,2$. Damit gibt es ein $c \in \mathbb{R}$ mit $w = c$. Folglich ist $v(x) = c + c_1 x_2 + c_2 x_2$. $\square$

9.2.5 Transformation auf ein Referenzelement

Sowohl für analytische als auch für rechentechnische Zwecke ist es sinnvoll und hilfreich, ein beliebiges Element T auf ein Referenzelement $\hat{T}$ zu transformieren. Als Referenzdreieck wählen wir die linke untere Hälfte des Einheits-Quadrates

$$\hat{T} := \{(x_1, x_2) \in \mathbb{R}^2 : x_1, x_2 > 0, \, 0 < x_1 + x_2 < 1\}$$

wie in Abbildung 9.7. Wiederum sei $T \subset \mathbb{R}^2$ ein festes offenes Dreieck. Dann gibt es eine affine Abbildung $F : \hat{T} \to T$, die $\hat{T}$ bijektiv auf T abbildet, also

$$F(\hat{x}) = b + B\hat{x}, \quad \hat{x} \in \hat{T}, \qquad F(\hat{T}) = T, \tag{9.29}$$

mit einer regulären Matrix $B \in \mathbb{R}^{2 \times 2}$ und einem Punkt $b \in \bar{T}$. Offenbar gilt $p \circ F \in \mathcal{P}_1(\hat{T})$ für alle $p \in \mathcal{P}_1(T)$, d.h., die Menge der affinen Funktionen ist invariant unter affinen Transformationen. Also können wir viele Aussagen auf das Referenzelement $\hat{T}$ zurückführen. Nach Lemma 9.17 existieren Konstanten $0 < \hat{c} \leq \hat{C} < \infty$ derart, dass

$$\hat{c} \, \|\|\hat{v}\|\| \leq \|\hat{v}\|_{H^2(\hat{T})} \leq \hat{C} \, \|\|\hat{v}\|\|, \qquad \hat{v} \in H^2(\hat{T}). \tag{9.30}$$

Wir werden die Fehleranalyse auf das Referenzdreieck $\hat{T}$ zurückführen. Dazu müssen wir den Effekt der Abbildung F und der Inversen $F^{-1} : T \to \hat{T}$, gegeben durch $F^{-1}(x) = B^{-1}x - B^{-1}b$, untersuchen. Sei $\|x\| := (x_1^2 + x_2^2)^{1/2}, x = (x_1, x_2) \in \mathbb{R}^2$, die Euklidische Norm und

$$\|A\| := \sup_{\|x\| \leq 1} \|Ax\| = \sup_{\|x\| = 1} \|Ax\| = \sup_{x \neq 0} \frac{\|Ax\|}{\|x\|}, \quad A \in \mathbb{R}^{2 \times 2},$$

die induzierte Operatornorm. Wir bezeichnen für ein Dreieck T mit ρ_T den *Innen-* und mit r_T den *Außenkreisradius* von T, vgl. Abbildung 9.8 für das Referenzdreieck $\hat{T}$. Für die Fehlerabschätzungen, die wir beweisen wollen, ist entscheidend, dass die Norm der Transformationsmatrix B durch den Außenkreis-, die der Inversen durch den Innenkreisradius abgeschätzt werden kann. Dies zeigt das folgende Lemma.

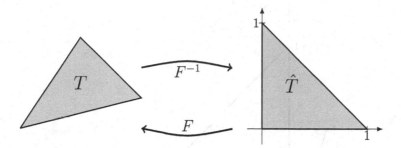

Abbildung 9.7. Reduktion auf ein Referenzdreieck.

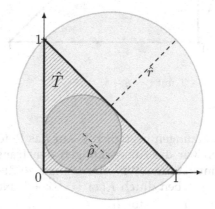

Abbildung 9.8. Außenradius $\hat{r} = \frac{1}{2}\sqrt{2}$ und Innenkreisradius $\hat{\rho} = 1 - \frac{1}{2}\sqrt{2} \approx 0.293$ des Referenzdreiecks $\hat{T}$.

Lemma 9.19. *Mit obigen Bezeichungen gilt* $\|B\| \leq \frac{\sqrt{2}}{\sqrt{2}-1} r_T$ *und* $\|B^{-1}\| \leq \frac{1}{\sqrt{2}\,\rho_T}$.

Beweis: Seien $\hat{\rho}$ und $\hat{r}$ der Innen- bzw. Außenkreisradius des Referenzdreiecks $\hat{T}$, also $\hat{\rho} = 1 - \frac{1}{2}\sqrt{2}$ und $\hat{r} = \frac{1}{2}\sqrt{2}$, vgl. Abbildung 9.8. Sei nun $\hat{x} \in \mathbb{R}^2$ mit $\|\hat{x}\| = 2\hat{\rho}$. Dann existieren zwei Punkte $\hat{y}, \hat{z} \in \hat{T}$ mit $\hat{x} = \hat{y} - \hat{z}$, vgl. Abbildung 9.9. Damit gilt $F\hat{y}, F\hat{z} \in T$ und $\|B\hat{x}\| = \|F\hat{y} - F\hat{z}\| \leq 2\,r_T$, also

$$\|B\| = \sup_{\|\hat{x}\|=2\hat{\rho}} \frac{\|B\hat{x}\|}{\|\hat{x}\|} \leq \frac{r_T}{\hat{\rho}} = \frac{\sqrt{2}}{\sqrt{2}-1} r_T.$$

Starten wir umgekehrt mit $x \in \mathbb{R}^2$ derart, dass $\|x\| = 2\rho_T$, so finden wir $y, z \in T$ mit $x = y - z$. Damit ist $\|B^{-1}x\| = \|F^{-1}y - F^{-1}z\| \leq 2\hat{r}$. Daraus folgt wie oben

$$\|B\|^{-1} = \sup_{\|x\|=2\rho_T} \frac{\|B^{-1}x\|}{\|x\|} \leq \frac{\hat{r}}{\rho_T} = \frac{1}{\sqrt{2}\,\rho_T}.$$

Somit ist die Behauptung bewiesen. $\qquad\square$

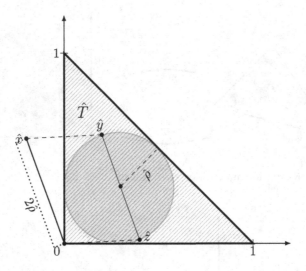

Abbildung 9.9. Punkte $\hat{y}, \hat{z} \in \hat{T}$ mit $\hat{x} = \hat{y} - \hat{z}$.

Um später Fehlerabschätzungen bezüglich T auf das Referenzdreieck reduzieren zu können, müssen wir die Auswirkungen der Transformation bezüglich der Sobolev-Normen untersuchen. Wir erinnern uns an die Definition (9.29) der Funktion $F : \hat{T} \to T$, gegeben durch $F(\hat{x}) = B\hat{x} + b$. Nun definieren wir für $v : T \to \mathbb{R}$ die Funktion $\hat{v} : \hat{T} \to \mathbb{R}$ durch

$$\hat{v}(\hat{x}) := v(F(\hat{x})) = v(x),$$

wobei $x = F(\hat{x})$. Dann gilt

$$\frac{\partial}{\partial \hat{x}_i} \hat{v}(\hat{x}) = \frac{\partial}{\partial \hat{x}_i} v(F(\hat{x})) = \sum_{j=1}^{2} \frac{\partial}{\partial x_j} v(x) \frac{\partial}{\partial \hat{x}_i} (F(\hat{x}))_j = \sum_{j=1}^{2} \frac{\partial}{\partial x_j} v(x) B_{j,i}$$

mit $B = (B_{i,j})_{i,j=1,2}$. Damit gilt also

$$\nabla(v \circ F) = (\nabla v) \circ F \cdot B. \tag{9.31}$$

Dazu beachte man, dass der Gradient ein Zeilenvektor ist. Auf der rechten Seite von (9.31) steht der Punkt für die Matrizen-Multiplikation. Damit erhalten wir folgende Abschätzungen:

Lemma 9.20. *Für $v \in H^1(T)$, $\hat{v} := v \circ F$ gilt $\hat{v} \in H^1(\hat{T})$ und*

$$|\hat{v}|_{H^1(\hat{T})} \le |\det B|^{-1/2} \|B\| \, |v|_{H^1(T)}, \quad |v|_{H^1(T)} \le |\det B|^{1/2} \|B^{-1}\| \, |\hat{v}|_{H^1(\hat{T})}.$$

Beweis: Mit (9.31) und unter Benutzung der Transformationsformel ergibt sich

$$|\hat{v}|^2_{H^1(\hat{T})} = |v \circ F|^2_{H^1(\hat{T})} = \int_{\hat{T}} |\nabla(v \circ F)|^2 \, d\hat{x} = \int_{\hat{T}} |(\nabla v) \circ F \cdot B|^2 \, d\hat{x}$$

$$\leq \|B\|^2 \int_{\hat{T}} |(\nabla v) \circ F|^2 |\det B| \, d\hat{x} \cdot |\det B|^{-1}$$

$$= \|B\|^2 |\det B|^{-1} \int_T |\nabla v|^2 \, dx,$$

woraus die erste Ungleichung folgt. Die zweite zeigt man analog. □

Wir brauchen später noch eine analoge Abschätzung für $|\hat{v}|_{H^2(\hat{T})}$. Dazu benötigen wir ein Hilfsresultat für Matrizen und die so genannte *Hilbert-Schmidt-Norm*

$$\|A\|^2_{HS} := \sum_{i,j=1}^n a^2_{ij}, \quad A := (a_{ij})_{i,j=1,\dots,d} \in \mathbb{R}^{d \times d}.$$

In der Numerik wird diese oft auch als *Schur-Norm* oder *Frobenius-Norm* bezeichnet.

Lemma 9.21. *Für $A, B \in \mathbb{R}^d$ gilt $\|BA\|_{HS} \leq \|B\| \cdot \|A\|_{HS}$, wobei $\|\cdot\|$ die von der Euklidischen Vektornorm $\|\cdot\|$ induzierte Matrixnorm ist.*

Beweis: Es gilt $\|A\|^2_{HS} = \sum_{i=1}^d \|Ae_i\|^2$ mit $e_i := (\delta_{1,i}, \dots, \delta_{d,i})^T \in \mathbb{R}^d$, vgl. (1.53), und damit $\|BA\|^2_{HS} = \sum_{i=1}^d \|BAe_i\|^2 \leq \|B\|^2 \sum_{i=1}^d \|Ae_i\|^2 = \|B\|^2 \cdot \|A\|^2_{HS}$, was die Behauptung zeigt. □

Damit ergibt sich die folgende, bereits angekündigte Abschätzung.

Lemma 9.22. *Für $v \in H^2(T)$ ist $\hat{v} := v \circ F \in H^2(\hat{T})$ und es gilt die Ungleichung $|\hat{v}|_{H^2(\hat{T})} \leq |\det B|^{-1/2} \|B\|^2 |v|_{H^2(T)}$.*

Beweis: Es gilt

$$|\hat{v}|^2_{H^2(\hat{T})} = \int_{\hat{T}} \left\{ \left| \frac{\partial^2}{\partial \hat{x}_1^2} \hat{v}(\hat{x}) \right|^2 + 2 \left| \frac{\partial}{\partial \hat{x}_1} \frac{\partial}{\partial \hat{x}_2} \hat{v}(\hat{x}) \right|^2 + \left| \frac{\partial^2}{\partial \hat{x}_2^2} \hat{v}(\hat{x}) \right|^2 \right\} d\hat{x}.$$

Wegen $x = F\hat{x}$ und $\hat{v}(\hat{x}) = v(x)$ gilt für $i, j = 1,2$

$$\frac{\partial}{\partial \hat{x}_i} \frac{\partial}{\partial \hat{x}_j} \hat{v}(\hat{x}) = \frac{\partial}{\partial \hat{x}_i} \left(\sum_{k=1}^2 \frac{\partial}{\partial x_k} v(x) \, B_{k,j} \right) = \sum_{k=1}^2 \frac{\partial}{\partial x_k} \left(\frac{\partial}{\partial \hat{x}_i} \hat{v}(\hat{x}) \right) B_{k,j}$$

$$= \sum_{k,\ell=1}^2 \frac{\partial}{\partial x_k} \left(\frac{\partial}{\partial x_\ell} v(x) B_{\ell,i} \right) B_{k,j} = \sum_{k,\ell=1}^2 B_{\ell,i} \frac{\partial}{\partial x_k} \frac{\partial}{\partial x_\ell} v(x) \, B_{k,j}$$

$$= (B^T \mathcal{H}v(x) B)_{i,j}$$

mit der Hesse-Matrix $\mathcal{H}v(x) := \left(\frac{\partial}{\partial x_i}\frac{\partial}{\partial x_j}v(x)\right)_{i,j=1,2}$. Daraus folgt

$$|\hat{v}|^2_{H^2(\hat{T})} = \int_{\hat{T}} \|\hat{\mathcal{H}}\hat{v}(\hat{x})\|^2_{HS}\,d\hat{x} = |\det B|^{-1}\int_T \|B^T\mathcal{H}v(x)B\|^2_{HS}\,dx$$

$$\leq |\det B|^{-1}\|B\|^4\int_T \|\mathcal{H}v(x)\|^2_{HS}\,dx = |\det B|^{-1}\|B\|^4\,|v|^2_{H^2(T)},$$

was die Behauptung zeigt. $\qquad\qquad\qquad\qquad\qquad\qquad\qquad\qquad\qquad\qquad\square$

9.2.6 Interpolation mit Finiten Elementen

Das Céa-Lemma besagt ja, dass der Fehler $\|u - u_h\|_{H^1(\Omega)}$ bis auf eine Konstante so gut ist wie der Fehler der besten Approximation an die Lösung u aus V_h. Um diese beste Approximation nun abschätzen zu können, konstruieren wir einen Interpolations-Operator $I_h : C(\overline{\Omega}) \to V_h$. Da hier $\Omega \subset \mathbb{R}^2$ ein Polygon ist, gilt $H^2(\Omega) \subset C(\overline{\Omega})$, vgl. Korollar 7.25. Für $u \in H^2(\Omega)$ ist dann $\|u - I_h u\|_{H^1(\Omega)}$ eine obere Schranke für den Fehler der besten Approximation. Den Interpolations-Operator definieren wir stückweise auf jedem $T \in \mathcal{T}$.

Zu $v \in C(\overline{T})$ gibt es genau eine affine Funktion $I_T v \in \mathcal{P}_1(T)$ mit $I_T v(t_i) = v(t_i)$, $i = 1,2,3$, wobei wieder t_1, t_2, t_3 die Ecken von T sind. Auf diese Weise haben wir einen lokalen Interpolations-Operator

$$I_T : C(\overline{T}) \to \mathcal{P}_1(T)$$

definiert. Wir wollen nun zunächst den Interpolationsfehler für I_T gegen die Halbnorm $|\cdot|_{H^2(\Omega)}$ abschätzen.

Satz 9.23. *Sei $T \subset \mathbb{R}^2$ ein offenes Dreieck mit Innen- und Außenkreisradius ρ_T bzw. r_T. Für $v \in H^2(T)$ gilt dann mit $\hat{C}$ aus (9.30)*

$$\|v - I_T v\|_{L_2(T)} \leq 12\,\hat{C}\,r_T^2\,|v|_{H^2(T)},$$

$$|v - I_T v|_{H^1(T)} \leq 9\,\hat{C}\,\frac{r_T^2}{\rho_T}\,|v|_{H^2(T)},$$

$$\|v - I_T v\|_{H^1(T)} \leq 9\,\hat{C}\,r_T^2\,\sqrt{2 + \rho_T^{-2}}\,|v|_{H^2(T)}.$$

Beweis: Sei $F(\hat{x}) = B\hat{x} + b$ die affine Transformation von $\hat{T}$ auf T. Sind $\hat{t}_1, \hat{t}_2, \hat{t}_3$ die Ecken von $\hat{T}$, so sind $t_i := F(\hat{t}_i)$, $i = 1,2,3$, die Ecken von T. Wegen $v \in H^2(T)$ ist $\hat{v} := v \circ F \in H^2(\hat{T})$. Ferner gilt

$$\widehat{I_T v} = I_{\hat{T}}\hat{v}, \qquad\qquad\qquad\qquad\qquad\qquad (9.32)$$

was man folgendermaßen sieht: Da sowohl $I_T v : T \to \mathbb{R}$ als auch $F : \hat{T} \to T$ affin sind, ist auch $\widehat{I_T v} = I_T v \circ F$ als Verknüpfung zweier affiner Funktionen affin. Damit sind also beide Funktionen in (9.32) affin. Da sie in den Punkten $\hat{t}_i$,

$i = 1,2,3$ übereinstimmen, sind sie identisch. Damit ist (9.32) gezeigt. Da $(I_{\hat{T}}\hat{v} - \hat{v})(\hat{t}_i) = 0$, $i = 1,2,3$, gilt mit (9.30)

$$\|I_{\hat{T}}\hat{v} - \hat{v}\|_{H^2(\hat{T})} \leq \hat{C} \,|\!|\!|I_{\hat{T}}\hat{v} - \hat{v}|\!|\!| = \hat{C}\,|I_{\hat{T}}\hat{v} - \hat{v}|_{H^2(\hat{T})} = \hat{C}\,|\hat{v}|_{H^2(\hat{T})}, \qquad (9.33)$$

da $I_{\hat{T}}\hat{v} \in \mathcal{P}_1(\hat{T})$ und damit $|I_{\hat{T}}\hat{v}|_{H^2(\hat{T})} = 0$.

Nun beweisen wir zunächst die L_2-Abschätzung. Es gilt

$$\|v - I_T v\|_{L_2(T)} = |\det B|^{1/2}\,\|\widehat{v - I_T v}\|_{L_2(\hat{T})} = |\det B|^{1/2}\,\|\hat{v} - I_{\hat{T}}\hat{v}\|_{L_2(\hat{T})}$$
$$\leq |\det B|^{1/2}\,\|\hat{v} - I_{\hat{T}}\hat{v}\|_{H^2(\hat{T})} \leq \hat{C}|\det B|^{1/2}\,|\hat{v}|_{H^2(\hat{T})}$$

mit obiger Abschätzung. Nun verwenden wir Lemma 9.22 und erhalten

$$\|v - I_T v\|_{L_2(T)} \leq \hat{C}\|B\|^2\,|v|_{H^2(T)} \leq \hat{C}\,\frac{2}{(\sqrt{2}-1)^2}\,r_T^2\,|v|_{H^2(T)} \leq 12\,\hat{C}\,r_T^2\,|v|_{H^2(T)}$$

mit Lemma 9.19. Damit ist die erste Abschätzung bewiesen. Für den Beweis der zweiten Ungleichung (mit der H^1-Halbnorm) benutzen wir Lemma 9.20 und erhalten

$$|v - I_T v|_{H^1(T)} \leq |\det B|^{1/2}\,\|B^{-1}\|\,|\hat{v} - I_{\hat{T}}\hat{v}|_{H^1(\hat{T})}$$
$$\leq |\det B|^{1/2}\,\|B^{-1}\|\,\|\hat{v} - I_{\hat{T}}\hat{v}\|_{H^2(\hat{T})}$$
$$\leq \hat{C}\,|\det B|^{1/2}\,\|B^{-1}\|\,|\hat{v}|_{H^2(\hat{T})} \leq \hat{C}\|B\|^2\|B^{-1}\|\,|v|_{H^2(T)}$$

mit (9.33) und Lemma 9.22. Mit Lemma 9.19 ergibt das

$$|v - I_T v|_{H^1(T)} \leq \hat{C}\left(\frac{\sqrt{2}}{\sqrt{2}-1}r_T\right)^2 \frac{1}{\sqrt{2}\,\rho_T}\,|v|_{H^2(T)}$$
$$= \hat{C}\frac{\sqrt{2}}{(\sqrt{2}-1)^2}\frac{r_T^2}{\rho_T}\,|v|_{H^2(T)} \leq 9\,\hat{C}\frac{r_T^2}{\rho_T}\,|v|_{H^2(T)}.$$

Schließlich zur H^1-Norm. Mit obiger Abschätzung gilt:

$$\|v - I_T v\|_{H^1(T)}^2 = \|v - I_T v\|_{L_2(T)}^2 + |v - I_T v|_{H^1(T)}^2$$
$$\leq \left(144\,\hat{C}^2 r_T^4 + 81\,\hat{C}^2\frac{r_T^4}{\rho_T^2}\right)|v|_{H^2(T)}^2$$
$$\leq 81\,\hat{C}^2 r_T^4(2 + \rho_T^{-2})|v|_{H^2(T)}^2,$$

also die Behauptung. $\qquad\qquad\square$

9.2.7 Finite-Elemente-Räume

Bislang haben wir ein einzelnes, festes Dreieck $T \subset \mathbb{R}^2$ betrachtet. Wir kehren nun zurück zur in Abschnitt 9.2.2 eingeführten Triangulierung eines Polygons

$\Omega \subset \mathbb{R}^2$. In Abbildung 9.10 ist ein Beispiel dargestellt. Über $\overline{\Omega}$ definieren wir den Vektorraum

$$V_{\mathcal{T}} := \{v \in C_0(\Omega) : v_{|\bar{T}} \in \mathcal{P}_1(T),\ T \in \mathcal{T}\}$$

der global stetigen, bezüglich $\mathcal{T}$ stückweise affinen Funktionen mit homogenen Dirichlet-Randbedingungen. Hier ist wie zuvor $C_0(\Omega) = \{u \in C(\overline{\Omega}) : u_{|\partial\Omega} = 0\}$. Man beachte, dass $V_{\mathcal{T}}$ ein Unterraum von $H_0^1(\Omega)$ ist (siehe Aufgabe 7.6 und Satz 6.30). Man nennt die Elemente von $V_{\mathcal{T}}$ *lineare Finite Elemente*, da die Funktionen in $V_{\mathcal{T}}$ stückweise affin sind.

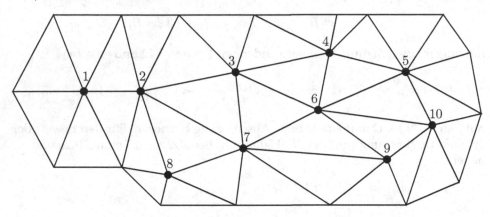

Abbildung 9.10. Dreiecks-Triangulierung eines Polygons Ω. Die inneren Knoten sind (beliebig) durchnummeriert.

Zunächst wollen wir die Dimension dieses Raumes bestimmen. Dies wird auch die Dimension des linearen Gleichungssystems sein, das wir zur Bestimmung der numerischen Lösung in $V_{\mathcal{T}}$ zu lösen haben. Hierzu fordern wir eine zusätzliche Güte-Eigenschaft der Triangulierung.

Definition 9.24. Eine Triangulierung $\mathcal{T}$ heißt *zulässig*, falls folgende Bedingungen gelten:
(i) Besteht $\overline{T}_i \cap \overline{T}_j$ für $T_i, T_j \in \mathcal{T}$ aus genau einem Punkt, so ist dieser Eckpunkt von T_i und T_j.
(ii) Besteht $\overline{T}_i \cap \overline{T}_j$ für $T_i, T_j \in \mathcal{T}$, $i \neq j$, aus mehr als einem Punkt, so ist $\overline{T}_i \cap \overline{T}_j$ Kante von T_i und T_j. $\triangle$

Wir erläutern diese Definition anhand von Abbildung 9.11, die zwei unzulässige Triangulierungen beschreibt. Die beiden Bedingungen (i) und (ii) verhindern so genannte „hängende Knoten". Sei $\mathcal{T}$ eine zulässige Triangulierung. Ist $z \in \overline{\Omega}$ Eckpunkt zweier verschiedener Dreiecke in $\mathcal{T}$, so nennen wir z einen *Knoten*; gilt zusätzlich $z \in \Omega = \overline{\Omega} \setminus \partial\Omega$, so nennen wir z einen *inneren Knoten*. Mit $\mathring{\mathcal{T}}$ bezeichnen wir die Menge der inneren Knoten, mit $|\mathring{\mathcal{T}}|$ die Anzahl der inneren Knoten, vgl. Abbildung 9.10. Nun können wir mit Hilfe von $\mathring{\mathcal{T}}$ folgendermaßen eine Basis von $V_{\mathcal{T}}$ bilden:

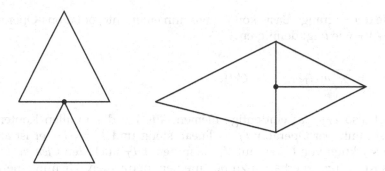

Abbildung 9.11. Nicht zulässige Zerlegungen. Links ist (i) in Definition 9.24 verletzt, rechts (ii).

Lemma 9.25. *Sei $\mathcal{T}$ eine zulässige Triangulierung eines Polygons $\Omega \subset \mathbb{R}^2$. Dann gibt es zu jedem $t_i \in \mathring{\mathcal{T}} = \{t_1, \ldots, t_N\}$, $N = |\mathring{\mathcal{T}}|$, genau ein $\varphi_i \in V_{\mathcal{T}}$ mit*

$$\varphi_i(t_j) = \delta_{i,j}, \qquad j = 1, \ldots, N. \tag{9.34}$$

Die Funktionen $\{\varphi_1, \ldots, \varphi_N\}$ bilden eine Basis von $V_{\mathcal{T}}$, die so genannte Lagrange-Basis[1].

Beweis: Sei $i \in \{1, \ldots, N\}$ fest und $T \in \mathcal{T}$ ein Dreieck, so dass t_i eine Ecke von T ist. Es gibt genau ein $f_T \in \mathcal{P}_1(T)$ mit $f_T(t_i) = 1$, so dass f_T in den beiden anderen Ecken von T verschwindet. Nun sei $S \in \mathcal{T}$ mit $\bar{T} \cap \bar{S} \neq \emptyset$, $S \neq T$. Wir zeigen, dass $f_T = f_S$ auf $\bar{T} \cap \bar{S}$. Damit können wir dann $\varphi_i(x) := f_T(x)$ für $x \in \bar{T}$ eindeutig definieren und erhalten die gesuchte Funktion $\varphi_i \in V_{\mathcal{T}}$, die (9.34) erfüllt. Da die Triangulierung zulässig ist, ist $\bar{T} \cap \bar{S}$ entweder ein Knoten oder eine gemeinsame Kante, hängende Knoten sind ja ausgeschlossen. Sei also $\bar{T} \cap \bar{S} = \{z\}$ ein gemeinsamer Eckpunkt von T und S, dann gilt $f_T(z) = f_S(z)$. Im zweiten Fall ist $\bar{T} \cap \bar{S}$ eine gemeinsame Kante, also $\bar{T} \cap \bar{S} = \{\lambda x + (1 - \lambda)y : 0 \leq \lambda \leq 1\}$ mit zwei gemeinsamen Ecken x, y von T und S. Für alle $0 \leq \lambda \leq 1$ gilt

$$
\begin{aligned}
f_T(\lambda x + (1 - \lambda)y) &= \lambda f_T(x) + (1 - \lambda)f_T(y) = \lambda f_S(x) + (1 - \lambda)f_S(y) \\
&= f_S(\lambda + (1 - \lambda)y),
\end{aligned}
$$

also $f_S = f_T$ auf $\bar{T} \cap \bar{S}$. Damit ist (9.34) bewiesen.
Wir müssen noch zeigen, dass $\{\varphi_1, \ldots, \varphi_N\}$ eine Basis von $V_{\mathcal{T}}$ ist. Wegen (9.34) ist klar, dass diese Funktionen linear unabhängig sind. Nun sei $u \in V_{\mathcal{T}}$, dann ist $v := u - \sum_{i=1}^{N} u(t_i)\varphi_i \in V_{\mathcal{T}}$ und es gilt $v(t_j) = 0$ für $j = 1, \ldots, N$. Da $v \in V_{\mathcal{T}}$ auf dem Rand $\partial\Omega$ von Ω verschwindet, gilt $v(x) = 0$ für jeden Eckpunkt x eines Dreiecks $T \in \mathcal{T}$. Da $v_{|\bar{T}} \in \mathcal{P}_1(T)$, folgt $v_{|\bar{T}} = 0$ für alle $T \in \mathcal{T}$. Daraus folgt $v \equiv 0$. Also hat u die Darstellung $u = \sum_{i=1}^{N} u(t_i)\varphi_i$. $\qquad\square$

---

[1]Man findet auch die Bezeichnung *nodale Basis*, abgeleitet von dem englischen Wort für Knoten.

Mit Hilfe der Lagrange-Basis können wir nun einen Interpolations-Operator $I_{\mathcal{T}}$: $C_0(\Omega) \to V_{\mathcal{T}}$ wie folgt definieren:

$$I_{\mathcal{T}}u := \sum_{i=1}^{N} u(t_i)\varphi_i, \quad u \in C_0(\Omega).$$

Damit ist also $I_{\mathcal{T}}u$ das eindeutige Element aus $V_{\mathcal{T}}$, das in allen Knoten mit u übereinstimmt. Der Operator $I_{\mathcal{T}}$ ist linear, stetig und $I_{\mathcal{T}}^2 = I_{\mathcal{T}}$, er ist also eine stetige Projektion von $C_0(\Omega)$ auf $V_{\mathcal{T}}$. Man nennt $I_{\mathcal{T}}$ auch den *Clément-Operator*. Um das Konvergenzverhalten zu beschreiben, betrachten wir nun eine Familie $\{\mathcal{T}_h\}_{h>0}$ von regulären Triangulierungen des Polygons Ω. Mit der Schreibweise $\mathcal{T}_h$ deuten wir an, dass wir stets annehmen, dass

$$r_T \le h \quad \text{für alle } T \in \mathcal{T}_h.$$

Wir werden zeigen, dass unter geeigneten Voraussetzungen

$$\|v - I_{\mathcal{T}}v\|_{L_2(\Omega)} = \mathcal{O}(h^2) \quad \text{mit} \quad h \to 0+ \quad \text{für } v \in H^2(\Omega)$$

gilt. Dabei müssen wir natürlich ausschließen, dass die Dreiecke bei kleiner werdendem h entarten. So ein Fall läge etwa vor, wenn das Verhältnis von längster zu kürzester Seite für $h \downarrow 0$ beliebig groß werden könnte. Das wird durch folgende Definition ausgeschlossen.

Definition 9.26. Eine Familie $\{\mathcal{T}_h\}_{h>0}$ von Triangulierungen heißt *quasi-uniform*, falls $r_T \le h$ für jedes $T \in \mathcal{T}_h$ und falls es ein $\kappa \ge 1$ gibt mit

$$\frac{r_T}{\rho_T} \le \kappa$$

für alle $T \in \mathcal{T}_h$ und alle $h > 0$. $\triangle$

Die Bedingung der Quasi-Uniformität sichert, dass das Verhältnis von Außen- zu Innenkreisradius für alle $T \in \mathcal{T}_h$ und alle $h > 0$ durch κ beschränkt ist. Für $h \to 0+$ werden dadurch schmale, lang gezogene Dreiecke ausgeschlossen. Zu jedem $h > 0$ betrachten wir nun den Finite-Elemente-Raum

$$V_h := \{v \in C_0(\Omega) : v_{|\bar{T}} \in \mathcal{P}_1(T) \text{ für alle } T \in \mathcal{T}_h\} \tag{9.35}$$

sowie den oben definierten Clément-Operator $I_h : C_0(\Omega) \to V_h$. Für diesen gelten folgende Fehlerabschätzungen:

Satz 9.27. *Sei $\{\mathcal{T}_h\}_{h>0}$ eine quasi-uniforme Familie von zulässigen Triangulierungen eines Polygons $\Omega \subset \mathbb{R}^2$. Dann gelten die Fehlerabschätzungen*

$$\|v - I_h v\|_{L_2(\Omega)} \le 12\,\hat{C}\,h^2\,|v|_{H^2(\Omega)}, \|v - I_h v\|_{H^1(\Omega)} \le 16\,\hat{C}\,\kappa\,h\,|v|_{H^2(\Omega)},$$

mit $\hat{C}$ aus (9.30) für alle $v \in H^2(\Omega)$ und alle $0 < h \le 1$.

Beweis: Nach Voraussetzung ist $r_T \leq h$ für alle $T \in \mathcal{T}_h$. Weiterhin gilt

$$\|v - I_h v\|_{L_2(\Omega)}^2 = \sum_{T \in \mathcal{T}_h} \|v - I_h v\|_{L_2(T)}^2 \leq 144\,\hat{C}^2\,h^4 \sum_{T \in \mathcal{T}_h} |v|_{H^2(T)}^2 = 144\,\hat{C}^2\,h^4\,|v|_{H^2(\Omega)}^2$$

mit Satz 9.23. Die zweite Abschätzung geht ganz analog, wobei wir $\rho_T \leq r_T \leq h \leq 1$ verwenden. Damit gilt nämlich $81(2 + \rho_T^{-2}) \leq 243\,\rho_T^{-2}$ und folglich nach Satz 9.23

$$\|v - I_h v\|_{H^1(\Omega)}^2 = \sum_{T \in \mathcal{T}_h} \|v - I_h v\|_{H^1(T)}^2 \leq 81\,\hat{C}^2 \sum_{T \in \mathcal{T}_h} r_T^4 (2 + \rho_T^{-2})\,|v|_{H^2(T)}^2$$

$$\leq 243\,\hat{C}^2 \sum_{T \in \mathcal{T}_h} r_T^2 \frac{r_T^2}{\rho_T^2} |v|_{H^2(T)}^2 \leq 243\,\hat{C}^2\,h^2\,\kappa^2 \sum_{T \in \mathcal{T}_h} |v|_{H^2(T)}^2$$

$$= 243\,\hat{C}^2\,h^2\,\kappa^2 |v|_{H^2(\Omega)}^2,$$

woraus die zweite Abschätzung folgt. $\qquad\square$

Aus Satz 9.27 ergibt sich insbesondere folgende Abschätzung, die im Zusammenhang mit dem Céa-Lemma wichtig sein wird.

Korollar 9.28. *Unter den Voraussetzungen von Satz 9.27 gelten für $v \in H^2(\Omega)$ und $0 < h \leq 1$ folgende Abschätzungen:*

$$\inf_{\chi \in V_h} \|v - \chi\|_{L_2(\Omega)} \leq 12\,\hat{C}\,h^2\,|v|_{H^2(\Omega)}, \quad \inf_{\chi \in V_h} \|v - \chi\|_{H^1(\Omega)} \leq 16\,\hat{C}\,\kappa\,h\,|v|_{H^2(\Omega)}. \qquad\square$$

9.2.8 Das Poisson-Problem auf Polygonen

Die obige Analysis ergab eine Abschätzung für den Fehler der besten Approximation aus V_h an eine beliebige Funktion $v \in H^2(\Omega)$. Nun wollen wir diese Abschätzungen für die Lösung u eines elliptischen Randwertproblems (9.20) verwenden. Dazu müssen wir die Bilinearform spezifizieren und daraus ergeben sich die Konstanten C und α aus dem Céa-Lemma (Satz 9.14). Als letzten Schritt wollen wir dann die auftretende Norm der unbekannten Lösung durch einen Ausdruck ersetzen, der nur von den bekannten Daten des Problems abhängt.

Wir beschränken uns wiederum auf das Poisson-Problem $-\Delta u = f$ in einem konvexen Polygon $\Omega \subset \mathbb{R}^2$ mit homogenen Dirichlet-Randbedingungen $u = 0$ auf $\partial\Omega$. Sei also $\Omega \subset \mathbb{R}^2$ ein konvexes Polygon. Nach Satz 6.87 ist das Poisson-Problem H^2-regulär, d.h., es gibt zu jedem $f \in L_2(\Omega)$ genau ein $u \in H_0^1(\Omega) \cap H^2(\Omega)$ derart, dass $-\Delta u = f$. Wir nennen dieses u im Folgenden die Lösung des Poisson-Problems. Seine H^2-Norm können wir in folgendem Sinn kontrollieren.

Satz 9.29. *Es existiert eine Konstante $c_2 > 0$ (die nur von Ω abhängt) mit*

$$\|u\|_{H^2(\Omega)} \leq c_2\,\|f\|_{L_2(\Omega)}$$

für jedes $f \in L_2(\Omega)$, wobei u die Lösung des Poisson-Problems mit rechter Seite f ist.

Beweis: Die Abbildung $A^{-1} : L_2(\Omega) \to H^2(\Omega)$, die jedem $f \in L_2(\Omega)$ die eindeutige Lösung des Poisson-Problems zuordnet, ist offenbar linear (siehe Satz 8.7 für die Bezeichnung A^{-1}). Aus dem Satz vom abgeschlossenen Graphen folgt, dass A^{-1} stetig ist. Damit ist $\|u\|_{H^2(\Omega)} = \|A^{-1}f\|_{H^2(\Omega)} \le \|A^{-1}\|_{\mathcal{L}(L_2(\Omega),H^2(\Omega))}\|f\|_{L_2(\Omega)}$, also die Behauptung mit $c_2 := \|A^{-1}\|_{\mathcal{L}(L_2(\Omega),H^2(\Omega))}$. $\square$

Die zum Poisson-Problem gehörende Bilinearform ist gegeben durch $a(u,v) = \int_\Omega \nabla u \nabla v \, dx$, $u, v \in H_0^1(\Omega)$.

Lemma 9.30. *Für die Bilinearform des Poisson-Problems gilt für $u, v \in H_0^1(\Omega)$*

$$|a(u,v)| \le \|u\|_{H^1(\Omega)} \|v\|_{H^1(\Omega)}, a(u,u) \ge \alpha\|u\|_{H^1(\Omega)}^2$$

mit einer Konstanten $\alpha > 0$.

Beweis: Die erste Ungleichung ist trivial, die zweite folgt aus der Poincaré-Ungleichung (Satz 6.32). $\square$

Die erste Abschätzung besagt, dass wir im Céa-Lemma (Satz 9.14) die Konstante $C = 1$ wählen können. Damit haben wir nun alle Teile zusammen, um folgenden zentralen Satz zu beweisen. Er sichert lineare Konvergenz des Fehlers in der H^1-Norm.

Satz 9.31. *Sei $\{\mathcal{T}_h\}_{h>0}$ eine quasi-uniforme Familie von zulässigen Triangulierungen eines konvexen Polygons $\Omega \subset \mathbb{R}^2$. Für $f \in L_2(\Omega)$ sei u die Lösung des Poisson-Problems und $u_h \in V_h$ die diskrete Lösung mittels linearer Elemente gemäß (9.21). Dann gibt es eine Konstante $c > 0$ (die nur von κ und Ω abhängt), so dass für alle $0 < h \le 1$*

$$\|u - u_h\|_{H^1(\Omega)} \le c\,h\|f\|_{L_2(\Omega)}.$$

Beweis: Mit Satz 9.14 (Céa-Lemma), Satz 9.29 und Korollar 9.28 gilt

$$\|u - u_h\|_{H^1(\Omega)} \le \frac{1}{\alpha}\inf_{\chi \in V_h}\|u - \chi\|_{H^1(\Omega)} \le \frac{1}{\alpha}16\,\hat{C}\,\kappa\,h\,|u|_{H^2(\Omega)}$$

$$\le \frac{1}{\alpha}16\,\hat{C}\,\kappa\,h\,\|u\|_{H^2(\Omega)} \le \frac{1}{\alpha}16\,c_2\,\hat{C}\,\kappa\,h\,\|f\|_{L_2(\Omega)}$$

und damit die Behauptung mit $c = \frac{1}{\alpha}16\,c_2\,\hat{C}\,\kappa$. $\square$

Eine L_2-Abschätzung

In diesem Abschnitt zeigen wir für das konkrete Beispiel des Poisson-Problems, wie man auf L_2-Abschätzungen kommt. Es stellt sich heraus, dass man aus der linearen Konvergenz in der H^1-Norm in Satz 9.31 die quadratische Konvergenz in der L_2-Norm erhält. Das allgemeine Resultat geht auf Aubin (1967) und Nitsche (1968) zurück und gilt auch für allgemeine (nicht notwendig symmetrische) Formen. Der wesentliche Schritt besteht darin, zum eigentlichen Variationsproblem ein so genanntes *duales Problem* zu betrachten, das wie folgt lautet: Für ein gegebenes $g \in L_2(\Omega)$ sei $w \in H_0^1(\Omega)$ die Lösung von

$$a(v,w) = (g,v), \quad v \in H_0^1(\Omega).$$

Im Falle einer symmetrischen Form $a(\cdot, \cdot)$ und der hier betrachteten rechten Seite ist das duale Problem genau von der Form des ursprünglichen Poisson-Problems. Insofern ist die Bezeichnung „duales Problem" hier überflüssig (nicht aber im Falle unsymmetrischer oder sogar nichtlinearer Probleme, die wir hier jedoch nicht betrachten), aber vielleicht nützlich, um den wesentlichen Schritt im Beweis hervorzuheben (siehe Aufgabe 9.16 für eine allgemeinere Aussage). Damit gewinnen wir beim Übergang von der H^1- zur L_2-Norm eine Ordnung für die Konvergenz.

Satz 9.32. *Unter den Voraussetzungen von Satz 9.31 gilt für alle* $0 < h \leq 1$

$$\|u - u_h\|_{L_2(\Omega)} \leq c^2 \, h^2 \, \|f\|_{L_2(\Omega)}$$

mit der Konstanten c aus Satz 9.31.

Beweis: Sei $0 < h \leq 1$ fest. Aufgrund des Satzes von Riesz-Fréchet gibt es ein $g \in L_2(\Omega)$ mit $\|g\|_{L_2(\Omega)} \leq 1$, so dass

$$\|u - u_h\|_{L_2(\Omega)} = (u - u_h, g)_{L_2(\Omega)}.$$

Wir betrachten nun die Lösung $w \in H_0^1(\Omega)$ des dualen Problems, also hier des Poisson-Problems mit rechter Seite g. Verwenden wir nun die Galerkin-Orthogonalität $a(u - u_h, \chi) = 0$ für alle $\chi \in V_h$, so erhalten wir

$$\|u - u_h\|_{L_2(\Omega)} = (u - u_h, g)_{L_2(\Omega)} = a(u - u_h, w) = a(u - u_h, w - \chi)$$

für beliebiges $\chi \in V_h$. Im zweiten Schritt haben wir im dualen Problem die Testfunktion $v = u - u_h$ verwendet, also $(g, u - u_h) = a(u - u_h, w)$. Die Stetigkeit der Bilinearform $a(\cdot, \cdot)$ und die Fehlerabschätzung in Satz 9.31 liefern

$$\|u - u_h\|_{L_2(\Omega)} \leq \|u - u_h\|_{H^1(\Omega)} \|w - \chi\|_{H^1(\Omega)} \leq c \, h \, \|f\|_{L_2(\Omega)} \, \|w - \chi\|_{H^1(\Omega)}.$$

Da $\chi \in V_h$ beliebig ist, wählen wir $\chi = w_h$, also die diskrete Lösung des dualen Problems, und erhalten wieder aus Satz 9.31

$$\|u - u_h\|_{L_2(\Omega)} \leq c \, h \, \|f\|_{L_2(\Omega)} \, c \, h \, \|g\|_{L_2(\Omega)} \leq c^2 \, h^2 \, \|f\|_{L_2(\Omega)},$$

also die Behauptung.   □

Offenbar erhalten wir die Fehlerabschätzung $\|u - u_h\|_{L_2(\Omega)} = \mathcal{O}(h^2)$, $h \to 0+$, also die gleiche Ordnung wie bei der FDM (wir hatten dies dort für die diskrete Maximumnorm $\|\cdot\|_{h,\infty}$ bewiesen). Allerdings wird die extrem einschränkende Voraussetzung $u \in C^4(\overline{\Omega})$ bei der FDM für die FEM nicht benötigt. Hinzu kommt die erheblich größere Flexibilität bezüglich der Geometrie des Gebietes Ω.

Eine suboptimale L_∞-Abschätzung

Alle bisherigen Abschätzungen gelten bezüglich Lebesgue-Normen. Zum Abschluss wollen wir eine Abschätzung (der ersten Ordnung) bezüglich der Supremumsnorm

$$\|v\|_{C(\overline{\Omega})} := \sup_{x \in \overline{\Omega}} |v(x)|, \qquad v \in C(\overline{\Omega}),$$

beweisen. Wir sprechen hier von einer „suboptimalen" Abschätzung, weil man mit mehr Aufwand eine höhere Konvergenzordnung beweisen kann (vgl. Abschnitt 9.3*). Für die angestrebte Abschätzung benötigen wir eine so genannte *inverse Abschätzung*, für die wir allerdings eine zusätzliche Forderung an die Triangulierung stellen müssen.

Definition 9.33. Eine Familie $\{\mathcal{T}_h\}_{h>0}$ von Triangulierungen heißt *uniform*, falls $r_T \leq h$ für jedes $T \in \mathcal{T}_h$ und falls es ein $\kappa \geq 1$ gibt mit $\frac{h}{\rho_T} \leq \kappa$ für alle $T \in \mathcal{T}_h$ und alle $h > 0$. $\triangle$

Wegen $r_T \leq h$ ist offensichtlich, dass die Forderung der Uniformität stärker ist als die der Quasi-Uniformität in Definition 9.26. Nun können wir die angekündigte inverse Abschätzung zeigen.

Lemma 9.34 (Inverse Abschätzung)**.** Sei $\{\mathcal{T}_h\}_{h>0}$ eine uniforme Familie von zulässigen Triangulierungen eines Polygons $\Omega \subset \mathbb{R}^2$. Dann gilt die Ungleichung $\|\chi\|_{C(\bar{\Omega})} \leq 3\frac{\kappa}{h}\|\chi\|_{L_2(\Omega)}$ für alle $\chi \in V_h$, vgl. (9.35).

Beweis: Sei $T \in \mathcal{T}_h$, dann ist $\chi|_{\bar{T}} \in \mathcal{P}_1(T)$, also ist $\chi^2|_{\bar{T}}$ ein quadratisches Polynom. Wir verwenden nun eine Quadraturformel auf T, die für kubische Polynome exakt ist, vgl. [49, Kap. 8.8, T_n: 3-3]. Um diese zu formulieren führen wir folgende Bezeichnungen ein: Seien t_i, $i = 1,2,3$ die Ecken von T, die Seitenmittelpunkte seien $m_{i,j}$, $i < j$, $i = 1,2$, $j = 2,3$, und s sei der Schwerpunkt von T. Dann gilt für $\chi \in V_h$

$$\|\chi\|_{L_2(T)}^2 = \int_T \chi(x)^2 \, dx = \frac{|T|}{60}\left(3\sum_{i=1}^3 \chi(t_i)^2 + 8\sum_{i<j}\chi(m_{i,j})^2 + 27\chi(s)^2\right)$$

$$\geq \frac{\pi}{20}\rho_T^2\left(\max_{i=1,2,3}|\chi(t_i)|\right)^2,$$

da $|T| \geq \pi\rho_T^2$. Wegen $\chi|_{\bar{T}} \in \mathcal{P}_1(T)$ folgt, dass $\|\chi\|_{C(\bar{\Omega})} = \max_{i=1,2,3}|\chi(t_i)|$ gilt, also haben wir gezeigt, dass $\|\chi\|_{C(\bar{T})} \leq (\frac{20}{\pi})^{1/2}\frac{1}{\rho_T}\|\chi\|_{L_2(T)} \leq \frac{3}{\rho_T}\|\chi\|_{L_2(T)}$. Da $\|\chi\|_{C(\bar{\Omega})} = \sup_{T \in \mathcal{T}_h}\|\chi\|_{C(\bar{T})}$, folgt die Behauptung. $\square$

Wir kommen nun zur angekündigten suboptimalen L_∞-Abschätzung.

Satz 9.35. *Sei* $\{\mathcal{T}_h\}_{h>0}$ *eine uniforme Familie von zulässigen Triangulierungen eines Polygons* $\Omega \subset \mathbb{R}^2$. *Für* $f \in L_2(\Omega)$ *sei* u *die Lösung des Poisson-Problems und* $u_h \in V_h$ *die diskrete Lösung mittels linearer Elemente gemäß (9.21). Dann gibt es eine Konstante* $C > 0$ *(die nur vom Gebiet abhängt) derart, dass* $\|u - u_h\|_{C(\bar{\Omega})} \leq C\kappa\, h\, \|f\|_{L_2(\Omega)}$. *Dabei ist* κ *die Konstante aus Definition 9.33.*

Beweis: Da $F = F_T : \hat{T} \to T$ bijektiv ist, gilt für jedes Element $T \in \mathcal{T}_h$

$$\|u - I_T u\|_{C(\bar{T})} = \|\hat{u} - I_{\hat{T}}\hat{u}\|_{C(\bar{\hat{T}})} \leq c_1\,|\hat{u} - I_{\hat{T}}\hat{u}|_{H^2(\hat{T})} = c_1\,|\hat{u}|_{H^2(\hat{T})},$$

da $H^2(\hat{T}) \hookrightarrow C(\bar{\hat{T}})$. Mit Lemma 9.22 und Lemma 9.19 gilt

$$|\hat{u}|_{H^2(\hat{T})} \leq |\det B_T|^{-1/2}\,\|B_T\|^2\,|u|_{H^2(T)} \leq |\det B_T|^{-1/2}\,\frac{2}{(\sqrt{2}-1)^2}r_T^2\,|u|_{H^2(T)}.$$

Nun gilt wegen $|\hat{T}| = \frac{1}{2}$

$$|\det B_T| = 2 \int_{\hat{T}} |\det B_T| \, d\hat{x} = 2 \int_T dx = 2\,|T| \geq 2\,\pi\,\rho_T^2 \geq 2\,\pi\,\kappa^{-2} r_T^2,$$

woraus wegen Satz 9.29, $r_T \leq h$ und $\frac{\sqrt{2}}{(\sqrt{2}-1)^2 \sqrt{\pi}} \leq 5$

$$|\hat{u}|_{H^2(\hat{T})} \leq 5\,\kappa\,h\,|u|_{H^2(T)} \leq 5\,\kappa\,h\,|u|_{H^2(\Omega)} \leq 5\,c_2\,\kappa\,h\,\|f\|_{L_2(\Omega)}$$

folgt. Durch Bildung des Maximums folgt dann für $I_h : C_0(\Omega) \to V_h$ die Abschätzung $\|u - I_h u\|_{C(\bar{\Omega})} \leq 5c_1 c_2 \kappa h \|f\|_{L_2(\Omega)}$. Nun beachten wir, dass $u_h - I_h u \in V_h$ ist und somit die inverse Abschätzung von Lemma 9.34 gültig ist. Für $\|u_h - I_h u\|_{L_2(\Omega)}$ benutzen wir Satz 9.27 und für $\|u - u_h\|_{L_2(\Omega)}$ die quadratische Abschätzung aus Satz 9.32. Damit erhalten wir

$$\|u - u_h\|_{C(\bar{\Omega})} \leq \|u - I_h u\|_{C(\bar{\Omega})} + \|u_h - I_h u\|_{C(\bar{\Omega})}$$

$$\leq 5c_1 c_2 \kappa h \|f\|_{L_2(\Omega)} + 3\frac{\kappa}{h}\|u_h - I_h u\|_{L_2(\Omega)}$$

$$\leq 5c_1 c_2 \kappa h \|f\|_{L_2(\Omega)} + 3\frac{\kappa}{h}\|u - I_h u\|_{L_2(\Omega)} + 3\frac{\kappa}{h}\|u - u_h\|_{L_2(\Omega)}$$

$$\leq 5c_1 c_2 \kappa h \|f\|_{L_2(\Omega)} + 3\frac{\kappa}{h} 12\,\hat{C}\,h^2 \|u\|_{H^2(\Omega)} + 3\frac{\kappa}{h} h^2 c^2 \|f\|_{L_2(\Omega)}$$

$$\leq h\kappa\,(5c_1 c_2 + 36\,\hat{C} c_2 + 3c^2)\,\|f\|_{L_2(\Omega)},$$

womit die Behauptung mit $C := 5c_1 c_2 + 36\,\hat{C} c_2 + 3c^2$ bewiesen ist. $\qquad\square$

Wir notieren einige weitere Eigenschaften uniformer Triangulierungen, die wir später benötigen werden.

Bemerkung 9.36. Bei einer uniformen Familie $\{\mathcal{T}_h\}_{h>0}$ zulässiger Triangulierungen gehört jeder Knoten nur zu einer von h unabhängigen Anzahl von Elementen. In der Tat, da $\frac{r_T}{\rho_T} \leq \frac{h}{\rho_T} \leq \kappa$ unabhängig von h, ist der kleinste Innenwinkel jedes Elementes unabhängig von h nach unten beschränkt. $\qquad\triangle$

Damit können wir nun eine weitere Variante der inversen Abschätzung beweisen. Diese findet man in der Literatur der Approximationstheorie oft auch als *Bernstein-Ungleichung*.

Satz 9.37 (Inverse Abschätzung). *Sei $\{\mathcal{T}_h\}_{h>0}$ eine uniforme Familie zulässiger Triangulierungen eines Polygons $\Omega \subset \mathbb{R}^2$. Dann existiert eine Konstante $C_{inv} > 0$ mit $\|\nabla\chi\|_{L_2(\Omega)}^2 \leq C_{inv} h^{-2} \|\chi\|_{L_2(\Omega)}^2$ für alle $\chi \in V_h$.*

Beweis: Nach Bemerkung 9.36 genüg es, die Behauptung für $\Omega = T$ zu zeigen, der Rest folgt dann per Summation über die Elemente. Wir ziehen uns wiederum auf das Referenzelement $\hat{T}$ und verwenden die baryentrischen Koordinaten. Dann lässt sich jedes $\hat{\chi}$ auf $\hat{T}$ schreiben als $\hat{\chi} = \sum_{i=1}^3 \alpha_i \hat{\varphi}_i$ mit $\hat{\varphi}_1(\hat{x}) := 1 - \hat{x}_1 - \hat{x}_2$, $\hat{\varphi}_2(\hat{x}) := \hat{x}_1$, $\hat{\varphi}_3(\hat{x}) := \hat{x}_2$ und $\alpha := (\alpha_i)_{i=1,2,3}$. Man rechnet leicht nach, dass

$$\|\hat{\nabla}\hat{\chi}\|_{L_2(\hat{T})}^2 = ((\alpha_2 - \alpha_1)^2 + (\alpha_3 - \alpha_1)^2)\|\chi_{\hat{T}}\|_{L_2(\hat{T})}^2 = \tfrac{1}{2}(2\alpha_1^2 + \alpha_2^2 + \alpha_3^2 - \alpha_1\alpha_2 - $$

$\alpha_1\alpha_3) \le \frac{3}{2}|\boldsymbol{\alpha}|^2$. Auf der anderen Seite rechnet man ebenfalls leicht nach (notfalls mit Maple®, vgl. Kapitel 10), dass $\|\hat{\varphi}_i\|^2_{L_2(\hat{T})} = \frac{1}{12}$ und $(\hat{\varphi}_i, \hat{\varphi}_j)_{L_2(\hat{T})} = \frac{1}{24}$ für $i \ne j$. Damit gilt dann $\|\hat{\chi}\|^2_{L_2(\hat{T})} = \frac{1}{12}(\alpha_1^2 + \alpha_2^2 + \alpha_3^2 + \alpha_1\alpha_2 + \alpha_1\alpha_3 + \alpha_2\alpha_3 = \frac{1}{36}(\alpha_1 + \alpha_2 + \alpha_3)^2 + \frac{1}{18}|\boldsymbol{\alpha}|^2$, also $\|\hat{\nabla}\hat{\chi}\|^2_{L_2(\hat{T})} \le \frac{1}{27}\|\hat{\chi}\|^2_{L_2(\hat{T})}$. Nun wenden wir Lemma 9.19 an und erhalten mit $C_{\text{inv}} := \frac{1}{54}$ die Abschätzung

$$\|\nabla\chi\|^2_{L_2(T)} \le |\det B| \, \|B^{-1}\|^2 \, \|\hat{\nabla}\hat{\chi}\|^2_{L_2(\hat{T})} \le C_{\text{inv}} h^{-2} |\det B| \, \|\hat{\chi}\|^2_{L_2(\hat{T})}$$
$$= C_{\text{inv}} h^{-2} \|\chi\|^2_{L_2(T)},$$

was die Behauptung zeigt. □

Korollar 9.38 (Inverse Cauchy-Schwarz-Ungleichung). *Unter den Voraussetzungen von Satz 9.37 gilt für die Bilinearform $a(\cdot, \cdot)$ des Poisson-Problems die Ungleichung $a(u_h, v_h) \le C_{\text{inv}} h^{-2} \|u_h\|_{L_2(\Omega)} \|v_h\|_{L_2(\Omega)}$ für alle $u_v, v_h \in V_h$.*

Beweis: Mit der Cauchy-Schwarz-Ungleichung und der inversen Abschätzung gilt für $u_v, v_h \in V_h$, dass $a(u_h, v_h) = (\nabla u_h, \nabla v_h)_{L_2(\Omega)} \le \|\nabla u_h\|_{L_2(\Omega)} \|\nabla u_h\|_{L_2(\Omega)} \le C_{\text{inv}} h^{-2} \|u_h\|_{L_2(\Omega)} \|v_h\|_{L_2(\Omega)}$. □

9.2.9 Die Steifigkeitsmatrix und das lineare Gleichungssystem

Wir beschreiben nun, wie man das diskrete Problem (9.21) $a(u_h, \chi) = (f, \chi)$, $\chi \in V_h$, mit einer symmetrischen, koerziven und stetigen Bilinearform numerisch löst. Dabei ist V_h ein endlich-dimensionaler Hilbert-Raum mit der Basis

$$\Phi_h := \{\varphi_1, \dots, \varphi_{\mathcal{N}_h}\} \subset V_h.$$

Damit sucht man als Lösung des diskreten Problems eine Linearkombination

$$u_h = \sum_{i=1}^{\mathcal{N}_h} u_i \, \varphi_i \in V_h.$$

Wir bilden aus den Koordinaten einen Vektor $\boldsymbol{u}_h := (u_i)_{1 \le i \le \mathcal{N}_h} \in \mathbb{R}^{\mathcal{N}_h}$ und verwenden als Testfunktionen in (9.21) die Basisfunktionen φ_j von V_h für $j = 1, \dots, \mathcal{N}_h$. Damit ist das diskrete Problem äquivalent zu

$$(f, \varphi_j)_{L_2(\Omega)} = a(u_h, \varphi_j) = \sum_{i=1}^{\mathcal{N}_h} a(\varphi_i, \varphi_j) \, u_i = (\boldsymbol{A}_h \boldsymbol{u}_h)_j, \quad j = 1, \dots, \mathcal{N}_h,$$

mit der *Steifigkeitsmatrix* $\boldsymbol{A}_h := (a(\varphi_i, \varphi_j))_{1 \le i, j \le \mathcal{N}_h}$. Der Name stammt, wie die FEM, aus der Strukturmechanik, wo die Einträge von $\boldsymbol{A}_h$ als Steifigkeiten eines Werkstückes interpretiert werden können.

Um $\boldsymbol{A}_h$ zu berechnen, muss man also die inneren Produkte (i.d.R. Integrale von Ableitungen) berechnen, oftmals numerisch. Hierzu sowie zum effizienten Aufstellen der kompletten Matrix gibt es eine Reihe von Strategien, die in Lehrbüchern der Numerik partieller Differenzialgleichungen beschrieben sind, z.B. [15, Kap. II.8].

Da $a(\cdot,\cdot)$ symmetrisch und koerziv ist, ist die Matrix $\mathbf{A}_h$ symmetrisch und positiv definit (s.p.d.). Für Finite Elemente ist $\mathbf{A}_h$ außerdem dünn besetzt (sparse), da supp φ_i nur von wenigen supp φ_j, $j \neq i$, überlappt wird. Nur solche Einträge $a(\varphi_i, \varphi_j)$ können von null verschieden sein, falls $a(\cdot,\cdot)$, wie im Falle des Poisson-Problems, lokal ist. Also kann man genau wie bei der FDM effiziente iterative Lösungsverfahren (z.B. das bereits erwähnte BPX-vorkonditionierte cg-Verfahren, das Mehrgitter-Verfahren oder Wavelet-Verfahren) zur Lösung des linearen Gleichungssystems verwenden.

9.2.10 Numerische Experimente

Wie bei der FDM beschreiben wir einige numerische Experimente, um die theoretischen Resultate zusätzlich zu illustrieren und einige interessante quantitative Effekte zu demonstrieren.

Eindimensionale Beispiele

Wir beginnen mit dem eindimensionalen Beispiel, das wir auch schon bei der FDM gesehen hatten. In einer Dimension sind die Elemente T offene Teilintervalle von $\Omega = (0,1)$. Die Zerlegung sei zur Vereinfachung der Darstellung wieder *äquidistant*, also $h := \frac{1}{N_h}$, $N_h > 1$, und $x_i := ih$, $0 \leq i \leq N_h$. Damit erhalten wir

$$\mathcal{T}_h = \{T_i\}_{i=1}^{N_h}, \quad T_i := (x_{i-1}, x_i), \quad 0 = x_0 < x_1 < \cdots < x_{N_h-1} < x_{N_h} = 1.$$

Bezüglich dieser Zerlegung bestimmen wir eine Basis für den Raum V_h bestehend aus stückweise linearen, stetigen Funktionen. Offenbar ist V_h identisch mit dem Spline-Raum erzeugt von linearen B-Splines bezüglich $\mathcal{T}_h$. Diese Funktionen, die so genannten *Hutfunktionen*, lauten

$$\varphi_i(x) := \begin{cases} \frac{1}{h}(x - x_{i-1}), & x \in (x_{i-1}, x_i), \\ \frac{1}{h}(x_{i+1} - x), & x \in (x_i, x_{i+1}), \\ 0, & \text{sonst,} \end{cases}$$

für $1 \leq i \leq N_h - 1$. In Abbildung 9.12 ist ein Beispiel für $N_h = 4$ und drei Funktionen $\varphi_1, \varphi_2, \varphi_3$ gezeigt. Offenbar hat der Raum V_h dann wiederum die Dimension der Anzahl der inneren Gitterpunkte des Netzes $\mathcal{N}_h = \dim(V_h) = N_h - 1$, wenn N_h die Anzahl der Elemente (also Teilintervalle) ist. Also besitzt das resultierende lineare Gleichungssystem die Dimension $\mathcal{N}_h = N_h - 1$.

Man kann leicht nachrechnen (vgl. Aufgabe 9.3), dass für den eindimensionalen Fall und äquidistante Stützstellen die Steifigkeitsmatrix exakt der Matrix $\mathbf{A}_h$ aus der FDM entspricht. Allerdings unterscheiden sich die rechten Seiten. Es ist

$$f_i^{\text{FDM}} = h^2 f(x_i), f_i^{\text{FEM}} = (f, \varphi_i)_{L_2(\Omega)} = \int_0^1 f(x)\,\varphi_i(x)\,dx.$$

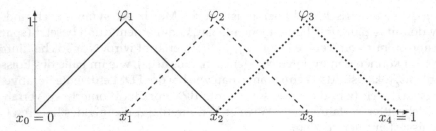

Abbildung 9.12. Hutfunktion $\varphi_1, \varphi_2, \varphi_3$ mit drei inneren Punkten.

Zum einen betrachten wir wie oben die Funktion $u_{\sin}(x) := \sin(2\pi x) \in C^\infty(0,1)$ und zum anderen die Lösung des Zwei-Punkt-Randwertproblems mit der unstetigen rechten Seite f_α in (9.15). Da f_α stückweise konstant (also insbesondere in L_2) ist, ist die entsprechende Lösung u_α in $H^2(0,1)$. Wir erwarten also für beide Beispiele quadratische Konvergenz bezüglich $\|\cdot\|_{L_2(\Omega)}$. Genau dies sehen wir in Abbildung 9.13. Wir erhalten zwei parallele Geraden mit der gleichen Steigung, also quadratische Konvergenz in beiden Fällen (wir haben hier $\|\cdot\|_{h,\infty}$ gewählt, um den Vergleich zur FDM zu verdeutlichen). Wir sehen auch, dass die Kurve für u_α weiter unten verläuft, also sind die Fehler *quantitativ* kleiner bei gleichem *qualitativem* Verhalten. Der Grund liegt darin, dass die rechte Seite der Fehlerabschätzung in Korollar 9.32 die L^2-Norm der rechten Seite enthält, und diese Norm ist für u_α kleiner als für $u_{\sin}$, d.h. $\|f_\alpha\|_{L_2(0,1)} < \|f_{\sin}\|_{L_2(0,1)}$. Dies erklärt die quantitativen Unterschiede.

Zweidimensionale Beispiele

Nun betrachten wir drei Beispiele in zwei Raumdimensionen, die in Abbildung 9.14 gezeigt sind. Es handelt sich um ein Quadrat, bei dem wir ja die exakte Lösung im Verlaufe des Buches bereits bestimmt haben. Wir kennen also die analytische Lösung. Dies ist in den beiden anderen Fällen nicht so. Beim L-Gebiet wissen wir, dass wir aufgrund der einspringenden Ecke (das Gebiet ist nicht konvex) mit einer niedrigeren Regularität und damit mit einer niedrigeren Konvergenzordnung rechnen müssen. Das dritte Beispiel ist ein „allgemeines" konvexes Polygon, das die Vorteile der FEM zeigen soll. Hier haben wir H^2-Regularität. Die Triangulierungen wurden bei vorgegebener maximaler Gitterweite h mit dem MATLAB-Befehl `createpde` erzeugt. Wir verwenden wie oben jeweils stückweise lineare Elemente für $h = 2^{-k}$, $k = 1, \dots, 7$.

Wir haben jeweils eine „Referenzlösung" auf einem sehr feinen Gitter berechnet und die Fehler jeweils in Bezug zu dieser Referenzlösung bestimmt. In allen numerischen Beispielen sind die auftretenden Lebesgue-Normen mit Hilfe von Quadraturformeln entsprechender Ordnung berechnet worden. Die Fehler und die Konvergenzordnungen sind in Abbildung 9.15 angegeben. In der linken Grafik sehen wir den Fehler in doppelt-logarithmischer Darstellung über der maximalen Gitterweite h aufgetragen. Wir erkennen die Konvergenzordnungen

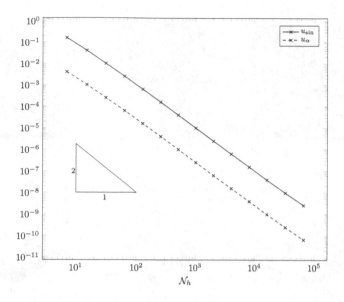

Abbildung 9.13. Konvergenzhistorie der FEM für die rechte Seite f_α in (9.15, gestrichelt) und $f_{\sin}$ (durchgezogen). Es ist jeweils der Fehler $\|u - u_h\|_{h,\infty}$ über der Anzahl der Freiheitsgrade $\mathcal{N}_h$ in einer doppelt-logarithmischen Skala abgetragen. Man erkennt deutlich die quadratische Konvergenz für beide Beispiele.

von ca. 2 für Quadrat und Polygon sowie von ca. 1.6 für das L-Gebiet. Dies war ja von der Theorie vorhergesagt worden. Wir sehen also insbesondere, dass die FEM auch bei allgemeineren konvexen Polygonen die gleiche Konvergenzordnung realisiert wie auf dem Quadrat. Auf dem L-Gebiet erhalten wir eine geringere Konvergenzordnung. Da wir wissen, dass die Lösung in H^1, aber nicht in H^2 liegt, war dies zu erwarten. Wir erkennen deutlich, dass die mangelnde Regularität der Lösung tatsächlich zu einer Reduktion der Konvergenzrate führt. In diesem Sinne scheinen die oben beschriebenen Konvergenzabschätzungen scharf zu sein.

In der rechten Grafik von Abbildung 9.15 haben wir den Fehler über der Anzahl $\mathcal{N}_h$ der Unbekannten aufgetragen. Dies ist aus zweierlei Gründen interessant: Bei fester maximaler Gitterweite h ist die Anzahl der Elemente unterschiedlich, da zum einen die Größe der Gebiete unterschiedlich ist und zum Anderen die Erzeugung der Netze zu unterschiedlicher Knotenanzahl führt. Hätten wir ein uniformes Gitter, dann würde $\mathcal{N}_h \sim h^2$ gelten – wir erkennen die entsprechenden Konvergenzraten, trotz der variablen Gittererzeugung.

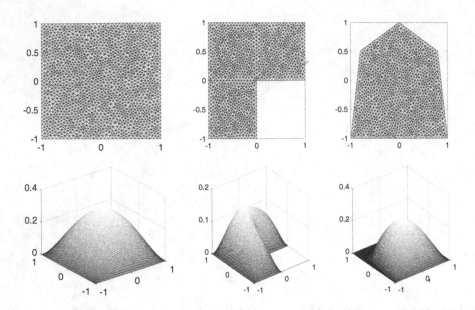

Abbildung 9.14. Drei Testbeispiele für Finite Elemente in 2D, Quadrat (links), L-Gebiet (Mitte) und ein Polygon (rechts). Die jeweiligen FE-Lösungen sind unten gezeigt.

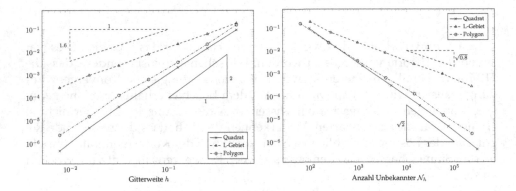

Abbildung 9.15. Konvergenzhistorie der drei zweidimensionalen Finite Elemente Beispiele, links bzgl. Gitterweite h, rechts bzgl. Anzahl der Unbekannten $\mathcal{N}_h$.

9.3* Ergänzungen und Erweiterungen

9.3.1* Petrov-Galerkin-Verfahren

Bei der Untersuchung der Galerkin-Verfahren in §9.2.1 waren wir von Bilinearformen mit identischem Ansatz- und Testraum ausgegangen. Sind diese unterschiedlich, d.h., $V \neq W$, $b : V \times W \to \mathbb{R}$ die entsprechende Bilinearform, dann betrachtet man endlich-dimensionale Teilräume

$$V_h \subset V, \qquad W_h \subset W, \quad \dim(V_h) = \dim(W_h) = \mathcal{N}_h < \infty.$$

Hier haben wir zur Vereinfachung angenommen, dass die Dimension von Ansatz- und Testraum identisch sind, damit wir ein quadratisches lineares Gleichungssystem zu lösen haben. Will man dies nicht voraussetzen, dann erhält man ein lineares Ausgleichsproblem. Der Satz 4.27* von Banach-Nečas sichert auch die eindeutige Lösbarkeit des diskreten Problems, d.h. es gibt genau ein $u_h \in V_h$ mit

$$b(u_h, w_h) = (f, w_h), \quad w_h \in W_h. \tag{9.36}$$

Allerdings erkennen wir hier schnell einen wesentlichen Unterschied zur numerischen Approximation koerziver Probleme mit dem Galerkin-Verfahren. In diesem Fall „erbt" das diskrete Problem die Koerzivitäts-Konstante vom Variationsproblem, wir mussten nicht zwischen α und ggf. einem α_h unterscheiden. Dies ist bei der inf-sup-Bedingung nicht so, da das Supremum bzgl. $w \in W$ natürlich nicht in W_h angenommen werden muss. Dies bedeutet, dass die Räume V_h und W_h zueinander passen müssen.

Definition 9.39*. Die Räume $V_h \subset V$ und $W_h \subset W$ erfüllen eine *Ladyshenskaja-Babuška-Brezzi (LBB)-Bedingung* bzgl. der Bilinearform $b : V \times W \to \mathbb{R}$, falls es eine Konstante $\beta > 0$ gibt mit

$$\inf_{v_h \in V_h} \sup_{w_h \in W_h} \frac{b(v_h, w_h)}{\|w_h\|_W \|v_h\|_V} \geq \beta \tag{9.37}$$

für alle $h > 0$.   △

Man beachte, dass die Konstante β in der LBB-Bedingung nicht von h abhängen darf. Es kann unter Umständen sehr delikat sein, diskrete Räume V_h und W_h so zu konstruieren, dass die LBB-Bedingung erfüllt ist, wir verweisen z.B. auf [15]. Wir weisen weiterhin darauf hin, dass die Konstante β in (9.37) nicht die inf-sup-Konstante der Bilinearform b sein muss. Streng genommen müsste man hier eine zusätzliche Notation einführen. Indem man aber das Minimum der beiden Konstanten betrachtet, kommt man mit einem Buchstaben β für beide Bedingungen aus.

Wir wollen nun untersuchen, in welcher Form ein Analogon zu Satz 9.14 (Céa-Lemma) gilt. Mit den gleichen Überlegungen wie oben gilt die Galerkin-Orthogonalität, d.h.

$$b(u - u_h, w_h) = 0 \quad \text{für alle } w_h \in W_h, \tag{9.38}$$

wenn $u \in V$, $u_h \in V_h$ die exakte bzw. diskrete Lösung bezeichnet. Sei nun $v_h \in V_h$ beliebig, dann gilt mit der Dreiecksungleichung, der LBB-Bedingung und der Galerkin-Orthogonalität ($b(u_h - v_h, w_h) = b(u - v_h, w_h)$)

$$\|u - u_h\|_V \leq \|u - v_h\|_V + \|u_h - v_h\|_V \leq \|u - v_h\|_V + \frac{1}{\beta} \sup_{w_h \in W_h} \frac{b(u_h - v_h, w_h)}{\|w_h\|_W}$$

$$= \|u - v_h\|_V + \frac{1}{\beta} \sup_{w_h \in W_h} \frac{b(u - v_h, w_h)}{\|w_h\|_W} \leq \left(1 + \frac{C}{\beta}\right) \|u - v_h\|_V.$$

Da $v_h \in V_h$ beliebig war, haben wir damit bewiesen, dass

$$\|u - u_h\|_V \leq \left(1 + \frac{C}{\beta}\right) \inf_{v_h \in V_h} \|u - v_h\|_V$$

gilt. Wie beim Céa-Lemma ist also die Petrov-Galerkin-Approximation bis auf eine multiplikative Konstante so gut wie die beste Approximation an u aus dem Ansatzraum V_h. Allerdings ist die Konstante deutlich schlechter – und, wie sich zeigt, nicht optimal. Wir zeigen im Folgenden ein Resultat aus [54], dass „1+" eliminiert werden kann. Dazu wird ein Resultat von T. Kato aus [37] verwendet.

Lemma 9.40* (Kato, 1960). Sei H ein Hilbert-Raum und $P : H \to H$ sei idempotent, d.h., $0 \neq P^2 = P \neq I$. Dann gilt

$$\|P\| = \|I - P\|. \tag{9.39}$$

Beweis: (1) Zunächst sei $\dim(H) = 2$. In diesem Fall gilt, dass $\mathrm{rang}(P) = \mathrm{rang}(I-P) = 1$. Also gibt es $0 \neq a, b, c, d \in H$ mit $Pv = (b,v)_H a$, $(I - P)v = (d,v)_H c$ und $(a,b)_H = (c,d)_H = 1$ sowie $v = Pv + (I - P)v = (b,v)_H a + (d,v)_H c$. Nun setzen wir b bzw. d für v ein und erhalten $b = \|b\|_H^2 a + (b,d)_H c$ sowie $d = (b,d)_H a + \|d\|_H^2 c$. Weiter gilt $1 = (a,b)_H = \|a\|_H^2 \|b\|_H^2 + (a,c)_H (b,d)_H$ und $1 = (c,d)_H = (a,c)_H (b,d)_H + \|c\|_H^2 \|d\|_H^2$, also

$$\|a\|_H^2 \|b\|_H^2 = \|c\|_H^2 \|d\|_H^2 = 1 - (a,c)_H (b,d)_H. \tag{9.40}$$

Nun gilt für beliebiges $v \in H$ einerseits $\|Pv\|_H = |(b,v)_H| \|a\|_H \leq \|a\|_H \|b\|_H \|v\|_H$ und andererseits $\|(I - P)v\|_H = |(d,v)_H| \|c\|_H \leq \|c\|_H \|d\|_H \|v\|_H$. Daraus folgt $\|P\| = \sup_{v \in H} \frac{\|Pv\|_H}{\|v\|_H} \leq \|a\|_H \|b\|_H$ sowie $\|I - P\| \leq \|c\|_H \|d\|_H$. Auf der anderen Seite gilt wegen $Pb = \|b\|_H^2 a$, dass $\|P\| = \sup_{v \in H} \frac{\|Pv\|_H}{\|v\|_H} \geq \frac{\|Pb\|_H}{\|b\|_H} = \|a\|_H \|b\|_H$ und damit $\|P\| = \|a\|_H \|b\|_H$ sowie analog $\|I - P\| \geq \frac{\|d\|_H^2 \|c\|_H}{\|d\|_H} = \|c\|_H \|d\|_H$ und (9.40) ergibt die Behauptung für $\dim(H) = 2$.

(2) Sei nun $\dim(H) > 2$ und sei $x \in H$ mit $\|x\|_H = 1$. Setze $X := \mathrm{span}\{x, Px\}$. Sei nun $w \in X$, also gibt es $\alpha, \beta \in \mathbb{R}$, so dass $w = \alpha x + \beta Px$. Dann gilt $Pw = \alpha Px + \beta Px \in X$ und $(I - P)w = \alpha (I - P)x + \beta (I - P) Px = \alpha x - \alpha Px \in X$, da $P^2 = P$. Also ist der maximal zweidimensionale Raum X invariant sowohl unter P als auch unter $I - P$. Falls $\dim(X) = 1$, dann ist $x = Px$ und damit $(I - P)x = 0$. Im anderen Fall, $\dim(X) = 2$ gilt nach (1), dass $\|(I - P)x\|_H \leq \|I - P\| \|x\|_H = \|P\|$. In beiden Fällen gilt $\|(I - P)x\|_H \leq \|Px\|_H$, also $\|I - P\| \leq \|P\|$. Schließlich verwenden wir noch einmal (1), um $\|Px\|_H \leq \|P\| \|x\|_H = \|I - P\| \|x\|_H$ zu zeigen, also gilt auch $\|P\| \leq \|I - P\|$ und damit ist die Behauptung bewiesen.   □

Damit sind wir nun in der Lage, die angekündigte optimale Abschätzung beweisen zu können.

Satz 9.41* (Xu, Zikatanov, 2003). *Es sei $b : V \times W \to \mathbb{R}$ eine stetige Bilinearform, so dass die LBB-Bedingung (9.37) gilt. Dann gilt für die Lösungen u bzw. u_h des Variationsproblems die Abschätzung*

$$\|u - u_h\|_V \leq \frac{C}{\beta} \inf_{v_h \in V_h} \|u - v_h\|_V. \tag{9.41}$$

Beweis: Definiere die Abbildung $P_h : V \to V_h$ durch $u \mapsto P_h u := u_h$. Offenbar ist P_h idempotent und damit gilt nach Lemma 9.40*, dass $\|P_h\| = \|I - P_h\|$. Sei nun $v_h \in V_h$ beliebig. Wegen $(I - P_h)v_h = 0$ folgt dann $\|u - u_h\|_V = \|(I - P_h)(u - v_h)\|_V \leq \|I - P_h\| \|u - v_h\|_V = \|P_h\| \|u - v_h\|_V$. Weiter gilt aufgrund der Galerkin-Orthogonalität (9.38)

$$\|P_h u\|_V = \|u_h\|_V \leq \frac{1}{\beta} \sup_{w_h \in W_h} \frac{b(u_h, w_h)}{\|w_h\|_W} = \frac{1}{\beta} \sup_{w_h \in W_h} \frac{b(u, w_h)}{\|w_h\|_W} \leq \frac{C}{\beta} \|u\|_V.$$

Nun können wir über alle rechten Seiten $f \in W'$ des Variationsproblems auch alle $u \in V$ variieren und daher folgt $\|P_h\| \leq \frac{C}{\beta}$, was die Behauptung zeigt. $\qquad \square$

9.3.2* Weitere Ergänzungen

Höhere Konvergenzordnung. Wir haben die gesamte Konvergenzuntersuchung für *lineare* Finite Elemente gemacht. Der Grund ist, dass diese in $L_2(\Omega)$ zu quadratischer Konvergenz führen, falls die Lösung der partiellen Differenzialgleichung in $H^2(\Omega)$ liegt. Diese Regularität der Lösungen hatten wir (unter gewissen Voraussetzungen) im Abschnitt 6.11 gesehen. Will man eine höhere Konvergenzordnung erreichen, muss man Elemente höherer Ordnung verwenden und entsprechend höhere Regularitätsannahmen machen. Sowohl die Konstruktion von Elementen höherer Ordnung als auch deren Konvergenzanalyse sind technisch aufwändiger. Man erhält dann Abschätzungen der Form

$$\|u - u_h\|_{H^1(\Omega)} \leq c \cdot h^k |u|_{H^{k+1}(\Omega)}, \quad 0 < h \leq 1, \quad u \in H^{k+1}(\Omega).$$

Die Darstellung solcher Ergebnisse findet man in Büchern über Numerik partieller Differenzialgleichungen, z.B. [15, 33, 41, 46].

Allgemeine L_2-Abschätzungen. Die obige L_2-Fehlerabschätzung lässt sich auch für allgemeine Variationsprobleme herleiten. Dazu benötigt man dann folgenden Satz, der sich durch eine Formalisierung des Beweises von Satz 9.32 ergibt, vgl. z.B. [15, Satz II.7.6].

Satz 9.42* (Aubin-Nitsche-Lemma). *Sei $V \hookrightarrow H$ ein stetig eingebetteter, dichter Unterraum eines Hilbert-Raumes H, $V_h \subset V$ endlich-dimensional. Sei a bilinear, stetig und koerziv, dann gilt*

$$\|u - u_h\|_H \leq C \|u - u_h\|_V \sup_{g \in H} \left\{ \frac{1}{\|g\|_H} \inf_{\chi \in V_h} \|\varphi_g - \chi\|_V \right\}$$

mit der Stetigkeitskonstanten $C > 0$ von $a(\cdot, \cdot)$, wobei φ_g für $g \in H$ die Lösung des dualen Problems $a(v, \varphi_g) = (g, v)$, $v \in V$, ist. $\qquad \square$

L_∞-Abschätzungen. Bezüglich der Supremumsnorm haben wir eine „suboptimale" Fehlerabschätzung bewiesen. Man kann mit deutlich mehr Aufwand zeigen, dass für H^2-reguläre Probleme in zweidimensionalen Gebieten die Abschätzung gilt, vgl. z.B. [20, Theorem 3.3.7]:

$$\|u - u_h\|_{C(\bar{\Omega})} \leq c h^2 |\log h|^{3/2} \|\nabla^2 u\|_{C(\bar{\Omega})}, \quad u \in C^2(\bar{\Omega}).$$

Allgemeine Elemente. Man kann natürlich auch geometrische Zerlegungen von Ω nicht nur in Dreiecke, sondern z.B. in Vierecke (bzw. im dreidimensionalen Fall in Tetra- bzw. Hexaeder) betrachten. Vierecke sind deswegen vorteilhaft, weil man auf Vierecken stückweise Polynome einfach durch Bildung von Tensorprodukten bilden kann. Dies macht Berechnungen einfach und effizient. Auf der anderen Seite sind Dreiecke flexibler für die Zerlegung von beliebigen Polygonen.

Allgemeinere Gleichungen. Anstelle des Poisson-Problems kann man auch Konvektions-Diffusions-Reaktions-Gleichungen (wie etwa in Satz 5.23) betrachten. Man erhält dann ein unsymmetrisches Gleichungssystem, das mit anderen numerischen Verfahren gelöst werden muss. Außerdem kann es bei dominierender Konvektion zu numerischen Instabilitäten kommen, die spezielle Diskretisierungen erfordern. Ebenso müssen Neumann- oder Robin-Randbedingungen geeignet diskretisiert werden.

Nicht-polygonale Gebiete. Wir beschließen diesen Abschnitt mit zwei Bemerkungen zu dem Fall, wenn Ω kein Polygon ist. In dieser Situation kann man Ω offenbar nicht mehr exakt in Dreiecke zerlegen, am Rand ergibt sich eine Abweichung. Man kann z.B. zwei Strategien verfolgen, zum einen krummlinig berandete Dreiecke betrachten, zum anderen die Approximation von Ω durch ein Polygon Ω_h untersuchen.

Ist $\partial\Omega$ glatt, so kann man am Rand so genannte *isoparametrische* Elemente zulassen, bei denen eine Seite krummlinig verläuft. Offenbar ist dann die Transformation auf das Referenzelement $\hat{T}$ nicht mehr affin, was dazu führt, dass sowohl die Analysis als auch die rechentechnische Umsetzung deutlich aufwändiger wird.

Ist Ω glatt berandet und konvex, dann ist das Poisson-Problem H^2-regulär. Wählt man dann eine quasi-uniforme Familie zulässiger Triangulierungen, so dass die Eckpunkte des einbeschriebenen Polygongebietes Ω auf dem Rand $\partial\Omega$ liegen, dann kann man zeigen, dass der geometrische Fehler, der durch die Approximation von Ω durch Ω_h entsteht, in der Größenordnung $\mathcal{O}(h^2)$ ist. Dies bedeutet, dass man in diesem Fall die gleiche Ordnung erhält wie im polygonalen Fall, d.h. $\mathcal{O}(h)$ in H^1 und $\mathcal{O}(h^2)$ in L_2, [33, Kap. 8.6]. Falls schließlich Ω zwar glatt berandet, aber nicht konvex ist, so ist das Variationsproblem immer noch H^2-regulär (siehe Bemerkung 6.88) und man kann die optimale Ordnung zeigen, allerdings mit anderen Methoden. In der Tat: Da die Kanten eines Dreiecks im nichtkonvexen Fall außerhalb von Ω verlaufen können, erhält man $V_h \not\subset V$. Man spricht dann von einer *nichtkonformen* Zerlegung. Für solche Zerlegungen benötigt man andere Techniken zum Beweis von Fehlerabschätzungen, siehe z.B. [15, Kap. III].

9.4 Parabolische Probleme

Wir wollen nun zwei numerische Lösungsverfahren für parabolische Gleichungen beschreiben. Auch in diesem Fall müssen wir uns auf wenige Aspekte beschränken und verweisen z.B. auf [41, 46] für diejenigen Leser, die Interesse an mehr Informationen haben. Wir benötigen nun also eine Diskretisierung in Ort *und* Zeit. Für die Orts-Diskretisierung beschreiben wir – wie oben – Finite Differenzen und Finite Elemente.

9.4.1 Finite Differenzen

Wir beginnen wie im elliptischen Fall mit der Finite-Differenzen-Methode (FDM). Dazu betrachten wir wieder das Anfangs-Randwertproblem der Wärmeleitungsgleichung auf dem Intervall $[0,1]$, also:

$$u_t = u_{xx} \qquad \text{in } (0,T) \times (0,1), \tag{9.42a}$$

$$u(t,0) = u(t,1) = 0, \qquad \text{für } t \in [0,T], \tag{9.42b}$$

$$u(0,x) = u_0(x), \qquad x \in [0,1]. \tag{9.42c}$$

Hier ist $u_0 \in C([0,1])$ mit $u_0(0) = u_0(1) = 0$. Nach Korollar 3.37 hat (9.42) eine eindeutige Lösung $u \in C^\infty((0,T] \times [0,1]) \cap C([0,T] \times [0,1])$. Für die folgenden Abschätzungen brauchen wir mehr Regularität für $t \downarrow 0$. Wir werden daher in diesem Abschnitt durchweg voraussetzen, dass

$$u_0 \in C^4([0,1]) \text{ mit } u_0^{(m)}(0) = u_0^{(m)}(1) = 0 \text{ für } m = 0,2,4. \tag{9.43}$$

Dann wissen wir nach Satz 3.38, dass $u \in C^{2,4}([0,T] \times [0,1])$. Wie oben ist $[0,T]$, $T > 0$, das betrachtete Zeitintervall. Um eine FDM für (9.42) zu konstruieren, benötigen wir offenbar ein Gitter in Raum und Zeit. Zur Vereinfachung der Darstellung wählen wir in beiden Variablen äquidistante Gitterweiten

$$\Delta t = \frac{T}{N}, \quad \Delta x = \frac{1}{M}, \quad M, N \in \mathbb{N}.$$

Zur Abkürzung führen wir folgende Differenzenoperatoren ein:

- Vorwärts-Differenz bzgl. der Zeit: $D_{\Delta t}^+ v(t, x) := \frac{1}{\Delta t}\big(v(t + \Delta t, x) - v(t, x)\big)$;
- Rückwärts-Differenz bzgl. der Zeit: $D_{\Delta t}^- v(t, x) := \frac{1}{\Delta t}\big(v(t, x) - v(t - \Delta t, x)\big)$;
- Symmetrische Differenz zweiter Ordnung bzgl. des Ortes:
$$D_{\Delta x}^2 v(t, x) := \tfrac{1}{(\Delta x)^2}\big(v(t, x + \Delta x) - 2v(t, x) + v(t, x - \Delta x)\big).$$

Mit Hilfe der FDM bestimmen wir nun eine Approximation

$$U_i^k \approx u(t^k, x_i), \quad t^k := k\,\Delta t, \quad x_i := i\,\Delta x, \quad k = 0, \ldots, N, \ i = 0, \ldots, M,$$

der exakten Lösung u von (9.42).

Das explizite Euler-Verfahren

Dazu diskretisieren wir zunächst die Zeit-Ableitung u_t mit dem Vorwärtsdifferenzenoperator $D_{\Delta t}^+$ und gelangen so zum *expliziten Euler-Verfahren*:

$$D_{\Delta t}^+ U_i^k = D_{\Delta x}^2 U_i^k, \qquad 1 \le i \le M - 1,\ 0 \le k \le N, \qquad (9.44\text{a})$$

$$U_0^k = U_M^k = 0, \qquad 0 \le k \le N, \qquad (9.44\text{b})$$

$$U_i^0 = u_{0,i} = u_0(x_i), \qquad 0 \le i \le M. \qquad (9.44\text{c})$$

Dieses Gleichungssystem können wir leicht auflösen. Zunächst lautet (9.44a):
$\Delta t^{-1}\,(U_i^{k+1} - U_i^k) = (\Delta x)^{-2}\,(U_{i+1}^k - 2U_i^k + U_{i-1}^k)$, mit der Abkürzung

$$\lambda := \frac{\Delta t}{(\Delta x)^2}$$

wird (9.44a) also zu

$$U_i^{k+1} = \lambda U_{i+1}^k + (1 - 2\lambda)U_i^k + \lambda U_{i-1}^k =: (E_\lambda U^k)_i,$$

ergänzt um die Randbedingungen $U_0^{k+1} = U_M^{k+1} = 0$. Wir erkennen nun, woher der Name „explizit" stammt. Ausgehend von den bekannten Anfangswerten (9.44c) kann man $U^{k+1} := (U_i^{k+1})_{0 \le i \le M} \in \mathbb{R}^{M+1}$ direkt aus U^k berechnen, U^{k+1} ist explizit durch U^k gegeben. Um das Verfahren (9.44) zu analysieren, führen wir wieder die diskrete Maximumnorm (bezüglich des Ortes) ein:

$$\|U^k\|_{h,\infty} := \max_{0 \le j \le M} |U_j^k|.$$

Wir nehmen zunächst an, dass

$$0 < \lambda = \frac{\Delta t}{(\Delta x)^2} \le \frac{1}{2}, \quad \text{also } \Delta t \le \frac{1}{2}\,(\Delta x)^2 \qquad (9.45)$$

gilt. Dann ist $1 - 2\lambda \geq 0$ und damit folgt

$$\|E_\lambda U^k\|_{h,\infty} = \|U^{k+1}\|_{h,\infty} \leq \lambda\|U^k\|_{h,\infty} + |1 - 2\lambda|\,\|U^k\|_{h,\infty} + \lambda\|U^k\|_{h,\infty}$$
$$= \|U^k\|_{h,\infty} \leq \cdots \leq \|U^0\|_{h,\infty} \leq \|u_0\|_\infty,$$

also ist der Operator E_λ beschränkt (d.h. stabil) mit $\|E_\lambda\| \leq 1$, falls $\lambda \leq \frac{1}{2}$.

Bemerkung 9.43. Man kann sich leicht überlegen, dass die Bedingung $\lambda \leq \frac{1}{2}$ eine notwendige Stabilitätsbedingung ist. Um dies zu zeigen, wähle die Anfangsbedingungen u_0 so, dass $U_i^0 = (-1)^i \sin(i\,\Delta x\,\pi)$, $0 \leq i \leq M$, gilt. Dann folgt

$$U_i^1 = \lambda U_{i+1}^0 + (1 - 2\lambda)U_i^0 + \lambda U_{i-1}^0$$
$$= (-1)^i\{-\lambda\sin((i+1)\,\Delta x\,\pi) + (1 - 2\lambda)\sin(i\,\Delta x\,\pi) - \lambda\sin((i-1)\,\Delta x\,\pi)\}$$
$$= (-1)^i\sin(i\,\Delta x\,\pi)\{-\lambda\cos(\Delta x\,\pi) + (1 - 2\lambda) - \lambda\cos(\Delta x\,\pi)\}$$
$$\quad + (-1)^i\{-\lambda\cos(i\,\Delta x\,\pi)\sin(\Delta x\,\pi) + \lambda\cos(i\,\Delta x\,\pi)\sin(\Delta x\,\pi)\}$$
$$= (1 - 2\lambda - 2\lambda\cos(\Delta x\,\pi))U_i^0$$

und induktiv $U_i^k = (1 - 2\lambda - 2\lambda\cos(\Delta x\,\pi))^k U_i^0$. Für jedes $\lambda > \frac{1}{2}$ kann man nun Δx so klein wählen, dass $|1 - 2\lambda - 2\lambda\cos(\Delta x\,\pi)| = 2\lambda(\cos(\Delta x\,\pi) + 1) - 1 > 1$, und damit divergiert U^k für $k \to \infty$. $\qquad\triangle$

Bemerkung 9.44. Die Bedingung (9.45) drückt das Verhältnis von Zeit- und Ortsschrittweite aus. Eine solche Bedingung kennt man allgemein von numerischen Verfahren für zeit-abhängige Probleme. Sie wird oft als *Courant-Friedrichs-Lewy (CFL)*-Bedingung bezeichnet. Im obigen Fall heißt λ auch *CFL-Zahl*. $\qquad\triangle$

Analog zur FDM für elliptische Probleme definieren wir den *lokalen Diskretisierungsfehler* wie folgt:

$$\tau_i^k := D_{\Delta t}^+ u_i^k - D_{\Delta x}^2 u_i^k, \qquad u_i^k := u(t^k, x_i). \tag{9.46}$$

Zur Analyse des Fehlers τ^k benötigen wir noch folgende Seminorm für Funktionen $v \in C^4([0,1])$:

$$|v|_{C^4} := \sup_{x \in (0,1)} |v_{xxxx}(x)| = \sup_{x \in (0,1)} \left|\frac{d^4}{dx^4}v(x)\right|. \tag{9.47}$$

Damit gilt folgende Konsistenzabschätzung.

Satz 9.45. *Sei $\lambda \leq \frac{1}{2}$, es gelte (9.43) und $u \in C^{2,4}([0,T] \times [0,1])$ sei die eindeutige Lösung von (9.42). Dann gilt $\|\tau^k\|_{h,\infty} \leq c\,(\Delta x)^2\,|u_0|_{C^4}$ mit einer Konstanten $c > 0$.*

Beweis: Mit der Taylor-Entwicklung gilt für die exakte Lösung $u(t,x)$

$$u_i^{k+1} = u(t^{k+1}, x_i) = u(t^k, x_i) + (t^{k+1} - t^k)u_t(t^k, x_i) + \frac{1}{2}(t^{k+1} - t^k)^2 u_{tt}(\sigma^k, x_i)$$
$$= u_i^k + \Delta t\, u_t(t^k, x_i) + \frac{1}{2}(\Delta t)^2\, u_{tt}(\sigma^k, x_i)$$

mit einem geeigneten $\sigma^k \in (t^k, t^{k+1})$ und analog

$$|u_{xx}(t^k, x_i) - D^2_{\Delta x}u(t^k, x_i)| \leq \frac{1}{12}(\Delta x)^2 \max_{x \in (x_{i-1}, x_{i+1})} |u_{xxxx}(t^k, x)|$$

mit $\xi_i \in (x_i, x_{i+1})$. Daraus folgt wegen $u_t = u_{xx}$

$$
\begin{aligned}
\tau_i^k &= D^+_{\Delta t}u_i^k - D^2_{\Delta x}u_i^k - (u_t(t^k, x_i) - u_{xx}(t^k, x_i)) \\
&= (D^+_{\Delta t}u(t^k, x_i) - u_t(t^k, x_i)) - (D^2_{\Delta x}u(t^k, x_i) - u_{xx}(t^k, x_i)) \\
&= \frac{1}{2}\Delta t\, u_{tt}(\sigma^k, x_i) - (D^2_{\Delta x}u(t^k, x_i) - u_{xx}(t^k, x_i)).
\end{aligned}
$$

Da $u \in C^{2,4}([0,T] \times [0,1])$ gilt, folgt $u_{tt} = (u_{xx})_t = (u_t)_{xx} = u_{xxxx}$ und damit wegen $\Delta t \leq \frac{1}{2}(\Delta x)^2$

$$
\begin{aligned}
|\tau_i^k| &\leq \frac{1}{2}\Delta t \max_{t \in (t^k, t^{k+1})} |u_{tt}(t, x_i)| + \frac{1}{12}(\Delta x)^2 \max_{x \in (x_{i-1}, x_{i+1})} |u_{xxxx}(t^k, x)| \\
&\leq c\,(\Delta x)^2 \max_{t \in (t^k, t^{k+1})} \max_{x \in (x_{i-1}, x_{i+1})} |u_{xxxx}(t, x)|.
\end{aligned}
$$

Schließlich verwenden wir die Glättungseigenschaft parabolischer Gleichungen, die u.a. besagt, dass $|u(t, \cdot)|_{C^4} \leq |u_0|_{C^4}$ für alle $t \in [0, T]$, was unmittelbar aus (8.13) folgt. Damit gilt $\|\tau^k\|_{h,\infty} \leq c\,(\Delta x)^2 |u_0|_{C^4}$, also die Behauptung. $\qquad\square$

Mit Hilfe der Konsistenzabschätzung gelangen wir nun zum Konvergenzsatz.

Satz 9.46. *Sei* $\lambda \leq \frac{1}{2}$, *es gelte* (9.43), $u \in C^{2,4}([0,T] \times [0,1])$ *sei die eindeutige Lösung von* (9.42) *und* U^k *die diskrete Lösung von* (9.44)*. Dann gibt es eine Konstante* $c > 0$ *mit*

$$\|U^k - u^k\|_{h,\infty} \leq c\,t_k\,(\Delta x)^2 |u_0|_{C^4}$$

für alle $0 \leq k \leq N$. *Dabei ist* u *die exakte Lösung und* $u^k = u(t^k, \cdot)$.

Beweis: Wir definieren den Fehler $e^k := U^k - u^k$. Da U^k die diskrete Lösung ist, folgt $D^+_{\Delta t}e_i^k - D^2_{\Delta x}e_i^k = (D^+_{\Delta t} - D^2_{\Delta x})U_i^k - (D^+_{\Delta t} - D^2_{\Delta x})u_i^k = -\tau_i^k$, also $(\Delta t)^{-1}(e_i^{k+1} - e_i^k) = D^2_{\Delta x}e_i^k - \tau_i^k$ und damit

$$
\begin{aligned}
e_i^{k+1} &= e_i^k + \Delta t\, D^2_{\Delta x}e_i^k - \Delta t\,\tau_i^k = \lambda e_{i-1}^k + (1 - 2\lambda)e_i^k + \lambda e_{i+1}^k - \Delta t\,\tau_i^k \\
&= (E_\lambda e^k)_i - \Delta t\,\tau_i^k.
\end{aligned}
$$

Daraus folgt induktiv $e^{k+1} = E_\lambda e^k - \Delta t\,\tau^k = E_\lambda^{k+1}e^0 - \Delta t \sum_{\ell=0}^k E_\lambda^{k-\ell}\tau^\ell$. Wegen $e^0 = U^0 - u^0 = 0$ folgt aus Satz 9.45 und $\|E_\lambda\| \leq 1$

$$
\begin{aligned}
\|e^k\|_{h,\infty} &\leq \Delta t \sum_{\ell=0}^{k-1} \|E_\lambda^{k-\ell}\tau^\ell\|_{h,\infty} \leq \Delta t \sum_{\ell=0}^{k-1} \|\tau^\ell\|_{h,\infty} \\
&\leq c\,k\,\Delta t\,(\Delta x)^2 |u_0|_{C^4} = c\,t_k\,(\Delta x)^2 |u_0|_{C^4},
\end{aligned}
$$

also die Behauptung. $\qquad\square$

Bemerkung 9.47. Mit Hilfe der Fourier-Transformation und der so genannten *Neumann'schen Stabilitätstheorie* kann man L_2-Abschätzungen zeigen, insbesondere $\|U^k - u^k\|_{L_2(0,1)} \leq c\, t_k\, (\Delta x)^2\, |u_0|_{H^4(0,1)}$, $u_0 \in H^4(0,1)$, vgl. [41, Kap. 9].   △

Das explizite Euler-Verfahren

Ein wesentlicher Nachteil des expliziten Euler-Verfahrens liegt in der Stabilitätsbedingung $\Delta t \leq \frac{1}{2}(\Delta x)^2$ (CFL), was in der Praxis oft zu viel zu kleinen Zeitschrittweiten führen würde. Ersetzt man (9.44a) durch

$$D^-_{\Delta t} U^{k+1}_i = D^2_{\Delta x} U^{k+1}_i, \quad 1 \leq i \leq M-1,\ 0 \leq k \leq N-1, \tag{9.48}$$

dann erhält man das *implizite Euler-Verfahren*, ausgeschrieben $\Delta t^{-1}\, (U^{k+1}_i - U^k_i) = (\Delta x)^2\, (U^{k+1}_{i+1} - 2U^{k+1}_i + U^{k+1}_{i-1})$, also

$$(1 + 2\lambda)U^{k+1}_i - \lambda U^{k+1}_{i+1} - \lambda U^{k+1}_{i-1} = U^k_i. \tag{9.49}$$

Wir erhalten also ein lineares Gleichungssystem mit einer Tridiagonalmatrix, auf deren Diagonale $1 + 2\lambda$ steht und auf den beiden Nebendiagonalen jeweils $-\lambda$. Hier ist U^{k+1} nur noch *implizit* durch U^k gegeben, auch wenn das lineare Gleichungssystem einfach in $\mathcal{O}(M)$ Operationen zu lösen ist. In Matrix-Form kann man (9.49) schreiben als

$$B_\lambda U^{k+1} = U^k, \quad B_\lambda \in \mathbb{R}^{M \times M},$$

wobei B_λ die beschriebene symmetrische Tridiagonalmatrix ist. Damit gilt also $U^{k+1} = B_\lambda^{-1} U^k$ und damit $\|U^{k+1}\|_{h,\infty} \leq \|B_\lambda^{-1}\|_\infty \|U^k\|_{h,\infty}$ mit der üblichen Zeilensummen-Norm $\|\cdot\|_\infty$ für Matrizen. Mit dem j-ten Einheitsvektor $e_j = (\delta_{j,1}, \ldots, \delta_{j,M})^T \in \mathbb{R}^M$ gilt $\|B_\lambda e_j\|_\infty = \max\{\lambda, 1+2\lambda, \lambda\} = 1+2\lambda$ für $j = 1, \ldots, M$ und damit

$$\|B_\lambda\|_\infty = \sup_{x \neq 0} \frac{\|B_\lambda x\|_\infty}{\|x\|_\infty} \geq \|B_\lambda e_j\|_\infty = 1 + 2\lambda,$$

also $\|B_\lambda^{-1}\|_\infty \leq (1 + 2\lambda)^{-1}$ und damit für alle $\lambda \geq 0$

$$\|U^{k+1}\|_{h,\infty} \leq \frac{1}{1 + 2\lambda} \|U^k\|_{h,\infty} \leq \|U^k\|_{h,\infty},$$

also ist das Verfahren ohne Einschränkung an λ stabil. Ein entsprechendes Konvergenzresultat folgt analog. Die Fehlerabschätzung lautet

$$\|U^k - u^k\|_{h,\infty} \leq c\, t_k((\Delta x)^2 + \Delta t) \max_{0 \leq t \leq t^k} |u(t,\cdot)|_{C^4},$$

also ein Verfahren erster Ordnung in der Zeit. Um die Ordnung zu erhöhen, betrachtet man z.B. das Crank-Nicolson- oder ein Runge-Kutta-Verfahren. Wir gehen hier nicht weiter auf die Details ein.

Numerische Experimente

Wir verdeutlichen die Bedeutung der CFL-Bedingung an einem numerischen Experiment der eindimensionalen Wärmeleitungsgleichung auf einem Stab $\Omega = (0,1)$ mit dem Endzeitpunkt $T = 1$, rechter Seite $f \equiv 0$ und Anfangsbedingung $u_0(x) := x(1 - x)$. Für wachsendes t strebt also $u(t,x)$ gegen 0. Wir wählen verschiedene Orts- und Zeitschrittweiten $\Delta t = \frac{T}{N}$, $\Delta x = \frac{1}{M}$. Die Ergebnisse sind in Abbildung 9.16 dargestellt. Links und in der Mitte wurde das *explizite* Euler-Verfahren verwendet. Wir erkennen, wie sensitiv das Verfahren bzgl. der CFL-Zahl $\lambda = \Delta t/(\Delta x)^2$ reagiert. Für $\lambda = 0.5$ sehen wir beim Bild in der Mitte, dass das Verfahren stabil konvergiert, wohingegen für $\lambda = 0.506$ starke Oszillationen auftreten (Grafik links, man beachte den Wertebereich bis 10^7). In der Abbildung rechts erkennen wir, dass das *implizite* Euler-Verfahren auch für sehr grobe Zeitschrittweiten konvergiert (hier ist $\lambda = 45 \gg 0.5$).

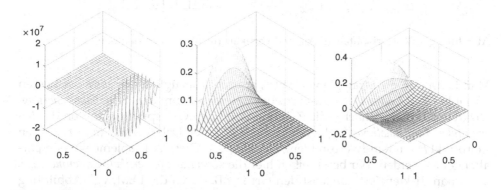

Abbildung 9.16. Numerische Lösung der Wärmeleitungsgleichung mittels Finiter Differenzen im Ort, $M = 30$. Links: Explizites Euler-Verfahren mit $N = 1780$ (CFL $\lambda = 0.506$); Mitte: Explizites Euler-Verfahren mit $N = 1800$ ($\lambda = 0.5$); rechts: Implizites Euler-Verfahren, $N = 20$ ($\lambda = 45$).

9.4.2 Finite Elemente

Sei $\Omega \subset \mathbb{R}^2$ ein konvexes Polygon. Wir wissen aus Abschnitt 8.2, dass die inhomogene Wärmeleitungsgleichung wohlgestellt ist: Sei $0 < T \leq \infty$, $u_0 \in H_0^1(\Omega)$ und $f \in L_2((0,T), L_2(\Omega))$. Dann gibt es genau eine Lösung $u \in L_2((0,T), H^2(\Omega)) \cap H^1((0,T), L_2(\Omega))$ des Problems

$$\dot{u}(t) - \Delta u(t) = f(t), \qquad 0 < t < T, \tag{9.50a}$$

$$u(t) \in H_0^1(\Omega), \qquad 0 < t < T, \tag{9.50b}$$

$$u(0) = u_0. \tag{9.50c}$$

Betrachten wir die zugehörige Bilinearform $a : H_0^1(\Omega) \times H_0^1(\Omega) \to \mathbb{R}$, $a(v,w) :=$ $(\nabla v, \nabla w)_{L_2(\Omega)}$, so erfüllt u die Gleichung

$$(\dot{u}(t), v)_{L_2(\Omega)} + a(u(t), v) = (f(t), v)_{L_2(\Omega)} \tag{9.51}$$

für alle $v \in H_0^1(\Omega)$ und alle $t \in (0, T)$.

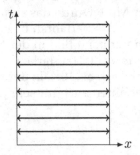 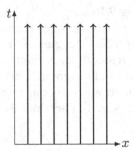

Abbildung 9.17. Horizontale (links) und vertikale (rechts) Linienmethode.

Man kann nun die Strategie verfolgen, zunächst bezüglich nur *einer* der beiden Variablen Zeit t oder Ort x zu diskretisieren. Man nennt dies *Semidiskretisierung*. Diskretisiert man zunächst die Zeit und dann den Ort, spricht man von der *horizontalen Linienmethode*, vgl. Abbildung 9.17 links. Dabei erhält man für jeden Zeitpunkt t^k ein Randwertproblem, $k = 1, \ldots, N$. Diese N Probleme können parallel gelöst werden. Wir beschreiben hier die so genannte *vertikale Linienmethode*, d.h., man diskretisiert zunächst den Ort Ω z.B. durch die FEM, vgl. Abbildung 9.17 rechts. Dies führt auf ein System gewöhnlicher Differenzialgleichungen. Sei $(\mathcal{T}_h)_{0<h\leq 1}$ eine quasi-uniforme Familie von zulässigen Triangulierungen von Ω. Wir nehmen an, dass $\mathcal{T}_h$ aus jeweils N_h Dreiecken besteht (wir nehmen ja wieder an, dass Ω ein Polygon ist). Der betrachtete Finite-Elemente-Raum $V_h \subset H_0^1(\Omega)$ werde erzeugt von der Lagrange-Basis

$$\Phi_h = \{\varphi_1^h, \ldots, \varphi_{N_h}^h\}, \quad \dim V_h = N_h.$$

Dann lautet das *räumlich semidiskrete Problem*: Bestimme $u_h \in C^1([0, \infty), V_h)$, mit

$$u_h(0) = u_{0,h}, \tag{9.52a}$$

$$(\dot{u}_h(t), \chi)_{L_2(\Omega)} + a(u_h(t), \chi) = (f(t), \chi)_{L_2(\Omega)}, \qquad \chi \in V_h,\ t > 0, \tag{9.52b}$$

wobei $u_{0,h} \in V_h$ eine Approximation der Anfangsbedingung u_0 ist.

Bevor wir zur Analyse von (9.52) kommen, wollen wir die Form des semidiskreten Problems näher beschreiben. Gesucht ist offenbar

$$u_h(t, x) = \sum_{i=1}^{N_h} \alpha_i(t) \varphi_i^h(x) \in V_h$$

mit zeitabhängigen Koeffizienten $\alpha_i(t)$, $t \geq 0$. Dann lautet (9.52b) für $\chi = \varphi_j^h$

$$\sum_{i=1}^{\mathcal{N}_h} \dot{\alpha}_i(t)\, (\varphi_i^h, \varphi_j^h)_{L_2(\Omega)} + \sum_{i=1}^{\mathcal{N}_h} \alpha_i(t)\, a(\varphi_i^h, \varphi_j^h) = (f(t), \varphi_j^h)_{L_2(\Omega)}, \quad 1 \leq j \leq \mathcal{N}_h,$$

und die Anfangswerte $\alpha_i(0) = \gamma_i$ sind durch $u_{0,h} = \sum_{i=1}^{\mathcal{N}_h} \gamma_i \varphi_i^h$ gegeben. Mit der *Steifigkeitsmatrix* $A_h := (a(\varphi_i^h, \varphi_j^h))_{i,j=1,\ldots,\mathcal{N}_h} \in \mathbb{R}^{\mathcal{N}_h \times \mathcal{N}_h}$, der rechten Seite $b_h(t) := (f(t), \varphi_j^h)_{L_2(\Omega)})_{j=1,\ldots,\mathcal{N}_h} \in \mathbb{R}^{\mathcal{N}_h}$ sowie der so genannten *Massematrix* $M_h := ((\varphi_i^h, \varphi_j^h)_{L_2(\Omega)})_{i,j=1,\ldots,\mathcal{N}_h} \in \mathbb{R}^{\mathcal{N}_h \times \mathcal{N}_h}$ lautet die Matrix-Darstellung

$$M_h \dot{\alpha}_h(t) + A_h \alpha_h(t) = b_h(t), \quad t > 0, \ \alpha_h(0) = \gamma. \tag{9.53}$$

Wir haben also ein System gewöhnlicher Differenzialgleichungen der Dimension $\mathcal{N}_h$ erhalten. Auf die Diskretisierung dieses Systems gehen wir etwas später ein. Es sei noch bemerkt, dass A_h und M_h symmetrisch positiv definit sind, insbesondere ist M_h also regulär. Also lautet (9.53)

$$\dot{\alpha}_h(t) + M_h^{-1} A_h \alpha_h(t) = M_h^{-1} b_h(t), \quad t > 0, \ \alpha_h(0) = \gamma,$$

und dieses Anfangswertproblem hat aufgrund des Satzes von Picard-Lindelöf (z.B. [34, Satz 117.1]) für alle Zeiten $t > 0$ eine eindeutige Lösung $\alpha_h(t)$. Wir kommen nun zur Stabilitätsanalyse.

Lemma 9.48. *Es gilt die Stabilitätsabschätzung*

$$\|u_h(t)\|_{L_2(\Omega)} \leq \|u_{0,h}\|_{L_2(\Omega)} + \int_0^t \|f(s)\|_{L_2(\Omega)}\, ds. \tag{9.54}$$

Beweis: Wir verwenden als Testfunktion $v_h = u_h(t)$ in (9.52b) und erhalten

$$(\dot{u}_h(t), u_h(t))_{L_2(\Omega)} + a(u_h(t), u_h(t)) = (f(t), u_h(t))_{L_2(\Omega)}.$$

Nach der Kettenregel (Lemma 8.17) gilt $\frac{1}{2}\frac{d}{dt}\|u_h(t)\|_{L_2(\Omega)}^2 = (\dot{u}_h(t), u_h(t))_{L_2(\Omega)}$ und, da $a(u_h(t), u_h(t)) \geq 0$, gilt

$$\frac{1}{2}\frac{d}{dt}\|u_h(t)\|_{L_2(\Omega)}^2 \leq (f(t), u_h(t))_{L_2(\Omega)} \leq \|f(t)\|_{L_2(\Omega)}\, \|u_h(t)\|_{L_2(\Omega)}$$

aufgrund der Cauchy-Schwarz'schen Ungleichung. Den ersten Term können wir auch schreiben als $\|u_h(t)\|_{L_2(\Omega)} \frac{d}{dt}\|u_h(t)\|_{L_2(\Omega)}$ und so erhalten wir durch Kürzen von $\|u_h(t)\|_{L_2(\Omega)}$ die Abschätzung $\frac{d}{dt}\|u_h(t)\|_{L_2(\Omega)} \leq \|f(t)\|_{L_2(\Omega)}$. Dies integrieren wir und erhalten

$$\|u_h(t)\|_{L_2(\Omega)} - \|u_h(0)\|_{L_2(\Omega)} = \int_0^t \frac{d}{dt}\|u_h(s)\|_{L_2(\Omega)}\, ds \leq \int_0^t \|f(s)\|_{L_2(\Omega)}\, ds$$

und erhalten so die Behauptung. □

Für die Fehleranalysis ist folgender Operator äußerst nützlich. Wir nennen $R_h :$ $H_0^1(\Omega) \to V_h$, definiert durch

$$a(R_h v, \chi) = a(v, \chi), \quad v \in H_0^1(\Omega), \chi \in V_h, \tag{9.55}$$

die *Ritz-Projektion*. Es handelt sich offensichtlich um die orthogonale Projektion auf V_h bezüglich des Energie-Skalarproduktes $a(\cdot, \cdot)$ des elliptischen Problems. Wir verwenden für die Fehleranalysis folgende Abschätzungen. Wie schon bei den elliptischen Gleichungen beschränken wir uns auf den Fall stückweise linearer Elemente, also V_h wie in (9.35).

Satz 9.49. *Für lineare Finite Elemente V_h wie in (9.35) gilt*

a) $\|R_h v - v\|_{L_2(\Omega)} \leq Ch\|v\|_{H^1(\Omega)}, \quad v \in H_0^1(\Omega),$

b) $\|R_h v - v\|_{L_2(\Omega)} \leq C^2 h^2 \|v\|_{H^2(\Omega)}, \quad v \in H_0^1(\Omega) \cap H^2(\Omega),$

wobei $C > 0$ eine Konstante ist, die nur von Ω und κ abhängt.

Beweis:
a) Sei $v \in H_0^1(\Omega)$. Wähle $g \in L_2(\Omega)$ mit $\|g\|_{L_2(\Omega)} = 1$ derart, dass $\|R_h v - v\|_{L_2(\Omega)} = (R_h v - v, g)_{L_2(\Omega)}$. Zu diesem g wähle $w \in H_0^1(\Omega) \cap H^2(\Omega)$ mit $-\Delta w = g$. Sei $w_h \in V_h$ die entsprechende diskrete Lösung, d.h. $a(w_h, \chi) = (g, \chi)_{L_2(\Omega)}, \chi \in V_h$. Aufgrund der Definition von R_h in (9.55) gilt $a(v - R_h v, \chi) = 0, v \in H_0^1(\Omega), \chi \in V_h$, also die Galerkin-Orthogonalität. Damit gilt wegen $-\Delta u = g$ mit der Testfunktion $\chi = R_h v - v$

$$\|R_h v - v\|_{L_2(\Omega)} = (R_h v - v, g)_{L_2(\Omega)} = a(R_h v - v, w) = a(R_h v - v, w - w_h)$$
$$\leq |R_h v - v|_{H^1(\Omega)} \|w - w_h\|_{H^1(\Omega)} \leq c_1 h |R_h v - v|_{H^1(\Omega)},$$

wobei $c_1 > 0$ die Konstante aus der Fehlerabschätzung in Satz 9.31 ist. Schließlich ist $I - R_h$ bzgl. $|\cdot|_{H^1(\Omega)}$ eine Kontraktion (als orthogonale Projektion bzgl. $a(\cdot, \cdot)$), also folgt $|R_h v - v|_{H^1(\Omega)} \leq |v|_{H^1(\Omega)}$ und damit die Behauptung.
b) Nun sei $v \in H_0^1(\Omega) \cap H^2(\Omega)$. Setze $f := -\Delta v$ und betrachte die zugehörige diskrete Lösung $v_h \in V_h$, also $a(v_h, \chi) = (f, \chi)_{L_2(\Omega)}, \chi \in V_h$. Da R_h die a-orthogonale Projektion von $H_0^1(\Omega)$ auf V_h ist, folgt

$$|R_h v - v|_{H^1(\Omega)} \leq |v_h - v|_{H^1(\Omega)} \leq ch\|f\|_{L_2(\Omega)} \leq ch\|v\|_{H^2(\Omega)}$$

mit der Konstanten c aus Satz 9.31. Mit der Abschätzung aus Teil a) gilt dann

$$\|R_h v - v\|_{L_2(\Omega)} \leq ch|R_h v - v|_{H^1(\Omega)} \leq c^2 h^2 \|v\|_{H^2(\Omega)}. \qquad \Box$$

Nun können wir die gesuchte Fehlerabschätzung für die semidiskrete Approximation beweisen.

Satz 9.50. *Sei $f \in L_2((0, \infty), H_0^1(\Omega) \cap H^2(\Omega))$ und $u_0 \in H_0^1(\Omega) \cap H^2(\Omega)$ mit $\Delta u_0 \in H_0^1(\Omega)$. Sei $u_{0,h} \in V_h$ und u_h sei die Lösung von (9.52). Dann gilt folgende Fehlerabschätzung für die exakte Lösung u von (9.50):*

$$\|u_h(t) - u(t)\|_{L_2(\Omega)} \leq \|u_{0,h} - u_0\|_{L_2(\Omega)}$$
$$+ ch^2 \left\{ \|u_0\|_{H^2(\Omega)} + \sqrt{t}(\|\Delta u_0\|_{H^1(\Omega)} + \|f\|_{L_2((0,t), H^2(\Omega))}) \right\}$$

für $t \geq 0$ *und* $u_0 \in H^2(\Omega) \cap H_0^1(\Omega)$, *wobei die Konstante* $c > 0$ *nur von* Ω *und* κ *abhängt.*

Beweis: Wir schreiben den Fehler $u_h - u$ mit Hilfe der Ritz-Projektion um

$$u_h - u = (u_h - R_h u) + (R_h u - u) =: \theta_h + \rho_h. \tag{9.56}$$

Für den zweiten Term in (9.56) verwenden wir die Fehlerabschätzung in Satz 9.49 für R_h, also mit einer Konstanten $c > 0$,

$$\|\rho_h(t)\|_{L_2(\Omega)} = \|R_h u(t) - u(t)\|_{L_2(\Omega)} \leq c\, h^2 \|u(t)\|_{H^2(\Omega)}$$

$$\leq c\, h^2 \left\| u(0) + \int_0^t \dot{u}(s)\, ds \right\|_{H^2(\Omega)}$$

$$\leq c\, h^2 \left(\|u_0\|_{H^2(\Omega)} + \int_0^t \|\dot{u}(s)\|_{H^2(\Omega)}\, ds \right)$$

$$\leq c\, h^2 (\|u_0\|_{H^2(\Omega)} + \sqrt{t}\|\dot{u}\|_{L_2((0,t),H^2(\Omega))}),$$

wobei wir die Hölder-Ungleichung benutzt haben. Nun wenden wir Satz 8.30 (dort für $t = \infty$) an und erhalten mit der Young-Ungleichung

$$\|\dot{u}\|_{L_2((0,t),H^2(\Omega))} \leq c(\|\Delta u_0\|_{H^1(\Omega)}^2 + \|f\|_{L_2((0,t),H^2(\Omega))}^2)^{1/2}$$

$$\leq c(\|\Delta u_0\|_{H^1(\Omega)} + \|f\|_{L_2((0,t),H^2(\Omega))}).$$

Damit folgt

$$\|\rho_h(t)\|_{L_2(\Omega)} \leq c\, h^2 \Big(\|u_0\|_{H^2(\Omega)} + \sqrt{t}(\|\Delta u_0\|_{H^1(\Omega)} + \|f\|_{L_2((0,t),H^2(\Omega))}) \Big).$$

Für den ersten Term $\theta_h = u_h - R_h u$ in (9.56) leiten wir ein Anfangswertproblem her. Es gilt nämlich für $\chi \in V_h$

$$(\dot{\theta}_h(t), \chi)_{L_2(\Omega)} + a(\theta_h(t), \chi) =$$

$$= (\dot{u}_h(t), \chi)_{L_2(\Omega)} + a(u_h(t), \chi) - \left(\frac{d}{dt} R_h u(t), \chi \right)_{L_2(\Omega)} - a(R_h u(t), \chi)$$

$$= (f(t), \chi)_{L_2(\Omega)} - (R_h \dot{u}(t), \chi)_{L_2(\Omega)} - a(u(t), \chi)$$

$$= (\dot{u}(t) - R_h \dot{u}(t), \chi)_{L_2(\Omega)}$$

wegen der Eigenschaften des Ritz-Projektors und weil u Lösung von (9.50) ist. Diese Gleichung besagt aber, dass

$$(\dot{\theta}_h(t), \chi)_{L_2(\Omega)} + a(\theta_h(t), \chi) = -(\dot{\rho}_h(t), \chi)_{L_2(\Omega)}, \quad \chi \in V_h. \tag{9.57}$$

Also sind die beiden Terme in (9.56) miteinander verknüpft. Auf (9.57) können wir die Stabilitätsabschätzung (9.54) anwenden und erhalten

$$\|\theta_h(t)\|_{L_2(\Omega)} \leq \|\theta_h(0)\|_{L_2(\Omega)} + \int_0^t \|\dot{\rho}_h(s)\|_{L_2(\Omega)}\, ds.$$

Für den Term im Integral verwenden wir wieder die Fehlerabschätzung in Satz 9.49 für den Ritz-Projektor, also für $t \geq 0$

$$\|\dot{\rho}_h(t)\|_{L_2(\Omega)} = \|R_h \dot{u}(t) - \dot{u}(t)\|_{L_2(\Omega)} \leq ch^2 \|\dot{u}(t)\|_{H^2(\Omega)}.$$

Weiter gilt

$$\begin{aligned}
\|\theta_h(0)\|_{L_2(\Omega)} &= \|u_h(0) - R_h u(0)\|_{L_2(\Omega)} = \|u_{0,h} - R_h u_0\|_{L_2(\Omega)} \\
&\leq \|u_{0,h} - u_0\|_{L_2(\Omega)} + \|u_0 - R_h u_0\|_{L_2(\Omega)} \\
&\leq \|u_{0,h} - u_0\|_{L_2(\Omega)} + ch^2 \|u_0\|_{H^2(\Omega)}.
\end{aligned}$$

Fügen wir nun alles zusammen, so ergibt sich die Behauptung. □

Der obige Beweis zeigt ein Resultat, das man in vielen Numerik-Büchern findet.

Korollar 9.51. *Unter den Voraussetzungen von Satz 9.50 gilt*

$$\|u_h(t) - u(t)\|_{L_2(\Omega)} \leq \|u_{0,h} - u_0\|_{L_2(\Omega)} + ch^2 \left\{ \|u_0\|_{H^2(\Omega)} + \int_0^t \|\dot{u}(s)\|_{H^2(\Omega)}\, ds \right\}.$$

Das implizite Euler-Verfahren

Der letzte Schritt ist nun eine Diskretisierung in der Zeit für das Anfangswertproblem der gewöhnlichen Differenzialgleichung in (9.53). Bei der FDM hatten wir bereits gesehen, dass das explizite Euler-Verfahren nur unter starken Einschränkungen an Zeit- und Ortsschrittweite stabil ist. Deswegen beschränken wir uns hier auf das implizite Euler-Verfahren und eine feste Zeitschrittweite Δt, also $t^k = k \Delta t$, $k \in \mathbb{N}_0$. Dann lautet die Zeit-Diskretisierung von (9.52)

$$(D_{\Delta t}^- U^k, \chi)_{L_2(\Omega)} + a(U^k, \chi) = (f(t^k), \chi)_{L_2(\Omega)}, \qquad \chi \in V_h, \qquad (9.58a)$$

$$U^0 = u_{0,h} \qquad\qquad (9.58b)$$

oder

$$(U^k, \chi)_{L_2(\Omega)} + \Delta t\, a(U^k, \chi) = (U^{k-1} + \Delta t\, f(t^k), \chi)_{L_2(\Omega)}, \ \chi \in V_h, \ k \geq 1. \tag{9.59}$$

Wir suchen also $U^k(x) = \sum_{i=1}^{\mathcal{N}_h} \alpha_i^k \varphi_i^h(x) \in V_h$ und (9.59) wird zu

$$\sum_{i=1}^{\mathcal{N}_h} \alpha_i^k (\varphi_i^h, \varphi_j^h)_{L_2(\Omega)} + \Delta t \sum_{i=1}^{\mathcal{N}_h} \alpha_i^k a(\varphi_i^h, \varphi_j^h) =$$

$$= \sum_{i=1}^{\mathcal{N}_h} \alpha_i^{k-1} (\varphi_i^h, \varphi_j^h)_{L_2(\Omega)} + \Delta t\, (f(t^k), \varphi_j^h)_{L_2(\Omega)}$$

für $j = 1, \ldots, \mathcal{N}_h$ bzw. in Matrix-Vektor-Form

$$(M_h + \Delta t\, A_h) \boldsymbol{\alpha}_h^k = M_h \boldsymbol{\alpha}_h^{k-1} + \Delta t\, \boldsymbol{b}_h(t^k)$$

mit $\boldsymbol{\alpha}_h^k = (\alpha_i^k)_{1 \leq i \leq \mathcal{N}_h} \in \mathbb{R}^{\mathcal{N}_h}$, Masse- bzw. Steifigkeitsmatrix M_h, A_h und der rechten Seite $\boldsymbol{b}_h(t^k) \in \mathbb{R}^{\mathcal{N}_h}$. Damit kommen wir zunächst zum Stabilitätsresultat.

Lemma 9.52. *Es gilt für $k \geq 1$ die Abschätzung*

$$\|U^k\|_{L_2(\Omega)} \leq \|U^0\|_{L_2(\Omega)} + \Delta t \sum_{j=1}^{k} \|f(t^j)\|_{L_2(\Omega)}.$$

Beweis: Wähle $\chi = U^k$ in (9.59), dann gilt

$$\|U^k\|_{L_2(\Omega)}^2 + \Delta t\, a(U^k, U^k) = (U^{k-1}, U^k)_{L_2(\Omega)} + \Delta t\, (f(t^k), U^k)_{L_2(\Omega)}$$
$$\leq \|U^k\|_{L_2(\Omega)} \left(\|U^{k-1}\|_{L_2(\Omega)} + \Delta t\, \|f(t^k)\|_{L_2(\Omega)} \right).$$

Wegen $a(U^k, U^k) \geq 0$ folgt, dass $\|U^k\|_{L_2(\Omega)} \leq \|U^{k-1}\|_{L_2(\Omega)} + \Delta t\, \|f(t^k)\|_{L_2(\Omega)}$. Dies wenden wir rekursiv an und erhalten

$$\|U^k\|_{L_2(\Omega)} \leq \|U^{k-2}\|_{L_2(\Omega)} + \Delta t\, (\|f(t^{k-1})\|_{L_2(\Omega)} + \|f(t^k)\|_{L_2(\Omega)})$$
$$\leq \cdots \leq \|U^0\|_{L_2(\Omega)} + \Delta t \sum_{j=1}^{k} \|f(t^j)\|_{L_2(\Omega)},$$

also die Behauptung. $\qquad\qquad\qquad\qquad\qquad\qquad\qquad\qquad\qquad\qquad\square$

Wie bei der FDM erhalten wir also die Stabilität beim impliziten Euler-Verfahren ohne Einschränkung an Δt und h. Wir kommen nun zur Fehlerabschätzung.

Satz 9.53. *Sei $u_0 \in H^1(\Omega) \cap H_0^2(\Omega)$ mit $\Delta u_0 \in H_0^1(\Omega)$ und sei weiterhin $f \in L_2((0, \infty), H^2(\Omega)) \cap H^1((0, \infty), L_2(\Omega))$ derart, dass $f(t) \in H_0^1(\Omega)$ für alle $t > 0$. Sei u die Lösung von (9.50). Dann gilt mit einer Konstanten $c > 0$, die nur von Ω abhängt,*

$$\|U^k - u(t^k, \cdot)\|_{L_2(\Omega)} \leq c\, h^2 \left\{ \|u_0\|_{H^2(\Omega)} + \int_0^{t^k} \|u_t(s)\|_{H^2(\Omega)}\, ds \right\}$$
$$+ c\, \Delta t \int_0^{t^k} \|u_{tt}(s)\|_{L_2(\Omega)}\, ds.$$

Beweis: Analog zum Beweis von Satz 9.50 setzen wir

$$U^k - u(t^k) = (U^k - R_h u(t^k)) + (R_h u(t^k) - u(t^k)) =: \theta_h^k + \rho_h^k$$

und schätzen nun beide Terme ab. Zunächst gilt mit Satz 9.49

$$\|\rho_h^k\|_{L_2(\Omega)} = \|R_h u(t^k) - u(t^k)\|_{L_2(\Omega)} \leq c\, h^2 \|u(t^k)\|_{H^2(\Omega)}$$
$$= c\, h^2 \left\| u_0 + \int_0^{t^k} \dot{u}(s)\, ds \right\|_{H^2(\Omega)}$$
$$\leq c\, h^2 \left\{ \|u_0\|_{H^2(\Omega)} + \int_0^{t^k} \|u_t(s)\|_{H^2(\Omega)}\, ds \right\}.$$

Wie oben leiten wir ein Anfangswertproblem für θ_h^k her. Für $\chi \in V_h$ gilt

$$(D_{\Delta t}^- \theta_h^k, \chi)_{L_2(\Omega)} + a(\theta_h^k, \chi) =$$

$$= (D_{\Delta t}^- U^k, \chi)_{L_2(\Omega)} + a(U^k, \chi) - (D_{\Delta t}^- R_h u(t^k), \chi)_{L_2(\Omega)} - a(R_h u(t^k), \chi)$$

$$= (f(t^k), \chi)_{L_2(\Omega)} - (D_{\Delta t}^- R_h u(t^k), \chi)_{L_2(\Omega)} - a(u(t^k), \chi)$$

$$= (\dot{u}(t^k) - D_{\Delta t}^- R_h u(t^k), \chi)_{L_2(\Omega)} \quad =: -(\omega^k, \chi)_{L_2(\Omega)}$$

mit der rechten Seite

$$\omega^k = R_h D_{\Delta t}^- u(t^k) - \dot{u}(t^k) = (R_h - I)D_{\Delta t}^- u(t^k) + \left(D_{\Delta t}^- - \frac{d}{dt}\right)u(t^k)$$

$$=: \omega_1^k + \omega_2^k.$$

Wir fahren wie oben fort, diesmal mit Lemma 9.52

$$\|\theta_h^k\|_{L_2(\Omega)} \leq \|\theta_h^0\|_{L_2(\Omega)} + \Delta t \sum_{j=1}^k \|\omega^j\|_{L_2(\Omega)}$$

$$\leq \|\theta_h^0\|_{L_2(\Omega)} + \Delta t \sum_{j=1}^k \|\omega_1^j\|_{L_2(\Omega)} + \Delta t \sum_{j=1}^k \|\omega_2^j\|_{L_2(\Omega)}.$$

Um den Term mit ω_1^j abzuschätzen, verwenden wir die Identität

$$\omega_1^j = (R_h - I)D_{\Delta t}^- u(t^j) = (R_h - I)\frac{1}{\Delta t}\int_{t^{j-1}}^{t^j} u_t(s)\,ds$$

$$= \frac{1}{\Delta t}\int_{t^{j-1}}^{t^j} (R_h - I)u_t(s)\,ds,$$

also

$$\Delta t \sum_{j=1}^k \|\omega_1^j\|_{L_2(\Omega)} \leq \sum_{j=1}^k \int_{t^{j-1}}^{t^j} \|(R_h - I)u_t(s)\|_{L_2(\Omega)}\,ds$$

$$= \int_0^{t^k} \|(R_h - I)u_t(s)\|_{L_2(\Omega)}\,ds \leq c\,h^2 \int_0^{t^k} \|u_t(s)\|_{H^2(\Omega)}\,ds$$

nach Satz 9.49. Für den zweiten Term sieht man mit Hilfe des Hauptsatzes der Differenzial- und Integralrechnung, dass

$$\omega_2^j = D_{\Delta t}^- u(t^j) - \dot{u}(t^j) = \frac{1}{\Delta t}(u(t^j) - u(t^{j-1})) - u_t(t^j)$$

$$= -\frac{1}{\Delta t}\int_{t^{j-1}}^{t^j} (s - t^{j-1})u_{tt}(s)\,ds.$$

Damit folgt mit Satz 8.30 b)

$$\Delta t \sum_{j=1}^k \|\omega_2^j\|_{L_2(\Omega)} \leq \sum_{j=1}^k \left\|\int_{t^{j-1}}^{t^j} (s - t^{j+1})\,\ddot{u}(s)\,ds\right\|_{L_2(\Omega)} \leq \Delta t \int_0^{t^k} \|u_{tt}(s)\|_{L_2(\Omega)}\,ds.$$

Kombinieren wir alle diese Abschätzungen, so ist die Behauptung bewiesen. $\square$

Das Crank-Nicolson-Verfahren

Die Abschätzung in Satz 9.53 offenbart einen entscheidenden Nachteil des Euler-Verfahrens, es ist zweiter Ordnung im Raum (h^2), aber nur erster Ordnung in der Zeit (Δt). Dieser Nachteil wird durch das Crank-Nicolson-Verfahren behoben. Die semidiskrete Gleichung wird hier symmetrisch um den Punkt $t^{k-1/2} := (k - \frac{1}{2})\Delta t$, entwickelt. Wir erhalten

$$(D^-_{\Delta t}U^k, \chi)_{L_2(\Omega)} + a(\tfrac{1}{2}(U^k + U^{k-1}), \chi) = (f(t^{k-1/2}), \chi)_{L_2(\Omega)}, \chi \in V_h, \quad (9.60a)$$

$$U^0 = u_{0,h}, \quad (9.60b)$$

oder für $k \geq 1$

$$(U^k, \chi)_{L_2(\Omega)} + \tfrac{\Delta t}{2} a(U^k, \chi) = (U^{k-1} + \Delta t\, f(t^{k-1/2}), \chi)_{L_2(\Omega)} - \tfrac{1}{2}a(U^{k-1}, \chi) \quad (9.61)$$

für alle $\chi \in V_h$. In Matrix-Vektor-Form erhalten wir

$$(M_h + \tfrac{\Delta t}{2} A_h)\alpha_h^k = (M_h - \tfrac{1}{2}A_h)\alpha_h^{k-1} + \Delta t\, b_h(t^{k-1/2})$$

mit $\alpha_h^k = (\alpha_i^k)_{1 \leq i \leq N_h} \in \mathbb{R}^{N_h}$, Masse- bzw. Steifigkeitsmatrix M_h, A_h und der rechten Seite $b_h(t^{k-1/2}) \in \mathbb{R}^{N_h}$ analog zum Euler-Verfahren. Ein Stabilitätsresultat analog zu Lemma 9.52 erhält man, wenn man in (9.60) als Testfunktion $\chi = U^k + U^{k-1}$ verwendet. Zunächst gilt $\Delta t\, (D^-_{\Delta t}U^k, U^k + U^{k-1})_{L_2(\Omega)} = \|U^k\|^2_{L_2(\Omega)} - \|U^{k-1}\|^2_{L_2(\Omega)} = (\|U^k\|_{L_2(\Omega)} - \|U^{k-1}\|_{L_2(\Omega)})(\|U^k\|_{L_2(\Omega)} + \|U^{k-1}\|_{L_2(\Omega)})$. Damit folgt aus (9.60)

$$\frac{1}{\Delta t}(\|U^k\|_{L_2(\Omega)} - \|U^{k-1}\|_{L_2(\Omega)})(\|U^k\|_{L_2(\Omega)} + \|U^{k-1}\|_{L_2(\Omega)}) \leq$$

$$\leq \frac{1}{\Delta t}(\|U^k\|_{L_2(\Omega)} - \|U^{k-1}\|_{L_2(\Omega)})(\|U^k\|_{L_2(\Omega)} + \|U^{k-1}\|_{L_2(\Omega)})$$

$$+ \tfrac{1}{2}a(U^k + U^{k-1}, U^k + U^{k-1})$$

$$= (f(t^{k-1/2}), U^k + U^{k-1})_{L_2(\Omega)} \leq \|f(t^{k-1/2})\|_{L_2(\Omega)} \|U^k + U^{k-1}\|_{L_2(\Omega)}$$

$$\leq \|f(t^{k-1/2})\|_{L_2(\Omega)}(\|U^k\|_{L_2(\Omega)} + \|U^{k-1}\|_{L_2(\Omega)}),$$

also $\frac{1}{\Delta t}(\|U^k\|_{L_2(\Omega)} - \|U^{k-1}\|_{L_2(\Omega)}) \leq \|f(t^{k-1/2})\|_{L_2(\Omega)}$, was äquivalent zur Ungleichung $\|U^k\|_{L_2(\Omega)} \leq \|U^{k-1}\|_{L_2(\Omega)} + \Delta t \|f(t^{k-1/2})\|_{L_2(\Omega)}$ ist und somit

$$\|U^k\|_{L_2(\Omega)} \leq \|U^0\|_{L_2(\Omega)} + \Delta t \sum_{j=1}^{k} \|f(t^{j-1/2})\|_{L_2(\Omega)}.$$

Die folgende Fehlerabschätzung beweist man analog zu Satz 9.54, vgl. [41].

Satz 9.54. *Seien $u_0 \in H_0^1(\Omega) \cap H^2(\Omega)$ und f derart, dass die u Lösung von (9.50) der Bedingung $u \in H^2((0, \infty), H^2(\Omega)) \cap H^3((0, \infty), L_2(\Omega))$ genügt. Dann gilt mit einer*

Konstanten $c > 0$, die nur von Ω abhängt,

$$\|U^k - u(t^k, \cdot)\|_{L_2(\Omega)} \le c\, h^2 \left\{ \|u_0\|_{H^2(\Omega)} + \int_0^{t^k} \|u_t\|_{H^2(\Omega)}\, ds \right\}$$

$$+ c\, (\Delta t)^2 \int_0^{t^k} \left(\|u_{ttt}(s)\|_{L_2(\Omega)} + \|\Delta u_{tt}(s)\|_{L_2(\Omega)} \right) ds.$$

9.4.3* Fehlerabschätzungen mittels Raum/Zeit-Formulierungen

In Satz 8.31* hatten wir gezeigt, dass wir ein parabolisches Anfangs-Randwertproblem als ein Variationsproblem mit unterschiedlichen Ansatz- und Testräumen $\mathbb{V} := H^1_{(0)}(I, V') \cap L_2(I, V)$ bzw. $\mathbb{W} := L_2(I, V)$ interpretieren können. Wir hatten im Beweis von Satz 8.31* gezeigt, dass die Raum/Zeit-Bilinearform b stetig mit einer Konstanten C ist und eine inf-sup-Bedingung mit einer Konstanten β erfüllt. Beide Konstanten sind unabhängig von T. Damit können wir nun den Satz 9.41* von Xu-Zikatanov benutzen, um eine Fehlerabschätzung für eine entsprechende Petrov-Galerkin-Approximation herzuleiten. Wir führen nun eine spezielle Diskretisierung ein und zeigen, dass diese äquivalent zum Crank-Nicolson-Verfahren ist. Dies bedeutet, dass wir die Raum/Zeit-Formulierung benutzen können, um eine andere Fehlerabschätzung geben zu können (die sogar schärfer ist als die obige).
Seien $\mathbb{V}_\delta \subset \mathbb{V}$, $\mathbb{W}_\delta \subset \mathbb{W}$ endlich-dimensionale Teilräume und $u_\delta \in \mathbb{V}_\delta$ die diskrete Approximation von (8.47)

$$b(u_\delta, w_\delta) = f(w_\delta), \qquad \forall w_\delta \in \mathbb{W}_\delta, \tag{9.62}$$

wobei wir uns auf den Fall $H = L_2(\Omega)$, $V = H^1_0(\Omega)$ beschränken. Sei $\mathbb{V}_\delta := S_{\Delta t} \otimes V_h$, $\mathbb{W}_\delta := Q_{\Delta t} \otimes V_h$, $\delta = (\Delta t, h)$, wobei $S_{\Delta t}$, V_h stückweise lineare und $Q_{\Delta t}$ stückweise konstante Finite Elemente-Räume bzgl. Triangulierungen $\mathcal{T}^{\text{Raum}}_h$ im Raum bzw. $\mathcal{T}^{\text{Zeit}}_{\Delta t} \equiv \{t^{k-1} \equiv (k-1)\Delta t < t \le k\,\Delta t \equiv t^k, 1 \le k \le K\}$ in der Zeit mit $\Delta t := T/K$ sind.
Es ist $S_{\Delta t} = \text{span}\{\sigma^1, \dots, \sigma^K\}$, wobei σ^k die (interpolatorische) Hutfunktion bzgl. der Knoten t^{k-1}, t^k und t^{k+1} ist (bzw. auf $[0, T]$ abgeschnitten für $k = K$) und weiter $Q_{\Delta t} = \text{span}\{\tau^1, \dots, \tau^K\}$, wobei $\tau^k = \chi_{I^k}$ die charakteristische Funktion auf $I^k := (t^{k-1}, t^k)$ ist. Schließlich ist $V_h = \text{span}\{\phi_1, \dots, \phi_{n_h}\}$ z.B. die nodale Basis bzgl. $\mathcal{T}^{\text{Raum}}_h$. Zu gegebenen Funktionen $v_\delta = \sum_{k=1}^K \sum_{i=1}^{n_h} v_i^k \sigma^k \otimes \phi_i \in \mathbb{V}_\delta$ und $w_\delta = \sum_{\ell=1}^K \sum_{j=1}^{n_h} w_j^\ell \tau^\ell \otimes \phi_j$ (mit Koeffizienten v_i^k and w_j^ℓ) erhalten wir

$$b(v_\delta, w_\delta) = \int_I \left\{ \langle \dot{v}_\delta(t), w_\delta(t) \rangle_{V' \times V} + a(v_\delta(t), w_\delta(t)) \right\} dt$$

$$= \sum_{k,\ell=1}^K \sum_{i,j=1}^{n_h} v_k^i w_\ell^j \left\{ (\dot{\sigma}^k, \tau^\ell)_{L_2(I)} (\phi_i, \phi_j)_H + (\sigma^k, \tau^\ell)_{L_2(I)}\, a(\phi_i, \phi_j) \right\}$$

$$= \boldsymbol{v}_\delta^T \boldsymbol{B}_\delta \boldsymbol{w}_\delta,$$

wobei

$$\boldsymbol{B}_\delta := \boldsymbol{N}^{\text{Zeit}}_{\Delta t} \otimes \boldsymbol{M}^{\text{Raum}}_h + \boldsymbol{M}^{\text{Zeit}}_{\Delta t} \otimes \boldsymbol{A}^{\text{Raum}}_h \tag{9.63}$$

und $\boldsymbol{M}^{\text{Raum}}_h := [(\phi_i, \phi_j)_{L_2(\Omega)}]_{i,j=1,\dots,n_h}$, $\boldsymbol{M}^{\text{Zeit}}_{\Delta t} := [(\sigma^k, \tau^\ell)_{L_2(I)}]_{k,\ell=1,\dots,K}$ die jeweiligen Masse-Matrizen bezüglich Zeit bzw. Raum sowie $\boldsymbol{N}^{\text{Zeit}}_{\Delta t} := [(\dot{\sigma}^k, \tau^\ell)_{L_2(I)}]_{k,\ell=1,\dots,K}$ und

$A_h^{\text{Raum}} := [a(\phi_i, \phi_j)]_{i,j=1,\ldots,n_h}$ die Steifigkeitsmatrizen sind. Für unsere spezielle Wahl der Räume erhalten wir (wobei $\delta_{k,\ell}$ das diskrete Kronecker-Delta bezeichnet)

$$(\dot{\sigma}^k, \tau^\ell)_{L_2(I)} = \delta_{k,\ell} - \delta_{k+1,\ell}, \qquad (\sigma^k, \tau^\ell)_{L_2(I)} = \frac{\Delta t}{2}(\delta_{k,\ell} + \delta_{k+1,\ell}),$$

$$b(v_\delta, \tau^\ell \otimes \phi_j) = \sum_{i=1}^{n_h} \left[(v_i^\ell - v_i^{\ell-1})(\phi_i, \phi_j)_H + \frac{\Delta t}{2}(v_i^\ell + v_i^{\ell-1})\, a(\phi_i, \phi_j) \right]$$

$$= \Delta t \left[M_h^{\text{Raum}} \frac{1}{\Delta t}(\boldsymbol{v}^\ell - \boldsymbol{v}^{\ell-1}) + A_h^{\text{Raum}} \boldsymbol{v}^{\ell-1/2} \right],$$

mit $\boldsymbol{v}^\ell := (v_i^\ell)_{i=1,\ldots,n_h}$, $v_i^{\ell-1/2} := \frac{1}{2}(v_i^\ell + v_i^{\ell-1})$ und $\boldsymbol{v}^{\ell-1/2}$ entsprechend. Nun verwenden wir die Trapezsumme zur Approximation der Integration in der Zeit auf der rechten Seite,

$$f(\tau^\ell \otimes \phi_j) = \int_0^T \langle f(t), \tau^\ell \otimes \phi_j \rangle_{V' \times V}\, dt$$

$$\approx \frac{\Delta t}{2} \langle f(t^{\ell-1}) + f(t^\ell), \phi_j \rangle_{V' \times V} = \frac{\Delta t}{2}(\boldsymbol{f}^{\ell-1} + \boldsymbol{f}^\ell)_j = \Delta t\, \boldsymbol{f}_j^{\ell-1/2},$$

mit $\boldsymbol{f}^\ell := (\langle f(t^\ell), \phi_j \rangle_{V' \times V})_{j=1,\ldots,n_h}$. Dann können wir (9.62) schreiben als

$$\frac{1}{\Delta t} M_h^{\text{Raum}}(\boldsymbol{v}^\ell - \boldsymbol{v}^{\ell-1}) + A_h^{\text{Raum}} \boldsymbol{v}^{\ell-1/2} = \boldsymbol{f}^{\ell-1/2}, \qquad \boldsymbol{v}^0 := 0, \tag{9.64}$$

also genau das oben eingeführte Crank-Nicolson-Verfahren. Somit können wir also die Raum/Zeit-Variationsformulierung verwenden, um Fehlerabschätzungen für das Crank-Nicolson-Verfahren herzuleiten.

Bemerkung 9.55*. Man kann auch die diskrete inf-sup-Bedingung nachweisen. Dazu betrachtet man eine leicht modifizierte Norm: Für $v \in \mathbb{V}$ setze $\bar{v}^k := (\Delta t)^{-1} \int_{I^k} v(t)\, dt \in V$ und $\bar{v} := \sum_{k=1}^K \chi_{I^k} \otimes \bar{v}^i \in L_2(I, V)$ sowie $|||v|||_{\mathbb{V},\delta}^2 := \|\dot{v}\|_{L_2(I,V')}^2 + \|\bar{v}\|_{L_2(I,V)}^2 + \|v(T)\|_H^2$. Diese zeitliche Mittelung ist in der Tat die „natürliche" Norm für die Analysis des Crank-Nicolson-Verfahrens. Für die inf-sup- bzw. Stetigkeits-Konstante

$$\beta_\delta := \inf_{v_\delta \in \mathbb{V}_\delta} \sup_{w_\delta \in \mathbb{W}_\delta} \frac{b(v_\delta, w_\delta)}{|||v_\delta|||_{\mathbb{V},\delta}\, \|w_\delta\|_{\mathbb{W}}}, \qquad \gamma_\delta := \sup_{v_\delta \in \mathbb{V}_\delta} \sup_{w_\delta \in \mathbb{W}_\delta} \frac{b(v_\delta, w_\delta)}{|||v_\delta|||_{\mathbb{V},\delta}\, \|w_\delta\|_{\mathbb{W}}},$$

gilt $\beta_\delta = \gamma_\delta = 1$, falls $a(\cdot, \cdot)$ symmetrisch, stetig und koerziv ist und wir die Energienorm $\|\phi\|_V^2 := a(\phi, \phi)$, $\phi \in V$ verwenden, [51]. Eine ausführliche Untersuchung stabiler Raum/Zeit-Diskretisierungen für parabolische Probleme findet sich in [4]. $\triangle$

Nun zur angekündigten Fehlerabschätzung. Wir erinnern zunächst daran, dass $\mathbb{V}_\delta = S_{\Delta t} \otimes V_h$ ein Tensorprodukt ist und, dass sowohl $S_{\Delta t}$ also auch V_h Finite Elemente-Räume sind. Beide verfügen über entsprechende Ritz-Projektoren wie in (9.55). Nennen wir diese $R_{\Delta t} : H_{(0)}^1(I) \to S_{\Delta t}$ und $R_h : H_0^1(\Omega) \to V_h$, dann gilt nach Satz 9.49

$$\|R_{\Delta t}\sigma - \sigma\|_{L_2(I)} \leq C^2(\Delta t)^2 \|\sigma\|_{H^2(I)}, \qquad \sigma \in H_{(0)}^1(I) \cap H^2(I), \tag{9.65a}$$

$$\|R_h\phi - \phi\|_{L_2(\Omega)} \leq C^2 h^2 \|\phi\|_{H^2(\Omega)}, \qquad \phi \in H_0^1(\Omega) \cap H^2(\Omega). \tag{9.65b}$$

Wir definieren nun den Raum/Zeit-Ritz-Projektor $\mathbb{R}_\delta : \mathbb{V} \to \mathbb{V}_\delta$ als $\mathbb{R}_\delta := R_{\Delta t} \otimes R_h$. Damit gilt für alle $v \in \mathbb{V}$

$$\mathbb{R}_\delta v - v = (R_{\Delta t} \otimes R_h)v - (I \otimes R_h)v + (I \otimes R_h)v - v$$

$$= [(R_{\Delta t} - I) \otimes R_h]v + [I \otimes (R_h - I)]v,$$

also erhalten wir $\|R_\delta v - v\|_{L_2(I,L_2(\Omega))} \leq C((\Delta t)^2 + h^2) \|v\|_{H^2(I,H^2(\Omega))}$ für alle $v \in \mathbb{V} \cap H^2(I, H^2(\Omega))$. Wenn wir nun die Sätze 9.41* und 9.42* (Xu-Zikatanov bzw. das Aubin-Nitsche-Lemma) verwenden, erhalten wir folgendes Resultat.

Satz 9.56*. *Seien u_0 und f derart, dass $u \in H^2(I, H^2(\Omega))$ für die u Lösung von (9.50) gilt. Dann gilt mit einer Konstanten $c > 0$, die nur von Ω abhängt,*

$$\|u - u_\delta\|_{L_2(I,L_2(\Omega))} \leq c((\Delta t)^2 + h^2) \|u\|_{H^2(I,H^2(\Omega))},$$
$$\|u - u_\delta\|_{\mathbb{V}} \leq c(\Delta t + h) \|u\|_{H^2(I,H^2(\Omega))}.$$

In mindestens zweierlei Hinsicht ist diese Abschätzung besser als die in Satz 9.54. Zum einen enthält sie die „natürlichen" Normen, also diejenigen, die durch die Problemstellung gegeben sind. Zum anderen sind nur geringere Glattheitsanforderungen notwendig, um die gleiche Ordnung zu erhalten.

Numerische Experimente. Wir beschließen diesen Abschnitt mit einem Experiment zum Crank-Nicolson-Verfahren. Wir wählen dabei die Daten des Anfangs-Randwertproblems so, dass wir eine exakte Lösung vorgeben und die rechte Seite entsprechend ausrechnen. So können wir den jeweiligen Fehler exakt berechnen und gegen die Anzahl $\mathcal{N}_h$ der Unbekannten auftragen (vgl. Abbildung 9.18). Wir wählen hier $\Delta t = \Delta x$. Wir erkennen deutlich die lineare bzw. quadratische Ordnung, die ausschließlich aufgrund der zeitlichen Diskretisierung entsteht.

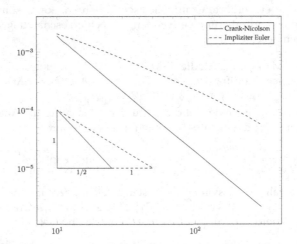

Abbildung 9.18. Konvergenzhistorie von Crank-Nicolson- und implizitem Euler-Verfahren für die Wärmeleitungsgleichung.

9.5 Die Wellengleichung

In diesem Abschnitt beschreiben wir elementare numerische Verfahren zur Lösung der Wellengleichung, vgl. Abschnitt 8.4 für die entsprechende Theorie. Wie schon bei der Wärmeleitungsgleichung verwenden wir eine Semidiskretisierung mit der vertikalen Linienmethode (Abbildung 9.17), die auf ein System von Anfangswertaufgaben gewöhnlicher Differenzialgleichungen führt. Dazu diskretisieren wir die zweiten Zeitableitungen mit dem zentralen Differenzenquotienten $D_{\Delta t}^2 := D_{\Delta t}^- D_{\Delta t}^+$ bezüglich einer äquidistanten zeitlichen Diskretisierung der Gitterweite $\Delta t = \frac{T}{N}$ und den Knoten $t^k := k\,\Delta t$, $k = 0, \ldots, N$ im Zeitintervall $[0, T]$. Für die örtliche Diskretisierung betrachten wir wie oben Finite Differenzen und Finite Elemente.

9.5.1 Finite Differenzen

Wir betrachten (zur Vereinfachung der Darstellung) den räumlich eindimensionalen Fall, also das Anfangs-Randwertproblem

$$
\begin{aligned}
u_{tt} - c^2 u_{xx} &= f &&\text{in } (0, T) \times (0,1), &&\text{(9.66a)} \\
u(t,0) = u(t,1) &= 0 &&\text{für alle } t \in (0, T), &&\text{(9.66b)} \\
u(0,x) = u_0(x), u_t(0,x) &= u_1(x) &&\text{für alle } x \in (0,1), &&\text{(9.66c)}
\end{aligned}
$$

mit gegebenen Funktionen u_0, u_1 und f (insbesondere gelte $u_0(0) = u_0(1) = 0$).

Explizites Verfahren: Das Leapfrog-Schema

Wenn wir die zweite Ortsableitung auch auf einem äquidistanten Gitter der Gitterweite $\Delta x := \frac{1}{M}$, $M \in \mathbb{N}$, mittels des zentralen Differenzenquotienten zum Zeitpunkt t^{k-1} approximieren, erhalten wir das diskrete Schema

$$(\Delta t)^{-2}(U_i^k - 2U_i^{k-1} + U_i^{k-2}) - c^2(\Delta x)^{-2}(U_{i-1}^{k-1} - 2U_i^{k-1} + U_{i+1}^{k-1}) = f_i^{k-1} \quad (9.67)$$

mit $f_i^k := f(t^k, x_i)$ zur Bestimmung einer Approximation U_i^k an $u_i^k := u(t^k, x_i)$. Es fehlen noch die Anfangsbedingungen für $k = 0$ und $k = 1$. Für den Anfangswert stellt $U_i^0 := u_0(x_i)$ eine kanonische Wahl dar. Da wir jeweils zentrale Differenzenquotienten zweiter Ordnung verwendet haben, benötigen wir auch für u_i^1 eine Approximation zweiter Ordnung. Wir erhalten diese mittels Taylor-Entwicklung

$$
\begin{aligned}
u(t^1, x_i) &= u(0, x_i) + \Delta t\, u_t(0, x_i) + \frac{(\Delta t)^2}{2} u_{tt}(0, x_i) + \mathcal{O}((\Delta t)^3) \\
&= u_0(x_i) + \Delta t\, u_1(x_i) + \frac{(\Delta t)^2}{2}\left(c^2 u_{xx}(0, x_i) + f(0, x_i)\right) + \mathcal{O}((\Delta t)^3),
\end{aligned}
$$

und mit

$$\lambda := \frac{\Delta t}{\Delta x}$$

resultiert die gewünschte $\mathcal{O}((\Delta t)^2)$-Approximation durch

$$U_i^1 := u_0(x_i) + \Delta t\, u_1(x_i) + \frac{c^2}{2}\lambda^2 \{u_0(x_{i-1}) - 2u_0(x_i) + u_0(x_{i+1})\} + \frac{(\Delta t)^2}{2} f_i^0.$$

$$(9.68)$$

Wie bei elliptischen und parabolischen Problemen definieren wir den *lokalen Diskretisierungsfehler* gemäß

$$\tau_i^k := D_{\Delta t}^2 u_i^k - c^2\, D_{\Delta x}^2 u_i^k - f(t^k, x_i), \qquad \tau^k := (\tau_i^k)_{i=1,\dots,M-1}. \tag{9.69}$$

Satz 9.57 (Konsistenz). *Die CFL-Bedingung* $\lambda \le c^{-1}$ *gelte,* $u \in C^{4,4}([0,T] \times [0,1])$ *sei die eindeutige Lösung von (9.66) und* U *sei die Lösung von (9.67) mit (9.68) und* $U_i^0 := u_0(x_i)$. *Dann gilt* $\|\tau^k\|_{h,\infty} \le \frac{c^2}{12}(\Delta x)^2 |u|_{C^4}$.

Beweis: Nach Voraussetzung gilt

$$\begin{aligned}
\tau_i^k &= D_{\Delta t}^2 u_i^k - c^2\, D_{\Delta x}^2 u_i^k - (u_{tt}(t^k, x_i) - c^2\, u_{xx}(t^k, x_i)) \\
&= (D_{\Delta t}^2 u_i^k - u_{tt}(t^k, x_i)) - c^2(D_{\Delta x}^2 u_i^k - u_{xx}(t^k, x_i)) \\
&= \frac{(\Delta t)^2}{12} u_{tttt}(\sigma^k, x_i) - c^2 \frac{(\Delta x)^2}{12} u_{xxxx}(t^k, \xi_i)
\end{aligned}$$

mit Zwischenpunkten $\sigma^k \in (t^{k-1}, t^{k+1})$ und $\xi_i \in (x_{i-1}, x_{i+1})$ (vgl. den Beweis von Satz 9.45, S. 336). Weiter gilt mit $u_{tttt} = c^2 u_{xxtt} = c^4 u_{xxxx}$, dass

$$\begin{aligned}
|\tau_i^k| &\le \frac{c^2}{12} |c^2(\Delta t)^2 - (\Delta x)^2| \max_{(t,x)\in(t^{k-1},t^{k+1})\times(x_{i-1},x_{i+1})} |u_{xxxx}(t,x)| \\
&\le \frac{c^2}{12} |1 - c\lambda|(\Delta x)^2 |u|_{C^4}.
\end{aligned}$$

Die Behauptung folgt nun sofort, da $1 - c\lambda \le 1$ für $\lambda \le c^{-1}$.   □

Man beachte, dass $\tau_i^k = 0$ für den Fall $\lambda = c^{-1}$ gilt, das Verfahren ist in diesem Spezialfall also exakt! Der Name „Bocksprung"-Verfahren (engl. leapfrog) leitet sich aus Abbildung 9.19, links ab. In der Literatur wird der Name Leapfrog-Verfahren auch für zentrale Differenzen-Methoden in Raum und Zeit für Probleme erster Ordnung verwendet. In Abbildung 9.19 links würde dann der zentrale Punkt (t^k, x_i) fehlen.

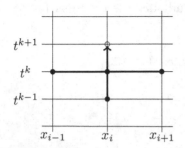 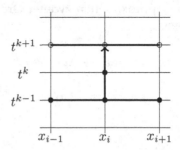

Abbildung 9.19. Links: Erklärung des Namens „Bocksprung"-Verfahren (engl. leapfrog). Der Wert an (t^{k+1}, x_i) wird aus den 4 anderen bestimmt. Rechts: Differenzenstern des impliziten Verfahrens mit $\theta = 1/2$.

Wir beweisen nun die Konvergenz des Leapfrog-Verfahrens. Dazu stellen wir einige Vorbereitungen zusammen. Zur Vereinfachung der Notation verwenden wir die Schreibweise aus Abschnitt 9.1.1. Mit $U^k := (U_i^k)_{i=1,\dots,M-1}$ bezeichnen wir den örtlichen Differenzenoperator als

$$(L_{\Delta x} U^k)_i := -\left(\frac{c}{\Delta x}\right)^2 (U_{i-1}^k - 2U_i^k + U_{i+1}^k), \qquad i = 1, \dots M - 1.$$

Damit lautet (9.67) nun also $(\Delta t)^{-2}(U^k - 2U^{k-1} + U^{k-2}) + L_{\Delta x}U^{k-1} = f^k$, wobei $f^k := (f_i^k)_{i=1,\dots,M-1}$, bzw.

$$U^k = (\Delta t)^2 f^k + (2I - (\Delta t)^2 L_{\Delta x})U^{k-1} - U^{k-2}. \tag{9.70}$$

Aus Lemma 9.6 wissen wir, dass $L_{\Delta x}$ beschränkt, symmetrisch und positiv definit bzgl. des diskreten Skalarproduktes $(\cdot, \cdot)_{\Delta x}$ aus Definition 9.5 ist, insbesondere gilt $\|L_{\Delta x}\|_{\Delta x} \le 4c^2(\Delta x)^{-2}$ nach Lemma 9.6 (d). Für die weiteren Beweise verwenden wir ein einfaches Hilfsresultat, das wir zunächst bereitstellen.

Lemma 9.58. Sei $N \in \mathbb{R}^{n \times n}$ und $\mathcal{A} := \begin{pmatrix} N & -I \\ I & 0 \end{pmatrix} \in \mathbb{R}^{2n \times 2n}$. Sei μ ein Eigenwert von N, dann sind $\lambda_{1,2} := \frac{\mu}{2} \pm \sqrt{\frac{\mu^2}{4} - 1}$ die Eigenwerte von $\mathcal{A}$. Insbesondere, falls $|\mu| \le 2$, dann gilt $|\lambda| = 1$ und $\|\mathcal{A}\| \le 1$ für jede Operatornorm.

Beweis: Sei x ein Eigenvektor von N zum Eigenwert μ. Mit $y := (x, \lambda^{-1}x)$ gilt dann

$$\mathcal{A}y = \begin{pmatrix} N & -I \\ I & 0 \end{pmatrix} \begin{pmatrix} x \\ \lambda^{-1}x \end{pmatrix} = \begin{pmatrix} Nx - \lambda^{-1}x \\ x \end{pmatrix} = \begin{pmatrix} \mu x - \lambda^{-1}x \\ x \end{pmatrix} = \begin{pmatrix} (\mu - \lambda^{-1})x \\ x \end{pmatrix}.$$

Nun gilt $\mu - \lambda^{-1} = \lambda$ genau dann, wenn $\lambda^2 - \mu\lambda + 1 = 0$, also $\lambda = \lambda_{1,2}$. Falls $|\mu| \le 2$, dann ist $\frac{\mu^2}{4} - 1 < 0$, also $\lambda_{1,2} = \frac{\mu}{2} \pm i\sqrt{1 - \frac{\mu^2}{4}}$ und damit $|\lambda_{1,2}|^2 = \frac{\mu^2}{4} + |1 - \frac{\mu^2}{4}| = 1$ und damit die Behauptung. $\qquad \square$

Satz 9.59 (Stabilität). *Die CFL-Bedingung* $\lambda = \frac{\Delta t}{\Delta x} \le c^{-1}$ *sei erfüllt. Dann ist das Leapfrog-Verfahren stabil, d.h.*

$$\|U^k\|_{\Delta x} + \|U^{k-1}\|_{\Delta x} \le \|U^0\|_{\Delta x} + \|U^1\|_{\Delta x} + t^{k-1}\Delta t \|f\|_{L_\infty((0,T)\times(0,1))}, \quad k \ge 3.$$

Beweis: Wir schreiben (9.70) in folgender Form

$$\begin{aligned}
\mathcal{Z}^k &:= \begin{pmatrix} U^k \\ U^{k-1} \end{pmatrix} \\
&= \begin{pmatrix} (\Delta t)^2 f^k \\ 0 \end{pmatrix} + \begin{pmatrix} 2I - (\Delta t)^2 L_{\Delta x} & -I \\ I & 0 \end{pmatrix} \begin{pmatrix} U^{k-1} \\ U^{k-2} \end{pmatrix} =: \mathcal{F}^k + \mathcal{A}\mathcal{Z}^{k-1} \\
&= \cdots = \mathcal{A}^{k-1}\mathcal{Z}^1 + \sum_{i=0}^{k-2} \mathcal{A}^i \mathcal{F}^{k-i}.
\end{aligned}$$

Nun verwenden wir Lemma 9.58 mit der speziellen Wahl der Spaltensummennorm für die Matrix $\mathcal{A}$. Wir müssen also noch zeigen, dass für jeden Eigenwert

μ der Matrix $N := 2I - (\Delta t)^2 L_{\Delta x}$ die Abschätzung $|\mu| \leq 2$ gilt. Sei dazu x ein Eigenvektor von $L_{\Delta x}$ zum Eigenwert ν. Dann ist x auch Eigenvektor von N und es gilt $Nx = (2 - (\Delta t)^2 \nu)x$. Mit Lemma 9.6 (d) folgt, dass $\nu \in (0, 4c^2(\Delta x)^{-2}]$, also $\mu \in [2 - 4c^2(\Delta t)^2 \Delta x)^{-2}, 2)$. Schließlich gilt mit der CFL-Bedingung $2 - 4c^2(\Delta t)^2 \Delta x)^{-2} = 2 - 4c^2\lambda^2 \geq -2$, also $\mu \in [-2, 2)$, d.h. $|\mu| \leq 2$. Also folgt $\|\mathcal{A}\| = 1$. Weiter gilt $\|\mathcal{F}^{k-i}\|_{1,\Delta x} = (\Delta t)^2 \|f^k\|_{\Delta x}$ und damit

$$\sum_{i=0}^{k-2} \|\mathcal{A}\|^i \|\mathcal{F}^{k-i}\|_{1,\Delta x} \leq (\Delta t)^2 \sum_{i=0}^{k-2} \|f^k\|_{\Delta x} \leq (\Delta t)^2 (k-1)\|f\|_{L_\infty((0,T)\times(0,1))}$$
$$= t^{k-1} \Delta t \, \|f\|_{L_\infty((0,T)\times(0,1))},$$

also die Behauptung, da $\|\mathcal{Z}^1\|_{1,\Delta x} = \|U^0\|_{\Delta x} + \|U^1\|_{\Delta x}$. $\quad\square$

Damit kommen wir nun zum angekündigten Konvergenzsatz.

Satz 9.60 (Konvergenz). *Die CFL-Bedingung $\lambda = \frac{\Delta t}{\Delta x} \leq c^{-1}$ gelte, $u \in C^{4,4}([0,T] \times [0,1])$ sei die eindeutige Lösung von (9.66) und U sei die Lösung von (9.67) mit (9.68) und $U_i^0 := u_0(x_i)$. Dann ist das Leapfrog-Verfahren konvergent, d.h. es existiert eine Konstante $C(u,f) > 0$, so dass*

$$\|U^k - u^k\|_{\Delta x} + \|U^{k-1} - u^{k-1}\|_{\Delta x} \leq C(u,f)\, t^{k-1}((\Delta t)^2 + (\Delta x)^2).$$

Beweis: Mit $u^k := (u(t^k, x_i))_{i=1,\dots,M-1}$ setzen wir $E^k := U^k - u^k$ und $\mathcal{E}^k := (E^k, E^{k-1})^T$. Nun gilt

$$E^k = U^k - u^k = (2I - (\Delta t)^2 L_{\Delta x})U^{k-1} - U^{k-2} - u^k$$
$$= (2I - (\Delta t)^2 L_{\Delta x})(U^{k-1} - u^{k-1}) - U^{k-2} - (u^k - (2I - (\Delta t)^2 L_{\Delta x})u^{k-1})$$
$$= (2I - (\Delta t)^2 L_{\Delta x})E^{k-1} - (U^{k-2} - u^{k-2})$$
$$\quad - (u^k - (2I - (\Delta t)^2 L_{\Delta x})u^{k-1} + u^{k-2})$$
$$= (2I - (\Delta t)^2 L_{\Delta x})E^{k-1} - E^{k-2} + (\Delta t)^2(f^k - \tau^k)$$

mit dem lokalen Diskretisierungsfehler τ^k definiert in (9.69). Also gilt mit der Matrix $\mathcal{A}$ aus dem Beweis von Satz 9.59 und $\mathcal{T}^k := ((\Delta t)^2(f^k - \tau^k), 0)^T$ die Rekursion $\mathcal{E}^k = \mathcal{A}\mathcal{E}^{k-1} + \mathcal{T}^k$. Ganz analog zum Beweis von Satz 9.59 folgt dann

$$\|E^k\|_{\Delta x} + \|E^{k-1}\|_{\Delta x} = \|\mathcal{E}^k\|_{1,\Delta x} = \left\| \mathcal{A}^{k-1}\mathcal{E}^1 + \sum_{i=0}^{k-2} \mathcal{A}^i \mathcal{T}^{k-i} \right\|_{\Delta x}$$
$$\leq \|\mathcal{E}^1\|_{\Delta x} + \sum_{i=0}^{k-2} (\Delta t)^2 \left(\|\tau^{k-i}\|_{\Delta x} + \|f^{k-i}\|_{\Delta x} \right)$$
$$\leq \|E^0\|_{\Delta x} + \|E^1\|_{\Delta x} + (k-1)(\Delta t)^2 \frac{c^2}{12}(\Delta x)^2 |u_0|_{C^4} + (\Delta t)^2 \|f\|_{L_\infty((0,T)\times(0,1))}.$$

Schließlich gilt $E^0 = 0$ und

$$U^1 - u^1 = u_0 + \Delta t\, u^1 + \frac{c^2}{2}\lambda^2 L_{\Delta x} u_0 + \frac{(\Delta t)^2}{2} f^0$$

$$- u_0 - \Delta t\, u^1 - \frac{(\Delta t)^2}{2}(c^2 u_{xx}^0 + f^0) + \mathcal{O}((\Delta t)^3)$$

$$= \mathcal{O}((\Delta t)^2 + (\Delta x)^2) + \mathcal{O}((\Delta t)^3)$$

und damit die Behauptung. □

Satz 9.60 zeigt letztlich, dass die Konvergenz aus der Stabilität und der Konsistenz folgt. Dieses Prinzip wird auch als einer der Hauptsätze der Numerik von (gewöhnlichen) Differenzialgleichungen mittels Finiter Differenzen bezeichnet. Der Satz gilt in einem viel allgemeineren Rahmen als hier dargestellt (u.a. gilt oft sogar die Äquivalenz von Konvergenz einerseits sowie Konsistenz und Stabilität andererseits) und ist unter dem Namen *Satz von Lax-Richtmyer* bekannt.

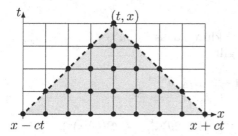 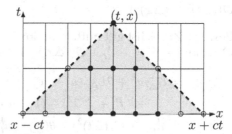

Abbildung 9.20. Wellengleichung: Numerischer Abhängigkeitsbereich: Links ist die CFL-Bedingung erfüllt, der Abhängigkeitsbereich ist im numerischen Abhängigkeitsbereich enthalten. Rechts ist die Zeitschrittweite zu groß, die Gitterpunkte ○ liegen zwar im Abhängigkeitsbereich, werden aber zu Approximation von $u(t, x)$ nicht verwendet, sondern nur ●-Punkte.

In Abbildung 9.20 verdeutlichen wir die Bedeutung der CFL-Bedingung. Sie besagt, dass der Abhängigkeitsbereich der Wellengleichung (vgl. Abbildung 3.1 auf Seite 56) alle diejenigen Gitterpunkte enthalten muss, die für die Berechnung der Approximation an einem Punkt (t, x) benötigt werden (man nennt dies auch den *numerischen Abhängigkeitsbereich*). In der linken Grafik in Abbildung 9.20 ist die CFL-Bedingung erfüllt, rechts nicht.

Ein implizites Verfahren

Genau wie bei der Wärmeleitungsgleichung stellt die CFL-Bedingung eine Restriktion an die Wahl der Schrittweiten für Zeit und Ort dar, auch wenn diese bei der Wellengleichung nicht so stark einschränkend wie bei der Wärmeleitungsgleichung ist. Wir erinnern daran, dass implizite Verfahren (wie das implizite Euler- oder das Crank-Nicolson-Verfahren) für die Wärmeleitungsgleichung *ohne* Einschränkungen für die Wahl der Schrittweiten stabil sind, man sagt, sie sind *unbedingt stabil.* Wir beschreiben daher ein weit verbreitetes implizites Schema für die Wellengleichung. Sei dazu $\theta \in [0,1]$ ein Parameter, den wir später noch näher spezifizieren werden. Definiere dann

$$\tilde{F}_\theta^k := (1 - 2\theta)f^{k-1} + \theta(f^k + f^{k-2})$$

und damit

$$D_{\Delta t}^2 U^k + \theta L_{\Delta x}(U^k + U^{k-2}) + (1 - 2\theta)L_{\Delta x}U^{k-1} = \tilde{F}_\theta^k. \qquad (9.71)$$

Für $\theta = 0$ entspricht dies offenbar dem obigen expliziten Leapfrog-Verfahren. Wir definieren den *lokalen Diskretisierungsfehler* analog zum expliziten Fall als

$$\tau^k := D_{\Delta t}^+ u^k + \theta L_{\Delta x}(u^k + u^{k-2}) + (1 - 2\theta)L_{\Delta x}u^{k-1} - \tilde{F}_\theta^k. \qquad (9.72)$$

Satz 9.61 (Konsistenz). *Sei* $u \in C^{4,4}([0,T] \times [0,1])$ *die eindeutige Lösung von (9.66) und* U *die Lösung von (9.71) mit (9.68) und* $U_i^0 := u_0(x_i)$. *Dann gilt* $\|\tau^k\|_{h,\infty} = \mathcal{O}((\Delta t)^2 + (\Delta x)^2)$.

Beweis: Zunächst gilt mittels Taylor-Entwicklung, dass $L_{\Delta x}u^k - f^k = -c^2 u_{xx}^k + \mathcal{O}((\Delta x)^2) - f^k = -u_{tt}^k + \mathcal{O}((\Delta x)^2)$. Dann gilt

$$\begin{aligned}
\tau^k &= D_{\Delta t}^+ u^k + \theta L_{\Delta x}(u^k + u^{k-2}) + (1 - 2\theta)L_{\Delta x}u^{k-1} \\
&\quad -\theta(f^k + f^{k-2}) - (1 - 2\theta)f^{k-1} \\
&= u_{tt}^{k-1} + \mathcal{O}((\Delta t)^2) - \theta(u_{tt}^k + u_{tt}^{k-2}) - (1 - 2\theta)u_{tt}^{k-1} + \mathcal{O}((\Delta x)^2) \\
&= \theta\left(2u_{tt}^{k-1} - u_{tt}^k - u_{tt}^{k-2}\right) + \mathcal{O}((\Delta t)^2 + \Delta x)^2) \\
&= \theta\,|u|_{C^4}\,\mathcal{O}((\Delta t)^2) + \mathcal{O}((\Delta t)^2 + \Delta x)^2) = \mathcal{O}((\Delta t)^2 + \Delta x)^2)
\end{aligned}$$

und damit die Behauptung.   □

Zum Beweis der Stabilität schreiben wir das implizite Verfahren wieder wie oben als Vektoriteration. Man rechnet leicht nach, dass

$$\begin{aligned}
U^k &= (I + (\Delta t)^2\theta L_{\Delta x})^{-1}(2I - (\Delta t)^2(1 - 2\theta)L_{\Delta x})U^{k-1} - U^{k-2} \\
&\quad + (\Delta t)^2(I + (\Delta t)^2\theta L_{\Delta x})^{-1}\tilde{F}_\theta^k \\
&=: NU^{k-1} - U^{k-2} + G^k, \quad \text{also haben wir für } \mathcal{U}^k := (U^k, U^{k-1})^T
\end{aligned}$$

die Darstellung $\mathcal{U}^k = \mathcal{A}\mathcal{U}^{k-1} + \begin{pmatrix} G^k \\ 0 \end{pmatrix}$ mit $\mathcal{A} = \begin{pmatrix} N & -I \\ I & 0 \end{pmatrix}$.

Satz 9.62 (Stabilität). *Das implizite Verfahren (9.71) ist stabil*
(a) für alle $\theta \geq 1/4$;
(b) für $0 \leq \theta < 1/4$, *falls die CFL-Bedingung* $\lambda \leq (c\sqrt{1 - 4\theta})^{-1}$ *gilt, d.h.*

$$\|U^k\|_{\Delta x} + \|U^{k-1}\|_{\Delta x} \leq \|U^0\|_{\Delta x} + \|U^1\|_{\Delta x} + t^{k-1}\Delta t\,\|f\|_{L_\infty((0,T)\times(0,1))}, \quad k \geq 3.$$

Beweis: Zunächst untersuchen wir die Eigenwerte von $I + (\Delta t)^2 \theta L_{\Delta x}$. Sei dazu x ein Eigenvektor von $L_{\Delta x}$ zum Eigenwert ν. Dann ist x auch Eigenvektor von $I + (\Delta t)^2 \theta L_{\Delta x}$ zum Eigenwert $1 + (\Delta t)^2 \theta \nu \geq 1$, da $L_{\Delta x}$ positiv definit ist. Damit folgt $\|(I + (\Delta t)^2 \theta L_{\Delta x})^{-1}\| \leq 1$ und

$$\sum_{i=0}^{k-2} \|G^i\|_{\Delta x} \leq t^{k-1} \Delta t \, \|f\|_{L_\infty((0,T)\times(0,1))}.$$

Nun zur Untersuchung der Eigenwerte von $\mathcal{A}$. Mit Lemma 9.58 müssen wir zeigen, dass für alle Eigenwerte μ von N gilt, dass $|\mu| \leq 2$, da dann $\|\mathcal{A}\| = 1$. Sei wiederum x ein Eigenvektor von $L_{\Delta x}$ zum Eigenwert ν, dann rechnet man leicht nach, dass x auch Eigenvektor von N zum Eigenwert

$$\mu = \frac{2 - (\Delta t)^2(1 - 2\theta)\nu}{1 + (\Delta t)^2 \theta \nu}$$

ist, denn $(2I - \Delta t)^2(1 - 2\theta)L_{\Delta x})x = \mu(I + (\Delta t)^2 \theta L_{\Delta x})x$ ist gleichbedeutend mit $(2 - (\Delta t)^2(1 - 2\theta)\nu)x = \mu(1 + (\Delta t)^2 \theta \nu)x$. Wir wollen nun zeigen, dass $|\mu| \leq 2$ gilt. Die Bedingung $\mu \leq 2$ ist äquivalent zu $2 - (\Delta t)^2(1 - 2\theta)\nu \leq 2 + 2(\Delta t)^2 \theta \nu$, also $0 \leq (\Delta t)^2 \nu(2\theta + 1 - 2\theta) = (\Delta t)^2 \nu$, was stets erfüllt ist, da $L_{\Delta x}$ positiv definit ist. Für die entgegengesetzte Bedingung $\mu \geq -2$ müssen wir die beiden Fälle unterscheiden.

Fall 1: $0 \leq \theta < 1/4$: $\mu \geq -2$ bedeutet, dass $2 - (\Delta t)^2(1 - 2\theta)\nu \geq -2 - 2(\Delta t)^2 \theta \nu$, also $4 \geq (\Delta t)^2 \nu(1 - 4\theta)$. Da aber $\nu \in (0, 4c^2(\Delta x)^{-2}]$, ist diese Bedingung erfüllt, falls $4 \geq (1 - 4\theta)4c^2\lambda^2$, also falls $\lambda \leq (c\sqrt{1 - 4\theta})^{-1}$.

Fall 2: $\theta \geq 1/4$: Wie oben bedeutet $\mu \geq -2$, dass $4 \geq (\Delta t)^2 \nu(1 - 4\theta)$. Da aber $\theta \geq 1/4$ folgt $1 - 4\theta \leq 0$, so dass die Bedingung stets erfüllt ist. □

Bemerkung 9.63. Man beachte, dass wir für den expliziten Fall $\theta = 0$ genau wie in der obigen Analysis die gleiche CFL-Bedingung erhalten. Für $\theta \geq 1/4$ ist das implizite Verfahren *unbedingt stabil*. Für $\theta = 1/4$ erhalten wir das Crank-Nicolson-Verfahren. △

Mit dem oben beschriebenen Satz von Lax-Richtmyer folgt wiederum aus Konsistenz und Stabilität die Konvergenz, wir erhalten also sofort folgende Konvergenzaussage, deren Beweis vollkommen analog zum expliziten Fall ist.

Korollar 9.64 (Konvergenz). *Sei $u \in C^{4,4}([0, T] \times [0,1])$ die eindeutige Lösung von (9.66) und U die Lösung von (9.71) mit (9.68) und $U_i^0 := u_0(x_i)$. Dann ist das Verfahren konvergent*
(a) für alle $\theta \geq 1/4$;
(b) für $0 \leq \theta < 1/4$, falls $\lambda \leq (c\sqrt{1 - 4\theta})^{-1}$,
d.h., es existiert eine Konstante $C(u, f) > 0$, so dass

$$\|U^k - u^k\|_{\Delta x} + \|U^{k-1} - u^{k-1}\|_{\Delta x} \leq C(u, f)\, t^{k-1}((\Delta t)^2 + (\Delta x)^2).$$ □

Numerische Experimente

Wir beschreiben ein numerisches Experiment zur Stabilität der zeitlichen Diskretisierung. Dazu betrachten wir ein eindimensionales Beispiel mit glatter Lösung
in Form einer Schwingung, vgl. Abbildung 9.21. Wir wählen $\Delta x = \frac{1}{50}$, $\Delta t = \frac{1}{100}$,
also $\lambda = 0.5$. Für die spezielle Wahl von $c = 2.025$ ist die CFL-Bedingung gerade
noch erfüllt. Man erkennt dies in der linke Spalte von Abbildung 9.21. Die Fehler
beginnen, am Ende des Zeitintervalls zu oszillieren, aber noch sind die Fehler in
der durch die Schrittweite vorgegebenen Toleranz. Ändert man diese Daten nur
geringfügig, wächst der Fehler sehr schnell über alle Grenzen. Hingegen ist die
Situation für das implizite Verfahren wesentlich stabiler. Schon für $\theta = 0.01$ ist
der Fehler wesentlicher glatter, die Bedingung $\lambda \leq (c\sqrt{1-4\theta})^{-1}$ aus Satz 9.62 ist
hier erfüllt. Für diesen Fall wird der Fehler aber auch schnell groß, wenn man
die Daten ändert. Hingegen ist die Simulation für den unbedingt stabilen Fall
$\theta = 0.5$ sehr robust gegenüber Änderungen der Daten. Wir sehen also, dass die
obige Stabilitätsuntersuchung tatsächlich in dem Sinne scharf ist, dass wir bereits
bei leichtem Verletzen der Bedingungen numerische Instabilitäten sehen.
Bei genauer Betrachtung der Fehlerplots erkennt man, dass der Fehler bei den
beiden impliziten Verfahren *quantitativ* größer als im expliziten Fall ist – jedoch
im Rahmen der vorausgesagten Toleranz. Letztlich ist dies durch die Fehlerver-
stärkung bei der Lösung der linearen Gleichungssysteme im impliziten Fall zu
erklären.

9.5.2 Finite Elemente

Zum Abschluss beschreiben wir Galerkin-Verfahren mittels Finiter Elemente für
die örtliche Diskretisierung der Wellengleichung und orientieren uns dabei im
ersten Teil teilweise an [41, §13], [32, Kap. 5]. Wir verwenden die Notation aus
Abschnitt 9.4.2. Das räumlich semidiskrete Analogon zu (9.52) für die Wellengleichung lautet

$$u_h(0) = u_{0,h}, \quad \dot{u}_h(0) = u_{1,h}, \tag{9.73a}$$

$$(\ddot{u}_h(t), \chi)_{L_2(\Omega)} + a(u_h(t), \chi) = (f(t), \chi)_{L_2(\Omega)}, \qquad \chi \in V_h,\ t > 0, \tag{9.73b}$$

wobei $u_{0,h}, u_{1,h} \in V_h$ Approximationen der Anfangsbedingungen u_0, u_1 sind. Die
Matrix-Darstellung lautet

$$M_h \ddot{\alpha}_h(t) + A_h \alpha_h(t) = b_h(t),\ t > 0, \quad \alpha_h(0) = \gamma_0,\ \dot{\alpha}_h(0) = \gamma_1, \tag{9.74}$$

mit Massen- und Steifigkeitsmatrizen M_h und A_h sowie der rechten Seite b_h und
den Finite Elemente-Darstellungen der Anfangswerte

$$u_{\ell,h} = \sum_{i=1}^{\mathcal{N}_h} \gamma_{\ell,i} \varphi_i^h, \qquad \gamma_\ell = (\gamma_{\ell,i})_{i=1,\dots,\mathcal{N}_h}, \quad \ell = 0,1.$$

Wiederum verwenden wir die in (9.55) eingeführte *Ritz-Projektion* R_h und erinnern an die Fehlerabschätzungen in Satz 9.49. Damit erhalten wir die Feh-

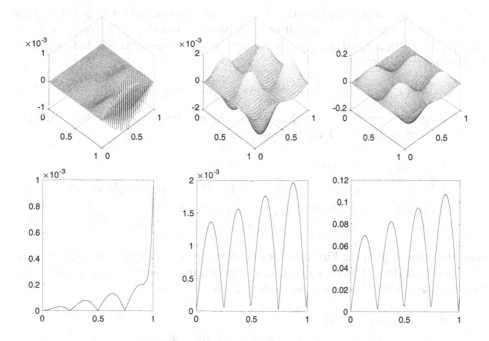

Abbildung 9.21. Wellengleichung mit Finiten Differenzen. Linke Spalte: Explizites Verfahren ($\theta = 0$, Leapfrog), mittlere Spalte: $\theta = 0.01$, rechte Spalte: $\theta = 0.5$, $\Delta x = \frac{1}{50}$, $\Delta t = \frac{1}{100}$. Oben: Fehlerfunktion in Ort und Zeit; Unten: maximaler Fehler im Ort pro Zeitschritt (man beachte die unterschiedliche Skalierung der y-Achse).

lerabschätzung im semidiskreten Fall. Wir verwenden dazu folgende diskret-gewichtete Norm

$$\|\varphi\|_{1,h} := \sqrt{\|\varphi\|^2_{L_2(\Omega)} + h\,|\varphi|^2_{H^1(\Omega)}}, \qquad \varphi \in H^1(\Omega),$$

und beschränken uns auf den Fall $a(\varphi, \psi) = (\nabla\varphi, \nabla\psi)_{L_2(\Omega)}$, d.h. $a(\varphi) = |\varphi|^2_{H^1(\Omega)}$.

Satz 9.65. *Sei $\{\mathcal{T}_h\}_{h>0}$ eine Familie zulässiger Triangulierungen eines Polygons $\Omega \subset \mathbb{R}^2$. Sei $f \in H^2((0, \infty), H_0^1(\Omega) \cap H^2(\Omega))$ und $u_0 \in H_0^1(\Omega)$ sowie $u_1 \in L_2(\Omega)$. Sei $u_{0,h} \in V_h$ und u_h sei die Lösung von (9.73). Dann gilt folgende Fehlerabschätzung für die exakte Lösung u von (9.66):*

$$\|u_h(t) - u(t)\|_{1,h} + \|\dot{u}_h(t) - \dot{u}(t)\|_{L_2(\Omega)} \le$$
$$\le c\left(|u_{0,h} - R_h u_0|_{H^1(\Omega)} + \|u_{1,h} - R_h u_1\|_{L_2(\Omega)}\right)$$
$$+ c\,e^t\,h^2\left\{\|u(t)\|_{H^2(\Omega)} + \|\dot{u}(t)\|_{H^2(\Omega)} + \|\ddot{u}\|_{L_2((0,t),H^2(\Omega))}\right\}$$

für $t \ge 0$, wobei die Konstante $c > 0$ nur von Ω und κ abhängt.

Beweis: Wir schreiben den Fehler $u_h - u$ wieder mit Hilfe der Ritz-Projektion um in $u_h - u = (u_h - R_h u) + (R_h u - u) =: \theta_h + \rho_h$. Wir beginnen mit der Abschätzung des zweiten Terms ρ_h. Wir hatten bereits im Beweis von Satz 9.50 gezeigt, dass $\|\rho_h(t)\|_{L_2(\Omega)} \leq c\,h^2\|u(t)\|_{H^2(\Omega)}$ gilt und vollkommen analog folgt $|\rho_h(t)|_{H^1(\Omega)} \leq c\,h\|u(t)\|_{H^2(\Omega)}$ und $\|\dot\rho_h(t)\|_{L_2(\Omega)} \leq c\,h^2\|\dot u(t)\|_{H^2(\Omega)}$. Insgesamt erhalten wir also für den zweiten Term

$$\|\rho_h(t)\|_{1,h} + \|\dot\rho_h(t)\|_{L_2(\Omega)} \leq ch^2(\|u(t)\|_{H^2(\Omega)} + \|\dot u(t)\|_{H^2(\Omega)}). \tag{9.75}$$

Für den ersten Term $\theta_h = u_h - R_h u$ leiten wir wie im Beweis von Satz 9.50 ein Anfangswertproblem her. Es gilt nämlich für $\chi \in V_h$

$$
\begin{aligned}
(\ddot\theta_h(t),\chi)_{L_2(\Omega)} + a(\theta_h(t),\chi) &= \\
= (\ddot u_h(t),\chi)_{L_2(\Omega)} + a(u_h(t),\chi) &- (\tfrac{d^2}{dt^2} R_h u(t),\chi)_{L_2(\Omega)} - a(R_h u(t),\chi) \\
= (f(t),\chi)_{L_2(\Omega)} &- (R_h \ddot u(t),\chi)_{L_2(\Omega)} - a(u(t),\chi) \\
= (\ddot u(t) - R_h \ddot u(t),\chi)_{L_2(\Omega)} &= -(\ddot\rho_h(t),\chi)_{L_2(\Omega)}. \tag{9.76}
\end{aligned}
$$

Nun untersucht man die Einflüsse des Fehlers aufgrund der inhomogenen rechten Seite und der inhomogenen Anfangsbedingungen separat (das sogenannte *Superpositionsprinzip*) und setzt $\theta_h = \vartheta_h + \zeta_h$ derart, dass

$$
\begin{aligned}
(\ddot\vartheta_h(t),\chi)_{L_2(\Omega)} + a(\vartheta_h(t),\chi) &= 0, && \forall \chi \in V_h, t > 0, \\
\vartheta_h(0) = \theta_h(0), \quad \dot\vartheta_h(0) &= \dot\theta_h(0), \\
(\ddot\zeta_h(t),\chi)_{L_2(\Omega)} + a(\zeta_h(t),\chi) &= -(\ddot\rho_h(t),\chi)_{L_2(\Omega)} && \forall \chi \in V_h, t > 0, \\
\zeta_h(0) = 0, \quad \dot\zeta_h(0) &= 0.
\end{aligned}
$$

Genau wie in Satz 8.16 gilt für homogene rechte Seiten die Energieerhaltung, d.h., für alle $t \geq 0$ gilt

$$
\begin{aligned}
|\vartheta_h(t)|^2_{H^1(\Omega)} + \|\dot\vartheta_h(t)\|^2_{L_2(\Omega)} &= |\theta_h(0)|^2_{H^1(\Omega)} + \|\dot\theta_h(0)\|^2_{L_2(\Omega)} \\
&= |u_h(0) - R_h u(0)|^2_{H^1(\Omega)} + \|\dot u_h(0) - R_h \dot u(0)\|^2_{L_2(\Omega)} \\
&= |u_{0,h} - R_h u_0|^2_{H^1(\Omega)} + \|u_{1,h} - R_h u_1\|^2_{L_2(\Omega)}. \tag{9.77}
\end{aligned}
$$

Mit Satz 6.32 (die Poincaré-Ungleichung), d.h., $\|\vartheta_h(t)\|_{L_2(\Omega)} \leq c\,|\vartheta_h(t)|_{H^1(\Omega)}$ erhalten wir, ggf. durch Vergrößern der Konstanten c, dass

$$\|\vartheta_h(t)\|_{1,h} + \|\vartheta_h(t)\|_{L_2(\Omega)} \leq c(|u_{0,h} - R_h u_0|_{H^1(\Omega)} + \|u_{1,h} - R_h u_1\|_{L_2(\Omega)}). \tag{9.78}$$

Schließlich verbleibt noch die Abschätzung für ζ_h, d.h., homogene Anfangsbedingungen, aber inhomogene rechte Seite. Die Differenzialgleichung für ζ_h testen wir nun mit $\chi = \dot\zeta_h$, dann gilt

$$
\begin{aligned}
\frac{1}{2}\frac{d}{dt}\left(\|\dot\zeta_h\|^2_{L_2(\Omega)} + |\zeta_h(t)|^2_{H^1(\Omega)}\right) &= (\ddot\zeta_h(t),\dot\zeta_h)_{L_2(\Omega)} + a(\zeta_h(t),\dot\zeta_h(t)) \\
&= -(\ddot\rho_h(t),\dot\zeta_h(t))_{L_2(\Omega)} \leq \|\ddot\rho_h(t)\|_{L_2(\Omega)}\|\dot\zeta_h(t)\|_{L_2(\Omega)} \\
&\leq \frac{1}{2}(\|\ddot\rho_h(t)\|^2_{L_2(\Omega)} + \|\dot\zeta_h(t)\|^2_{L_2(\Omega)})
\end{aligned}
$$

mit der Cauchy-Schwarz- und Young-Ungleichung. Diese Ungleichung integrieren wir nun über $[0, t]$ und erhalten wegen $\zeta_h(0) = \dot{\zeta}_h(0) = 0$ die Abschätzung

$$\|\dot{\zeta}_h(t)\|_{L_2(\Omega)}^2 + |\zeta_h(t)|_{H^1(\Omega)}^2 \leq \int_0^t \|\ddot{\rho}_h(s)\|_{L_2(\Omega)}^2 \, ds + \int_0^t \|\dot{\zeta}_h(s)\|_{L_2(\Omega)}^2 \, ds.$$

Weiter verwenden wir das Lemma von Gronwall (Aufgabe 2.7, Seite 50) mit $y(t) := \|\dot{\zeta}_h(t)\|_{L_2(\Omega)}^2 + |\zeta_h(t)|_{H^1(\Omega)}^2$ und erhalten

$$\|\dot{\zeta}_h(t)\|_{L_2(\Omega)}^2 + |\zeta_h(t)|_{H^1(\Omega)}^2 \leq e^t \int_0^t \|\ddot{\rho}_h(s)\|_{L_2(\Omega)}^2 \, ds$$

$$= e^t \int_0^t \|R_h \ddot{u}(s) - \ddot{u}(s)\|_{L_2(\Omega)}^2 \, ds$$

$$\leq C^2 h^4 e^t \int_0^t \|\ddot{u}(s)\|_{H^2(\Omega)}^2 \, ds = C^2 h^4 e^t \|\ddot{u}\|_{L_2((0,t), H^2(\Omega))}^2$$

mit Satz 9.49. Wiederum mit der Poincaré-Ungleichung (Satz 6.32) erhalten wir $\|\zeta(t)\|_{L_2(\Omega)} \leq c |\zeta(t)|_{H^1(\Omega)}$, also ggf. durch Vergrößern der Konstanten c, dass

$$\|\zeta(t)\|_{1,h} + \|\zeta(t)\|_{L_2(\Omega)} \leq ch^2 e^t \|\ddot{u}\|_{L_2((0,t), H^2(\Omega))}. \tag{9.79}$$

Die Abschätzungen (9.75,9.78,9.79) ergeben die Behauptung. $\qquad\square$

Um nun eine Abschätzung auch für die Terme mit dem Ritz-Projektor zu erhalten, müssen wir, wie bei der Wärmeleitungsgleichung, höhere Regularität für die Anfangswerte fordern. In der Tat, es gelten wie im Beweis von Satz 9.50 die Abschätzungen

$$|u_{0,h} - R_h u_0|_{H^1(\Omega)} \leq |u_{0,h} - u_0|_{H^1(\Omega)} + ch^2 \|u_0\|_{H^3(\Omega)}, \quad u_0 \in H^3(\Omega),$$

$$\|u_{1,h} - R_h u_1\|_{L_2(\Omega)} \leq \|u_{1,h} - u_1\|_{L_2(\Omega)} + ch^2 \|u_1\|_{H^2(\Omega)}, \quad u_1 \in H^2(\Omega),$$

so dass wir dann insgesamt quadratische Konvergenz erhalten, wenn wir die Anfangsdaten im Ort entsprechend approximieren.

Es bleibt nun noch, die Zeitdiskretisierung zu beschreiben, typischerweise mit Finiten Differenzen. Dies wird in den meisten Lehrbüchern nicht oder nur knapp beschrieben. Unsere Darstellung basiert auf [43].

Das Leapfrog-Schema

Das Leapfrog-Schema entsteht, wie bei Finiten Differenzen, einfach dadurch, dass man für die Zeit den zentralen Differenzenquotienten zweiter Ordnung auf einem äquidistanten Gitter verwendet, d.h. man sucht eine Approximation $U^k = \sum_{i=1}^{\mathcal{N}_h} \alpha_i^k \varphi_i^h$ mit

$$U^0 = u_{0,h}, \quad U^1 = u_{1,h}, \tag{9.80a}$$

$$(D_{\Delta t}^2 U^k, \chi)_{L_2(\Omega)} + a(U^k, \chi) = (f^k, \chi)_{L_2(\Omega)}, \quad \chi \in V_h, \, k \geq 1. \tag{9.80b}$$

Hier sind $u_{0,h}$, $u_{1,h}$ Approximationen von u_0 und u_1, die später noch spezifiziert werden. In Matrix-Vektor-Schreibweise lautet dieses Verfahren für $k \geq 2$

$$M_h \alpha_h^k = (\Delta t)^2 (f_h^{k-1} - A_h \alpha_h^{k-1}) + M_h (2\alpha_h^{k-1} - \alpha_h^{k-2}). \tag{9.81}$$

Wir erinnern daran, dass das Leapfrog-Schema bei einer Finiten Differenzen-Diskretisierung im Ort explizit ist. In (9.81) muss in jedem Schritt ein lineares Gleichungssystem mit der Massematrix M_h gelöst werden, das Verfahren ist also eigentlich implizit – jedoch sind Gleichungssysteme mit der Massematrix aufgrund deren guter Konditionierung verhältnismäßig einfach.

Neben Konsistenz und Stabilität müssen numerische Verfahren für die Wellengleichung eine weitere Eigenschaft erfüllen, nämlich die Energieerhaltung, die wir aus Satz 8.16 kennen. Es wäre in der Tat nicht sinnvoll, wenn ein numerisches Verfahren diese physikalisch begründete Eigenschaft der Gleichung nicht erhalten würde. Es stellt sich jedoch heraus, dass der Energiebegriff von der Diskretisierung abhängt, was daran liegt, dass die Terme in der Definition der Energie $\mathbb{E}(t) := \|\dot{u}(t)\|_{L_2(\Omega)}^2 + a(u(t), u(t))$ ja diskretisiert werden müssen.

Definition 9.66 (Energie des Leapfrog-Verfahrens). Sei U^k die Iterierte des Leapfrog-Verfahrens (9.80) im Zeitschritt k. Dann ist die *diskrete Energie des Leapfrog-Verfahrens* für die Wellengleichung definiert als

$$\mathbb{E}_{LF}^k := \tfrac{1}{2}\|D_{\Delta t}^+ U^k\|_{L_2(\Omega)}^2 + \tfrac{1}{2}a(U^k, U^{k+1}). \qquad\qquad \triangle$$

Für die Analyse des Verfahrens benötigen wir eine spezielle Form der CFL-Bedingung. Dazu benötigen wir die Konstante C_{inv} aus der inversen Abschätzung in Satz 9.37. Wir sagen, dass das Leapfrog-Verfahren eine *CFL-Bedingung* erfüllt, falls die Zeitschrittweite Δt so klein gewählt ist, dass $C_{\text{inv}} \frac{(\Delta t)^2}{h^2} < 2$, genauer, wir nehmen an, dass ein $\lambda \in (0,2)$ existiert, so dass

$$C_{\text{inv}} \frac{(\Delta t)^2}{h^2} \leq 2 - \lambda. \tag{9.82}$$

Lemma 9.67. *Sei $\{\mathcal{T}_h\}_{h>0}$ eine uniforme Familie zulässiger Triangulierungen eines Polygons $\Omega \subset \mathbb{R}^2$ und Δt sei so gewählt, dass die CFL-Bedingung (9.82) erfüllt ist. Dann gilt $\mathbb{E}_{LF}^k \geq \frac{\lambda}{4}\|D_{\Delta t}^2 U^k\|_{L_2(\Omega)}^2 + \frac{1}{4}[a(U^{k+1}, U^{k+1}) + a(U^k, U^k)] \geq 0$.*

Beweis: Es gilt mit der inversen Cauchy-Schwarz-Ungleichung (Korollar 9.38)

$$2\,a(U^k, U^{k+1}) = a(U^{k+1}, U^{k+1}) + a(U^k, U^k) - a(U^{k+1} - U^k, U^{k+1} - U^k)$$

$$= a(U^{k+1}, U^{k+1}) + a(U^k, U^k) - (\Delta t)^2\, a(D_{\Delta t}^2 U^k, D_{\Delta t}^2 U^k)$$

$$\geq a(U^{k+1}, U^{k+1}) + a(U^k, U^k) - C_{\text{inv}} \frac{(\Delta t)^2}{h^2} \|D_{\Delta t}^2 U^k\|_{L_2(\Omega)}^2.$$

Daraus folgt nun $\mathbb{E}_{LF}^k \geq (\frac{1}{2} - \frac{1}{4}C_{\text{inv}}\frac{(\Delta t)^2}{h^2})\|D_{\Delta t}^2 U^k\|_{L_2(\Omega)}^2 + \frac{1}{4}(a(U^{k+1}, U^{k+1}) + a(U^k, U^k))$ und mit $\frac{1}{2} - \frac{1}{4}C_{\text{inv}} \geq \frac{1}{2} - \frac{1}{4}(2 - \lambda) = \frac{\lambda}{4}$ aufgrund der CFL-Bedingung folgt die Behauptung. $\qquad\square$

Damit können wir nun die Energieerhaltung des Leapfrog-Verfahrens beweisen.

Satz 9.68 (Energie-Erhaltung). *Sei $\{\mathcal{T}_h\}_{h>0}$ eine uniforme Familie zulässiger Triangulierungen eines Polygons $\Omega \subset \mathbb{R}^2$ und Δt sei so gewählt, dass die CFL-Bedingung (9.82) erfüllt ist. Falls $f \equiv 0$, dann gilt $\mathbb{E}_{LF}^k = \mathbb{E}_{LF}^0$ und falls $f \neq 0$ gilt*

$$\sqrt{\mathbb{E}_{LF}^k} \leq \sqrt{\mathbb{E}_{LF}^0} + 2\sum_{j=1}^{k} \frac{\Delta t}{\sqrt{\lambda}}\|f^j\|_{L_2(\Omega)}.$$

Beweis: Wir testen (9.80b) mit $\chi = U^{k+1} - U^{k-1} = (U^{k+1} - U^k) + (U^k - U^{k-1})$ und erhalten $(D_{\Delta t}^2 U^k, U^{k+1} - U^{k-1})_{L_2(\Omega)} + a(U^k, U^{k+1} - U^{k-1}) = (f^k, U^{k+1} - U^{k-1})_{L_2(\Omega)}$. Wir betrachten diese Terme einzeln. Zunächst gilt $(D_{\Delta t}^2 U^k, U^{k+1} - U^{k-1})_{L_2(\Omega)} = \frac{1}{(\Delta t)^2}((U^{k+1}-U^k)-(U^k-U^{k-1}),(U^{k+1}-U^k)+(U^k-U^{k-1}))_{L_2(\Omega)} = \|D_{\Delta t}^+ U^k\|_{L_2(\Omega)}^2 - \|D_{\Delta t}^+ U^{k-1}\|_{L_2(\Omega)}^2$. Daraus folgt $2(\mathbb{E}_{LF}^k - \mathbb{E}_{LF}^{k-1}) = \|D_{\Delta t}^+ U^k\|_{L_2(\Omega)}^2 + a(U^k, U^{k+1}) - \|D_{\Delta t}^+ U^{k-1}\|_{L_2(\Omega)}^2 - a(U^{k-1}, U^k) = (f^k, U^{k+1} - U^{k-1})_{L_2(\Omega)}$. Für $f \equiv 0$ folgt damit induktiv der erste Teil der Behauptung. Für $f \neq 0$ gilt durch Addition und Subtraktion von U^k

$$2(\mathbb{E}_{LF}^k - \mathbb{E}_{LF}^{k-1}) = (f^k, U^{k+1} - U^k)_{L_2(\Omega)} + (f^k, U^k - U^{k-1})_{L_2(\Omega)}$$
$$= \Delta t\,(f^k, D_{\Delta t}^+ U^k)_{L_2(\Omega)} + \Delta t\,(f^k, D_{\Delta t}^+ U^{k-1})_{L_2(\Omega)}$$
$$\leq \Delta t\,\|f^k\|_{L_2(\Omega)}\,(\|D_{\Delta t}^+ U^k\|_{L_2(\Omega)} + \|D_{\Delta t}^+ U^{k-1}\|_{L_2(\Omega)})$$
$$\leq 2\frac{\Delta t}{\sqrt{\lambda}}\|f^k\|_{L_2(\Omega)}\,(({\mathbb{E}_{LF}^k}^{1/2} + (\mathbb{E}_{LF}^{k-1})^{1/2}),$$

wobei wir im letzten Schritt Lemma 9.67 verwendet haben. Wir nehmen nun zunächst an, dass $E_{LF}^k \neq 0$ ist, dann gilt

$$(\mathbb{E}_{LF}^k)^{1/2} - (\mathbb{E}_{LF}^{k-1})^{1/2} = \frac{\mathbb{E}_{LF}^k - \mathbb{E}_{LF}^{k-1}}{(\mathbb{E}_{LF}^k)^{1/2} + (\mathbb{E}_{LF}^{k-1})^{1/2}} \leq 2\frac{\Delta t}{\sqrt{\lambda}}\|f^k\|_{L_2(\Omega)}.$$

Man beachte, dass diese Ungleichung auch für den Fall $E_{LF}^k = 0$ richtig bleibt, da $\mathbb{E}_{LF}^{k-1} \geq 0$. Also gilt in jedem Fall, dass $(\mathbb{E}_{LF}^k)^{1/2} \leq (\mathbb{E}_{LF}^{k-1})^{1/2} + 2\frac{\Delta t}{\sqrt{\lambda}}\|f^k\|_{L_2(\Omega)}$ und die Behauptung folgt induktiv. $\qquad\square$

Wir erinnern daran, dass die Energieerhaltung in Satz 8.16 der Schlüssel zur Eindeutigkeitsaussage in Satz 8.15 war. Es ist also nicht sonderlich überraschend, dass die diskrete Energieerhaltung die Stabilität des Leapfrog-Verfahrens liefert.

Satz 9.69 (Stabilität des Leapfrog-Verfahrens). *Sei $\{\mathcal{T}_h\}_{h>0}$ eine uniforme Familie zulässiger Triangulierungen eines Polygons $\Omega \subset \mathbb{R}^2$ und Δt sei so gewählt, dass die CFL-Bedingung (9.82) erfüllt ist. Dann ist das Leapfrog-Verfahren stabil in dem Sinne, dass eine von h und Δt unabhängige Konstante $c > 0$ existiert mit*

$$\|D_{\Delta t}^+ U^k\|_{L_2(\Omega)} + \|U^{k+1}\|_{H^1(\Omega)} \leq c\Big(\|D_{\Delta t}^+ U^0\|_{L_2(\Omega)} + \|U^0\|_{H^1(\Omega)} + \|U^1\|_{H^1(\Omega)}$$

$$+ \sum_{j=1}^{k} \Delta t\,\|f^j\|_{L_2(\Omega)}\Big). \tag{9.83}$$

Beweis: Wir verwenden die Koerzivität der Bilinearform a und die Energieabschätzung in Lemma 9.67 und erhalten

$$
\|D_{\Delta t}^+ U^k\|_{L_2(\Omega)} + \|U^{k+1}\|_{H^1(\Omega)} \leq \|D_{\Delta t}^+ U^k\|_{L_2(\Omega)} + \alpha^{-1/2}\sqrt{a(U^{k+1}, U^{k+1})}
$$

$$
\leq \sqrt{\frac{4}{\lambda}\mathbb{E}_{\mathrm{LF}}^k} + \alpha^{-1/2}\sqrt{\mathbb{E}_{\mathrm{LF}}^k} \leq C_1\sqrt{\mathbb{E}_{\mathrm{LF}}^k}
$$

mit $C_1 > 0$ unabhängig von Δt und h. Nun benutzen wir die Young-Ungleichung
in der Form $2a(\phi,\psi) \leq a(\phi,\phi) + a(\psi,\psi)$ und schätzen mit der Stetigkeitskonstanten C von a ab

$$
\mathbb{E}_{\mathrm{LF}}^0 = \frac{1}{2}\|D_{\Delta t}^+ U^0\|_{L_2(\Omega)}^2 + \frac{1}{2}a(U^0, U^1)
$$

$$
\leq \frac{1}{2}\|D_{\Delta t}^+ U^0\|_{L_2(\Omega)}^2 + \frac{1}{4}a(U^0, U^0) + \frac{1}{4}a(U^1, U^1)
$$

$$
\leq \frac{1}{2}\|D_{\Delta t}^+ U^0\|_{L_2(\Omega)}^2 + \frac{C}{4}(\|U^0\|_{H^1(\Omega)}^2 + \|U^1\|_{H^1(\Omega)}^2),
$$

und Satz 9.68 liefert dann die Behauptung

$$
\sqrt{\mathbb{E}_{\mathrm{LF}}^k} \leq \sqrt{\mathbb{E}_{\mathrm{LF}}^0} + 2\sum_{j=1}^{k}\frac{\Delta t}{\sqrt{\lambda}}\|f^j\|_{L_2(\Omega)}
$$

$$
\leq c\left(\|D_{\Delta t}^+ U^0\|_{L_2(\Omega)} + \|U^0\|_{H^1(\Omega)} + \|U^1\|_{H^1(\Omega)} + \sum_{j=1}^{k}\Delta t\,\|f^j\|_{L_2(\Omega)}\right)
$$

mit einer geeigneten Konstanten $c > 0$.   □

Satz 9.70 (Konvergenz des Leapfrog-Verfahrens). *Sei* $\{\mathcal{T}_h\}_{h>0}$ *eine uniforme Familie zulässiger Triangulierungen eines Polygons* $\Omega \subset \mathbb{R}^2$ *und* Δt *sei so gewählt, dass
die CFL-Bedingung (9.82) erfüllt ist. Weiter sei* $u \in C^4([0,T], L_2(\Omega))$ *die Lösung
von (9.66) und* $\{U^k\}_{k=0,\dots,N}$ *sei die approximative Lösung mittels Leapfrog-Verfahren
(9.80). Dann gibt es eine Konstante* $C > 0$ *unabhängig von* Δt *und* h *mit*

$$
\|D_{\Delta t}^+(U^k - u(t^k))\|_{L_2(\Omega)} + \|U^{k+1} - u(t^{k+1})\|_{L_2(\Omega)} + \|U^k - u(t^k)\|_{L_2(\Omega)} \leq
$$

$$
\leq C\Big(\|D_{\Delta t}^+(U^0 - R_h u_0)\|_{L_2(\Omega)} + \|U^0 - R_h u_0\|_{H^1(\Omega)} + \|U^1 - R_h u_1\|_{H^1(\Omega)}
$$

$$
+ T\|u - R_h u\|_{C^2([0,T], L_2(\Omega))} + T(\Delta t)^2\|u^{(4)}\|_{C([0,T], L_2(\Omega))}\Big). \quad (9.84)
$$

Beweis: Wie bereits bei den obigen Konvergenzbeweisen teilen wir den Fehler
auf: $U^k - u(t^k) = [U^k - R_h u(t^k)] + [R_h u(t^k) - u(t^k)] =: \theta_h^k + \rho_h^k$. Für den ersten
Teil leiten wir eine diskretisierte Differenzialgleichung her: Für alle $\chi \in V_h$ gilt

mit dem Leapfrog-Verfahren und den Eigenschaften des Ritz-Projektors

$$
\begin{aligned}
&(D_{\Delta t}^2 \theta_h^k, \chi)_{L_2(\Omega)} + a(\theta_h^k, \chi) \\
&= (D_{\Delta t}^2 U^k, \chi)_{L_2(\Omega)} + a(U^k, \chi) - (D_{\Delta t}^2 R_h u(t^k), \chi)_{L_2(\Omega)} - a(R_h u(t^k), \chi) \\
&= (f^k, \chi)_{L_2(\Omega)} - (D_{\Delta t}^2 R_h u(t^k), \chi)_{L_2(\Omega)} - a(u(t^k), \chi) \\
&= (\ddot{u}(t^k) - D_{\Delta t}^2 u(t^k) + D_{\Delta t}^2 u(t^k) - D_{\Delta t}^2 R_h u(t^k), \chi)_{L_2(\Omega)} \\
&= (\sigma^k - D_{\Delta t}^2 \rho_h^k, \chi)_{L_2(\Omega)}
\end{aligned}
\tag{9.85}
$$

mit dem Abschneidefehler der Zeitdiskretisierung $\sigma^k := \ddot{u}(t^k) - D_{\Delta t}^2 u(t^k)$. Die Terme auf der rechten Seite der Differenzialgleichung (9.85) schätzen wir zunächst einzeln ab. Mit der Taylor-Entwicklung gilt die Abschätzung $\|\sigma^k\|_{L_2(\Omega)} \le \frac{(\Delta t)^2}{12} \|u^{(4)}\|_{C([0,T],L_2(\Omega))}$. Ähnlich schätzen wir den zweiten Term ab:

$$
\begin{aligned}
\|D_{\Delta t}^2 \rho_h^k\|_{L_2(\Omega)} &= \|D_{\Delta t}^2 \rho_h(t^k)\|_{L_2(\Omega)} \le \|\ddot{\rho}_h(t^k)\|_{L_2(\Omega)} + \frac{(\Delta t)^2}{12} \|\rho_h^{(4)}\|_{C([0,T],L_2(\Omega))} \\
&= \|\ddot{\rho}_h(t^k)\|_{L_2(\Omega)} + \frac{(\Delta t)^2}{12} \|R_h u^{(4)}(t^k) - u^{(4)}(t^k)\|_{C([0,T],L_2(\Omega))} \\
&\le \|u - R_h u\|_{C^2([0,T],L_2(\Omega))} + C \frac{(\Delta t)^2}{6} \|u^{(4)}\|_{C([0,T],L_2(\Omega))},
\end{aligned}
$$

wobei wir im letzten Schritt die Beschränktheit des Ritz-Projektors benutzt haben. Nun wenden wir die Stabilitätsabschätzung aus Satz 9.68 auf die Gleichung (9.85) für θ_h^k an (und beachte, dass $\|\theta_h^{k+1}\|_{L_2(\Omega)} \le c\|\theta_h^{k+1}\|_{H^1(\Omega)}$)

$$
\begin{aligned}
\|D_{\Delta t}^+ \theta_h^k\|_{L_2(\Omega)} + \|\theta_h^{k+1}\|_{L_2(\Omega)} \le c\Big(&\|D_{\Delta t}^+ \theta_h^0\|_{L_2(\Omega)} + \|\theta_h^0\|_{H^1(\Omega)} + \|\theta_h^1\|_{H^1(\Omega)} \\
&+ \sum_{j=1}^k \Delta t \|\sigma^j - D_{\Delta t}^2 \rho_h^j\|_{L_2(\Omega)} \Big)
\end{aligned}
\tag{9.86}
$$

und

$$
\begin{aligned}
\sum_{j=1}^k \Delta t \|\sigma^j + D_{\Delta t}^2 \rho_h^j\|_{L_2(\Omega)} &\le \Delta t \sum_{j=1}^N (\|\sigma^j\|_{L_2(\Omega)} + \|D_{\Delta t}^2 \rho_h^j\|_{L_2(\Omega)}) \\
&\le \Delta t \sum_{j=1}^N \Big\{ \frac{(\Delta t)^2}{12} \|u^{(4)}\|_{C([0,T],L_2(\Omega))} + \|u - R_h u\|_{C^2([0,T],L_2(\Omega))} \\
&\qquad + C \frac{h(\Delta t)^2}{12} \|u^{(4)}\|_{C([0,T],L_2(\Omega))} \Big\} \\
&\le TC \Big\{ \|u - R_h u\|_{C^2([0,T],L_2(\Omega))} + (\Delta t)^2 \|u^{(4)}\|_{C([0,T],L_2(\Omega))} \Big\}.
\end{aligned}
\tag{9.87}
$$

Die Abschätzungen (9.86) bzw. (9.87) bleiben richtig, wenn wir auf der linken Seite von (9.86) noch $\|\theta_h^k\|_{H^1(\Omega)}$ wie in der Behauptung addieren – ggf. durch Vergrößern der Konstanten. Bleibt uns also noch, die Terme für den zweiten Teil $\rho_h^k =$

$R_h u(t^k) - u(t^k)$ des Fehlers abzuschätzen. Es gilt mit der Taylor-Entwicklung

$$\|D_{\Delta t}^+ \rho_h^k\|_{L_2(\Omega)} + \|\rho_h^k\|_{L_2(\Omega)} + \|\rho_h^{k-1}\|_{L_2(\Omega)} \le$$

$$\le \|\dot\rho_h\|_{C([0,T],L_2(\Omega))} + \frac{(\Delta t)^2}{24}\|\rho_h^{(3)}\|_{C([0,T],L_2(\Omega))} + 2\|u - R_h u\|_{C^0([0,T],L_2(\Omega))}$$

$$\le 3\|u - R_h u\|_{C^1([0,T],L_2(\Omega))} + \frac{(\Delta t)^2}{12}\|u^{(3)}\|_{C([0,T],L_2(\Omega))}.$$

Fassen wir alle Terme zusammen, so ergibt sich die Behauptung. $\qquad\square$

Bemerkung 9.71. Man kann obigen Beweis auch für die stärkere Norm $\|\theta_h^\ell\|_{H^1(\Omega)}$ anstelle von $\|\theta_h^\ell\|_{L_2(\Omega)}$ führen. Es ändert sich die Glattheitsforderung und einige Normen auf der rechten Seite.

Korollar 9.72. *Verwendet man lineare Finite Elemente, dann gilt unter den Voraussetzungen von Satz 9.70*

$$\|D_{\Delta t}^+(U^k - u(t^k))\|_{L_2(\Omega)} + \|U^{k+1} - u(t^{k+1})\|_{L_2(\Omega)} + \|U^k - u(t^k)\|_{L_2(\Omega)} \le \quad (9.88)$$

$$\le C\Big(\|D_{\Delta t}^+(U^0 - R_h u_0)\|_{L_2(\Omega)} + \|U^0 - R_h u_0\|_{H^1(\Omega)} + \|U^1 - R_h u_1\|_{H^1(\Omega)}$$

$$+ T(h^2 + (\Delta t)^2)\|u\|_{C^4([0,T],H^2(\Omega))}\Big),$$

falls für die Lösung u der Wellengleichung $u \in C^4([0,T], H^2(\Omega) \cap H_0^1(\Omega))$ gilt. $\quad\square$

Wir erhalten also ein Verfahren der Ordnung $\mathcal{O}(h^2 + (\Delta t)^2)$, wenn die Anfangswerte entsprechend gut approximiert werden. Wir erkennen auch die Abhängigkeit von der Länge T des Zeitintervalls.

Das Crank-Nicolson-Verfahren

Das Leapfrog-Verfahren hat zwar den Vorteil der effizienten Lösung in jedem Zeitschritt, jedoch benötigt man wieder eine CFL-Bedingung (9.82). Daher beschreiben wir zum Abschluss das Crank-Nicolson-Verfahren und zeigen, dass dieses unbedingt stabil konvergiert. Das Verfahren lautet

$$U^0 = u_{0,h}, \quad U^1 = u_{1,h}, \tag{9.89a}$$

$$(D_{\Delta t}^2 U^k, \chi)_{L_2(\Omega)} + \frac{1}{4}a(U^{k+1} + 2U^k + U^{k-1}, \chi) = \tag{9.89b}$$

$$= \frac{1}{4}(f^{k+1} + 2f^k + f^{k-1}, \chi)_{L_2(\Omega)}, \quad \chi \in V_h, \, k \ge 1,$$

wobei wiederum $u_{0,h}$ und $u_{1,h}$ noch zu spezifizierende Approximationen von u_0 und u_1 sind. In Matrix-Vektor-Schreibweise lautet dieses Verfahren für $k \ge 1$

$$\Big(M_h + \frac{(\Delta t)^2}{4}A_h\Big)\alpha_h^{k+1} = \frac{(\Delta t)^2}{4}(f_h^{k+1} + 2f_h^k + f_h^{k-1}) \tag{9.90}$$

$$- \frac{(\Delta t)^2}{4}A_h(\alpha_h^k + \alpha_h^{k-1}) + M_h(2\alpha_h^k - \alpha_h^{k-1}).$$

Wir gehen nach dem gleichen Schema wie beim Leapfrog-Verfahren vor. Zunächst definieren wir einen Energie-Begriff und zeigen dann, dass diese Energie erhalten bleibt. Danach beweisen wir die Stabilität und damit dann schließlich die Konvergenz.

Definition 9.73 (Energie des Crank-Nicolson-Verfahrens). Sei U^k die Iterierte des Crank-Nicolson-Verfahrens (9.89) im Zeitschritt k. Dann ist die *diskrete Energie des Crank-Nicolson-Verfahrens* für die Wellengleichung definiert als

$$\mathbb{E}_{CN}^k := \frac{1}{2}\|D_{\Delta t}^+ U^k\|_{L_2(\Omega)}^2 + \frac{1}{2}a(U^{k+1/2}, U^{k+1/2}).$$

mit $U^{k+1/2} := \frac{1}{2}(U^{k+1} + U^k)$. △

Wir zeigen nun, dass das Crank-Nicolson-Verfahren diese Energie erhält – ohne CFL-Bedingung und auch unter deutlich geringeren Anforderungen an das Finite Elemente-Netz.

Satz 9.74 (Energie-Erhaltung). *Sei $\{\mathcal{T}_h\}_{h>0}$ eine Familie zulässiger Triangulierungen eines Polygons $\Omega \subset \mathbb{R}^2$. Dann ist das Crank-Nicolson-Verfahren Energie-erhaltend: Falls $f \equiv 0$, dann gilt $\mathbb{E}_{CN}^k = \mathbb{E}_{CN}^0$ und falls $f \neq 0$ gilt*

$$\sqrt{\mathbb{E}_{CN}^k} \leq \sqrt{\mathbb{E}_{CN}^0} + \frac{\Delta t}{4\sqrt{2}} \sum_{j=1}^k \|f^{j+1} + 2f^j + f^{j-1}\|_{L_2(\Omega)}, \quad k \geq 1.$$

Beweis: Wir testen (9.89b) mit der Funktion $\chi = U^{k+1} - U^{k-1} = (U^{k+1} - U^k) + (U^k - U^{k-1}) = (U^{k+1} + U^k) - (U^k + U^{k-1}) \in V_h$. Damit gilt für den ersten Term in (9.89b) die Beziehung $(D_{\Delta t}^2 U^k, (U^{k+1} - U^k) + (U^k - U^{k-1}))_{L_2(\Omega)} = \|D_{\Delta t}^+ U^k\|_{L_2(\Omega)}^2 - \|D_{\Delta t}^+ U^{k-1}\|_{L_2(\Omega)}^2$ und für den zweiten Term $\frac{1}{4}a(U^{k+1} + 2U^k + U^{k-1}, (U^{k+1} + U^k) - (U^k + U^{k-1})) = a(U^{k+1/2}, U^{k+1/2}) - a(U^{k-1/2}, U^{k-1/2})$. Damit lautet die linke Seite von (9.89b) $2(\mathbb{E}_{CN}^k - \mathbb{E}_{CN}^{k-1})$ und dies ist nach (9.89b) gleich $\frac{1}{4}(f^{k+1} + 2f^k + f^{k-1}, (U^{k+1} - U^k) + (U^k - U^{k-1}))_{L_2(\Omega)}$. Im Falle $f \equiv 0$ folgt daraus $E_{CN}^k = \mathbb{E}_{CN}^{k-1}$, also induktiv die Behauptung in diesem Fall. Falls $f \neq 0$, dann gilt

$$2(\mathbb{E}_{CN}^k - \mathbb{E}_{CN}^{k-1}) = \frac{1}{4}(f^{k+1} + 2f^k + f^{k-1}, (U^{k+1} - U^k) + (U^k - U^{k-1}))_{L_2(\Omega)}$$

$$\leq \|\frac{1}{4}(f^{k+1} + 2f^k + f^{k-1})\|_{L_2(\Omega)} \Delta t(\|D_{\Delta t}^+ U^k\|_{L_2(\Omega)} + \|D_{\Delta t}^+ U^{k-1}\|_{L_2(\Omega)})$$

$$\leq \frac{\sqrt{2}}{4}\Delta t \|f^{k+1} + 2f^k + f^{k-1}\|_{L_2(\Omega)}\left(\sqrt{\mathbb{E}_{CN}^k} + \sqrt{\mathbb{E}_{CN}^{k-1}}\right).$$

Der Rest des Beweises geht analog zum Beweis von Satz 9.68. □

Satz 9.75 (Stabilität des Crank-Nicolson-Verfahrens). *Sei $\{\mathcal{T}_h\}_{h>0}$ eine Familie zulässiger Triangulierungen eines Polygons $\Omega \subset \mathbb{R}^2$. Dann ist das Crank-Nicolson-Verfahren stabil, d.h., es existiert eine von h und Δt unabhängige Konstante $c > 0$ mit*

$$\|D_{\Delta t}^+ U^{k+1/2}\|_{L_2(\Omega)} + \|U^{k+1}\|_{H^1(\Omega)} \leq c\Big(\|D_{\Delta t}^+ U^0\|_{L_2(\Omega)} + \|U^{1/2}\|_{H^1(\Omega)} \quad (9.91)$$

$$+ \frac{\Delta t}{4} \sum_{j=1}^k \|f^{j+1} + 2f^j + f^{j-1}\|_{L_2(\Omega)}\Big).$$

Beweis: Wir verwenden die Koerzivität der Bilinearform a und die Energieabschätzung in Satz 9.74 und erhalten

$$\|D_{\Delta t}^+ U^k\|_{L_2(\Omega)} + \|U^{k+1/2}\|_{H^1(\Omega)} \leq \|D_{\Delta t}^+ U^k\|_{L_2(\Omega)} + \alpha^{-1/2}\sqrt{a(U^{k+1}, U^{k+1})}$$

$$\leq \max\{\tfrac{1}{\sqrt{2}}, \tfrac{1}{\sqrt{\alpha}}\}\sqrt{\mathbb{E}_{\mathrm{CN}}^k}$$

$$\leq \max\{\tfrac{1}{\sqrt{2}}, \tfrac{1}{\sqrt{\alpha}}\}\Big\{\sqrt{\mathbb{E}_{\mathrm{CN}}^0} + \tfrac{\Delta t}{4\sqrt{2}}\sum_{j=1}^k \|f^{j+1} + 2f^j + f^{j-1}\|_{L_2(\Omega)}\Big\}$$

$$\leq c\Big(\|D_{\Delta t}^+ U^0\|_{L_2(\Omega)} + \|U^{1/2}\|_{H^1(\Omega)} + \frac{\Delta t}{4}\sum_{j=1}^k \|f^{j+1} + 2f^j + f^{j-1}\|_{L_2(\Omega)}\Big)$$

mit $c > 0$ unabhängig von Δt und h, wobei wir die Young-Ungleichung verwendet haben. $\qquad\square$

Natürlich können wir (9.91) mit der Dreiecks-Ungleichung weiter abschätzen:

$$\|D_{\Delta t}^+ U^{k+1/2}\|_{L_2(\Omega)} + \|U^{k+1}\|_{H^1(\Omega)} \leq$$

$$\leq c\Big(\|D_{\Delta t}^+ U^0\|_{L_2(\Omega)} + \|U^{1/2}\|_{H^1(\Omega)} + \Delta t\sum_{j=0}^{k+1} \|f^j\|_{L_2(\Omega)}\Big). \tag{9.91'}$$

Satz 9.76 (Konvergenz des Crank-Nicolson-Verfahrens). *Sei $\{\mathcal{T}_h\}_{h>0}$ eine Familie zulässiger Triangulierungen eines Polygons $\Omega \subset \mathbb{R}^2$. Weiter sei $u \in C^4([0,T], L_2(\Omega))$ die Lösung von (9.66) und $\{U^k\}_{k=0,\dots,N}$ sei die approximative Lösung mittels Crank-Nicolson-Verfahren (9.89). Dann gibt es eine Konstante $c > 0$ unabhängig von Δt und h mit*

$$\|D_{\Delta t}^+(U^k - u(t^k))\|_{L_2(\Omega)} + \|U^{k+1/2} - u(t^{k+1/2})\|_{L_2(\Omega)} \leq$$

$$\leq c\Big(\|D_{\Delta t}^+(U^0 - R_h u_0)\|_{L_2(\Omega)} + \|U^{1/2} - R_h u(t^{1/2})\|_{H^1(\Omega)}$$

$$+ T\|u - R_h u\|_{C^2([0,T], L_2(\Omega))} + T(\Delta t)^2\|u^{(4)}\|_{C([0,T], L_2(\Omega))}\Big). \tag{9.92}$$

Beweis: Der Beweis ist sehr ähnlich zu dem von Satz 9.70, dem Konvergenzresultat des Leapfrog-Verfahrens. Wiederum teilen wir den Fehler auf: $U^k - u(t^k) = [U^k - R_h u(t^k)] + [R_h u(t^k) - u(t^k)] =: \theta_h^k + \rho_h^k$. Den ersten Teil θ_h^k setzen wir in die linke Seite des Crank-Nicolson-Verfahrens ein. Für alle $\chi \in V_h$ gilt mit den Eigenschaften des Ritz-Projektors

$$(D_{\Delta t}^2 \theta_h^k, \chi)_{L_2(\Omega)} + \tfrac{1}{4}a(\theta_h^{k+1} + 2\theta_h^k + \theta_h^{k-1}, \chi) =$$

$$= (D_{\Delta t}^2 U^k, \chi)_{L_2(\Omega)} + \tfrac{1}{4}a(U^{k+1} + 2U^k + U^{k-1}, \chi)$$

$$\quad - (D_{\Delta t}^2 R_h u(t^k), \chi)_{L_2(\Omega)} - \tfrac{1}{4}a(u(t^{k+1}) + 2u(t^k) + u(t^{k-1}), \chi)$$

$$= \tfrac{1}{4}(f^{k+1} + 2f^k + f^{k-1}, \chi)_{L_2(\Omega)} - (D_{\Delta t}^2 R_h u(t^k), \chi)_{L_2(\Omega)}$$

$$\quad + \tfrac{1}{4}(\ddot{u}(t^{k+1}) + 2\ddot{u}(t^k) + \ddot{u}(t^{k-1}), \chi)_{L_2(\Omega)} - \tfrac{1}{4}(f^{k+1} + 2f^k + f^{k-1}, \chi)_{L_2(\Omega)}$$

$$= (\ddot{u}(t^k) - D_{\Delta t}^2 u(t^k) + D_{\Delta t}^2 u(t^k) - D_{\Delta t}^2 R_h u(t^k), \chi)_{L_2(\Omega)}$$

$$\quad + \tfrac{1}{4}(\ddot{u}(t^{k+1}) - 2\ddot{u}(t^k) + \ddot{u}(t^{k-1}), \chi)_{L_2(\Omega)}$$

$$= (\sigma^k - D_{\Delta t}^2 \rho_h^k + \tfrac{\Delta t}{4}(D_{\Delta t}^+ \ddot{u}(t^k) - D_{\Delta t}^- \ddot{u}(t^k)), \chi)_{L_2(\Omega)} \tag{9.93}$$

mit dem Abschneidefehler der Zeitdiskretisierung $\sigma^k := \ddot{u}(t^k) - D^2_{\Delta t} u(t^k)$. Die beiden ersten Terme in (9.93) schätzen wir wie oben ab, d.h., es gelten die Abschätzungen $\|\sigma^k\|_{L_2(\Omega)} \leq \frac{(\Delta t)^2}{12}\|u^{(4)}\|_{C([0,T],L_2(\Omega))}$ und ebenso $\|D^2_{\Delta t}\rho^k_h\|_{L_2(\Omega)} \leq$ $\|u - R_h u\|_{C^2([0,T],L_2(\Omega))} + C\frac{(\Delta t)^2}{6}\|u^{(4)}\|_{C([0,T],L_2(\Omega))}$. Die beiden im Vergleich zum Leapfrog-Verfahren neu hinzugekommenen Terme kann man erneut mit der Taylor-Entwicklung beschränken: $\|D^{\pm}_{\Delta t}\ddot{u}(t^k)\|_{L_2(\Omega)} \leq C\,\Delta t\,\|u^{(4)}\|_{C([0,T],L_2(\Omega))}$. Nun wenden wir die Stabilitätsabschätzung (9.91') auf (9.93) für θ^k_h an:

$$\|D^+_{\Delta t}\theta^k_h\|_{L_2(\Omega)} + \|\theta^{k+1}_h\|_{L_2(\Omega)} \leq c\Big(\|D^+_{\Delta t}\theta^0_h\|_{L_2(\Omega)} + \|\theta^{1/2}_h\|_{H^1(\Omega)}$$

$$+ \Delta t \sum_{j=0}^{k+1} \|\sigma^j - D^2_{\Delta t}\rho^j_h + \tfrac{\Delta t}{4}(D^+_{\Delta t}\ddot{u}(t^j) - D^-_{\Delta t}\ddot{u}(t^j)\|_{L_2(\Omega)}\Big)$$

$$\leq c\Big(\|D^+_{\Delta t}\theta^0_h\|_{L_2(\Omega)} + \|\theta^{1/2}_h\|_{H^1(\Omega)}$$

$$+ T\Big\{\|u - R_h u\|_{C^2([0,T],L_2(\Omega))} + (\Delta t)^2\|u^{(4)}\|_{C([0,T],L_2(\Omega))}\Big\}\Big).$$

Bleibt nur noch, die Terme für den zweiten Teil $\rho^k_h = R_h u(t^k) - u(t^k)$ des Fehlers abzuschätzen. Es gilt mit der Taylor-Entwicklung

$$\|D^+_{\Delta t}\rho^k_h\|_{L_2(\Omega)} + \|\rho^{k+1/2}_h\|_{L_2(\Omega)} \leq$$

$$\leq \|\dot{\rho}_h\|_{C([0,T],L_2(\Omega))} + \frac{(\Delta t)^2}{24}\|\rho^{(3)}_h\|_{C([0,T],L_2(\Omega))} + \frac{1}{2}(\|\rho^{k+1}_h\|_{L_2(\Omega)} + \|\rho^k_h\|_{L_2(\Omega)})$$

$$\leq 2\|u - R_h u\|_{C^1([0,T],L_2(\Omega))} + \frac{(\Delta t)^2}{12}\|u^{(3)}\|_{C([0,T],L_2(\Omega))}.$$

Fassen wir alle Terme zusammen, so ergibt sich die Behauptung.   □

Korollar 9.77. *Verwendet man lineare Finite Elemente, dann gilt unter den Voraussetzungen von Satz 9.76*

$$\|D^+_{\Delta t}(U^k - u(t^k))\|_{L_2(\Omega)} + \|U^{k+1/2} - u(t^{k+1/2})\|_{L_2(\Omega)} \leq \qquad (9.94)$$

$$\leq C\Big(\|D^+_{\Delta t}(U^0 - R_h u_0)\|_{L_2(\Omega)} + \|U^{1/2} - R_h u(t^{1/2})\|_{H^1(\Omega)}$$

$$+ T(h^2 + (\Delta t)^2)\|u\|_{C^4([0,T],H^2(\Omega))}\Big),$$

falls für die Lösung u der Wellengleichung $u \in C^4([0,T], H^2(\Omega) \cap H^1_0(\Omega))$ gilt.   □

9.6* Kommentare zu Kapitel 9

Die Methode der Finiten Elemente geht zurück auf Alexander Hrennikoff (1941) und Richard Courant (1942). Während Hrennikoff das Gebiet ähnlich der FDM mit Hilfe eines Rechteck-Gitters diskretisierte, betrachte Courant Triangulierungen mit Hilfe von Dreiecken. Nach dem Studium in Breslau, Zürich und Göttingen promovierte Courant 1910 in Göttingen bei David Hilbert mit einer Arbeit zum Thema *Über die Anwendung des Dirichlet'schen Prinzipes auf die Probleme der konformen Abbildung*. Er habilitierte sich im Jahr

1912 und wurde dann zum Ersten Weltkrieg eingezogen, wo er sich eine Verwundung zuzog. Von 1920 bis 1933 war er als Professor in Göttingen tätig, bis er 1933 Deutschland verließ. Courant wurde von den Nationalsozialisten seiner Stellung enthoben, sowohl wegen seiner jüdischen Abstammung als auch seiner Mitgliedschaft in der SPD wegen. Im Jahr 1910 hatte Courant Nerina Runge, die Tochter des Göttinger Mathematik-Professors Carl Runge (u.a. Runge-Kutta-Verfahren) geheiratet. Nach einem Jahr in Cambridge wurde Courant 1935 Professor an der New York University. Er leitete dort von 1935 bis 1958 das 1964 nach ihm benannte Institut, welches auch heute noch zu den führenden Forschungseinrichtungen in der angewandten Mathematik zählt. Zu seinen Nachfolgern als Direktor des Courant-Instituts gehörten u.a. Louis Nirenberg und Peter Lax.

Bereits 1928 veröffentlichte Courant mit K. Friedrichs und H. Lewy in den Mathematischen Annalen seine berühmte Arbeit *Über die partiellen Differenzengleichungen der mathematischen Physik*, die auch die später als CFL-Bedingung bekannte Stabilitätsbedingung enthält (vgl. Bemerkung 9.44). Friedrichs promovierte 1925 in Göttingen bei Courant mit dem Thema *Die Randwert- und Eigenwertprobleme aus der Theorie der elastischen Platten*. Er begleitete Courant nach New York und war dort wiederum 1949 der Betreuer der Dissertation von Peter Lax. Robert Richtmyer arbeitete u.a. mit John von Neumann zusammen und entwickelte numerische Methoden zur Lösung von komplexen Problemen, die seinerzeit von Stanislaw Ulam untersucht wurden. Die daraus entstandene Methode kennt man heute als *Monte Carlo-Verfahren*. Im Jahr 1953 wechselte Richtmyer an das Courant Institute in New York, wo er 1956 mit Peter Lax die Arbeit zum Lax-Richtmyer-Äquivalenztheorem publizierte.

Bei der Entwicklung der Finite-Elemente-Methode baute Courant auf Arbeiten von Rayleigh, Ritz und Galerkin auf, indem er die endlich-dimensionalen Räume im Galerkin-Verfahren so mit Hilfe einer Triangulierung konstruierte, wie wir es oben beschrieben haben. So sehr die Methode der Finiten Elemente für elliptische Gleichungen zweiter Ordnung geeignet ist (wie wir ja gesehen haben), ihr späterer Erfolg war nur durch die Entwicklung leistungsfähiger Computer möglich. Dies liegt daran, dass die Erzeugung einer Triangulierung und das Aufstellen der linearen Gleichungssysteme (dabei sind Integrale numerisch zu berechnen) deutlich aufwändiger als bei der FDM ist. So erklärt sich auch die Aussage von Lothar Collatz aus dem Jahr 1950, als die FDM noch konkurrenzlos erschien: *Das Differenzenverfahren ist ein bei Randwertaufgaben allgemein anwendbares Verfahren. Es ist leicht aufstellbar und liefert bei groben Maschenweiten im Allgemeinen bei relativ kurzer Rechnung einen für technische Zwecke oft ausreichenden Überblick über die Lösungsfunktion. Insbesondere gibt es bei partiellen Differenzialgleichungen Bereiche, bei denen das Differenzenverfahren das einzig praktisch brauchbare Verfahren ist und bei denen andere Verfahren die Randbedingungen nur schwer oder gar nicht zu erfassen vermögen.* Wie sehr sich die Welt geändert hat!

Philippe Clément erreichte mit dem nach ihm benannten Interpolations-Operator 1975 und den zugehörigen Fehlerabschätzungen einen Durchbruch in der Konvergenzanalysis Finiter Elemente, [21]. Seit der Dissertation von Jean Céa im Jahr 1964 war bereits bekannt, dass der Fehler der Finite Elemente-Approximation bis auf eine multiplikative Konstante so gut wie der Fehler der besten Approximation im Ansatzraum ist. Um diesen Fehler der Bestapproximation abschätzen zu können, verwendet man den Clément-Operator, dessen eigentliche Genialität in der Verknüpfung von Sobolev-Regularität und Interpolation besteht.

9.7 Aufgaben

Aufgabe 9.1. Es sei f_α wie in (9.15) und $u_\alpha \in C^1([0,1])$ die Lösung von $Lu_\alpha = f_\alpha$ gemäß (9.1). Definieren Sie L_h mittels des zentralen Differenzenquotienten auf einem äquidistanten Gitter. Zeigen Sie, dass für die Lösung $u_{\alpha,h}$ von $L_h u_{\alpha,h} = f_\alpha$ gilt, dass $\|u_\alpha - u_{\alpha,h}\|_{h,\infty} = \mathcal{O}(h)$ mit $h \to 0+$.

Aufgabe 9.2. Für $x_i := ih$, $h = \frac{1}{N+1}$, $0 \leq i \leq N+1$, zeige man (9.12), d.h. $\sum_{k=1}^N G(x_i, x_k) = \frac{1}{2h} x_i(1 - x_i)$ mit der Green'schen Funktion G aus (9.3).

Aufgabe 9.3. Zeigen Sie, dass die Steifigkeitsmatrix des Dirichlet-Problems in einer Raumdimension identisch mit der Systemmatrix der FDM mit zentralen Differenzenquotienten ist. In beiden Fällen sei das Gitter äquidistant.

Aufgabe 9.4. Sei T ein Dreieck mit Eckpunkten t_1, t_2, t_3. Zeigen Sie, dass es zu jedem $i \in \{1,2,3\}$ genau ein $v_i \in \mathcal{P}_1(T)$ gibt mit $v_i(t_j) = \delta_{i,j}$, $j = 1,2,3$.

Aufgabe 9.5. Wir betrachten das Anfangswertproblem $y'(t) = -\frac{1}{y(t)}\sqrt{1 - y(t)^2}$, $y(0) = 1$ mit der Lösung $y(t) = \sqrt{1 - t^2}$, $0 \leq t < 1$. Warum liefert das explizite Euler-Verfahren unabhängig von der Schrittweite die Lösung $y \equiv 1$?

Aufgabe 9.6. Sei $\Omega = (a, b) \subset \mathbb{R}$, $-\infty < a < b < \infty$ und $\mathcal{P} := \bigcup_{p \in \mathbb{N}} \mathcal{P}_p(\Omega)$, wobei $\mathcal{P}_p(\Omega)$ den Raum der Polynome auf Ω mit maximalem Grad $p \in \mathbb{N}$ bezeichnet. Man zeige, dass $\mathcal{P}$ ein normierter Raum unter $\|\cdot\|_\infty$, aber kein Banach-Raum ist.

Aufgabe 9.7. Man betrachte eine Variante i_h der Clément-Interpolierenden von $L_1(\Omega)$ in den Raum der linearen Finiten Elemente $V_h = X_h^{1,0}$ (ohne homogene Dirichlet-Randbedingungen) auf quasi-uniformen Gittern $\{\mathcal{T}_h\}$, die wie folgt definiert ist. Für jeden Knoten t_i betrachten wir ein Funktional $\pi_i : L_1(\Omega) \to \mathbb{R}$, gegeben durch

$$\pi_i(u) = \left(\int_{\omega_i} u\phi_i \, dx \right) \left(\int_{\omega_i} \phi_i \, dx \right)^{-1},$$

mit der Knotenbasisfunktion ϕ_i und $\omega_i := \operatorname{supp} \phi_i$. Die Interpolierende wird dann als $i_h u = \sum_{x_i \in \mathcal{N}(\mathcal{T}_h)} \pi_i(u)\phi_i$ definiert, wobei $\mathcal{N}(\mathcal{T}_h)$ die Menge der Knoten von $\mathcal{T}_h$ bezeichnet. Man beweise folgende Abschätzungen:

(a) Aus $u \geq 0$ folgt $i_h u \geq 0$.

(b) $\|u - \pi_i(u)\|_{L_2(\omega_i)} \leq ch_i\|\nabla u\|_{L_2(\omega_i)}$ mit $h_i = \max_{T \subset \omega_i} h_T$.

(c) $\|u - i_h u\|_{L_2(T)} \leq ch\|\nabla u\|_{L_2(\tilde{\omega}_T)}$ mit $\tilde{\omega}_T := \bigcup\{K \in \mathcal{T}_h : \bar{K} \cap \bar{T} \neq \emptyset\}$.

(d) $\|u - i_h u\|_{L_2(\Omega)} \leq ch\|\nabla u\|_{L_2(\Omega)}$.

(e) $\|u - i_h u\|_{H^{-1}(\Omega)} \leq ch^2\|\nabla u\|_{L_2(\Omega)}$, wobei der Dualraum $H^{-1}(\Omega)$ von $H_0^1(\Omega)$ mit der Norm $\|v\|_{H^{-1}(\Omega)} = \sup_{\phi \in H_0^1(\Omega), \phi \neq 0} \frac{(v,\phi)}{\|\nabla \phi\|_{L_2(\Omega)}}$ versehen ist.

Aufgabe 9.8. Sei $T \subset \mathbb{R}^2$ ein Parallelogramm. Man beweise, dass es eine affine Transformation $\sigma : \hat{T} = (0,1)^2 \to T$ gibt. Wie sieht die Transformation von $\hat{T}$ auf ein allgemeines Viereck aus?

Aufgabe 9.9. Gegeben sei folgende Randwertaufgabe

$$-u''(x) = f(x), \quad x \in (0,1),$$
$$u(0) = a, \qquad u(1) = b,$$

mit vorgegebenen Konstanten a und b sowie einer stetigen Funktion $f : [0,1] \to \mathbb{R}$. Durch Diskretisierung mittels zentraler Finiter Differenzen mit uniformer Gitterweite $h = 1/(N+1)$, $N \in \mathbb{N}$, erhält man das lineare Gleichungssystem $A_h u_h = f_h$ wie in (9.8). Zeigen Sie: Die Eigenwerte von A_h sind gegeben durch $\lambda_j = \frac{4}{h^2} \sin^2\left(\frac{j\pi h}{2}\right)$, $j = 1,2,\ldots,N$, mit den zugehörigen orthonormalen Eigenvektoren $v_j = \sqrt{2h}[\sin(ij\pi h)]_{i=1}^N$, $j = 1,2,\ldots,N$.

Aufgabe 9.10. Im Jahr 1870 lieferte Weierstraß folgendes Gegenbeispiel zum so genannten Dirichlet-Prinzip, in dem er folgende Minimierungsaufgabe für stetige Funktionen vorstellte, die keine Lösung besitzt: Gesucht sei eine Funktion u, welche unter allen Funktionen in $C^1([-1,1])$ mit $u(-1) = 0$ und $u(1) = 1$ das Funktional $J(u) = \int_{-1}^{1} [x u'(x)]^2 \, dx$ minimiert. Zeigen Sie mit Hilfe der durch

$$u_n(x) = \frac{1}{2} + \frac{1}{2} \frac{\arctan(nx)}{\arctan n}, \quad n = 1,2,\ldots$$

definierten Funktionenfolge $\{u_n\}$, dass die Aufgabe keine Lösung besitzt.

Aufgabe 9.11. Sei $\Omega \subset \mathbb{R}^2$ ein einfach zusammenhängendes Polygon. Man zeige, dass bei der Triangulierung von Ω die Anzahl der Dreiecke plus Anzahl der Knoten minus Anzahl der Kanten stets 1 beträgt. Warum gilt das nicht für mehrfach zusammenhängende Gebiete?

Aufgabe 9.12. Man zeige, dass für Dreiecksfamilien von Finiten Elementen die Quasi-Uniformitäts-Bedingung $\frac{r_T}{\rho_T} \leq \kappa$, $T \in \mathcal{T}_h$, $h > 0$ äquivalent ist zur Existenz einer globalen unteren Schranke für den kleinsten Innenwinkel aller Dreiecke.

Aufgabe 9.13. Sei $T \subset \mathbb{R}^2$ ein offenes Dreieck mit Eckpunkten t_1, t_2, t_3. Zeigen Sie, dass jedes $x \in T$ eine eindeutige Darstellung der Form $x = a_1 t_1 + a_2 t_2 + a_3 t_3$, $a_1 + a_2 + a_3 = 1$, $a_i \geq 0$, $i = 1,2,3$, besitzt.

Aufgabe 9.14. Sei $T \subset \mathbb{R}^2$ ein offenes Dreieck und $E := \{v : T \to \mathbb{R} : \exists a,b,c \in \mathbb{R} \text{ mit } v(x) = a + bx_1 + cx_2, \ x = (x_1, x_2) \in \bar{T}\}$. Zeigen Sie, dass $\dim E = 3$.

Aufgabe 9.15. Sei $A = (a_{i,j})_{i,j=1,\ldots,M} \in \mathbb{R}^{(M-1) \times (M-1)}$, $M \geq 2$, eine Tridiagonalmatrix mit $a_{i,i} = 2$, $i = 1,\ldots,M-1$ und $a_{i,i+1} = a_{i+1,i} = -1$, $1 \leq i \leq M-2$. Zeigen Sie, dass für $k = 1,\ldots,M-1$

$$V^k := \left(\sin\left(ik\frac{\pi}{M}\right) \right)_{i=1,\ldots,M-1}, \quad \mu_k := \left(2 - 2\cos\left(k\frac{\pi}{M}\right) \right) = 4\sin^2\left(\frac{k}{2}\frac{\pi}{M}\right),$$

Eigenwerte bzw. Eigenvektoren von A sind.

Aufgabe 9.16 (Konvergenzrate der Galerkin-Approximation). Seien V, H reelle Hilbert-Räume mit $V \hookrightarrow H$ und sei $a : V \times V \to \mathbb{R}$ bilinear, stetig und koerziv. Setze $D(A) := \{u \in V : \exists f \in H \text{ mit } a(u,v) = (f,v)_H \text{ für alle } v \in V\}$. Zu $0 < h \leq 1$ sei $V_h \subset V$ ein endlich-dimensionaler Unterraum. Zu jedem $u \in D(A)$ gebe es eine Konstante $c_u > 0$ mit $\text{dist}_V(u, V_h) := \inf\{\|u - \chi\|_V : \chi \in V_h\} \leq c_u \, \varphi(h)$ für $0 < h \leq 1$, wobei $\varphi : (0,1] \to (0, \infty)$ eine Funktion mit $\lim_{h \downarrow 0} \varphi(h) = 0$ ist.

a) Man zeige, dass es eine Konstante $c_1 > 0$ gibt, so dass Folgendes gilt: Sei $f \in H$ und seien $u \in V$, $u_h \in V_h$ die Lösungen des Problems $a(u,v) = (f,v)_H$, $v \in V$ und des approximativen Problems $a(u_h, \chi) = (f, \chi)_H$, $\chi \in V_h$. Dann gibt es eine Konstante $c_1 > 0$ mit $\|u - u_h\|_V \leq c_1 \, \varphi(h) \, \|f\|_H$, $0 < h \leq 1$.

b) Setze $D(A^*) := \{w \in V : \exists g \in H \text{ mit } a(v,w) = (v,g)_H \text{ für alle } v \in V\}$. Es gebe auch zu jedem $w \in D(A^*)$ eine Konstante $c_w^* > 0$ derart, dass $\text{dist}_V(w, V_h) \leq c_w^* \, \varphi(h)$, $0 < h \leq 1$. Man zeige, dass es eine Konstante $c_2 > 0$ gibt derart, dass $\|u - u_h\|_H \leq c_2 \, \varphi(h)^2 \, \|f\|_H$, $0 < h \leq 1$.

c) Sei $H = L_2(\Omega)$, $\Omega \subset \mathbb{R}^2$ ein Polygon. Sei $(\mathcal{T}_h)_{h>0}$ eine quasi-uniforme Familie von zulässigen Triangulierungen und sei V_h durch (9.35) gegeben. Die Form a sei so, dass $D(A) \subset H^2(\Omega)$ und $D(A^*) \subset H^2(\Omega)$. Man zeige, dass es eine Konstante $c_3 > 0$ gibt derart, dass $\|u - u_h\|_{L_2(\Omega)} \leq c_3 \, h^2 \, \|f\|_{L_2(\Omega)}$, $0 < h \leq 1$.

Anleitung: a) Benutzen Sie das Céa-Lemma und das Prinzip der gleichmäßigen Beschränktheit [52, Theorem IV.2.1]. b) Wenden Sie wie im Beweis von Satz 9.32 a) auf das duale Problem an.

Aufgabe 9.17 (Crank-Nicolson-Verfahren). Beweisen Sie Satz 9.54.

10 Maple® oder manchmal hilft der Computer

Maple® ist ein von der Firma Maplesoft (auch in Kooperation mit Hochschulen und Forschungseinrichtungen) entwickeltes und vertriebenes Programm. Es handelt sich um ein Computeralgebra-System, also ein Programm, das mathematische Umformungen nach gegebenen Regeln *exakt* durchführt, d.h. keine Rundungsfehler begeht, wie etwa bei numerischen Approximationsmethoden.

Neben vielen anderen Vorteilen bietet Maple® also insbesondere die Möglichkeit, komplizierte Rechnungen vom Computer durchführen zu lassen, um so Arbeit zu sparen und Fehlerquellen zu minimieren. Natürlich ist Maple® nicht das einzige Produkt auf dem Markt der Computeralgebra-Systeme, z.B. bieten *MuPAD* oder *Mathematica* ähnliche Funktionalitäten. Die nun folgenden Bemerkungen zum Einsatz von Computeralgebra-Systemen sind hinsichtlich der Syntax auf Maple® abgestimmt. Die Aussagen zur generellen Strategie sowie Vorteilen und Grenzen gelten aber für alle derartigen Produkte.

In diesem Abschnitt werden einige grundlegende Techniken vorgestellt. Wir wollen und können dabei nicht den Anspruch erheben, eine vollständige Abhandlung über die Lösung der vorgestellten partiellen Differenzialgleichungen mit Maple® zu geben.

Übersicht

© Springer-Verlag GmbH Deutschland, ein Teil von Springer Nature 2018
W. Arendt und K. Urban, *Partielle Differenzialgleichungen*,
https://doi.org/10.1007/978-3-662-58322-7_10

10.1 Maple®

Wir verwenden speziell das Paket *PDEtools*, das ursprünglich u.a. von der University of Waterloo (Ontario, Canada), speziell Edgardo S. Cheb-Terrab, zusammen mit Waterloo Maple Inc. entwickelt wurde. Beginnend mit der Version R5 ist PDEtools integraler Bestandteil von Maple®, so dass auch eine sehr gute Online-Dokumentation zur Verfügung steht. Dies bedeutet außerdem, dass die Befehle aus PDEtools direkt aufgerufen werden können, ohne eine Bibliothek explizit einbinden zu müssen.

Wir zeigen im Folgenden einige so genannte *Maple®-Worksheets*, die allesamt mit Version 12 erstellt und bis Version 17 getestet wurden. Die Programmanweisungen stehen jeweils nach „>". Die Ausgaben von Maple® erscheinen in normaler Schrift (nicht Schreibmaschine) und sind außerdem zentriert. Diese Ausgaben wurden mit dem LATEX-Export-Befehl von Maple® erzeugt. Im Kopf der nachfolgend aufgeführten jeweiligen Maple®-Anweisungen steht der Dateiname. Diese entsprechenden Maple®-Worksheets (daher die Endung „mw") stehen auf der Internet-Seite des Buches zur Verfügung.

10.1.1 Elementare Beispiele

Wir beginnen mit zwei elementaren Beispielen, der linearen Transportgleichung und der Wellengleichung. Für die lineare Transportgleichung betrachten wir zunächst Worksheet 10.1.

File: `LinTransport.mw`

```
>  restart:
>  infolevel[pdsolve]:=5:
>  eq := diff(u(t,x),t)+c*diff(u(t,x),x) = 0;
```

$$eq := \frac{\partial}{\partial t} u\,(t,x) + c\frac{\partial}{\partial x} u\,(t,x) = 0$$

```
>  pdsolve(eq);
```
Checking arguments ...
First set of solution methods (general or quase general solution)
Second set of solution methods (complete solutions)
Trying methods for first order PDEs
Second set of solution methods successful

$$u\,(t,x) = \_F1\,(x - ct)$$

Maple®-Worksheet 10.1: Lineare Transportgleichung.

Die verwendeten Befehle sind weitgehend selbsterklärend. Mit Hilfe des Befehls `diff` können partielle Ableitungen erklärt werden, so dass `LinTransport` die homogene lineare Transportgleichung definiert. Mit Hilfe von `pdsolve`, einem Befehl aus PDEtools, wird diese partielle Differenzialgleichung (analytisch) gelöst. Wir haben hier mit Hilfe von `infolevel=5` eine erweiterte Ausgabe erzeugt. Wir sehen, dass intern verschiedene Lösungsansätze (auch Heuristiken) getestet werden. Wir erhalten natürlich die gleiche allgemeine Lösung wie in Beispiel 2.2 mit $c = a$. Frei wählbare Lösungskomponenten werden in Maple® stets mit einem vorangestellten Unterstrich „_"gekennzeichnet, d.h., `_F1` ist die in Beispiel 2.2 angegebene Anfangswertfunktion $u_0 \in C^1(\mathbb{R})$.

Als zweites Beispiel betrachten wir in Worksheet 10.2 die Wellengleichung. Auch hier sind die verwendeten Maple®-Befehle selbsterklärend. Wir erhalten die bereits bekannte allgemeine Lösungsformel (3.3) von d'Alembert mit den beiden frei wählbaren Funktionen `_F1` und `_F2` (dort φ und ψ genannt).

File: `Wellen.mw`

```
> restart:
> eq:=diff(u(t,x),t,t) - diff(u(t,x),x,x)=0;
```
$$eq := \frac{\partial^2}{\partial t^2}u(t,x) - \frac{\partial^2}{\partial x^2}u(t,x) = 0$$
```
> pdsolve(eq);
```
$$u(t,x) = \_F1(x+t) + \_F2(x-t)$$

Maple®-Worksheet 10.2: Wellengleichung.

Natürlich kann Maple® solche allgemeinen Lösungsformeln nicht „von alleine" bestimmen. Maple® ist so programmiert, dass für eine gegebene Differenzialgleichung getestet wird, ob intern bekannte Lösungsmethoden bzw. Heuristiken verwendet werden können. Kann eine Lösung bestimmt werden, dann wird diese ausgegeben, ansonsten nicht. Maple® kann also genau das, was man ihm beigebracht hat.

10.1.2 Lösung mittels Fourier-Transformation

Wir betrachten das Anfangswertproblem der Wärmeleitungsgleichung, vgl. Beispiel 3.60. Wir wollen dieses Anfangswertproblem mit Hilfe der Fourier-Transformation lösen. Dazu betrachten wir das Maple®-Worksheet `heat-bsp-fourier` (Worksheet 10.3 auf Seite 379). Die Definition der Differenzialgleichung kennen wir bereits, die Definition der Anfangsbedingungen ist weitgehend selbsterklärend. Man beachte, dass zu diesem Zeitpunkt die Funktion $f(x)$ noch nicht bekannt ist. Wir nehmen hier im Ort asymptotische Randbedingungen an, also ein Abklingen der Lösung für $x \to \pm\infty$. Danach (unter Punkt 1.) definieren wir nun die Anfangsfunktion $f(x)$ als charakteristische Funktion $\mathbb{1}_{[0,1)}$ des Einheitsintervalls. Um die in Maple® realisierten Integraltransformationen verwenden zu können, müssen wir das entsprechende Paket zur Verfügung stellen.

Unter 2. drücken wir die Funktion f zunächst als Linearkombination der bekannten Heaviside-Funktion aus. Dies geschieht deswegen, weil Maple® die Fourier-Transformation der Heaviside-Funktion kennt und daher eine solche Linearkom-

bination leicht verarbeiten kann. Dies zeigt, dass man manchmal kleine „Tricks"
anwenden muss, um Maple® „auf die Sprünge" zu helfen.

In 3. transformieren wir die Differenzialgleichung mit Hilfe der Fourier-Transformation und 4. dient dazu, die entstehende gewöhnliche Differenzialgleichung
bequem in Termen der unbekannten Funktion $s(t)$ zu schreiben. Die gewöhnliche
Differenzialgleichung kann man mit Hilfe des Befehls dsolve lösen (vgl. 5.) und
in diesem Fall erhält man eine geschlossene Formel. In 6. wenden wir die inverse
Fourier-Transformation an. Danach drücken wir die Lösung sol in Termen der
Funktion erf aus, wobei

$$\mathtt{erf}(x) := \frac{2}{\sqrt{\pi}} \int_0^x e^{-t^2}\, dt$$

die so genannte *Fehlerfunktion* (error function) ist, die verwandt, aber nicht identisch mit der Verteilungsfunktion der Standard-Normalverteilung ist. Auch hier
zeigt sich wieder, dass man schon wissen muss, was man mit Maple® tut. Das
Integral in erf hat keine geschlossene Darstellung, also kann Maple® unmöglich
die Lösung (als inverse Fourier-Transformation) durch eine einfache Formel ausdrücken. Wenn man aber in etwa weiß, wie die Lösung aussehen könnte, dann
versucht man, sol als einen Ausdruck in den entsprechenden Funktionen auszudrücken, was hier ja auch gelungen ist. Anschließend stellen wir die erhaltene
Lösung graphisch dar, vgl. Abbildung 10.1 links. Zum Abschluss überprüfen wir
in 7. noch die Lösung, indem wir sie in die Differenzialgleichung einsetzen und
hier tatsächlich den Fehlerwert 0 erhalten.

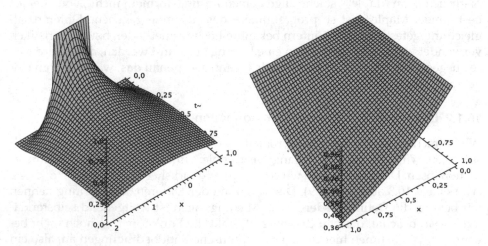

Abbildung 10.1. Maple®-Lösung von $u_t = u_{xx}$ mit $u_0 = \chi_{[0,1)}$ mit Hilfe der Fourier-
Transformation (links) und Maple®-Lösung der inhomogenen Wärmeleitungsgleichung
mit Hilfe der Laplace-Transformation (rechts).

File: `heat-bsp-fourier.mw`

```
>  restart;
>  eq:=diff(u(t,x),t)-a^2*diff(u(t,x),x,x)=0;
>  ABen:=u(0,x)=f(x);
```

$$eq := \frac{\partial}{\partial t} u\,(t,x) - a^2 \frac{\partial^2}{\partial x^2} u\,(t,x) = 0$$

$$ABen := u\,(0,x) = f\,(x)$$

—— 1. ————————————————

```
>  a:=1;
>  f:=x->piecewise(x<0,0,x<1,1,0):
>  'f(x)'=f(x);
```

$$a := 1$$

$$f\,(x) = \begin{cases} 0 & x<0 \\ 1 & x<1 \\ 0 & otherwise \end{cases}$$

```
>  with(inttrans):
```

—— 2. ————————————————

```
>  f:=unapply(convert(f(x),Heaviside),x);
```

$$f := x \mapsto Heaviside\,(x) - Heaviside\,(-1+x)$$

```
>  assume(t>0);
```

—— 3. ————————————————

```
>  fourier(eq,x,w);
```

$$w^2 fourier\,(u\,(t,x)\,,x,w) + \frac{\partial}{\partial t} fourier\,(u\,(t,x)\,,x,w) = 0$$

—— 4. ————————————————

```
>  ode:=subs(fourier(u(t,x),x,w)=s(t),%);
```

$$ode := w^2 s\,(t) + \frac{d}{dt} s\,(t) = 0$$

—— 5. ————————————————

```
>  dsolve({ode,s(0)=fourier(f(x),x,w)},s(t));
```

$$s\,(t) = \frac{i\left(e^{-iw} - 1\right) e^{-w^2 t}}{w}$$

—— 6. ————————————————

```
>  sol:=invfourier(rhs(%),w,x);
```

$$sol := -1/2\,\mathrm{erf}\left(1/2\,\frac{-1+x}{\sqrt{t}}\right) + 1/2\,\mathrm{erf}\left(1/2\,\frac{x}{\sqrt{t}}\right)$$

```
>  plot3d(sol,x=-1..2,t=0..1,orientation=[50,40],
>  numpoints=2000,axes=framed,color="gray");
```

—— 7. ————————————————

```
>  pdetest(u(t,x)=sol,eq);
```

$$0$$

Maple®-Worksheet 10.3: Fourier-Transformation für die Wärmeleitungsgleichung.

10.1.3 Laplace-Transformation

Als nächstes Beispiel betrachten wir das Anfangs-Randwertproblem (3.108) der inhomogenen Wärmeleitungsgleichung auf dem Intervall [0,1], also

$$
\begin{aligned}
u_t - u_{xx} = f(t,x) &:= -(t^2 + x)e^{-tx}, & (t,x) \in \mathbb{R}^+ \times (0,1), \\
u(0,x) &= 1, & x \in (0,1), \\
u(t,0) = a(t) := 1\, u(t,1) = b(t) &:= e^{-t}, & t > 0,
\end{aligned}
$$

vgl. Beispiel 3.66*. Die entsprechenden Anweisungen finden sich im Worksheet 10.4 (`heat-bsp-laplace`, Seite 382). Die Erklärung der Differenzialgleichung sowie der Rand- und Anfangsbedingungen ist nunmehr klar. Danach transformieren wir in 1. die Gleichung mittels der Laplace-Transformation und setzen die Anfangsbedingungen ein. In 2. und 3. formulieren wir das Randwertproblem der gewöhnlichen Differenzialgleichung und lösen dieses mit `dsolve` in 4. Nach der Rücktransformation in 5. wollen wir die Lösung mit Hilfe von trigonometrischen Funktionen darstellen und dies führt tatsächlich auf eine einfache Form der Lösung, die wir rechts in Abbildung 10.1 wiederum graphisch darstellen und zur Überprüfung schließlich in 6. in die ursprüngliche Gleichung einsetzen.

10.1.4 Es geht auch numerisch

Wie eingangs erwähnt, wurden in Version 12 die numerischen Lösungsmethoden in Maple® ausgebaut. Dies wollen wir kurz in Worksheet 10.5 anhand des gleichen Beispiels wie eben demonstrieren. Der einzige Unterschied besteht bei der Syntax in der zusätzlichen Option `numeric` in `pdsolve`. Es ist kein Unterschied zu der in Abbildung 10.1 (Lösung mit der Laplace-Transformation) rechts dargestellten Funktion erkennbar.

Allerdings sind hier einige Warnungen angebracht. Sicherlich zeigt dieses Beispiel, wie einfach man mit Hilfe von Maple® zu einer numerischen Lösung gelangen kann. Allerdings wissen wir nicht, welches numerische Verfahren intern verwendet wird. Wir hatten ja bereits gesehen, dass dies stark problemabhängig ist. Zweitens ist Maple® zumindest bislang dafür bekannt, dass es bezüglich der Rechenzeit nicht optimal effizient ist. Wenn es also auf möglichst kurze Rechenzeiten ankommt, raten wir eher zu einem numerischen Programmpaket.

10.1.5 Funktionsauswertung

Zum Abschluss kommen wir noch einmal auf die Lösungsformel für die Black-Scholes-Gleichung aus Abschnitt 3.5 zurück. Wir hatten dort ja eine geschlossene Formel (allerdings in Termen der nicht direkt auswertbaren Verteilungsfunktion $\mathcal{N}$ der Standard-Normalverteilung) für die Lösung hergeleitet. Wir wollen zeigen, wie man diese Formel mit Maple® auswerten kann, also quasi Maple® als „hochwertigen, intelligenten Taschenrechner" verwenden. Dazu haben wir in Worksheet 10.6 zwei Prozeduren geschrieben, wir haben also Maple® wie eine Programmiersprache verwendet. Die erste Prozedur wertet die Funktion $\mathcal{N}$ aus. Da dies aufgrund des Integrals nur näherungsweise geht, versteckt sich hinter dem Aufruf `statevalf` mit den Parametern `cdf` (cummulative density function, Verteilungsfunktion) und `normald` (normal distribution, Normalverteilung) ein numerisches Quadratur-Verfahren.

Die Prozedur `BlackScholesCall` realisiert die in Satz 3.47 entwickelte und bewiesene Lösungsformel. Für die angegebenen Parameter für r, σ, S, T und K rechnet der Funktionsaufruf also den Wert der Option aus. Genau in dieser Art wurde und wird die Bewertungsformel in Banken verwendet. Hier ist jedoch die gleiche Warnung wie oben angebracht. Wenn man diese Formel oft anwenden muss (z.B. im Rahmen von Monte-Carlo-Simulationen), dann ist Maple® im Vergleich zu anderen Realisierungen (z.B. in einer höheren Programmiersprache) weniger effizient. Dafür zeigt dieses Beispiel wieder, wie einfach man Maple® bedienen kann.

10.2 Aufgaben

Aufgabe 10.1. Schreiben Sie Maple®-Skripte zur Bestimmung der Lösungen der in Tabelle 2.1 aufgeführten partiellen Differenzialgleichungen. Wählen Sie dabei Anfangs- bzw. Randbedingungen so, dass die Bestimmung einer Lösungsformel mit Maple® möglich ist.

Aufgabe 10.2. Schreiben Sie Programme zur Lösung der inhomogenen Wärmeleitungsgleichung mittels Finiter Differenzen und Finiter Elemente. Vergleichen Sie die Laufzeiten mit denen von Worksheet 10.5.

File: `heat-bsp-laplace.mw`

```
>    restart;
>    f := (t,x) -> (-1)*(t^2+x)*exp(-t*x);
>    eq:=diff(u(t,x),t)-diff(u(t,x),x,x)=f(t,x);
>    a := t->1;
>    b := t->exp(-t);
>    ABen:=u(0,x)=1;
>    RBen:=u(t,0)=a(t), u(t,1)=b(t);
```

$$f := (t,x) \mapsto -\left(t^2 + x\right) e^{-tx}$$

$$eq := \frac{\partial}{\partial t} u(t,x) - \frac{\partial^2}{\partial x^2} u(t,x) = -\left(t^2 + x\right) e^{-tx}$$

$$a := t \mapsto 1$$

$$b := t \mapsto e^{-t}$$

$$ABen := u(0,x) = 1$$

$$RBen := u(t,0) = 1, \, u(t,1) = e^{-t}$$

```
>    with(inttrans):
```
— 1. ─────────────────────────
```
>    laplace(eq,t,s):
>    subs(ABen,%);
```

$$slaplace\left(u(t,x),t,s\right) - 1 - \frac{\partial^2}{\partial x^2} laplace\left(u(t,x),t,s\right) = -2\left(s+x\right)^{-3} - \frac{x}{s+x}$$

— 2. ─────────────────────────
```
>    ode:=subs(laplace(u(t,x),t,s)=U(x),%);
```

$$ode := sU(x) - 1 - \frac{d^2}{dx^2} U(x) = -2\left(s+x\right)^{-3} - \frac{x}{s+x}$$

— 3. ─────────────────────────
```
>    RB1 := U(0) = laplace(a(t),t,s): subs(RBen, %);
>    RB2 := U(1) = laplace(b(t),t,s): subs(RBen, %);
```

$$U(0) = s^{-1}$$

$$U(1) = (1+s)^{-1}$$

— 4. ─────────────────────────
```
>    dsolve({ode, RB1, RB2},U(x));
```

$$U(x) = (s+x)^{-1}$$

— 5. ─────────────────────────
```
>    invlaplace(rhs(%),s,t):
>    sol:=collect(map(simplify,expand(%)),trig);
```

$$sol := \left(e^{tx}\right)^{-1}$$

```
>    plot3d(sol,x=0..1,t=0..1,orientation=[50,40],
>    numpoints=2000,axes=framed,color="gray");
```

— 6. ─────────────────────────
```
>    pdetest(u(t,x)=sol,eq);
```

$$0$$

Maple®-Worksheet 10.4: Laplace-Transformation zur Lösung der inhomogenen Wärmeleitungsgleichung.

```
File: HeatNumerisch.mw
```

```
> restart:
> f := (t,x) -> (-1)*(t^2+x)*exp(-t*x);
```
$$f := (t,x) \mapsto -\left(t^2 + x\right)e^{-tx}$$
```
> eq := diff(u(t,x),t) - diff(u(t,x),x,x) = f(t,x);
```
$$eq := \frac{\partial}{\partial t}u(t,x) - \frac{\partial^2}{\partial x^2}u(t,x) = -\left(t^2 + x\right)e^{-tx}$$
```
> cond := u(0,x)=1, u(t,0)=1, u(t,1)=exp(-t);
```
$$cond := u(0,x) = 1, \, u(t,0) = 1, \, u(t,1) = e^{-t}$$
```
> infolevel['pdsolve/numeric']:=3:
> Sol := pdsolve(eq,{cond},numeric);
```
$Sol := $ module () export *plot*, *plot3d*, *animate*, *value*, *settings*; ... endmodule
```
> Sol:-plot3d(t=0..1,x=0..1.0,orientation=[50,40],
> numpoints=2000,axes=box,axes=framed,color="gray");
```

Maple®-Worksheet 10.5: Numerische Lösung der inhomogenen Wärmeleitungsgleichung.

```
File: BlackScholes.mw
```

```
> restart:
> with(Statistics):

> # Dichte der Standard-Normalverteilung
> N := proc(d)
> CDF(Normal(0,1),d);
> end proc:

> # Bewertungsformel fuer europaeischen Call
> BlackScholesCall:=proc(S,K,T,r,sigma)
> local d1,d2;
> d1:=(ln(S/K)+(r+sigma^2/2)*T)/(sigma*sqrt(T));
> d2:=d1-sigma*sqrt(T);
> S*N(d1)-K*exp(-r*T)*N(d2);
> end proc:

> r     := 0.05:
> sigma := 0.5:
> S     := 100.0:
> T     := 1.0:
> K     := 100.0:

> BlackScholesCall(S,K,T,r,sigma);
                    21 79260422
```

Maple®-Worksheet 10.6: Auswertung der Lösung der Black-Scholes-Gleichung.

Anhang

In diesem Anhang stellen wir einige Grundlagen aus der Funktionalanalysis und der Integrationstheorie zusammen, die in dem Buch verwendet werden.

A.1 Banach-Räume und lineare Operatoren

Sei E ein Vektorraum über $\mathbb{K} = \mathbb{R}$ oder $\mathbb{C}$. Meistens betrachten wir reelle Vektorräume, aber z.B. für die Fourier-Transformation in Kapitel 6 benötigen wir $\mathbb{K} = \mathbb{C}$. Sei $\| \cdot \| : E \to [0, \infty)$ eine *Norm* auf E; d.h., es gilt

(N1) $\|f\| = 0 \iff f = 0$ für alle $f \in E$;

(N2) $\|\lambda f\| = |\lambda| \, \|f\|$, $\lambda \in \mathbb{K}$, $f \in E$;

(N3) $\|f + g\| \leq \|f\| + \|g\|$, $f, g \in E$.

Wir sagen, dass $(E, \| \cdot \|)$ (oder kurz E) ein *normierter Vektorraum* ist. Manchmal bezeichnen wir die Norm mit $\| \cdot \|_E$ statt $\| \cdot \|$ (z.B. wenn verschiedene Normen vorkommen). Sind $f_n, f \in E$, so sagen wir, dass $(f_n)_{n \in \mathbb{N}}$ gegen f *konvergiert* (und schreiben $\lim_{n \to \infty} f_n = f$ oder $f_n \to f$), falls $\lim_{n \to \infty} \|f_n - f\| = 0$. Eine Folge $(f_n)_{n \in \infty}$ hat höchstens einen Grenzwert. Jede konvergente Folge $(f_n)_{n \in \infty}$ ist eine *Cauchy-Folge* (d.h., zu jedem $\varepsilon > 0$ gibt es $n_0 \in \mathbb{N}$, so dass $\|f_n - f_m\| \leq \varepsilon$ für alle $n, m \geq n_0$). Gibt es umgekehrt zu jeder Cauchy-Folge $(f_n)_{n \in \infty}$ ein $f \in E$, so dass $\lim_{n \to \infty} f_n = f$, so heißt E *vollständig*. Ein *Banach-Raum* ist ein vollständiger normierter Raum. Seien E, F normierte Räume, $T : E \to F$ linear. Dann heißt T *stetig*, falls aus $\lim_{n \to \infty} f_n = f$ in E stets $\lim_{n \to \infty} T f_n = f$ in F folgt. Wegen der Linearität von T lässt sich die Stetigkeit folgendermaßen charakterisieren:

Satz A.1. *Folgende Aussagen sind äquivalent:*

(i) T ist stetig;

(ii) es gibt $c \geq 0$ derart, dass $\|T f\| \leq c \|f\|$ für alle $f \in E$;

(iii) $\|T\| := \sup_{\|f\| \leq 1} \|T f\| < \infty$.

Ist T stetig, so gilt $\|T f\| \leq \|T\| \, \|f\|$, $f \in E$.

Beweis: (i) $\Rightarrow$ (iii): Ist $\|T\| = \infty$, so gibt es $f_n \in E$ mit $\|f_n\| \leq 1$, aber $\|T f_n\| \geq n$. Wähle $g_n = \frac{1}{n} f_n$. Dann ist $\lim_{n \to \infty} g_n = 0$, aber $T g_n = \frac{1}{n} T f_n$ und somit $\|T g_n\| \geq 1$. Also konvergiert $T g_n$ nicht gegen $0 = T0$. Somit ist T nicht stetig in 0.

(iii) $\Rightarrow$ (ii): Sei $g \in E$, $g \neq 0$. Setze $f := \|g\|^{-1} g$. Dann ist $\|f\| = 1$. Somit ist $\|g\|^{-1} \|T g\| = \|T f\| \leq \|T\|$. Wir haben gezeigt, dass (ii) für $c := \|T\|$ gültig ist, und damit folgt auch $\|T f\| \leq \|T\| \, \|f\|$, $f \in E$ aus (iii).

(ii) $\Rightarrow$ (i): Sei $\lim_{n \to \infty} f_n = f$. Da $\|T f_n - T f\| = \|T(f_n - f)\| \leq c \|f - f_n\|$, folgt, dass $\lim_{n \to \infty} \|T f_n - T f\| = 0$, d.h. $\lim_{n \to \infty} T f_n = T f$. $\qquad \square$

Eine Teilmenge $M \subset E$ heißt *beschränkt*, wenn es $c \geq 0$ gibt derart, dass $\|x\| \leq c$ für alle $x \in M$. Die Bedingung (iii) besagt, dass das Bild der Einheitskugel $\{x \in E : \|x\| \leq 1\}$ unter T in F beschränkt ist. Deswegen nennt man eine stetige lineare Abbildung oft auch

© Springer-Verlag GmbH Deutschland, ein Teil von Springer Nature 2018
W. Arendt und K. Urban, *Partielle Differenzialgleichungen*,
https://doi.org/10.1007/978-3-662-58322-7

einen *beschränkten Operator*. Man nennt den Ausdruck $\|T\|$ die *Operatornorm* von T. Wir betrachten den Spezialfall $F = \mathbb{K}$. Eine lineare Abbildung $\varphi : E \to \mathbb{K}$ heißt eine *Linearform* (oder ein *Funktional*). Ist sie stetig, so ist also

$$\|\varphi\| := \sup_{\|f\| \leq 1} |\varphi(f)|$$

die *Norm* von φ. Es gilt $|\varphi(f)| \leq \|\varphi\| \|f\|$, $f \in E$. Ein Unterraum $D \subset E$ heißt *dicht*, falls zu jedem $f \in E$ eine Folge $(f_n)_{n\in\mathbb{N}} \subset D$ existiert mit $\lim_{n\to\infty} f_n = f$. Ist der Bildraum vollständig, so kann man dicht definierte beschränkte Operatoren stetig fortsetzen.

Satz A.2 (Stetige Fortsetzung). *Sei F ein Banach-Raum, E ein normierter Raum und D ein dichter Unterraum von E. Ist $T_0 : D \to F$ ein beschränkter linearer Operator, so hat T eine eindeutige stetige Forsetzung $T : E \to F$. Sie ist linear und $\|T\| = \|T_0\|$.*

Beweis: Sei $f \in E$. Dann gibt es $f_n \in D$, so dass $\lim_{n\to\infty} f_n = f$. Da $\|T_0 f_n - T_0 f_m\| \leq \|T_0\| \|f_n - f_m\|$, ist $(T_0 f_n)_{n\in\mathbb{N}}$ eine Cauchy-Folge. Man definiert $Tf := \lim_{n\to\infty} T_0 f_n$ und zeigt leicht, dass diese Definition unabhängig von der Wahl der Folge ist. Man sieht leicht, dass T linear ist. Ferner gilt mit der obigen Bezeichnung $\|Tf\| = \lim_{n\to\infty} \|T_0 f_n\| \leq \limsup_{n\to\infty} \|T_0\| \|f_n\| = \|T_0\| \|f\|$. Damit ist $\|T\| \leq \|T_0\|$. Da T eine Fortsetzung von T_0 ist, gilt umgekehrt $\|T_0\| \geq \|T\|$. $\qquad\square$

Der folgende Satz liefert uns ein effizientes und einfaches Kriterium, um die Stetigkeit einer linearen Abbildung nachzuweisen. Eine wesentliche Voraussetzung ist die Vollständigkeit der zu Grunde liegenden Räume. Wir verweisen auf [52, IV.4] für den Beweis.

Satz A.3 (Satz vom abgeschlossenen Graphen). *Seien E, F Banach-Räume und $T : E \to F$ sei linear. Es gelte Folgendes:*

Aus $x_n \to x$, und $T x_n \to y$ folgt $Tx = y$.

Dann ist T stetig. $\qquad\square$

Dieser Satz vereinfacht uns den Nachweis der Stetigkeit ungemein. Angenommen, es ist $\lim_{n\to\infty} x_n = x$, so bedeutet die Stetigkeit von T zwei Dinge:

    a) $y := \lim_{n\to\infty} T x_n$ existiert   und   b) $y = Tx$.

Der Satz vom abgeschlossenen Graphen erlaubt es uns, den Nachweis von a) wegzulassen oder, genauer, die Konvergenz in a) vorauszusetzen. Übrig bleibt nur, den Nachweis der Identität in b) zu führen. Aus dem Satz vom abgeschlossenen Graphen folgt unmittelbar der Satz von der stetigen Inversen.

Satz A.4 (Satz von der stetigen Inversen). *Seien E, F Banach-Räume und sei $T : E \to F$ stetig, linear und bijektiv. Dann ist T^{-1} linear und stetig.*

Beweis: Die Linearität ist leicht einzusehen. Zum Nachweis der Stetigkeit benutzen wir den Satz vom abgeschlossenen Graphen. Seien $g_n, g \in F$, so dass $g_n \to g$ und $T^{-1} g_n \to f$. Da T stetig ist, folgt $g_n = T T^{-1} g_n \to Tf$. Also ist $Tf = g$ und folglich $f = T^{-1}g$, was zu zeigen ist. $\qquad\square$

Der Satz von der stetigen Inversen ist von Bedeutung für die Lösung von Gleichungen. Sei nämlich $T : E \to F$ stetig und linear. Zu sagen, dass T bijektiv ist, heißt, dass zu jedem $f \in F$ genau ein $u \in E$ existiert, so dass $Tu = f$. Der Satz von der stetigen Inversen sagt uns, dass in diesem Fall die Lösung u automatisch stetig vom gegebenen Datum f abhängt.

A.2 Der Raum $C(K)$

Sei $K \subset \mathbb{R}^d$ eine kompakte Menge. Dann ist $C(K) := \{f : K \to \mathbb{R} : f \text{ stetig}\}$ ein reeller Banach-Raum bzgl. punktweise definierter Addition $(f+g)(x) := f(x)+g(x)$, $x \in K$, und Skalarmultiplikation $(\lambda f)(x) := \lambda f(x)$, $x \in K$, sowie der Supremumsnorm $\|f\|_{C(K)} := \sup_{x \subset K} |f(x)|$, $f, g \in C(K)$, $\lambda \in \mathbb{R}$. Wir verweisen auf [52, I.1] für den Nachweis der Vollständigkeit. Wir wollen zwei bemerkenswerte Sätze über $C(K)$ besprechen. Der erste gibt eine Bedingung für die Dichtheit von Teilräumen, der zweite eine für die Kompaktheit von Teilmengen von $C(K)$. Sind $f, g \in C(K)$, so ist auch das Produkt $f \cdot g \in C(K)$, wobei $(f \cdot g)(x) := f(x) \cdot g(x)$, $x \in K$. Der folgende Satz gibt ein nützliches Kriterium für die Dichtheit einer Unteralgebra von $C(K)$. Er stammt von Marshall Harvey Stone (1903-1989), siehe [52, VIII.4] für den Beweis.

Satz A.5 (Stone-Weierstraß). *Sei $K \subset \mathbb{R}^d$ kompakt und sei F ein Unterraum von $C(K)$ mit folgenden drei Eigenschaften:*

(a) $f, g \in F \Rightarrow f \cdot g \in F$;

(b) alle konstanten Funktionen sind in F;

(c) zu $x, y \in K$ mit $x \neq y$ gibt es $f \in F$, so dass $f(x) \neq g(x)$.

Dann ist F dicht in $C(K)$; d.h., zu jedem $f \in C(K)$ gibt es eine Folge $(f_n)_{n \in \mathbb{N}}$ in F derart, dass $\lim_{n \to \infty} f_n = f$ in $C(K)$. □

Ein Unterraum mit (a) heißt eine *Unteralgebra* von $C(K)$. Man sagt, dass *F die Punkte von K trennt*, falls (c) gilt. Ein unmittelbares Korollar ist der Satz von Weierstraß (1815-1897), der besagt, dass man jede stetige Funktion auf einem kompakten Intervall gleichmäßig durch Polynome approximieren kann.

Der zweite Satz, den wir anstreben, hat seine Motivation im Malheur der unendlich-dimensionalen normierten Räume: In solch einem Raum findet man immer eine beschränkte Folge ohne konvergente Teilfolge. Man nennt eine Menge L in einem normierten Raum *relativ komplex*, wenn jede Folge in L eine konvergente Teilfolge hat. Sie heißt *kompakt*, wenn sie zusätzlich abgeschlossen ist. Relativ kompakte Mengen sind immer beschränkt, aber Beschränktheit allein reicht nicht aus. In einem Raum $E = C(K)$ kann man genau ausmachen, was zusätzlich zur Beschränktheit fehlt: Es ist die Gleichstetigkeit. Eine Menge $L \subset C(K)$ heißt *gleichstetig*, wenn Folgendes gilt: Sei $x_0 \in K$ und sei $\varepsilon > 0$. Dann gibt es $\delta > 0$ derart, dass für $x \in K$ mit $|x - x_0| \leq \delta$ gilt: $|f(x) - f(x_0)| \leq \varepsilon$ für alle $f \in L$. Genauer gilt folgender Satz [52, II.2]:

Satz A.6 (Arzelá-Ascoli). *Eine Teilmenge L von $C(K)$ ist genau dann relativ kompakt, wenn sie beschränkt und gleichstetig ist.*

Beispiel A.7. Sei $L := \{f \in C([a,b]) : \|f\|_{C(K)} \leq c, \|f'\|_{C(K)} \leq c\}$, wobei $c \geq 0$. Dann ist L relativ kompakt.

Beweis: Offensichtlich ist L beschränkt. Ferner gilt für $x_0 \in [a, b]$, $f \in L$, $|f(x) - f(x_0)| = |\int_{x_0}^x f'(y)\, dy| \leq c|x - x_0|$. Daraus ergibt sich die Gleichstetigkeit. □

A.3 Integration

Wir setzen das Lebesgue-Integral voraus und verweisen auf die kompakte Einführung von Bartle [11] oder das Buch von Elsrodt [26]. Hier wollen wir lediglich die Konvergenzsätze sowie die „Zwiebelintegration" zur Verfügung stellen. Wir betrachten eine offene

Menge $\Omega \subset \mathbb{R}^d$. Ist $f : \Omega \to [0, \infty]$ messbar, so bezeichnen wir mit $\int_\Omega f \, dx \in [0, \infty]$ das Lebesgue-Integral. Ist $\int_\Omega f \, dx < \infty$, so ist $f(x) < \infty$ für fast alle $x \in \Omega$ und wir sagen, dass f *integrierbar* ist. Der Satz über die monotone Konvergenz von Beppo Levi lautet folgendermaßen:

Satz A.8 (Beppo Levi). *Seien* $f_n : \Omega \to [0, \infty]$ *messbar, so dass* $f_n \leq f_{n+1}$, $n \in \mathbb{N}$. *Dann definiert* $f(x) := \sup_{n \in \mathbb{N}} f_n(x)$ *eine messbare Funktion und es ist* $\int_\Omega f(x) \, dx = \sup_{n \in \mathbb{N}} \int_\Omega f_n(x)$. *Gibt es* $c \geq 0$, *so dass* $\int_\Omega f_n \, dx \leq c$ *für alle* $n \in \mathbb{N}$, *so folgt, dass* f *integrierbar ist.* ☐

Man kann also den Limes und das Integral vertauschen. Sind die Funktionen nicht positiv, so bleibt diese Aussage richtig, falls es eine Majorante gibt. Das ist die Aussage des Satzes über die *majorisierte Konvergenz*, der von Lebesgue aus dem Jahr 1910 stammt. Wir wollen ihn gleich für p-integrierbare Funktionen formulieren. Sei $1 \leq p < \infty$. Dann setze $L_p(\Omega) := \{ f : \Omega \to \mathbb{R} : f \text{ ist messbar, } \int_\Omega |f|^p \, dx < \infty \}$. Identifizieren wir zwei Funktionen in $L_p(\Omega)$, wenn sie fast überall übereinstimmen, so definiert $\|f\|_{L_p} := \left(\int_\Omega |f|^p \, dx \right)^{\frac{1}{p}}$ eine Norm auf $L_p(\Omega)$, bzgl. der $L_p(\Omega)$ ein Banach-Raum ist. Von Bedeutung ist für uns vor allem der Fall $p = 2$. Der Raum $L_2(\Omega)$ ist ein Hilbert-Raum bzgl. des Skalarproduktes $(f, g) := \int_\Omega f(x) g(x) \, dx$, das die Norm $\|f\|_{L_2} = \sqrt{(f, f)}$ induziert. Nun können wir den Satz von Lebesgue formulieren.

Satz A.9 (Lebesgue). *Seien* $f_n, f, g \in L_p(\Omega)$ *derart, dass* $|f_n(x)| \leq g(x)$ *für fast alle* $x \in \Omega$ *und für alle* $n \in \mathbb{N}$. *Gilt* $f(x) = \lim_{n \to \infty} f_n(x)$ *für fast alle* $x \in \Omega$, *so ist* $\lim_{n \to \infty} f_n = f$ *in* $L_p(\Omega)$, *d.h., es ist* $\lim_{n \to \infty} \|f_n - f\|_{L_p} = 0$. ☐

Es gilt auch die Umkehrung des Satzes von Lebesgue, wenn wir erlauben, zu Teilfolgen überzugehen.

Satz A.10 (Umkehrung des Satzes von Lebesgue). *Seien* $f_n, f \in L_p(\Omega)$ *derart, dass* $f = \lim_{n \to \infty} f_n$ *in* $L_p(\Omega)$. *Dann gibt es* $g \in L_p(\Omega)$ *und eine Teilfolge* $(f_{n_k})_{k \in \mathbb{N}}$, *so dass*

(a) $|f_{n_k}(x)| \leq g(x)$ *fast überall für alle* $k \in \mathbb{N}$ *und*

(b) $\lim_{k \to \infty} f_{n_k}(x) = f(x)$ *fast überall.* ☐

Ist $|\Omega| < \infty$, so ist $L_\infty(\Omega) \subset L_2(\Omega) \subset L_1(\Omega)$, wobei $L_\infty(\Omega)$ den Raum der beschränkten messbaren Funktionen bezeichnet. Ein *Quader* im $\mathbb{R}^d$ ist eine Menge der Form $[a_1, b_1) \times \cdots \times [a_d, b_d)$. Linearkombinationen von charakteristischen Funktionen von Quadern nennt man *Treppenfunktionen*.

Satz A.11. [42, Sec. 1.17] *Der Raum der Treppenfunktionen ist dicht in* $L_p(\Omega)$, $1 \leq p < \infty$. ☐

Man definiert $L_p(\Omega, \mathbb{C}) := \{ f : \Omega \to \mathbb{C} : \operatorname{Re} f, \operatorname{Im} f \in L_p(\Omega) \}$. Damit ist $L_p(\Omega, \mathbb{C})$ ein Banach-Raum bzgl. der Norm $\|f\|_{L_p}$, $1 \leq p < \infty$. Ist $f \in L_1(\Omega, \mathbb{C})$, so setzt man $\int_\Omega f \, dx = \int_\Omega \operatorname{Re} f \, dx + i \int_\Omega \operatorname{Im} f \, dx$. Der Raum $L_2(\Omega, \mathbb{C})$ ist ein komplexer Hilbert-Raum bzgl. des Skalarproduktes $(f, g)_{L_2} := \int_\Omega f(x) \overline{g(x)} \, dx$. Schließlich wollen wir noch eine Integrationsregel besprechen, die dem Satz von Fubini-Tonelli über die Änderung der Integrationsreihenfolge ähnelt. Allerdings betrachten wir hier Polarkoordinaten. Mit σ bezeichnen wir das Oberflächenmaß auf der Sphäre $S^{d-1} = \{ x \in \mathbb{R}^d : |x| = 1 \}$, vgl. Abschnitt 7.1, 7.2.

Satz A.12 (Zwiebelintegration). *Sei* $0 \leq R_1 < R_2 \leq \infty$, $\Omega = \{ x \in \mathbb{R}^d : R_1 < |x| < R_2 \}$.

a) *Sei* $f : \Omega \to [0, \infty]$ *messbar oder* $f : \Omega \to \mathbb{R}$ *integrierbar. Dann ist* $\int_\Omega f(x) \, dx = \int_{R_1}^{R_2} \int_{S^{d-1}} f(rz) \, d\sigma(z) \, r^{d-1} \, dr$.

b) *Sei insbesondere* $f : \Omega \to \mathbb{R}$ *eine stetige radiale Funktion, d.h., es ist* $f(x) = f(|x|)$ *für alle* $x \in \Omega$. *Dann ist* f *integrierbar genau dann, wenn* $\int_{R_1}^{R_2} |f(r)| r^{d-1} \, dr < \infty$. *In dem Fall ist* $\int_\Omega f(x) \, dx = \sigma(S^{d-1}) \int_{R_1}^{R_2} f(r) r^{d-1} \, dr$.

Literaturverzeichnis

[1] ABEL, N. H.: *Untersuchungen über die Reihe* $1 + \frac{m}{1}x + \frac{m(m-1)}{1\cdot2}x^2 + \ldots + \frac{m(m-1)(m-2)}{1\cdot2\cdot3}x^3 + \cdots$. J. Reine Angew. Math., 1:311–339, 1826.

[2] ALT, H. W.: *Lineare Funktionalanalysis*. Springer-Verlag, Berlin, 6. Aufl., 2012.

[3] AMANN, H.: *Gewöhnliche Differentialgleichungen*. Walter de Gruyter & Co., Berlin, 1983.

[4] ANDREEV, R.: *Stability of space-time Petrov-Galerkin discretizations for parabolic evolution equations*. Doktorarbeit, ETH Zürich, Nr. 20842, 2012.

[5] ARENDT, W.: *Heat Kernels*. Internet-Seminar, Universität Ulm, 2005/06.

[6] ARENDT, W., C. J. K. BATTY, M. HIEBER und F. NEUBRANDER: *Vector-valued Laplace Transforms and Cauchy Problems*. Birkhäuser, Basel, 2001.

[7] ARENDT, W. und P. BÉNILAN: *Wiener regularities and heat semigroups on spaces of continuous functions*. In: ESCHER, J. und G. SIMONETT (Hrsg.): *Topics on Nonlinear Analysis*, S. 29–49. Birkhäuser, 1998.

[8] ARENDT, W. und D. DANERS: *The Dirichlet problem by variational methods*. Bull. Lond. Math. Soc., 40(1):51–56, 2008.

[9] ARENDT, W. und D. DANERS: *Varying domains: stability of the Dirichlet and the Poisson problem*. Discrete Contin. Dyn. Syst., 21(1):21–39, 2008.

[10] ARENDT, W., A. GRABOSCH, G. GREINER, U. GROH, H. P. LOTZ, U. MOU-STAKAS, R. NAGEL, F. NEUBRANDER und U. SCHLOTTERBECK: *One-parameter Semigroups of Positive Operators*, Bd. 1184 d. Reihe *Lecture Notes in Mathematics*. Springer-Verlag, Berlin, 1986.

[11] BARTLE, R. G.: *The Elements of Integration and Lebesgue Measure*. Wiley Classics Library. John Wiley & Sons Inc., New York, 1995.

[12] BÄRWOLFF, G.: *Höhere Mathematik*. Springer Spektrum, 3. Aufl., 2017.

[13] BIEGERT, M. und M. WARMA: *Removable singularities for a Sobolev space*. J. Math. Anal. Appl., 313(1):49–63, 2006.

[14] BINGHAM, N. und R. KIESEL: *Risk-neutral Valuation. Pricing and Hedging of Financial Derivatives*. Springer, London, 2. Aufl., 2004.

[15] BRAESS, D.: *Finite Elemente*. Springer-Verlag, Berlin Heidelberg, 5. Aufl., 2013.

© Springer-Verlag GmbH Deutschland, ein Teil von Springer Nature 2018
W. Arendt und K. Urban, *Partielle Differenzialgleichungen*,
https://doi.org/10.1007/978-3-662-58322-7

[16] BRAMBLE, J., J. PASCIAK und J. XU: *Parallel multilevel preconditioners*. Math. Comp., 55:1–22, 1990.

[17] BRÉZIS, H.: *Analyse Fonctionnelle*. Masson, Paris, 1983.

[18] BRÉZIS, H.: *Analisi Funzionale*. Liguori Editore, Napoli, 1986.

[19] CARLSON, J., A. JAFFE und A. WILES: *The Millenium Prize Problems*. American Mathematical Society, Providence, RI, 2006.

[20] CIARLET, P. G.: *The Finite Element Method for Elliptic Problems*, Bd. 40 d. Reihe *Classics in Applied Mathematics*. Society for Industrial and Applied Mathematics (SIAM), Philadelphia, PA, 2002.

[21] CLÉMENT, P.: *Approximation by finite element functions using local regularization*. Rev. Française Automat. Informat. Recherche Opérationnelle Sér., 9(R-2):77–84, 1975.

[22] CONWAY, J. B.: *Functions of One Complex Variable*, Bd. 11 d. Reihe *Graduate Texts in Mathematics*. Springer-Verlag, New York, 2. Aufl., 1978.

[23] DAUTRAY, R. und J.-L. LIONS: *Mathematical Analysis and Numerical Methods for Science and Technology. Vol. 2*. Springer-Verlag, Berlin, 2. Aufl., 1999.

[24] DOBROWOLSKI, M.: *Angewandte Funktionalanalysis*. Springer-Verlag, Berlin, 2. Aufl., 2010.

[25] EDMUNDS, D. E. und W. D. EVANS: *Spectral Theory and Differential Operators*. Oxford Mathematical Monographs. The Clarendon Press Oxford University Press, New York, 1987.

[26] ELSTRODT, J.: *Maß- und Integrationstheorie*. Springer-Verlag, Berlin, 7. Aufl., 2011.

[27] ENGEL, K.-J. und R. NAGEL: *One-parameter Semigroups for Linear Evolution Equations*, Bd. 194. Springer-Verlag, New York, 2000.

[28] EVANS, L. C.: *Partial Differential Equations*, Bd. 19 d. Reihe *Graduate Studies in Mathematics*. American Mathematical Society, Providence, RI, 2. Aufl., 2010.

[29] FILONOV, N.: *On an inequality between Dirichlet and Neumann eigenvalues for the Laplace Operator*. St. Petersburg Math. J., 16:413–416, 2005.

[30] GILBARG, D. und N. S. TRUDINGER: *Elliptic Partial Differential Equations of Second Order*. Springer-Verlag, Berlin, 3 Aufl., 2001.

[31] GRISVARD, P.: *Elliptic Problems in Nonsmooth Domains*, Bd. 24. Pitman, Boston, MA, 1985.

[32] GROSSMANN, C. und H.-G. ROOS: *Numerik partieller Differentialgleichungen*. Teubner Studienbücher Mathematik. B. G. Teubner, Stuttgart, 3 Aufl., 2005.

[33] HACKBUSCH, W.: *Theorie und Numerik elliptischer Differentialgleichungen.* Springer Spektrum, Wiesbaden, 4. Aufl., 2017.

[34] HEUSER, H.: *Lehrbuch der Analysis, Teil 2.* Vieweg+Teubner, Wiesbaden, 14. Aufl., 2008.

[35] HEUSER, H.: *Gewöhnliche Differentialgleichungen.* B. G. Teubner, Stuttgart, 6. Aufl., 2009.

[36] KAC, M.: *Can one hear the shape of a drum?.* Amer. Math. Monthly, 73:1–23, 1966.

[37] KATO, T.: *Estimation of Iterated Matrices, with Application to the Von Neumann Condition.* Numer. Math., 2(1):22–29, Dez. 1960.

[38] KATO, T.: *Perturbation Theory.* Springer-Verlag, Berlin, 1966.

[39] KOCH MEDINA, P. und S. MERINO: *Mathematical Finance and Probability.* Birkhäuser, Basel, 2003.

[40] LAPLACE, P.-S.: *Essai philosophique sur les probabilités.* Collection Epistémè. Christian Bourgois Éditeur, Paris, 5. Aufl., 1986.

[41] LARSSON, S. und V. THOMÉE: *Partielle Differentialgleichungen und numerische Methoden.* Springer-Verlag, Berlin, 2005.

[42] LIEB, E. H. und M. LOSS: *Analysis*, Bd. 14 d. Reihe *Graduate Studies in Mathematics.* American Mathematical Society, Providence, RI, 2. Aufl., 2001.

[43] LONGVA, A. B.: *Finite element solutions to the wave equation in non-convex domains.* Master thesis, Norwegian University of Science and Technology (NTNU), Trondheim, Norwegen, 2017.

[44] MEYERS, N. G. und J. SERRIN: $H = W$. Proc. Nat. Acad. Sci. USA, 51:1055–1056, 1964.

[45] QUARTERONI, A., R. SACCO und F. SALERI: *Numerische Mathematik 1.* Springer-Verlag, Berlin/Heidelberg, 2001.

[46] QUARTERONI, A., R. SACCO und F. SALERI: *Numerische Mathematik 2.* Springer-Verlag, Berlin/Heidelberg, 2. Aufl., 2002.

[47] RUDIN, W.: *Real and Complex Analysis.* McGraw-Hill Book Co., New York, 3. Aufl., 1987.

[48] STEIN, E. M.: *Singular Integrals and Differentiability Properties of Functions.* Princeton Mathematical Series, No. 30. Princeton University Press, Princeton, NJ, 1970.

[49] STROUD, A. H.: *Approximate Calculation of Multiple Integrals.* Prentice-Hall Inc., Englewood Cliffs, NJ, 1971.

[50] URBAN, K.: *Wavelet Methods for Elliptic Partial Differential Equations*. Oxford Universtiy Press, 2009.

[51] URBAN, K. und A. T. PATERA: *An improved error bound for reduced basis approximation of linear parabolic problems*. Math. Comp., 83(288):1599–1615, 2014.

[52] WERNER, D.: *Funktionalanalysis*. Springer-Verlag, Berlin, 6. Aufl., 2007.

[53] WLOKA, J.: *Partielle Differentialgleichungen*. B. G. Teubner, Stuttgart, 1982.

[54] XU, J. und L. ZIKATANOV: *Some observations on Babuška and Brezzi theories*. Numer. Math., 94(1):195–202, 2003.

Abbildungsverzeichnis

© Springer-Verlag GmbH Deutschland, ein Teil von Springer Nature 2018
W. Arendt und K. Urban, *Partielle Differenzialgleichungen*,
https://doi.org/10.1007/978-3-662-58322-7

Personenregister

Abel, Niels H. (1802-1829), 58, 60
Ampère, André-Marie (1775-1836), 23, 27
Arzelá, Cesare (1847-1912), 157, 225, 387
Ascoli, Giulio (1843-1896), 157, 387
Aubin, Jean-Pierre (1939-), 322, 333

Babuška, Ivo (1926-), 331
Bachelier, Louis (1870-1946), 30
Baire, René L. (1874-1932), 136
Banach, Stefan (1892-1945), 131, 215, 219, 331, 385
Bernoulli, Daniel (1700-1782), 58
Bernoulli, Jakob I. (1655-1705), 58, 96
Bernoulli, Johann (1667-1748), 58
Bernstein, Sergei N. (1880-1968), 325
Black, Fischer S. (1938-1995), 11, 95
Borel, Félix É.J.É. (1871-1956), 235, 237, 238, 242, 243, 269, 288
Brezzi, Franco (1945-), 331
Bunjakowski,Wiktor J. (1804-1889), 118
Burgers, Johannes M. (1895-1981), 8

Calabi, Eugenio (1923-), 24
Cauchy, Augustin L. (1789-1857), 58, 118, 385
Céa, Jean (1932-), 308–310, 316, 321, 322, 370, 373
Cheb-Terrab, Edgardo S., 376
Clément, Philippe (1943-), 320, 370
Collatz, Lothar (1910-1990), 370
Courant, Richard (1888-1972), 370
Cox, John C. (1943-), 95
Crank, John (1916-2006), 346, 366

d'Alembert, Jean-Baptiste (1717-1783), 10, 30, 55, 104, 377
de Vries, Gustav (1866-1934) , 22
Diderot, Denis (1713-1784), 30
Dirichlet, Johann P.G.L. (1805-1859), 22, 58, 160, 212, 225, 254
Du Bois-Reymond, David Paul G. (1831-1889), 60

Einstein, Albert (1879-1955), 30
Euler, Leonhard P. (1707-1783), 22, 58, 96, 335, 338

Faraday, Michael (1791-1867), 27
Fejér, Leopold (1880-1959), 60
Fermi, Enrico (1901-1954), 23
Fischer, Ernst S. (1875-1954), 127, 147
Fourier, Jean B.J. (1768-1830), 9, 30, 58, 97
Fréchet, Maurice R. (1878-1973), 127, 147
Fredholm, Erik I. (1866-1927), 142, 148
Friedrichs, Kurt O. (1901-1982), 160, 175, 336, 370
Frobenius, Ferdinand G. (1949-1917), 315
Fubini, Guido (1879-1943), 100, 155, 157, 176, 388

Gårding, Lars J. (1919-2014), 141
Galerkin, Boris (1871-1945), 308, 309, 342, 370
Gardner, Clifford (1924-2013), 23
Gauß, Carl F. (1777-1855), 18, 27, 225, 235, 254
Goldbach, Christian (1690-1764), 96
Gordon, Carolyn (1950-), 276
Gram, Jørgen P. (1850-1916), 122
Green, George (1793-1841), 236, 254
Greene, John M. (1928-2007), 23
Gronwall, Thomas H. (1877-1932), 50

Hadamard, Jacques S. (1865-1963), 3, 73, 139, 147, 214, 225
Hahn, Hans (1879-1934), 219
Heaviside, Oliver (1850-1925), 378
Hesse, Ludwig O. (1811-1874), 24
Hesse, Otto (1811-1874), 316
Hilbert, David (1862-1943), 123, 146, 225, 370
Hrennikoff, Alexander (1896-1984), 370
Hurwitz, Adolf (1859-1919), 48

Itô, Kiyoshi (1915-2008), 13

Kac, Mark (1914-1984), 276
Kato, Tosio (1917-1999), 332

© Springer-Verlag GmbH Deutschland, ein Teil von Springer Nature 2018
W. Arendt und K. Urban, *Partielle Differenzialgleichungen*,
https://doi.org/10.1007/978-3-662-58322-7

Symbolverzeichnis

© Springer-Verlag GmbH Deutschland, ein Teil von Springer Nature 2018
W. Arendt und K. Urban, *Partielle Differenzialgleichungen*,
https://doi.org/10.1007/978-3-662-58322-7

Index

© Springer-Verlag GmbH Deutschland, ein Teil von Springer Nature 2018
W. Arendt und K. Urban, *Partielle Differenzialgleichungen*,
https://doi.org/10.1007/978-3-662-58322-7

 **Springer**

springer.com

Willkommen zu den Springer Alerts

Jetzt anmelden!

- Unser Neuerscheinungs-Service für Sie:
  aktuell *** kostenlos *** passgenau *** flexibel

Springer veröffentlicht mehr als 5.500 wissenschaftliche Bücher jährlich in gedruckter Form. Mehr als 2.200 englischsprachige Zeitschriften und mehr als 120.000 eBooks und Referenzwerke sind auf unserer Online Plattform SpringerLink verfügbar. Seit seiner Gründung 1842 arbeitet Springer weltweit mit den hervorragendsten und anerkanntesten Wissenschaftlern zusammen, eine Partnerschaft, die auf Offenheit und gegenseitigem Vertrauen beruht.

Die SpringerAlerts sind der beste Weg, um über Neuentwicklungen im eigenen Fachgebiet auf dem Laufenden zu sein. Sie sind der/die Erste, der/die über neu erschienene Bücher informiert ist oder das Inhaltsverzeichnis des neuesten Zeitschriftenheftes erhält. Unser Service ist kostenlos, schnell und vor allem flexibel. Passen Sie die SpringerAlerts genau an Ihre Interessen und Ihren Bedarf an, um nur diejenigen Information zu erhalten, die Sie wirklich benötigen.

Mehr Infos unter: springer.com/alert

Printed in the United States
By Bookmasters